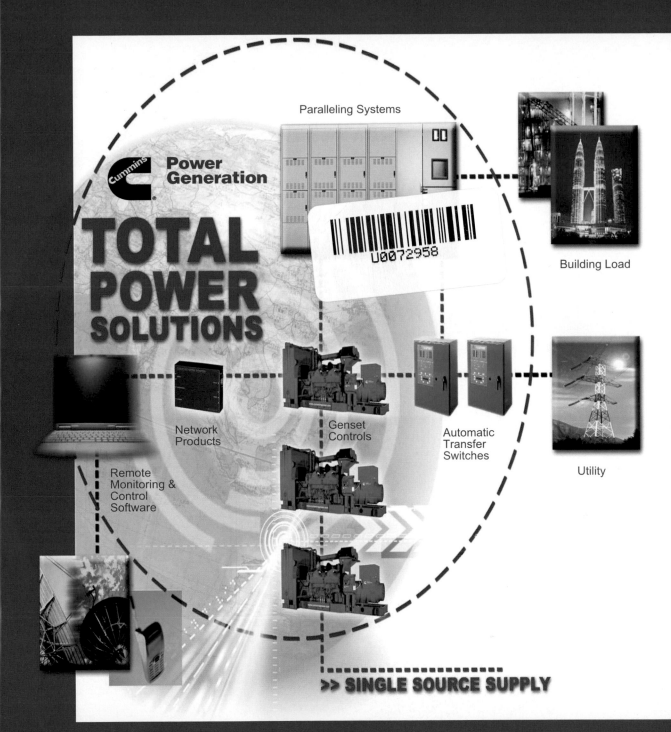

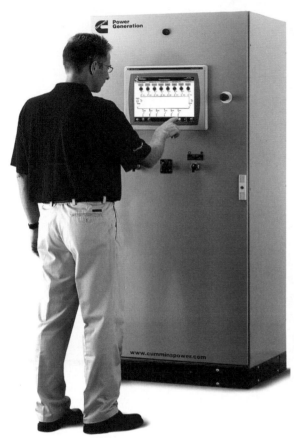

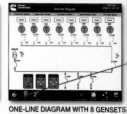

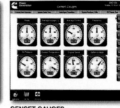

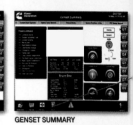

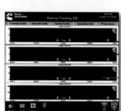

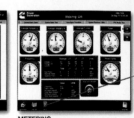

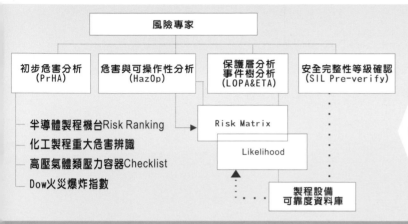

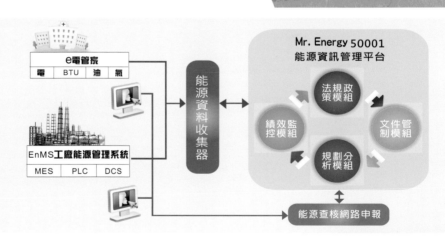

# 配電盤製造與缺失改善講義

蕭氏容 編集

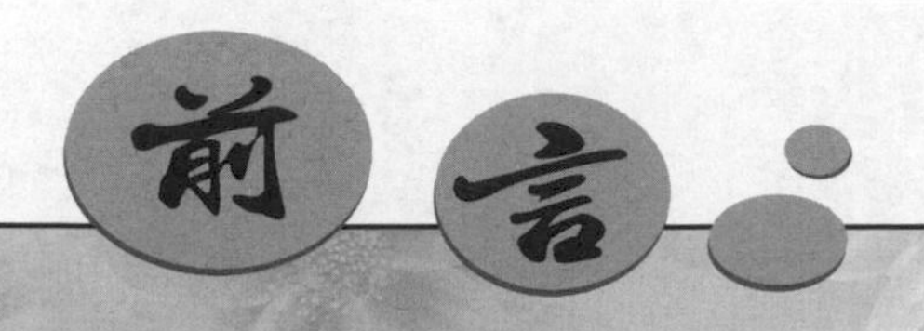


各位電機界前輩、配電盤廠先進、讀者先生，本書是針對配電盤部分，包括高、低壓開關盤、動力盤、電燈盤及控制盤，就筆者這十年來所經歷過之盤體廠驗過程所發現之缺失，一一列舉出來，尋求在驗收、交貨之前或送電試運轉之前，能予全部改善完畢，減少品質不良、運轉不順、故障頻頻發生現象，以獲得道德良心上之撫慰與支持。

編集者：蕭民容 敬上

（2012 June 30）

作者小檔案

出生於1945年4月

學歷／1991年畢業於紐西蘭奧克蘭學院

經歷／全民電機技師事務所

專長／配電盤工程

本次收集之資料，包含了台北101大樓建造期及台南台中科學園區幾個廠房電機設備。它涵蓋了幾個配電盤大廠所製造的盤體，不管是自行製造或委外製造，這些資料完全是編集者個人之意見與想法，針對配電盤體之規範、品管、安全等在理論上及實際上之空間參考，如有前輩、先進、讀者有不同想法或有更高明想法，個人均不予反對，僅提供這些資料，俾有助於製造過程之順利。謝謝！

任一配電盤體，有其品質上之差異，分為上(優良)、中(普通)、下(低等) 三種，可以從規範上去訂定，包括廠商之水準(訂定符合水準之廠商)，及其內部設計施工(組裝) 、檢驗人員之水平。

另一項是盤體鈑金之規範，含大小、厚度、槽鐵、角鐵或扁鐵，盤體之處理過程、烤漆厚度。接著是各部另件之廠牌、型號、電壓、電流等。

還有所依據之組裝規範為國際性，國家性或地區性之要求，盤內組裝之配置間隙與順序必須有要求，以及廠商內部技術人員之學歷、資歷及經歷，致品質相差很大。

盤內組裝後之接線亦非常重要，使用另件部品錯誤，工具錯誤、色別錯誤。最後盤體完成是否符合規範的品質要求？有無品管工程師以最嚴謹的態度通盤檢討全部之情形，是否通過客戶的要求(是否符合規範的要求)。

一般的情形是電壓愈高愈嚴格，電流愈大愈重要，另件、部品愈多愈複雜。所有的材料組裝、另件盤體均有各部份之核對表格。十年間經過廠驗送電之高低壓動力盤、電燈盤、控制盤，PLC盤，數目達數千盤。

每次廠驗或送電時之缺失，有時須立即改善(嚴重或簡易者)，有時需費時日才能改善(缺失項目太多或需另備材料者)，列舉出來供製造者據以修改或供業主備案發文澄清，每次之數目不同、內容不同製造者或業主不同。

要檢查的項目實在繁多，水準愈差的製造盤體缺失愈多，最嚴重的曾經全部換新。

編集者 蕭民岩 敬上

(2012 June 30)

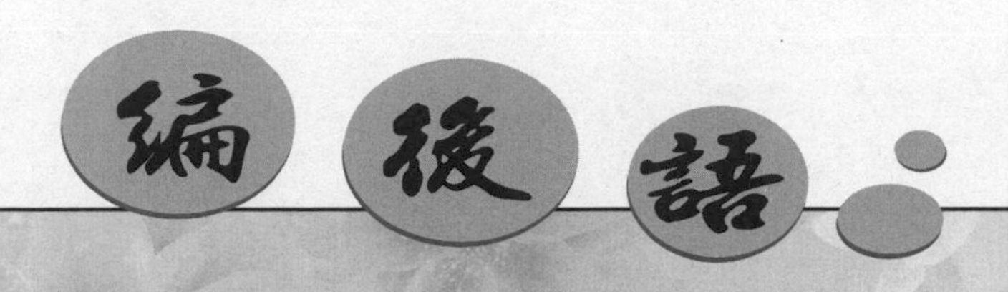


本講義之編集承蒙各大廠商及公司大力支持並提供廣告，以及機電現場技術雜誌社”連先生的奔走努力，才能編集完成，順利出版。

編集中，如對某一些機電前輩或盤廠老闆有不敬的地方，請多多包涵，捨棄個人的意見堅持，來協助完成此一配電盤有關的書籍，供大家參考。

希望此編集出版以後，對配電盤的製造、檢驗、驗收、送電及運轉有一些幫助，渴望機電前輩，盤廠大老闆給予指教，歡迎隨時指正。

編集者： 敬上

(2012 June 30)

目

錄

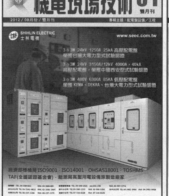

# 第1章 國內配電盤製造規範

# 1-1 16321 高壓配電盤 製造規範



## 1. 通則

### 1.1 本章概要

本章涵蓋[22.8kV]或[11.4kV]高壓[閉鎖型]配電盤之設計、供應、安裝及試驗。

### 1.2 工作範圍

1.2.122.8kV 高壓閉鎖型配電盤

1.2.211.4kV 高壓閉鎖型配電盤

1.2.3[ ]

### 1.3 相關章節

1.3.1 第01330 章--資料送審

1.3.2 第01450 章--品質管理

1.3.3 第16010 章--基本電機規則

1.3.4 第16140 章--配線器材

### 1.4 相關準則

1.4.1 中國國家標準（CNS）

(1)CNS 3990 C4130 金屬閉鎖型配電箱及控制箱（A.C. 3.3kV-36kV）

(2)CNS 3991 C3053 金屬閉鎖型配電箱及控制箱檢驗法（A.C. 3.3kV- 36kV）

(3)CNS 11437 C4435 計器用變比器（供電用）

(4)CNS 13551 C4471 金屬閉鎖型配電箱及控制箱用匯流排

1.4.2 美國標準協會（ANSI）

(1)ANSI C37.04 以對稱電流為基準額定之AC 高壓斷路器額定構造

(2)ANSI C37.06 以對稱電流為基準額定之AC 高壓斷路器額定及有關需要容量

(3)ANSI C37.09 以對稱電流為基準額定之AC 高壓斷路器試驗程序

(4)ANSI C37.11 以對稱電流及總電流為基準額定之高壓斷路器控制要求

(5)ANSI C37.20 配電盤設備組立含金屬箱盤內之匯流排

1.4.3 美國電機製造業協會（NEMA）

(1)NEMA SG4 交流高壓斷路器

(2)NEMA SG5 電力配電盤

1.4.4 國際電工委員會（IEC）

(1)IEC 298 額定電壓1kV 至72.5kV 之交流金屬開關箱及控制盤

1.4.5[ ]

### 1.5 品質保證

1.5.1 品質保證工作之執行應符合高壓配電盤相關準則之要求，並應依據第16010章「基本電機規則」及其它測試之規定進行測試。

### 1.6 資料送審

1.6.1 資料提送審查應依據第01330章「資料送審」及本項之規定辦理。

1.6.2 每一配電盤組成之組件、裝配、安裝圖、結線圖及手冊。

1.6.3 每一配電盤組成之材料、顏色、設備及裝具表。

(1) 製造廠數據：所有組件、原製造廠型錄及規格等說明。

(2) 特殊工具表。

(3) [除竣工圖之規定外，承包商於完成試驗及人員訓練後應將本工作之設備結線圖、技術資料、操作及維護手冊等圖面文件1式[5份] [　　]，裝訂成冊送請工程司審核認可，以供將來保養維護之依據] [　　]。

(4) [　　]

### 1.7 運送、儲存及處理

1.7.1 配電盤應存於屋內。

1.7.2 設備應存於乾燥區域、無灰塵，且無濕氣凝結顧慮之場所。

### 1.8 保固

1.8.1 承包商對本工程所用器材、設備之功能，除另有規定者，應自正式驗收合格日起保固，保固期3年。

1.8.2 承包商應於工程驗收合格後出具保固保證書，由工程司核存；在保固期間，如因器材、設備或施工不良而發生故障、漏電或損壞等情事，承包商應即免費修復或依規範所訂規格另行更換新品。

## 2. 產品

### 2.1 設計要求

2.1.1 通則

(1) 應提供[22.8kV]或[11.4kV]配電盤箱體，並按設計圖安裝抽出型斷路器單元、切換控制、過電流及其他保護裝置、匯流排、儀表、比流器、比壓器，及電驛等。

(2) 配電盤應為一完整、接地、連續運轉之整體組合，金屬箱體正面不帶電、直立式。

(3) 主斷路器設備應為[22.8kV]或[11.4kV]，三相60Hz[中性點接地]，額定電流如設計圖，設計[屋內]、[屋外]周圍溫度為[5～50℃][　　]。

2.1.2 固定構造

(1) 配電盤應包含斷路器箱，依CNS 3990 C4130之規定，裝配成一排堅固、自立式閉鎖型箱體。

(2) 配電盤製造應包含結構鋼或型鋼架經焊接構成堅固構造，在裝運途中或組立時應保持其準線不致受損，亦不致因短路電流引起之應力而損壞。

(3) 盤面前方應以鉸鏈門板完全閉鎖，以遮蓋所有的斷路器、儀表或預留之隔間。凡有鉸鏈之蓋板均應採隱藏式鉸鏈，附加門閂及開口，以便通風，安裝操作機構、機械跳脫及位置顯示等。通風百葉應依設計圖說規定位置辦理，用以散發盤內之溫升。其溫度值得參閱[ANSI C37.20]對封閉式設備所規定之標準]。所有開口處應有防塵、防水或防其他異物侵入之設計。

(4) 每一座箱體[內應有隔間][　　]以容納斷路器、儀表及輔助裝置。[每一隔間均應以接地之金屬遮蔽予以完全隔離][　　]。

(5) 每一列配電盤之型式、數量及箱體之安排均須依設計圖製作。

(6) 所有鋼料均應徹底清潔，並以磷酸或類似之處理進行工廠塗裝，[塗裝表面顏色應送業主及工程司核可]。

2.1.3 輔助設備及裝置：配電盤之儀控應符合設計圖說。[儀表、跳脫裝置附蓋、切換開關應裝於主過電流保護裝置上端有鉸鏈之儀表板上]。

(1) [比流器應儘可能裝在主斷路器箱體中，以利維修]。比流器之比值應如設計圖。比壓器[應儘可能裝在一獨立之金屬封閉隔間內]，其一次側須設限流熔絲，且二次側亦應有保護裝置。儀表須按設計圖按裝之。電流及電壓表應為盤裝式。

(2) 電表應為[動針式]或[數位式]，半嵌入式安裝，[刻度之精確度為全刻度（線性範圍內）之[±1%]。電壓表精確顯示之範圍應達供應電壓[±10%]。

(3) 電流表切換開關應可用於讀出每一相電流之值，電壓表切換開關應可用於讀出[每一匯流排相間]，[及每一匯流排相與中性匯流排間之電壓]。兩種開關均可切至OFF位置。

(4) 必要時儀表設備及裝置，須按設計圖需要設置。

(5) 略

(6) 控制電源變壓器應符合規定及設計圖。

2.1.4 斷路器

(1) 斷路器應為[抽出型]、三極、[電動操作][SF6]或[真空式]，[設有馬達蓄能操作機構]，[控制電壓應為AC 110V 60Hz]，[並附電容跳脫裝置]。斷路器應符合台灣電力公司之規定製造及試驗。

(2) 每一斷路器[應有試驗（Test）及切離（Disconnected）之抽出位置][　　]。正常操作時不必打開盤門操作。斷路器應有手動跳脫裝置，並可由目視即知其開路或閉合狀態。

(3) 每一斷路器，除須有斷路器控制所需之接點外，[尚須至少5個常開及5個常閉之獨立固定輔助接點][　　]。[所有控制輔助接點均須與斷路器抽出機構連鎖動

作]，[不論在操作或試驗位置時皆然] [　　]，輔助接點在試驗位置時，不可將接點切斷，仍須保持操作。所有未使用之輔助接點均應配線至端子板。

(4) 斷路器須採用[水平抽出方式推進入配電盤內之連接位置][　　]。

(5) 斷路器應有指示器：可顯示斷路器係在跳脫或閉合狀態，[及顯示斷路器是否儲能]。斷路器須採[電動操作型]，並附手動投入及跳脫按鈕。[抽出座應與斷路器本體為同一原廠產品，不得為拼裝品]。

(6) 當斷路器因故障而跳脫時，可保持斷路器在開路位置。

(7) 斷路器額定如下：

A.標稱電壓[如設計圖]。

B.標稱三相MVA[如設計圖]。

C.BIL[如設計圖]。

D.額定低頻率耐壓[如設計圖]。

E.額定頻率60Hz。

F.額定連續電流如設計圖。

G.額定短路電流如設計圖。

H.額定啓斷時間[如設計圖]。

I.在額定電流之操作次數[如設計圖]。

2.1.5[自動切換控制][　　]

(1) 通則：如圖所示，[當配電盤以二或三回路電源輸入且為自動切換控制時，均以數個電動操作斷路器之配電盤組合而成。當一路失去電壓後仍可由另一路供電][　]。

(2) 作業順序：所有控制設備，包含儀表比壓器、控制連鎖、電驛、開關、指示燈及配線，以完成下列自動切換順序：

A.正常作業時主受電斷路器閉合而備用斷路器開啓。當電壓降低應可由[低電壓電驛（27）][　　]檢測出。

B.電壓減低至正常程度以下至預先設定值，並延至預調之時間後，[預調範圍可調達60秒][　　]，此受電壓影響之受電斷路器應即自動開啓，而備用斷路器應即自動閉合。

C.若匯流排故障或因饋線斷路器故障而不能在故障時跳脫，[以斷路器閉鎖裝置（86）防止自動切換][　　]。

D.當受影響而開啓之受電側電壓恢復後，經過一段預調之時間，[預調範圍可調長達60秒][　　]，備用斷路器應自動跳脫並使原來停電之受電斷路器閉合。應有一選擇開關。當選擇“自動”時，此開關應能防止以手動操作受電斷路器及備用斷路器。當選擇"手動"時，此斷路器控制開關應可以手動操作，此時自動切換即不能作用。

(3) 保養：如保養需要將負載切換至備用斷路器時，此選擇開關應切至手動位置。

2.1.6 儀表比壓器、比流器

儀表比壓器、比流器應符合CNS 11437 C4435之規定。

2.1.7儀表及電驛：儀器、電表、電驛、控制及試驗開關、指示燈及轉換器均應依設計圖所示提供。

2.1.8 匯流排及匯流排分接頭

(1) 匯流排應依CNS 13551 C4471之規定，以98%導電率銅製堅固之匯流排，並以[模製絕緣]或[熱縮絕緣]全部遮蔽，絕緣應為不吸水抗電暈材料，並有防火、自熄性能。各配電盤之間設有匯流排接頭者亦應提供類似之絕緣材質。

(2) 若相匯流排有接頭或分接頭，其表面應[鍍銀]或[錫]並確實鎖緊。匯流排應能連續承載額定之電流，並應至少能承受斷路器額定之短路電流所引起之各種機械及熱應力。接地匯流排應為[鍍銀]或[鍍錫]之銅排，其斷面積最少為[6mm × 50mm]

(3) 並應水平佈置貫通整套配電盤內。

(4) 每一斷路器之安裝座均應接於接地系統。

2.1.9 接線端子

(1) 動力及接地導線之接線端子應為[壓著式]。

(2) 配電盤控制線之連接，應使用[附絕緣套接線端子][ ]。

2.1.10配線：配線應依第16010章「基本電機規則」之規定安裝。每一箱體內之控制電路應有可予切斷之裝置。

2.1.11 電纜進出開口

(1) 電纜須如設計圖自配電盤頂部或底部進入。

(2) 在施工現場，其所需之空間應妥為預留，且使電纜能整齊佈放。

(3) 比流器應做適當之安排，使電纜可作適當的連接。

2.1.12控制電源：控制用電源線，絕緣電壓應為[600V][ ]，其截面積不小於[5.5mm2][ ]，並貫通整套配電盤，分別以端子連接至電源，其安培容量應註明於所提送之設計圖上，其容量應符合控制電路所需。

2.1.13監控點：應依設計圖所示各點妥為預留，並將所有有關之配線接至端子板，[再配線至介面端子箱（Interface Terminal Cabinet）之端子板] [ ]。

2.1.14電熱器：應有溫度控制之電熱器使箱內溫度保持在高出周圍溫度，以防止內部凝水。

2.1.15控制配線：控制配線應有600V絕緣、[絞線]、最小斷面積[3.5mm2]銅絞線。惟下列情形除外：

(1) 比流器之二次側引出線不得小於[5.5mm2][ ]。

(2) 控制線如係裝置或設備本身之配線應採用製造廠之標準尺度。所有裝置間及裝置與端子板間之控制配線，在其兩端及每一接頭均應有熱縮套管式電線標示，應在設備使用年限內保持清晰可辨。

## 2.2[**電表箱**][ ]

電表箱須符合[台灣電力公司][ ]要求，且容許裝設[台灣電力公司] [ ]進戶線及電

表設備，並應依[台灣電力公司][　　]之規定及設計圖製造。

### 2.3 製造

製造應符合第16140章「配線器材」中適用之要求，此外，亦應提供耐蝕金屬名牌，白底黑字，依設計圖標明各設備名稱，如箱體、儀器、電表及配電盤。[另附10塊7 × 20 cm維修用標示板，紅底白字、附磁鐵，標示“維修中，勿啓動”字樣][　　]。

### 2.4 工廠試驗及檢查

工廠試驗及檢查含中間檢查應符合[CNS 3991 C3053][　　]之要求。

### 2.5 略

2.5.1 略

## 3.施工

### 3.1 安裝

3.1.1 每一配電盤均應按設計圖位置安裝。

3.1.2 每一箱體均應接地並依設計圖與接地系統連接。

3.1.3 安裝在乾燥區域，無灰塵，且無濕氣凝結顧慮之場所。

3.1.4 接地工作按屋內線路裝置施工，並以100 ㎜2PVC 線及25mm（1 英吋）PVC 管接入原變電站內接地接線箱內。

### 3.2 現場試驗及檢查

施工完畢後，委託政府核可之[檢驗機構]或[技術顧問團體]辦理用電設備之檢驗。至少包含下列項目：

3.2.1 電流電壓電驛試驗。

3.2.2 變壓器、比壓器、比流器、避雷器試驗。

3.2.3 斷路器試驗。

3.2.4 絕緣電阻、耐壓、接觸電阻試驗。

3.2.5 其他台灣電力公司規定之檢驗項目，並應提送測試作業計畫，由業主核定後執行之。

### 3.3 製造廠代表

製造廠應提供合格或授權之技術代表，在安裝及所規定之現場試驗期間，做現場之技術服務。

### 3.4 訓練

[承包商於本工程測試完畢經洽業主決定適當時間，負責提供人員訓練，訓練業主委託或

指派之操作及維修人員]，[並且在訓練開始前一個月提送訓練計畫書，計畫書內容應包括訓練課程、訓練地點及負責訓練人員等，送業主和工程司認可後實施]。

## 4.計量與計價

### 4.1 計量

依契約有關項目以[實作數量]計量。

### 4.2 計價

4.2.1 依契約有關項目以[實作數量]計價。

4.2.2 單價已包括所需之[一切人工、材料、機具、設備、動力、運輸、測試、試驗、檢驗及其他為完成本工作所需之費用在內][ ]。

# 1-2 16401 低壓配電盤製造規範

## 1. 通則

### 1.1 本章概要

說明低壓配電盤及附件之設計、供應、安裝及試驗等相關規定。

### 1.2 工作範圍

1.2.1 低壓配電盤

1.3 相關章節

1.3.1 第01330 章--資料送審

1.3.2 第01450 章--品質管制

1.3.3 第16010 章--基本電機規則

1.3.4 第16140 章--配線器材

### 1.4 相關準則

1.4.1 中國國家標準（CNS）

(1)CNS 13542 C4470 低電壓金屬閉鎖型配電箱

(2)CNS 13543 C3210 低電壓金屬閉鎖型配電箱檢驗法

1.4.2 美國標準協會（ANSI）

(1)ANSI C37.13 箱盤內之低壓交流電力斷路器

(2)ANSI C37.51 低電壓交流電力斷路器金屬配電盤合格試驗之標準

(3)ANSI C37.16 低電壓電力斷路器及交流電力電路保護器額定、有關要求及應用之建議

(4)ANSI C57-13 儀器變化器之要求

(5)ANSI C39-1 電氣類比指示儀表

(6)ANSI Z55-1 工業器具及設備之灰色表層處理

1.4.3 美國電機製造業協會（NEMA）

(1)AB1 無熔線斷路器

(2)SG3 低壓電力斷路器

(3)SG5 電力開關設備組成

(4)ST20 一般使用之乾式配電盤

(5)TR1 配電盤，穩壓器及電抗器

1.4.4[　　]

1.5 品質保證

1.5.1 品質保證工作之執行應符合相關準則對低壓配電盤之要求，並應依據第16010 章「基本電機規則」及其它測試之規定進行測試。

1.5.2 用電設備檢驗之機構須經政府核可。

## 1.6 資料送審



1.6.1 資料提送審查應依據第01330章「資料送審」及本章之規定辦理。

(1) 每一配電盤組成之組件、裝配、安裝圖、結線圖及手冊。

(2) 每一配電盤組成之材料、顏色、設備及裝具表。

(3) 製造廠數據：所有組件、原製造廠型錄及規格等說明。

(4) 特殊工具表。

(5) [除竣工圖之規定外，承包商於完成試驗及人員訓練後應將本工程之設備結線圖、技術資料、操作及維護手冊等圖面文件一式[5份][　　]，裝訂成冊送請工程司審核認可，以供將來保養維護之依據]。

(6) [　　]

## 1.7 運送、儲存及處理

1.7.1 配電盤應存於屋內。

1.7.2 設備應存於乾燥區域、無灰塵，且無濕氣凝結顧慮之場所。

## 1.8 保固

1.8.1 承包商對本工程所用器材、設備之功能，除另外規定者，應自正式驗收合格日起保固，保固期[依契約規定][1年][　　]。

1.8.2 承包商應於工程驗收後[1週][　　]內出具保固保證書，由工程司核存；在保固期間，如因器材、設備或施工不良而發生故障、漏電或損壞等情事，承包商應即免費修復或依規範所訂規格另行更換新品。

# 2.產品

## 2.1 設計要求

2.1.1 通則

配電盤包括內裝抽出型空氣斷路器、無熔線斷路器、功率因數改善電容器及相關之控制器、過電流及其他保護裝置，匯流排、儀表及相關之變化器及電驛。全部配電盤之設計、製造、及試驗應符合有關之法規標準及[第16010章「基本電機規則」][　　]之規定。

2.1.2 結構

(1) 配電盤製造應包含結構鋼或型鋼架經焊接構成堅固構造，在裝運途中或組立時或地震狀態應保持其標準線不致受損，亦不致因短路電流引起之應力而損壞。[此構架在前方、後方，底部（電纜隔間除外），上方及各邊均用鐵板封閉，附門及蓋板，可從後方檢修設備，並設有內部遮蔽裝置，後方蓋板應採用隱藏式鉸鏈][　　]。

(2) 盤面前方應以鉸鏈門板完全遮蔽，以遮蓋所有的斷路器、儀表或預留之隔間。凡有鉸鏈之蓋板均應採隱藏式鉸鏈，附加門閂及開口，用以通風，安裝操作機構，機械跳脫，及位置顯示等。通風百葉應僅設於有鉸鏈之面板上，用以散發盤內之溫升。其溫度值參閱[ANSI C37.20][　　]對封閉式設備所規定之標準。所有開口處應有防塵、防水、或防其他異物侵入之設計。

(3) [斷路器室相互間及斷路器和其他各室之間，將以接地金屬隔離板或絕緣板隔離之][　　]。

(4) 所有鋼料均應徹底清潔，[並以磷酸或類似之處理進行工廠塗裝，隨後立即加一層防銹底漆][　　]。[塗裝表面顏色應送業主及工程司核可][　　]。

2.1.3 匯流排

(1) 匯流排及一次側連接均應為銅製。所有栓鎖接頭及一次側隔離開關應予鍍銀或錫（以電鍍方式）。除接地匯流排接頭為2個螺栓外，所有匯流排接頭應至少有4個螺栓。匯流排應為連續者，但若連接相鄰直立之箱體或為裝船及裝卸需要而予分開時，採分接匯流排。

(2) 所有匯流排之電流不得超過屋內線路裝置規則之規定。

(3) [匯流排之厚度不可超過[10mm][5mm][　　]。凡需要更大電流之匯流排時，匯流排應為層疊者，每一匯流排間應用一銅隔片或用墊圈隔開以保持與匯流排之間相等間隔，至少為[10mm][5mm][　　]。匯流排應有適當之相別標識。盤內匯流排全段均為同樣額定容量。

(4) 銅排之尺度及佈置應使匯流排在箱外周溫為[40 ℃][　　]時溫升不超過[50 ℃][　　]。

(5) [從頂部或底部進入之電纜原則上應連接於端子盤][　　]。應使用防火之支座，以適當固定排列電纜。

(6) 匯流排之尺度，型式及組態，其匯流排支座、隔片支座，及箱體構造物均應確保配電盤能安全承受在任何一點發生之短路電流。接合處應予[鎖緊][焊接]，並做適當之處理以確保有足夠之接觸面。

(7) [不可用電纜代替匯流排做斷路器間之連接][　　]。

(8) 匯流排：[匯流排以熱縮絕緣被覆應為不吸水防電弧及防火、自熄性能][　　]。

(9) 中性匯流排：三相四線供電時須有中性匯流排。除在設計圖中另有註明者外，均為全額容量，此匯流排應為裸銅，並利用絕緣支座支持，其短路容量至少應等於主匯流排之額定容量。

(10) 接地匯流排：應符合[ANSI C37.20][　　]之規定，供應一未加絕緣至少[50mm × 5mm][　　]銅接地匯流排。除因裝運及處理需拆開外，均應按配電盤全長裝設而無中間連接。凡有中間連接暫均須採分接匯流排應為鍍銀或錫之銅排。接地匯流排之兩端應有壓接端子以連接接地導線。接地導線之尺度為[100mm2][　　]。

(11) 應使用未加絕緣銅匯流排以連接中性及接地匯流排以建立系統之共同接地。

2.1.4 輔助設備及裝置：配電盤之儀控應符合[ANSI C39.1][　　]之規定，並如設計圖。[儀表、跳脫裝置附蓋、切換開關應裝於主過電流保護裝置上端有鉸鏈之儀表板上][　　]。

(1) [比流器應儘可能裝在主斷路器箱體中，以利維修][　　]。比流器之比值應如設計圖。比壓器[應裝在一獨立之金屬封閉隔間內] [　　]，其一次側須設限流熔絲，且二次側亦應有保護裝置。儀表須按設計圖按裝之。電流及電壓表應為盤裝式。

(2) 電表應為[指針式][數位式]，半嵌入式安裝，[刻度之精確度為全刻度（線性範圍內）之[±1%][　　]。電壓表精確顯示之範圍應達供應電壓[±10%][　　]。

(3) 電流表切換開關應可用於讀出每一相電流之值，電壓表切換開關應可用於讀出[每一匯流排相間]，[及每一匯流排相與中性匯流排間之電壓]。兩種開關均可切至OFF位置。

(4) 儀表設備及裝置，須按設計圖需要設置。

(5) 應有附蓋之試驗端子裝設於電壓及電流表旁。此試驗端子應以名牌標示以資識別。

(6) 控制電源配電盤應符合規定及設計圖，[以熔絲接於主匯流排]，[應有1只二極主斷路器裝於二次側[　　]。

2.1.5 接線端子

(1) 動力及接地導線之接線端子應為[壓接式][　　]。

(2) 配電盤控制線之連接，應使用[附絕緣套接線端子][　　]。

2.1.6 配線：配線應依第16010章「基本電機規則」之規定安裝。每一箱體內之控制電路應有可切斷之裝置。

2.1.7 電纜進出開口

(1) 電纜須如設計圖自配電盤頂部或底部進入。

(2) 在施工現場，其所需之空間應妥為預留，且使電纜能整齊布放。

(3) 比流器應做適當之安排，使電纜可作適當的連接。

2.1.8 控制電源：控制用電源線，絕緣電壓應為[600V][　　]，其截面積不小於[5.5mm2][　　]，並貫通整套配電盤，分別以端子連接至電源，其安培容量應註明於所提送之設計圖上，其容量應符合控制電路所需。

2.1.9 監控點：應依設計圖所示各點妥為預留，並將所有有關之配線接至端子板，[再配線至介面端子箱（Interface Terminal Cabinet）之端子板] [　　]。

2.1.10 電熱器：應有溫度控制之電熱器使箱內溫度保持在高出周圍溫度以防內部凝水。

2.1.11 控制配線：控制配線應有600V絕緣、[絞線][　　]、最小斷面積[5.5mm²][3.5mm²][　　]銅絞線。惟下列情形除外：

(1) 比流器之二次側引出線不得小於[5.5mm²][　　]。

(2) 控制線如係裝置或設備本身之配線應採用製造廠之標準尺度。所有裝置間及裝置端子板間之控制配線，在其兩端及每一接頭均應有熱縮套管式電線標示，應

在設備使用年限內保持清晰可辨。

2.1.12 電表箱

電表箱須符合[台灣電力公司][　　]要求，且容許裝設[台灣電力公司] [　　]進戶線及電表設備，並應依[台灣電力公司][　　]之規定及設計圖製造。

## 2.2 製造

製造應符合第 16140 章「配線器材」中適用之要求，此外，亦應提供[耐蝕金屬][壓克力]名牌，白底黑字，依設計圖標明各設備名稱，如箱體、儀器、電表及配電盤。[另附 10 塊 7 × 20cm 維修用標示板，紅底白字、附磁鐵，標示 "維修中，勿啓動" 字樣][　　]。

## 2.3 工廠試驗及檢查

工廠試驗及檢查含中間檢查應符合[CNS 13543 C3210][　　]之要求。

## 2.4 備品

[除供應及安裝電氣系統所有設備及組件外，承包商須提供下列備品，所有之費用均已包含於總工程費內，不另給付][　　]。

2.4.1 [比壓器熔絲][每種電流量][各 10 支][　　]

[600V 低壓熔絲][每種電流量][各 10 只][　　]

[指示燈燈泡][各種顏色][各 10 只][　　]

[控制開關組][各種型式][各 10 只][　　]

# 3.施工

## 3.1 安裝

3.1.1 每一配電盤均應按設計圖位置安裝，並符合[NEMA SG4 第六部分][　　]之規定及建議。

3.1.2 每一箱體均應接地並依設計圖與接地系統連接。

3.1.3 安裝在乾燥區域，無灰塵，且無濕氣凝結顧慮之場所。

3.1.4 接地工作按屋內線路裝置施工，並以 100° PVC 線及 2.5mm（1 英吋）PVC 管接入原變電站內接地接線箱內。

## 3.2 現場試驗及檢查

施工完畢後，委託政府核可之[檢驗機構][技術顧問團體]辦理用電設備之檢驗。至少包含下列項目：

3.2.1 配電盤、比壓、比流器試驗。

3.2.2 斷路器試驗。

3.2.3 絕緣電阻、耐壓、接觸電阻試驗。

3.2.4其他台灣電力公司規定之檢驗項目，並應提送測試作業計畫，由工程司核定後執行之。

### 3.3 檢驗

3.3.1 依規定進行產品及施工檢驗，項目如下：

| 名　稱 | 檢驗項目 | 依據之方法 | 規範之要求 | 頻　率 |
| --- | --- | --- | --- | --- |
| 配電盤試驗 | | | | [1 次]<br>[每批 1 次]<br>[提出檢驗試驗報告，不必抽驗]<br>[　　] |
| 比壓器試驗 | | | | |
| 比流器試驗 | | | | |
| 斷路器試驗 | | | | |
| 絕緣電阻試驗 | | | | |
| 耐壓試驗 | | | | |
| 接觸電阻試驗 | | | | |

### 3.4 訓練

[承包商於本工程測試完畢經洽業主決定適當時間，負責提供人員訓練，訓練業主指派之操作及維修人員][　　]，[並且在訓練開始前一個月提供訓練計畫書，計畫書內容包括訓練課程、訓練地點及負責訓練人員等送業主和工程司認可後實施][　　]。

## 4.計量與計價

### 4.1 計量

依契約有關項目以[一式][實作數量][契約數量]計量，[備品數量予以計量]。

### 4.2 計價

4.2.1 依契約有關項目以[一式][實作數量][契約數量]計價，[備品數量予以計價]。

4.2.2[單價已包括所需之一切人工、材料、機具、設備、動力、運輸、測試及其他為完成本工作所需之費用在內]。

# 1-3 16471 分電箱製造規範

## 1. 通則

### 1.1 本章概要

本章涵蓋配電及照明分電箱及其附件之設計、供應、安裝及試驗。

### 1.2 相關章節

1.2.1 第01330 章--資料送審

1.2.2 第01450 章--品質管理

1.2.3 第16010 章--基本電機規則

1.2.4 第16140 章--配線器材

### 1.3 相關準則

1.3.1 中國國家標準（CNS）

(1)CNS 13542 C4470 低電壓金屬閉鎖型配電箱

(2)CNS 13543 C3210 低電壓金屬閉鎖型配電箱檢驗法

(3)CNS3807 C4128 單相分電箱

(4)CNS5314 C4172 配電箱

1.3.2ANSI Z55.1 工業器具及設備之灰色表層處理

1.3.3ASTM B187 銅匯流排，棒及型式（Shapes）

1.3.4IEEE 100 IEEE 電機及電子術語標準字典

1.3.5 NEMA

(1)NEMA AB1 無熔線斷路器

(2)NEMA ICS6 工業控制系統之箱體設備

(3)NEMA PB1 分電箱

1.3.6NFPA 70 美國國家電機法規

1.3.7UL 標準 67 電機分電箱（僅適用於組件）

### 1.4 品質保證

1.4.1 品質保證工作之執行應符合分電箱相關準則之要求，並應依據第16010 章「基本電機規則」及其它測試之規定進行測試。

### 1.5 資料送審

1.5.1 資料提送審查應依據第01330 章「資料送審」及本節之規定辦理。

(1) 分電箱負載表／附最新 kW 負載內容。

(2) 每一種尺寸分電箱之外形圖及構造圖、結線圖。

(3) [除竣工圖之規定外，承包商於完成試驗及人員訓練後應將本工程之設備結線圖、技術資料、操作及維護手冊等圖面文件至少五份，裝訂成冊送請工程司審核認可，以供將來保養維護之依據]。



### 1.6 保固

1.6.1 承包商對本工程所用器材、設備之功能，除另有規定者外，應自[正式驗收日起保固，保固期依契約規定]。

1.6.2 承包商應於工程驗收後[出具保固保證書，由工程司核存]；在保固期間，如因器材、設備或施工不良而發生故障、漏電或損壞等情事，承包商應即免費修復或依規範所訂規格另行更換新品。

## 2.產品

### 2.1 設計要求

2.1.1 通則：所有分電箱應符合[CNS 5314 或CNS 3807]，之相關規定，並符合圖及負載表所示之額定短路電流，所有分電箱之主開關及分路開關之啓斷容量亦應符合圖及負載表所示。

2.1.2 分電箱

(1) 分電箱應包含所示之[斷路器、照明遙控所需之接觸器、轉換器及其他有關之設備]。所有分電箱均應有一條接地匯流排[及一絕緣之中性匯流排]。所有接地導線及金屬導管均應接通接地匯流排。匯流排均應有承受短路電流之能力。

(2) 除另有規定者外，分電箱所有內外鋼板表面均應清理乾淨，[並以磷酸或類似之處理進行工廠塗裝]，塗裝表面顏色需經業主及工程司核可，包含正面前緣、門、襯箱亦以此種表面處理。

(3) 應有個別刻字之名牌。依第16140 章「配線器材」或相關章節之規定對每一回路註明各回路所供負載名稱或盤名。[另附至少10 塊7 × 20cm 維修用標示板，紅底白字、附磁鐵，標示“維修中，勿啓動”字樣]。

(4) 分電箱應相序統一、廠內成品、正面不帶電、鉸鏈門、附鎖把手及一打字印妥之回路說明表。[每一分電箱應有兩支鑰匙。所有分電箱的鑰匙應相同，鑰匙在上鎖及打開之位置時均可抽出]。

(5) 承包商應與建築之承包商協調關於箱體之大小及按裝之位置。

2.1.3 箱體

(1) 箱體接縫、邊緣應使用焊接製成，箱體正面四周為平整之摺邊構造，應有正面前緣之安裝表面及支持其內部裝置之安裝板或突起面。

(2) 除另有規定者外，戶內安裝之箱體應為一般用途之分電箱。

(3) 箱體之尺寸應使配線槽之寬度符合規定，但在任何情形下，每邊應不少於[120mm]。

(4) 箱體在其上下方均應預留導管之入口。

2.1.4 內部構成

(1) 內部構成應為可裝拆自立式，含分電箱主匯流排、開關、及所示之電磁接觸器及電線端子，並應採用前方可裝卸之螺栓固定。所有匯流排及端子均應為[成型（DICAST）之銅製品]，並應全部[鍍錫]。

(2) 所有匯流排應有供銅導線用之端板。主端板之大小應配合銅線之尺寸，並應設在圖示之位置，亦應符合第16010章「基本電機規則」之一般要求規定。

(3) 主匯流排之大小及構造應能承受所示之短路電流。

(4) [中性匯流排應設在分電箱內與主匯流排接頭相反的另一端，並留有一主端板供幹線中性導線連接]。

(5) 接地匯流排應有主端板供幹線接地導線之連接。

2.1.5 開關

(1) 開關須為無熔線式，[附熱磁跳脫]、[電磁式]或[電子式]，啓斷容量並與圖示相符。[框架容量（AF），大於圖說所示，亦可接受]。

(2) [無熔線斷路器可在不影響其他電路或匯流排情形下可予更換]。無熔線斷路器應以手撥式操作柄，並應有快閉快斷之開關機構，以使無熔線斷路器在短路電流時能自由跳脫，無熔線斷路器之正面應清楚標示OFF及ON之位置，[額定電流300A以上時無熔線斷路器之正面應有操作之跳脫按鈕以使無熔線斷路器機械跳脫]。所有多極無熔線斷路器之構造均應確保同時開啓、閉合及跳脫功能。

(3) 多極性無熔線斷路器應為單一裝置，[僅有一個操作桿，並為共同跳脫]。

(4) 接線端子應為[螺絲式接頭]。

(5) [備用無熔線斷路器係採預留可拆裝式，且匯流排及相關配件亦須預留妥當]。

(6) 箱內分路無熔線斷路器應標示額定電流及啓斷容量。

2.1.6 面板

(1) 分電箱面板須如圖示採露出式或嵌入式安裝，所有蓋板均應採半隱藏鋼鉸鏈門。

(2) 每一門之內部應有資料夾內放回路說明表。[每一無熔線斷路器應有永久固定之順序號碼，均自1號開始]

## 2.2 製造

應依第16010章「基本電機規則」及CNS 5314或CNS 3807之一般要求之規定製造。

## 2.3 試驗

除依[第16010章「基本電機規則」]之一般要求中適用之試驗要求辦理，必要時業主及工程司可要求中間檢查，[400A以上無熔線斷路器需經台電公司大電力試驗中心審定，其它規格需經商檢局檢定]。

# 3.施工

### 3.1 安裝

全部安裝工作應依製造廠印製之說明辦理。

### 3.2 現場試驗

設備經安裝、檢查及處在運轉狀況後，應做現場試驗。此現場試驗應證明該設備及組件之功能符合規範之全部運轉要求。

### 3.3 訓練

[承包商於本工程測試完畢經洽業主決定適當時間，負責提供人員訓練，訓練業主指派之操作及維修人員]，[並且在訓練開始前一個月提送訓練計畫書，計畫書內容應包括訓練課程、訓練地點及負責訓練人員等送業主和工程司認可後實施]。

## 4.計量與計價

### 4.1 計量

依契約有關項目以 [實作數量]或[契約數量]計量。

### 4.2 計價

4.2.1 依契約有關項目以 [實作數量]或[契約數量]計價。

4.2.2[單價已包括所需之一切人工、材料、機具、設備、動力、運輸、測試、檢驗、試驗及其他為完成本工作所必需之費用在內]。

## 1-4 CNS 13542, C 4470 摘錄 -10-

7.4.2 電線被覆之色別：依表 6 所示。但是，遮蔽線等之特殊電線可不按照該規定。

表 6

| 電路之種類 | 電線被覆之顏色 |
| --- | --- |
| 一般 | 黃(4) |
| 接地線(5) | 綠(6) |

註：(4) 在主電路使用特殊之絕緣電線時，亦可使用黑色。

(5) 在此所稱之接地線，係電路或者是機器為了接地之目的所用之配線者。

(6) 使用綠色以外之不得已情況下，其電線被覆之末端施以綠色。

7.4.3 配線方式：低電壓金屬閉鎖型配電箱之(控制電路之)配線以及用本基準作配線如下。

(1) 配線方式：可使用線槽配線方式及束線配線方式。

(2) 配線之固定部之構造：於配線之固定部，如係使用金屬固定物，不得直接壓著電線固定之。

(3) 配線之端子連接方法：配線之端子連接應採用適當之方法以避免斷線、連接不良、接觸不良、錯接觸等現象。

(4) 配線之分歧：配線應於器具端子、端子台或於連接器具上做分歧。

7.5 匯流排及連接導體

7.5.1 材料：匯流排及連接導體所使用之材料為銅，須有足夠之容量，以滿足額定電流及額定短時間電流。但儀器用比壓器之一次側電路等如在低電壓金屬閉鎖型配電箱內部之終端機器之連接導體，只要其具有足夠之容量，以滿足短路電流及電流容量，則不在此限。

7.5.2 絕緣支持物：應使用和於額定電壓之無機或耐燃性有機絕緣物，且其構造能耐短路時所引起之衝擊者。

7.5.3 絕緣被覆：G 型低電壓金屬閉鎖型配電箱及由此所連接之 G 型低電壓金屬閉鎖型匯流排，其匯流排連接導體及連接部等須以耐燃性絕緣物絕緣。絕緣程度，是於導體與絕緣物表面施加 2 E + 1000 V (E 為電路之額定絕緣電壓)之電壓，能耐 1 分鐘為準。匯流排及連接導體之連接部，應在工廠內完成絕緣被覆。但輸送時之個別場所等須於現場連接者，製造廠應附說明書及絕緣材料於現場施行。

7.6 器具及導體之配置和色別：

7.6.1 器具及導體之配置：依據交流之相或是直流之極性。

- 於盤上器具或是試驗用端子之配置，面對各別之監視控制面。
- 主電路導體於各電路部分主要的開關器之操作裝置側，或以該側為準視之，分別依下述規定施行。

(1) 依交流之相配置：

(a)三相電路

左右時，由左而右依序為第1相，第2相，第3相，中性線。

上下時，由上而下依序為第1相，第2相，第3相，中性線。

前後時，由前而後依序為第1相，第2相，第3相，中性線。

(b)單相電路：

左右時，由左而右依序為第1線，中性線，第2線。

上下時，由上而下依序為第1線，中性線，第2線。

前後時，由前而後依序為第1線，中性線，第2線。

## 1-5 CNS 13542, C 4470 摘錄 -11-

(2)依直流之極性配置

左右時，由左而右依序為負極(N)，正極(P)

上下時，由上而下依序為正極(P)，負極(N)

前後時，由前而後依序為正極(P)，負極(N)

說明(1)主電路相配置之交換；如次所示，為使個別之相配置一致，各相之導體交叉但從絕緣和機械的強度考慮有問題時，各相之導體也可不交叉連接。

(a)低電壓金屬閉鎖型配電箱面對盤之正面，但在低電壓金屬閉鎖型匯流排等不同組間連接。

(b)從抽出和操作之情況，儀器用比壓器等端子位置及相表示和低電壓金屬閉鎖型配電箱之導體之相配置不致。

該情況再一次側之配置交換，二次配線隨之進行交換，但在盤面安裝之電驛等之配置不交換。

(2)導體之配置：按照本說明導體之配置於構造上有困難時，得不依照本規定。但是將在必要的處所依據7.6.2節施行色別，明示相和極性。

7.6.2 主電路導體之色別：主電路導體施行色別時，依據如下之規定於其端部之部分實施之。

(1)交流相之色別

(a) 三相電路(三相四線式)

| | |
|---|---|
| 第1相 | 紅色 |
| 第2相 | 白色 |
| 第3相 | 藍色 |
| 中性線 | 黑色 |

(b) 單相電路(單相三線式)

| | |
|---|---|
| 第1線 | 紅色 |
| 中性線 | 黑色 |
| 第2線 | 藍色 |

但從三相電路分歧之單相電路，其色別應與分歧前相同。

(c) 直流極性之色別

正極(P)　　　　　　　　　　紅色

負極(N)　　　　　　　　　　藍色

7.7 接地

7.7.1 接地匯流排：依電壓金屬閉鎖型配電箱為複數盤並列時，以 25mm * 3mm 以上之銅製接地匯流排跨接之，將其他接地線接於此匯流排上。

7.7.2 接地線：機器及電路依據電氣設備技術基準，均以適當大小之接地線施行接地。接地線之大小如附圖。儀器用之比壓器、此流器之二次及三次之接地線，其使用之電線依 CNS 679 【600 V 塑膠 (聚氯乙烯 )絕緣電線(IV)】或 CNS 6070 【電機器具用聚氯乙烯絕緣電線(KIV)】之規定。

7.7.3 金屬箱之接地：金屬箱均須作接地匯流排和電氣的連接。盤之隔離板等非充電部之金屬部分以金屬螺栓固定或焊接，故和金屬箱有電氣的連接，又箱門之 O 鏈為金屬製者。

7.7.4 抽出型機器之接地：抽出型斷路器、比壓器等之外框，於接地匯流排以導電體連接，抽出本體時均可容易的取下。

7.7.5 固定型機器之接地：固定型斷路器、比壓器等之外框，於接地匯流排以導電體連接。又，斷路器、比壓器等無本身外框之機器的安裝座等，將以金屬螺栓緊緊作為接地。

## 1-6 CNS 3990, C 4130 摘錄 -14-

2. 型式記號原則上以下面所示組合範圍為之。

| | X | Y | W |
|---|---|---|---|
| M | — | — | MW, MWG |
| P | — | — | PW, PWG |
| C | CX | CY | CW |

3. 如為將機能單位之複數個收容在 1 垂直單位面的多疊層裝甲型或隔間型配電箱及控制箱時，則 1 垂直單位面內之電纜隔間即使不加以區分亦可。

5.202 匯流排及接導體

5.202.1 材料：匯流排及接續導體係使用鋁或銅，且在規定條件下，即使流通以額定電流，額定短時間耐電流急額定尖峰奈電流，一須能對之充分耐得住史可。但是，諸如儀表用比壓器、幣雷器等，主迴路之道答位在金屬閉鎖型配電箱及控制箱內部終端構建之接續導體，則即使耐不住額定短時間耐電流急額定尖峰奈電留意可，至於電流容量等方面如無問題的話，則使用其他導電材料亦可。

5.202.2絕緣支持物:匯流排及接續導體之絕緣支持物須採用無機絕緣物或難燃性有機絕緣物，且須作成對短路時會產生衝擊等可充分耐得住之支持構造。

5.202.3絕緣被附：在型式稱呼之第3記號G型的金屬閉鎖型配電箱及控制設備中，其匯流排、接續導體及接續部須完全以難燃性絕緣物被附之。在導體與絕緣物表面之間，絕緣被複材料之對於額定電壓至少應可以耐1分鐘始可。

匯流排及接續導體之接續部須於製作工廠內作好絕緣被覆。

對於需在工地現場進行接續之接續部絕緣，則須提供以依製造業者的使用說明書而能夠施工之絕緣物。

備註：絕緣被覆乃是為防止在裸的會排流或接續導體所可能因異物的瞬間接觸事故之發生及擴大時所需之物。

至於人體接觸到絕緣物表面則未必保證安全。

5.203配線及配線方式：使用600V以下絕緣電線的迴路之配線及配線方式則一下面之規定。

5.203.1電線之種類：配線方面使用之電線，原則上採用CNS 679 【600 V塑膠（聚氯乙烯）絕緣電線(IV)】或CNS 6070 【電機器具用聚氯乙烯絕緣電線(KIV)】中所規定之電線。

輔助迴路用電線之傑面積原則上採用1.25mm²之電線，而儀表用比壓器、比流器二次回錄用電線之傑面積原則上採用2mm²之電線。但是，對於電流容量及電壓下降並無障礙，且能取得保護協調的畫，則採用較此微細的電線亦可。

5.203.2電線被附之色別：電線之貝負顏色以表7之所示型之。但遮蔽(shield)線及裸線等特殊電線則不依規定亦可。

| 迴路之種類 | 被覆之顏色 |
|---|---|
| 一般(含低壓主迴路) | 黃[16] |
| 接地線[17] | 綠[18] |

註[16]：於主迴路上使用特殊之絕緣之絕緣電線時，亦可為黑色。

## 1-7 CNS 3990, C 4130 **摘錄** -16-

一部份之上。

(1)三相回路

| | |
|---|---|
| 第1相 | 紅 |
| 第2相 | 白 |
| 第3相 | 藍 |
| 零相及中性線 | 黑 |

(2)單相回路

| | |
|---|---|
| 第1線 | 紅 |
| 中性線 | 黑 |
| 第2線 | 藍 |

但是，由三相回路分歧之單相回路中，則以分歧前之色別為之。

備註：依直流之極性其色別規定如下：

| | |
|---|---|
| 正極(P) | 紅 |
| 負極(N) | 藍 |

5.205 名稱銘板及用途銘板：於金屬閉鎖型配電箱及控制箱上鎖安裝之名稱銘板及用途銘板，其規定如下。

5.205.1 材料：以數之CNS2278【一般用巨甲基丙烯酸甲之數之板】或CNS3142【聚氯乙烯塑膠板】中之規定者或同等以上品質者或金屬微之。

5.205.2 形狀和尺寸：外型型狀及外型尺寸，以表8 極表9 為標準。

## 1-8 施工規範目錄 1/2

| 勾選納入施工規範目錄之項目 | | |
|---|---|---|
| **01 一般要求** | | |
| ☐ 01330 資料送審 | ☐ 01532 開挖臨時覆蓋板及其支撐 | ☐ 01725 施工測量 |
| ☐ 01526 施工架 | ☐ 01581 工程告示牌 | ☐ 01510 臨時設施 |
| ☐ 01574 勞工安全衛生 | ☐ 01450 品質管制 | ☐ 01564 施工圍籬 |
| ☐ 01421 規範定義 | ☐ 01556 交通維持 | ☐ 01521 施工中安全防護網 |
| | | ☐ 01572 環境保護 |
| **02 現場工作** | | |
| ☐ 02218 鑽探及取樣 | ☐ 02336 路基整理 | ☐ 02620 地下排水 |
| ☐ 02220 工地拆除 | ☐ 02342 地工織物 | ☐ 02631 進水井、沉砂井及人孔 |
| ☐ 02231 清除及掘除 | ☐ 02343 高壓噴射水泥樁 | ☐ 02726 級配粒料底層 |
| ☐ 02240 袪水 | ☐ 02373 蛇籠 | ☐ 02741 瀝青混凝土之一般要求 |
| ☐ 02252 公共管線系統之保護 | ☐ 02381 拋石 | ☐ 02742 瀝青混凝土鋪面 |
| ☐ 02253 建築物及構造物之保護 | ☐ 02384 混凝土錨塊 | ☐ 02745 瀝青透層 |
| ☐ 02255 臨時擋土樁設施 | ☐ 02385 坡面工 | ☐ 02747 瀝青黏層 |
| ☐ 02256 臨時擋土支撐工法 | ☐ 02386 砌排石工 | ☐ 02751 水泥混凝土鋪面 |
| ☐ 02259 開挖安全監測 | ☐ 02457 預力混凝土基樁 | ☐ 02764 標記 |
| ☐ 02261 圍堰 | ☐ 02463 鋼板樁 | ☐ 02770 緣石及緣石側溝 |
| ☐ 02266 連續壁 | ☐ 02468 反循環式鑽掘混凝土基樁 | ☐ 02778 人行道面層 |
| ☐ 02291 工程施工前鄰近建築物現況調查 | ☐ 02469 全套管式鑽掘混凝土基樁 | ☐ 02779 人行道底層 |
| ☐ 02316 構造物開挖 | ☐ 02472 場鑄水泥砂漿樁 | ☐ 02781 人行道更新 |
| ☐ 02317 構造物回填 | ☐ 02492 預力地錨 | ☐ 02891 標誌 |
| ☐ 02319 選擇材料回填 | ☐ 02496 基樁載重試驗 | ☐ 02892 反光導標 |
| ☐ 02320 不適用材料 | ☐ 02501 管線工程通則 | ☐ 02898 標線 |
| ☐ 02321 基地及路幅開挖 | ☐ 02502 地下管線埋設 | ☐ 02899 回復型警示桿 |
| ☐ 02322 借土 | ☐ 02610 排水管涵 | ☐ 02920 植草 |
| ☐ 02323 棄土 | ☐ 02611 排水渠道 | ☐ 02931 植樹 |
| ☐ 02331 基地及路堤填築 | | ☐ 02933 地被植物及草花之種植 |
| | | ☐ 02961 瀝青混凝土面層刨除 |
| | | ☐ 02966 再生瀝青混凝土 |
| **03 混凝土** | | |
| ☐ 03050 混凝土基本材料及施工方法 | ☐ 03220 熔接鋼線網 | ☐ 03380 後拉法預力混凝土 |
| ☐ 03110 場鑄結構混凝土用模板 | ☐ 03231 預力鋼腱及端錨 | ☐ 03390 混凝土養護 |
| ☐ 03150 混凝土附屬品 | ☐ 03310 結構用混凝土 | ☐ 03432 後拉法預力混凝土梁 |
| ☐ 03210 鋼筋 | ☐ 03350 混凝土表面修飾 | ☐ 03433 先拉法預力混凝土梁 |
| ☐ 03211 植筋 | ☐ 03371 無收縮混凝土 | ☐ 03601 無收縮水泥砂漿 |
| | ☐ 03372 噴凝土 | ☐ 03602 加強水泥砂漿墊 |
| **04 圬工** | | |
| ☐ 04061 水泥砂漿 | ☐ 04211 砌紅磚 | ☐ 04220 混凝土磚 |
| | | ☐ 04270 玻璃磚 |
| **05 金屬** | | |
| ☐ 05081 熱浸鍍鋅處理 | ☐ 05520 扶手及欄杆 | ☐ 05823 人造橡膠支承墊 |
| ☐ 05091 焊接 | ☐ 05522 金屬橋欄杆 | ☐ 05841 剪力鋼棒 |
| ☐ 05501 一般鋼構件 | ☐ 05562 鑄鐵件 | |
| **06 木作及塑膠** | | |
| ☐ 06100 粗木作 | ☐ 06200 細木作 | ☐ 06411 櫥櫃 |
| | | ☐ 06430 木作樓梯及扶手 |

# 施工規範目錄2/2

| 勾選納入施工規範目錄之項目 | | |
|---|---|---|
| **07 隔熱及防潮工程** | | |
| ☐07112 防水水泥砂漿粉刷 | ☐07133 塑膠薄膜防水層 | ☐07811 一般防火被覆 |
| ☐07121 橡化瀝青防水膜 | ☐07505 屋頂防水層 | ☐07842 阻火材料 |
| | | ☐07921 填縫材 |
| **08 門窗** | | |
| ☐08110 鋼門扇及門樘 | ☐08210 木門 | ☐08550 木窗 |
| ☐08120 鋁門扇及門樘 | ☐08229 塑鋼門 | ☐08569 塑鋼窗 |
| ☐08130 不銹鋼門扇及門樘 | ☐08331 鐵捲門 | ☐08710 門五金 |
| ☐08170 防火金屬門扇及門樘 | ☐08520 鋁窗 | ☐08750 窗五金 |
| | ☐08530 不銹鋼窗 | ☐08810 玻璃 |
| **09 裝修** | | |
| ☐ 09220 水泥砂漿粉刷 | ☐ 09513 岩棉裝飾吸音天花板 | ☐ 09653 聚胺酯材料舖設 |
| ☐ 09261 石膏板輕隔間 | ☐ 09516 玻纖天花板 | ☐ 09681 人造地毯 |
| ☐ 09262 預貼壁布石膏板輕隔間 | ☐ 09548 鋁板條天花系統 | ☐ 09721 塑膠耐燃壁布 |
| | ☐ 09549 鋁板天花板 | ☐ 09722 捲毛壁布 |
| ☐ 09310 瓷磚 | ☐ 09561 石膏板天花板 | ☐ 09774 踢腳 |
| ☐ 09341 舖地磚 | ☐ 09582 懸吊鋁格柵天花板 | ☐ 09780 洗石子 |
| ☐ 09342 石材磚舖貼 | ☐ 09611 整體粉光地坪處理 | ☐ 09781 斬石子 |
| ☐ 09343 牆面貼壁磚 | ☐ 09621 耐磨地坪 | ☐ 09812 噴灑吸音材料 |
| ☐ 09410 水泥磨石子 | ☐ 09622 環氧樹脂砂漿地坪 | ☐ 09912 水泥漆 |
| ☐ 09421 磨石子地磚 | ☐ 09623 塑膠地磚 | ☐ 09914 乳化塑膠漆 |
| ☐ 09512 玻纖吸音貼布天花 | ☐ 09637 石材地坪 | ☐ 09961 環氧樹脂漆 |
| | ☐ 09642 木作地板 | ☐ 09973 一般鋼材塗裝 |
| **10 特殊設施** | | |
| ☐ 10272 鋁合金高架地板 | | |
| **13 特殊構造物** | | |
| ☐ 13100 避雷設備 | ☐ 13912 排煙用風管 | ☐ 13956 固定式泡沫滅火設備 |
| ☐ 13705 門禁對講設備 | ☐ 13921 固定式消防用水泵 | ☐ 13960 二氧化碳滅火設備 |
| ☐ 13851 火警警報設備 | ☐ 13931 密閉濕式自動撒水設備 | ☐ 13968 低污染氣體滅火設備 |
| ☐ 13911 消防管材及施工方法 | | ☐ 13975 消防栓及連結送水管設備 |
| **15 機械** | | |
| ☐ 15105 管材 | ☐ 15623 螺旋式冰水機組 | ☐ 15831 離心式風機 |
| ☐ 15110 閥 | ☐ 15641 模組式冷卻水塔 | ☐ 15832 軸流式風機 |
| ☐ 15141 給水管線系統 | ☐ 15642 圓形冷卻水塔 | ☐ 15833 動力通風機 |
| ☐ 15151 衛生排水管線系統 | ☐ 15731 一般用空調箱型機組 | ☐ 15834 小型冷風機 |
| ☐ 15410 給排水及衛生器具 | ☐ 15732 電腦室專用空調箱型機組 | ☐ 15911 空調系統監視及控制設備 |
| ☐ 15621 離心式冰水機組 | | |
| ☐ 15622 往復式冰水機組 | ☐ 15811 空調通風用風管 | ☐ 15950 測試、調節及平衡 |
| **16 電機** | | |
| ☐ 16010 基本電機規則 | ☐ 16123 控制用電線及電纜 | ☐ 16471 分電箱 |
| ☐ 16051 防爆器材 | ☐ 16132 導線管 | ☐ 16510 屋內照明設備 |
| ☐ 16061 接地 | ☐ 16133 電機接線盒及配件 | ☐ 16525 道路照明 |
| ☐ 16120 電線及電纜 | ☐ 16321 高壓配電盤 | ☐ 16530 緊急照明設備 |
| ☐ 16122 高電壓電纜 | ☐ 16401 低壓配電盤 | ☐ 16581 照明控制開關 |
| | | ☐ 16781 緊急廣播設備 |

## 1-9 自備變電站設備竣工檢測及定期維護檢測規範表（一）

| 最大使用電壓 | | 竣工檢測規範 | | | | | | | | | 定期檢測規範 | | |
|---|---|---|---|---|---|---|---|---|---|---|---|---|---|
| | | 被測設備名稱 | 檢測項目 | 加壓規範 | 新品 | 良好(G) | 劣化(D)尚堪用 | 待檢(I) | 不良(B) | 試測儀器 | | 檢測項目 | 加壓規範 |
| 161KV | 1 | GIS 斷路器 | AC 60Hz 耐壓測試 | AC-0~260KV | (Un×2×0.8) 260KV連續加壓1分鐘無異狀即可 | | | | | AC-300KV升壓器 | 1 | 檢視壓力表 | 每10年大保養乙次 |
| | | | | AC-0~140KV | (1.5×Uo) 140KV連續加壓10分鐘無異狀即可 | | | | | AC-150KV升壓器 | | | |
| | | | 介質電力因數 | AC-10KV | 0.5%↓ | 1%↓ | 1~3% | 3~5% | 5%↑ | 10KV PF測試器 | | SF6露點分析 | 露點含水量≦-15(℃) |
| | | | 接觸電阻 | 電流200A以上 | 800A 200μΩ↓ | 1000A 150μΩ↓ | 1200A 100μΩ↓ | 1500A 100μΩ↓ | 2000A 85μΩ↓ | 低阻器 | | SF6純度分析 | 純度≧95(%) |
| | | | 三相動作同步比較 | | 三相動作時間誤差不得高於4.2ms | | | | | 三相ON-OFF同步測試器 | | 各部接地電阻 | 須0.5Ω以下 |
| | 2 | GCB 斷路器 VCB OCB ABS (DS) | DC耐壓-絕緣介質吸收 | DC-80-160-240KV | 2000MΩ↑ | 1600MΩ↑ | 800MΩ | 400MΩ | 400MΩ↓ | DC-300KV升壓器 | 2 | DC耐壓-絕緣 | DC-100KV-1分鐘-絕緣值 |
| | | | | DC 80-160KV加壓1分鐘，240KV耐壓10分鐘，耐壓絕緣值以240KV加壓1分鐘時洩漏值計算之。 | | | | | | | | | |
| | | | 介質電力因數 | AC-10KV | 0.5%↓ | 1%↓ | 1~3% | 3~5% | 5%↑ | 10KV PF測試器 | | 介質電力因數 | AC-10KV,測試PF值 |
| | | | 接觸電阻 | 電流200A以上 | 800A 200μΩ↓ | 1000A 150μΩ↓ | 1200A 100μΩ↓ | 1500A 100μΩ↓ | 2000A 85μΩ↓ | 低阻器 | | 接觸電阻 | 電流200A |
| | | | 三相動作同步比較 | | 三相動作時間誤差不得高於4.2ms | | | | | 三相ON-OFF同步測試器 | | 三相動作同步比較 | 三相動作時間誤差不得高於4.2ms |
| | 3 | LA避雷器168KV | DC耐壓-絕緣介質吸收 | DC-160KV | 2000MΩ↑ | 1600MΩ↑ | 800MΩ | 400MΩ | 400MΩ↓ | DC-300KV升壓器 | 3 | DC耐壓-絕緣 | DC-100KV-1分鐘-絕緣值 |
| | 4 | Power Cable 電力電纜 | DC耐壓-絕緣介質吸收 | DC-80-160-240KV | 2000MΩ↑ | 1600MΩ↑ | 800MΩ | 400MΩ | 400MΩ↓ | DC-300KV升壓器 | 4 | DC耐壓-絕緣 | DC-100KV-1分鐘-絕緣值 |
| | | | | 新品3Uo－280KV－10分鐘，耐壓絕緣值以240KV加壓1分鐘時洩漏值計算之。 | | | | | | | | | |
| | | | AC 耐壓測試 | 1φ60Hz Uo 加壓5分鐘， 再昇壓至√3Uo 加壓5分鐘 | | | | | | | | | |
| | | DS 前電力電纜 | 輸電線路常數乃送電前須測試電源電纜之正相阻抗、零相阻抗、正相導納值、供台電設定保護協調 | | | | | | | | | | |
| | 5 | TR PT CT 礙子 | DC耐壓-絕緣介質吸收 | DC-80-160-240KV | 2000MΩ↑ | 1600MΩ↑ | 800MΩ | 400MΩ | 400MΩ↓ | DC-300KV升壓器 | 5 | DC耐壓-絕緣 | DC-100KV-1分鐘-絕緣值 |
| | | | 介質電力因數 | AC-10KV TR(油) | 0.5%↓ | 1%↓ | 1~3% | 3~5% | 5%↑ | 10KV PF測試器 | | 絕緣油 | 油中氣體分析、破壞電壓、酸價「依絕緣油項次（39）判別」 |
| | | | | PT.CT(油) | 1.0%↓ | 2%↓ | 2~3.5% | 3.5~5% | 5%↑ | | | | |
| | | | | PT.CT(SF6) | 1.0%↓ | — | — | — | — | | | | |
| | | | 匝比 | 用TTR匝比器檢測其一次側與二次側相對稱之匝數比，其誤差值應低於±0.5%即可 | | | | | | | | | |
| | | | 線圈電阻 | 用線圈電阻測試器檢測一次側及二次側之線圈電阻值，其相與相誤差值應低於±5%即可 | | | | | | | | | |
| | 6 | 系統AC遞昇加壓 | 用三相遞升加壓車，由變壓器二次側慢慢加壓至額定110%，且連續加壓10分鐘無異狀即可。(60Hz) | | | | | | | | 6 | 系統DC耐壓 | DC-100KV-1分鐘-絕緣值 |
| | 7 | 保護電驛 | 本體特性 | 送電前先依台電公司核定之保護協調作始動值與2倍、3倍、5倍之動作時間值及模擬跳脫。 | | | | | | | 7 | 本體特性 | 始動值與2-3-5倍時間值 |
| | | | 接線測試 | 87L,87T,87B送電前須作短路試驗，送電後須測量電驛各相之電壓,電流,角度,差流,並校正特性。 | | | | | | | | 接線測試 | 量各相電壓電流角度 |

# 自備變電站設備竣工檢測及定期維護檢測規範表（二）

| 最大使用電壓 | | 竣工檢測規範 | | | | | | | | | | 定期檢測規範 | |
|---|---|---|---|---|---|---|---|---|---|---|---|---|---|
| | | 被測設備名稱 | 檢測項目 | 加壓規範 | 新品 | 良好(G) | 劣化(D)尚堪用 | 待檢(I) | 不良(B) | 試測儀器 | | 檢測項目 | 加壓規範 |
| 69KV | 8 | GIS 斷路器 | AC 60Hz 耐壓測試 | AC-0~110KV | (Um×2×0.8) 110KV連續加壓1分鐘無異狀即可 | | | | | AC-150KV升壓器 | 8 | 檢視壓力表 | 每10年大保養乙次 |
| | | | | AC-0~60KV | (1.5×Uo) 60KV連續加壓10分鐘無異狀即可 | | | | | AC-100KV升壓器 | | | |
| | | | 介質電力因數 | AC-10KV | 0.5% ↓ | 1% ↓ | 1~3% | 3~5% | 5% ↑ | 10KV PF測試器 | | SF6露點分析 | 露點含水量≦-5(℃) |
| | | | 接觸電阻 | 電流100A以上 | 600A 400μΩ↓ | 800A 200μΩ↓ | 1000A 150μΩ↓ | 1200A 150μΩ↓ | 1500A 100μΩ↓ | 低阻器 | | SF6純度分析 | 純度≧95(%) |
| | | | 三相動作同步比較 | | 三相動作時間誤差不得高於4.2ms | | | | | 三相ON-OFF同步測試器 | | 各部接地電阻 | 須5Ω以下 |
| | 9 | GCB 斷路器 VCB OCB ABS (DS) | DC耐壓-絕緣介質吸收 | DC-30-60-90KV | 2000MΩ↑ | 1200MΩ↑ | 600MΩ | 300MΩ | 300MΩ↓ | DC-100KV升壓器 | 9 | DC耐壓-絕緣 | DC-50KV-1分鐘-絕緣值 |
| | | | | DC 30-60KV加壓1分鐘，90KV耐壓10分鐘，耐壓絕緣值以90KV加壓1分鐘時洩漏值計算之。 | | | | | | | | | |
| | | | 介質電力因數 | AC-10KV | 0.5% ↓ | 1% ↓ | 1~3% | 3~5% | 5% ↑ | 10KV PF測試器 | | 介質電力因數 | AC-10KV,測試PF值 |
| | | | 接觸電阻 | 電流100A以上 | 600A 400μΩ↓ | 800A 200μΩ↓ | 1000A 150μΩ↓ | 1200A 150μΩ↓ | 1500A 100μΩ↓ | 低阻器 | | 接觸電阻 | 電流100A |
| | | | 三相動作同步比較 | | 三相動作時間誤差不得高於4.2ms | | | | | 三相ON-OFF同步測試器 | | 三相動作同步比較 | 三相動作時間誤差不得高於4.2ms |
| | 10 | LA避雷器72KV | DC耐壓-絕緣介質吸收 | DC-60KV | 2000MΩ↑ | 1200MΩ↑ | 600MΩ | 300MΩ | 300MΩ↓ | DC-100KV升壓器 | 10 | DC耐壓-絕緣 | DC-50KV-1分鐘-絕緣值 |
| | 11 | Power Cable 電力電纜 | DC耐壓-絕緣介質吸收 | DC-30-60-90KV | 2000MΩ↑ | 1200MΩ↑ | 600MΩ | 300MΩ | 300MΩ↓ | DC-120KV升壓器 | 11 | DC耐壓-絕緣 | DC-50KV-1分鐘-絕緣值 |
| | | | | 新品3Uo－120KV－10分鐘，耐壓絕緣值以90KV加壓1分鐘時洩漏值計算之。 | | | | | | | | | |
| | | | AC 耐壓測試 | 1φ60Hz　Uo 加壓 5 分鐘　，再昇壓至√3Uo 加壓 5 分鐘 | | | | | | | | | |
| | | DS 前電力電纜 | 輸電線路常數乃送電前須測試電源電纜之正相阻抗、零相阻抗、正相導納值、供台電設定保護協調 | | | | | | | | | | |
| | 12 | TR PT CT 礙子 | DC耐壓-絕緣介質吸收 | DC-30-60-90KV | 2000MΩ↑ | 1200MΩ↑ | 600MΩ | 300MΩ | 300MΩ↓ | DC-120KV升壓器 | 12 | DC耐壓-絕緣 | DC-50KV-1分鐘-絕緣值 |
| | | | 介質電力因數 | AC-10KV TR(油) | 0.5% ↓ | 1% ↓ | 1~3% | 3~5% | 5% ↑ | 10KV PF測試器 | | 絕緣油 | 油中氣體分析、破壞電壓、酸價「依絕緣油項次(39)判別」 |
| | | | | PT.CT(油) | 1.0% ↓ | 2% ↓ | 2~3.5% | 3.5~5% | 5% ↑ | | | | |
| | | | | PT.CT(SF6) | 1.0% ↓ | — | — | — | — | | | | |
| | | | 匝比 | 用TTR匝比器檢測其一次側與二次側相對稱之匝數比，其誤差值應低於±0.5%即可 | | | | | | | | | |
| | | | 線圈電阻 | 用線圈電阻測試器檢測一次側及二次側之線圈電阻值，其相與相誤差值應低於±5%為即可 | | | | | | | | | |
| | 13 | 系統AC遞昇加壓 | 用三相遞升加壓車，由變壓器二次側慢慢加壓至額定110%，且連續加壓10分鐘無異狀即可。(60Hz) | | | | | | | | 13 | 系統DC耐壓 | DC-50KV-1分鐘-絕緣值 |
| | 14 | 保護電驛 | 本體特性 | 送電前先依台電公司核定之保護協調作始動值與2倍、3倍、5倍之動作時間值及模擬跳脫。 | | | | | | | 14 | 本體特性 | 始動值與2-3-5倍時間值 |
| | | | 接線測試 | 87L,87T,87B送電前須作短路試驗，送電後須測量電驛各相之電壓,電流,角度,差流,並校正特性。 | | | | | | | | 接線測試 | 量各相電壓電流角度 |

# 自備變電站設備竣工檢測及定期維護檢測規範表（三）

| 最大使用電壓 | 竣工檢測規範 | | | | | | | | | | 定期檢測規範 | | |
|---|---|---|---|---|---|---|---|---|---|---|---|---|---|
| | | 被測設備名稱 | 檢測項目 | 加壓規範 | 新品 | 良好(G) | 劣化(D)尚堪用 | 待檢(I) | 不良(B) | 試測儀器 | | 檢測項目 | 加壓規範 |
| 22.8KV | 15 | GCB (24KV) VCB OCB LBS DS PF | DC耐壓-絕緣介質吸收 | DC-12-24-36KV | 1200MΩ↑ | 1000MΩ↑ | 500MΩ | 250MΩ | 250MΩ↓ | DC-60KV升壓器 | 15 | DC耐壓-絕緣 | DC-10KV-1分鐘-絕緣值 |
| | | | 介質電力因數 | AC-2.5KV-10KV | 1%↓ | 2%↓ | 2~3% | 3~5% | 5%↑ | 2.5-10KV PF測試器 | | 介質電力因數 | AC-2.5KV測試PF值 |
| | | | 接觸電阻 | 電流10A | 600A 400μΩ↓ | 800A 300μΩ↓ | 1000A 200μΩ↓ | 1200A 150μΩ↓ | 1500A 100μΩ↓ | 低阻器 | | 接觸電阻 | 電流10A |
| | | | 三相動作同步比較 | | 三相動作時間誤差不得高於4.2ms | | | | | 三相ON-OFF同步測試器 | | 三相動作同步比較 | 三相動作時間誤差不得高於4.2ms |
| | 16 | LA避雷器 18KV | DC耐壓-絕緣介質吸收 | DC-18KV | 1200MΩ↑ | 1000MΩ↑ | 500MΩ | 250MΩ | 250MΩ↓ | DC-60KV升壓器 | 16 | DC耐壓-絕緣 | DC-10KV-1分鐘-絕緣值 |
| | 17 | Power Cable 電力電纜 25KV | AC耐壓 | 1φ60Hz 相對地 | 新設可加AC電壓1.5Uo且連續加壓10分鐘無異狀即可（20KV 60Hz） | | | | | | 17 | DC耐壓-絕緣 | DC-10KV-1分鐘-絕緣值 |
| | | | DC耐壓-絕緣 | DC-12-24-36KV | 新設可加至3Uo−40kv−10分鐘,耐壓絕緣值以36kv1分鐘計 *[AC 0.1Hz 40KV(15分鐘)] | | | | | | | | |
| | 18 | TR(油) PT(油) CT 礙子 | DC耐壓-絕緣介質吸收 | DC-12-24-36KV | 1200MΩ↑ | 1000MΩ↑ | 500MΩ | 250MΩ | 250MΩ↓ | DC-60KV升壓器 | 18 | DC耐壓-絕緣 | DC-10KV-1分鐘-絕緣值 |
| | | | 介質電力因數 | AC-2.5KV TR(油) | 1%↓ | 2%↓ | 2~4% | 4~6% | 6%↑ | 2.5KV PF測試器 | | 絕緣油 | 油破壞電壓值與酸價值「依絕緣油項次（39）判別」 |
| | | | | TR(模鑄) | 1.5%↓ | 2.5%↓ | | | | | | | |
| | | | | TR(乾式) | 4%↓ | 6%↓ | 6~12% | 12~20% | 20%↑ | | | | |
| | | | | PT.CT(油) | 1%↓ | 3.5%↓ | 3.5~5% | 5~8% | 8%↑ | | | | |
| | | | | PT.CT(模鑄) | 2%↓ | 3.5%↓ | 3.5~5% | 5~8% | 8%↑ | | | | |
| | | | | PT.CT(乾式) | 6%↓ | 10%↓ | 10~20% | 20~35% | 35%↑ | | | | |
| | | | 匝比 | 用TTR匝比器檢測其一次側與二次側相對稱之匝數比，其誤差值應低於±0.5%即可 | | | | | | | | | |
| | 19 | 系統AC耐壓 | 開關盤內部設備 | 相對地及相間慢慢加AC電壓至1.5Uo且連續加壓10分鐘無異狀即可。(20KV,60Hz) | | | | | | | 19 | 系統DC耐壓 | DC-10KV-1分鐘-絕緣值 |
| | 20 | 保護電驛 | 本體特性 | 送電前先依台電公司核定之保護協調作始動值與2倍、3倍、5倍之動作時間值及模擬跳脫。 | | | | | | | 20 | 本體特性 | 始動值與2-3-5倍時間值 |
| | | | 接線測試 | 送電後須測量電驛各相之電壓、電流、角度、差流，並校正特性。 | | | | | | | | 接線測試 | 量各相電壓電流角度 |
| 11.4KV | 21 | GCB (12KV) VCB OCB LBS DS PF | DC耐壓-絕緣介質吸收 | DC-6-12-18KV | 1000MΩ↑ | 800MΩ↑ | 400MΩ | 200MΩ | 200MΩ↓ | DC-60KV升壓器 | 21 | DC耐壓-絕緣 | DC-10KV-1分鐘-絕緣值 |
| | | | 介質電力因數 | AC-2.5KV-10KV | 1%↓ | 2%↓ | 2~3% | 3~5% | 5%↑ | 2.5-10KV PF測試器 | | 介質電力因數 | AC-2.5KV測試PF值 |
| | | | 接觸電阻 | 電流10A | 600A 400μΩ↓ | 800A 300μΩ↓ | 1000A 250μΩ↓ | 1200A 200μΩ↓ | 1500A 150μΩ↓ | 低阻器 | | 接觸電阻 | 電流10A |
| | | | 三相動作同步比較 | | 三相動作時間誤差不得高於4.2ms | | | | | 三相ON-OFF同步測試器 | | 三相動作同步比較 | 三相動作時間誤差不得高於4.2ms |
| | 22 | LA避雷器 9KV | DC耐壓-絕緣介質吸收 | DC-9KV | 1000MΩ↑ | 800MΩ↑ | 400MΩ | 200MΩ | 200MΩ↓ | DC-60KV升壓器 | 22 | DC耐壓-絕緣 | DC-10KV-1分鐘-絕緣值 |
| | 23 | Power Cable 電力電纜 15KV | AC耐壓 | 1φ60Hz 相對地 | 新設可加AC電壓1.5Uo且連續加壓10分鐘無異狀即可（10KV 60Hz） | | | | | | 23 | DC耐壓-絕緣 | DC-10KV-1分鐘-絕緣值 |
| | | | DC耐壓-絕緣 | DC-6-12-18KV | 新設可加至3Uo−20kv−10分鐘,耐壓絕緣值以18kv1分鐘計 *[AC 0.1Hz 20KV(15分鐘)] | | | | | | | | |
| | 24 | TR(油) PT(油) CT 礙子 | DC耐壓-絕緣介質吸收 | DC-6-12-18KV | 1000MΩ↑ | 800MΩ↑ | 400MΩ | 200MΩ | 200MΩ↓ | DC-60KV升壓器 | 24 | DC耐壓-絕緣 | DC-10KV-1分鐘-絕緣值 |
| | | | 介質電力因數 | AC-2.5KV | 檢測規範同22.8KV等級介質電力因數 | | | | | 2.5KV PF測試器 | | 絕緣油 | 油破壞電壓值與酸價值 |
| | | | 匝比 | 用TTR匝比器檢測其一次側與二次側相對稱之匝數比，其誤差值應低於±0.5%即可 | | | | | | | | | |
| | 25 | 系統AC耐壓 | 開關盤內部設備 | 相對地及相間慢慢加AC電壓至1.5Uo且連續加壓10分鐘無異狀即可。(10KV,60Hz) | | | | | | | 25 | 系統DC耐壓 | DC-10KV-1分鐘-絕緣值 |
| | 26 | 保護電驛 | 本體特性 | 送電前先依台電公司核定之保護協調作始動值與2倍、3倍、5倍之動作時間值及模擬跳脫。 | | | | | | | 26 | 本體特性 | 始動值與2-3-5倍時間值 |
| | | | 接線測試 | 送電後須測量電驛各相之電壓、電流、角度、差流，並校正特性。 | | | | | | | | 接線測試 | 量各相電壓電流角度 |

# 自備變電站設備竣工檢測及定期維護檢測規範表（四）

| 最大使用電壓 | | 竣工檢測規範 被測設備名稱 | 檢測項目 | 加壓規範 | 新品 | 良好(G) | 劣化(D)尚堪用 | 待檢(I) | 不良(B) | 試測儀器 | | 定期檢測規範 檢測項目 | 加壓規範 |
|---|---|---|---|---|---|---|---|---|---|---|---|---|---|
| 4.16KV | 27 | GCB (12KV) VCB OCB LBS DS PF | DC耐壓-絕緣介質吸收 | DC-2-4-6KV | 500MΩ↑ | 400MΩ↑ | 200MΩ | 100MΩ | 100MΩ↓ | DC-10KV升壓器 | 27 | DC耐壓-絕緣 | DC-2.5KV-1分鐘-絕緣值 |
| | | | 介質電力因數 | AC-2.5KV | 1%↓ | 2%↓ | 2~3% | 3~5% | 5%↑ | 2.5KV PF測試器 | | 介質電力因數 | AC-2.5KV 測試PF值 |
| | | | 接觸電阻 | 電流10A | 600A 500μΩ↓ | 800A 400μΩ↓ | 1000A 300μΩ↓ | 1200A 200μΩ↓ | 1500A 150μΩ↓ | 低阻器 | | 接觸電阻 | 電流10A |
| | | | 三相動作同步比較 | | 三相動作時間誤差不得高於4.2ms | | | | | 三相ON-OFF同步測試器 | | 三相動作同步比較 | 三相動作時間誤差不得高於4.2ms |
| | 28 | LA避雷器 4.5KV | DC耐壓-絕緣介質吸收 | DC-4KV | 500MΩ↑ | 400MΩ↑ | 200MΩ | 100MΩ | 100MΩ↓ | DC-10KV升壓器 | 28 | DC耐壓-絕緣 | DC-2.5KV-1分鐘-絕緣值 |
| | 29 | Power Cable 電力電纜 6KV | AC耐壓 | 1φ60Hz 相對地 | 新設可加AC電壓1.5Uo且連續加壓10分鐘無異狀即可（4KV 60Hz） | | | | | | 29 | DC耐壓-絕緣 | DC-2.5KV-1分鐘-絕緣值 |
| | | | DC耐壓-絕緣 | DC-2-4-6KV | 新設可加至3Uo－8kv－10分鐘,耐壓絕緣值以6kv1分鐘計 * [AC 0.1Hz 8KV(15分鐘)] | | | | | | | | |
| | 30 | TR PT CT 礙子 | DC耐壓-絕緣介質吸收 | DC-2-4-6KV | 500MΩ↑ | 400MΩ↑ | 200MΩ | 100MΩ | 100MΩ↓ | DC-10KV升壓器 | 30 | DC耐壓-絕緣 | DC-2.5KV-1分鐘-絕緣值 |
| | | | 介質電力因數 | AC-2.5KV | 檢測規範同22.8KV等級介質電力因數 | | | | | 2.5KV PF測試器 | | 絕緣油 | 油破壞電壓值與酸價值 |
| | | | 匝比 | 用TTR匝比器檢測其一次側與二次側相對稱之匝數比，其誤差值應低於±0.5%即可 | | | | | | | | | |
| | 31 | 系統AC耐壓 | 開關盤內部設備 | 相對地及相間慢慢加AC電壓至1.5Uo且連續加壓10分鐘無異狀即可。(4KV,60Hz) | | | | | | | 31 | 系統DC耐壓 | DC-2.5KV-1分鐘-絕緣值 |
| | 32 | 保護電驛 | 本體特性 | 送電前先依台電公司核定之保護協調作始動值與2倍、3倍、5倍之動作時間值及模擬跳脫。 | | | | | | | 32 | 本體特性 | 始動值與2-3-5倍時間值 |
| | | | 接線測試 | 送電後須測量電驛各相之電壓、電流、角度、差流，並校正特性。 | | | | | | | | 接線測試 | 量各相電壓電流角度 |
| 3.3KV | 33 | GCB (12KV) VCB OCB LBS DS PF | DC耐壓-絕緣介質吸收 | DC-1.5~3~4.5KV | 300MΩ↑ | 200MΩ↑ | 100MΩ | 50MΩ | 50MΩ↓ | DC-10KV升壓器 | 33 | DC耐壓-絕緣 | DC-2.5KV-1分鐘-絕緣值 |
| | | | 介質電力因數 | AC-2.5KV | 1%↓ | 2%↓ | 2~3% | 3~5% | 5%↑ | 2.5KV PF測試器 | | 介質電力因數 | AC-2.5KV 測試PF值 |
| | | | 接觸電阻 | 電流10A | 600A 500μΩ↓ | 800A 400μΩ↓ | 1000A 300μΩ↓ | 1200A 200μΩ↓ | 1500A 150μΩ↓ | 低阻器 | | 接觸電阻 | 電流10A |
| | | | 三相動作同步比較 | | 三相動作時間誤差不得高於4.2ms | | | | | 三相ON-OFF同步測試器 | | 三相動作同步比較 | 三相動作時間誤差不得高於4.2ms |
| | 34 | LA避雷器 4.5KV | DC耐壓-絕緣介質吸收 | DC-3KV | 300MΩ↑ | 200MΩ↑ | 100MΩ | 50MΩ | 50MΩ↓ | DC-10KV升壓器 | 34 | DC耐壓-絕緣 | DC-2.5KV-1分鐘-絕緣值 |
| | 35 | Power Cable 電力電纜 6KV | AC耐壓 | 1φ60Hz 相對地 | 新設可加AC電壓1.5Uo且連續加壓10分鐘無異狀即可（3KV 60Hz） | | | | | | 35 | DC耐壓-絕緣 | DC-2.5KV-1分鐘-絕緣值 |
| | | | DC耐壓-絕緣 | DC-1.5-3-4.5KV | 新設可加至3Uo－6kv－10分鐘,耐壓絕緣值以4.5kv1分鐘計 * [AC 0.1Hz 6KV(15分鐘)] | | | | | | | | |
| | 36 | TR PT CT 礙子 | DC耐壓-絕緣介質吸收 | DC-1.5~3~4.5KV | 300MΩ↑ | 200MΩ↑ | 100MΩ | 50MΩ | 50MΩ↓ | DC-10KV升壓器 | 36 | DC耐壓-絕緣 | DC-2.5KV-1分鐘-絕緣值 |
| | | | 介質電力因數 | AC-2.5KV | 檢測規範同22.8KV等級介質電力因數 | | | | | 2.5KV PF測試器 | | 絕緣油 | 油破壞電壓值與酸價值 |
| | | | 匝比 | 用TTR匝比器檢測其一次側與二次側相對稱之匝數比，其誤差值應低於±0.5%即可 | | | | | | | | | |
| | 37 | 系統AC耐壓 | 開關盤內部設備 | 相對地及相間慢慢加AC電壓至1.5Uo且連續加壓10分鐘無異狀即可。(3KV,60Hz) | | | | | | | 37 | 系統DC耐壓 | DC-2.5KV-1分鐘-絕緣值 |
| | 38 | 保護電驛 | 本體特性 | 送電前先依台電公司核定之保護協調作始動值與2倍、3倍、5倍之動作時間值及模擬跳脫。 | | | | | | | 38 | 本體特性 | 始動值與2-3-5倍時間值 |
| | | | 接線測試 | 送電後須測量電驛各相之電壓、電流、角度、差流，並校正特性。 | | | | | | | | 接線測試 | 量各相電壓電流角度 |
| 絕緣油 | 39 | 變壓器絕緣油 | 絕緣油耐壓 | 自動加壓 | 30KV↑ | 25KV↑ | 25~20KV 已劣化 | | 20KV↓ 須濾油 | 0-60KV 耐壓器油用 | 39 | 特高壓接地161KV | 接地電阻0.5Ω以下 |
| | | | | | | | | | | | | 特高壓接地69KV | 接地電阻5Ω以下 |
| | | | 酸價-甲苯異丙醇、鹼 | mg KOH/ml | 0.03↓ | 0.2↓ | 0.2↑則不良 | | | 酸價測試器 | | 高壓接地 | 接地電阻10Ω以下 |
| 低壓電路 | 40 | 開關與電路 | 對地電壓150伏特以下電路 | | 1MΩ↑ | 接地電阻100Ω以下 | | | 0.1MΩ↓ | 250V,500V絕緣計 | | LA避雷器接地 | 接地電阻10Ω以下 |
| | | | 對地電壓151~300伏特電路 | | 1MΩ↑ | 接地電阻50Ω以下 | | | 0.2MΩ↓ | 250V,500V絕緣計 | | 低壓接地 | 接地電阻100Ω以下 |
| | | | 對地電壓301伏特以上電路 | | 1MΩ↑ | 接地電阻10Ω以下 | | | 0.4MΩ↓ | 250V,500V絕緣計 | | 資訊接地 | 接地電阻0.5Ω以下 |

# 自備變電站設備竣工檢測及定期維護檢測規範表（五）

| 竣工檢測規範 | | | | | | | | | | | 定期檢測規範 | | |
|---|---|---|---|---|---|---|---|---|---|---|---|---|---|
| 使用電壓 | | 被測設備名稱 | 檢測項目 | 加壓規範 | 新品 | 良好(G) | 劣化(D)尚堪用 | 待檢(I) | 不良(B) | 試測儀器 | | 檢測項目 | 加壓規範 |
| 161KV | 1 | GIS斷路器 | AC 60Hz耐壓測試 | AC-0~260KV | (Un×2×0.8) 260KV連續加壓1分鐘無異狀即可 | | | | | AC-300KV升壓器 | 1 | 檢視壓力表 | 每10年大保養乙次 |
| | | | | AC-0~140KV | (1.5×Uo) 140KV連續加壓10分鐘無異狀即可 | | | | | AC-150KV升壓器 | | | |
| | | | 介質電力因數 | AC-10KV | 0.5% ↓ | 1% ↓ | 1~3% | 3~5% | 5% ↑ | 10KV PF測試器 | | SF6露點分析 | 露點含水量≦-15(℃) |
| | | | 接觸電阻 | 電流300A以上 | 800A 200μΩ↓ | 1000A 150μΩ↓ | 1200A 100μΩ↓ | 1500A 100μΩ↓ | 2000A 85μΩ↓ | 低阻器 | | SF6純度分析 | 純度≧95(%) |
| | | | 三相動作同步比較 | | 三相動作時間誤差不得高於4.5ms | | | | | 三相ON-OFF同步測試器 | | 各部接地電阻 | 須5Ω以下 |
| | 2 | GCB斷路器 VCB OCB ABS (DS) | DC耐壓-絕緣介質吸收 | DC-80-160-240KV | 2000MΩ | 1600MΩ | 800MΩ | 400MΩ | 400MΩ↓ | DC-300KV升壓器 | 2 | DC耐壓-絕緣 | DC-100KV-1分鐘-絕緣值 |
| | | | | DC 80-160KV加壓1分鐘，240KV耐壓10分鐘，絕緣值以240KV加壓1分鐘時洩漏值計算之。 | | | | | | | | | |
| | | | 介質電力因數 | AC-10KV | 0.5% ↓ | 1% ↓ | 1~3% | 3~5% | 5% ↑ | 10KV PF測試器 | | 介質電力因數 | AC-10KV,測試PF值 |
| | | | 接觸電阻 | 電流300A以上 | 800A 200μΩ↓ | 1000A 150μΩ↓ | 1200A 100μΩ↓ | 1500A 100μΩ↓ | 2000A 85μΩ↓ | 低阻器 | | 接觸電阻 | 電流10A |
| | | | 三相動作同步比較 | | 三相動作時間誤差不得高於4.5ms | | | | | 三相ON-OFF同步測試器 | | 三相動作同步比較 | 三相動作時間誤差不得高於4.5ms |
| | 3 | LA避雷器168KV | DC耐壓-絕緣介質吸收 | DC-160KV | 2000MΩ | 1600MΩ | 800MΩ | 400MΩ | 400MΩ↓ | DC-300KV升壓器 | 3 | DC耐壓-絕緣 | DC-100KV-1分鐘-絕緣值 |
| | 4 | Power Cable電力電纜 | DC耐壓-絕緣介質吸收 | DC-80-160-240KV新品 3Uo 280KV 15分鐘 | 2000MΩ | 1600MΩ | 800MΩ | 400MΩ | 400MΩ↓ | DC-300KV升壓器 | 4 | DC耐壓-絕緣 | DC-100KV-1分鐘-絕緣值 |
| | | | AC 耐壓測試 | 1φ60Hz Uo 加壓 5 分鐘 ， 再昇壓至 Un 加壓 5 分鐘 | | | | | | | | | |
| | | DS前電力電纜 | 輸電線路常數乃送電前須測試電源電纜之正相阻抗、零相阻抗、正相導納值、供台電設定保護協調 | | | | | | | | | | |
| | 5 | TR(油) PT(油) CT 礙子 | DC耐壓-絕緣介質吸收 | DC-80-160-240KV | 2000MΩ | 1600MΩ | 800MΩ | 400MΩ | 400MΩ↓ | DC-300KV升壓器 | | DC耐壓-絕緣 | DC-100KV-1分鐘-絕緣值 |
| | | | 介質電力因數 | AC-10KV (TR) | 0.5% ↓ | 1% ↓ | 1~3% | 3~5% | 5% ↑ | 10KV PF測試器 | 5 | 絕緣油 | 油中氣體分析、破壞電壓、酸價 |
| | | | | (PT.CT) | 1.0% ↓ | 2% ↓ | 2~3.5% | 3.5~5% | 5% ↑ | | | | |
| | | | 匝比 線圈電阻 | 用TTR匝比器檢測其一次側與二次側相對稱之匝數比，其誤差值應低於±0.5%即可<br>用線圈電阻測試器檢測一次側及二次側之線圈電阻值，其相與相誤差值應低於±5%爲即可 | | | | | | | | | |
| | 6 | 系統AC遞昇加壓 | 用三相遞升加壓車，由變壓器二次側慢慢加壓至額定110%，且連續加壓10分鐘無異狀即可。(60Hz) | | | | | | | | 6 | 系統DC耐壓 | DC-100KV-1分鐘-絕緣值 |
| | 7 | 保護電驛 | 本體特性 | 送電前先依台電公司核定之保護協調作始動值與2倍、3倍、5倍之動作時間值及模擬跳脫。 | | | | | | | 7 | 本體特性 | 始動值與2倍,3倍,5倍時間值 |
| | | | 接線測試 | 87L,87T,87B送電前須作短路試驗，送電後須測量電驛各相之電壓,電流,角度,差流,並校正特性。 | | | | | | | | 接線測試 | 量各相電壓電流角度 |
| 69KV | 8 | GIS斷路器 | AC 60Hz耐壓測試 | AC-0~110KV | (Un×2×0.8) 110KV連續加壓1分鐘無異狀即可 | | | | | AC-150KV 升壓器 | 8 | 檢視壓力表 | 每10年大保養乙次 |
| | | | | AC-0~60KV | (1.5Uo) 60KV連續加壓10分鐘無異狀即可 | | | | | AC-100KV 升壓器 | | | |
| | | | 介質電力因數 | AC-10KV | 0.5% ↓ | 1% ↓ | 1~3% | 3~5% | 5% ↑ | 10KV PF測試器 | | SF6露點分析 | 露點含水量≦-15(℃) |
| | | | 接觸電阻 | 電流200A以上 | 600A 400μΩ↓ | 800A 200μΩ↓ | 1000A 150μΩ↓ | 1200A 150μΩ↓ | 1500A 100μΩ↓ | 低阻器 | | SF6純度分析 | 純度≧95(%) |
| | | | 三相動作同步比較 | | 三相動作時間誤差不得高於4.5ms | | | | | 三相ON-OFF同步測試器 | | 各部接地電阻 | 須5Ω以下 |
| | 9 | GCB斷路器 VCB OCB ABS (DS) | DC耐壓-絕緣介質吸收 | DC-30-60-90KV | 2000MΩ | 1200MΩ | 600MΩ | 300MΩ | 300MΩ↓ | DC-100KV升壓器 | 9 | DC耐壓-絕緣 | DC-50KV-1分鐘-絕緣值 |
| | | | | DC 30-60KV加壓1分鐘，90KV耐壓10分鐘，絕緣值以90KV加壓1分鐘時洩漏值計算之。 | | | | | | | | | |
| | | | 介質電力因數 | AC-10KV | 0.5% ↓ | 1% ↓ | 1~3% | 3~5% | 5% ↑ | 10KV PF測試器 | | 介質電力因數 | AC-10KV,測試PF值 |
| | | | 接觸電阻 | 電流200A以上 | 600A 400μΩ↓ | 800A 200μΩ↓ | 1000A 150μΩ↓ | 1200A 150μΩ↓ | 1500A 100μΩ↓ | 低阻器 | | 接觸電阻 | 電流10A |
| | | | 三相動作同步比較 | | 三相動作時間誤差不得高於4.5ms | | | | | 三相ON-OFF同步測試器 | | 三相動作同步比較 | 三相動作時間誤差不得高於4.5ms |
| | 10 | LA避雷器72KV | DC耐壓-絕緣介質吸收 | DC-60KV | 2000MΩ | 1200MΩ | 600MΩ | 300MΩ | 300MΩ↓ | DC-100KV升壓器 | 10 | DC耐壓-絕緣 | DC-50KV-1分鐘-絕緣值 |
| | 11 | Power Cable電力電纜 | DC耐壓-絕緣介質吸收 | DC-30-60-90KV新品 3Uo 120KV 15分鐘 | 2000MΩ | 1200MΩ | 600MΩ | 300MΩ | 300MΩ↓ | DC-120KV升壓器 | 11 | DC耐壓-絕緣 | DC-50KV-1分鐘-絕緣值 |
| | | | AC 耐壓測試 | 1φ60Hz Uo 加壓 5 分鐘 ， 再昇壓至 Un 加壓 5 分鐘 | | | | | | | | | |
| | | DS前電力電纜 | 輸電線路常數乃送電前須測試電源電纜之正相阻抗、零相阻抗、正相導納值、供台電設定保護協調 | | | | | | | | | | |
| | 12 | TR(油) PT(油) CT 礙子 | DC耐壓-絕緣介質吸收 | DC-30-60-90KV | 2000MΩ | 1200MΩ | 600MΩ | 300MΩ | 300MΩ↓ | DC-120KV升壓器 | | DC耐壓-絕緣 | DC-50KV-1分鐘-絕緣值 |
| | | | 介質電力因數 | AC-10KV (TR) | 0.5% ↓ | 1% ↓ | 1~3% | 3~5% | 5% ↑ | 10KV PF測試器 | 12 | 絕緣油 | 油中氣體分析、破壞電壓、酸價 |
| | | | | (PT.CT) | 1.0% ↓ | 2% ↓ | 2~3.5% | 3.5~5% | 5% ↑ | | | | |
| | | | 匝比 線圈電阻 | 用TTR匝比器檢測其一次側與二次側相對稱之匝數比，其誤差值應低於±0.5%即可<br>用線圈電阻測試器檢測一次側及二次側之線圈電阻值，其相與相誤差值應低於±5%爲即可 | | | | | | | | | |
| | 13 | 系統AC遞昇加壓 | 用三相遞升加壓車，由變壓器二次側慢慢加壓至額定110%，且連續加壓10分鐘無異狀即可。(60Hz) | | | | | | | | 13 | 系統DC耐壓 | DC-50KV-1分鐘-絕緣值 |
| | 14 | 保護電驛 | 本體特性 | 送電前先依台電公司核定之保護協調作始動值與2倍、3倍、5倍之動作時間值及模擬跳脫。 | | | | | | | 14 | 本體特性 | 始動值與2倍,3倍,5倍時間值 |
| | | | 接線測試 | 87L,87T,87B送電前須作短路試驗，送電後須測量電驛各相之電壓,電流,角度,差流,並校正特性。 | | | | | | | | 接線測試 | 量各相電壓電流角度 |

# 自備變電站設備竣工檢測及定期維護檢測規範表（六）

| 竣工檢測規範 | | | | | | | | | | | 定期檢測規範 | | |
|---|---|---|---|---|---|---|---|---|---|---|---|---|---|
| 使用電壓 | | 被測設備名稱 | 檢測項目 | 加壓規範 | 新品 | 良好(G) | 劣化(D)<br>尚堪用 | 待檢(I) | 不良(B) | 試測儀器 | | 檢測項目 | 加壓規範 |
| 22.8KV | 15 | GCB (24KV)<br>VCB<br>OCB<br>LBS<br>DS<br>PF | DC耐壓-絕緣<br>介質吸收 | DC-12-24-36KV | 1200MΩ | 1000MΩ | 500MΩ | 250MΩ | 250MΩ↓ | DC-60KV升壓器 | 15 | DC耐壓-絕緣 | DC-10KV-1分鐘-絕緣值 |
| | | | 介質電力因數 | AC-2.5KV-10KV | 1%↓ | 2%↓ | 2~3% | 3~5% | 5%↑ | 2.5KV-10KV<br>PF測試器 | | 介質電力因數 | AC-2.5KV測試PF值 |
| | | | 接觸電阻 | 電流10A | 600A<br>400μΩ↓ | 800A<br>300μΩ↓ | 1000A<br>200μΩ↓ | 1200A<br>150μΩ↓ | 1500A<br>100μΩ↓ | 低阻器 | | 接觸電阻 | 電流10A |
| | | | 三相動作同步<br>比較 | | 三相動作時間誤差不得高於4.5ms | | | | | 三相ON-OFF同步<br>測試器 | | 三相動作同步<br>比較 | 三相動作時間誤差<br>不得高於4.5ms |
| | 16 | LA避雷器<br>18KV | DC耐壓-絕緣<br>介質吸收 | DC-18KV | 1200MΩ | 1000MΩ | 500MΩ | 250MΩ | 250MΩ↓ | DC-60KV升壓器 | 16 | DC耐壓-絕緣 | DC-10KV-1分鐘-絕緣值 |
| | 17 | Power Cable<br>電力電纜<br>25KV | DC耐壓-絕緣<br>介質吸收 | DC-12-24-36KV | 1200MΩ | 1000MΩ | 500MΩ | 250MΩ | 250MΩ↓ | DC-60KV升壓器 | 17 | DC耐壓-絕緣 | DC-10KV-1分鐘-絕緣值 |
| | | | | | (新設可加至3Uo 40KV 10分鐘) | | | | | | | | |
| | 18 | TR(油)<br>PT(油)<br>CT 礙子 | DC耐壓-絕緣<br>介質吸收 | DC-12-24-36KV | 1200MΩ | 1000MΩ | 500MΩ | 250MΩ | 250MΩ↓ | DC-60KV升壓器 | 18 | DC耐壓-絕緣 | DC-10KV-1分鐘-絕緣值 |
| | | | 介質電力因數 | AC-2.5KV | 1%↓ | 2%↓ | 2~4% | 4~6% | 6%↑ | 2.5KV PF測試器 | | 絕緣油 | 油破壞電壓值與酸價值 |
| | | | 匝比 | 用TTR匝比器檢測其一次側與二次側相對稱之匝數比，其誤差值應低於±0.5%即可 | | | | | | | | | |
| | 19 | 系統AC耐壓 | 開關盤<br>內部設備 | 相對地及相間慢慢加AC電壓至額定1.5Uo且連續加壓10分鐘無異狀即可。(20KV,60Hz) | | | | | | | 19 | 系統DC耐壓 | DC-10KV-1分鐘-絕緣值 |
| | 20 | 保護電驛 | 本體特性 | 送電前先依台電公司核定之保護協調作始動值與2倍、3倍、5倍之動作時間值及模擬跳脫。 | | | | | | | 20 | 本體特性 | 始動值與2倍.3倍.5倍時間值 |
| | | | 接線測試 | 送電後須測量電驛各相之電壓、電流、角度、差流，並校正特性。 | | | | | | | | 接線測試 | 量各相電壓電流角度 |
| 11.4KV | 21 | GCB (12KV)<br>VCB<br>OCB<br>LBS<br>DS<br>PF | DC耐壓-絕緣<br>介質吸收 | DC-6-12-18KV | 1000MΩ | 800MΩ | 400MΩ | 200MΩ | 200MΩ↓ | DC-60KV升壓器 | 21 | DC耐壓-絕緣 | DC-10KV-1分鐘-絕緣值 |
| | | | 介質電力因數 | AC-2.5KV-10KV | 1%↓ | 2%↓ | 2~3% | 3~5% | 5%↑ | 2.5KV-10KV<br>PF測試器 | | 介質電力因數 | AC-2.5KV測試PF值 |
| | | | 接觸電阻 | 電流10A | 600A<br>400μΩ↓ | 800A<br>300μΩ↓ | 1000A<br>250μΩ↓ | 1200A<br>200μΩ↓ | 1500A<br>150μΩ↓ | 低阻器 | | 接觸電阻 | 電流10A |
| | | | 三相動作同步<br>比較 | | 三相動作時間誤差不得高於4.5ms | | | | | 三相ON-OFF同步<br>測試器 | | 三相動作同步<br>比較 | 三相動作時間誤差<br>不得高於4.5ms |
| | 22 | LA避雷器<br>9KV | DC耐壓-絕緣<br>介質吸收 | DC-9KV | 1000MΩ | 800MΩ | 400MΩ | 200MΩ | 200MΩ↓ | DC-60KV升壓器 | 22 | DC耐壓-絕緣 | DC-9KV-1分鐘-絕緣值 |
| | 23 | Power Cable<br>電力電纜<br>15KV | DC耐壓-絕緣<br>介質吸收 | DC-6-12-18KV | 1000MΩ | 800MΩ | 400MΩ | 200MΩ | 200MΩ↓ | DC-60KV升壓器 | 23 | DC耐壓-絕緣 | DC-10KV-1分鐘-絕緣值 |
| | | | | | (新設可加至3Uo 20KV 10分鐘) | | | | | | | | |
| | 24 | TR(油)<br>PT(油)<br>CT 礙子 | DC耐壓-絕緣<br>介質吸收 | DC-6-12-18KV | 1000MΩ | 800MΩ | 400MΩ | 200MΩ | 200MΩ↓ | DC-60KV升壓器 | 24 | DC耐壓-絕緣 | DC-10KV-1分鐘-絕緣值 |
| | | | 介質電力因數 | AC-2.5KV | 1%↓ | 2%↓ | 2~4% | 4~6% | 6%↑ | 2.5KV PF測試器 | | 絕緣油 | 油破壞電壓值與酸價值 |
| | | | 匝比 | 用TTR匝比器檢測其一次側與二次側相對稱之匝數比，其誤差值應低於±0.5%即可 | | | | | | | | | |
| | 25 | 系統AC耐壓 | 開關盤<br>內部設備 | 相對地及相間慢慢加AC電壓至額定1.5Uo且連續加壓10分鐘無異狀即可。(10KV,60Hz) | | | | | | | 25 | 系統DC耐壓 | DC-10KV-1分鐘-絕緣值 |
| | 26 | 保護電驛 | 本體特性 | 送電前先依台電公司核定之保護協調作始動值與2倍、3倍、5倍之動作時間值及模擬跳脫。 | | | | | | | 26 | 本體特性 | 始動值與2倍,3倍,5倍時間值 |
| | | | 接線測試 | 送電後須測量電驛各相之電壓、電流、角度、差流，並校正特性。 | | | | | | | | 接線測試 | 量各相電壓電流角度 |
| 4.16KV | 27 | GCB (12KV)<br>VCB<br>OCB<br>LBS<br>DS<br>PF | DC耐壓-絕緣<br>介質吸收 | DC-2-4-6KV | 500MΩ | 400MΩ | 200MΩ | 100MΩ | 100MΩ↓ | DC-10KV升壓器 | 27 | DC耐壓-絕緣 | DC-2.5KV-1分鐘-絕緣值 |
| | | | 介質電力因數 | AC-2.5KV | 1%↓ | 2%↓ | 2~3% | 3~5% | 5%↑ | 2.5KV PF測試器 | | 介質電力因數 | AC-2.5KV 測試PF值 |
| | | | 接觸電阻 | 電流10A | 600A<br>500μΩ↓ | 800A<br>400μΩ↓ | 1000A<br>300μΩ↓ | 1200A<br>200μΩ↓ | 1500A<br>150μΩ↓ | 低阻器 | | 接觸電阻 | 電流10A |
| | | | 三相動作同步<br>比較 | | 三相動作時間誤差不得高於4.5ms | | | | | 三相ON-OFF同步<br>測試器 | | 三相動作同步<br>比較 | 三相動作時間誤差<br>不得高於4.5ms |
| | 28 | LA避雷器<br>4.5KV | DC耐壓-絕緣<br>介質吸收 | DC-4KV | 500MΩ | 400MΩ | 200MΩ | 100MΩ | 100MΩ↓ | DC-10KV升壓器 | 28 | DC耐壓-絕緣 | DC-2.5KV-1分鐘-絕緣值 |
| | 29 | Power Cable<br>電力電纜<br>6KV | DC耐壓-絕緣<br>介質吸收 | DC-2-4-6KV | 500MΩ | 400MΩ | 200MΩ | 100MΩ | 100MΩ↓ | DC-10KV升壓器 | 29 | DC耐壓-絕緣 | DC-2.5KV-1分鐘-絕緣值 |
| | | | | | (新設可加至3Uo 7.2KV 10分鐘) | | | | | | | | |
| | 30 | TR(油)<br>PT(油)<br>CT 礙子 | DC耐壓-絕緣<br>介質吸收 | DC-2-4-6KV | 500MΩ | 400MΩ | 200MΩ | 100MΩ | 100MΩ↓ | DC-10KV升壓器 | 30 | DC耐壓-絕緣 | DC-2.5KV-1分鐘-絕緣值 |
| | | | 介質電力因數 | AC-2.5KV | 1%↓ | 2%↓ | 2~4% | 4~6% | 6%↑ | 2.5KV PF測試器 | | 絕緣油 | 油破壞電壓值與酸價值 |
| | | | 匝比 | 用TTR匝比器檢測其一次側與二次側相對稱之匝數比，其誤差值應低於±0.5%即可 | | | | | | | | | |
| | 31 | 系統AC耐壓 | 開關盤<br>內部設備 | 相對地及相間慢慢加AC電壓至額定1.5Uo且連續加壓10分鐘無異狀即可。(4KV,60Hz) | | | | | | | 31 | 系統DC耐壓 | DC-2.5KV-1分鐘-絕緣值 |
| | 32 | 保護電驛 | 本體特性 | 送電前先依台電公司核定之保護協調作始動值與2倍、3倍、5倍之動作時間值及模擬跳脫。 | | | | | | | 32 | 本體特性 | 始動值與2倍.3倍.5倍時間值 |
| | | | 接線測試 | 送電後須測量電驛各相之電壓、電流、角度、差流，並校正特性。 | | | | | | | | 接線測試 | 量各相電壓電流角度 |
| 絕緣油 | 33 | 變壓器絕緣油 | 絕緣油耐壓 | 自動加壓 | 30KV↑ | 25KV↑ | 25~20KV 已劣化 | | 20KV↓<br>須濾油 | 0-60KV耐壓器油用 | 33 | 特高壓接地161KV | 接地電阻0.5Ω以下 |
| | | | 酸價-甲苯<br>異丙醇、鹼 | mg KOH/ml | 0.03↓ | 0.2↓ | 0.2↑則不良 | | | 酸價測試器 | | 特高壓接地69KV | 接地電阻5Ω以下 |
| | | | | | | | | | | | | 高壓接地 | 接地電阻10Ω以下 |
| 低壓<br>電路 | 34 | 開關與電路 | 對地電壓220伏特以下電路 | | 1MΩ↑ | 接地電阻100Ω以下 | | | 0.1MΩ↓ | 250V,500V絕緣計 | | LA避雷器接地 | 接地電阻10Ω以下 |
| | | | 對地電壓150~300伏特電路 | | 1MΩ↑ | 接地電阻50Ω以下 | | | 0.2MΩ↓ | 250V,500V絕緣計 | | 低壓接地 | 接地電阻100Ω以下 |
| | | | 對地電壓301伏特以上電路 | | 1MΩ↑ | 接地電阻10Ω以下 | | | 0.4MΩ↓ | 250V,500V絕緣計 | | 資訊接地 | 接地電阻0.5Ω以下 |

高低壓竣工及定期維護檢驗表

壹、直流加壓絕緣電阻(DC 加壓-絕緣-介質吸收)標準 (單位：MΩ)

| 區別／送電電壓 | 新品 | 良好(G) | 劣化(D) | 待檢(I) | 不良(B) |
|---|---|---|---|---|---|
| 161KV | 2000↑ | 1600↑ | 800↑ | 400↑ | 400↓ |
| 69KV | 2000↑ | 1200↑ | 600↑ | 300↑ | 300↓ |
| 22.8KV | 1200↑ | 1000↑ | 500↑ | 250↑ | 250↓ |
| 11.4KV | 1000↑ | 800↑ | 400↑ | 200↑ | 200↓ |
| 4.16KV | 500↑ | 400↑ | 200↑ | 100↑ | 100↓ |

貳、介質電力因數標準 $\frac{W}{VA}$100%

| 區別／送電電壓 | 新品 | 良好(G) | 劣化(D) | 待檢(I) | 不良(B) |
|---|---|---|---|---|---|
| 161KV | 0.5%↓ | 1%↓ | 1-3%↓ | 3-5%↓ | 5%↑ |
| 69KV | 0.5%↓ | 1%↓ | 1-3%↓ | 3-5%↓ | 5%↑ |
| 22.8KV | 1%↓ | 2%↓ | 2-3%↓ | 3-5%↓ | 5%↑ |
| 11.4KV | 1%↓ | 2%↓ | 2-3%↓ | 3-5%↓ | 5%↑ |
| 4.16KV | 1%↓ | 2%↓ | 2-3%↓ | 3-5%↓ | 5%↑ |

參、接觸電阻標準表 (單位：μΩ)

| 區別／送電電壓 | 2000A | 1500A | 1200A | 1000A | 800A | 600A |
|---|---|---|---|---|---|---|
| 161KV | 85↓ | 100↓ | 100↓ | 150↓ | 200↓ | |
| 69KV | | 100↓ | 150↓ | 150↓ | 200↓ | 400↓ |
| 22.8KV | | 100↓ | 150↓ | 200↓ | 300↓ | 400↓ |
| 11.4KV | | 150↓ | 200↓ | 250↓ | 300↓ | 400↓ |
| 4.16KV | | 150↓ | 200↓ | 300↓ | 400↓ | 500↓ |

額定電壓範圍同 “壹”說明，額定電流範圍± 90A

肆、開關動作時間：三相動作時間誤差不得高於 5ms

伍、變壓器絕緣油

| 區別／耐壓酸價 | 新油 | 送 電 使 用 中 | | |
|---|---|---|---|---|
| | 良好 | 良好 | 已劣化 | 須濾油 |
| 耐壓 | 30KV↑ | 25KV↑ | 25-20KV | 20KV↓ |
| 酸價 | 0.03↓ | 0.2↓ | 0.2↑則不良需換油 | |

陸、低壓電路 (單位：MΩ)

| | 線路對地電壓 | 良品 | 良好 | 劣化 | 待檢 | 不良 |
|---|---|---|---|---|---|---|
| 低壓電路<br>開關電路 | 對地 220V 以下電路 | 5↑ | 2↑ | 2-1↓ | 1-0.2↓ | 0.1↓ |
| | 對地 220V 以上電路 | 10↑ | 4↑ | 4-2↓ | 2-0.3↓ | 0.2↓ |

## 1-10『高壓配電盤規範書：11.4KV/22.8KV F2-TYPE』裝甲型、隔間型

### 一、適用範圍

1.1 本規範書是用於3 ∮ 3W 60HZ 11.4KV/22.8KV 接地/非接地系統之屋內/屋外 型，高壓配電盤之一般設計、製造、試驗和操作要求。

1.2 高壓配電盤須依照本規範及附件圖表製作、裝配及安排各項設備之位置，任何與規範相抵觸之處均須修改至適用為止，如規範與附件圖表有相矛盾者，原則上以附件圖表所示為準，必要時得請請購單位解說及裁決。

### 二、標準與法規

本規範書所述之高壓配電盤應符合下列之一種最新版之標準與法規之有關規定。

2.1 美國電機製造業協會標準(NEMA)

2.2 美國國家標準協會　(ANSI)

2.3 美國國家電工法規　(NEC)

2.4 國際電工委員會規格　(IEC)

2.5 中國國家標準　(CNS)

2.6 台灣電力公司屋內線路裝置規則

### 三、適用情況

除另有規定外，所有設備均應滿足下列情況

3.1 裝置場所：屋內/屋外(屋外需做防風、防雨型外箱)。(或防高溫)

3.2 責務：連續運轉。

3.3 周溫：最高周溫不超過攝氏四十度，平均周圍溫度在任何二十四小時內不超過攝氏三十度。

3.4 標高：海拔1000公尺以下。

3.5 地震最大加速度：0.15g

### 四、箱體結構

4.1 高壓配電盤之型式應為前面無活電暴露符合CNS"F2"型之垂直立式閉鎖型配電盤。

4.1.1 所有器具應裝置於一接地金屬箱內，但各單元電路間需有接地金屬板或絶緣板隔離。

4.1.2 開啓控制監視盤時需有不觸及主電路帶電部及日常操作時，不得輕易直接接觸及露出之帶電部分。

4.1.3 主電路自動連接方式，控制電路手動連接方式之抽出型

4.1.4 單元電路串聯之分段開關與斷路器間須有連鎖裝置。

4.2 閉鎖型高壓配電盤應以良質之機器及材料構成，並具備有安全及容易現場安裝，電纜接續及設備保養檢修等構造。

4.3 所有金屬箱之主骨架應採用50X50X4mm以上之角鐵，支骨架採用50X50X4mm以上角鐵構成，門板採用3.2mm鐵板，箱體採用2.3mm 以上之良質鐵板，頂蓋或底蓋採用1.6mm以上良質鐵板，後蓋亦採用1.6mm以上良質鐵板，基礎座採用50X100X50X5mm之槽鐵，經機械加工，再組立成型，其他附加支架視其負荷情況由製造廠家自行設計決定。

4.4 隔離板如使用金屬板時，其厚度為1.6t以上，使用絕緣物時須有3mm以上FRP材質之耐熱物，又隔離板不論以螺絲固定或銲接，非使用工具時應無法取下。

4.5 配電盤之側面及後面必要時得以可動金屬板(螺絲固定)或箱門裝置之。

4.6 箱門須附圓形或槍型把手，且箱門均應能打開超過110度。屋外型於開啓後應具備可固定之構造。

4.7 配電盤所有盤面開孔一律用沖模加工。

4.8 除另有規定者外，所有電纜均由底部引出。所有電纜進出孔須做蓋板，其蓋板分為兩塊，且盤內需預留適當空間，以供電纜接續之用。

4.9 每盤控制電路室應加裝10W日光燈一盞，以作操作維護時照明用，箱門上並應附有限制開關(LIMIT SWITCH)

4.10 負載開關(LOAD BREAK SWITCH)之操作，應在箱門關閉時，可由門外操作，同時可由門外前方之檢視窗檢視LBS之開閉狀況，並應註明有”高壓危險”之字樣。

4.11 每一盤之前箱門內側均應有放置接線圖之置圖框架。

## 五、匯流排

5.1 匯流排須為壓出型高導電銅排，(導電率97%以上，含銅量99.9%以上)經鍍錫或鍍銀處理，並能承受故障電流之衝擊，該衝擊電流之大小應與斷路器之啓段容量之KA值相同。

5.2 匯流排之BUS SUPPORT 對地之電壓額定(11.4KV系統為15KV級以上，22.8KV系統為25KV級以上)且其構造能耐短路時所引起之衝擊者。

5.3 主匯流排裝置應在盤內最上層空間，其排列由前至後，由上而下，由左而至右為R.S.T相。(或L1 、L2 、L3或A 、B 、C)

5.4 箱內底部應設30X5m之接地銅排，其長度為貫穿全長，並附有適於100mm2之接地及其他較小線徑之接地端子多個以上，盤內所有器材之設備接地均連線於接地銅排上。

## 六、配結線

6.1 高壓配電盤內所有配線應為一級廠廠家之產品，且電纜線之絕綠等級其規定如下:

11.4KV系統－15KV級XLPE電纜。

22.8KV系統－25KV級XLPE電纜。

600V以下－600V級PVC電攬。

6.2 所有配線不得有中間接續，箱盤之間即箱門支配線接續，均應連接至端子台接續。

6.3 控制線兩端必須作線號，線號之編定應與控制線路圖所註者相符合，以利檢修。線號之排列方向無論水平或垂直均應有所規定。

6.4 盤內之控制電路之配線必須成束之電線用 PVC 縛帶綑縛或裝置在 PVC 線槽內。線槽必須有槽蓋及端蓋(垂直者)

6.5 盤內之控制線最小線徑為 2.0mm² ，其顏色要求如下:

CT 回路－黑色　　PT 回路－紅色　　DC 操作回路－藍色

AC 操作回路－黃色　　接地線－綠色　　中性線－黑色(IEC 舊制) 或紫色(IEC 新制)

6.6 盤內之控制電路若須由盤外引入者，必須結線至端子板上以便引入接線。

6.7 盤內 CT 回路之配線用之壓著端子，必須為O 型壓著端子。

## 七、分色(色套)

### 7.1 主迴路部分

交流迴路：R 相-紅色　S 相-白色　T 相-藍色　N 相-黑色(CNS 規定)

直流迴路：正極-紅色　負極-藍色

接地迴路：綠色(CNS 規定) 綠黃相間(IEC 新制)

### 7.2 操作迴路部分

交流操作迴路：黃色

直流操作迴路：正極-紅色　負極-藍色

CT 二次側迴路：黑色

PT 二次側迴路：紅色

## 八、銘牌與圖表

8.1 每一高低壓閉鎖型配電盤必須有-壓克力銘牌標示其盤名，固定於一盤門板之上端。銘牌內容包括系統、電壓及電源來源。

8.2 每一高低壓閉鎖型配電盤門板之指示燈、按鈕開關、選擇開關、儀表、電驛、無熔絲開關、試驗端子，都必須有-鋁銘牌或壓克力銘牌標示其功能。

8.3 壓克力銘牌所標示字體須為白底黑字反刻。銘牌大小所需之固定須合理適當。

8.4 每一高低壓閉鎖型配電盤之前門板內側於適當位置所設立之置圖框，需附上每一盤護貝影印圖表，含系統單線(複) 線圖、控制圖。

## 九、前處理與塗裝

### 9.1 除鏽、酸洗處理過程：處理過程之工廠須經廠驗中檢。

所有鐵箱骨架、門板、左右側板、後封板、頂蓋板、底蓋板和所有單位之塗裝前均須經過下列處理手續(依下列所示)。

(1) 第一次處理(脫脂處理)

去除金屬箱表面附著之油脂已達到除油效果。

(2) 第二次處理(加強脫脂處理)

再次去除金屬箱表面附著少量之油脂，更達到表面淨油效果。

(3) 第三次處理(水洗處理)

在脫脂處理後，金屬箱表面附著多量泡沫、雜質，必須施以清水處理。

(4) 第四次處理(加強水洗處理)

在脫脂處理後，金屬箱表面附著多量泡沫、雜質，必須再施以清水處理，以確保下一次處理槽之藥劑純度。

(5) 第五次處理(鹽酸除鏽處理)

以鹽酸劑去除金屬箱表面鐵鏽。

(6) 第六次處理(水洗處理)

在除鏽處理後金屬箱表面附著多量酸性物質，必須施以清水處理。

(7) 第七次處理(中和處理)

以NOH 鹼性藥劑中和除鏽槽經水洗後所殘留之殘酸。

(8) 第八次處理(水洗處理)

經中和處理後，金屬箱表面附著少量鹼性物質，必須再施以清水處哩，以確保下一處理槽之藥劑純度。

(9) 第九次處理(膠鈦處理)

為促使金屬箱表面磷鹽結晶膜之易於形成經以表面調整劑(膠鈦處理)。

(10) 第十次處理(水洗處理)

經水洗後，金屬箱表面附著少量酸性物質，必須再施以清水處理以確保下一處理槽之藥劑純度。

(11) 第十一次處理(磷酸處理)

為使金屬箱表面在短時間内形成-緊密之結晶皮膜，提高防鏽除蝕之強度，並增進塗裝之附著力，乃施以磷酸鹽及高錳酸鉀之被膜化學處理。

(12) 第十二次處理(水洗藥劑)

在經過表面調整劑處理後，為洗淨表面多餘之調整劑，保護皮膜之純度，施以水洗處理。

註：前處理之水洗槽須單獨使用，不得共用。

9.2 前處理後之鐵材，若置於空氣中未能迅速乾燥，則將因表面之水與空氣中之氧化作用而成為第一氫氧化鐵，其反應再進一步氧化成第二氫氧化鐵，鐵表面形成的第一氫氧化鐵與已進展成第二氫氧化鐵共存，互相反應漸漸生成鐵鏽，故應以水切乾燥爐急速烘乾鐵材將水去除。

9.3 所有控制箱體各元件，經除鏽、酸洗表面處理過程並進行烘乾後，有鋒面和粗糙部分必須除去，使保持平滑。在塗裝前和進行塗裝中，表面要徹底保持乾燥和清潔。如必須前處理後塗裝前須安排中檢。

9.4 經表面處理後之箱體各元件，須先噴以最少一道之紅丹底漆後，再噴一道面漆並施以液體烤漆塗裝或箱體經表面處理並進行烘乾後，直接施以靜電粉體烤漆塗裝(烤漆塗裝方式由業主指定)。其內部及外部面漆顏色MUNSELL NATION 7.5BG 6/1.5 ，烤漆厚度不得低於30 μm 。(顏色及厚度可由業主指定)

9.5 配電盤箱體製造完成後，其前處理與塗裝之過程須由業主視需要作中間檢查。

## 十、測試

10.1 所有閉鎖型配電盤需在製造廠完成裝配、接線、調整和測試，配裝完成後，須做模擬情況之操作測試及功能測試，以確保接線和控制之正確性。

10.2 所有之試驗需依據最新中國國家標準(CNS3991)之交貨試驗。及401 條款之合格試驗。

10.3 製造廠家需提出試驗報告書。

10.4 出場試驗，必要時須由業主會同試驗，並填具試驗紀錄。

## 十一、廠家圖面及技術資料

11.1 本高低壓閉鎖型配電盤如有提供規格表(DATA SHEET)時，部分由設計者填寫，已規定設備或器材之基本要求，其他空白部分由廠商填寫，如有與本規範書相牴觸者，必須清楚的逐條說明，並經業主同意，否則視為與規格不合，廠商不得異議。

11.2 配電盤製造廠商製造前除須提共完整附件資料外，並須提供下列圖面和資料供業主核可。

11.2.1 所有外貨器材及國產主器材與配電盤製造廠家之相關型錄。(重要部品須先送業主核可)。

11.2.2 系統單線圖。

11.2.3 每一配電盤之控制結線圖。

11.2.4 配置圖及外型尺寸圖。

11.2.5 設備交貨之預定時間表。

11.2.6 箱體固定方式及基礎螺絲位置和尺寸。

### 11.3 配電盤製造廠商交貨前須提供下列資料：

11.3.1 與成品詳細確認過之正確竣工圖。

11.3.2 檢查和測試之保證書。

11.3.3 操作和維護指導手冊。

11.3.4 上列所規定廠商圖面及技術資料，均須以中文為主、英文為輔。其格式大小為A4或A3 尺寸。

11.3.5 配電盤安裝場所之基礎水平資料。

## 十二、廠家資格及保證

12.1 配電盤製造廠家須為自備鈑金設備、酸洗處理設備、靜電粉體塗裝設備及品管試驗設備等一貫作業流程之工廠，不得在廠外製造，於製造期間必要時得接受業主及設計單位之不定期檢視中檢。

12.2 本工程所有之高低壓閉鎖型配電盤，必須委由同一製造商製造，以求型式之一致，以利日後保養、維修、庫存等便利。

12.3 本高低壓閉鎖型配電盤所使用之同種類電器材料，必須委由同一廠牌之產品，以求型式之一致，以利日後保養、維修、庫存等便利。

12.4 高低壓閉鎖型配電盤之製造廠家提供自交貨日起一年保固書(依業主要求)。

12.5 本高低壓閉鎖型配電盤盤內器具之配置，必須整齊一致，並預留備用空間，以利將來擴充之用。預備用空間之大小，得於配電盤製造前，先經業主人員之核可(以製造前經業主核準之承認圖依據)。

## 1-11『高壓配電盤規範書：11.4KV/22.8KV E-TYPE』箱櫃型

### 一、適用範圍

1.1 本規則書適用於3 ∮ 3W 60HZ 11.4KV/22.8KV 接地/非接地系統之屋內/屋外型，高壓配電盤之一般設計、製造、實驗和操作要求

1.2 高壓配電盤需依照本規範及附件圖表製作、裝配及安排各項設備之位置，任何與規範想牴觸之處均需修改至適用為止，如規範與附件圖表有相矛盾者，原則上與附件圖表所示為準，必要時得請請購單位解說及裁決。

### 二、標準與法規

本規範書所述之高壓配電盤應符合下列之一最新版之標準與法規之有關規定。

2.1 美國電機製造協會標準(NEMA)。

2.2 美國國家協會標準　(ANSI)。

2.3 美國國家電工法規　(NEC)。

2.4 國際電工委員會規格(IEC)　。

2.5 中國國家標準(CNS)。

2.6 台灣電力公司屋內線路裝置規則。

### 三、適用情況

除另有規定外，所有設備均應滿足下列情況。

3.1 裝置場所：屋內/屋外(屋外需做防風、防雨型外箱)。(或防高溫)

3.2 責務：連續運轉

3.3 周溫：最高周溫不超過攝氏四十度，平均周圍溫度在任何二十四小時內不超過攝氏三十度。

3.4 標高：海拔一千公尺以下。

3.5 地震最大加速度：0.15g

## 四、箱體結構

4.1 高壓配電盤之形式應為前面無活電暴露符合CNS “E” 型(箱櫃型)之垂直立式閉鎖型配電盤。

4.1.1 所有器具應裝置於一接地金屬箱內。

4.1.2 主電路自動連接方式，控制電路手動連接方式之抽出型。

4.1.3 單元電路串連之分段開關與斷路器間須有連鎖裝置。

4.2 閉鎖型高壓配電盤應以良質之機器及材料構成，並具備有安全及現場安裝，電纜接續及設備保養檢修等構造。

4.3 所有金屬箱之主骨架應採用50X50X4mm 以上之角鐵，支骨架採用50X50X4mm 以上角鐵構成，門板採用3.2mm 鐵板，箱體採用2.3mm 以上之良質鐵板，頂蓋或底蓋採用1.6mm 以上良質鐵板，後蓋亦採用1.6mm 以上良質鐵板，基礎座採用50X100X50X5mm 之槽鐵，經機械加工，再組立成型，其他附加支架視其負荷情況由廠家自行設計決定。

4.4 配電盤之側面及後面必要時得以可動金屬板(螺絲固定)或箱門裝置之。

4.5 箱門須附圓形或槍型把手，且箱門均應能打開超過110度。屋外型於開啓後應具備可固定之構造。

4.6 配電盤所有盤面開孔一律用沖模加工。

4.7 除另有規定者外，所有電纜均由底部引進引出。所有電纜進出孔須做蓋板，其蓋板分為兩塊，且盤內需預留適當空間，以供電纜接續之用。

4.8 每盤控制電路室應加裝10W 日光燈一盞，以作操作維護時照明用，箱門上並應附有微動開關(LIMIT SWITCH)。

4.9 負載開關(LOAD BREAK SWITCH)之操作，應在箱門關閉時，可由門外操作，同時可由門外前方之檢視窗檢視LBS 之開閉狀況，並應註明有”高壓危險”之字樣。

4.10 每一盤之前箱門內側均應應有放置接線圖之置圖框。

## 五、匯流排

5.1 匯流排須為壓出型高導電銅排，(導電率97% 以上，含銅量99.9% 以上)經鍍錫或鍍銀處理，並能承受故障電流之衝擊，該衝擊電流之大小應與斷路器之啓段容量之KA值相同。

5.2 匯流排之BUS SUPPORT 對地之電壓額定(11.4KV 系統為15KV 級以上，22.8KV 系統為25KV 級以上)且其構造能耐短路時所引起之衝擊者。

5.3 主匯流排裝置應在盤內最上層空間，其排列由前至後，由上而下，由左而至右為R.S.T 相。(或L1 、L2 、L3 或A 、B 、C)

5.4 箱內底部應設30X5m 之接地銅排，其長度為貫穿全長，並附有適於100mm2 及其他較小線徑之接地端子多個以上，盤內所有器材之設備接地均連線於接地銅排上。

## 六、配結線

6.1 高壓配電盤內所有配線應為一級廠廠家之產品，且電纜線之絕緣等級其規定如下：
11.4KV 系統－15KV 級 XLPE 電纜。
22.8KV 系統－25KV 級 XLPE 電纜。
600V 以下－600V 級 PVC 電纜或 XLPE 電纜。

6.2 所有配線不得有中間接續，箱盤之間及箱門之配線接續，均應連接至端子台接續。

6.3 控制線兩端必須作線號，線號之編定應與控制線路圖所註者相符合，以利檢修。線號之排列方向無論水平或垂直均應有所規定。

6.4 盤內之控制電路之配線必須成束之電線用 PVC 紮帶綑紮或裝置在 PVC 線槽內。線槽必須有槽蓋及端蓋(垂直者)

6.5 盤內之控制線最小線徑為 $2.0mm^2$，其顏色要求如下：
CT 回路－黑色　PT 回路－紅色　DC 操作回路－藍色
AC 操作回路－黃色　接地線－綠色　中性線－黑色(IEC 舊制)或紫色(IEC 新制)

6.6 盤內之控制電路若須由盤外引入者，必須結線至端子板上以便引入接線。

6.7 盤內 CT 回路之配線用之壓著端子，必須為 O 型壓著端子。

## 七、分色(色套)

### 7.1 主迴路部分

交流迴路：R 相-紅色 S 相-白色 T 相-藍色 N 相-黑色(CNS 規定)
直流迴路：正極-紅色 負極-藍色
接地迴路：綠色(CNS 規定)綠黃相間(IEC 新制)

### 7.2 操作迴路部分

交流操作迴路：黃色
直流操作迴路：正極-紅色 負極-藍色
CT 二次側迴路：黑色
PT 二次側迴路：紅色

## 八、銘牌與圖表

8.1 每一高低壓閉鎖型配電盤必須有-壓克力銘牌標示其盤名，固定於一盤門板之上端。銘牌內容包括系統、電壓及電源來源。

8.2 每一高低壓閉鎖型配電盤門板之指示燈、按鈕開關、選擇開關、儀表、電驛、無熔絲開關、試驗端子，都必須有-鋁銘牌或壓克力銘牌標示其功能。

8.3 壓克力銘牌所標示字體須為白底黑字反刻。

8.4 每一高低壓閉鎖型配電盤之前門板内側於適當位置所設立之置圖框，需附上每一盤護貝影印圖表，含系統單線(複)線圖、控制圖。

## 九、前處理與塗裝

### 9.1 除鏽、酸洗處理過程：處理過程之工廠須經廠驗中檢。

所有鐵箱骨架、門板、左右側板、後封板、頂蓋板、底蓋板和所有單位之塗裝前均須經過下列處理手續(依下列所示)。

(1) 第一次處理(脫脂處理)去除金屬箱表面附著之油脂已達到除油效果。

(2) 第二次處理(加強脫脂處理)再次去除金屬箱表面附著少量之油脂，更達到表面淨油效果。

(3) 第三次處理(水洗處理)在脫脂處理後，金屬箱表面附著多量泡沫、雜質，必須施以清水處理。

(4) 第四次處理(加強水洗處理)在脫脂處理後，金屬箱表面附著多量泡沫、雜質，必須再施以清水處理，以確保下一次處理槽之藥劑純度。

(5) 第五次處理(鹽酸除鏽處理)以鹽酸劑去除金屬箱表面鐵鏽。

(6) 第六次處理(水洗處理)在除鏽處理後金屬箱表面附著多量酸性物質，必須施以清水處理。

(7) 第七次處理(中和處理)以NOH鹼性藥劑中和除鏽槽經水洗後所殘留之殘酸。

(8) 第八次處理(水洗處理)經中和處理後，金屬箱表面附著少量鹼性物質，必須再施以清水處哩，以確保下一處理槽之藥劑純度。

(9) 第九次處理(膠鈦處理)為促使金屬箱表面磷鹽結晶膜之易於形成經以表面調整劑(膠鈦處理)。

(10) 第十次處理(水洗處理)經水洗後，金屬箱表面附著少量酸性物質，必須再施以清水處理以確保下一處理槽之藥劑純度。

(11) 第十一次處理(磷酸處理)為使金屬箱表面在短時間内形成-緊密之結晶皮膜，提高防鏽除蝕之強度，並增進塗裝之附著力，乃施以磷酸鹽及高錳酸鉀之被膜化學處理。

(12) 第十二次處理(水洗藥劑)在經過表面調整劑處理後，為洗淨表面多餘之調整劑，保護皮膜之純度，施以水洗處理。

註：前處理之水洗槽須單獨使用，不得共用。

9.2 前處理後之鐵材，若置於空氣中未能迅速乾燥，則將因表面之水與空氣中之氧化作用而成為第一氫氧化鐵，其反應再進一步氧化成第二氫氧化鐵，鐵表面形成的第一氫氧化鐵與已進展成第二氫氧化鐵共存，互相反應漸漸生成鐵鏽，故應以水切乾燥爐急速烘乾鐵材將水去除。

9.3 所有控制箱體各元件，經除鏽、酸洗表面處理過程並進行烘乾後，有鋒面和粗糙部分必須除去，使保持平滑。在塗裝前和進行塗裝中，表面要徹底保持乾燥和清潔。如必須前處理後塗裝前須安排中檢。

9.4 經表面處理後之箱體各元件，須先噴以最少一道之紅丹底漆後，再噴一道面漆並施以液體烤漆塗裝或箱體經表面處理並進行烘乾後，直接施以靜電粉體烤漆塗裝(烤漆塗裝方式由業主指定)。其內部及外部面漆顏色MUNSELL NATION 7.5BG 6/1.5 ，烤漆厚度不得低於30?m 。(顏色及廠牌可由業主指定)

9.5 配電盤箱體製造完成後，其前處理與塗裝之過程須由業主視需要作中間檢查。

## 十、測試

10.1 所有閉鎖型配電盤需在製造廠完成裝配、接線、調整和測試，配裝完成後，須做模擬情況之操作測試，以確保接線和控制之正確性。

10.2 所有之試驗需依據最新中國國家標準(CNS3991)之交貨試驗。及401 條款之合格試驗。

10.3 製造廠家需提出試驗報告書。

10.4 出場試驗，必要時須由業主會同試驗，並填具試驗紀錄。

## 十一、廠家圖面及技術資料

11.1 本高低壓閉鎖型配電盤如有提供規格表(DATA SHEET)時，部分由設計者填寫，已規定設備或器材之基本要求，其他空白部分由廠商填寫，如有與本規範書相牴觸者，必須清楚的逐條說明，並經業主同意，否則視為與規格不合，廠商不得異議。

11.2 配電盤製造廠商製造前除須提共完整附件資料外，並須提供下列圖面和資料供業主核可。

11.2.1 所有外貨器材及國產主器材與配電盤製造廠家之相關型錄。(重要部品須先送業主核可)。

11.2.2 系統單線圖。

11.2.3 每一配電盤之控制結線圖。

11.2.4 配置圖及外型尺寸圖。

11.2.5 設備交貨之預定時間表。

11.2.6 箱體固定方式及基礎螺絲位置和尺寸。

11.3 配電盤製造廠商交貨前須提供下列資料：

11.3.1 與成品詳細確認過之正確竣工圖。

11.3.2 檢查和測試之保證書。

11.3.3 操作和維護指導手冊。

11.3.4 上列所規定廠商圖面及技術資料，均須以中文為主、英文為輔。其格式大小為A4或A3 尺寸。

11.3.5 配電盤安裝場所之基礎水平資料。

## 十二、廠家資格及保證

12.1 配電盤製造廠家須為自備鈑金設備、酸洗處理設備、靜電粉體塗裝設備及品管試驗

設備等一貫作業流程之中檢工廠，不得在廠外製造，於製造期間必要時得接受業主及設計單位之不定期檢視。

12.2 本工程所有之高低壓閉鎖型配電盤，必須委由同一製造商製造，以求型式之一致，以利日後保養、維修、庫存等便利。

12.3 本高低壓閉鎖型配電盤所使用之同種類電器材料，必須委由同一廠牌之產品，以求形式之一致，以利日後保養、維修、庫存等便利。

12.4 高低壓閉鎖型配電盤之製造廠家提供自交貨日起一年保固書(依業主要求)。

12.5 本高低壓閉鎖型配電盤盤內器具之配置，必須整齊一致，並預留備用空間，以利將來擴充之用。預備用空間之大小，得於配電盤製造前，先經業主人員之核可(以製造前經業主核準之承認圖依據)。

# 1-12 配電盤製造規範

客戶(CLIENT) :XX　　工令( WORK NO. ): XX　　承製單( PROJECT NO. ):

1.設計基準( Designing standard )

| ■ CNS | ☐ IEC | ☐ JEM | ☐ ANSI |
|---|---|---|---|

1-1.定格電壓及頻率（Rated voltage and frequency ）

| 定格種類( Rating category ) | | 說明( Description ) | |
|---|---|---|---|
| | | CNS standard | 其他( Instead ) |
| 電壓( Voltage ) | 高壓( High voltage ) | ☐ 11.4KV ☐ 22.8KV ☐ 33KV | ☐ 23.5KV |
| | 中壓( Medium voltage ) | ☐ 3.3KV ☐ 3.45KV ☐ 4.16KV | ☐ 4.16KV |
| | 低壓( Low voltage ) | ☐ 220V ☐ 380V ☐ 440V<br>☐ 460V ☐ 480V ☐ 208-120V<br>☐ 380-220V ☐ 440-254V ☐ 480-277V | ☐ 400V-230V<br>☐ 230V-132V<br>☐ 208V-120V |
| 頻率( frequency ) | | ☐ 50Hz ☐ 60Hz | ☐ 60Hz |

1-2.絕緣等級 (Insulation class )

| 絕緣等級種類( Insulation class category ) | | 說明( Description ) | |
|---|---|---|---|
| | | CNS standard | 其他( Instead ) |
| 高壓盤主回路( HV panel main circuit ) | 絕緣等級( Insulation class ) | ☐ 10B ☐ 20B ☐ 30B | ☐ |
| | AC 耐壓( AC withstand voltage) | ☐ 28KV ☐ 50KV ☐ 70KV | ☐ 50KV |
| 中壓盤主回路( MV panel main circuit ) | 絕緣等級 (Insulation class ) | ☐ 3A ☐ 6A | ☐ 6A |
| | AC 耐壓( AC withstand voltage ) | ☐ 16KV ☐ 22KV | ☐ 20KV |
| 低壓盤主回路( LV panel main circuit ) | AC 耐壓( AC withstand voltage ) | ☐ 2E + 1000V E: rated voltage | ☐ 2500V |
| 高壓盤控制回路( HV panel control circuit ) | AC 耐壓( AC withstand voltage ) | ☐ 2000V | ☐ 2000V |
| 低壓盤控制回路( LV panel control circuit ) | AC 耐壓( AC withstand voltage ) | ☐ 1500V | ☐ 1500V |

2.高壓配電盤箱體型式 ( Type of protection of enclosures for high-voltage switchgear )

| 箱體結構型式 ( Type of construction ) | | | | | | 主回路絕緣處理 ( Insulation treatment of main bus bar ) | |
|---|---|---|---|---|---|---|---|
| CX | CW | PW | PWG | MW | MWG | 熱縮絕緣套管 ( Heat shrinkable insulation sleeve ) | 橡膠封套 ( Fitting joint covers ) |
| □ | □ | □ | □ | □ | □ | □ | □ |

3.箱體塗裝顏色 ( Painting color )

| 塗裝標準 ( Standard ) | 士林標準 (Shihlin standard) | 其它 (Instead) |
|---|---|---|
| 表面 ( Exterior ) | □ MUNSELL 5Y 7/1 | □ |
| 裡面 ( Interior ) | □ MUNSELL 5Y 7/1 | □ |
| 光澤度 ( Gloss ) | □ 半光澤 (Semi Gloss) | □ |
| 塗料 ( Material of paints ) | □ 聚脂 - 環氧樹脂粉體靜電平面烤漆 (Semi-gloss static powder coatings of epoxy-polyester resin type) | □ 聚脂 - 環氧樹脂粉體靜電垂紋烤漆 (Hammertone static powder coatings of epoxy-polyester resin type) |
| 塗裝厚度 ( Thickness ) | □ 40 $\mu$m　□ 50 $\mu$m | □ |

4.進出線位置 ( Cable entrance position )

| 進出線位置 (Entrance-position) | 底部 ( Bottom of case ) | | 頂部 ( Top of case ) | |
|---|---|---|---|---|
| | 屋內盤 (Indoor ) | 屋外盤 ( Outdoor ) | 屋內盤 (Indoor ) | 屋外盤 ( Outdoor ) |
| 高壓盤 ( HV switchgear ) | □ | □ | □ | □ |
| 低壓盤 ( LV switchgear ) | □ | □ | □ | □ |

5.出貨方式 ( Delivery )

| 出貨方式 ( Delivery ) | 合盤出貨 ( Combination for delivery ) |
|---|---|
| 高壓盤 ( HV switchgear ) | □ NO　□ YES ; _ 盤 1 單位　( _ panel by 1 unit ) |
| 低壓盤 ( LV switchgear ) | □ NO　□ YES ; _ 盤 1 單位　( _ panel by 1 unit ) |

6.主要結構之鋼板與角鐵厚度將依據下表製作
( Thickness of steel plate and equal angle for major construction will be as follows )

6-1.屋內型配電盤 ( Indoor type switchgear )
"X" 表本案不製作 ( 'X" : Means parts won't be made in this project )

| 品名 ( Name of part ) | 規格符號 ( Mark ) | 厚度 ( Thickness ) mm | 材料規格 (Material ) |
|---|---|---|---|
| 前箱門 ( Front door ) | A1 | 3.2t | |
| 後箱門 ( Rear door ) | X | X | "A" 一般鋼材 ( Normal steel ) |
| 內箱門 ( interior door ) | X | X | 1. 鋼板 ( Steel plate ) : SPHC#41 |
| 上蓋板 ( Top plate ) | A1 | 2.3t | 2. 角鐵 ( Angle iron ) : SS#41 |
| 底板 ( Bottom plate ) | A1 | 2.3t | 3. 槽鐵 (C-channel steel) |
| 後蓋板 ( Rear plate ) | A1 | 2.3t | |
| 側板 ( Side plate ) | A1 | 2.3t | "B" 不銹鋼板 ( Stainless steel plate |
| 隔板 ( Partition plate ) | A1 | 2.3t | SUS#304 ) |
| 出線蓋板 ( Cable entry plate ) | D | 3.0t | "C" 鍍鋅鋼板 ( Galvanized steel plate ) |
| 框架角鐵 ( Frame angle ) | A2 | 50 * 50 * 4t | |
| 支持鐵 ( Support angle ) | A1 | 50 * 50 * 3.2t | "D" 鋁板 ( Aluminum plate ) |
| 底座 ( Base ) | A3 | 50 * 100 * 50 * 5t | |
| 基礎座 ( Channel base ) | A3 | 50 * 100 * 50 * 5t | |

6-2.屋外型配電盤 ( Outdoor type switchgear )
"X" 表本案不製作 ( 'X" : Means parts won't be made in this project )

| 品名 ( Name of part ) | 規格符號 ( Mark ) | 厚度 ( Thickness ) mm | 材料規格 (Material ) |
|---|---|---|---|
| 前箱門 ( Front door ) | | | |
| 後箱門 ( Rear door ) | | | "A" 一般鋼材 ( Normal steel ) |
| 內箱門 ( interior door ) | | | 1. 鋼板 ( Steel plate ) : SPHC#41 |
| 上蓋板 ( Top plate ) | | | 2. 角鐵 ( Angle iron ) : SS#41 |
| 底板 ( Bottom plate ) | | | 3. 槽鐵 (C-channel steel) |
| 後蓋板 ( Rear plate ) | | | |
| 側板 ( Side plate ) | | | "B" 不銹鋼板 ( Stainless steel plate |
| 隔板 ( Partition plate ) | | | SUS#304 ) |
| 出線蓋板 ( Cable entry plate ) | | | "C" 鍍鋅鋼板 ( Galvanized steel plate ) |
| 框架角鐵 ( Frame angle ) | | | |
| 支持鐵 ( Support angle ) | | | "D" 鋁板 ( Aluminum plate ) |
| 底座 ( Base ) | | | |
| 基礎座 ( Channel base ) | | | |

7.主回路相序顏色別 ( Phase sequence discrimination for main circuit )

7-1.交流三相回路 ( Three phase circuit of alternating current )

| 相 ( phase ) | 顏色 ( Color ) | |
|---|---|---|
| | ■ CNS標準 (CNS Standard) | □ 業主規範 (Owner SPEC.) |
| R (A) (L1) 相 ( phase ) | 紅 ( Red ) | 紅 ( Red ) |
| S (B) (L2) 相 ( phase ) | 白 ( White ) | 黑 ( black ) ( BK ) |
| T (C) (L3) 相 ( phase ) | 藍 ( blue ) ( BL ) | 藍 ( blue ) ( BL ) |
| 中性線 (N) ( neutral ) | 黑 ( black ) ( BK ) | 白 ( White ) |
| 接地 (E) ( earthing ) | 綠 ( Green ) | 綠 ( Green ) |

7-2.交流單相回路 ( Single phase circuit of alternating current )

| 相 ( phase ) | 顏色 ( Color ) | |
|---|---|---|
| | □ CNS標準 (CNS Standard) | □ 業主規範 (Owner SPEC.) |
| 第一相 (1 st phase ) | 紅 ( Red ) | |
| 中性線 (N) ( neutral ) | 黑 ( black ) ( BK ) | |
| 第二相 (2 nd phase ) | 藍 ( blue ) ( BL ) | |

7-3.直流回路 ( Direct current )

| 極性 ( polarity ) | 顏色 ( Color ) | |
|---|---|---|
| | □ CNS標準 (CNS Standard) | □ 業主規範 (Owner SPEC.) |
| 正極 + (positive ) | 紅 ( Red ) | |
| 負極 - ( negative ) | 藍 ( blue ) ( BL ) | |

7-4.導體之配置 ( Phase arrangement will be as follow )

| 面對盤之正面 ( At front view) | 三相回路 ( Three phase ) | 單相回路 ( Single phase ) | 直流回路極性 ( Polarity of DC ) |
|---|---|---|---|
| 從左到右 (From left to right) | R(A)(L1)；S(B)(L2)；T(C)(L3) | 1-N-1 | (-) 負極 ( N )；(+)正極( P ) |
| 從上到下 (From top to bottom) | R(A)(L1)；S(B)(L2)；T(C)(L3) | 1-N-1 | (+)正極( P )；(-) 負極 ( N ) |
| 從前到後 (From front to rear) | R(A)(L1)；S(B)(L2)；T(C)(L3) | 1-N-1 | (+)正極( P )；(-) 負極 ( N ) |

7-5.線徑 ( Wire size )

7-5-1.斷路器及電磁接觸器使用銅匯流排或60˚C PVC電線，電容器端使用105˚C PVC電線，依下表製作
( Wire for circuit breaker and magnetic contactor will be busbar or 60˚C PVC wire , and 105˚C PVC wire for capacitor connection , refer the following data sheet for wire and busbar size )

| 額定電流（A）<br>( Ampere rating ) | 60˚C PVC 電線線徑 (mm²)<br>(60˚C PVC Wire size ) | 105˚C PVC 電容器端電線線徑(mm²)<br>(105˚C PVC Wire size for capacitor) | 銅匯流排尺寸 ( mm * mm )<br>(Cu busbar size) |
|---|---|---|---|
| UP to 25 | 3.5 | 3.5 | 12 * 3t |
| 32 | 5.5 | 3.5 | 12 * 3t |
| 40 | 8 | 5.5 | 12 * 3t |
| 50,63 | 8 | 8 | 12 * 3t |
| 70,75 | 22 | 8 | 12 * 3t |
| 90,100 | 30 | 14 | 15 * 3t |
| 125 | 38 | 22 | 15 * 3t |
| 150 | 50 | 30 | 20 * 5t |
| 175 | 60 | 38 | 20 * 5t |
| 200 | 80 | 50 | 20 * 5t |
| 225 | 100 | 50 | 20 * 5t |
| 250,275 | 125 | 80 | 20 * 5t |
| 300 | 60 * 2 or 150 | 80 | 30 * 6t |
| 350 | 80 * 2 or 200 | 100 | 30 * 6t |
| 400 | 100 * 2 or 250 | 125 | 30 * 6t |
| 500 | 150 * 2 or 325 | 200 | 50 * 6t or 30 * 10t |
| 630 | 200 * 2 | 100 * 2 or 250 | 50 * 6t |
| 700 | | 125 * 2 | 50 * 10t |
| 800 | | 150 * 2 | 50 * 10t |
| 1000 | | 250 * 2 or 150*3 | 60 * 10t |
| 1250 | | 200 * 3 | 40 * 10t * 2 or 80 * 10t |
| 1600 | | 250 * 3 | 50 * 10t * 2 or 100 * 10t |
| 2000 | | | 80 * 10t * 2 |
| 2500 | | | 100 * 10t * 2 |
| 3000 | | | 120 * 10t * 2 |
| 3200 | | | 80 * 10t * 3 or 150 * 10t * 2 |
| 3600 | | | 100 * 10t * 3 |
| 4000 | | | 120 * 10t * 3 |
| 5000 | | | 100 * 10t * 4 or 150 * 10t * 3 |
| 6300 | | | 150 * 10t * 4 |

7-5-2.主匯流排電鍍 ( Plating for main bus bar )

☐ 鍍錫 ( Tin-plated ) ☐ 鍍銀 ( Silver-plated )

7-6.色套 ( Color code )

| 斷路器及電磁接觸器一次側以PVC線配線及用壓接端子時，均附絕緣色套 .<br>( Primary side wiring for circuit breaker and magnetic contactor will be provided with insulated vinyl cap. But PVC wire pressed with compression type terminal lug ) |
|---|

8.接地匯流排 ( Earthing bus bar )

| 接地匯流排:裸銅板 30mm * 6t<br>( Earthing bus bar will be bare copper bus size 30mm * 6t ) |
|---|

9.銘牌 (Nameplate )

9-1.盤銘牌材質 (Material of nameplate ) :

| ☐ 壓克力板3t (Acrylic plate 3t ) | ☐ 不鏽鋼板0.8t ( Stainless steel plate 0.8t ) |
|---|---|

9-2.銘牌之文字內容 ( Description of nameplate )

| 銘牌之文字內容請參考 Sheet No. : ______<br>( Description of nameplate will be shown in Sheet No. : ______ ) |
|---|

10.控制回路配線: ( Wiring for control circuit )

10-1.

| 全部控制線與儀表回路,均放置於線槽內,或用綁束線固定.<br>( All interior wiring will be installed in suitable wire duct or bound by binding band ) |
|---|

10-2.

| 盤內控制線與儀表回路使用耐熱 60˚C 600V之PVC絕緣線，~~且一律使用黃色PVC絕緣套之壓著端子~~.<br>( All control and instrument wires used inside of panel will be heat resistant 60˚c 600v insulated PVC wire ，with yellow pvc terminal cap) |
|---|

10-3.線徑與顏色:(Wire size and color )

| 回路名稱 ( Name of circuit ) | 線徑 ( Wire size ) mm² | | 顏色 ( Wire color ) | |
|---|---|---|---|---|
| | ☐ 士林標準 (Shihlin Standard) | ☐ 業主規範 (Owner SPEC.) | ☐ 士林標準 (Shihlin Standard) | ☐ 業主規範 (Owner SPEC.) |
| PT二次回路 ( SEC. Circuit of PT ) | 2.0 | | 紅 ( Red ) | |
| CT二次回路 ( SEC. circuit of CT ) | 3.5 | | 黑 ( black ) ( BK ) | |
| 交流控制回路 ( AC control circuit ) | 2.0 | | 黃 ( Yellow ) | |
| 直流控制回路 ( DC control circuit ) | 2.0 | | 藍 ( blue ) ( BL ) | |
| 中性回路 ( Neutral circuit ) | 2.0 | | 黑 ( black ) ( BK ) | |
| 接地回路 ( Earthing circuit ) | 5.5 | | 綠 ( Green ) | |

10-4.線號標示 ( Wire mark )

10-4-1.在控制線兩端製作標示 ( Adequate wire marks are provided at both ends of wire )

10-4-2.線號標示以O型號誌安裝 ( Wire mark will be O type )

10-4-3.線號標示以串接方式表示,線號依下圖方向安裝 ( Wire mark will be arranged in series and direction will be as follows )

11.配電盤塗裝流程 ( Flow chart of static powder coating for Switchgear panel )

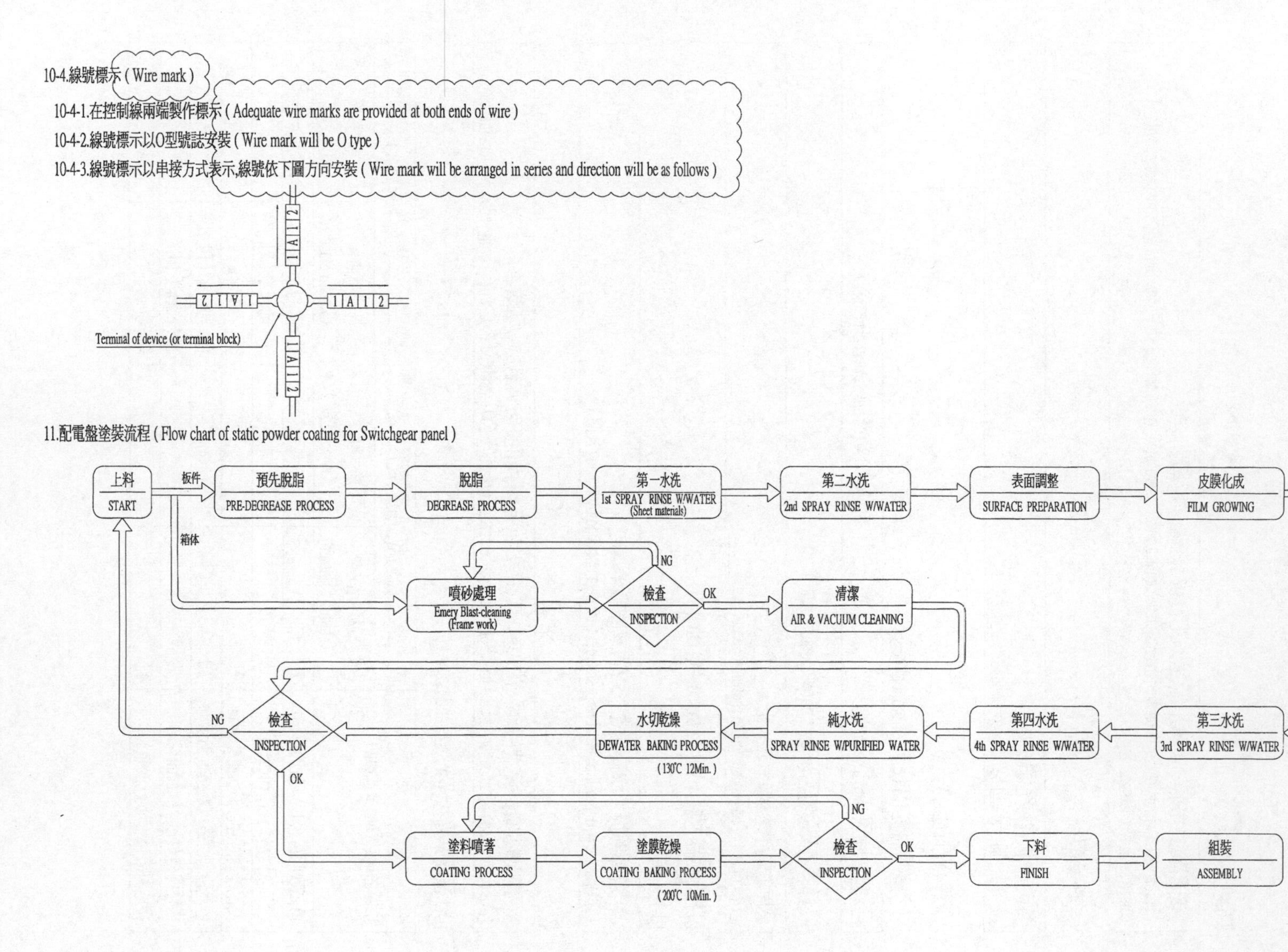

## 1-13 品保管理

**一、目的：如要確實做好品保工作，必須做好品保管理。**

**二、重點：工地的品保工作要做好，最重要的人選就是工地主任。**

**三、管理辦法：分三方面來管理及實施。**

1. 工地主任的責任與心態。
2. 工地主任的直屬長官的瞭解與配合、支持。
3. 品保部門隨時稽核、報告情形，但是要獲得工地主任與直屬長官的 100% 配合。

**四、做好品保管理的好處及結果：**

1. 工地現場物料管理，減少浪費、避免使用錯誤材料。
2. 工地施工人員的施工水準、工作態度與心態，能得到公平的糾正與提昇。
3. 工地施工的環境。

   A. 工務所的設立。

   B. 物料、倉儲存放的場所。

   C. 施工場所的整潔。

   環境再好，如不予以好好管理亦屬枉然，如能好好管理，可得工地整潔、業主滿意、減少工地意外。如施工場所的照明，地上的廢料、電線、汽水瓶及臨時線的架設等。
4. 服裝、工具、機具的配備，統一服裝、安全帽、工具，只有勤前檢查、工地檢查，如此可提高效率。
5. 品保工作做好，可以提昇工作人員的技術水準(包括理論與施工)，可以減少產品的錯誤(材料與二次施工)。
6. 能獲得自己的肯定，可以獲得別人的肯定，也可以獲得客戶的肯定。

**五、說明：**

1. 工地主任

   A. 工地主任的再教育。

   尤其職前教育，把工地的施工責任說明清楚，做好工地主任的義務，是應該也是義務。

   如果品保做不好，該接受勸導並公開警告，最後予以處罰。

   如果品保做的好，也該鼓勵、公開嘉獎，最後賞獎金或予慰勞假。

   上任前，必須進行 1 天以上的教育與宣導。

   B. 工地主任的技術(包括理論與施工)。

   不是與生俱來的，必須予以階段性的接受訓練。

不管工地隨時的接受訓練或教育、課堂上的短時訓練，都不可免。

C. 工地主任的選派。

必須是慎重與隆重，必要時頒給委任書，委託他擔任某工地的主任，責任義務與權利一併記載，如果做不好時予以撤換或降級。

如：負擔整個工地的安全、整潔。

負擔整個工地的進度。

指揮調度整個工地的所有人員，功過一切承擔。

D. 工地主任的心態。

選派工地主任的時候，必須因材施用，可用之才予以委任。

a. 這個人未擔任主任之前的工作態度。

b. 他這個人擔任過主任時的工作態度。

c. 他是否有能力擔任主任，不管技術方面、管理方面、溝通協調方面。

d. 他是否能全心全力投入這個工地，直到完成。

e. 他是否能接受長官指揮，配合公司的政策，尊重品保政策的監督。

f. 一個工地成也在主任；敗也在主任。

2. 直屬長官的配合瞭解

A. 選派工地主任時，希望慎重邀集副理、協理(直屬長官)的協商提供意見，並最後聽一聽當事人的想法，是否有困難。

B. 首先請董事長(總經理)、二位副總經理，開一次品保管理的會議，釐清品保的重要，尋求支持。確實命令政策的執行，貫徹到工地主任。

C. 再請以上三位與工務協理，開一次品保管理的會議，強調並說明品保的重要，尋求協理的百分百的配合與執行政策的責任，命令落實到工地主任。如果協理有不明瞭，不能配合或有困難，則品保政策會胎死腹中。最後，由副總來下達命令到協理，將委任書轉交協理。

D. 董事長、二位副總對品保政策的推行，完全舉雙手贊成，並獲得協理的全力支持與政策貫徹決心，事情更好辦，於是再召開一次副理也參與的會議，將品保政策貫徹實施到副理的階層，要副理體認品保政策的重要，公司推行的決心，希望能提高工作人員(主任及屬員)的水準(技術及工作態度、工作理念)，提高管理的重要，提高工地安全，提高產品的可靠性，提高公司的信譽，進而可提昇業務競爭的能力。業務的基礎及背後支柱在於工務，但是業務是工務的前鋒與尖兵。

E. 選定工地主任以後，在得到本人的意願，便將工地的管理交給他來負責，選擇公開的機會場合領發委任書，告訴工地的管理責任、權利與義務、負責的範圍、安全及品保政策的貫徹、推行的決心並接受品保單位的監督。委任書加框，掛於工地工務所內

3. 品管稽核是建立在產品的生產線，生產線上則靠物料與施工來達成產品。

A. 首先物料的管理。

物料的管理控制，是生產線的第一環。

a. 物料的規範

b. 物料的數量

c. 物料的供應與儲存

首先工地使用的物料在施工工地定案後，即需分批準備與進料，倉庫將要準備的材料先行清查庫存，移撥準備使用，不足的數量及未有庫存的部份亦分批進料。但在清查庫存及進料時，需核對物料的規範是否符合，必須確實及建立完整資料。

至於進料的數量或者庫存最低存量，分別設定一般物料或特別物料，一般物料可考慮較充裕，特別物料則可設定為零。不過倉儲主管及工地主任，可按合約的物料清單分期進庫備用。

特別物料大都因各工地不同而採買，一部分可先進庫待命；一部分則由供應者製作，按期交貨。但需經倉庫驗收將貨送工地而完成手續，所以工地主任以電話叫貨的可能性等於零，倉庫應該嚴格管制與禁止。

一般物料的進貨，倉庫主管對規範必須清楚，如果不清楚應該尋求協助、確認。特別物料的進貨，規範的認知亦必須落實，訂做的物料如盤體、變壓器等，必須會同品保處的簽認蓋章。當然，盤體、變壓器的訂貨，一般都有合約書、承認圖、規範書，從訂貨到中檢、廠驗、工地驗，都必須有倉庫主管及品保主管的會同與認同負責。而合約書及承認圖、規範書，更應該送交品保處的簽認與過目核對。

所有工地使用的物料(一般與特別)，倉庫必須有出貨清單，不管是庫存移撥或新購進料者，列印在電腦中。

B. 施工的管理

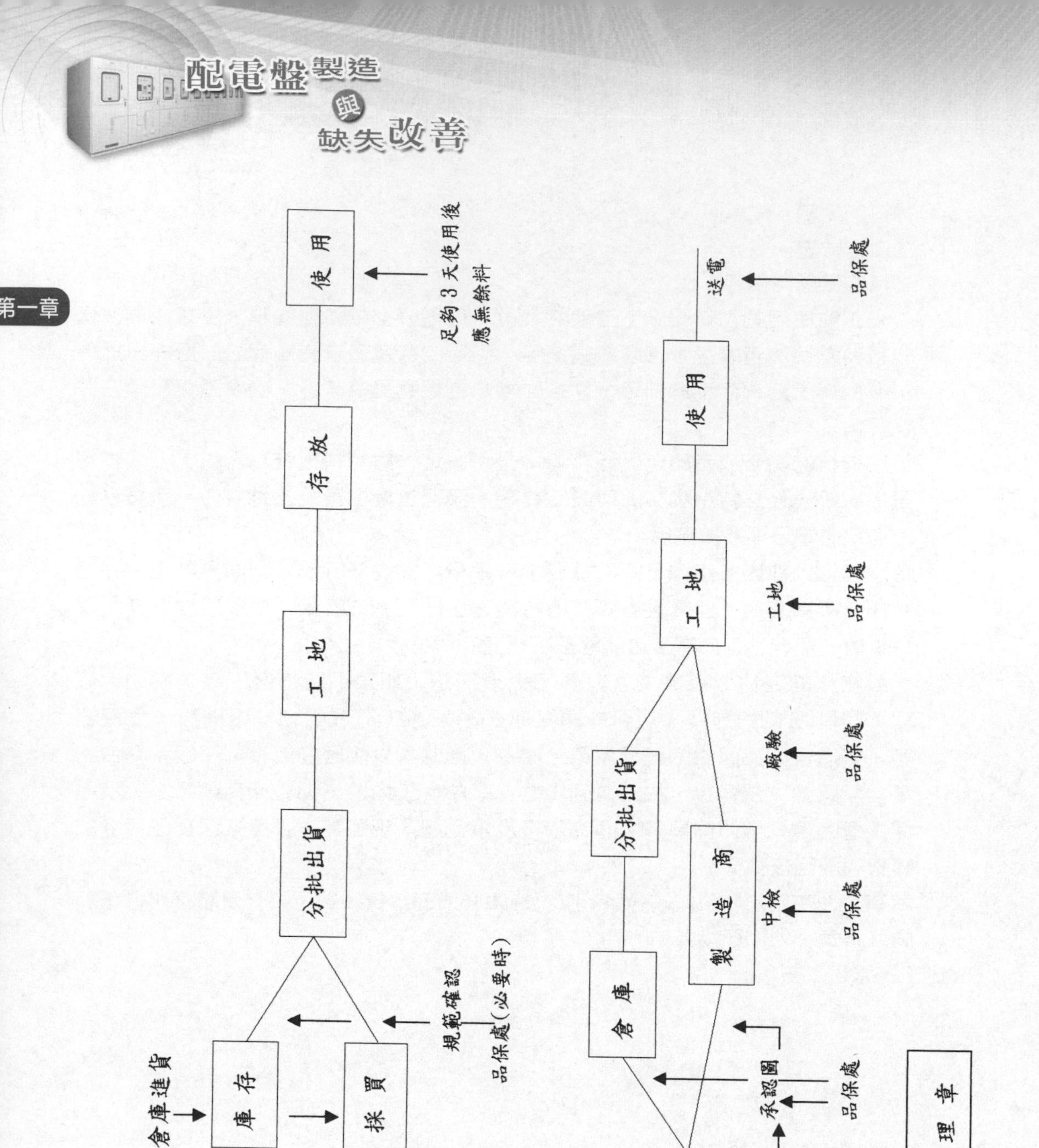


施工中的管理隨著物料的進場(從倉庫)，施工的進行、配管、配線，品保處得以隨時不定期作物料的抽查，施工情形的品管考核，隨時填寫報告給協理、顧問、二位副總。

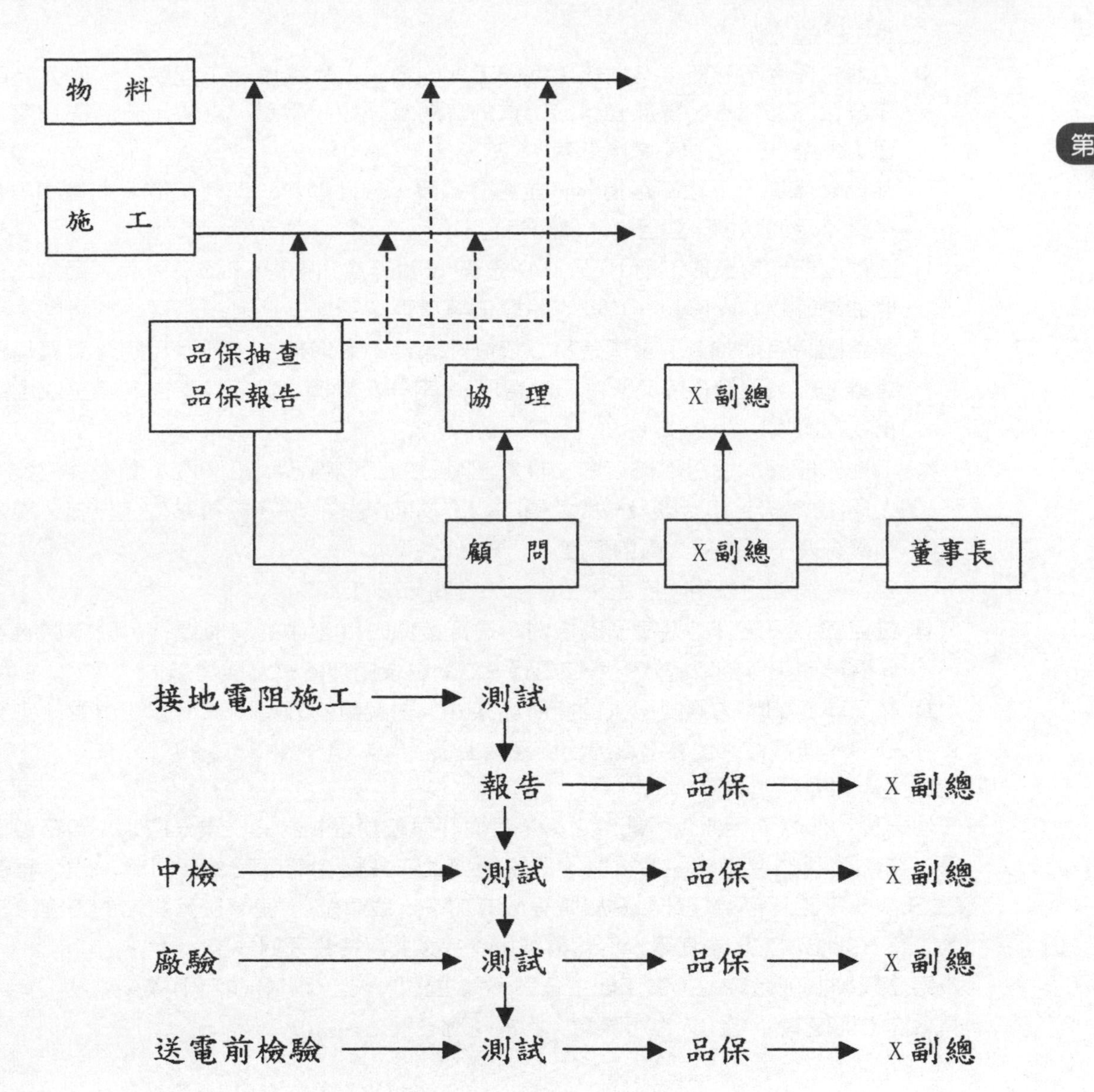
物　料
施　工
品保抽查
品保報告
協　理
X副總
顧　問
X副總
董事長
接地電阻施工
測試
報告
品保
X副總
中檢
測試
品保
X副總
廠驗
測試
品保
X副總
送電前檢驗
測試
品保
X副總

C. 工地主任的工作

a. 工地主任應於接任後，對該工地的工程內容、工程進度、工程特性，深入特別瞭解全盤的情形，對於物料的出貨的時間及種類、數量，規畫出一清單送交副理-協理後，一份送交倉庫參考。

此時倉庫亦已清理庫存情形，並送交採買、分批進料、準時出貨，如倉庫中有存貨不足該購買，並且進入電腦管制。

b. 工地主任於當天收工前10分~20分鐘(視每天當日情形)，命令所有人員整理工地的剩餘物料、廢料、垃圾收拾歸位與清理，工地主任巡視滿意才能離開，品保處隨時定期抽查，董事長及二位副總亦得不定期抽查，副理及協理負責每日督導，經發現有不良情形得予以處罰。(第一次勸導、第二次警告、第三次處罰扣款或撤換)

c. 工地主任應於今日下班之前，規畫出明日的工作內容、工作量，需要幾位技術人員(含高級、初級以及一般人員)、工作如何安排，除了告訴該位工作者，還要回報副理，供明日人員的調度。

工作人員如何編組、搭配、合作，一定胸有成竹。

d. 並且對今日工作的進度予以檢討，是否按原先計劃中的情形進行，對屬員的工作情形、工作的成效做一考核記錄，做為以後工作的調整與建議。

e. 除了本身的能力需要別人的協助加強外，對屬員的教育訓練及糾正也要一完整性的、連貫性，也要適度提出反應給上級。

D. 工地主任的權利與義務

任何一種工作欲達目標，所託付之人，其權利與義務是相對的。責任愈大、義務愈繁重，當然權利也要適當配套給與，不管精神上或金錢上都應有所不同於一般工程師(主任為一般工程師委任升級、加職等，或加給、或津貼)，使每位有能力的工程師都樂於有一天能當工地主任等，不管精神上或金錢上都會合理的調整。

如果在精神上或金錢上，當工地主任與不當主任(一般工程師)並無兩樣，那麼沒有人願意當，即使有能力的人也不願意，因為同酬不同工。

## 1-14 ISO9000 認證

ISO9000 雖為歐洲國家共同市場，互相認定品質的一種標準，表示大家均可以接受。

1. ISO9000 認證不僅是所有人員的能力品質材料篩選的制度，一達到一定水準，加工工具的適當與使用，人員施工的成果品質，加上整個流程的管理，迄至完工驗收的階段，皆能符合盡善盡美的地步。
2. ISO9000 的認證，不在於是否能取得而在於能否維持，每年的每一個案子的考驗與成果的維持，才能繼續下去，不然隨時有被取銷的可能。今天所有的事盡在人為，所以人最重要，所有參與的員工，均需負擔一份的責任與義務、權利，除了提昇本身自己的能力外，對於所負的工作時時注意，要求所做出的工作品質保證，確認維持，當然包括衛星工廠或外包工程的人員，所有材料，包括成品，半成品一個螺絲，一個套錢 (Washer)，對於進料的品管，時程，庫存量，均有一定的設計。

一支螺絲 $3\ \psi \times 10$mm 銅質，不可用 $2.5$mm $\psi \times 15$m/m ，也不可用 $3.2$m/m $\times$ 8m/m 鐵質，平頭的不可用圓頭的。

每一件工事必須有正確標準的施工方法，施工順序，施工工具，方法不對，順序不對，工具不對，徒增加費用，延遲時間，浪費材料，增加危險程度，不允許有第二次施工現象。

### Quality

一. Personnel

1. Project manager/site manager qualification.
2. Engineer/supervisor qualification.
3. Shop drawing engineer/space management engineer qualification.
4. Electrician (licensed)/electrical worker qualification.

二. Drawing

1. Designed drawing quality.
2. Shop drawing/as-built drawing quality.
3. Detailed drawing quality.
4. Equipment/device/material document quality (panel, button sw. lighting, receptacle).
5. Equipment/device/material quality (RSG conduit, wire/cable PVC conduit).
6. Engineering/construction quality (installation).
7. Commissioning/test/power on quality.

三. Step of quality work

Management chart. Priority

1. QC chart TR, Panel, 製造,安裝.
2. Schedule.
3. Cost.

4. Safety.

1 Quality.

  1.1 Shop drawing.

  1.2 Material.

  1.3 Switch panel, channel base.

  1.4 Installation.

  1.5 Drawing list for revision.

2 Schedule.

  2.1 Shop drawing submission & approval.

  2.2 Equipment device purchasing.

  2.3 Manufacturing & delivering.

  2.4 Inspection & test.

  2.5 Installation & power on.

3 Cost

  3.1 Shop Drawing perparation.

  3.2 Material & device.

  3.3 Inspection & testing.

  3.4 Deliver & lift.

  3.5 Installation & power on.

  3.6 Time or schedule is Cost.

  3.7 Updated shop drawing.

4 Safety

  4.1. Inspection & test

  4.2. 製造中

  4.3. 運輸及吊裝

  4.4. 安裝

  4.5. 送電時

## 品質與使命

每一個工地從開始動工到完成，這一段時間一直有三件事情糾纏在一起：1 進度，2 安全，3 品質，而每一個工地從開始動工到完成，這一段時間也一直有三個重要角色糾纏在一起：1 業主，2 管理人，3 承包商，因為三個角色對三件事情的要求，而喊出三句話：1 進度優先，2 安全至上，3 品質第一，各人有各人的立場，角度不同，要求當然也不同，各人在桌面下所喊出的當然不一樣，但是在公開場合(會議上)卻三句話具同等效力。

話說三件事或者三句話，其實他們之間是互為牽連互為影響的，例如品質不好，施工不良，材料設備替代或贗品充促－偷工減料。施工不良，施工時的鷹架搭設，工具的使用，臨時電亂放，則會影響工地安全，人身衛生。電殛，墜落等意外－發生意外出人命或重傷殘

廢，則工地進度會受到停工。材料設備用不良品－經發現業主要求換新重做，則進度會延緩下來，所以不能只顧其中一項，三者應並重品質，安全，進度。

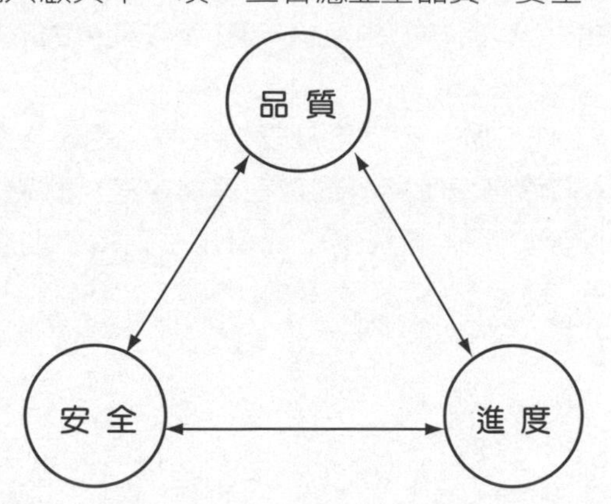


在台北××××的工作，當然也是三者並重，注意品質的方法有很多，如

1. 設計是否妥當。
2. 施工圖是否繪製完整清楚。
3. 對設備材料是否規範清楚，產品是否瞭解。
4. 對設備材料之製作，廠驗，交期與安裝。
5. 對配管，配線之工程施工品質。
6. 對材料，開關插座之安裝是否按標準施工。

## 這次之品質重要項目為

1. 高低壓開關盤體之廠驗，開關之庫存場所是否受到溼氣侵襲而絕緣降低或劣化。
2. 高低壓開關盤體交到工地現場後，放於地下四樓，因為地下四樓的溼氣很重，雖然外面罩有PVC 塑膠布，但是日積月累結果，時間太長，仍怕溼氣會侵入，尤其高壓或中壓開關。
3. 模鑄式高壓及中壓變壓器，早先進場到工地，儲放在地下三樓及六樓部份，2000KVA 22.8KV/220-380V 12 台，4000KVA 22.8KV/2.4-4.16KV 4 台，2000KVA 22.8KV/220-380V 6 台，已經有一段時間，雖然有PVC 塑膠蓋住，但是屋外(六樓)和地下室(地下三樓)的溼氣仍無法避免，擔心侵入以後線圈受損無法送電，有二種方法可以防止，即長期以低壓送電加熱除溼或者測試以後，發現劣化，運回工廠再予拆除(如有必要)烘乾。

   總之，不可貿然送電，必須先予絕緣測試及耐壓測試，確定無虞以後，再予無負載情況送電，並且先予短時期送電幾天，以後才可加載。
4. 中壓發電機7 台在2001 年10 月即進入地下四樓安裝定位，還因為地腳螺絲安裝改為化學螺絲栓，深度不夠受到質疑，品管部經理×××受到質疑但執意不改善。
5. 發電機為中壓，2400-4160V，放在地下四樓，發電機有機頭線圈Alternator，它為Open type，外表可以看到線圈，也容易吸入溼氣，儲放至今，少人去理，線圈本身亦備有停機不用時之加熱線圈，送電可以保溫及除溼，放在地下四樓與放在倉庫或貨櫃內不同。

這個問題在2001 年底時，曾在會議中提出，也在多項會辦單中要求品質管理部門，加以重視處理，在產品(設備)未送電驗收前，其品質仍由原供料廠商負責，即高壓中壓開關盤模鑄式變壓器由××負責，發電機由×××公司負責。



如果現在應該可以做的事前預防工作不做，等到全部安裝完畢，送電後發生短路(層間短路)，接地、絕緣劣化，耐壓不足時，損壞無法使用，或者在送電之前經檢驗測試，發現出現狀況，必須維修或經一段時間烘乾而延誤送電，責任應由品管部主管或工地主管負全責。

### 品質管制與產品的水平

電機工程或電機產品在業界，可分為三個階段

第一階段為上游，即為規劃設計，

第二階段為製造安裝，試車送電－即為中游，

第三階段為下游，即為運轉，維護、保養。

第一階段的設計規劃，有如一對夫婦，如何孕育一個健康聰明的嬰兒一樣，夫婦兩人的健康，體能情形，包括是否有先天的遺傳疾病纏身，結婚後，是否抽煙喝酒吃大麻或吸迷幻藥，包括日常的營養是否均衡，懷孕前後的心理，生理健康，周圍環境住居之安寧、衛生，由以上的種種，可以決定是否能得到健康的小孩。

規劃設計中的電機工程，如果出現以下種種的狀況

A. 主持或操刀者之學識經驗資格，能力不足。

B. 期間太過匆促或急忙，短暫。

C. 人力，財力或報酬不足。

D. 作業期間態度馬虎，草率，不嚴謹等。

第一階段之進行完全操控在技師或設計公司的手裡，從掌握各該案的因時，因地，因物的三大因素，來全盤考量，給予最合理，最完美，安全與經濟兩顧的情況下，每項重要的標示、尺寸、圖面、計算數據，該有的就要有，一點一滴都不能省略，馬虎或者錯誤，有省略的該補足，有馬虎的該確認，有錯誤的該修正。

目前電腦打字繪圖的工作，數量又多，工作又快，繪圖員不一定是本科系出身的，自己的錯誤無法發現，對規劃者的草圖，更無法找出其中的錯誤，予以更正，同音不同義的情形，數字的小數點(多一個零或少一個零)，別小看小數點，少一個零(0)，即標場得標被當傻子，多一個零即失去機會(被當瘋子)。

如果以上情形發生，屬於非常嚴重的，為了避免情形產生，只有商請資深人員一次又一次的檢查，核對，糾正，這樣的工作並不是每一個人都能夠做到，這個時候的圖面已是大原則底定，小處著手而己，如果要在大原則上下功夫，檢討，必須在第一次圖面完成即予宏觀性地處理。否則在第二階段出圖時才要下手，已是不容易發覺，也不容易更改。所以有很多的設計案例，在出圖以後沒有注意大原則的規劃，而失去準則，最後遭到封殺或退件，取消合約的命運。

例如一個工廠很有可能出現多種電壓供電的系統，有3 $\psi$ 440V ，有3 $\psi$ 380V ，也有3

ψ 220V ，也有3 ψ 4W110-190V(或3 ψ 3W110V)，複雜又麻煩，線路長又混淆不清，每台低壓變壓器的容量又是如何訂定的。

技師或設計公司出的圖面資料，簡圖或詳圖，除了上面所講的，該有的都應該要有，但是可以省略的就省略，只要在產品提供的詳圖中予以詳細核對，例如各相線之顏色(Colour code)及端子的型式，大小(Y 型或 O 型)。

所以學識、經驗、資格，能力夠的設計技師都會一一檢視，具備而完整，從接案到交案，應有合理的時間作業，加上人力的配合，才能有漂亮的成績，但是目前都有內外搭配，裡應外合，互相搭配，不正確的交易。事先預為計劃，密切連線的廠商才能得到。

從開始的報價、議價、到殺價、決標，層層轉嫁，議好了的不一定就算數，拿到了票不一定拿到現金。還要考慮後面的改圖、修圖、開會、出圖、送標單，預算單，工程開標，決標，送電、驗收、試車，一大堆事情，恐怕心裡開始盤算又是一場白作工了。

想到價錢不好，時間緊迫，出圖又多，於是原本就草率馬虎的圖面，更加草率馬虎，有錯誤的地方沒空去改，沒時間去改，也不想去改。於是對自己的圖面沒有信心，草率交差交案，如果碰上有人指出糾正，心裡又覺得不對。

## 品質要有管制，管制要有標準

標準有高低，高低不同的標準牽連到成本，也關係到進度。發包已完成，成本太高，超出原有預算，品質是無法提高的。

大到可以整個機器的安裝是否水平，小到可以看一隻螺絲是否太長，或異同。品質可以純粹從外觀上去看一個安裝工作：1 機器是否水平。2 機器安裝是否牢固。3 日光燈安裝是否成一直線，是否歪斜。品質可以從原理(理論上)去看一個組合：1 銅排是否夠大。2 銅排接觸良好否。3 銅排從INCOMING 到OUTGOING 其間接續是否太多。

品質可以從施工上去看一個：1 電線和排列是否合理。2 電線的彎曲是否太小。3 電管的接續牙是否太長(短)，補漆否？

## 品質的重要

業務辛苦在外面打拚，設計及品管要好好在背面(裡面)支持，戰戰競競不可一分稍懈，如果有一個人一個地方疏忽，全盤皆輸。因為有疏忽，每個工地，一個小地方出問題，就影響全部，如果今天業主是你，一個小地方沒有做好，停電損失，損壞修復耗費幾仟萬，幾億，你也會受不了，跳腳，再也不會或不敢再買你的產品。

你們要知道每一個關節，一個小螺絲，一個接線，該跳接，該接地，接地的地方都會影響整個整批的品質。你們的產品好到那裡，有多少缺失，我想你們沒有一個人知道。

(一)(a)材料品質，(b)設備品質。—國外進口與國內製造

(二)(a)設計圖面品質，(b)施工圖面品質，(c)控制線路圖品質。

(三)施工工程品質，1.配管，2.配線，3.設備器具安裝

(四)1.檢查品質，2.試驗品質，3.送電試運轉，4.驗收。

(五)承商的品質

**說明：**

(一)(a)材料：電管，電線，電纜架，接線盒，接線端子，迴路標示，銘牌標示，烤漆－
1.出廠檢驗 2.進料檢驗 3.安裝後現場檢驗。

(b)設備：電燈，開關，馬達，開關盤/控制盤，變壓器，插座，烤漆。
1.國外出廠檢驗，2.國內出廠檢驗，3.進廠檢驗，4.安裝後現場檢驗。

(二)(a)設計圖面：1.圖號目錄，2.圖例，3.前後連貫，4.比例，5.系統，6.版次O.A.B … 7.器具接地，8.設計規範

(b)施工圖面(製造圖面)：1.物品大小都有比例，2.空間管理，3.建築底圖正確，4.版次或日期1.1A.1B …，5.器具設備之廠牌正確，6.烤漆。

(c)控制線圖：1.電源電壓(AC or DC)電源，2.控制電壓DC之電源為蓄電池或UPS ，3.控制變壓器容量，4.保險絲安裝位置，KA及Amp Rating(與器具容量)，5.電磁開關之接點為a or b ，6.輔助電驛之接點為a. b or c ，7.接線端子盤，8.控制線號，9.相同器具兩只以上必須分別，10.控制線圖與接點位置對照，11Spare或未使用之多餘控制皆接上端子盤，12.控制線宜整齊紮實固定在盤內，以紮線帶行之，13.控制線槽是否太寬、太高，固定距離是否太遠。

**(三)施工工程品質：**

(1)配管：

1.管材正確(系統)RSG. EMT. PVC.，2.管材是否損傷，3.管材加工時是否損傷管口，4.配管是否垂直、水平，5.配管彎管妥當，6.管材固定以Ω或p ，7.配管以埋入，貼面或懸吊露出。

(2)配線：

1.線徑是否正確，2.線徑數量是否正確，3.線之顏色是否正確，4.配線是否損傷、割傷，5.接線之端子是否正確，6.端子接續是否正確，7.接線前是否測試迴路(通路)，8.接線前是否測試絕緣(一條很高另一條很低)。9.每相2條線是否接錯或混接，10.系統5條線或5心線，黑色與綠色是否混淆，11馬達4條線，接地線為綠色，是否牢接，12.器具接線時，電源側與負載是否分不清，13. ATS或切換開關N.E.L之接線是否錯誤，14. 110V(120V)之相線P ，中性線N及接地線E是否接錯，15.線路以單線或電纜使用，16.線路進入器具時會被割傷否，17.日本製之110V插座W ：White表示N相(黑色)，18.鐵製有漏電之危險，器具(除雙絕緣)必須有接地，19.迴路標示，20.接線要用扭力扳手檢測。

(3)設備器具安裝：

1.設備器具是否正確，2.設備器具是否損傷刮漆，3.設備器具安裝垂直/水平，4.安裝螺絲是否正確，大小及長度，螺絲頭形狀，5.設備之進線為上進線，下進線或側進線，6.安裝位置為埋入或貼牆，行人走路會碰撞否，7.設備器具之名稱(銘牌)，8.電源線之電源迴路(盤體)，9.設備之出廠運輸，吊裝，搬運。

**(四)**

(1)檢查品質

1.檢查標準依據，2.標準文件，3.檢查器具名稱，數量，4.檢查項目，5.檢查日期，6.檢查地點，7.檢查人員，單位，陪檢人員，8.檢查不良點之後續追蹤改善，9.檢查表之留存送核，10.檢查表之附件一單線圖、控制圖、配置圖、施工圖、器具說明書規範。

(2)試驗品質

1.試驗標準依據，2.標準文件，3.試驗器具名稱，數量，4.試驗項目，5.試驗日期，6.試驗地點，7.試驗人員，單位，陪驗人員，8.試驗結果不良之後續追蹤改善，9.試驗表之留存送核，10.試驗表之附件一器具說明書規範。

(3)送電，試運轉

1.送電計劃(程序書)，2.送電範圍一單線圖，3.送電電壓，4.送電計劃主持人，5.送電前必備之測試記錄，檢查記錄，6.送電計劃核准文件，7.送電工程各相關單位，工種之人員，8.送電日期，天氣，9.送電後之相關注意事項：

9.1 送電後之標示(警告)，9.2 送電後之留守警戒人員，9.3 送電後之警戒範圍，9.4 送電後之各種指示燈，電錶指示，開關狀況。

10.送電前之最後點檢事項：

10.1 工具，10.2 人員，10.3 清潔，10.4 警戒，10.5 電驛設定，10.6 接線妥當或遺漏。

11.送電時意外事項可能發生之預防：

11.1 火災，11.2 電擊，11.3 停電。12.各種準備工作是否完成。

**(五)承商的品質**

如果承商的品質不好，斷定無法完成這個工作或無力完成時，可以決定汰換承商來接替或者分割部份工作成為兩部份，將另一部份割讓給另一承商，這必須在合約內事先記入說清楚。

工地主任的品質，如果不勝任工地的要求，亦可以要求承商撤換工地主任。

工地施工人員的品質如果不好：包括

1. 人品不好，經常口出惡言，髒話，打架滋事。
2. 施工方法不好，經驗不足，能力不夠。
3. 吃檳榔，抽煙，喝有酒精飲料，不聽勸告，可要求承商撤換或趕出場，由監造者逕行者執行。

當設計者的選擇被包括在監造權內時，設計的品質可以在監造者的管控下，可以先施工，再補辦設計圖面。但當設計者的選擇由業主決定時，設計的品質如果不好，必須先行修正設計圖面才能施工，如此會影響進度。當設計者的品質如果不好，可以敦促增加資深設計者的能力，或增加設計團隊合力完成，及早完成。

## 品質的考量



品質的好壞關係到運轉的持續性與安全性，持續性與安全性又關係到進程(進度)與費用。品質的好壞會因為材料的優劣與工資的多寡(工資的水準與長短) 而受到影響，材料的優劣又會影響到費用與進程。材料的優劣如進口品或本地貨，價格不同，交貨期不同。

工資的多寡如很有經驗的技術工或只一，二次經驗，如果方法不對，理念不同，錯誤的配線再有經驗也沒用，方法對的，控制羅輯對的，只要一次工就可以。

如果材料不對或不好的，也許初期試車看不出其重要性，但經過幾個月或一年，二年或滿載後發生故障、閃爍、跳電、燒燬，則影響更大，生產停頓，盤體燒燬，甚至火災或釀出人命，損失大到可能賠不起或破產。

所以品質的好壞與價格的高低有著密切的關係，按照正常的情形，日本廠商是成本加20% 利潤做為合理的價格。但是業主的採購以比價，議價及殺價發包出去，你是在場的話，願意以極低的利潤或低於成本承包此項工程嗎？如果是合理的價格，那應該是優良的品質

為了成本起見，材料都訂定廠牌(進口貨或本地貨)，型號以及施工工程師的水準，以學歷，資歷及經歷為依据。配電盤製造商如果水準(包括人員設備)不夠的話，再多的預算加好價格，很難製造出好東西來。

## 配電盤之製造

配電盤之製造要依据規範及Code ，由所訂定的規範及Code 來說明盤體的標準及品質水準，因為盤體是由幾十個甚至幾百個另件部品組合而成，並加上配線，接線而完成，在規範及標準中可以一一地加以列明標示訂定。

規範或Code 是依据國際單位認證，將外銷到其他國家使用的產品予以認可，所以IEC是最好的公認標準，也可以選擇國內使用的CNS 標準，甚至只符合地方政府要求的屋內外線路裝置規則即可，標準不同，要求不同。

配電盤體的製造，第一要件即是使用部品設備的廠牌，規格，型號，製造地點，對於重要另件或必須堅持的另件予以詳細的登錄一一列明，愈詳細愈好，部品中有可能外購的進口品或本地製造生產的另件，為了更確保部品的正確，都要求附加進口證明，原地製造證明，一個螺絲一條線都不能馬虎。

次要件則是盤體的外殼製造，包括盤體的型式，長寬高，鐵板材質，厚度，烤漆，顏色及厚度，盤體如何安裝，如何進線，出線，接線，另件部品在盤內的排列位置，安裝拆卸順齋，檢查修理空間，所有銘牌，模擬母線，警示語的內容及黏貼位置，所有螺絲是否使用正確。

第三要件則是安裝這些另件部品在盤內是否妥當鎖緊，包括接線的顏色，線間距離，高壓或中壓或低壓盤，低壓盤的480V 與380V 也有距離問題，不是全部一樣。這些要求都要有書類文件或圖樣來標示，規範都有分門別類加以敘述或者再以Data sheet 來列明所有數字的要求。盤體的圖有平面位置圖以適當比例標出其空間的位置，前後面，左右相關的距離甚至盤門打開後的空間。

盤體的正面，側面，頂視以及盤體底部的詳圖，進出線位置，銘牌大小及位置警示標語

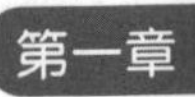


位置，製造商之LOGO 大小及位置。盤體的製造規範，盤體內部安裝擺設示意圖，盤體之主線路控制線路圖。

## SELFCHECKING LIST FOR TRANSPORTATION INSTALLATION, RECOVERY PLAN OF SWITCH PANEL

Panel surface protected?
Water pollution inside cleaned?
Panel arrangement is correct.
Panel height is neat and horizontal?
Painting is perfect no bumped?
Switch on panel door is smooth?
Stop key of panel door is normal, loosed? gap?
Device on panel surface is ok not damaged
Important device on panel surface is suitably protected
Screw/nut for panel assembly is tight.
Part rubbish and dust is moved.
Pollution inside panel surface and panel is clean?
After panel assembly, PE bag on the panel top is covered
Cover plate inside is put back after dismantled
Fixing screw for cover plate is screwed back
Main bus bar between panel is installed.
The screw length of main bus bar connection is suitable
The tight torque of main bus bar connection is inspected and marked!
The insulation tape is installed after bus bar connected?
Neutral and earth bus bar between panels are connected
Screw length of ground bus bar between panel is suitable
The tight torque of ground bus bar connection is inspected and marked. Main cable connection place is correct.
Main cable is installed, wire route is smooth, Fixing screw length is smooth. Screw length is suitable.
The tight torque of fixing screw is inspected marked.
The control wire between panels is recovered.
The terminal board screw is tight.
Control wire terminal board cover is put on.
Spare part or attached part are collected together or hand over to the customer panel doors are locked after recovery.
Parts' dust on the main circuit are cleaned

Parts' dust on the control circuit is cleaned.

Parts' dust on main device is cleaned.

Draw-out type device is cleaned

The base of draw out type device is cleaned

Parts or tools inside are moved.

Cover plate is put on after customer inspected

表 8

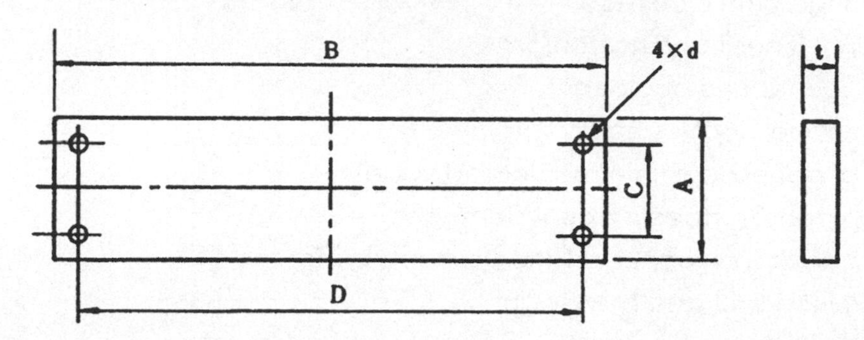


單位：mm

| A | B | C | D | E | t | |
|---|---|---|---|---|---|---|
| | | | | | 樹 脂 | 金 屬 |
| 63 | 400 | 50 | 387 | ϕ3.5 | 3.5 | 2 以下 |
| 63 | 315 | 50 | 302 | ϕ3.5 | 3.5 | 2 以下 |
| 63 | 200 | 50 | 187 | ϕ3.5 | 3.5 | 2 以下 |

表 9

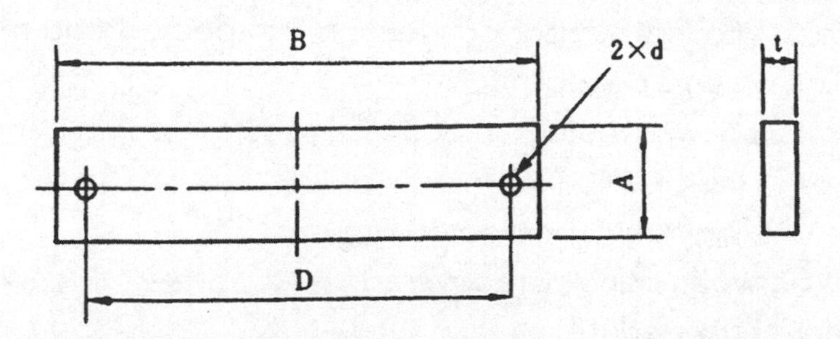

# 第2章 配電盤製造業者自備之自主檢查表

# 第2章 盤體製造業者自備之自主檢查表

2-1 配電盤進場自主檢查表。

高低壓變壓器安裝主檢查表。

高壓電纜耐試驗表。

變壓站設備自主檢查表。

2-2 設備進場調查資料

2-3 高低壓受配電盤(訓練手冊)。

2-4 電木板特性。

2-5 槽鐵及鋼材尺寸。

2-6 穿盤套管。

2-7 電源側3P 插入式端子。

2-8 高壓礙子(負載側3P 插入式端子)。

## 2-1 配電盤進場自主檢查表

檢查日期：_____年_____月_____日

總承包商：_KTRT(BP06)__　　　　協力廠商：______________

盤　名：________________

檢查地點：樓層 ______ 樓，區 ______ 區，座標 _______
　　　　　版 ______ 牆______ 梁 ______ 柱 ________

參考資料：□ 施工說明 ________________
　　　　　☐ 施工圖圖號 _____________

| | 檢查內容 | 符合規定 | | 備註 |
|---|---|---|---|---|
| | | YES | NO | |
| 1 | 配電盤尺寸、顏色是否正確 | | | |
| 2 | 配電盤廠牌是否正確 | | | |
| 3 | 配電盤廠銘牌及迴路編號是否標示正確 | | | |
| 4 | 是否有測試記錄 | | | |
| 5 | 斷路之數量、廠牌、規格是否符合規定 | | | |
| 6 | 電驛之數量、廠牌、規格是否符合規定 | | | |
| 7 | PT、CT 之數量、廠牌、規格是否符合規定 | | | |
| 8 | 銅排銜接是否牢固 | | | |
| 9 | 儀表之數量、廠牌、規格是否符合規定 | | | |
| 10 | CABLE 是否整線、固定、標示 | | | |
| 11 | 配電盤盤內器具是否清潔 | | | |
| 12 | 配電盤門及門鎖是否完好且操作正常 | | | |

檢驗結果及評述

| 品管經理 | | 品管工程師 | | 設備經理 | | 主辦工程師 | |
|---|---|---|---|---|---|---|---|

Table No. E-S-12-1

高低壓變壓器安裝自主檢查表

檢查日期：_____年_____月_____日

總承包商：_KTRT(BP06)__　　協力廠商：______________

檢查地點：樓層 ______ 樓，區 ______ 區，座標 _______
版 ______ 牆______ 梁 ______ 柱 ________
參考資料：□ 施工說明 ______________
□ 施工圖圖號 ______________

| | 檢查內容 | 符合規定 | | 備註 |
|---|---|---|---|---|
| | | YES | NO | |
| 1 | 施工圖是否已經監造單位審查通過 | | | |
| 2 | 施工圖是否與其他承商之施工圖協調配合 | | | |
| 3 | 變壓器安裝位置是否依照施工圖施工 | | | |
| 4 | 變壓器外觀及銘牌是否符合規定 | | | |
| 5 | 變壓器是否檢附完整之測試報告及出廠資料 | | | |
| 6 | 電壓分接頭是否合乎規定 | | | |
| 7 | 絕緣電阻測試是否合格 | | | |
| 8 | 內部是否保持清潔及乾燥 | | | |

檢驗結果及評述

| 品管經理 | | 品管工程師 | | 設備經理 | | 主辦工程師 | |
|---|---|---|---|---|---|---|---|

Table No. E-S-04

配電盤安裝自主檢查表

檢查日期：_____年_____月_____日

總承包商： KTRT(BP06)　　協力廠商：______________

盤　名：________________

檢查地點：樓層 ______ 樓，區 ______ 區，座標 _______
　　　　　版 ______ 牆______ 梁 ______ 柱 _______

參考資料：□ 施工說明 ________________
　　　　　□ 施工圖圖號 ______________

|  | 檢 查 內 容 | 符合規定 |  | 備註 |
|---|---|---|---|---|
|  |  | YES | NO |  |
| 1 | 施工圖是否已經監造單位審查通過 |  |  |  |
| 2 | 配電盤內部斷路器規格是否與圖面相符 |  |  |  |
| 3 | 設備是否接地 |  |  |  |
| 4 | 盤名與安裝位置是否相符 |  |  |  |
| 5 | 安裝水平垂直是否良好 |  |  |  |
| 6 | 配電盤固定是否牢靠 |  |  |  |
| 7 | 盤門及門鎖是否完好且操作正常 |  |  |  |
| 8 | 盤體之表面是否完整無損，或損傷已完成修補 |  |  |  |
| 9 | 盤體內部配件含匯流排銜接處螺絲是否鎖緊 |  |  |  |

檢驗結果及評述

| 品管經理 |  | 品管工程師 |  | 設備經理 |  | 主辦工程師 |  |
|---|---|---|---|---|---|---|---|

Table No. E-S-13

高壓電纜耐壓試驗表

檢查日期：_____年_____月_____日

總承包商：KTRT(BP06)__　　　　　　　　　　　　　　協力廠商：______________

| 設備編號：______________ | 設備名稱：______________ |
|---|---|
| 電纜編號：______________ | 額定電壓：______________ |
| 電纜規格：______________ | 電纜敷設日期： |
| 電纜終端處理起點 | |
| 電纜處理中端終點 | |
| 電纜長度： | |

檢查地點：樓層 ______ 樓，區 ______ 區，座標 _______
　　　　　版 ______ 牆______ 梁 ______ 柱 _______

參考資料：□ 施工說明 ______________
　　　　　☐ 施工圖圖號 ______________

| | | | | |
|---|---|---|---|---|
| | | | | |
| | | | | |
| | | | | |
| | | | | |
| | | | | |
| | | | | |
| | | | | |
| | | | | |
| | | | | |
| | | | | |
| | | | | |
| | | | | |

檢驗結果及評述

| 品管經理 | | 品管工程師 | | 設備經理 | | 主辦工程師 | |
|---|---|---|---|---|---|---|---|

Table No. E-S-20

## 電力電纜終端接續處理自主檢查表

檢查日期：_____年_____月_____日

總承包商：KTRT(BP06)　　　協力廠商：__________

檢查地點：樓層 _____ 樓，區 _____ 區，座標 _______
版 _____ 牆_____ 梁 _____ 柱 _______

參考資料：□ 施工說明 ______________
□ 施工圖圖號 ____________

| | 檢 查 內 容 | 符合規定 | | 備註 |
|---|---|---|---|---|
| | | YES | NO | |
| 1 | 施工圖是否已經監造單位審查通過 | | | |
| 2 | 施工圖是否與其他承商之施工圖協調配合 | | | |
| 3 | 電纜終端處理是否依規定處理 | | | |
| 4 | 電纜處理頭安裝前是否已清潔及乾燥完成 | | | |
| 5 | 處理頭之廠牌、規格及型號是否審查核准 | | | |
| 6 | 電纜處理頭之施作是否由專門技術人員進行 | | | |
| 7 | 電纜處理頭接續完成後末端是否加高壓膠帶封閉 | | | |
| 8 | 電纜終端處理遮蔽接地是否符合規定 | | | |
| 9 | 電纜端子銜套及壓接是否符合規定 | | | |
| 10 | 絕緣電阻是否符合規定 | | | |
| 11 | 高壓電力電纜是否檢附耐壓試驗報告 | | | |
| 12 | 電纜號碼及電纜相序是否正確 | | | |

檢驗結果及評述

| 品管經理 | | 品管工程師 | | 設備經理 | | 主辦工程師 | |
|---|---|---|---|---|---|---|---|

Table No. E-S-19-1

絕緣電阻測試記錄表

檢查日期：_____年_____月_____日

總承包商： KTRT(BP06)　　協力廠商：______________

檢查系統：□電氣系統　□控制系統　□其他

設備編號：______________　　設備名稱：______________

檢查區域：□(T)塔樓　□(P)群樓

參考資料：□ 施工說明 ______________ □ 施工圖圖號 ______________

| 測試點說明 | 試檢日期：　年　月　日 | | |
|---|---|---|---|
| | 編號 | 絕緣電阻(Ω) | 備註 |
| | | | |
| | | | |
| | | | |
| | | | |
| | | | |
| | | | |
| | | | |
| | | | |
| | | | |
| | | | |

檢驗結果及評述

600V 以上　使用 2500V megger

150V~600V 使用 1000V megger

150V 以下　使用 500V megger

| 品管經理 | | 品管工程師 | | 設備經理 | | 主辦工程師 | |
|---|---|---|---|---|---|---|---|

Table No. E-S-15

# 電線電纜施工自主檢查表

檢查日期：_____年_____月_____日

總承包商： KTRT(BP06)

協力廠商：_____________

檢查系統：□照明 □插座 □動力 □其他 ________________

盤體編號：____________________

檢查地點：樓層 ______ 樓，區 ______ 區，座標 ______

版 ______ 牆______ 梁 ______ 柱 ________

參考資料：□ 施工說明 _______________

□ 施工圖圖號 _____________

| | 檢 查 內 容 | 符合規定 | | 備註 |
|---|---|---|---|---|
| | | YES | NO | |
| 1 | 施工圖是否已經審查通過 | | | |
| 2 | 施工圖是否與其他承商之施工圖協調配合 | | | |
| 3 | 電線電纜線徑，是否依照施工圖要求 | | | |
| 4 | 電線電纜安裝位置，是否依照施工圖要求 | | | |
| 5 | 安裝於電纜架、線槽、管路或接地之導線，是否依照規定接線處理 | | | |
| 6 | 所有導線之分歧點，是否已接線盒連接 | | | |
| 7 | 電線、電纜種類是否符合規定 | | | |
| 8 | 電線電纜安裝完成後是否進行迴路測試，並清潔完成 | | | |
| 9 | 電線電纜施工中是否有完整保護 | | | |
| 10 | 電線電纜之迴路標記是否確實 | | | |
| 11 | 電線電纜是否依規定區分顏色 | | | |

檢驗結果及評述

| 品管經理 | | 品管工程師 | | 設備經理 | | 主辦工程師 | |
|---|---|---|---|---|---|---|---|

Table No. E-S-14

變電站設備自主檢查表

檢查日期：_____年_____月_____日

總承包商：KTRT(BP06)　　協力廠商：__________

盤　名：__________

檢查地點：樓層 _____ 樓，區 _____ 區，座標 ______
版 _____ 牆_____ 梁 _____ 柱 ______

參考資料：□ 施工說明 __________
□ 施工圖圖號 __________

| | 檢查內容 | 符合規定 | | 備註 |
|---|---|---|---|---|
| | | YES | NO | |
| 1 | 確認器具的規格與核准圖面與送電文件相符。 | | | |
| 2 | 檢查所有螺絲均上緊並做妥記號。 | | | |
| 3 | 接地線是否接妥，絕緣值是否合乎台電規範。 | | | |
| 4 | 確認盤內銅排上無任何雜物或跨接物。 | | | |
| 5 | 送電前先以臨時電檢查盤內照明及指示燈的動作。 | | | |
| 6 | 確認各儀表的顯示是否正常。 | | | |
| 7 | 送電前先以臨時電模擬 VCB & ACB 的連動程序。 | | | |
| 8 | 送電前先以臨時電模擬 ATS 的連動程序。 | | | |
| 9 | 送電前 VCB & ACB 應抽出確保斷路器是開路的狀態。 | | | |
| 10 | 送電前所有 NFB & ELB 低壓斷路器成 OFF 狀態。 | | | |
| 11 | 送電前相間電阻是否無限大。 | | | |
| 12 | 確認變壓器與比壓器的相序及電壓等級。 | | | |
| 13 | 檢查所有盤內銅排及導線的相序確定皆爲同相序。 | | | |
| 14 | 送電後相間電壓是否正確。 | | | |
| 15 | 清潔所有接點與導體支持物。 | | | |
| 16 | | | | |

檢驗結果及評述

| 品管經理 | | 品管工程師 | | 設備經理 | | 主辦工程師 | |
|---|---|---|---|---|---|---|---|

幹線設備自主檢查表

檢查日期：_____年_____月_____日

總承包商： KTRT(BP06)__　　　　協力廠商：____________

<table>
<tr><td colspan="5">盤　名：______________</td></tr>
<tr><td colspan="5">檢查地點：樓層 ______ 樓，區 ______ 區，座標 _______<br>版 ______ 牆______ 梁 ______ 柱 _______<br>參考資料：□ 施工說明 ______________<br>□ 施工圖圖號 ____________</td></tr>
<tr><td rowspan="2"></td><td rowspan="2">檢 查 內 容</td><td colspan="2">符合規定</td><td rowspan="2">備註</td></tr>
<tr><td>YES</td><td>NO</td></tr>
<tr><td>1</td><td>送電前相間電阻是否無限大</td><td></td><td></td><td></td></tr>
<tr><td>2</td><td>確認線徑規格、線色與核準圖面送電文件及台電法規相符。</td><td></td><td></td><td></td></tr>
<tr><td>3</td><td>檢查所有匯流排(Bus Way)是否潮濕並將螺絲均上緊且做妥記號。</td><td></td><td></td><td></td></tr>
<tr><td>4</td><td>匯流排(Bus Way)上的插入式斷路器均成 OFF 的狀態。</td><td></td><td></td><td></td></tr>
<tr><td></td><td></td><td></td><td></td><td></td></tr>
<tr><td></td><td></td><td></td><td></td><td></td></tr>
<tr><td></td><td></td><td></td><td></td><td></td></tr>
<tr><td></td><td></td><td></td><td></td><td></td></tr>
<tr><td></td><td></td><td></td><td></td><td></td></tr>
<tr><td colspan="5">檢驗結果及評述</td></tr>
</table>

| 品管經理 | | 品管工程師 | | 設備經理 | | 主辦工程師 | |
|---|---|---|---|---|---|---|---|

分電盤設備自主檢查表

檢查日期：_____年_____月_____日

總承包商：_KTRT(BP06)__　　協力廠商：____________

盤　名：______________

檢查地點：樓層 ______ 樓，區 ______ 區，座標 ______
版 ______ 牆______ 梁 ______ 柱 ________

參考資料：□ 施工說明 ______________
□ 施工圖圖號 ____________

| | 檢 查 內 容 | 符合規定 | | 備註 |
|---|---|---|---|---|
| | | YES | NO | |
| 1 | 送電前相間電阻是否無限大。 | | | |
| 2 | 負載端的絕緣阻抗是否合格。 | | | |
| 3 | 斷路器的啓斷容量(AT)及遮蔽容量(KA)是否正確。 | | | |
| 4 | 電磁開關(MS)規格是否正確。 | | | |
| 5 | 積熱電驛(TH-RY)是否調整妥當。 | | | |
| 6 | 器具數量是否正確。 | | | |
| 7 | 螺絲是否上緊。 | | | |
| 8 | 線色是否正確。 | | | |
| | | | | |
| | | | | |
| | | | | |
| | | | | |

檢驗結果及評述

| 品管經理 | | 品管工程師 | | 設備經理 | | 主辦工程師 | |
|---|---|---|---|---|---|---|---|

## 支線負載自主檢查表

檢查日期：_____年_____月_____日

總承包商：__KTRT(BP06)__　　　　協力廠商：______________

盤　名：________________

檢查地點：樓層 ______ 樓，區 ______ 區，座標 _______
　　　　　版 ______ 牆______ 梁 ______ 柱 _______

參考資料：▫ 施工說明 ________________
　　　　　☐ 施工圖圖號 ______________

| | 檢 查 內 容 | 符合規定 | | 備註 |
|---|---|---|---|---|
| | | YES | NO | |
| 1 | 送電前相間電阻是否無限大。 | | | |
| 2 | 確認線徑、線色的規格與核準圖面與送電文件、法規相符。 | | | |
| 3 | 結線是否正確。 | | | |
| 4 | 送電後相間電壓及相序是否正確。 | | | |
| 5 | 負載側若屬馬達類設備，運轉時應會同供應商送電。 | | | |
| 6 | 負載側若屬馬達類設備，轉向是否正確。 | | | |
| 7 | 送電後運轉電流是否正常。 | | | |
| | | | | |
| | | | | |
| | | | | |
| | | | | |
| | | | | |

檢驗結果及評述

| 品管經理 | | 品管工程師 | | 設備經理 | | 主辦工程師 | |
|---|---|---|---|---|---|---|---|
| | | | | | | | |

表 1.1 主回路試驗

導通電阻 Ω　耐壓試驗 KV　接地試驗 Ω

結果：良好

| | 絕 緣 電 阻 測 定 | | | | | | | 絕緣耐壓試驗 |
|---|---|---|---|---|---|---|---|---|
| | R-E | S-E | T-E | R-S | S-T | T-R | 測定(Megger) V | 施加電壓(KV) 60Hz1 min |
| | | | | | | | | |
| | | | | | | | | |
| | | | | | | | | |
| | | | | | | | | |
| | | | | | | | | |
| | | | | | | | | |
| | | | | | | | | |
| | | | | | | | | |
| | | | | | | | | |
| | | | | | | | | |
| | | | | | | | | |
| | | | | | | | | |
| | | | | | | | | |
| | | | | | | | | |
| | | | | | | | | |
| | | | | | | | | |
| | | | | | | | | |
| | | | | | | | | |
| | | | | | | | | |
| | | | | | | | | |
| | | | | | | | | |
| | | | | | | | | |
| | | | | | | | | |
| | | | | | | | | |
| | | | | | | | | |
| | | | | | | | | |

## 2-2 設備進場調查資料

在101工地，××組裝員工將銅排工具尖嘴鉗放在銅排上，也將整盒螺絲放在銅排(盤內)。在×××期，××組裝員工也將測試用鐵夾子擱在ACB後面的一側端子上，送電後，鐵夾子移動(因磁場)，縮短兩相間距離，因電場及磁場，在星期一上午起SPARK。

所以如果說×××期，有鐵板遺留在盤內銅排上，絕對是有可能的。也不知道還有多少螺絲、鐵夾甚至工具遺留在裡面，只是尚未發生SPARK而已。

在×××、×期，××的盤體加上××或××未查出之××缺失，那一天也會再爆出SPARK而停電，每次都是經過幾年的時間才會發生。

配電盤　製程及成品 檢驗記錄表

| 客戶 | | 工令 | | 站別 | | 盤數 | | 判定 | |
|---|---|---|---|---|---|---|---|---|---|

| 項目 | | 項次 | 檢查內容 | 檢查要點 | 盤名 / 依據基準 | | | | | | | | | | 檢查者 / 日期 |
|---|---|---|---|---|---|---|---|---|---|---|---|---|---|---|---|
| 製程檢驗 | 外觀及構造檢查 | 1 | 外觀檢查 | 箱體外觀尺寸核對 | PAQ0004<br>客戶規範<br>製造圖面 | | | | | | | | | | |
| | | | | 各部開孔位置及尺寸核對 | | | | | | | | | | | |
| | | | | 箱體排列順序檢查 | | | | | | | | | | | |
| | | | | 箱體隔板、配件檢查 | | | | | | | | | | | |
| | | | | 塗裝顏色核對檢查 | | | | | | | | | | | |
| | | | | 塗裝厚度、塗裝狀況檢查 | | | | | | | | | | | |
| | | 2 | 安裝檢查 | 器材配置、器材狀況檢查 | PAQ0011<br>客戶規範<br>製造圖面 | | | | | | | | | | |
| | | | | 器材固定螺絲鎖緊檢查 | | | | | | | | | | | |
| | | | | 器材配置及操作使用空間檢查 | | | | | | | | | | | |
| | | 3 | 器材規格核對 | 核對器材銘牌內容、規格檢查 | PAQ0001 | | | | | | | | | | |
| | | 4 | 銘牌與標示核對 | 盤名牌檢查 | PAQ0012<br>製造圖面 | | | | | | | | | | |
| | | | | 各分路名牌檢查 | | | | | | | | | | | |
| | | | | 用途名牌檢查 | | | | | | | | | | | |
| | | | | 廠牌、規格牌檢查 | | | | | | | | | | | |
| | | | | 模擬母線檢查 | | | | | | | | | | | |
| | | 5 | 主回路檢查 | 匯流排檢查 | PAQ0005<br>製造圖面 | | | | | | | | | | |
| | | | | 高壓電纜檢查 | | | | | | | | | | | |
| | | | | 低壓動力線電線檢查 | | | | | | | | | | | |
| | | | | 主回路螺絲鎖緊檢查 | | | | | | | | | | | |
| | | 6 | 接地回路檢查 | 接地母線檢查 | PAQ0008<br>製造圖面 | | | | | | | | | | |
| | | | | 器具接地線檢查 | | | | | | | | | | | |
| | | | | PT、CT 回路及系統之接地檢查 | | | | | | | | | | | |
| | | | | 接地回路螺絲鎖緊檢查 | | | | | | | | | | | |
| | | 7 | 控制回路檢查 | 儀表、保護電驛回路檢查 | PAQ0013<br>製造圖面 | | | | | | | | | | |
| | | | | 斷路器投入及跳脫回路檢查 | | | | | | | | | | | |
| | | | | 氣電連鎖控制功能 | | | | | | | | | | | |
| | | | | 警報、指示回路檢查 | | | | | | | | | | | |
| | | | | 輸入/輸出訊號點 | | | | | | | | | | | |
| | | | | 控制回路螺絲鎖緊檢查 | | | | | | | | | | | |
| 成品檢驗 | 機構動作 | 1 | 操作機構動作試驗 | 開閉構件試驗 | CNS3991<br>PAC0013 | | | | | | | | | | |
| | | | | 移動型構件試驗 | | | | | | | | | | | |
| | | | | 連鎖裝置 | | | | | | | | | | | |
| | 動作程序試驗 | 2 | 電氣操作回路動作試驗 | 斷路器投入及跳脫功能確認 | PAC0005<br>製造圖面 | | | | | | | | | | |
| | | | | 電氣連鎖動作功能確認 | | | | | | | | | | | |
| | | | | 警報回路確認 | | | | | | | | | | | |
| | | | | 指示回路確認 | | | | | | | | | | | |
| | | | | 遙控回路(輸出、輸入)確認 | | | | | | | | | | | |
| | | | | 其他器材動作確認 | | | | | | | | | | | |
| | | 3 | 電驛試驗 | 保護電驛回路試驗 | PAC0021 | | | | | | | | | | |
| | | 4 | 儀表試驗<br>(含 AS、VS) | 儀表回路試驗 | PAC0006<br>承認圖面 | | | | | | | | | | |
| | | | | 轉換器回路試驗 | | | | | | | | | | | |
| | | 5 | 照明、電熱器、通風扇回路試驗 | 風扇回路試驗 | | | | | | | | | | | |
| | | | | 日光燈回路試驗 | | | | | | | | | | | |
| | | | | 電熱器回路試驗 | | | | | | | | | | | |
| | 絕緣測定 | 6 | 絕緣電阻測量 | 高、低壓主回路對地電阻測量 | PAC0007<br>CNS3991<br>客戶規範 | R-E | | M | S-E | | MΩ | T-E | | MΩ | |
| | | | | 高、低壓主回相間地電阻測量 | | R-S | | MΩ | S-T | | MΩ | T-R | | MΩ | |
| | | | | 控制回路對地電阻測量 | | C-E | | MΩ | 溫度 | | ℃ | RH | % | | |
| | 耐壓試驗 | 7 | 耐電壓試驗<br>(商用頻率 1 分鐘) | 高、低壓主回路對地試驗 | CNS3990<br>PAC0008<br>客戶規範 | | | | | | | | | | |
| | | | | 高、低壓主回相間地試驗 | | | | | | | | | | | |
| | | | | 控制回路對地試驗 | | | | | | | | | | | |
| | 捆包 | 8 | 包裝點檢 | 箱體清潔檢查 | PAC0016 | | | | | | | | | | |
| | | | | 木箱包裝檢查 | | | | | | | | | | | |

# 2-3 高、低壓受配電盤

## 操作維護保養教育訓練手冊 目錄



## 前言

××機電所產製之高、低壓配電盤，其內部所裝置之器具及零件，均為一流廠商之製品，品質等級高，性能優異，再加上優良的品質管制措施，使製品足可令客戶信賴；唯正確的操作及適切的維護保養，方能確保其可靠度，延長其使用壽命。

本說明書主要為提供××電機所產製之配電盤的操作及維護保養之參考，期能於可靠、便利的原則下，確保其功能及操作人員之安全。本說明書之內容為高、低壓配電盤設施之一般事項說明，其餘單體設備詳細內容請參閱各器材之操作維護說明書。

## 1. 送電前檢查

準備工作與注意事項

1.1. 清潔配電盤內部，特別是絕緣材料之表面擦拭乾淨。

1.2. 確認主回路電壓，並調整所內變壓器之分接頭，切換器放在適當之電壓位置。

1.3. 將控制盤之無熔絲開關全部切離。

1.4. 配電盤已存放很久時間時，斷路器及其他機械結構需再加上以潤滑。(LBS)

1.5. 配電箱送電前，請確實注意電熱器通電加熱24小時以上。注意外加電源必須拆離。

## 2. 檢查項目



2.1. 檢查所有螺栓及螺母是否確實鎖緊。

2.2. 檢查所有絕緣材料是否有損壞，或其他零件是否有損壞、變形。

2.3. 檢查控制線、電力電纜、匯流排之連接是否正確，端子是否鎖緊。

2.4. 檢查接地系統是否需要接地。

2.5. 檢查各項電力熔絲，是否已有熔絲。

2.6. 檢查電熱器之溫溼度開關設定是否正確，及保護電驛設定值是否與計算書相符合。

2.7. 檢查斷路器及操作開關是否置於OFF 位置。

## 3. 檢查注意事項

3.1. 當手濕或不潔時，請勿觸摸配電箱及其零件；工具之使用需小心，並不可掉落。

3.2. 當檢查或維護後，請勿將檢查及維護用之工具及材料遺落在配電箱內。

3.3. 當檢查或維護後，須將所有螺絲、螺母、螺栓鎖緊。

3.4. 當發現污穢時須將之去除，以保持配電箱之清潔。

3.5. 送電前，主回路務必再測試絕緣電阻，如盤內過於潮濕用白熾燈加熱烘乾。一段時間。

3.6. 送電前請詳讀系統回路圖面及操作說明書並核對主回路及控制回路(含遠方控制部分)是否按圖面施工。

## 1.操作說明：

1.1.送電前請確認所有開關(DS 、CB 、NFB)一律在斷電(OFF)狀態。

1.2.電源引入後；分段開關(DS)投入，比壓器(CPT)受電，測量電壓是否正常，相序是否為正相序。

1.3.各單體斷路器(CB)控制電源之NFB(ON)，CB之儲能馬達開始儲能(Charge)，此時盤面之指示燈為綠燈(G.L)亮之狀態。

1.4.確認各保護電驛均無動作，比流器(CT)無開路現象。

1.5.操作盤面控制開關(CS)投入斷路器(MAIN CB)，主匯流排受電，盤面指示燈轉為紅燈(R.L)亮。

1.6.再投入各分路斷路器(FEEDER CB)，各變壓器(T.R)受電，請於變壓器(T.R)受電後，測量各變壓器(T.R)二次側電壓是否正常(額定電壓之± 3%以內，皆屬正常)。

1.7.若電壓誤差過大，可於切斷變壓器(T.R)一次側電壓之後，更換或轉變變壓器(T.R)之TAP，以取得適當電壓值。

1.8.投入低壓主斷路器(MAIN ACB)或(MAIN NFB)，此時低壓主匯流排(MAIN BUS)受

電。

1.9. 受依序投入各分路NFB，各負載受電(照明分電箱、動力系統)，即完成送電。

1.10. 於電力系統中：裝設有進相電容器以改善功率因數，而自動功因調整器(“APFR” Automatic Power Factor Regulator)為控制進相電容器投入或跳脫之控制器，其主要以主斷路器(MAIN CB)側之總電流及電壓相比較而取得系統之功率因數，進而決定投入或切離電容器，藉以改善電力系統之功率因數。因各廠牌操作方式有異，請詳閱(APFR)操作說明書。

## 2.注意事項

2.1. 各保護電驛若須變更設定值，請詳閱各保護電驛之說明書，並注意勿使CT開路、PT短路。及保護協調曲線。

2.2. 保護電驛動作時，該電驛之連動斷路器將會跳脫，而切離故障回路；保護電驛動作之指示牌將掉落指示為何電驛動作，以利於研判故障之發生原因，於故障排除後，將指示牌復歸，再將CB投入。設定錯誤亦會跳脫。

2.3. CB若為抽出型，於抽出維護保養前，請確認於斷路器(CB)開路(OFF)之後，方可抽出。

2.4. 操作分段開關(DS)前應先確認斷路器(CB)已與負載切離，避免操作人員受到傷害。

2.5. 各器具從事操作維護保養前，應詳閱說明書，待熟悉其程序後，始可操作，以確保安全。

3.6. 電容器於切離電源後，須等5分鐘以上使其自然放電，切勿立即從事維護保養工作。

2.7. 打開箱門從事盤內維護保養工作時，請注意箱門上仍有控制電源流通，或者有第二電源仍存在，請隨時注意不可碰觸，以免造成感電傷害。

2.8. 各器具操作後，操作把手應歸回原定位，以免遺失或發生意外。

2.9. 低壓開關(ACB、NFB)之消弧室上方，切勿放置任何物品，以免發生意外。

2.10. 各盤受電中，務必將箱門鎖上，內部隔板亦應完全固定，以免發生意外。

2.11. 進出線孔於配線完成後封閉，以避貓、鼠、蛇、蟲等動物進入造成意外事故。

2.12. 維護保養後，切勿將工具或材料遺落盤內。

2.13. 操作高壓盤器具時，請戴上高壓絕緣手套：進入盤內，請戴上安全帽，以策安全。

2.14. 開啓或關閉箱門時，請小必勿過於用力，以避免圓盤式保護電驛誤動作，而造成意外跳脫。

## 3. 關機之順序步驟

關機之順序須先由分路負載先OFF，再OFF主斷路器(ACB、NFB)後，再OFF高壓斷路器(GCB、VCB…)完成關機停電步驟。

正常操作時請勿直接 OFF ACB 、GCB 、VCB …，以避免在有載之下啓斷，使主接點壽命降低。

其流程如下：



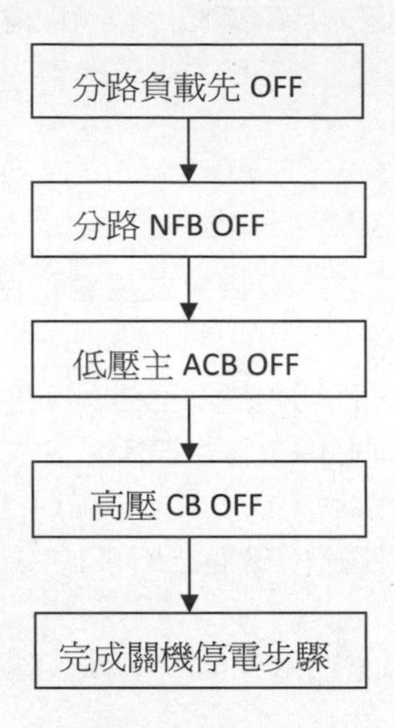


## 4. 維護與檢查

### 1. 相關設備巡視、點檢前之注意與準備事項

1.1. 注意與準備事項

1.1.1. 於送電中檢查時，特別注意不能觸摸到帶電部份。

1.1.2. 定期檢查及維護前，必須確定主回路已經隔離，開關已切離，並以檢電器檢查電壓是否已清除。

1.1.3. 當手濕或不潔時，請勿觸摸配電箱及其零件。

1.1.4. 工具之使用須小心並不可掉落。

1.1.5. 當檢查或維護後，請勿將檢查及維護用之工具及材料，遺留在配電箱內。

1.1.6. 當檢查或維護後，須將所有螺絲、螺母、螺栓鎖緊。

1.1.7. 當發現污穢時須將之去除，以保持配電箱之清潔。

1.2. 安全的確認：

1.2.1. 無電壓狀態之確認及安全處理。

1.2.2. 在擴充設備、清掃、檢查及主回路保養的時候，事前安全確認須依下列步驟進行。

1.2.3. 相關之斷路器及分段開關均須打開，讓回路無電壓。

1.2.4. 用檢電筆確認是在無電壓狀態，並將必要的回路接地。不可用檢電筆檢查中壓回路。

1.2.5. 斷電器斷路切離後，請引出至測試位置，並掛上“保養中”之標示牌。

1.2.6. 將斷路器之操作開關用鎖鎖住。

1.2.7. 受電盤及母線聯絡盤(TIE)等雙進線回路要依上述(1.2.3.，1.2.4.)之處理方式進行。

1.3. 注意殘留靜電之處理：

電容器及電纜接頭施行保養時，必須事先接地，將殘留靜電給予放電。

1.4. 拆除接地線：

在保養中為確保安全而裝設之接地線，應於保養完成後，確實的拆除，並將各個設備恢復原來的狀態。

1.5. 生鏽脫漆：

有關金屬部份之檢查，主要為檢查是否生鏽或脫漆，請位檢查表項目從事保養，但設置環境、安裝場所、使用狀況及使用年數之程度不用，保養之次數亦需隨之增減。

1.5.1. 金屬部份生鏽：

a. 操作機構部份、迴轉零件或滑動之零件是否圓滑動作。

b. 因接點產生氧化作用而使得接觸電阻增加，於導通電流後溫度將上昇，為易發生故障之部位。

c. 彈簧機構在溶接部份受到鏽蝕，將影響機械強度，為會產生危險之部位。

d. 因生鏽而損害美觀之部位。

1.5.2. 屋外盤或者在環境條件相當惡劣場所的屋內盤，經過數年後會較一般良好環境之配電盤容易劣化，因此對於脫漆之損傷部份要儘早修補，以免繼續惡化。

## 2. 相關設備巡視、點檢之項目與週期

2.1. 安全性的維護說明

在日常之巡視，可以目視檢查配電箱及附件情形，仍特別注意高壓部份，檢查項目如(表-1)。

2.2. 預防性的維護週期：

本維護、保養說明單元，僅作配電盤整體性之維護、保養說明，對於配電盤內所裝設器具之詳細維護、保養說明，請另參考製造廠家所提供之維護、保養說明書。

2.2.1 維護、保養分類。

| 限制條件 / 保養分類 | 箱門打開 | 內部蓋板取出 | 無停電 | 停電 | 匯流排停電 | 斷路器引出❶ | 保養間隔❷ |
|---|---|---|---|---|---|---|---|
| 巡視保養 | | | ○ | | | | 每日 |
| | ○❸ | | ○ | | | | 1 回/1 月 |
| 定期保養 | ○ | ○ | | ○ | | ○ | 1 回/6 月 |
| | ○❹ | ○ | | ○ | ○ | ○ | 1 回/1 年 |
| 臨時保養 | ○ | ○ | | ○ | ○ | ○ | |

(表-2)維護、保養分類

註：❶有引出構造之場合。

❷保養之間隔，需要再位機器之環境狀況、運轉條件、設備之重要程度與使用年數之影響而增減。

❸在無停電狀態下打開箱門做保養的間隔是以一個月一次爲原則。

❹匯流排停電的機會很少，爲防止重大事故的發生，匯流排應每一年停電一次作維護保養。

2.3. 定期檢查之週期

2.3.1 定期檢查之週期

合適之定期檢查週期尚可依實際操作之情形而修訂，如負載電流之間與關的頻度，另於每次短路電流遮斷後，須檢查斷路器及測試絕緣電阻。

| 檢查部份 | | 環境 | |
|---|---|---|---|
| | | 劣 | 好 |
| 絕緣材料 | | 六個月 | 一年 |
| 帶電部份 | 一般 | 一年 | 三年 |
| | 另件 | 一年 | 一年 |
| 控制部份 | 目視 | 一年 | 一年 |
| | 儀器檢查 | 一年 | 三年 |
| 機械零件 | | 一年 | 三年 |

(表-3)定期檢查項目週期

| 部　　份 | 受檢零件 | 檢驗重點 | 檢驗頻率(※1) | 方法 | 檢驗結果和對策 |
|---|---|---|---|---|---|
| 中、低壓部份 | 各連接導體 | 鬆弛 | 1 年 | 目視 | 鎖緊所有鬆弛的螺栓和螺帽。 |
| 啓斷和投入機構部份 | 連桿組 | 鏽蝕潤滑不良 | 3 年 | 目視 | 加潤滑油於轉動部份 |
| | 彈簧 | 變形、受損 | 3 年 | | 所有變形嚴重者，應予更換。 |
| | 扣環和銅梢 | 鏽蝕、損傷 | 1 年 | | 清除鏽蝕部並加注潤滑油，受損嚴重者更新。 |
| | | 潤滑不良 | 1 年 | | 加注潤滑油。 |
| 控制回路部份 | 投入線圈<br>跳脫線圈 | 破壞 | 3 年 | 目視 | 有破裂者應予更新。 |
| | 電纜 | 破壞 | 3 年 | | 有破裂電纜者換新。 |
| | 端子 | 螺絲鬆動 | 1 年 | 目視 | 重新鎖緊鬆脫之螺釘。 |
| | | 鏽蝕 | 1 年 | | 如發現銅綠，利用砂紙磨亮。 |
| 回路部份 | 高壓主回路 | 絕緣電阻 | 1 年 | 絕緣電阻計＊※3 | 當電阻低於標準值時，受高壓充電之絕緣部份擦拭 |
| | 低壓主回路 | 絕緣電阻 | 1 年 | 絕緣電阻計＊※4 | 低於 1MΩ 電阻值時，擦拭電纜及端子板部位。 |
| 其他 | 螺栓、螺帽、螺釘 | 鬆脫、損傷 | 3 年 | 目視 | 重新鎖緊，任何鏽蝕處及嚴重損壞者，應予更新。 |

(注意)：

※ 1.適用於良好環境下。

※ 2.需換電件，請和士林電機廠(股)公司連絡。

※ 3.高壓盤請使用1000V 絕緣電阻計，測試相間、相對地之電阻值，每盤必須超過 50MΩ以上。

※ 4.低壓盤請使用 500V 絕緣電阻計，測試相間、相對地之電阻值，每盤必須超過1M Ω以上。

3. 相關設備巡視、點檢之項目與方法、判斷標準

3.1. 巡視、點檢說明

3.1.1. 日常巡視保養：

a. 每日之日常保養為從配電盤外部以目視檢查是否有異臭、異音、異味、異色或損傷之現象，並以配電盤箱門上之各種電表讀值來研判、管理電力系統之運轉狀態。

b. 發現有異常現象時，必需將配電盤箱門打開，對異常之部位作異常情況之確認，作必要之維修。

c. 異常現象需詳細的填入異常之狀況及維修之情形，以便在定期保養與精密保養時，做為參考之資料。

3.1.2. 定期保養：

a. 原則上是在全部停電時保養，在無電壓之狀態下，將配電盤內部蓋板卸下，用目視檢查機械之外部，並用手觸檢是否有異常現象。

b. 在匯流排停電狀態下做檢查時，仍必須特別注意安全。

3.1.3. 臨時保養：

在日常巡視與定期保養之外，遇事故發生時，利用檢查、測定、試驗來調查原因，並且為再防止之對策所作之檢查；以及雷雨季節，颱風來襲時，為防止開關箱發生事故，所作之檢查也可稱為臨時檢查。

3.2. 保養的方法：

3.2.1. 有關各個檢查項目要依檢查項目之重點，並依說明中之現象一一檢查。

3.2.2. 檢查之結果要判定“良”或“不良”並作記錄。

3.2.3. 對已處理事項或者是需要特別記載時，必須填寫於備註欄內。

3.2.4. 保養之記錄中有關日常巡視保養、定期保養或臨時保養檢查，於檢查時，對於修理的要點、故障的情形、發生時的年月日、必須詳實記載，同時對於下次的保養日期以及維修的參考資料之有關事項亦必須詳實記載。

3.2.5. 接近電壓部位檢查時，需保持安全距離，切勿觸摸。

### 3.3.定期檢查之判斷標準

| 部位 | | 零件 | 判斷標準 | 對策 | 檢查週期 |
|---|---|---|---|---|---|
| 配電盤 | 絕緣部份 | 隔層、隔板 | 無龜裂、變形 | 如有龜裂或嚴重變形者更換新品 | 一年 |
| | | 絕緣礙子 | 無污穢現象 | 以乾淨布類擦拭污穢部份 | 一年 |
| | 高壓帶電部份 | 絕緣護套 | 無損壞、變形 | 若有損壞或嚴重變形者更換新品 | 一年 |
| | | | 無污穢 | 以乾淨布類擦拭污穢部份 | 一年 |
| | | 端子、電線、匯流排、螺栓部份 | 無異常噪音<br>無異常溫升<br>無顏色變化 | 調查原因，如顏色變化嚴重，更換不良之零件 | 一年 |
| | | | 螺絲無鬆弛 | 鎖緊所有鬆弛的螺絲 | 一年 |
| | 控制回路 | 端子 | 螺絲無鬆弛 | 鎖緊所有鬆弛的螺絲 | 一年 |
| | | | 無生鏽現象 | 如發現銅線以砂紙擦亮不良部份 | 一年 |
| | | 低壓另件 | 無故障、損傷 | 調查原因並更換不良品 | 一年 |
| | | 電線 | 無破損 | 破損部份拆除重新配線 | 三年 |
| | 絕緣電阻 | 主回路 | 絕緣電阻良好 | 高壓低於 50MΩ、低壓低於 1MΩ 時，清潔所有帶電部份 | 一年 |
| | | 控制回路 | 絕緣電阻良好 | 如低於 1MΩ 時，清潔配線及端子台 | 一年 |
| | 其他零件 | 螺栓，螺母，螺絲 | 無鬆弛、損壞 | 鎖緊螺栓，有生鏽或損壞者更換新品 | 一年 |
| 電力熔絲 | 絕緣零件 | 支持絕緣礙子 | 無龜裂、損壞 | 更換不良部份 | 一年 |
| | | 熔絲之陶磁管 | 無污穢現象 | 以乾淨布類擦拭污穢部份 | 一年 |
| | 高壓帶電部份 | 熔絲管 | 未熔斷 | 熔絲熔斷指示器會彈出，三相需同時更換新品 | 一年 |
| | | 端子 | 螺絲無鬆弛 | 鎖緊鬆弛之螺絲 | 一年 |
| 比流、比壓器，所內變壓器 | 絕緣部份 | 環氧樹脂模鑄 | 無龜裂、損壞 | 更換不良部份 | 一年 |
| | | | 無污穢現象 | 以乾淨布類擦拭污穢部份 | 一年 |
| | 高壓帶電部份 | 端子 | 無異常噪音<br>無異常溫升<br>無顏色變化 | 調查原因，如顏色變化嚴重，更換不良之零件 | 一年 |
| | | | 螺栓、螺母、螺絲無鬆弛 | 鎖緊所有鬆弛的螺栓、螺絲 | 一年 |
| 接地開關 | | 操作機械結構 | 無生鏽、損壞 | 清除生鏽加以潤滑，損壞者更換新品 | 一年 |
| | | 接點 | 接點表面平滑 | 擦亮接點表面並以接點潤滑油潤滑 | 一年 |

(表-4)定期檢查之判定標準

4. 各固定螺絲檢查力矩標準

4.1. 螺絲與螺母扭轉力矩標準：螺絲材質(鐵 SS41)

| 螺栓<br>直徑(mm) | 標準扭矩<br>Kgf-cm | 容許螺絲扭力<br>(kg f/cm) |
|---|---|---|
| 4 | 18.7 | 15~21 |
| 5 | 39.5 | 33~45 |
| 6 | 64.5 | 54~74 |
| 8 | 154 | 132~176 |
| 10 | 308 | 266~350 |
| 12 | 470 | 400~540 |

(表-5)螺絲與螺母扭力標準

5. 潤滑部份、潤滑週期及潤滑劑種類

<table>
<tr><th>器材</th><th>部　份</th><th>檢查項目</th><th>檢查週期</th><th>潤滑劑種類</th></tr>
<tr><td rowspan="4">機構<br>部份</td><td rowspan="2">操作機構</td><td>滑動部份</td><td rowspan="2">每使用 3 年或操作 5000 次</td><td>複合級潤滑油(如國光牌車用多效滑脂)</td></tr>
<tr><td>機構鏽蝕</td><td>防鏽潤滑劑(5.56 或同等品)</td></tr>
<tr><td>蓄能機構</td><td>操作機構上、下部、插門、彈簧導桿、齒輪及馬達、彈簧連桿</td><td>每使用 5 年或操作 5000 次</td><td>複合級潤滑油(如國光牌車用多效滑脂)</td></tr>
<tr><td>啓斷和投入機構</td><td>連桿</td><td>3 年</td><td>潤滑油膏</td></tr>
<tr><td rowspan="2">回路<br>部份</td><td rowspan="2">主回路</td><td>固定接觸子</td><td>3 年</td><td>導電劑(益多潤(NO.2GX)電氣接點復活劑</td></tr>
<tr><td>可動接觸子</td><td>3 年</td><td>導電劑(益多潤(NO.2GX)電氣接點復活劑</td></tr>
</table>

(表-6) 潤滑劑、清潔劑及絕緣用料及其週期

註：塗抹導電劑時，須用手指均勻塗抹至用手指壓時會留下痕跡之程度即可，不可塗抹過度。

## 5 問題與處理

### 1. 可能造成系統或單機故障之原因說明

1.1. 設備之運轉環境溫度過高，濕度過高致使絕緣劣化產生接地或相間短路事故。

1.2. 設備之運轉電流超過額定，致使器具絕緣劣化產生接地或相間短路事故。

1.3. 設備之電力公司系統電壓過高，致使器具絕緣劣化產生接地或相間短路事故。

1.4. 設備之直流系統電壓過低，致使器具無法正常動作並有過電流或過熱情形發生，導致發生 接地或相間短路事故。

1.5. 設備之運轉中有異物進入，導致發生接地或相間短路事故。

1.6. 設備之運轉中有滴水進入，導致發生接地或相間短路事故。

### 2. 檢修或(維護)前置動作要領

2.1. 使用異常時請至現場確係何種情形發生，如異味、冒煙、短路聲響、故障跳脫、停電等狀況。

2.2. 各項檢修工具、操作標示牌、圖面、說明書視需要準備攜至現場。

2.3. 除非必要，勿活電作業；若必須活電作業時，請注意安全措拖，以免發生感電事故。

### 3. 緊急檢修程序步驟及要領說明

3.1. CB 發生故障跳脫時，請至現場確認何種電驛動作，請於故障排除後，將指示牌復歸，再將CB 投入。(如係電源瞬間停電，使低電壓電驛動作跳脫CB 時，則在電源恢復後確認電壓在正常值內方可再將CB 投入恢復供電)。

3.2. 低壓NFB 發生短路跳脫時，請用絕緣高阻計確認故障點，並將故障點隔離後，方可再送電。

3.3. 器具過熱運轉時，請先切離負載並用絕緣高阻計確認器具之絕緣狀況，良好時方可再送電。

### INDEX

1. 高低壓配電盤操作維護手冊
2. 變壓器操作維護手冊
3. VCB 操作維護手冊
4. ACB 操作維護手冊
5. RELAY 操作維護手冊
6. MULTI METER 操作維護手冊(ION)
7. SC & APFR 操作維護手冊
8. MULTI METER 操作維護手冊(JODUS)
9. ABB power SCADA HM1 操作說明

10. IFIX POWER SCADA HM1 操作說明

## Training Program

System: HV & LV Switchgear
LV Switchgear (I-LINE)
Lighting/Receptacle Panel
Motor control center (MCC)
POWER SCADA

| Item | Descriptions of classes | hours | site | vender |
|---|---|---|---|---|
| 1 | Summarizing the system (Including Symbols & Drawings) | 2hr | Classroom & Electrical Room | ××電機 |
| 2 | Operation & Maintenance (Including Troubleshooting) | | | |
| 3 | Operation method for the equipments: | | | |
| | ● TR | 0.5hr | | |
| | ● VCB | 0.5hr | | ×× |
| | ● ACB | 0.5hr | | |
| | ● PROTECTION RELAY | 1hr | | |
| | ● MULTI METER(PML), I-LINE PANEL | 1hr | | ×× |
| | ● SC &APFR | 1hr | | ×× |
| | ● MULTI METER(NODUS) | 1hr | | ×× |
| 4 | Problem reviewing & causing | 1hr | Classroom | |
| 5 | ABB Poser SCADA HMI 操作說明 | 1.5hr | CUP 1F | ×× |
| 6 | iFix Poser SCADA HMI 操作說明 | 1.5hr | CUP 1F | |
| | | | | |

## 2-4 電木板特性

電木板熱沖性能表(厚板)：3mm↑

| 種　　類 | | AU-1101 |
|---|---|---|
| 特 性 及 用 途 | | 機械強度良好，配電盤，電氣機械零件 |
| 樹 脂 種 類 | | 酚醛樹脂 |
| 基　　材 | | 絕緣紙－木纖紙 |
| 美國 NEMA 規格 | | X |
| 日本 JIS 規格 | | PL-PM |
| 厚　　度(mm) | | 3.0～80( 1／8”～35／32” ) |
| 尺　　寸(mm) | | 1020×1020 |
| 適 合 加 工 性 | | 不適打拔 |
| 顏　　色 | | 橙色；黑色 |
| 比　　重 | | 1.36～1.42 |
| 起燃等級 | UL94 | 94HB |
| 實層耐電壓(常溫油中) | C-90／20／65 | ＞10　KV／mm |
| 實層耐電壓(高溫油中) | C-0.5／90 | －　KV |
| 絕緣電阻 | C-90／20／65 | $1\times10^{10}$～$1\times10^{11}\Omega$($5\times10^{8}$最小值) |
| | C-90／20／65<br>+D-2／100 | $5\times10^{7}$～$5\times10^{8}\Omega$($5\times10^{6}$最小值) |
| 耐熱性 | A | 120 分鐘×120℃ 無變化 |
| 彎曲強度 | A | 12～15　Kgf／$mm^2$(8 最小值) |
| 衝擊強度 | A | －　Kgf-cm／$cm^2$ |
| 劈開性 | A | Kgf |
| 壓縮強度(垂直) | A | －　Kgf／$mm^2$ |
| 壓縮強度(平行) | A | －　Kgf／$mm^2$ |
| 含水率 | E-24／50<br>+D-24／23 | 1.2～1.6%　(1.8 最大值) |
| 打拔加工性 | A | |

## 2-5 槽鐵及鋼材尺寸

| 槽　鐵 CHANNEL | | | |
|---|---|---|---|
| 規格(mm) | 厚 mm | 公斤/公尺 | 公斤/呎 |
| 50×25 | 5.0 | 3.66 | 1.12 |
| 75×40 | 5.0 | 6.92 | 2.11 |
| 100×50 | 5.0 | 9.36 | 2.85 |
| 125×65 | 6.0 | 13.40 | 4.09 |
| 150×75 | 6.5 | 18.60 | 5.67 |
| 150×75 | 9.0 | 24.00 | 7.32 |
| 180×75 | 7.0 | 21.40 | 6.51 |
| 200×75 | 8.5 | 25.30 | 7.72 |
| 200×80 | 7.5 | 24.60 | 7.50 |
| 200×90 | 8.0 | 30.30 | 9.25 |
| 250×90 | 9.0 | 34.60 | 10.54 |
| 300×90 | 9.0 | 38.10 | 11.60 |
| 300×90 | 10.0 | 43.80 | 13.30 |
| 300×100 | 10.0 | 46.80 | 14.26 |
| 380×100 | 10.5 | 54.50 | 16.60 |
| 380×100 | 13.0 | 67.30 | 20.50 |
| | | | |
| | | | |
| | | | |
| | | | |
| | | | |
| | | | |
| | | | |

鋼材の規格寸法(1/13)

| L mm | 寸法 | | | | 斷面積 | 重量 | ゲージ | | | 鑽孔徑 | 純斷面積 | |
|---|---|---|---|---|---|---|---|---|---|---|---|---|
| | A=B | t | $r_1$ | $r_2$ | A $cm^2$ | W (kg/m) | $g_1$ | $g_2$ | $g_3$ | $d_1$ | $An_1$ $cm^2$ | $An_2$ $cm^2$ |
| 20×20×3 | 20 | 3 | 4 | 2 | 1.13 | 0.88 | — | — | — | — | — | — |
| 25×25×3 | 25 | 3 | 4 | 2 | 1.43 | 1.12 | 15 | — | — | — | — | — |
| 25×25×5 | 25 | 5 | 4 | 3 | 2.25 | 1.76 | 15 | | | | | |
| 30×30×3 | 30 | 3 | 4 | 2 | 1.73 | 1.36 | 17 | — | — | 9 | 1.46 | — |
| 30×30×5 | 30 | 5 | 4 | 3 | 2.75 | 2.16 | 17 | | | 9 | 2.30 | |
| 35×35×3 | 35 | 3 | 4.5 | 2 | 2.04 | 1.60 | 20 | — | — | 11 | 1.71 | — |
| 35×35×5 | 35 | 5 | 4.5 | 3 | 3.25 | 2.56 | 20 | | | 11 | 2.71 | |
| 40×40×3 | 40 | 3 | 4.5 | 2 | 2.34 | 1.83 | 22 | — | — | 11 | 2.01 | — |
| 40×40×5 | 40 | 5 | 4.5 | 3 | 3.75 | 2.95 | 22 | | | 11 | 3.21 | |
| 45×45×4 | | 4 | | 3 | 3.49 | 2.74 | | | | | 2.93 | |
| 45×45×6 | 45 | 6 | 6.5 | 4.5 | 5.04 | 3.96 | 25 | — | — | 14 | 4.20 | — |
| 45×45×8 | | 8 | | 4.5 | 6.56 | 5.15 | | | | | 5.44 | |
| 50×50×4 | | 4 | | 3 | 3.89 | 3.06 | | | | | 3.33 | |
| 50×50×6 | 50 | 6 | 6.5 | 4.5 | 5.64 | 4.43 | 30 | — | — | 14 | 4.80 | — |
| 50×50×8 | | 8 | | 4.5 | 7.36 | 5.78 | | | | | 6.24 | |
| 60×60×5 | | 5 | | 3 | 5.80 | 4.55 | | | | | 4.95 | |
| 60×60×7 | 60 | 7 | 6.5 | 4.5 | 7.91 | 6.21 | 35 | — | — | 17 | 6.72 | — |
| 60×60×9 | | 9 | | 4.5 | 9.99 | 7.85 | | | | | 8.46 | |
| 65×65×6 | | 6 | | 4 | 7.53 | 5.91 | | | | | 6.30 | |
| 65×65×8 | 65 | 8 | 8.5 | 6 | 9.76 | 7.66 | 35 | — | — | 20.5 | 8.12 | — |
| 65×65×10 | | 10 | | 6 | 12.00 | 9.42 | | | | | 9.95 | |
| 70×70×6 | | 6 | | 4 | 8.13 | 6.38 | | | | | 6.90 | |
| 70×70×8 | 70 | 8 | 8.5 | 6 | 10.6 | 8.29 | 40 | — | — | 20.5 | 8.92 | — |
| 70×70×10 | | 10 | | 6 | 13.0 | 10.2 | | | | | 11.0 | |
| 75×75×6 | | 6 | | 4 | 8.73 | 6.85 | | | | | 7.5 | |
| 75×75×9 | 75 | 9 | 8.5 | 6 | 12.7 | 9.96 | 40 | — | — | 20.5 | 10.8 | — |
| 75×75×12 | | 12 | | 6 | 16.6 | 13.0 | | | | | 14.1 | |
| 80×80×6 | | 6 | | 4 | 9.33 | 7.32 | | | | | 8.1 | |
| 80×80×9 | 80 | 9 | 8.5 | 6 | 13.6 | 10.7 | 45 | — | — | 20.5 | 11.7 | — |
| 80×80×12 | | 12 | | 6 | 17.8 | 13.9 | | | | | 15.3 | |
| 90×90×7 | | 7 | | 5 | 12.2 | 9.59 | | | | | 10.6 | |
| 90×90×10 | 90 | 10 | 10 | 7 | 17.0 | 13.3 | 50 | — | — | 23.5 | 14.7 | — |
| 90×90×13 | | 13 | | 7 | 21.7 | 17.0 | | | | | 18.7 | |
| 100×100×7 | | 7 | | 5 | 13.6 | 10.7 | | | | | 12.0 | |
| 100×100×10 | 100 | 10 | 10 | 7 | 19.0 | 14.9 | 55 | — | — | 23.5 | 16.7 | — |
| 100×100×13 | | 13 | | 7 | 24.3 | 19.1 | | | | | 21.3 | |

| | | | | | | | | | | | | |
|---|---|---|---|---|---|---|---|---|---|---|---|---|
| 130×130×9 | | 9 | | 6 | 22.7 | 17.9 | | | | | 20.6 | 18.5 |
| 130×130×12 | 130 | 12 | 12 | 8.5 | 29.8 | 23.4 | — | 50 | 40 | 23.5 | 26.9 | 24.1 |
| 130×130×15 | | 15 | | 8.5 | 36.7 | 28.8 | | | | | 33.2 | 29.7 |
| 150×150×11 | | 11 | | 7 | 32.0 | 25.1 | | | | | 29.4 | 26.8 |
| 150×150×12 | | 12 | | 7 | 34.8 | 27.3 | | | | | 32.2 | 29.1 |
| 150×150×15 | 150 | 15 | 14 | 10 | 42.7 | 33.6 | — | 55 | 55 | 23.5 | 39.2 | 35.7 |
| 150×150×19 | | 19 | | 10 | 53.4 | 41.9 | | | | | 48.9 | 44.5 |
| 200×200×15 | 200 | 15 | | 12 | 57.8 | 45.3 | | | | | 54.2 | 50.7 |

JIS G3125 高耐候性用鋼　(1977)

| 種類之符號 | 化學成分% (鋼液分析) | | | | | | | | 鋼料厚度 mm | 接伸試驗 | | | | 彎曲試驗 | | |
|---|---|---|---|---|---|---|---|---|---|---|---|---|---|---|---|---|
| | C | Si | Mn | P | S | Cu | Cr | Ni | | 降伏點 kgf/mm² | 抗拉強度 kgf/mm² | 伸長率 試片 | 伸長率 % | 彎曲角度 | 內側直徑 | 試片 |
| SPA-H | 0.12 以下 | 0.25～0.75 | 0.20～0.50 | 0.070～0.150 | 0.040 以下 | 0.25～0.60 | 0.30～1.25 | 0.65 以下 | 6 以下 | 35 以上 | 49 以上 | No.5 | 22 以上 | 180° | 厚度之 1.0 倍 | No.1 平行軋延方向 |
| | | | 0.20～0.60 | | | | | | 超過 6 | 36 以上 | 50 以上 | No.1 A | 15 以上 | 180° | 厚度之 3.0 倍 | |

註：可視狀況添加表列以外之合金元素。

JIS G3131 軟鋼　(1983)

| 種類之符號 | 說明 | 化學成分% | | 拉伸試驗 | | | | | | | | 彎曲試驗 | | | |
|---|---|---|---|---|---|---|---|---|---|---|---|---|---|---|---|
| | | P | S | 抗拉強度 kgf/mm² | 厚度 1.2mm 以上未滿 1.6mm | 厚度 1.6mm 以上未滿 2.0mm | 厚度 2.0mm 以上未滿 2.5mm | 厚度 2.5mm 以上未滿 3.2mm | 厚度 3.2mm 以上未滿 4.0mm | 厚度 4.0mm 以上 | 試片 | 彎曲角度 | 內側直徑 厚度未滿 3.2mm | 內側直徑 厚度 3.2mm 以上 | 試片 |
| SPHC | 一般用 | 0.050 以下 | 0.050 以下 | 28 以上 | 27 以上 | 29 以上 | 29 以上 | 29 以上 | 31 以上 | 31 以上 | No.5 平行軋延方向 | 180° | 密貼 | 厚度之 1.0 倍 | No.3 平行軋延方向 |
| SPHD | 衝壓加工用 | 0.040 以下 | 0.040 以下 | 28 以上 | 30 以上 | 32 以上 | 33 以上 | 35 以上 | 37 以上 | 39 以上 | | 180° | 密貼 | 密貼 | |
| SPHE | 深衝加工用 | 0.030 以下 | 0.035 以下 | 28 以上 | 31 以上 | 33 以上 | 35 以上 | 37 以上 | 39 以上 | 41 以上 | | 180° | 密貼 | 密貼 | |

註：1. 本表不適用於鋼捲頭尾兩端不規則部份。

2. SPHE 鋼種須以特殊製程(如特殊脫氧鋼)製造，以提高其成形加工性。

JIS G3132 鋼管用碳素鋼　(1983)

| 種類之符號 | 化學成分% | | | | | 拉伸試驗 | | | | | | 彎曲試驗 | | | |
|---|---|---|---|---|---|---|---|---|---|---|---|---|---|---|---|
| | C | Si | Mn | P | S | 抗拉強度 kgf/mm² | 厚度 1.2mm 以上 未滿 1.6mm | 厚度 1.6mm 以上 未滿 3.0mm | 厚度 3.0mm 以上 未滿 6.0mm | 厚度 6.0mm 以上 13.0mm 以下 | 試片 | 彎曲角度 | 內側直徑 厚度 3.0mm 以下 | 內側直徑 厚度 超過 3.0mm 13.0mmu 以下 | 試片 |
| SPHT1 | 0.10 以下 | 0.35 以下 | 0.50 以下 | 0.040 以下 | 0.040 以下 | 28 以上 | 30 以上 | 32 以上 | 35 以上 | 37 以上 | No.5 平行 軋延 方向 | 180° | 密貼 | 厚度之 1.0 倍 | No.3 平行 軋延 方向 |
| SPHT2 | 0.18 以下 | 0.35 以下 | 0.60 以下 | 0.040 以下 | 0.040 以下 | 35 以上 | 25 以上 | 27 以上 | 30 以上 | 32 以上 | | 180° | 厚度之 2.0 倍 | 厚度之 3.0 倍 | |
| SPHT3 | 0.25 以下 | 0.35 以下 | 0.30~ 0.90 | 0.040 以下 | 0.040 以下 | 42 以上 | 20 以上 | 22 以上 | 25 以上 | 27 以上 | | 180° | 厚度之 3.0 倍 | 厚度之 4.0 倍 | |
| SPHT4 | 0.30 以下 | 0.35 以下 | 0.30~ 1.00 | 0.040 以下 | 0.040 以下 | 50 以上 | 15 以上 | 18 以上 | 20 以上 | 22 以上 | | 180° | 厚度之 3.0 倍 | 厚度之 4.0 倍 | |

註：1. 本表不適用於鋼捲頭尾兩端不規則部份。

2. 若經買賣雙方協議，Si 含量可在 0.4%以下。

超低頻高壓電纜測試方法

IEEE Std 400.2-2004

IEEE Guide for Field Testing of Shielded Power Cable Systems Using Very Low Frequency (VLF)

**Table 5－VLF test voltage for sinusoidal waveform (see Note1)**

| Cable rating phase to phase rms voltage in kV | Installation(see Note 2) phase to ground rms or (peak voltage) | Acceptance(see Note 2) phase to ground rms or (peak voltage) | Maintenance(see Note3) phase to ground rms or (peak voltage) |
|---|---|---|---|
| 5 | 9(13) | 10(14) | 7(10) |
| 8 | 11(16) | 13(18) | 10(14) |
| 15 | 18(25) | 20(28) | 16(22) |
| 25 | 27(38) | 31(44) | 23(33) |
| 35 | 39(55) | 44(62) | 33(47) |

NOTES

1－For sinusoidal VLF the voltages are given in both rms and peak values. For a sinusoidal waveform the rms is 0.707 of the peak value if the distortion is less than 5%.

2－The results of field tests on over 1500 XLPE cable circuits tested showed that ~68% of the recorded failures occurred within 12 minutes, ~89% within 30 minutes, ~95% after 45 minutes, and 100% after 60 minutes (Moh [B17]). **The recommended testing time varies between 15 than 60 minutes, although the data in Moh [B17] suggest a testing time of 30 minutes.** The actual testing time and voltage may be defined by the supplier and user and depend on the testing philosophy, cable system, insulation condition, how frequently the test is conducted, and the selected test method. Testing databases or Eager et al. [B7] may be consulted when choosing a preferred testing time. When a VLF test is interrupted, it is recommended that the testing timer be reset to the original time when the VLF test is restarted.



3－For a 0.1Hz VLF test voltage, the suggested maintenance voltage duration is 15 minute (Eager et al. [B7]).
VLF testing methods utilize AC signals at **frequencies in the range of 0.01Hz to 1Hz.** The most commonly used, commercially available **VLF test frequency is 0.1Hz.** Other commercially available frequencies are in the range of 0.0001Hz to 1Hz. These frequencies may be useful for diagnosing cable systems where the length of the cable system exceeds the limitations of the test system at 0.1Hz, although there is evidence that testing below 0.1Hz may increase risk of failure in service bellowing the test in Moh ([B17]). The internal impedance of the test can limit the available charging current, preventing the cable under test from reaching the required test voltage. Testing databases; Eager et al. [B7]; or Baur, Mohaupt, and Schlick [B5] may be consulted when selecting and initial test voltage level and testing time duration for a particular cable length.
VLF test voltages with cosine-rectangular and the sinusoidal wave shapes are most commonly used. While other VLF wave shapes are available for testing of cable systems, recommended test voltage levels have not been established.

## 2-6 穿盤套管— FRP 型

產品說明：

1. 表格內為××提供之參考尺寸，其固定孔位及相間均可依客戶要求改變，價格依照訂製尺寸大小有所不同，請提供訂製尺寸填於表格內始可報價每份穿盤套管均為訂製品，交期為訂單後 14 － 20 天。
2. A 尺寸最小需150mm．t 及 w 為開孔讓銅排通過之尺寸，銅排寬高需小於此孔，目前有3 種規格可選擇，如有熱縮套時，需將熱縮套厚度計算在內。
3. 此絕緣材料為 Epoxy 及 FRP 板。

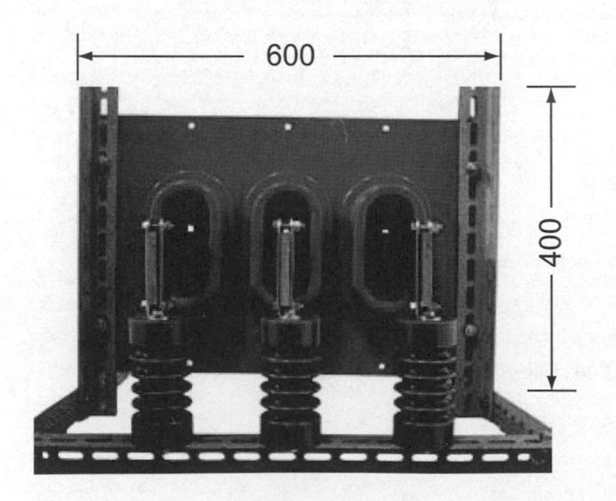

12KV

24KV

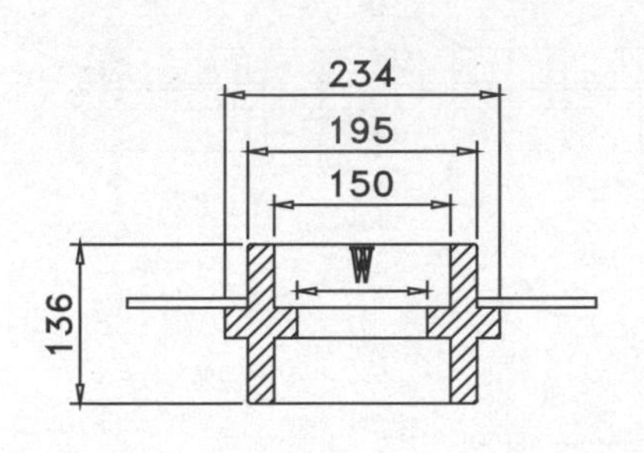


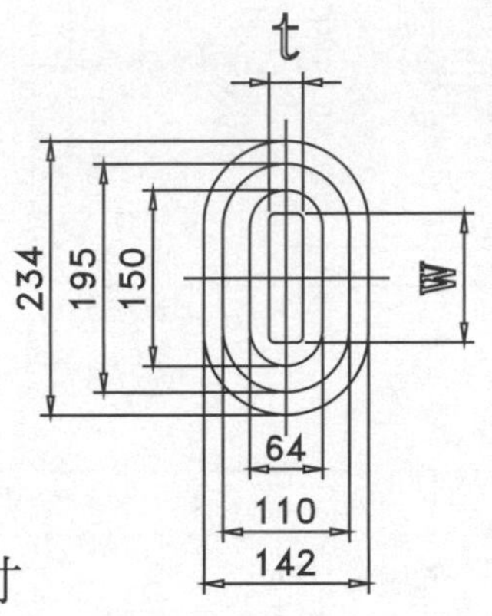


單極穿盤套管尺寸

單極穿盤尺寸

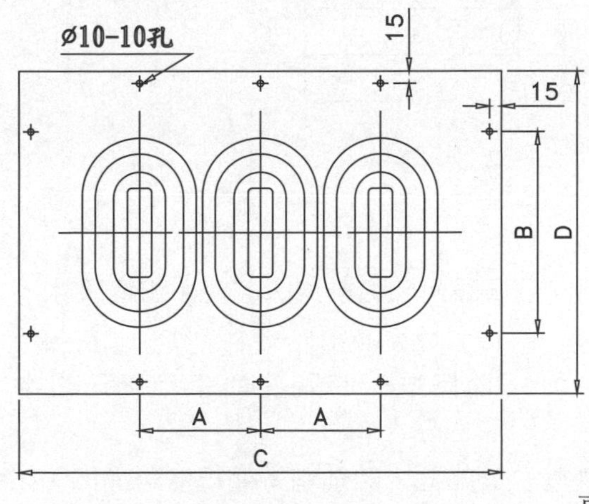


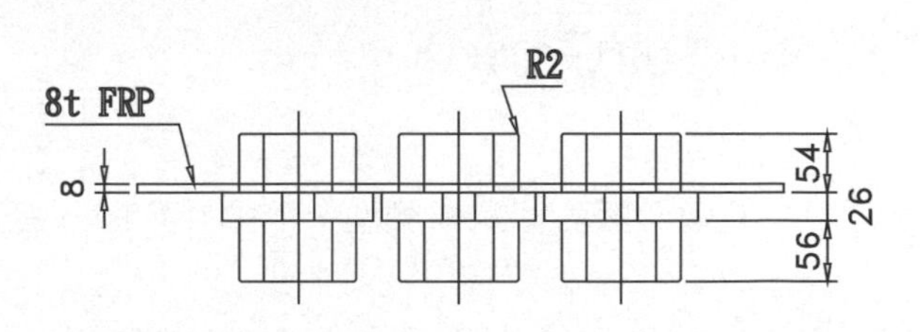


直向穿盤套管

直向穿盤套管

| | A | B | C | D | t | w |
|---|---|---|---|---|---|---|
| 客戶尺寸 | | | | | 27 × 120 | |
| | | | | | 40 × 130 | |
| | | | | | 60 × 110 | |
| 12 KV 參考尺寸 | 150 | 250 | 600 | 400 | – | |
| 24 KV 參考尺寸 | 290 | 250 | 1050 | 540 | – | |

橫向穿盤套管

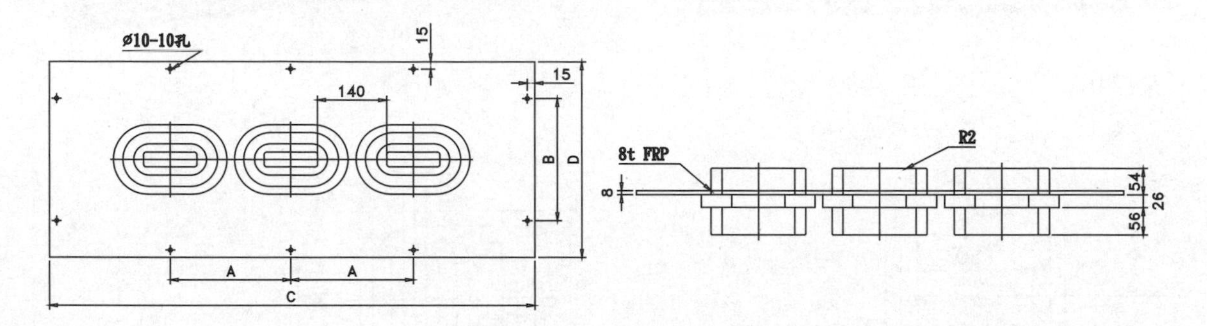


橫向穿盤套管

| | A | B | C | D | t | w |
|---|---|---|---|---|---|---|
| 客戶尺寸 | | | | | 27 × 120 | |
| | | | | | 40 × 130 | |
| | | | | | 60 × 110 | |
| 12 KV 參考尺寸 | 250 | 250 | 1000 | 400 | – | |
| 24 KV 參考尺寸 | 280 | 250 | 1040 | 420 | – | |

**單顆型 (BU — TH320)**

產品說明：

1. 此型穿盤套管為單顆型，無須FRP 板，客戶可依照設計自行排列，以縮小盤體尺寸。
2. 為Epoxy 高壓環氧樹脂製品。
3. 直向排列時間孔最小相間尺寸為245mm ，橫向排列時間孔最小相間尺寸為175mm 。
4. A 及B 為開孔讓銅排通過之尺寸，銅排寬高需小於此孔，目前有2 種規格可選擇，如有熱縮套時，需將熱縮套厚度計算在內。

單顆型(BU-TH320)

規格尺寸

| 材質 | 公稱電壓 | 商用週波耐電壓 | 衝擊波耐電壓 | 沿面漏洩距離 | 重量 |
|---|---|---|---|---|---|
| EPOXY | 24 KV | 60 KV | 125 KV | 936 mm | 4.9 KG |

| 型號 | 銅排通過尺寸 | |
|---|---|---|
| | A | B |
| BU－TH320－1 | 60 | 130 |
| BU－TH320－2 | 20 | 90 |

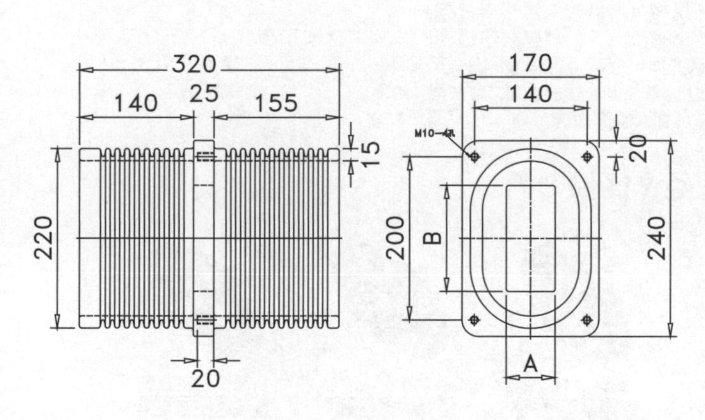


開孔尺寸(Ø154 x 70L)

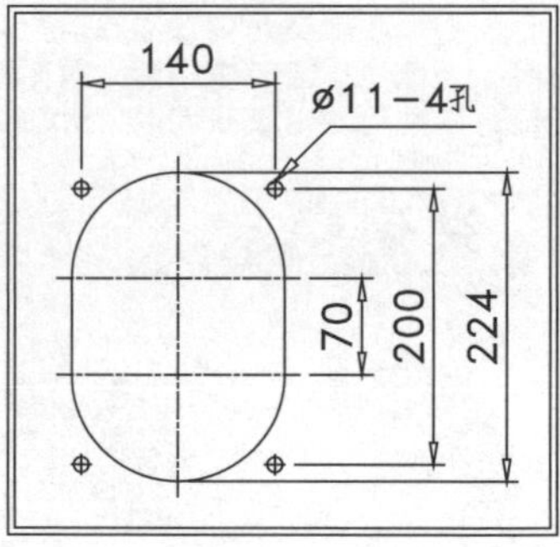

| 鋼板重量表(公斤/每件)<br>(SS41 黑鐵) | | |
|---|---|---|
| 寬長 / 厚m/m | 4'X8'<br>(公斤/件) | 5'x10'<br>(公斤/件) |
| 2.0 | 46.7 | 73.5 |
| 2.3 | 53.7 | 85.0 |
| 1.6 | 37.4 | 58.5 |
| 2.6 | 60.7 | 94.8 |
| 3.0 | 70.0 | 110.0 |
| 3.2 | 74.7 | 117.0 |

| 鋼板重量表(公斤/每件)<br>(SUS304,SUS316 白鐵) | | |
|---|---|---|
| 寬長 / 厚m/m | 4'X8'<br>(公斤/件) | 5'x10'<br>(公斤/件) |
| 1.2 | 28.3 | 44.2 |
| 1.5 | 35.4 | 55.3 |
| 1.0 | 23.6 | 36.9 |
| 2.0 | 47.2 | 73.7 |
| 2.5 | 59.0 | 92.1 |
| 3.0 | 70.7 | 110.5 |

| 槽鐵 CHANNEL<br>(SS41 黑鐵) | | |
|---|---|---|
| 規格(mm) | 厚(mm) | 公斤/公尺 |
| 75x40 | 5.0 | 6.92 |
| 100x50 | 5.0 | 9.36 |
| 125x65 | 6.0 | 13.40 |
| 150x75 | 6.5 | 18.60 |

| 等邊三角鐵 ANGLE<br>(SUS304 白鐵) | | |
|---|---|---|
| 規格(mm) | 厚(mm) | 公斤/公尺 |
| 50X50 | 4.0 | 2.97 |
| 50X50 | 5.0 | 3.65 |

| 等邊三角鐵 ANGLE<br>(SS41 黑鐵) | | |
|---|---|---|
| 規格(mm) | 厚(mm) | 公斤/公尺 |
| 30X30 | 2.5 | 0.941 |
| 30X30 | 3.0 | 1.36 |
| 40X40 | 3.0 | 1.83 |
| 40X40 | 4.0 | 2.38 |
| 40X40 | 5.0 | 2.95 |
| 50X50 | 4.0 | 3.06 |
| 50X50 | 5.0 | 3.75 |
| 50X50 | 6.0 | 4.43 |

▲註:1.以上規格為鐵材行現貨之規格，若需特殊規格須先確認。
2.高低壓落地盤，盤面採用3.0m/m以上，其餘部份採用2.0m/m以上厚鋼板。
主骨架及支骨架採用50x50x4m/m或以上之角鐵，底座採用100x50x5m/m之槽鐵製成。
3.馬達控制中心盤，全部採用2.0m/m厚鋼板製造，底座以100x50x5m/m之槽鐵製成。
4.低壓分電箱均以1.6m/m~2.3m/m厚鋼板製成。

## 常用色卡: (近似色，僅供參考)

台灣區油漆公會
1-60(淺沙色)

台灣區油漆公會
1-61(沙 色)

台灣區油漆公會
1-36(銀灰色)

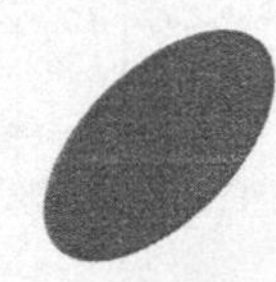
台灣區油漆公會
1-37(珍珠灰色)

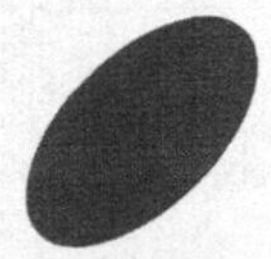
台灣區油漆公會
1-41(藍灰色)

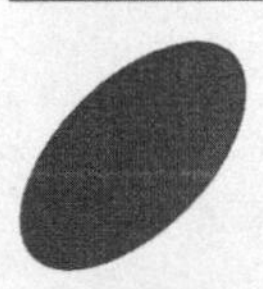
台灣區油漆公會
1-03(湖綠色)

台灣區油漆公會
1-94(灰藍色)

*MUNSELL 5Y7/1*
俗稱 359

*MUNSELL 7.5BG6/1.5*
俗稱 634

*RAL 7032*

## 2-7 電源側 3P 插入式端子

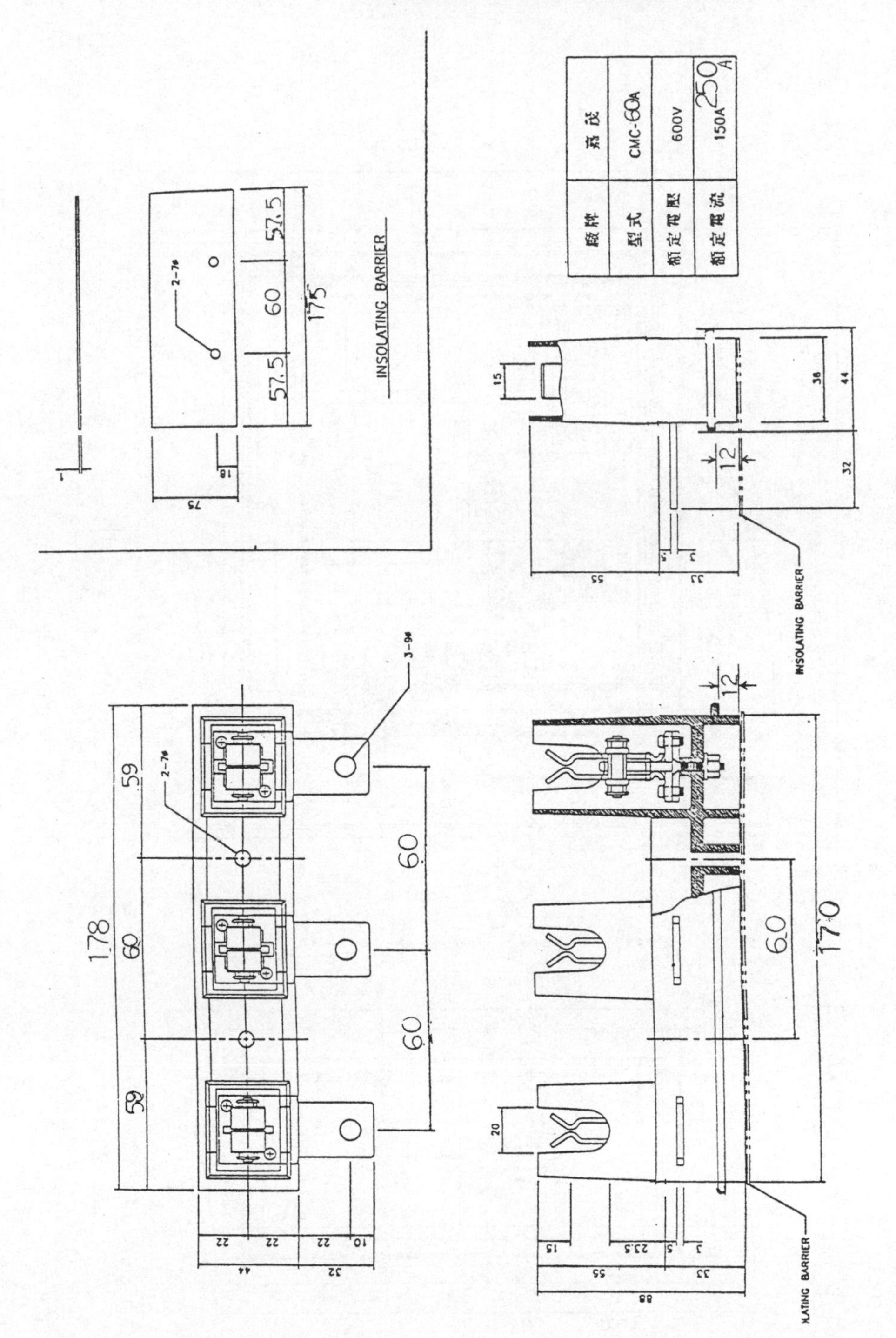

第二章

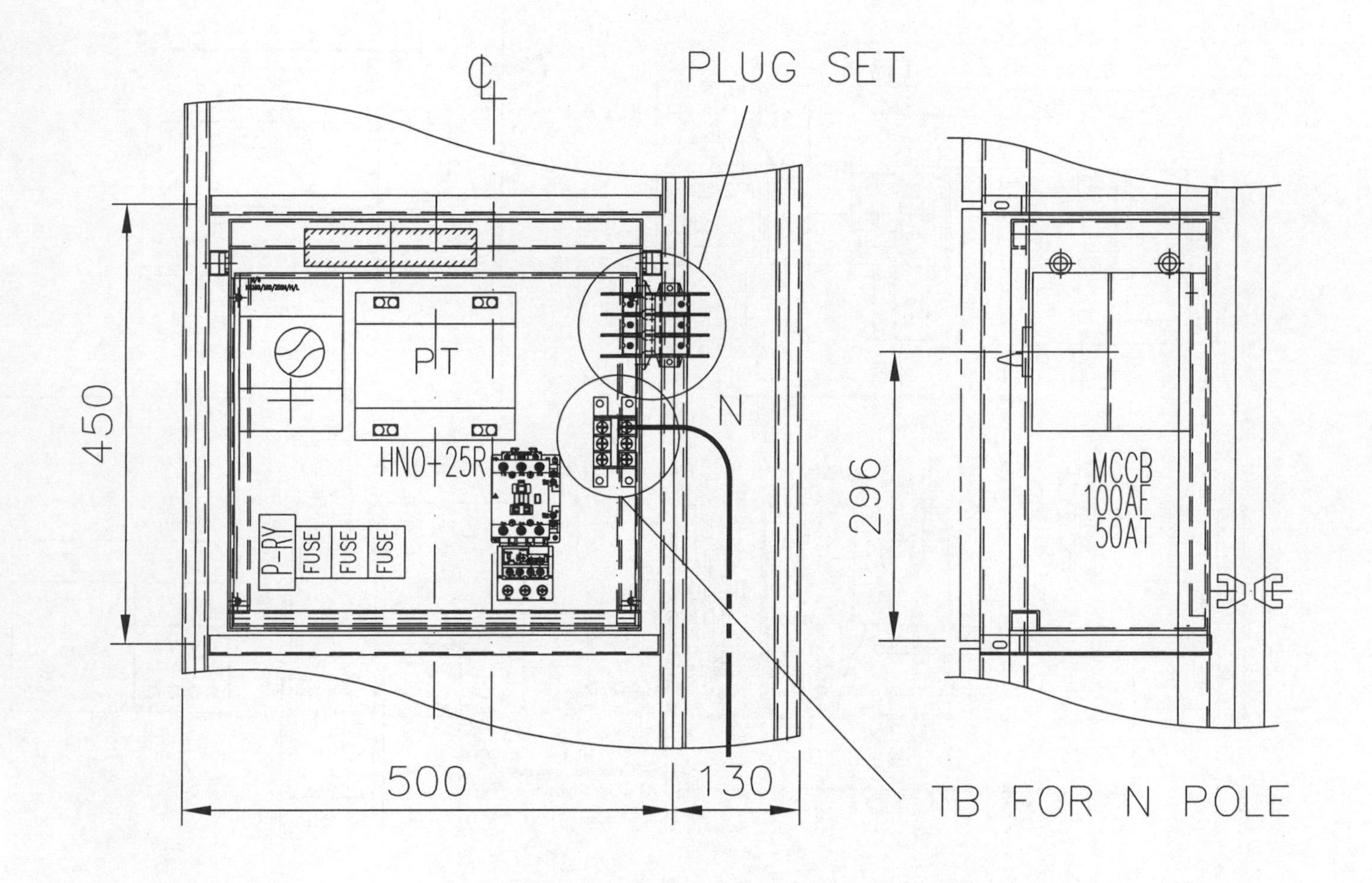
PLUG SET
PT
HNO-25R
P-RY
FUSE
FUSE
FUSE
450
N
500
130
TB FOR N POLE
296
MCCB
100AF
50AT

# 2-8 高壓礙子(負載側3P插入式端子)

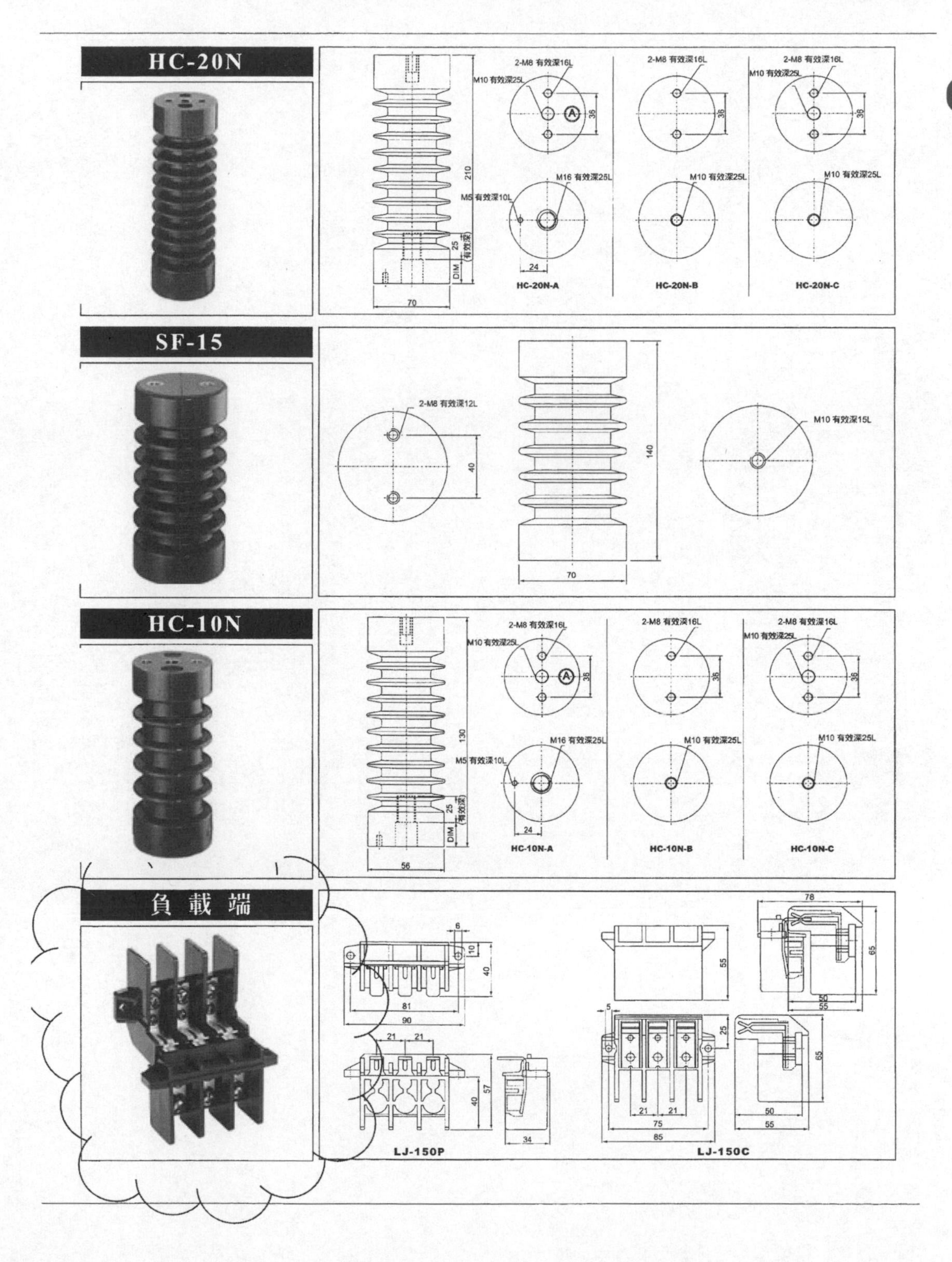

# 記事欄

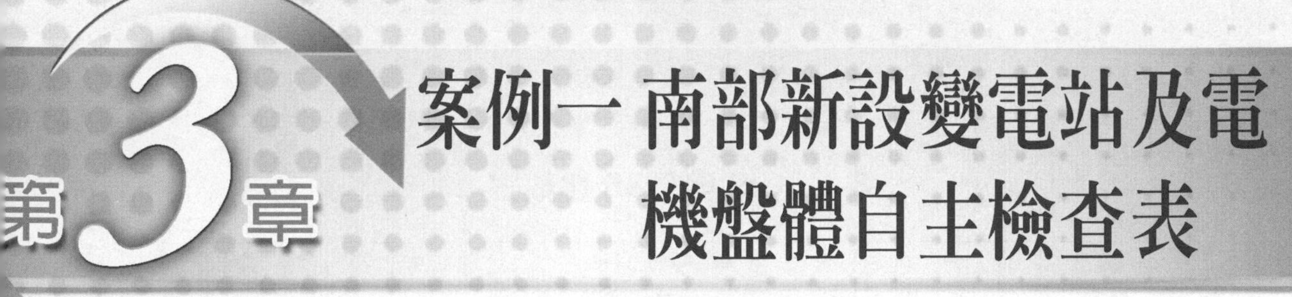

# 第3章 案例一 南部新設變電站及電機盤體自主檢查表

## 3-1 CGIS 與 CGS 比較表

| | 東　芝 | 三　菱 |
|---|---|---|
| 1. 名稱 | CGIS | CGS |
| 2. 製作標準 | JEM 1425 (3.6~36KV)<br>IEC 298 (1~52KV) | JEC 2350-1994　72KV<br>IEC 517　72KV |
| 3. MAIN BUS | 使用 72KV PEX Cable | 以 SF6 氣體絕緣封裝導體<br>減少電纜用久因磁力線而劣化 |
| 4. VCB | 爲單接點 31.5KA 1 秒 5cycles | 爲雙接點 31.5KA3 秒 3cycles |
| 5. CT | 爲 Winding type | 爲 Window type |
| 6. LA | Distribution type 配電級<br>爲 Metal oxide type<br>IEC 99-4　20KA……294KV | Station type<br>爲 Zinc oxide type<br>ANSI C62.11　40KA……215KV |
| 7. MOF | CT X 3<br>PT X 3 | CT X 2<br>PT X 3 |
| 8. 盤驛儀錶 | 接裝在 CGIS 之前門上 | 電驛儀錶與主開關分開另備控制盤 |
| 9. 盤體大小 | $(1250+1250)^{W}X2800^{H}X3300^{D}$ | $(1000+1000)^{W}X3303^{H}X3900^{D}$<br>$(1000+1000)^{W}X2300^{H}X700^{D}$ |

# 3-2 日本重電機廠72KVS-GIS在台有實績者性能比較表

| 項目 | 廠商名稱<br>內容 | 東芝 | 三菱 | 富士 | 明電 |
|---|---|---|---|---|---|
| 1. | 箱體構造 | 氣體氣室2室以上加配電盤外箱 | 氣體氣室1室加配電盤外箱 | 氣體氣室2室加設前後門 | 氣室2室<br>加配電盤外箱 |
| 2. | 母線絕緣方式 | 三相分開聚乙烯交連絕緣 | 三相共室SF6氣體 | 三相共室SF6氣體 | 三相共管SF6 |
| 3. | 盤間連結 | 三相分開絕緣<br>盤外插入式<br>增設時作業時間短 | 三相共室，<br>盤內氣室中連結<br>增設時作業時間長 | 三相共管，<br>盤外連結<br>增設時作業時間短 | 三相共管，<br>盤內連結<br>增設時作業時間長 |
| 4. | 斷路器 | 真空斷路器<br>單接點 | 真空斷路器<br>雙接點串聯 | SF6斷路器<br>單接點 | 真空斷路器<br>單接點 |
| 5. | 斷路器消弧室真空/壓力監視 | 有監視裝置 | 無監視裝置 | 有壓力監視裝置 | 無監視裝置 |
| 6. | 氣室內部器具狀態監視 | 有透視窗 | 無透視窗 | 無透視窗 | 無透視窗 |
| 7. | 現場母線連接氣體作業 | 不需 | 現場充灌 | 現場充灌 | 現場充灌 |
| 8. | 氣體額定壓力 | $(1.30Kg/cm^2)$<br>abs<br>0.127Mpa | $(1.5Kg/cm^2)$<br>abs<br>0.147Mpa or more | $(1.5Kg/cm^2)$<br>abs<br>0.147Mpa | $(1.2Kg/cm^2)$<br>abs<br>0.07Mpa |
| 9. | 氣體壓力<br>零壓力時 | 可繼續運轉<br>可額定跳脫 | 可繼續運轉<br>可跳脫 | 斷路器壓力過低<br>不可跳脫 | 可繼續運轉<br>可額定跳脫 |
| 10. | 台電技術<br>要求之應對 | 完全可滿足 | 某些技術難達到(例:模塑型PT,CT低比值,高精度,高負擔) | 可滿足 | 部份PT,CT需外購 |
| 11. | 產品開發方向 | 重載型<br>Heavy duty | 經濟型<br>Light duty | 重載型<br>Heavy duty | 重載型<br>Heavy duty |
| 12. | 國內事故紀錄 | 無 | 有 | 有 | 無 |
| 13. | 在台實績 | 42.8% | 16.7% | 14.3% | 21.4% |
| 14. | 在台有否專利 | 有 | 無 | 無 | 無 |
| 15. | 評語 | 可採用 | 斷路器單接點，耐壓不足，不良記錄多 | 可採用 | 可採用 |

## 3-3 施工檢驗卡

MOF 開關箱及分電箱安裝 檢驗卡

工程名稱：＿＿＿＿＿＿ 編號：＿＿＿＿＿＿ 頁次：1
施工區域：＿＿＿＿＿＿ 檢驗日期：民國 年 月 日
施工圖路：＿＿＿＿＿＿ 施工期間：民國 年 月 日至 年 月 日

| 項目 | 品名 | 規格/尺寸 | 廠牌 | 數量 | 備註 |
|---|---|---|---|---|---|
| | A-MOF | 2350X1600X1960 | | | |
| | B-MOF | | | | |
| | | | | | |
| | | | | | |
| | | | | | |

| 項目 | 檢驗內容 | 檢驗結果 | 備註 |
|---|---|---|---|
| 現場施工檢驗 | 1. 開關箱及分電箱廠牌、規格、尺寸是否符合規定? | □是 □否 | |
| | 2. 開關箱及分電箱數量、安裝位置是否與施工圖相符? | □是 □否 | |
| | 3. 開關箱及分電箱安裝固定是否牢固? | □是 □否 | |
| | 4. 開關箱及分電箱顏色是否正確? | □是 □否 | |
| | 5. 開關箱及分電箱內器具佈置、標示是否正確? | □是 □否 | |
| | 6. 開關箱及分電箱安裝是否水平美觀，並保持清潔? | □是 □否 | |
| | 7. 是否合格? | □是 □否 | |
| | | | |
| | | | |
| | | | |
| | | | |
| | | | |
| | | | |
| | | | |
| | | | |

| | | 工地主任 | | 現場工程師 | |
|---|---|---|---|---|---|

F#J1-0511

××電機股份有限公司 施工檢驗卡

高壓 PT 開關箱及分電箱安裝 檢驗卡

工程名稱：＿＿＿＿＿＿＿＿ 編號：＿＿＿＿＿＿＿＿ 頁次：＿1＿

施工區域：＿＿＿＿＿＿＿＿ 檢驗日期：民國　年　月　日

施工圖路：＿＿＿＿＿＿＿＿ 施工期間：民國　年　月　日至　年　月　日

| 項　目 | 品　名 | 規格/尺寸 | 廠　牌 | 數　量 | 備　註 |
|---|---|---|---|---|---|
| | A-HVSB101 | | | | |
| | B-HVSB101 | | | | |
| | | | | | |
| | | | | | |
| | | | | | |

| 項目 | 檢　驗　內　容 | 檢驗結果 | 備　註 |
|---|---|---|---|
| 現場施工檢驗 | 1. 開關箱及分電箱廠牌、規格、尺寸是否符合規定? | □是　□否 | |
| | 2. 開關箱及分電箱數量、安裝位置是否與施工圖相符? | □是　□否 | |
| | 3. 開關箱及分電箱安裝固定是否牢固? | □是　□否 | |
| | 4. 開關箱及分電箱顏色是否正確? | □是　□否 | |
| | 5. 開關箱及分電箱內器具佈置、標示是否正確? | □是　□否 | |
| | 6. 開關箱及分電箱安裝是否水平美觀，並保持清潔? | □是　□否 | |
| | 7. 是否合格? | □是　□否 | |
| | 8. FROM A-MOF | □是　□否 | |
| | FROM B-MOF | □是　□否 | |
| | 9. PT 之位置 | □是　□否 | |
| | 10. LA 之接地 | □是　□否 | |
| | 11. PT 之碍子拆除保養 | □是　□否 | |
| | 12. PT 之排列 | □是　□否 | |
| | | | |
| | | | |
| | | | |
| | | | |

| | | 工地主任 | | 現場工程師 | |
|---|---|---|---|---|---|

F#J1-0511

××電機股份有限公司 施工檢驗卡

高壓開關(總) 開關箱及分電箱安裝 檢驗卡

工程名稱：＿＿＿＿＿＿＿＿ 編號：＿＿＿＿＿＿＿＿ 頁次：＿1＿

施工區域：＿＿＿＿＿＿＿＿ 檢驗日期：民國　　年　　月　　日

施工圖路：＿＿＿＿＿＿＿＿ 施工期間：民國　　年　　月　　日至　　年　　月　　日



| 項目 | 品名 | 規格/尺寸 | 廠牌 | 數量 | 備註 |
|---|---|---|---|---|---|
| | A-HVSB102 | | | | |
| | B-HVSB102 | | | | |
| | | | | | |
| | | | | | |
| | | | | | |

| 項目 | 檢驗內容 | 檢驗結果 | 備註 |
|---|---|---|---|
| 現場施工檢驗 | 1. 開關箱及分電箱廠牌、規格、尺寸是否符合規定? | □是　□否 | |
| | 2. 開關箱及分電箱數量、安裝位置是否與施工圖相符? | □是　□否 | |
| | 3. 開關箱及分電箱安裝固定是否牢固? | □是　□否 | |
| | 4. 開關箱及分電箱顏色是否正確? | □是　□否 | |
| | 5. 開關箱及分電箱內器具佈置、標示是否正確? | □是　□否 | |
| | 6. 開關箱及分電箱安裝是否水平美觀，並保持清潔? | □是　□否 | |
| | 7. 是否合格? | □是　□否 | |
| | 8. To A-HVSB103接線 | □是　□否 | |
| | To B-HVSB103 | □是　□否 | |
| | 9. CT 之位置適當 | □是　□否 | |
| | 10. CT 之螺絲鎖緊 | □是　□否 | |
| | | | |
| | | | |
| | | | |
| | | | |
| | | | |
| | | | |

| | | 工地主任 | | 現場工程師 | |
|---|---|---|---|---|---|

F#J1-0511

××電機股份有限公司 施工檢驗卡

高壓開關(分) 開關箱及分電箱安裝 檢驗卡

工程名稱：________________ 編號：________________ 頁次：___1___

施工區域：________________ 檢驗日期：民國 年 月 日

施工圖路：________________ 施工期間：民國 年 月 日至 年 月 日

| 項目 | 品名 | 規格/尺寸 | 廠牌 | 數量 | 備註 |
|---|---|---|---|---|---|
| | A-HVSB103,104,105,106,107 | | AEG | 1 | |
| | B-HVSB103,104,105,106,107 | | | | |
| | | | | | |
| | | | | | |
| | | | | | |

| 項目 | 檢驗內容 | 檢驗結果 | 備註 |
|---|---|---|---|
| 現場施工檢驗 | 1. 開關箱及分電箱廠牌、規格、尺寸是否符合規定? | □是 □否 | |
| | 2. 開關箱及分電箱數量、安裝位置是否與施工圖相符? | □是 □否 | |
| | 3. 開關箱及分電箱安裝固定是否牢固? | □是 □否 | |
| | 4. 開關箱及分電箱顏色是否正確? | □是 □否 | |
| | 5. 開關箱及分電箱內器具佈置、標示是否正確? | □是 □否 | |
| | 6. 開關箱及分電箱安裝是否水平美觀，並保持清潔? | □是 □否 | |
| | 7. 是否合格? | □是 □否 | |
| | 8. 端子盤編號 | □是 □否 | |
| | 9. 端子盤全部接線 | □是 □否 | |
| | 10.溫度調整 | □是 □否 | |
| | 11.絕緣測試 | □是 □否 | |
| | 12.迴路測試 | □是 □否 | |
| | 13.動作測試 | □是 □否 | |
| | 14.功能測試 | □是 □否 | |
| | 15.NFB 功用名稱 | □是 □否 | |
| | 16.CT 之 TAP 接在何處 | □是 □否 | |
| | | | |

| | | 工地主任 | | 現場工程師 | |
|---|---|---|---|---|---|

F#J1-0511

××電機股份有限公司 施工檢驗卡

高壓電容器 開關箱及分電箱安裝 檢驗卡

工程名稱：________________ 編號：____________________ 頁次：___1___

施工區域：________________ 檢驗日期：民國　　年　　月　　日

施工圖路：________________ 施工期間：民國　　年　　月　　日至　　年　　月　　日

| 項 目 | 品 名 | 規格/尺寸 | 廠 牌 | 數 量 | 備 註 |
|---|---|---|---|---|---|
| | A-HSC101 | | | | |
| | B-HSC101 | | | | |
| | | | | | |
| | | | | | |
| | | | | | |

| 項目 | 檢 驗 內 容 | 檢驗結果 | 備 註 |
|---|---|---|---|
| 現場施工檢驗 | 1. 開關箱及分電箱廠牌、規格、尺寸是否符合規定? | □是 □否 | |
| | 2. 開關箱及分電箱數量、安裝位置是否與施工圖相符? | □是 □否 | |
| | 3. 開關箱及分電箱安裝固定是否牢固? | □是 □否 | |
| | 4. 開關箱及分電箱顏色是否正確? | □是 □否 | |
| | 5. 開關箱及分電箱內器具佈置、標示是否正確? | □是 □否 | |
| | 6. 開關箱及分電箱安裝是否水平美觀，並保持清潔? | □是 □否 | |
| | 7. 是否合格? | □是 □否 | |
| | 8. 應指示接在 11 or 22KV 側 | □是 □否 | |
| | 9. 應擦拭 | □是 □否 | |
| | 10. 連接至 107 | □是 □否 | |
| | 11. PTT　CTT 之 Plug in unit | □是 □否 | |
| | 12.端子未接 | □是 □否 | |
| | 13.D-Fuse Spare | □是 □否 | |
| | 14.端子 | □是 □否 | |
| | 15.電抗器接續位置適當 | □是 □否 | |
| | | | |
| | | | |

| | | 工地主任 | | 現場工程師 | |
|---|---|---|---|---|---|

F#J1-0511

××電機股份有限公司 施工檢驗卡

高壓 TIE 開關箱及分電箱安裝 檢驗卡

工程名稱：＿＿＿＿＿＿＿＿ 編號：＿＿＿＿＿＿＿＿ 頁次：1

施工區域：＿＿＿＿＿＿＿＿ 檢驗日期：民國　年　月　日

施工圖路：＿＿＿＿＿＿＿＿ 施工期間：民國　年　月　日至　年　月　日

| 項 目 | 品 名 | 規格/尺寸 | 廠 牌 | 數 量 | 備 註 |
|---|---|---|---|---|---|
| | AB-HVSB101 | | | | |
| | | | | | |
| | | | | | |
| | | | | | |
| | | | | | |

| 項目 | 檢 驗 內 容 | 檢驗結果 | 備 註 |
|---|---|---|---|
| 現場施工檢驗 | 1. 開關箱及分電箱廠牌、規格、尺寸是否符合規定? | □是 □否 | |
| | 2. 開關箱及分電箱數量、安裝位置是否與施工圖相符? | □是 □否 | |
| | 3. 開關箱及分電箱安裝固定是否牢固? | □是 □否 | |
| | 4. 開關箱及分電箱顏色是否正確? | □是 □否 | |
| | 5. 開關箱及分電箱內器具佈置、標示是否正確? | □是 □否 | |
| | 6. 開關箱及分電箱安裝是否水平美觀，並保持清潔? | □是 □否 | |
| | 7. 是否合格? | □是 □否 | |
| | | | |
| | | | |
| | | | |
| | | | |
| | | | |
| | | | |
| | | | |
| | | | |
| | | | |
| | | | |
| | | | |

| | | 工地主任 | | 現場工程師 | |
|---|---|---|---|---|---|

F#J1-0511

××電機股份有限公司 施工檢驗卡

高壓模鑄 變壓器箱安裝 檢驗卡

工程名稱：＿＿＿＿＿＿＿ 編號：＿＿＿＿＿＿＿ 頁次：＿1＿

施工區域：＿＿＿＿＿＿＿ 檢驗日期：民國　　年　　月　　日

施工圖路：＿＿＿＿＿＿＿ 施工期間：民國　　年　　月　　日至　　年　　月　　日

| 項 目 | 品 名 | 規格/尺寸 | 廠 牌 | 數 量 | 備 註 |
|---|---|---|---|---|---|
| | A-TF101,102 | 1500KVA | 大同 | 2 | |
| | B-TF101,102 | 模鑄 | 大同 | 2 | |

| 項目 | 檢 驗 內 容 | 檢驗結果 | 備 註 |
|---|---|---|---|
| 現場施工檢驗 | 1. 變壓器廠牌、規格是否符合規定?大同 1500KVA | □是 □否 | |
| | 2. 變壓器數量、安裝位置是否符合規定? | □是 □否 | |
| | 3. 變壓器安裝固定是否牢固? | □是 □否 | |
| | 4. 變壓器安裝是否水平美觀，並保持清潔? | □是 □否 | |
| | 5. 是否合格? | □是 □否 | |
| | 6. 變壓器爲雙壓 Tap 者，是否接正確者 11 or 22KV | □是 □否 | |
| | 7. 模鑄型者之冷却風扇爲 220V，必須有接地線 | □是 □否 | |
| | 8. 接地線是否連接 | □是 □否 | |
| | 9. 三相四線式中性線是否接地 | □是 □否 | |
| | 10.盤與盤間之接地銅排是否連接 | □是 □否 | |
| | 11.盤體之接地處是否去漆 | □是 □否 | |
| | 12.高壓側及低壓側主幹線螺絲是否上緊 | □是 □否 | |
| | 13.控制線之接線螺絲是否上緊 | □是 □否 | |
| | 14.抽出風扇方向是否正確(排吸兩用) | □是 □否 | |
| | 15.低壓側是否有銅帶 | □是 □否 | |
| | 16.銅排連接 | □是 □否 | |
| | 17.低壓側 BUS 只有 2 支(水平) | □是 □否 | |
| | 18. B-TF101 BUS 漆黑 | □是 □否 | |
| | 19.低壓在前，高壓在後 | □是 □否 | |
| | 20.排吸開關太短(高) | □是 □否 | |
| | 21.A.B 要同相序 | □是 □否 | |
| | 22. STOP? | □是 □否 | |
| | 23.指示牌歪斜 | □是 □否 | |
| | 24.中間是並聯或是切換 | □是 □否 | |

| | | 工地主任 | | 現場工程師 | |
|---|---|---|---|---|---|

F#J1-0561

××電機股份有限公司 施工檢驗卡

低壓(Feeder-ONE) 開關箱及分電箱安裝 檢驗卡

工程名稱：＿＿＿＿＿＿ 編號：＿＿＿＿＿＿ 頁次：＿1＿

施工區域：＿＿＿＿＿＿ 檢驗日期：民國　年　月　日

施工圖路：＿＿＿＿＿＿ 施工期間：民國　年　月　日至　年　月　日

| 項目 | 品名 | 規格/尺寸 | 廠牌 | 數量 | 備註 |
|---|---|---|---|---|---|
| | B-MSB101,104 | | | | |
| | | | | | |
| | | | | | |
| | | | | | |
| | | | | | |

| 項目 | 檢驗內容 | 檢驗結果 | 備註 |
|---|---|---|---|
| 現場施工檢驗 | 1. 開關箱及分電箱廠牌、規格、尺寸是否符合規定? | □是 □否 | |
| | 2. 開關箱及分電箱數量、安裝位置是否與施工圖相符? | □是 □否 | |
| | 3. 開關箱及分電箱安裝固定是否牢固? | □是 □否 | |
| | 4. 開關箱及分電箱顏色是否正確? | □是 □否 | |
| | 5. 開關箱及分電箱內器具佈置、標示是否正確? | □是 □否 | |
| | 6. 開關箱及分電箱安裝是否水平美觀，並保持清潔? | □是 □否 | |
| | 7. 是否合格? | □是 □否 | |
| | | | |
| | | | |
| | | | |
| | | | |
| | | | |
| | | | |
| | | | |
| | | | |
| | | | |
| | | | |

| | | 工地主任 | | 現場工程師 | |
|---|---|---|---|---|---|

F#J1-0511

××電機股份有限公司 施工檢驗卡

低壓(TWO)開關箱及分電箱安裝 檢驗卡

工程名稱：______ 編號：______ 頁次：1

施工區域：______ 檢驗日期：民國 年 月 日

施工圖路：______ 施工期間：民國 年 月 日至 年 月 日

| 項 目 | 品 名 | 規格/尺寸 | 廠 牌 | 數 量 | 備 註 |
|---|---|---|---|---|---|
| | A-MSB101,104 | 3200A | 奇異(GE) | 2/2 | |
| | | 65/80KA | | 2/2 | |
| | | | | | |
| | | | | | |

| 項目 | 檢 驗 內 容 | 檢驗結果 | 備 註 |
|---|---|---|---|
| 現場施工檢驗 | 1. 開關箱及分電箱廠牌、規格、尺寸是否符合規定? | □是 □否 | |
| | 2. 開關箱及分電箱數量、安裝位置是否與施工圖相符? | □是 □否 | |
| | 3. 開關箱及分電箱安裝固定是否牢固? | □是 □否 | |
| | 4. 開關箱及分電箱顏色是否正確? | □是 □否 | |
| | 5. 開關箱及分電箱內器具佈置、標示是否正確? | □是 □否 | |
| | 6. 開關箱及分電箱安裝是否水平美觀，並保持清潔? | □是 □否 | |
| | 7. 是否合格? | □是 □否 | |
| | 8. 有 2 只 ACB ACBAAI, ACB AEI | □是 □否 | |
| | 9. ON-OFF 開關爲抽出式再轉動(旋) | □是 □否 | |
| | 10.有 Local-remote control (remote) | □是 □否 | |
| | 11.端子盤少 PVC 透明蓋 | □是 □否 | |
| | 12.外供及 DC110V source 有 30A, 15A NFB | □是 □否 | |
| | 13.箱體與門之接地連線有刮漆 | □是 □否 | |
| | 14.AAI 之電源 AEI 之負載側 BUS 只有 2 支(水平) | □是 □否 | |
| | 15.後面不是門 | □是 □否 | |
| | 16.中性相接地線太小 | □是 □否 | |
| | 17.低電壓或欠相會跳脫 | □是 □否 | |
| | 18.電熱器歪斜 | □是 □否 | |

| | | 工地主任 | | 現場工程師 | |
|---|---|---|---|---|---|

F#J1-0511

××電機股份有限公司 施工檢驗卡

低壓 ATS 開關箱及分電箱安裝 檢驗卡

工程名稱：＿＿＿＿＿＿＿＿ 編號：＿＿＿＿＿＿＿＿ 頁次：＿1＿

施工區域：＿＿＿＿＿＿＿＿ 檢驗日期：民國　年　月　日

施工圖路：＿＿＿＿＿＿＿＿ 施工期間：民國　年　月　日至　年　月　日

| 項 目 | 品 名 | 規格/尺寸 | 廠 牌 | 數 量 | 備 註 |
|---|---|---|---|---|---|
| | A-MSB103, 106 | | | | |
| | B-MSB103, 106 | | | | |
| | | | | | |
| | | | | | |
| | | | | | |

| 項目 | 檢 驗 內 容 | 檢驗結果 | 備 註 |
|---|---|---|---|
| 現場施工檢驗 | 1. 開關箱及分電箱廠牌、規格、尺寸是否符合規定? | □是 □否 | |
| | 2. 開關箱及分電箱數量、安裝位置是否與施工圖相符? | □是 □否 | |
| | 3. 開關箱及分電箱安裝固定是否牢固? | □是 □否 | |
| | 4. 開關箱及分電箱顏色是否正確? | □是 □否 | |
| | 5. 開關箱及分電箱內器具佈置、標示是否正確? | □是 □否 | |
| | 6. 開關箱及分電箱安裝是否水平美觀，並保持清潔? | □是 □否 | |
| | 7. 是否合格? | □是 □否 | |
| | 8. 有 2 只線頭未接，TO ENABLE Q3 OPTION | □是 □否 | |
| | 9. 左上方有線未連接 | □是 □否 | |
| | 10.水平 BUS 只有 2 支 | □是 □否 | |
| | 11.中性線 N 接地線太小 | □是 □否 | |
| | | | |
| | | | |
| | | | |
| | | | |
| | | | |
| | | | |

| | | 工地主任 | | 現場工程師 | |
|---|---|---|---|---|---|

F#J1-0511

××電機股份有限公司 施工檢驗卡

低壓 TIE 開關箱及分電箱安裝 檢驗卡

工程名稱：＿＿＿＿＿＿ 編號：＿＿＿＿＿＿ 頁次：＿1＿

施工區域：＿＿＿＿＿＿ 檢驗日期：民國　年　月　日

施工圖路：＿＿＿＿＿＿ 施工期間：民國　年　月　日至　年　月　日

| 項 目 | 品 名 | 規格/尺寸 | 廠 牌 | 數 量 | 備 註 |
|---|---|---|---|---|---|
| | AB-MSB101, 102 | | | | |
| | | | | | |
| | | | | | |
| | | | | | |
| | | | | | |

| 項目 | 檢 驗 內 容 | 檢驗結果 | 備 註 |
|---|---|---|---|
| 現場施工檢驗 | 1. 開關箱及分電箱廠牌、規格、尺寸是否符合規定? | □是 □否 | |
| | 2. 開關箱及分電箱數量、安裝位置是否與施工圖相符? | □是 □否 | |
| | 3. 開關箱及分電箱安裝固定是否牢固? | □是 □否 | |
| | 4. 開關箱及分電箱顏色是否正確? | □是 □否 | |
| | 5. 開關箱及分電箱內器具佈置、標示是否正確? | □是 □否 | |
| | 6. 開關箱及分電箱安裝是否水平美觀，並保持清潔? | □是 □否 | |
| | 7. 是否合格? | □是 □否 | |
| | 8. A-LSC101 錯, B-LSC101 錯 | □是 □否 | |
| | 9. 左上方有線未接 | □是 □否 | |
| | 10.上下之水平 BUS 只有 2 支 | □是 □否 | |
| | | | |
| | | | |
| | | | |
| | | | |
| | | | |
| | | | |
| | | | |

| | | 工地主任 | | 現場工程師 | |
|---|---|---|---|---|---|

F#J1-0511

××電機股份有限公司 施工檢驗卡

低壓(分) 開關箱及分電箱安裝 檢驗卡

工程名稱：＿＿＿＿＿＿ 編號：＿＿＿＿＿＿ 頁次：＿1＿

施工區域：＿＿＿＿＿＿ 檢驗日期：民國　年　月　日

施工圖路：＿＿＿＿＿＿ 施工期間：民國　年　月　日至　年　月　日

| 項目 | 品名 | 規格/尺寸 | 廠牌 | 數量 | 備註 |
|---|---|---|---|---|---|
| | A-SSB101, 102 | | | | |
| | B-SSB101, 102 | | | | |
| | | | | | |
| | | | | | |
| | | | | | |

| 項目 | 檢驗內容 | 檢驗結果 | 備註 |
|---|---|---|---|
| 現場施工檢驗 | 1. 開關箱及分電箱廠牌、規格、尺寸是否符合規定? | □是 □否 | |
| | 2. 開關箱及分電箱數量、安裝位置是否與施工圖相符? | □是 □否 | |
| | 3. 開關箱及分電箱安裝固定是否牢固? | □是 □否 | |
| | 4. 開關箱及分電箱顏色是否正確? | □是 □否 | |
| | 5. 開關箱及分電箱內器具佈置、標示是否正確? | □是 □否 | |
| | 6. 開關箱及分電箱安裝是否水平美觀，並保持清潔? | □是 □否 | |
| | 7. 是否合格? | □是 □否 | |
| | 8. 上下水平之 BUS 只有 2 支 | □是 □否 | |
| | 9. HEATER 歪斜 | □是 □否 | |
| | 10. WASHER 未收 | □是 □否 | |
| | | | |
| | | | |
| | | | |
| | | | |
| | | | |
| | | | |
| | | | |

| | | 工地主任 | | 現場工程師 | |
|---|---|---|---|---|---|

F#J1-0511

××電機股份有限公司 施工檢驗卡

低壓模鑄 變壓器箱安裝 檢驗卡

工程名稱：＿＿＿＿＿＿ 編號：＿＿＿＿＿＿ 頁次：＿1＿

施工區域：＿＿＿＿＿＿ 檢驗日期：民國　　年　　月　　日

施工圖路：＿＿＿＿＿＿ 施工期間：民國　　年　　月　　日至　　年　　月　　日

| 項　目 | 品　名 | 規格/尺寸 | 廠　牌 | 數　量 | 備　註 |
|---|---|---|---|---|---|
| | A-TF104, 103 | | | | |
| | B-TF104 | | | | |
| | | | | | |
| | | | | | |
| | | | | | |

| 項目 | 檢　驗　內　容 | 檢驗結果 | 備　註 |
|---|---|---|---|
| 現場施工檢驗 | 1. 變壓器廠牌、規格是否符合規定? | □是　□否 | |
| | 2. 變壓器數量、安裝位置是否符合規定? | □是　□否 | |
| | 3. 變壓器安裝固定是否牢固? | □是　□否 | |
| | 4. 變壓器安裝是否美觀，並保持清潔? | □是　□否 | |
| | 5. 是否合格? | □是　□否 | |
| | 6. 380V 之電源 | □是　□否 | |
| | 7. 變壓器爲低壓 | □是　□否 | |
| | 8. 端子太小 | □是　□否 | |
| | | | |
| | | | |
| | | | |
| | | | |
| | | | |
| | | | |
| | | | |
| | | | |

| | | 工地主任 | | 現場工程師 | |
|---|---|---|---|---|---|

F#J1-0561

××電機股份有限公司 施工檢驗卡

電容器 配電盤安裝檢驗卡

工程名稱：________________ 編號：____________________ 頁次：___1___

施工區域：________________ 檢驗日期：民國 年 月 日

施工圖路：________________ 施工期間：民國 年 月 日至 年 月 日

| 項 目 | 品 名 | 規格/尺寸 | 廠 牌 | 數 量 | 備 註 |
|---|---|---|---|---|---|
| | A-LSC101 | | | | |
| | B-LSC101 | | | | |
| | | | | | |
| | | | | | |
| | | | | | |

| 項目 | 檢 驗 內 容 | 檢驗結果 | 備 註 |
|---|---|---|---|
| 現場施工檢驗 | 1. 配電盤廠牌、規格、尺寸是否符合規定? | □是 □否 | |
| | 2. 配電盤數量、安裝位置是否與施工圖相符? | □是 □否 | |
| | 3. 配電盤安裝固定是否牢固? | □是 □否 | |
| | 4. 配電盤顏色是否正確? | □是 □否 | |
| | 5. 配電盤內器具佈置、標示是否正確? | □是 □否 | |
| | 6. 配電盤安裝是否水平美觀，並保持清潔? | □是 □否 | |
| | 7. 是否合格? | □是 □否 | |
| | | | |
| | | | |
| | | | |
| | | | |
| | | | |
| | | | |
| | | | |
| | | | |
| | | | |
| | | | |

| | | 工地主任 | | 現場工程師 | |
|---|---|---|---|---|---|

F#J1-0551

## 3-4 配電盤 檢核表 1/2

工　號：＿＿＿＿＿＿＿＿ 機　種：＿＿＿＿＿＿＿＿ 製造者：＿＿＿＿＿＿＿＿



| 檢　驗　項　目 | | 檢驗方式 | | | | | | |
|---|---|---|---|---|---|---|---|---|
| 1.構造 | 型式。(如防塵型、屋外型) | 目　視 | | | | | | |
| 2.外觀結構 | 2.1 顏色。 | 色板比對 | | | | | | |
| | 2.2 門擋。 | 目　視 | | | | | | |
| | 2.3 導口、尺寸。 | 量　測 | | | | | | |
| | 2.4 盲板、側板。 | 目　視 | | | | | | |
| | 2.5 銘牌核對。 | 目　視 | | | | | | |
| | 2.6 透視窗。 | 目　視 | | | | | | |
| | 2.7 進出線位置方向。 | 量　測 | | | | | | |
| | 2.8 把手型式。 | 目　視 | | | | | | |
| | 2.9 箱體強度。 | 目　視 | | | | | | |
| | 2.10 風扇孔。 | 量　測 | | | | | | |
| | 2.11 釋壓孔。 | 量　測 | | | | | | |
| 3.器材核對 | 3.1 廠牌。(TA、MG…等) | 目　視 | | | | | | |
| | 3.2 規格。(變比、誤差等級) | 目　視 | | | | | | |
| | 3.3 型式。 | 目　視 | | | | | | |
| | 3.4 容量。 | 目　視 | | | | | | |
| | 3.5 啓斷容量。 | 目　視 | | | | | | |
| | 3.6 器材附件。 | 目　視 | | | | | | |
| | 3.7 OCR。 | 目　視 | | | | | | |
| 4.佈置概要 | 4.1 以器具之維修、取出，方便及安全原則。 | 目　視 | | | | | | |
| | 4.2 發熱器具之佈置不得影響其他器具。 | 目　視 | | | | | | |
| | 4.3 器具之振動及共鳴現象應考慮。 | 檢　測 | | | | | | |
| | 4.4 須調整之器具應能方便調整且安全。 | 操　作 | | | | | | |
| | 4.5 PT 不得佈置於開關及接觸器之正上方，原則上應於下方。 | 目　視 | | | | | | |
| | 4.6 器具應加註符號，且需美觀。 | 目　視 | | | | | | |
| 5.主電路 | 5.1 銅排規格。 | 量　測 | | | | | | |
| | 5.2 主線規格(等級、種類)。 | 目　視 | | | | | | |
| | 5.3 高壓導線使用 8 $mm^2$ (含)以上之導線。 | 目　視 | | | | | | |
| | 5.4 38 $mm^2$ 以下走迴線。 | 目　視 | | | | | | |
| 6.端子 | 6.1 規格。 | 目　視 | | | | | | |
| | 6.2 控制迴路用 S 型或 Y 型。 | 目　視 | | | | | | |
| | 6.3 高壓使用銅管端子。 | 目　視 | | | | | | |
| 7.色套 | 7.1 色套規格。 | 目　視 | | | | | | |
| | 7.2 顏色。 | 目　視 | | | | | | |
| | 7.3 相序。 | 目　視 | | | | | | |
| 8.絕緣距離 | 依標準檢驗。 | 量　測 | | | | | | |
| 9.控制回路 | 9.1 顏色。 控制→黃色　電壓→紅色<br>電流→黑色　直流→藍色 | 目　視 | | | | | | |
| | 9.2 使用 2 $mm^2$ 以上導線。 | 目　視 | | | | | | |
| | 9.3 同一端子不可接 3 條(含)以上導線。 | 目　視 | | | | | | |
| | 9.4 動作程序及電氣連鎖需確實。 | 試　驗 | | | | | | |
| | 9.5 遙監控點測試。 | 試　驗 | | | | | | |
| | 9.6 日光燈回路。 | 試　驗 | | | | | | |
| | 9.7 電熱器回路，溫濕計設定。 | 試　驗 | | | | | | |

| 核定 | | 校對 | | 檢驗 | |
|---|---|---|---|---|---|
| | | | | | |

# 配電盤 檢核表 2/2

工　號：＿＿＿＿＿＿　機　種：＿＿＿＿＿＿　製造者：＿＿＿＿＿＿

| 檢　驗　項　目 | | | 檢驗方式 | | | | | | |
|---|---|---|---|---|---|---|---|---|---|
| 10.儀表電驛機能測試 | 10.1 | 儀表指示正確。(電壓表、電流表…等) | 試　驗 | | | | | | |
| | 10.2 | 保護電驛機能需確實。(CO、LCO、UV、OV…等) | 試　驗 | | | | | | |
| | 10.3 | 電壓回路測試。 | 試　驗 | | | | | | |
| | 10.4 | 電流回路測試。 | 試　驗 | | | | | | |
| | 10.5 | 轉換器測量。 | 試　驗 | | | | | | |
| | 10.6 | ACB 之保護 RY 測試。 | 試　驗 | | | | | | |
| 11.機構 | 11.1 | 機構操作。 | 操　作 | | | | | | |
| | 11.2 | 連鎖操作。 | 操　作 | | | | | | |
| | 11.3 | 箱門開關。 | 操　作 | | | | | | |
| | 11.4 | POF 操作。 | 操　作 | | | | | | |
| | 11.5 | POF 及 CB 跳脫裝置。 | 操　作 | | | | | | |
| | 11.6 | 釋壓板操作。 | 試　驗 | | | | | | |
| 12.接地 | 12.1 | E BUS 容量。 | 量　測 | | | | | | |
| | 12.2 | 符號。 | 目　視 | | | | | | |
| | 12.3 | 接地線徑。 | 目　視 | | | | | | |
| | 12.4 | 接地線顏色。 | 目　視 | | | | | | |
| | 12.5 | 接地位置。 | 目　視 | | | | | | |
| | 12.6 | 低壓使用 2 $mm^2$ 以上，高壓使用 5.5 $mm^2$ 以上綠(白色導線. | 目　視 | | | | | | |
| | 12.7 | 接地採用共同點接地 | 目　視 | | | | | | |
| | 12.8 | PT、CT 二次側要接地。 | 目　視 | | | | | | |
| 13.螺絲 | 13.1 | 箱體。 | 扭力扳手 | | | | | | |
| | 13.2 | 器具。 | 扭力扳手 | | | | | | |
| | 13.3 | 銅排。 | 扭力扳手 | | | | | | |
| | 13.4 | 接地銅排。 | 扭力扳手 | | | | | | |
| | 13.5 | 控制。 | 扭力扳手 | | | | | | |
| | 13.6 | 底板。 | 扭力扳手 | | | | | | |
| | 13.7 | 螺絲規格。 | 量　測 | | | | | | |
| | 13.8 | 螺絲型式。 | 目　測 | | | | | | |
| | 13.9 | 螺絲長度。 | 量　測 | | | | | | |
| 14.絕緣電阻測試 | 14.1 | 低壓回路用 500V 高阻計 5MΩ 以上。 | 試　驗 | | | | | | |
| | 14.2 | 高壓回路用 1000V 高阻計 20MΩ 以上。 | 試　驗 | | | | | | |
| 15.耐電壓 | 依標準實施耐電壓 1 分鐘不得有異狀。 | | 試　驗 | | | | | | |
| 16.清潔補漆 | 16.1 | 器材內部清潔。 | 目　視 | | | | | | |
| | 16.2 | 箱內外應保持乾淨不得有塵埃、雜屑及油水污染。 | 目　視 | | | | | | |
| 17.附件 | 17.1 | 備品清點。 | 目視檢驗 | | | | | | |
| | 17.2 | 附件。 | 目視檢驗 | | | | | | |
| | 17.3 | 竣工圖。＿＿份 | －－－－ | | | | | | |
| | 17.4 | 試驗報告。＿＿份 | －－－－ | | | | | | |
| | 17.5 | 器材証件、報告、操作說明書。 | －－－－ | | | | | | |

| 核定 | | 校對 | | 檢驗 | |
|---|---|---|---|---|---|

×× 0/#90003 証件一覽表

＊收件後三日內確認無誤，請於一覽表原稿簽認，並寄回品管，謝謝您！

X X 配電盤試驗報告________份　竣工圖________份　　　　頁次：1/4

| 項目 | 品名 | 廠牌 | 規格 | 製造號碼 | 原廠試驗成績表 | 台電試驗成績表 | 台電核准文件 | 進口證明 | 維護操作說明書 | 保固書 | 型錄 | 備註 |
|---|---|---|---|---|---|---|---|---|---|---|---|---|
| 1 | DS | EFACEC | SF6 24KV 16KA<br>3P630A | | v | | | v | v | v | | |
| 2 | LA | 士林 | LV-G<br>9KV 級 | 051151<br>051150<br>051159<br>051134<br>051166<br>051161 | v | | | | | | | |
| 3 | VCB | AEG | VAA 406/24-2<br>16KA/24KV#/0 | SW13341981003<br>SW13342291014<br>SW11342291058<br>SW13342291019<br>SW13342291007<br>SW13342291001<br>SW13341981021<br>SW13342291030<br>SW13341981022<br>SW13341981042<br>SW13342291016<br>SW13341981037<br>SW13342291035 | v | | v | v | v | | | |
| 4 | 集合式電表電驛 | M/G | SEPAM2000 S02<br>AUX:DC110V<br>CW/50/51<br>51N.27.59<br>KW.KVAR.KWH.A.<br>VPF | 0112177<br>0112176 | v | | | v | v | v | v | |
| | | | SEPAM2000 SX2<br>AUX:DC110V<br>CW/50/51<br>51N.27.59<br>KW.KVAR.KWH.A.<br>VPF | 0117146<br>0117144<br>0117445<br>0117444<br>0117446<br>0117142<br>0117140<br>0117143<br>0117141<br>0117145 | v | | | v | v | v | v | |
| 5 | CT | KWK | IEGW24KV<br>10P20 40VA<br>600-300/5A | 01/10239691<br>01/10239625<br>01/10239693<br>01/10239694<br>01/10239624<br>01/10239695 | | v | | | | | | |

客戶：____________　簽收：____________　校核：____________　製表：____________

××0/#90003 證件一覽表

＊收件後三日內確認無誤，請於一覽表原稿簽認，並寄回品管，謝謝您！

XX配電盤試驗報告________份　　竣工圖________份　　頁次：2/4

| 項目 | 品名 | 廠牌 | 規格 | 製造號碼 | 原廠試驗成績表 | 台電試驗成績表 | 台電核准文件 | 進口証明 | 維護操作說明書 | 保固書 | 型錄 | 備註 |
|---|---|---|---|---|---|---|---|---|---|---|---|---|
| 6 | CT | KWK | 1GW 24KV<br>10P20 40VA<br>150-75/5A | 01/10239650<br>01/10239642<br>01/10239634<br>01/10239645<br>01/10239637<br>01/10239643<br>01/10239648<br>01/10239649<br>01/10239641<br>01/10239647<br>01/10239652<br>01/10239639<br>01/10239636<br>01/10239632<br>01/10239644<br>01/10239633<br>01/10239638<br>01/10239635<br>01/10239653<br>01/10239651<br>01/10239630<br>01/10239646<br>01/10239631 | | ν | | | | | | |
| 7 | CT | KWK | 1GW 24KV<br>10P20 40VA<br>80-40/5A | 01/10239656<br>01/10239658<br>01/10239659<br>01/10239654<br>01/10239655<br>01/10239657 | | ν | | | | | | |
| 8 | CPT | 大同 | 24/12-120V<br>3ψ3W 15KVA | 0140568Q<br>0140567Q | ν | | | | | | | |
| 9 | SC | K/G | 1ψ300KVAR<br>13.8KV | | | | | | | | | |
| 10 | SR | 亞力 | 3ψ36KVR<br>13.8/23.9KV | 900784<br>900785 | ν | | | | | | | |
| 11 | POF | SIBA | 1P24KV<br>2A | | | | ν | ν | | | ν | |

客戶：____________　簽收：____________　校核：____________　製表：____________

××0/#90003 證件一覽表

*收件後三日內確認無誤，請於一覽表原稿簽認，並寄回品管，謝謝您！

XX配電盤試驗報告＿＿＿＿份　　竣工圖＿＿＿＿份　　　　　　　　　　　　　頁次：3/4

| 項目 | 品名 | 廠牌 | 規格 | 製造號碼 | 原廠試驗成績表 | 台電試驗成績表 | 台電核准文件 | 進口証明 | 維護操作說明書 | 保固書 | 型錄 | 備註 |
|---|---|---|---|---|---|---|---|---|---|---|---|---|
| 12 | ATS<br>控制電源用 | GE | 3P 100A<br>10KA/120V | | | | | | v | | | |
| 13 | ACB | GEC | M-PACT<br>0.5KA/690V<br>4P 3000AT | 468510/010/10<br>468510/010/9<br>468510/010/13<br>468510/010/1<br>468510/010/2<br>468510/010/7<br>468510/010/15<br>468510/010/16<br>468510/010/5<br>468510/010/12<br>468510/010/11<br>468510/010/3<br>468510/010/6<br>468510/010/14<br>468510/010/8<br>468510/010/4 | v | | v | v | v | | | |
| | ACB | GEC | M-PACT<br>65KA/690V<br>4P 2500AT(固定式) | 468510/030/1<br>468510/030/2 | v | | v | v | v | | | |
| | | | M-PACT<br>65KA/690V<br>4P 2500AT | 468510/020/1<br>468510/020/2 | v | | v | v | v | | | |
| 14 | ATS | ZENIT<br>H | ZTS<br>4P 3000AT<br>CKT:AC220V | 1337024<br>1337025<br>1337023<br>1337026 | v | | | v | v | v | | |
| 15 | 集合式電表 | DAE | EPM-420 3ψ4W<br>380/220V 5A<br>AUX:AC110V | | | | | v | v | | | |
| 16 | 整套式電容器組 | K/G | 3ψ500V<br>50KVAR x6 380V<br>XL:13%XC | | | | | | | | | |
| 17 | TR | 大同 | 380V-208/120V<br>150KVA △-Y | 0140554Q | v | | | | | | | |

客戶：＿＿＿＿＿＿＿　簽收：＿＿＿＿＿＿＿　校核：＿＿＿＿＿＿＿　製表：＿＿＿＿＿＿＿

××0/#90003 證件一覽表

＊收件後三日內確認無誤，請於一覽表原稿簽認，並寄回品管，謝謝您！

XX配電盤試驗報告________份　竣工圖________份　頁次：4/4

| 項目 | 品名 | 廠牌 | 規格 | 製造號碼 | 原廠試驗成績表 | 台電試驗成績表 | 台電核准文件 | 進口証明 | 維護操作說明書 | 保固書 | 型錄 | 備註 |
|---|---|---|---|---|---|---|---|---|---|---|---|---|
| 18 | TR | 大同 | 380V-208/120V<br>100KVA △-Y | 0140556Q<br>0140555Q | v | | | | | | | |
| 19 | TR | 大同 | 22/11.4KV-380/220V<br>1500/1995KVA<br>Z=6.0% | | | | | | | | | |

客戶：________ 簽收：________ 校核：________ 製表：________

## 3-6 SMR (Switch Module Rectifier)

90 年這一次離開了××公司，第一次從事了網站機房的興建監造工作，雖然這一個站不是台灣的第一站，但是國際International Tycom 公司在台灣及世界各地已經建設好多的網站。

網站的設備包括二大部份，第一部份即是供給設備，電的方面有電燈、插座、動力(吊車、卸貨平台)。冷氣方面有定溫(定濕)空調機，主機可能是氣冷式或水冷式(水冷式放置地面一樓，氣冷式放置屋頂)。消防設備方面有消防泵浦，FM200 ，泡沫泵浦(為了地下油槽)，當然還有其他的滅火器、停電燈、火災警報總機等。

電的動力來源最主要為台電外線，如有二個來自不同變電站的高壓外線最好，第二步的考慮為發電機(至少有二台可供交替或備用)，第三步的考慮為直流電源，交流整流後儲存在蓄電池內，讓電信設備沒有停電的顧慮，萬無一失。

網站設備的第二大部份即為電信設備，此部份為頻率整定、分離、切換、轉接，包括電源(直流)供應器，全部為外國製整批進口，一根螺絲一支鐵架，他們擔心的是台灣製造的規格、尺寸精密度不夠，如螺紋中心孔偏離、彎曲角度不準等，其實他們進口的部份未必全是完美無缺的，常常在工地現場再予加工修正，如果這部份的另件能在台灣加工製造也未必是不好，台灣的網站事業正達高峰期，大大小小的案子仍會陸續出現在市場上。

電信設備的電源為直流，所以供應電源的設備就顯得很重要，包括電壓(-48V) 電流或容量(3500A)，其中最重要的部份即為整流設備，我們稱之為SMR (Switch Module Rectifier)，這也是今天這篇要談的。

首先大概描述SMR 之情形，整流設備(Rectifier)就是將交流整流為直流電壓(-48V)，整流設備有它的電流限制，電流愈大容量就愈大，電流愈大，愈不容易，直流系統為正極接地，每一個單元(Module) 最大為100A ，要達到3500A 之容量，就是將35 個100A 之Module 加以並聯而成，每一只Module 都是插入式(Switch Type)，隨時可以抽出或插入，方便於維修、更換、檢查，因為每一Module 有很多電子另件組裝而成，電子另件的壽命，品質都關係到整個Module 之可靠性，其中如果一只小另件故障，即要抽換加以修理，35 個Module 分成四個Column ，並列堆積而成(每一個Column 為9 個並聯)，35 個外再加一個監視器(大小如同Module)，9 個Module 並列後，電流為900A ，4 個Column 再並列到盤體上方的共同銅排上(旁邊)，再由共同銅排輸出或與其他電源並聯。

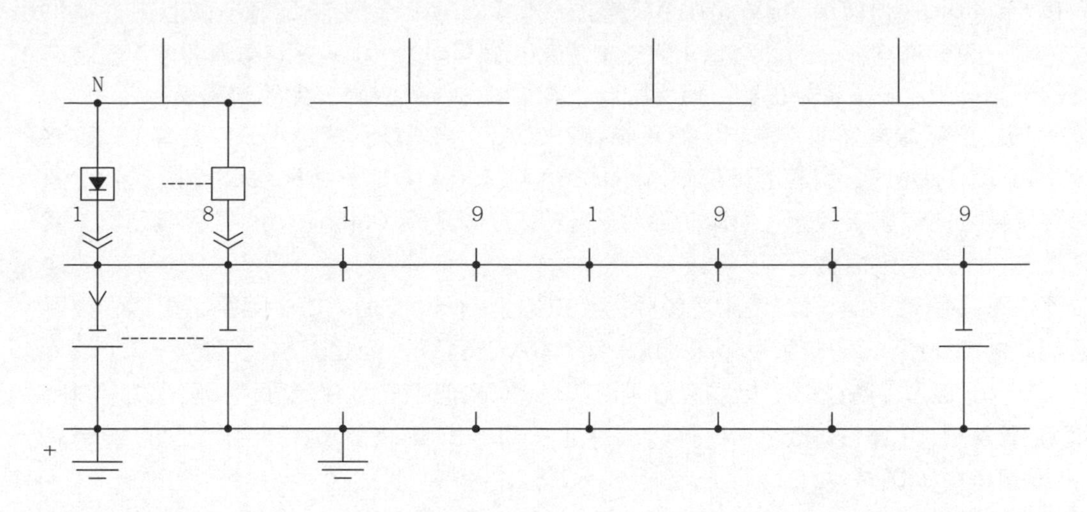
N
1
8
1
9
1
9
1
9
+

單線圖

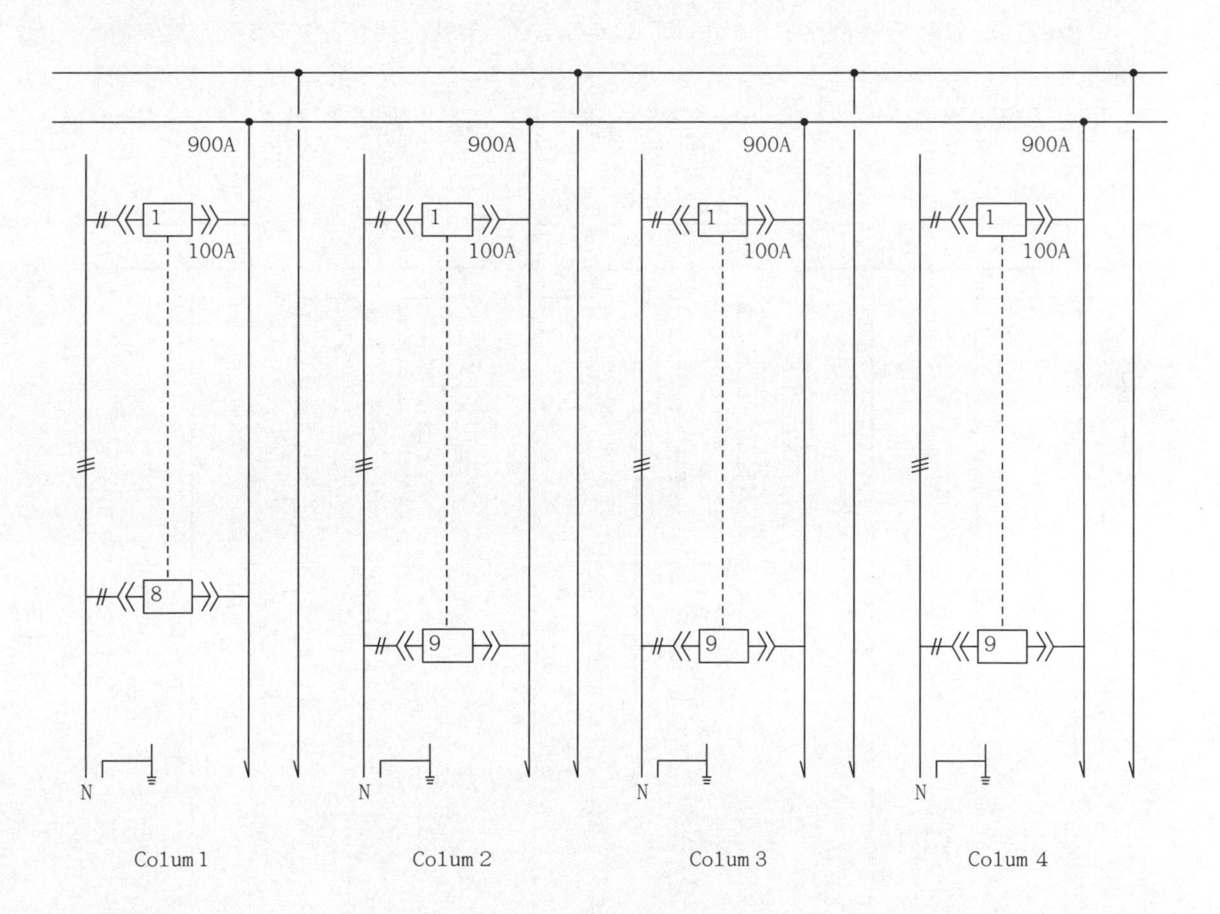
900A
900A
900A
900A
1
100A
1
100A
1
100A
1
100A
8
9
9
9
N
N
N
N
Colum 1
Colum 2
Colum 3
Colum 4

裝配圖

每一個Module為100A 48V，由AC整流成DC，所以有交流電源9個上下堆積的Module共用一個交流電源，因此共有4個交流電源(4個Column)，交流電源開關4個裝在整個盤體的左側，由4個電源線供給，避免因同一個電源線，如故障，全部都癱瘓。

SMR整流出的電源當然要有輸出，總電流為3500A，直流輸出開關則分別裝有16個(將改為12個) Knife Type Fuse(高遮斷保險絲)，630A或500A，每一個Fuse以直流送到電信設備上，直流線因為有集膚效應，所以使用海巴龍線(37/42股× 0.45m/m) 視長度及電流所引起的電壓降大小而決定根數。



按國際標準紅色為＋極，(以前用黑色)藍色為-負極，＋極接地，每一回路之正極或負極有可能各為2根或3根，每一個Module雖只有100A之容量，但是因為使用插入式，插入的兩端(一公一母)必須接觸良好，接觸良好與否與材質(銅排鍍鎳)及接觸面積接觸壓力(電阻)有關，而且不會壓力(彈性)疲乏，(材料問題)插入母的一端為100A，插入公的一端為900A，共同銅排為3500A。

直流輸出端盤體在整個盤體的右側，盤內設有12個(16個)Knife Type Fuse，只裝負極側，正極側直接接在共同銅排上，輸出端可加裝並聯分流器(Shunt)，量測電流值作監控用。

由於回路多(12個)，每回路有2條或3條(如為2條，則合計48條)，合計為48條或72條，負極的部份當然接在保險絲的負載側，24條或36條就已完全占去盤體上方的空間，因而盤體上方的Cable Rack已經佈滿了，因此另外的24條或36條(正極)必須挪開盤體的上方，而選擇隔壁盤體(Module盤)的上方來接線佈線，在共同銅排上，才不致彼此擁擠在一處。

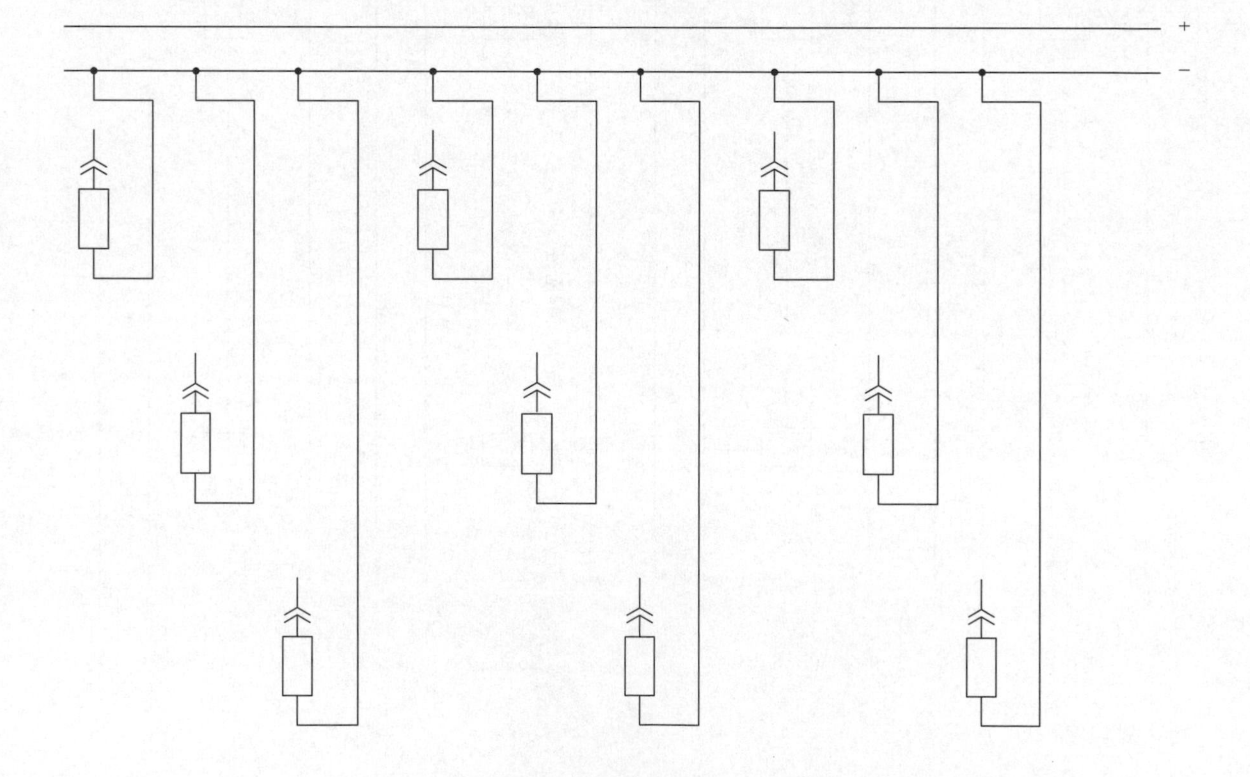

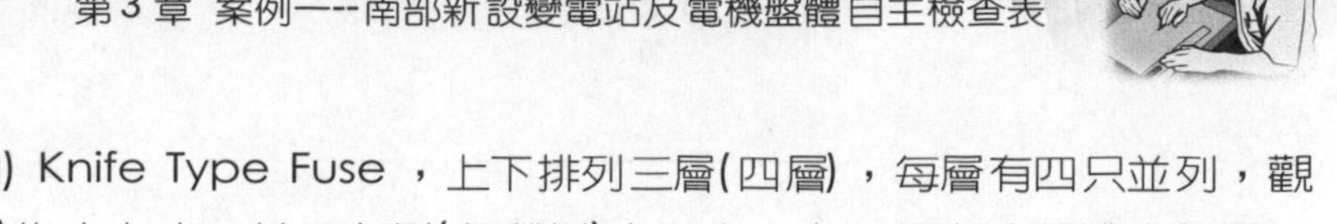

負載盤內之12個(16個) Knife Type Fuse ，上下排列三層(四層)，每層有四只並列，觀察其Fuse 之一次側(電源側)均在上方，其二次側(負載側)在下方，與一般交流盤體之開關一樣，不覺得奇怪。

四個交流電之Knife Type Fuse 裝在左側盤上方，分上下排列二層，每層有2只並列，觀察其Fuse 之一次側與二次側，發現上層的電源側在下方，下層的電源側在上方，也就是說上層的負載側在上方，下層的負載側在下方，上下層不一樣，而且與PDC(負載盤去BDFD)也不一樣，問題出在上層的電源側應在上方，Fuse 拉開以後，Fuse 不帶電才是正常。



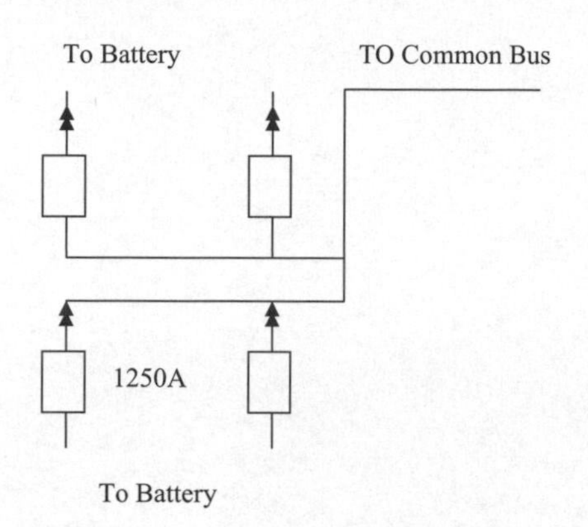


SMR 輸出的直流電流一方面輸送到負載盤(右側盤)一方面也要儲存在蓄電池內，蓄電池的體積因AH 及安培容量而龐大，所以將蓄電池另闢房間(電池室)安裝配設，也由分開的空調機系統予以冷卻。

所以在SMR 及電池之間另以海巴龍線連接，為了防止電池端的海巴龍線出狀況，所以在SMR 的左側盤(交流開關盤)上半部裝有4個回路之Knife Type Fuse ，每只Fuse 為1250A ，使用3個回路共計3750A ，第四個為備用，實際電源容量只有900A 而已。

到電池室的海巴龍線分3個回路，也因為長度及電流，每回路使用3條或4條，則合計為18條或24條，負極的部份當然接在保險絲的負載側，9條或12條就已佔去盤體上方一半的空間(另一半空間留給交流電源線使用)，因此另外的9條或12條(四回路時為12條或16條)必須挪開這個盤體的上方而選擇隔壁的盤體(Module 盤)的上方來接線，佈線在共同銅排上才不致彼此擁擠在一起。

電池室內有3個回路，亦即3個Group ，每一個回路或Group 為1250A ，由24個2V 的Cell 串聯而成48V ，又由3個Cell 並聯而成，因每個Cell 為300A ，3 × 300A=900A 48V ，電池組應該有4個回路3600A ，其單線圖(先串，再並，再串)

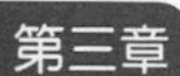


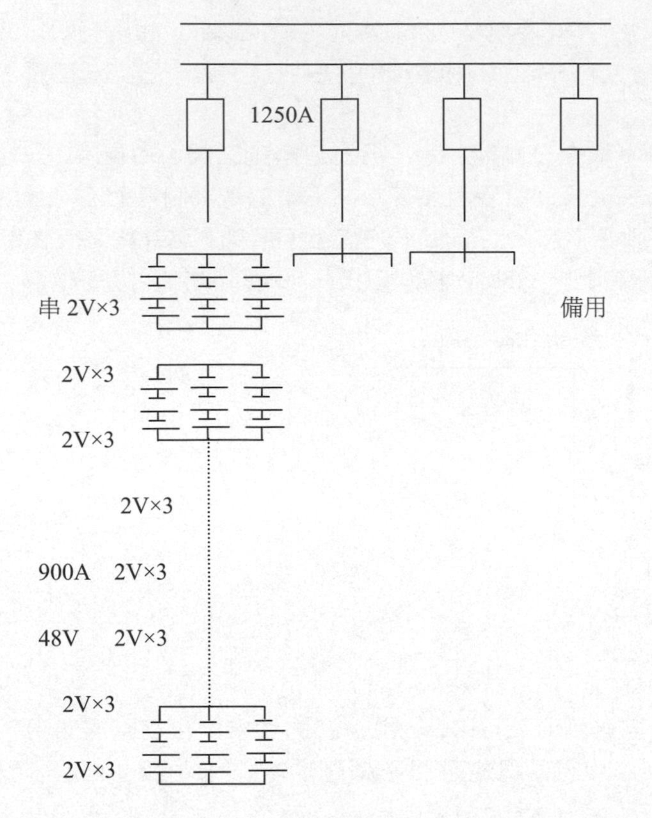


2V×3+2V×3+2V×3+2V×3+2V×3+2V×3+2V×3+2V×3=48V (6V×8)

單線圖-直流電池盤

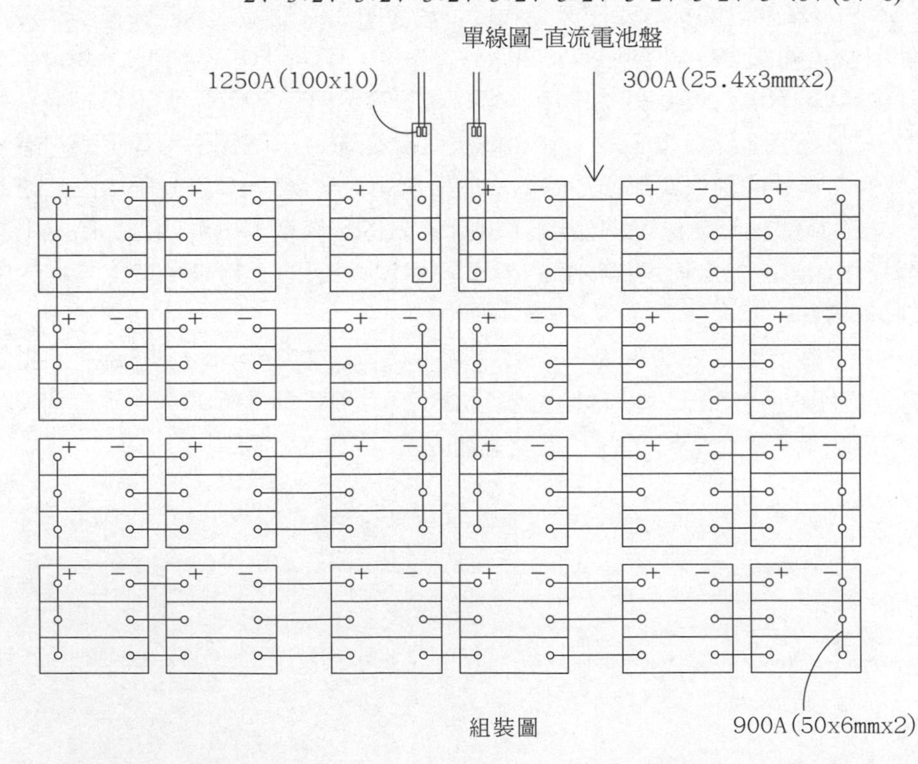


組裝圖

在串聯的回路中，使用的鉛排(鍍鋅)為1.00 × 0.12”(25.4mm × 3mm)，可耐用的電流容量為300A，在銅排的載流量表中查出應為60 × 10mm，如此該用2支並聯，在並聯的回路中，使用的鉛排(鍍鋅)為2.00 ×0.25”(50mm × 6mm)，可耐用的電流容量為900A，由表中查出應為100x10，如此亦該用2支並聯，在原裝之資料中②③與④均寫明2 per conn，總電流容量為1250A該用100mm × 6mm 銅排。

銅牌鍍鋅有不易生鏽的好處。

在SMR的盤體中，SMR共有4個Rack(架)左邊為交流進線及蓄電池進線盤，右邊為直流負載盤，在3500A的規格中，左邊及右邊之直流Bus正極及負極(正極在盤頂，負極則延伸到Fuse)，均各有100 × 10 − 2支並聯，但中間部份則只有1支，在銅排的載流量表中，直流100 × 10 − 2支只有2825A，100 × 10 − 3支才有3950A，所以嚴格來說，2支應該不夠，如果交流停電時，所有電流均從蓄電池流到負載盤，兩端的銅排只有2支也不夠。

銅排不管2支或3支並聯，銅排分歧接出或接入所用之銅螺絲，除了直徑要夠粗以外，其長度更應該適當，鎖上套錢、螺帽後，應還有2牙螺紋凸出，其餘均為太長或太短，另外6個盤的盤與盤相併接，上面前後、中間、下面前後共有30個螺絲也是太長。在銅排與銅排併接，或分歧接出、接入，必須用銅螺絲連接，但是螺帽(Screw Head)部份居然將色帶(色套)一齊鎖上去實在太過份，銅排與銅排(分歧處)相接處也不能將色帶鎖在裡面。

不管色帶多薄、多窄，它皆是絕緣，會增加通電的困難，尤其大電流，不但會發熱發燙，還會引起當機。

盤頂之銅排，有銅排固定支撐架，架內放置2支(或3支)並聯連接，每支架上兩側有螺絲孔，可以鎖上銅螺絲固定，固定架之底架為絕緣體，正極銅板上開有固定距離，上下兩個螺絲孔，可以用來鎖上接線端子(壓接端子)，因為正極銅板為接地極，沒有進入左側的蓄電池盤，也沒有進入右側的負載盤，所以銅排只在SMR 4個Rack的上方，供接出到蓄電池及負載即可。

另外為了偵測每個回路(蓄電池為4個回路，其中一個備用)，正電流自整流器進蓄電池(＋)，再由蓄電池(－)流出經過Fuse再到負極的銅排上(充電電流)，所以分流器應該裝在Fuse的負載側，而且電流向右，如下圖A。

至於在負載盤內之回路偵測，12個Fuse分成上下4個回路，每個回路管3個Fuse，每個回路裝一個分流器，正電流從整流器流進負載(Load)，也是從蓄電池的正極流進負載，再從負載流出經過Fuse再到負的銅排上(負載電流)，所以分流器應該就在Fuse的負載側，而且電流向左，如下圖B。

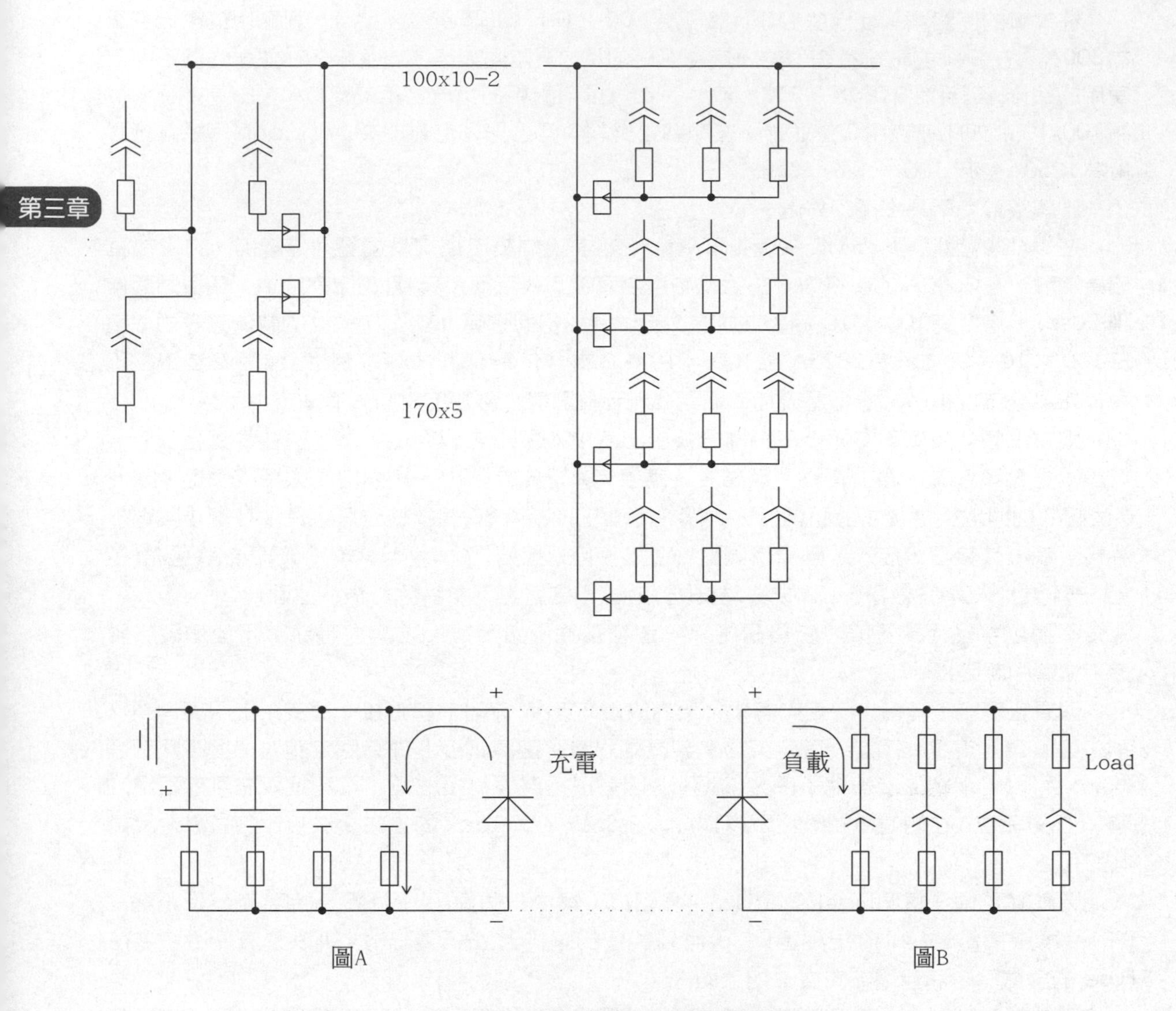


## 3-7 交換式直流供電設備

### 壹、一般規定

1.01 概述

交換式直流供電設備( Switching Mode Rectifier Power Supply, SMRPS) 組成之集中式直流供電系統，其單機採用48V/100A 充電器)，提供穩定可靠直流電源，供應電信機房通信設備使用。

1.02 系統設計

本設備 48V 之直流供電系統，配合使用集中式直流供電系統，將交換式充電器(SMR) 集中放置於機架內，每個機架最多可以放置9 個交換式充電器(SMR) ，系統最大容量

不超過3500A為原則。100A × 4=400A × 9=3600A。

1.03 適用標準

本系統設計依CNS、IEEE、NEMA、ANSI、IEC等標準設計。

## 貳、產品

2.01 系統構成

本設備組成之直流供電系統，主要構成部份如下：

A. 交換式充電器(Switching Mode Rectifier; SMR)。

B. 系統控制及監視單元(Control and Supervisor Unit; CSU)。

C. 交流輸入主無熔線斷路器(AC input Main no Fuse Breaker; MNFB)。

D. 低電壓隔離開關(Low Voltage Disconnect Switch; LVDS)。

E. 第一分電盤(Power Distribution Center; PDC)。

F. 第二分電盤(Power Distribution Unit; PDU)。

G. 閥調式蓄電池組(Valve Regulated Lead Acid Battery; VRLA)。

H. 蓄電池開關(Battery Switch; BS)。

I. 監控介面(Monitor and Control Interface; MCI)。

2.02 充電機之組合視系統容量選用：

A. 本系統充電器單元容量為-48V/100A。+極接地。系統容量除供應通訊設備外，並包含在正常情況下能對蓄電池組(48V為24只)2V 24之浮充及於市電中斷蓄電池組完全放電後電源恢復對其回充之容量。

B. 充電器數量則依下列公式N+1+INT(N/6)計算為準。$=29+1+\frac{29}{6}=35$。

式中：N部之容量和為系統標稱容量，亦即為負載加蓄電池組回充容量。1為備用：INT(N/6)亦為備用，取整數(Integer)。無論系統如何組合，單機數不得超過35部。N=29。

2.03 構造及外觀

A. 構成本設備之各部分應裝置櫃體內(蓄電池組得另獨立安裝)，櫃體數及櫃體之深度、高度、寬度及塗裝色澤應於製造前提送資料於業主及設計單位審核，經認可後始可製造。如蓄電池另觸立安裝時，則其尺寸另計。如無特別規定時，其櫃體尺寸為D、H ≦ 2100mm、W ≦ 620mm；蓄電池組裝於櫃體內時，需有適當之通風。

B. 本系統各櫃體應配合通信機房採用一般機房地板裝置配線，輸出匯流排裝設於櫃體內頂部，由頂部引接，各櫃體間配線完整(含蓄電池組至系統之配線)，並易於引接電源線，系統輸出匯流排應預留足夠夠線空間。

C. PC板均應具防誤插裝置，如採插入式應具導軌。

D. 櫃體及附屬金屬配件之設計加工及塗裝均應精密，除尺寸應有合理之精準外，無毛邊及銳角或焊接之疤痕，表面應平整光滑美觀，塗裝加工應依最新技術並經最確實之加工程序實施；使用螺絲固定部份均應攻牙或內焊螺帽。

E. 所有材料及配件均應為全新品，不得使用舊料拼裝，維修時易於更換。

F. 每1個SMR 機架皆須具備一只系統容量之交流輸入主無熔線斷路器(MNFB)，交流輸入主無焊線斷路器可配置於機房配電盤內或單獨的交流配電盤內，各充電機內配置有個別之交流輸入主無熔線斷路且輸入電源電纜端採用隱藏式接頭。

G. 充電機除應有交流輸入斷路外，並應有直流輸出斷路裝置。



H. 系統及充電機需符合ANSI/IEEE C62 ．41 雷擊以及突波等之保護功能，並於輸入電源中斷、過低或不平衡時具備適當之自我保護機能並送出警報。

I. 為配合通信機房單點接地要求，系統櫃體應可與機房樓板隔離裝設，並須提供絕緣材料。

J. 充電機之構造設計應注意使用安全，採用前方抽取式設計，其重量、把手、接線等，於抽換作業時應不得影響系統之穩定；並具防止掉落機構。

K. 系統之配置應符合安全美觀要求；整流濾波用電容器應有安全耐壓及通風；所有裝設使用材料應具不易燃燒之性質(Flame Retardant)。Noflamable 。

L. 系統之設計不得使人員安全有遭受危險之虞。電壓在150 伏特(直流交流)或50伏特(交流均方根值)以上部份，應有適當隔離及防護，且在明顯處應有警告標示，以避免碰觸。

2.04 應用與機能

本系統使用之交換式充電機採用電腦程式型

A. 運作顯示：

A1. 正常(綠色)、故障(紅色)應以高亮度LED 顯示。

A2. 下列情況可於視窗內顯示：

浮充：表示充電機供應正常。

均充：表示充電機正進行均衡充電。

限流：表示充電機正處於限流狀態。

過電壓停機：各充電機輸出電壓出現過高現象時，該充電機自動停機並閉鎖(Lock Out)不影響系統穩定。

過高溫或通風扇故障。

熔絲熔斷或開關跳脫。

B. 設定及選擇：

B1. 設定部份：浮充電壓、均充電壓、過電壓、限電流。

B2. 選擇部份：浮充/均充

2.05 系統控制及監視單元(CSU)為電腦程式型，中文顯示：具有下列顯示及功能：

A. 顯示警告內容。

B. 顯示系統之浮充或均充電壓值。

C. 顯示且可調整低電壓設定值，到達低電壓設定值時應發出警報。

D. 當蓄電池組放電電壓值至低電壓設定值時，低電壓隔離開關動作，將蓄電池組自系統切離，並發出警報。

E. 當蓄電池溫度高於正常工作溫度值時，即依蓄電池特性調降系統充電電壓並顯示狀態。蓄電池溫度感應器(Temperature Sensor)或電熱調節器(Thermistor)應採用具線性轉換式特性者並緊密接觸蓄電池。

F. 充電限流：為防蓄電池過電流充電，應具備充電限流功能(該設定值可調整)。

G. 系統輸出至負載之總電流值。

H. 各蓄電池組充、放電電流值。

I. 當蓄電池組放電後，於市電交流電源恢復時，即自動對其實施均充。

J. 保險絲熔斷(分電盤或蓄電池開關等裝用者)。

K. 交流輸入主斷路器跳脫。

L. 低壓隔離開關(LVDS)跳脫之顯示。

M. 充電機(群)故障：Major或Minor不同等級故障明確顯示。次要警告(Minor Alarm)：一部故障。主要警告(Major Alarm)：二部以上故障。

N. 系統CSU故障時，不得影響各充電機之正常供電。

O. 警告音響應可人工按鈕暫停(“靜音” Push Button)，但經30分鐘仍未排除故障時應再發出音響警告。

2.06 交流輸入主無熔線斷路器(AC input Main No Fuse Breaker ；MNFB)

為直流供電系統之主要交流電源輸入開關，配合系統容量適當選定；並具備高溫跳脫功能，於達到設定之高溫值時跳脫(由環境溫度感知器控制)。本開關應裝於系統櫃體上層，採垂直配置，由上方進線，下方出線，輸入、輸出端應分別有“電源側”與“負載側”的標示。

2.07 低電壓隔離開關(Low Voltage Disconnect Switch ；LVDS)

A. 為防止蓄電池組過放電並確保機房安全，於蓄電池組輸出端裝一「低電壓隔離開關(Low Voltage Disconnect Switch ；LVDS)」，以便於市電停電過久蓄電池放電至設定低限時，將蓄電池組自系統切離。

B. 為維護方便，再裝設一緊急旁路開關(Maintenance Bypass Switch ；MBS)與其並聯；旁路開關容量與低電壓隔離開關容量相同，此旁路開關於開路(OFF)位置時，把手與刀片部份與兩端接觸子脫離不帶電，且僅能以手動操作。

C. 此低電壓隔離開關可作「自動」或「手動」切離(OFF)選擇，但僅作「手動」之復電(ON)操作，並應具備高溫跳脫功能(由環境溫度感知器控制)。

2.08 環境溫度感知器(Thermostat)。

當室內環境溫度上升至50 °C時，採用固定(開關)式自動復歸型溫度感知器，令交流輸入主斷路器及LVDS同時跳脫。為確保其動作可靠，亦應具備至少兩組溫度感知器並附10公尺以上之延長線，以「或閘」(OR Gate)方式並聯連接，又其中之每組溫度感知器係採兩只熱動接點以「及閘」(AND Gate)串聯之動作方式控制。

2.09 分電盤

A. 第一分電盤(Power Distribution Center ；PDC)

直流分電盤具有二大分路(Two Branch)；其每個分路最大可提供8個630A保

險絲，總計可提供16個630A保險絲以供充電機(SMR)與第二分電盤間之保護，並提供未來擴充第二分電盤間時之施工保護。配置之熔絲為正面不帶電(Dead Front)型，其輸入、輸出端應分別有“電源側”與“負載側”的標示。

B. 第二分電盤(Power Distribution Unit ; PDU)

直流分電盤具有二大分路(Two Branch)；其每個分路最大可提供：



1. 14個160A保險絲，及24個容量為10~100A的直流斷路器，總計可提供28個160A保險絲及48個容量為10~100A直流斷路器以供負載使用。
2. 60個容量為10~100A的直流斷路器，總計可提供120個容量10~100A之直流斷路器以供負載使用。
3. 46個容量為10~100A的直流斷路器(Plug-in)，總計可提供92個容量為10~100A之直流斷路器(Plug-in)以供負載使用。

本第二分電盤可依負載需要以數個分電盤並聯，其配置之熔絲為正面不帶電(Dead Front)型，其輸入、輸出端應分別有“電源側”與“負載側”的標示。

2.10 蓄電池開關(Battery Switch ; BS)

每組蓄電池可各配置閘式保險絲，並為正面不帶電(Dead Front)型；以利檢視及於必要時切離。

2.11 本系統回路中所有裝設之各型開關，於額定容量內在長期使用下，不得有異常發熱之情形，如故障跳脫，應即警告。

2.12 監控介面(Monitor and Control Interface ; MCI)。

本設備應具RS-232C及RS-485介面(含連接器)傳送下列信號(共兩個輸出埠)：

系統輸出電壓值

系統輸出電流值

次要警告：附加繼電器乾接點(Relay dry contact)及接線端子

主要警告：附加繼電器乾接點(Relay dry contact)及接線端子

2.13 系統配線壓降：

A. 充電機輸出至系統輸出間：≦0.4V。

B. 蓄電池組輸出至系統輸出間：≦0.5V。

2.14 電氣特性

A. 系統容量：48V/3500A。

B. 系統及充電機均應裝有顯示電壓、電流，誤差限度：± 0.5%(額定值) ± 1 digit。

C. 充電機

C1. 工作頻率：≧ 40 kHz(於高頻功率變壓器二次線圈側量測)。

C2. 容量：標稱電壓在-48V時各機種輸出容量不得小於數值100A ≧ 5000W。

C3. 效率：當電池滿充狀態，於額定容量之60~100%輸出時，其效率應在…90%以上。

D. 交流輸入

D1. 頻率：60 ± 3 Hz 。

D2. 電壓：額定電壓 ± 15% 。

D3. 三相充電機應有220/380V 輸入電壓選擇之裝置，以配合機房不同配電電壓。3 ψ 4W 要中性線？

D4. 真正(True)功率因數(輸入電壓220V 負載60% 以上；380V 負載80% 以上時)：≧ 0.9 。

E. 直流輸出

1). 電壓

標稱電壓：-48V 。

浮充電壓：標稱電壓為-48V 時為-48~-56VDC(可調)，出廠設於-54V 。

均充電壓：均充電壓值可配合現場應用特性之需，依蓄電池製造廠建議之均充電壓值設定；一般設定值如下：標稱電壓為-48V 時為-50~-60VDC(可調)，出廠設於-54V 。

2). 電流

單一充電機輸出容量為 100A 。

F. 電壓調整率(Voltage Regulation)

負載於0~100% 間變化時，其電壓調整率≦ 2% 。計算公式如下：

$$\text{電壓調整率}\ \% = \frac{Vn-Vf}{(Vn+Vf)/2} \times 100\%$$

※ Vn ：無載時之輸出電壓

Vf ：滿載時之輸出電壓

G. 電流抑制(Current Limit)

充電機均應具備電流抑制之自保功能，其調整範圍以其標稱容量(以電流值計算)為：50~110% 。

H. 衝擊電流(Inrush Current)

抑制使其不得超過輸入額定電流值。

I. 緩啓動(Walk In)

自輸入電流開始上升點起算，至輸入電流升至額定值之時間，不得少於3 秒(不包含上升前之延遲時間)。

J. 雜音電壓

1. 音頻雜音：

≦ 24 dBrnC (於未接電池組測量時，則應≦ 40 Dbrn C)。

2. 寬頻雜音：

於10 KHz~100MHz 時，≦ 10 mVrms 。

3. 電磁干擾(Electromagnetic Interference ；EMI)：

電源傳導(Conducted Powerline)及電磁波輻射(Radiated Emission)干擾，應符合VDE 0871 Class A 有關傳導(Conducted)及輻射(Radiated)雜音之規定。

K. 可聞雜音

以噪音表離地1.5公尺距離本設備機身周圍1公尺測量時(取最大值)；測定場所之背景音量(Lz)與欲測定音源之音量(L1)最好相差10dB(A)以上。如不得已相差在10dB(A)以下，則依下列修正之：

1. 充電機：≦60 dB(A Weighting)。
2. 系統：1000A以下≦65 dB 。

L. 暫時反應(Dynamic Transient Response)

其負載自10%變化至90%或自90%變化至10%時，輸出電壓變化≦5%，並於4ms內回復至≦±1%。

M. 靜態反應(電壓穩定度)

輸出電流於0~100%之間及輸入電壓於額定值 ±15%間任一值時，輸出電壓之變化≦±2%。

電壓穩定度 % = $\frac{Vu-Vd}{Vn} \times 100\%$

※Vu：AC標稱輸入電壓＋15%之DC輸出電壓

Vd：AC標稱輸入電壓－15%之DC輸出電壓

Vn：AC標稱輸入電壓時之DC輸出電壓

N. 分荷功能

充電機並聯運作時，須以相同百分比分擔負載電流，其應該分擔之電流(I1)與實際分擔之電流(I2)之差額應維持在充電機額定電流(I)之±5%內，亦即：

$\frac{I1-I2}{I} \times 100\% \leqq \pm 5\%$

※I1：負載電流值 ÷ 充電機開機部數

I2：任一充電機電流值

I：充電機額定電流值

2.15 工作環境

A. 各零(組)件必須經過防霉、防濕處理，適合熱帶地區使用。

B. 環境溫度：0~40 ℃。

C. 相對濕度：高至90%(不凝結)，RH 。

2.16 冷卻方式

採用強迫風冷卻方式，進氣口加裝容易更換或清理之過濾網，以防灰塵；冷卻風扇可以現場

更換，故障時應有明顯之可視可聞警報。

## 參、執行

3.01 提送文件

A. 測試報告圖說及中文說明書(每套各三份)。

B. 裝機手冊：內容包括尺寸圖、接線圖等裝機必備資料。

C. 設備圖說：如線路圖、內部配線圖、控制電路板電路圖、佈線對照表、零件規

格表及通信協定完整資料等。

D. 中文運作及維護說明書：內容包括操作程序、維護方法、特性資料表、障礙對照表、電路功能及安裝使用說明書。

3.02 備用料

廠家應提供附件、零件、備品、工具及說明書，每套附同型之保險絲100%、同型之風扇一只，並詳列規格清單，另需詳列運作備用料清單，詳列品名、編號、單位、數量及單價等資料，以備業主選購。



3.03 交貨、包裝及搬運

A 包裝應確實牢固，以防運搬途中或貯存時損壞、受潮、變質等之不影響。

B 各該設備(印製牢固之名牌)應詳加標示電壓、電流、頻率、相數、型式等及其他重要性能資料。

C 每一充電機外殼上須標示廠牌、型號、出廠序號、採購案號及製造日期，系統外殼上註明廠名、廠址及連絡電話等(印製牢固之名牌)。

3.04 保證

在完成整套系統安裝之後，須保證在正式驗收後送電最少一年之內免於任何故障，於保證期間內如有任何故障須免費作更換，所使用之材料之設備均須為全新品，且是經業主認可之合格製品。

3.05 機殼顏色 5Y7/1

3.06 配線顏色，+ 正極紅，- 負極藍。

## 3-8 閥調式鉛酸蓄電池 Lead Acid

### 壹、 一般規定

1.01 適用範圍

本規範適用於密閉型之閥調式鉛酸蓄電池(以下簡稱VRLA 蓄電池)，VRLA 蓄電池具有不洩漏電解液、免補充蒸餾水或電解液及不需定期均充等特性，於市電中斷時提供直流(DC)備用電源予通信設備。

1.02 VRLA 蓄電池依照為通信設備之備用電源，可配合分散式供電系統與通信設備安裝在同一場所，使用壽年(Service Life)至少 12 年(於25 ℃環境年平均溫度時)。

1.03 須以製造完成六個月內之新品蓄電池交貨，並須滿充電力。

1.04 除非另有指定，蓄電池以水平或垂直安裝均接受。

1.05 技術文件及資料

承包商必須附上由製造廠商所提供與技術規格相關之技術文件及資料，以供業主及設計單位審核，外國產品至少應備英文版本(Original Copies in English)兩份，且所附原版技術文件及資料必須包括下列項目：

A. 蓄電池外型圖、內部結構解剖圖或照片及實際尺寸、重量。

B. 安裝、使用及維護手冊(含有關各項螺絲或螺帽規定力矩值等)。

C. 所投標之蓄電池標準型錄表。

D. 蓄電池之詳細特性曲線(或資料)及容量表(含溫度與容量變化曲線)。

E. 蓄電池公稱容量(Nominal Capacity)以25 ℃，8 小時放電率，終止電壓 1.75V/Cell 為準，以其他條件定義者應提出換算公式以供審核。

F. 單一蓄電池之浮充電壓(Floating Charge Voltage)，均充電壓(Equalize/Boost Charge Voltage)及25 ℃時之比重(Specific 備 Gravity)值。



G. 全新蓄電池組於滿充電情況下Ma/AH 浮充電流值。

H. 蓄電池蓋板、電池槽、極板及極柱之材料。

I. 正極板型式。

J. 安全閥開啓與復閉壓力值。

K. 蓄電池組之安裝排列方式及承重。

L. 電池架之材料、結構、型式及防震標準。

## 貳、 產品

2.01 系統構成

配合交換式直流供電設備(Switching Mode Rectifier Power Supply ；SMRPS)供通信設備使用，如無另外指定，蓄電池組應裝於電池架上。蓄電池組所有組件應有足夠電流承載容量及強度，以確保於以1 小時定電流持續放電(Constant Current Discharge)之電流通過時，蓄電池本體最高溫不得超過 45 ℃。

2.02 容量

蓄電池容量[儲備時間(Reserve Time)和放電電流]規定如下：

蓄電池容量 =A × H

A ：放電電流(安培) ≧ 1250A

B ：儲備時間(小時) ≧ 4HR

周圍溫度 ：25 ℃

終止電壓 ：1.08V/Cell

2.03 蓄電池具備下列主要組件與連接組件：

A. 正、負極板(Plate)

B. 多孔性隔離板(Microporous Separator)

C. 不易流動性電解液(Immobilized Electrolyte)

D. 蓋板和電池槽(Cover and Container)

E. 極柱(Post)

F. 安全閥(Safety Valve)

G. 蓄電池連接線(板)和端子板(Inter-cell Connector and Terminal Plate)

H. 電池架(Rack)

2.04 極板

除非另有指定，正極板可為套管式(Tubular Type)或塗膏式(Paste Type)。無變形

或明顯的正極板成長效應，極板之骨架以合金材料或活性材料製成，不釋放任何有害物質沉積在負極板的表面。

2.05 多孔性隔離板

多孔性隔離板須為抗酸、低內部電阻及不產生有害有機物，於電池使用壽命中，維持正常特性；隔離板面積須延伸超過極板之邊緣且要永久牢固地支撐著。

2.06 不易流動性電解液

電解液可為凝膠式(Gelled Type)或吸收式(Absorbed Type)，具不易流動性，由多孔性隔離板、玻璃棉或凝膠吸收，且在使用期間不需補充水份，於25 ℃時其比重不得超過1 ：300 ，並須能防止電解液乾涸或產生階層化(Stratification)現象。

2.07 蓋板與電池槽

蓋板與電池槽製作之材質須具抗酸、抗油、防震和耐燃之特性；氧氣指數(Level of Oxygen Index ；L.O.I.)至少為28 ；電池槽必須穩固支持電池和連接板之重量，且須有足夠空間來容納整備組件；蓋板和電池槽間須有永久性之緊密密封，不能有任何氣體及電解液由密封處逸散或緩漏出來；電池槽必須確保能承受因電池內部完成化學反應所產生之壓力。

2.08 極柱

正、負極柱須為純銅鍍鉛或合金銅鍍鉛之材質製成，具高導電率及防腐蝕特性。極柱承載電流量應能確保高於最大放電率(The Most Severe High Discharge Rate)下之安全電流的載流量時(即1 小時定電流持續放電)，也能保持最小之電壓降；極板要確實熔接於極柱，極柱和接合物應具抗酸和抗蝕。正、負極柱由多極柱(Multi-post)組成時，各極柱實際電流與應分攤之電流差異不得大於總電流之 10% 。其計算方法如下：

$$\left|\frac{\text{實際電流}-\text{應分攤電流}}{\text{總電流}}\right| \leq 10\%$$

2.09 安全閥

安全閥須為防酸溢、防爆和具釋放壓力之閥塞。當內容壓力增加至設定極限值時，閥塞立即動作，釋放出過量的氣體；但當內部壓力降低至設計壓力範圍時，閥塞將再密封以防止氣體之逸散；蓄電池使用壽年期間安全閥應具有高度可靠性以確保其安全。

2.10 蓄電池連接線(板)和端子板

所有的連接線(板)和端子板須用電纜(Cable)或鍍鉛板製作，其容量及強度能承載足夠的額定安全放電電流量及短時間大充電電流量，長度必須足夠；連接線(板)和端子板本身不得有任何中間續頭；所有連接用之螺絲、墊圈和螺帽均為不銹鋼製。正、負極為雙極柱以上電池組、其連接板與輸出端子板之連接各須以二組以上螺絲固定。

使用連接線者，每只蓄電池須預留端子及5 公分長之1.25 耐熱絕緣導線一條，每一蓄電池組須具有n+1 條耐熱絕緣導線(n 為蓄電池只數)，以配合蓄電池監測之需。

2.11 蓄電池架及蓄電池安裝

A. 蓄電池架顏色為灰色或由業主指定之顏色，其結構須能符合震度階VI(烈震)250G 以上(單位G ：Gal=cm/ )之本國震度標準，相當於Seismic UBC(Uniform Building Code) Zone 4 。



B. 當數只蓄電池裝置於鋼製外框時，其設計應允許不須分解電池架即可搬移個別之蓄電池。

C. 當蓄電池採用水平安裝時，極柱前方須裝設透明安全防護裝置以維護人員安全(安全防護裝置如須工具始可卸下時，則於對應每只電池之極柱位置應鑽孔，以利量測端電壓)；當蓄電池採用垂直安裝時，蓄電池連接線(板)、帶電體須絕緣或提供防灰塵蓋板。

D. 整組蓄電池輸出、入端之電源接續裸露部份應裝設透明安全防護裝置，該部份因地制宜可當地製作。

E. 電池架組合用之各種螺絲組件皆使用不鏽鋼材質。

F. 電池架及蓄電池組之安裝排列方式，承商應根據樓板載重量(3000Kg/ )及裝設空間提送配置及安示意圖經設計單位同意後辦理。

2.12 附屬品(Accessories)

每組蓄電池之附屬品如下：

A. 可調整式力矩板手及附件(In-lb 數應配合蓄電池需求)。

B. 蓄電池號碼牌、電池組銘牌(標示型式、容量、數量、各項充電電流值等)、安全警告標示。

C. 其他為安裝必要之工具及物件。

D. 使用、安全及維護手冊應提供中文譯本。

E. 蓄電池組件材料清單。

以上項目均含於本工程費用內，承商應於投標時提出廠牌型式及價格清單。

## 參、 執行

3.01 蓄電池供應商或代理商應為加入行政院環境保護署資源回收管理基金管理委員會登記合格持有證明之業者。

3.02 蓄電池之製造廠商須經ISO 9001 認證通過並持有文件者，該文件須為國內經濟部商品檢驗局或國內外政府機關機構登錄有案之第三者驗證機購所認證者(文件有效期限以採購簽約日為準)。

3.03 蓄電池製造廠商應開具之壽年證明書內之蓄電池具有保固之義務，如未達證明之壽年即損壞時，製造廠商應負責改善或更換同型新品。為確認真實性，該壽年證明書須經當地法院公證(Notarized)並就近經我國駐外單位證明確認由原蓄電池製造廠商所開具。

本節完

## 3-9 電池計算書

廠牌：MG

UPS ：150KVA

功因：0.8

系統電壓：340~500VDC

INV 效率：93.0%

終止電壓：1.7V/Cell

放電時間：30Min

電池 Cell 數：340V ÷ 1.7V = 200 Cells

UPS 最大放電電流 = 150KVA ÷ 0.8 ÷ 93.0% ÷ 340 = 380V

MSB 電池資料得知電池 MS2-200 UHra

放電電流時，電池終止電壓 1.7V/Cell 時

30 分鐘放電電池為 225A × 2 = 450A > 380A

故選 MS2-200 UHra × 200 Cells ，並聯兩組符合需求

## 3-10 發電機×××安裝發電機缺失備註：

1. 操作
2. 簽證
3. 百葉進排風口
4. 承
5. 盤體製作
6. 保溫
7. 銅排兩片(頭尾各2)
8. 螺絲太長(銅排連接及併盤)
9. 螺帽處未剔除色帶
10. 銅排架兩邊加固定螺絲

## 3-11 中性線(N)漏電缺失原因

1. E 與 N 對調
2. N 線沒有墊片
3. N 線破皮
4. 相與 E 線取電壓
5. 220/380V 之 N 與 120/208V 之 N 不可能接在一起
6. 120/208V 之 N 與 E 接在一起
7. 設定是否到定位

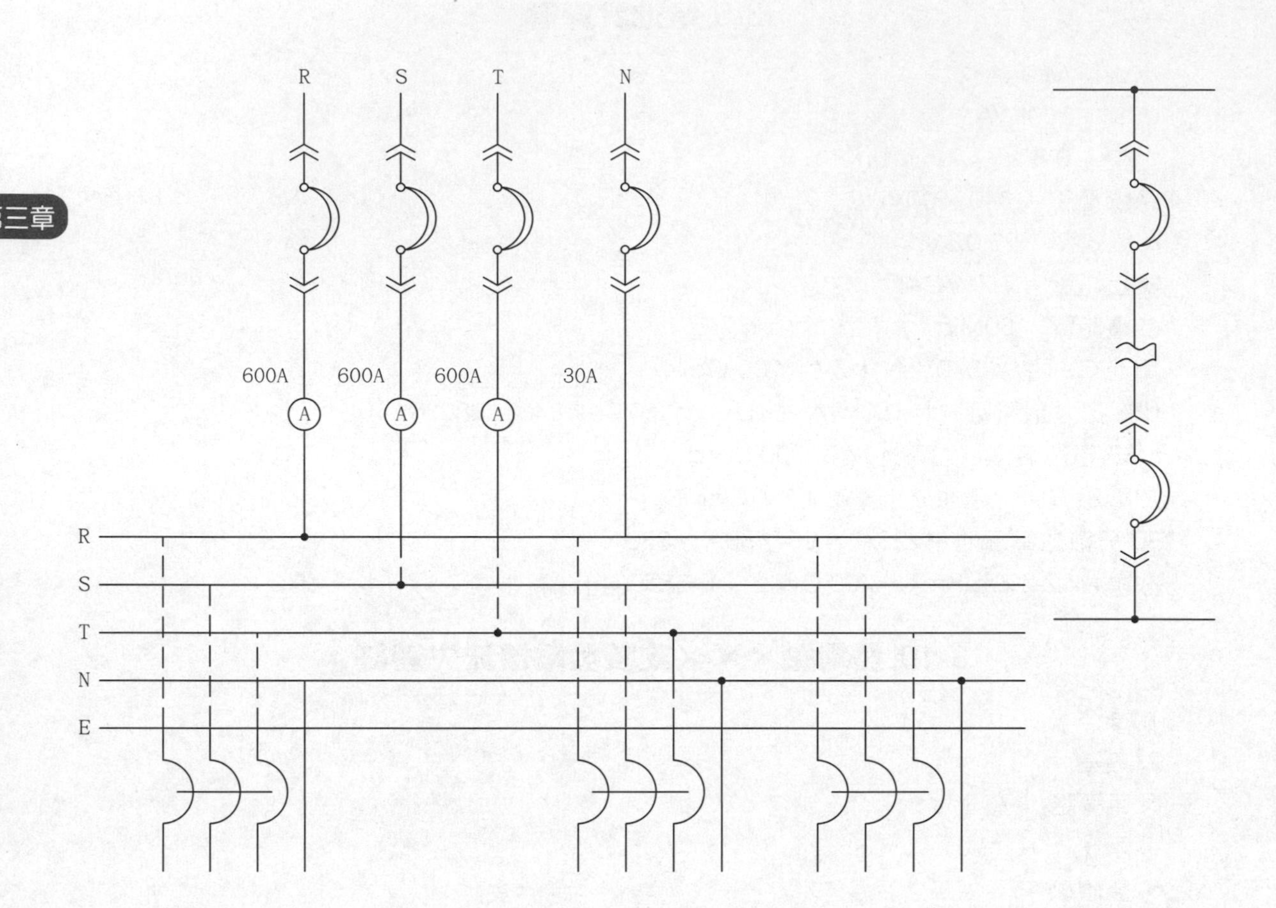
R
S
T
N
600A
600A
600A
30A
A
A
A
R
S
T
N
E

# 案例二--北部新設大樓電機盤體缺失點參考

## 4-1 隔離開關試驗報告

1. 廠商的LOGO 。
2. CNS 及IEC 規範。
3. 標準化及制度化(材料，圖面)。
4. 品管及檔案建立。
5. 技術人員訓練及技術傳承。
6. 材料，部品統一。
7. 設計要考慮如何安裝，安裝了以後，考慮如何拆換維修檢查。



隔離開關試驗報告

| 型號：JDR-7.2-3P-630<br>規格：7.2KV-630A<br>額定電壓：7.2KV | 號碼：10524-D<br>試驗日期：90 年 5 月 16 日<br>額定電流：630A |
|---|---|
| 檢　查　項　目 | 結　果 |
| 1.外觀及結構檢查 | OK |
| 2.絕緣電組 2000MΩ<br>3.耐壓試驗 20KV<br><br>在 60Hz 及一分鐘之條件下耐壓測試<br>2-1 相對相 20KV<br>2-2 相對地 36KV<br>2-3 電源側對負載側 36KV | OK |

接觸電阻側試

| R | S | T |
|---|---|---|
| 14uΩ | 14uΩ | 14uΩ |

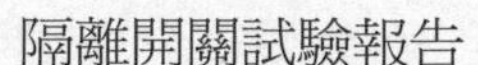
隔離開關試驗報告

| 品名：JDR-7.2-3P-630<br>規格：7.2KV-630A<br>額定電壓：7.2KV | 工號：11124-D<br>試驗日期：90 年 12 月 10 日<br>額定電流：630A |
|---|---|
| 檢　查　項　目 | 結　果 |
| 1.外觀及結構檢查 | OK |
| 2.絕緣電組 2000MΩ 以上<br>3.耐壓試驗 20KV<br><br>在 60Hz 及一分鐘之條件下耐壓測試<br>3-1　相對相　　　　20KV<br>3-2　相對地　　　　20KV<br>3-3　電源側對負載側　20KV | OK |

| 接觸低電阻測試值 | | |
|---|---|---|
| R | S | T |
| 32uμΩ | 32μΩ | 31μΩ |

**檢查缺失：**

1. 6F 之ATS-THIA ，ATS-TH2B 。
2. AHIA. IB 有CT ，TH2A ，TH2B 沒有CT 。
3. ××電機更換測試報告。
4. 大電力中心更換測試報告。
5. 6F 之變壓器安裝自主檢查表。
6. B4 之PT 安裝接線 10 台不一樣 。
7. 6F 之盤體缺點改善。
8. B4 之盤體缺點改善。
9. 高低壓盤體圖 9/16 準備 A3 一份，MCC 盤也一樣，含分電盤。
10. 9/17 開始與×，×，×××，×××對稿 。
11. B2F ，B3F 之出廠証明未到(7F ，8F 已來) 。
12. 7F ，8F 之盤體安裝自主檢查表 。

## 4-2 發電機測試前準備事項

1. 週一(週一二完成，週三試車)。
2. 屋頂放水，夠水，臨時水－××(三人)。
3. C/T。
4. 無線電。
5. 送臨時電到MCC ，－××。
6. 兩台運轉方向核對。
7. MCC 應該用－看電流大小。
8. ××－Alignment (週二0 。
9. ××－軟管線接線(馬達端及MCC)。
10. 盤接線，先接好。
11. C/T 用之不繡布－××，××。
12. 完成以後再請××洗C/T 。
13. 絕緣。
14. 膨脹接頭之螺絲螺桿拆掉。

### 函文一封

1. 說明：前5 月12 日貴公司×××先生，曾提供變壓器2000KVA ，4.16/220-380V 之突波電流曲線(INRUSH CURRENT)，共二張，但是二張之倍數與曲線彼此仍有很大誤差，請核對後，如有錯誤，請修正。
2. 另外請提供2000KVA 22.8KV/220-380V ，5000KVA 22.8KV/2.40-4.16KV 及4000KVA 22.8KV/2.4-4.16KV 之激磁突波電流(每種二張)，供送電時檢討，(曲線必須與倍數符合)，請以傳真方式處理。
3. 謝謝，祝工作順利 。

   P.S 另外ATS 到CCM 之接線圖錯誤，××以錯誤的接線圖接續，必須全面每一台核對修正。

### 會議記錄一封

議題及決議事項

1. 為顧及漏電，絕緣破壞，短路，所有器具皆須接地測試。
2. 有關風扇，電熱等之接地銅排有無接到PANEL 之端子要注意。
3. 接地線接到銅排or PANEL 接地，烤漆去除清理。
4. 螺絲栓入保險絲，須全部接入，勿鬆脫。
5. 配電盤上之蜂鳴器可ALARM 多久，須測試檢驗。
6. PANEL 內須有保險絲的備品，材料。
7. 配電盤作耐電壓測試，以系統電壓之1.5 倍處理，支持礙子，須注意是否破壞，銅排之間作通路試驗，接觸電阻值測試。

8. PANEL 之基礎螺絲於安裝計劃中，規定為M12 X 100mm ，然現場用料不合，須更新，連接盤之最LAST 箱體，亦要鎖螺絲固定。
9. 發電機-->DC PANEL 前後二端PANEL 體之面板要封閉，以免雜物侵入。
10. 儀錶，電錶&保護電驛之說明書，××廠應於進場時一併交付。
11. 現場配電盤查驗採TRS 昇壓送電測試。
12. ×顧問：×SIR 所提及之問題，要同仁學習經驗，亦留意相關細節。
13. ×經理：是否請×顧問針對問題點，LIST 清冊，逐一清查改善。
14. 絕緣電阻，耐壓測試，通路測試，接觸電阻測試，請提出數據。
15. 箱後之接地銅排連接及前門之銅帶連接，烤漆必須刮除。
16. 端子盤要有蓋片(透明PVC)，保險絲要有備品。
17. 壓著端子接著不確實，控制線未接完。
18. 所有用電器具(電燈、電熱器、電容器、電抗器、VCB 、ACB 110V or 220V or 380V 以上)，都必須有接地線，防止短路接地。
19. BUZZER之聲音DB及使用持續時間。
20. DCP 盤與隔壁盤未連鎖(螺絲)，有一條接地線為黑色。
21. 地腳螺絲，使用M12 X 70 與送審不同(M12 X 100)，有一地方鑽洞後沒地腳螺絲。
22. DCP PANEL 之門縫太大。
23. 盤內螺絲，螺母散置。
24. 高壓銅排，兩邊端要封閉。
25. 所有大小螺絲均須栓緊。
26. DCP 等盤內之220V ，電燈，電熱，電源是否有N 。
27. 儀錶之資料及保護電驛之特性曲線。
28. 盤內之接地幹線。

## 會議記錄一封

議題及決議事項

追蹤事項結果：

1. 請××盤進場後，提供”最後圖”，”接線圖”，”廠測記錄”，以樓層分別。
2. 含使用器材之出廠証明及測試報告。
3. ××查驗報告，第一批週三提出。
4. 6F ，B4F ，B2F ，B3F ，7F ，8F ，7F(P)順序進行。
5. RSTN ，紅白藍黑，以CNS 標準為主，現場拉線立即修正，綠色為接地，黑色為Neutral 。
6. 燈具、照明電源，優先辦理。
7. 地下室變電站門禁先行管制，9/4 前完成。

## 4-3 缺失：

1. 盤體資料(平面，正面，側面)與實體。
2. 盤體廠驗資料。
3. 盤體接線圖。
4. 出廠証明，測試報告(週三)。
5. 變電站門禁。
6. 色別(紅白藍黑)。
7. 盤體查驗報告。
8. 6F，B4，B2，B3，7F，8F。
9. 燈具回路之線路。
10. 燈具安裝。
11. 除7F，8F外之門禁。
12. 6F之門禁。
13. 週五開始。

### 缺失

1. 二次側(380V) 電流值三相每相($25^{A}$，27，24)平均$25^{A}$。
2. 一次側(22800V)電流值三相為0.0(小數後一位)。
3. ××說二次電流太小，所以一次顯示不出來，因電流鉤表量只有0.01A-，又說0.01太小，無法顯示$\sqrt{3} \times 25 \times 380 = 16454^{VA} \div \sqrt{3} \div 22800 = 0.416^{A}$，不計算變壓器之鐵損銅損，一次電流表也應該有$0.41^{A}$或$0.4^{A}$，竟然只有0.0。
4. 另一台變壓器，二次側有$59^{A}$，一次側也有$0.7^{A}$為正常。
5. 另有一台變壓器，一次側三相有電流，二次側卻缺一相或是二次側三相電流正常，一次側卻有缺一相。

### 發電機工程缺失

1. NO.7 Battery 沒有電。
2. NO.4 Muffer 未栓緊。
3. The Connection from Charge to Buttery。
4. Atternafor box 220V 未接。
5. Pump 39A ＞ 37A。
6. 臨時電365V ＜ 380V。
7. 警告貼紙缺一台。
8. Pump 尚有7台未試。
9. 溫度計未裝。
10. NO.3 之Carger 未check。

| | 檢　查　內　容<br>Description | 符合規定 | | 備　註<br>Remarks |
|---|---|---|---|---|
| 1 | 送電前先以臨時電模擬 ATS 的連動程序。 | | | |
| 2 | 送電前 VCB&ACB 應抽出確保斷路器是開路的狀態。 | | | |
| 3 | 送電前所有 NFB&ELB 低壓斷路器成 OFF 狀態。 | | | |
| 4 | 送電前相間電阻是否無限大。 | | | |
| 5 | 確認變壓器與比壓器的相序及電壓等級。 | | | |
| 6 | 檢查所有盤內銅排及導線的相序確定皆爲同相序。 | | | |
| 7 | 送電後相間電壓是否正確。 | | | |
| 8 | 清潔所有接點與導體支持物。 | | | |
| 9 | 16 日下午 16:51 B1F 投入，16:52 投 B2F DS | | | |
| 10 | SWGR-PA　CO/LCO　0.4/0.1/4.0　DT-3000<br>OV / UV　125% / 80%<br>24000/120　22800/114V　200:1　DP-4000 | | | |
| 11 | MOF-PA 之 CT　400/5　PT:24000/110V<br>16000 倍　電號 94-1588-11 | | | |
| 12 | PA 相序爲”反” | | | |
| 13 | 盤門接地線未接(PB) | | | |
| 14 | MOF-PA 之台電側 S.T 互換(每相二條) | | | |
| 15 | MOF-PB 如果送電，注意相序是否”反”，也要 ST 互換 | | | |
| 16 | T 與 P 隔牆之臨時管洞填塞 | | | |
| 17 | CAM-PAH，CAM-PBH 盤門接地線 | | | |
| 18 | SWGR-PA2(VCB-PIA，P2A)之線路三條分開 2 個洞不可以，三條分開 3 個洞也不可以 | | | |

作成：92.3.3

| 電流值 | R 一次(二次) | S 一次(二次) | T 一次(二次) |
|---|---|---|---|
| B3F VCB-L1A 100/5A<br>US-L1A(1) 4000/5A | 0.6(0.018)<br>41(0.023) | 0.6(0.021)<br>44(0.029) | 0.7(0.020)<br>50(0.038) |
| B3F VCB-L2A 100/5A<br>US-L2A(1) 4000/5A | 0<br>0.7(0.018)<br>44A(0.036) | 0<br>0.6(0.014)<br>41A(0.031) | 0<br>0.6(0.015)<br>24(0.015)<br>0 |
| B3F VCB-P1A 100/5A<br>US-P1A(1) 4000/5A | 0<br>0.5(0.012)<br>25 | 0<br>0.5(0.012)<br>28 | 0<br>0.6(0.013)<br>25 |
| B2F VCB-P3A 100/5A<br>US-P3A(1) 4000/5A | 0.6(0.015)<br>38 | 兩者跳動<br>0~0.6(0.015)<br>38 | 0.6(0.015)<br>38 |
| B2F VCB-P4A 100/5A<br>US-P4A(1) 4000/5A | 0.7(0.02)<br>38 | 0<br>0.7(0.02)<br>34 | 0.7(0.024)<br>31 |
| 7F P5A，T1A 目前無負載電流值顯示，HV&LV 相同。 | | | |
| B2F SWGR-PA 1000/5A<br>PA1 300/5 PA2 200/5 有顯示 | 0<br>2(0.005) | 0<br>2(0.005) | 0<br>2(0.005) |
| B2F SWGR-LA 400/5A<br>LA1 200/5 有顯示 | 0<br>0.96(0.006) | 0<br>0.8(0.005) | 0<br>0.8(0.005) |

結論：

以電流鈎錶量測 CT 二次側，經檢出有電流通過只是電流值極小，使 METER 無法顯示一次側電流，超過 METER 最小電流顯示能力，致於 METER 之特性須由聯東公司作說明。

## 缺失

1. SPCC 盤之送審。
2. 3” ψ彈性軟管樣品送審。
3. 發電機接線盒加長。
4. 接地線配線。
5. 3” ψ電管連接。
6. NGR 安裝。
7. 盤體測試。
8. 線槽頭改大R(半徑)。
9. 充電器接裝。
10. 蓄電池安裝。
11. 發電機帆布蓋移除。
12. 電燈燈具安裝。
13. LI，L2 至MCC，MCC 至PP，C/T 的配管配線。
14. 7F C/T 之DS 訂購安裝。
15. C/T的配管配線。

## 缺失

1. $C0_2$ 系統。
2. 極早期系統。
3. 減火器。
4. 清潔(灰塵及用具移除)。
5. 所羅門木箱移除，泵浦馬達之接線。
6. 發電機、泵浦、C/T之出廠証明，測試報告。
7. EMCS 管線，系統架構決定。
8. PMS 管線，系統架構決定。
9. GMS 管線，系統架構決定。
10. ATS 系統連接。
11. B1F~B4F Cable Tray 未施作。
12. 各發電機之分電盤 G6BP。
13. B1 油槽。
14. Battery’s Arrangement。

## ××馬達之缺失

1. 馬達(泵浦)之出廠証明。
2. 馬達接線盒之接線端子盤30A。
3. 馬達泵浦之連結，Alignment。

4. 泵浦之馬達絕緣測試資料。

### ××之防火電氣工程缺失

1. 接地線系統，週四完成。
2. MCC 到馬達之軟管接線。
3. 旭恩之低壓測試絕緣資料，週一(線路)。
4. 機房之照明。
5. 線槽未加蓋。
6. 盤體整理試車以後，要打開頂板，鑽孔要注意。



### ××工程之缺失

1. 線路絕緣，Megger 。
2. 線路通路，Multimeter Continuity 。
3. 機房內之所有不用管線，支架，移出(週三)。
4. 週四，清除灰塵，××，××，××，××，×××。
5. 泵浦馬達之測試絕緣資料－××。
6. 耳塞。
7. 試車以後，門禁管制申請。
8. 通風百葉 PVC 布是否拆除。
9. ON/OFF/REV BUTTON SWITCH 用於鐵捲門。
10. 輕隔間封牆工程之鷹架拆除。

### ××(××)電氣設備工程缺失

1. 絕緣礙子擦拭。
2. 銅排上面之螺絲，另件，工具等異物。
3. MCC 盤體及臨時電。

### ××防火機械工程之缺失

1. 排煙管及固定。
2. 循環水管及固定。

## 4-4 配合消檢急須處理

1. 50F BUS WAY 5/7 量 5/12 完成。
2. 7F~50F 之 DC 盤 5/7 開始檢查。
3. 過盤線 5/5 開始做。
4. 4F NDI/KWH 增設連絡單，5/1 已給詹元清。
5. 裙樓 PIDC1/PIDC2 之 27RY 應在張兄那裡(拿手裝上)。

6. 塔樓DC盤要配合測試。
7. E/N聯接線，配線。
8. 90F AT9之COM及TR控制單元各2組。
9. 噴水池盤5/E前交貨(電表盤及SC盤)。
10. 58F以上速安排檢查。
11. PT昇降台車2台載回噴漆。
12. 模擬母線速貼上，完成後拍照存查。
13. A/D尚欠料。



工程名稱：101專案　　93年3月25日

| 廠商名稱 | 鼎順工程股份有限公司 | | 工作內容 | |
|---|---|---|---|---|
| 工種 | 人數 | 工作時間 | 裙樓 | 塔樓 |
| X X 1 電氣 | 34人 | 08:00<br>1700 | | 9-10F 安全門配管6人<br>53-54F，48F 廁所配管2人<br>29F 送電確認2人<br>12F 送電確認2人<br>9-33F 安全L片固定3人<br>39F 安全補水線3人<br>81-90F 梯間佈線3人<br>33F 燈具安裝4人<br>9-16F 廻字走道燈具安裝2人<br>43F 十字走道配管3人<br>29F 工務所4人 |
| X X 1 動力 | 31人 | 08:00<br>1700 | | 50F 機房盤結線4人<br>26-34F 機房拉幹線6人<br>42F 機房配管4人<br>42-50F 機房TRAY 3人<br>49F 承租戶配管2人<br>43-55F 缺失修改4人<br>73F 共同管架2人<br>35-59F IDF接地線3人<br>62F 倉管3人 |
| X X 1 消防電 | 28人 | 08:00<br>1700 | | 29F 工務所6人<br>70F 火SP配管線4人<br>30-33F 器具安裝5人<br>18F 管線修繕2人<br>42F 火SP配管線6人<br>34F 火SP配管線9人<br>25-33F 消防箱補器具，結線2人 |

工地負責人：＿＿＿＿＿＿　安衛員：＿＿＿＿＿　作業主管：＿＿＿＿＿＿電氣：93

給排水：36　塔樓：274

消防水：62　裙樓：

其它：83　合計：274

夜加班：

說明：
1. 工地負責人應負責本日於工地工作人員之工作安全，並保存所有工作人員知姓名、地址、電話等詳細資料備查。
2. 工地負責人、安衛員、作業主管及吊掛指揮人員於作業時間內不得離開現場，如離開現場需派指定代理人值勤。



1. 上課講解，安排人員及位置，測試順序。
2. 從 17F – 8F – 7F – B4F – RF 。
3. 檢查 DC 控制電源及電錶功能，DC110V ，(17F ，8F ，7F) 。
4. 抽出 VCB A/B (17F ，8F ，7F) 。
5. 抽出 PT A/B (17F ，8F ，7F) 。
6. 檢查接線 A/B 。
7. 在 B4F 抽出 VCB 。
8. 檢查接線 A/B 。
9. 檢查絕緣 A/B 。
10. 抽出 MAIN GEN-A ，B VCB 。
11. 抽出 MAN PT A/B 。
12. 檢查 SWGR-G8 ，接線。
13. 抽出 PT SWGR-G8 。
14. 抽出 SWGR-G8 。
15. 到 RF 。
16. 檢查 SWGR-G8A(1) 接線。
17. 檢查 VCB 。
18. 檢查 PT 。
19. 檢查絕緣後叫 B4F 投SWGR-G8 PT 。
20. 檢查 G8 之水，電池水。
21. 檢查 G8 電，AC ，DC 。
22. 轉動抽風，進風。
23. 檢查燃料油，潤滑油。
24. 啓動 G8 是否正常，保持運轉。
25. 投入 PT ，看電壓。
26. 投入 VCB 告知 B4F 叫 B4F 看電壓。
27. 到 B4F 。
28. 看電壓。
29. 投 VCB ，SWGR-G8 。
30. 投 PT A/B 看電壓。
31. 投 GEN-A/B ，告知 7F ，8F ，17F 。
32. 到 7F 投 PT A/B ，– 檢查變壓器前後。

33. 到7F投VCB-G3 A/B ，一次二次側，看電壓A/B 。
34. 到8F投PT A/B ，一檢查變壓器前後。
35. 投VCB-G9 A/B ，一次二次側，看電壓A/B 。
36. 到17F投PT A/B ，一檢查變壓器前後。
37. 投VCB-G4 A/B 一次二次側。
38. 看電壓A/B 。
39. 關機，結束。



**工具：**

電燈，工具，絕緣測試器，高壓“危險”標示，不要喝太多水，高壓測試棒，有不明瞭或懷疑者可以提出。

**C TEL1 缺失**

1. 沒有門板(已在67F找到)。
2. 沒有中隔板(已在35F找到)。
3. M-NFB之T相凸起，中隔板裝上時太近。
4. M-NFB之二次側螺絲沒有Washer 。
5. NFB(左上)一次側及所有1P NFB(兩排), 螺絲均沒有Washer 。
6. B NFB(1P)二次側部份螺絲沒有Washer 。
7. 左側有一只1P二次側多接一條線，右側有2只1P二次側多接一條線
8. 內板不要接地線。
9. 內板沒有回路標示。(NAME PLATE)
10. 太髒。

**缺失**

1. C 30ER1 ，R相的M NFB不能固定。
2. C30EL內板太短。
3. C 37NL1 ，3P ELB不能Reset ，1P NFB鬆動。
4. C 37DC1 ，缺M NFB 。
5. C 36NL1 ，NFB的Knob斷。
6. 35F週四地E線××穿配到36F 。
7. 42F ，US-T3B TIE到US-T3A ，DCP-G5電源及航障燈臨時線拆除。
8. 14F之C14V 。
9. C20EL1有一3PNFB損壞。

**缺失**

**一、66F高低壓盤**

1. 感溫器加貼標籤。
2. Fuse 旁加固定器。
3. VCB 內有LINE ，LOAD 字貼紙。
4. DCP 盤銘牌與現場兩樣。
5. DCP 盤之資料袋與現場不同。
6. 變壓器盤之隔板加標1. 2. 3. 4. 5.及Up ，Down 。



7. 盤體後門板加標1. 2. 3. 4. 5.及Up ，Down 。
8. CU BUS 60 之固定架之螺絲太長(與100 同)。

## 二、MCC 盤

1. $\overline{125}$之端子只有一孔太小。
2. Breaker 二次側為$\overline{200}$只有一個螺絲孔。
3. 到Heater 之二條線包覆未做。

## 三、低壓盤

1. Heater 為 $100^{W}$ ，接線修正。
2. N 與E 加一連接短路線。
3. Limit Switch 之接線180° 彎曲。

## G7 缺失

1. 變壓器二次側 BUS BAR 支架。
2. 變壓器二次側 BUS BAR 保險絲。
3. 變壓器之 Heater 電源線。
4. Mini Model Bus 。
5. VCB 之貼紙。
6. DCP-G3 ，P5 ，T1 之 Reset 開關(7F)。
7. 端子盤。
8. 電容器之控制線。

## 34F G5

1. US-G5B(2) ACB3 工作電源。
2. TR-G5B 固定片。
3. DCP-G5 之 AC 電源線從 MCC 。

## 42F T3

1. ATS 之螺絲。
2. 門之緊密度。

3. ATS-T42LD1 燈罩及燈，螺絲太長。
4. DCP-T3 電池沒有，週五來。
5. US---T42B(3) BUS BAR 連接不平。
6. US-T3B CU BAR 槽不平。
7. VCB-T3B 接地線。
8. ATS-T42ED2 燈、燈罩、門栓。
9. TR-T3B 套拿掉，固定片，後高壓危險，感溫棒，接地線。
10. VCB-T3B 外面套子。
11. EMG-T42LD1 一條接地線掉。
12. VCB-T3A 紮帶，標誌後高壓危險，少一支工具，LINE LOAD 。
13. TR-T3A 紮帶固定片，感溫器。
14. ATS-感溫器，門栓。
15. EMG-T42ED1 感溫器，線。
16. 電燈、電熱、電扇線。
17. 連鎖線 A-B 。
18. 電容器電源及控制線。

25F

1. DCP-T2 之電源線未拉(××)。

7F

1. SC-T1A ，T1B 之感溫器貼紙未貼。

42F

1. ATS-感溫器，Relay 。
2. EMG-T42ED2 線卡住，感溫棒。
3. DCP-T3 之復歸開關。
4. APFR 標誌。
5. US-T3B(1)少 NFB X 4 。
6. US-T3A(1)NFB X 4 。
7. 模擬母線。

## 缺失

1. B4F VCB-G1~G10 1. 2. 5. 8. 15. 18. 29. 39 未接到端子盤。
2. 50F VCB-G6A 之VCB 出來沒有 1.2 。
3. 50F VCB-G6A 之 28. 38. 52. 53.四條線未進入圖內。
4. VCB 之內部接線圖，虛線英文字。

5. VCB 之內部接線圖與目錄下之接線圖不同。
6. 50F 之 VCB-T8A 與 VCB-G6A 是否相同，無須要 2 張 G. 55. 56. 57.58 。
7. 50F 之 VCB G6A 端子盤圖。

**8F G9 變電站**

1. 感溫棒未伸展，貼紙。
2. 變壓器銅排 U Channel 未裝。
3. 端子盤固定片。
4. 高壓線移下。
5. 高壓線欠缺支撐。
6. VCB-G9A ，G9B PT 控制線太長。
7. 燈管少一支。
8. “高壓危險”標幟。
9. 內板接地線。
10. TR-G9B 兩台風扇凹陷。
11. US-G9A(2) 線槽蓋遺失。



**缺失**

1. 34F ×× －移盤，圖，－缺失改善。
2. 29F 盤－士林週五。
3. 7F 模擬母線。
4. 6F 模擬母線。
5. 7FRF SWGR-G8A 盤檢查，跳脫狀態。
6. B2 Mini bus duct 上蓋凸起。
7. B3 Mini bus 。
8. B4 SWGR-G8 盤檢查，模擬母線。

**缺失**

1. B3F 模擬母線，B2F 模擬母線。
2. CT 350/5 。
3. B4F MCC 邊板。
4. 6F 之高壓變壓器，橫軸風扇電源及改圖。
5. DCP-PH2 。
6. DC-LB3ED1/2 等 5 盤之海帕龍線。
7. DC-LB3ED1/2 等 5 盤之電池間隔。
8. DC-LB3ED1 之 L.S.。
9. SWGR-GASC. GBSC 。

10. DCP-GEN2 之散熱量計算(×××SPCC)。

**缺失**

1. 模擬母線。
2. B4 MCC 邊板。
3. B4 電容器回路。
4. 相分隔片(Phase separator)。
5. Handle of breaker 。
6. CO LCO 之設定(Local)。

## 4-5 B4F 發電機室高低壓配電盤缺失單

SWGR-G1

1. CTT-2 只無蓋板(透明片)。
2. PTT-1 只無蓋板(透明片)。
3. NFB 主開關 50A-IC 不足(70KA)，SWGR-G2 。
4. SR 設備接地接觸不妥。
5. VCB 等把手工具要固定於箱內。
6. 蜂鳴器建議改為按鈕式(Reset type)。
7. VCB(抽出式)車台下接地不良。
8. SC-AC 接地線未固定，接地端子。
9. 風扇電源未接且未接地(SC-AC)。
10. 感溫棒過長部份請整理(SC-AC)。
11. GEN-A7 門閂未裝好。
12. GEN-A7 CTT 無蓋板(透明片)。
13. GEN-A ，ABB ，車台抽出，入定位點(Test and run)。
14. 集合式電錶蓋板G 接線與圖示不符(說明書)(項 17)。
15. GEN-B3 ，B5 ，B7 接線端子點數與他盤不一樣。
16. 多處基礎螺栓未施作請補作。以上請一週內修正完成後復檢。
17. 燈、電扇、電熱器外殼接地，多功能電錶接線與說明書不同。
18. PT(抽出型)應有可拆型阻擋片，防止滑下。
19. 清潔，內檢。
20. 蓄電池未安裝。
21. 1NFB ，2NFB ，3NFB 之紅色線接上端子盤。
22. SWGR-G1~G10 之PT 接線方式及線路都不一樣。
23. VCB-TH2A ，VCB-TH2B 欠 CT 。

**7F 盤體缺失**

1. PTT ，CTT 之背面 PVC 蓋板。
2. PTT ，CTT 之 Plug-in units 。
3. 變壓器 2000KVA 外殼接地。
4. 變壓器之 N 端是否接地。
5. 變壓器箱低壓側銅排之水平 U 槽鐵彎曲。
6. PVC 線槽蓋。



7. 端子盤未接之線。
8. Spare Fuse 。
9. NFB 上下兩相間之溝槽。
10. NFB 之把手。
11. 溫控器夾住感溫線。
12. 電容器電源未接。
13. NFB 有一只不一樣。
14. 電熱器 220V 沒有接地線。
15. 風扇 220V 沒有接地線
16. 風扇馬達進口無墊圈。
17. 盤門接地銅帶沒刮漆。
18. 電容器之 Reactor 負載側兩個端子應分在兩邊。
19. 電容器之電源相與接地太近(約15mm)，相與相 15mm 。
20. 電容器盤底盤固定，3 只螺絲只有一只用大 Washer 。

### 7F 缺失

1. LINE 與 LOAD 未裝與裝相同，共 5 盤。
2. 感溫器未伸出。
3. DCP-GEN 2 電池未裝。
4. DCP-GEN 2 電源未拉。

### B3F

1. 4000KVA TR 之感溫器位置裝反，ATS 之中壓，低壓操作說明書。

B3F

1. PH1A ，PH1B ，PH2A ，PH2B 。
   - a. ATS-PH1A 螺絲四支太長。
   - b. SWGR-PH1B 盤後門上蓋有網，其他 SWGR-PH1A ，2B ，2A 則無網。
   - c. 中隔板多 2 片。
   - d. 壓克力板少 2 片。” 高壓危險”。
   - e. 中、低壓，ATS 之說明書及工具。

2. G1A ，G1B
   a. 銘牌 DCP-G1 。
   b. 銘牌上沒有鉚釘。
   c. 變壓器橫軸風扇 PVC 布。
   d. TR-G1A 資料袋。
   e. TR-G1B 壓克力罩(Tap)。
   f. Fuse 固定。
   g. 變壓器盤內太髒。

1. VCB
   a. VCB 之一次，二次 Tube 內清潔。
   b. VCB 有兩台抽出動作時，卡位不順 PH2B ，PH2AT 。
   c. VCB 有一台抽出時有磨擦聲 PH2B3 。
   d. VCB 有四台安裝不正。
   e. VCB 之操作工具不齊全。
2. 變壓器盤
   a. 門上有 2 台電扇打凹，請調整。
   b. N 接地線請改水平連接。
   c. TR-PH2A 二次側出線 2U2V2W 錯誤 。
3. 其他盤
   a. 接地 BUS 接續不良。
   b. 少壓克力板。
   c. 接地線固定。
   d. 電熱線固定。

## 6F 缺失

1. 中間隔板，螺絲。
2. 上面盤頂蓋板(小)、(大)－武國。
3. 門栓。
4. 接地線。
5. 橫軸風扇線，PVC 套。
6. 內線槽蓋。
7. 外線槽蓋－武國。
8. 模擬母線。
9. 變壓器座固定板。
10. DCP-TH1/TH2 電源－武國。
11. 多一片後門板。

## 缺失

1. B2F 受電室之P.L 線槽蓋。
2. SWGR-PH2B – PH1B 之接線如何處理。
3. B3F L2B 之變壓器 Auto 風扇。
4. B2F ，B3F 之燈具用過一段時間，只1/2 或 1/3 會亮，雙管只有一管亮。



## B3F 缺失

1. 變壓器之橫軸風扇電源線之包覆。
2. 變壓器(高一中)之二次側 Tap 透明蓋。
3. 一台變壓器隔板中間小片缺。
4. 一盞日光燈撞壞。
5. 暗開關。
6. 高壓線(22.8KV)進錯盤SWGR-PH2B 。

## B2F 缺失

1. 缺中性線接地線。
2. 缺線槽蓋板。

## 缺失

1. 6F ，7F ，8F 高低壓盤A4 COPY 最新版。
2. 58 ，60F VCB 的出廠証明。
3. B3F 之25KV 電源進SWGR-PH2B 再進SWGR-PH1B ，但現場反過來(大線槽三條，小線槽六條) 。
4. 6F 之25KV 電源進SWGR-TH2B 再進SWGR-TH1B ，但現場反過來(SWGR-TH2B 到SWGR-TH1B 未拉) 。
5. B1 台電受電室之TA TB 如果位置沒對好，有一組線不夠長。
6. B1 有一只PB1EP2 之208/120V 電源開關圖不能投入。
7. BUS WAY 之接地。
8. 屋外盤(7F)之外門緊密度。
9. DCP-L 之燈不亮，電扇，電熱。
10. MCC 盤之接地(盤與盤)。
11. Bus way ，Bus duct 及Cable tray 之吊架高度調整。
12. 25KV ，6.6KV 之端子未包紮。
13. MCC 或EPI ，ESI 之電源端子及包紮保護。
14. SPCC 加一盞燈。
15. G8 之接線箱加大，配線，電纜頭，測試，及銅板。
16. 7F 之Cable tray 支撐，線垂下。

17. 6F 及B3F 之盤上盤內清理。
18. 其他 B2F ，B3F ，6F ，7F 盤上清理。

## 地下4B 樓

1. C/T之NFB MC 及Relay 共7 台，3/27 改好。
2. 一個盤之邊門。
3. 一個 CT 。
4. 一個電流表不準。
5. 一個 C/T#1 之MAN-AUTO 之開關會動作。

## 缺失

1. A SIDE 電流
2. B SIDE 電流
3. P4B(B2F) 高壓電壓 22.16KV ，22.0KV ，22.13KV ，電流0. 0. 0.
4. P3B 高壓電壓，同P4B
5. L2B(B3F)高壓電壓 OK ，電流0. 0. 0.，低壓電壓OK ，電流0. 0. 0.

## 缺失

1. 模擬母線 3 月底。
2. 電容器控制線 13 條每套(A/B) 。
3. 變壓器二次側銅排架。
4. B4F 10HP-->15HP 之Breaker ，MS ，Relay7 組。
5. 感溫器之標示貼紙。
6. 三力之盤號開關。

## 缺失

1. DC-LB3ED1/2 ，之直流幹線Hypalon 線。
2. GEN-AC 到SC-AC 之高壓連絡線。
3. VCB-TH1AT-DDD-TH1B ，VCB-TH2AT-DDD-TH2B 在線槽內配高壓線。

## 缺失

1. 地下三樓變電站東側內一塊□未上蓋。
2. 地下三樓變電站西側內一塊□未上蓋。
3. BUSWAY 之接地，(100)?? PVC 綠色。
4. DC-LB3EP1/2 之Hypalon 線及燈未接。
5. B2F 之DT-3000 ，聯車及保護曲線替代。
6. B4F 之多功能電表要測量3 $\phi$ 4W(Line to Line ，Line to Neutral) 。

7. 三力盤之接地。
8. 2000KVA 之低壓Bus Bar Support
9. B4 之SWGR-G1 ～G10，日光燈壞。
10. GEN-AC-SC － AC，GEN-BC-SC － BC 之線未接
11. PH1A，PH1B，PH2A，PH2B 700KVAR － 70mm^2，L1A，L1B，L2A，L2B 500KVAR － 50mm^2。



12. 3P4W 220-380V TR 二次側加 16A D-Fuse。
13. 變壓器之保護回路為R N(TR1，TR4)。
14. METER RY FROM SWGR-PH1B － US-PH1A 線有？
15. 波測試合約。
16. 6F 之TH1AT，TH2AT 高壓連線(在外面)。

### 8F 變壓站缺失：(G9)

1. G9B，VCB 之炮管不正。
2. 兩排配電盤，中間走道天花板有一台抽風機，因吊裝太低，以至變壓器盤門板打不開。
3. B 盤變壓器上方銅排(ACB-G9T，PANEL)N 相對R 相銅排太靠近。
4. 電纜線接入銅排之接點，無絕緣套保護。
5. 盤內，控制用之線槽沒蓋好。
6. 盤內須清潔。

### 17F 變電站缺失

1. G4B 控制回路有誤，請查修。
2. 變壓器上端銅排離箱體過近，請修改。
3. 箱門請清潔。

### 缺失

1. 檢查發電機線路(4.16KV 中壓)之絕緣。
2. 檢查線路是三條或二條短路。
3. 檢查線路之回路是否接對地方。
4. 檢查中壓線路之接線，間矩，或異物擱置(打開盤門)。
5. 以上為PT 抽離。
6. 送電之前，再將PT 推入。
7. 再將VCB 推入定位並且OFF。
8. 檢查DCP-G4，G9，G3 之交流電源，直流控制電源VCB，ACB 及儀表是否可以顯示。
9. 送電之後。

10. 觀察中壓側情形，PT 之二次側電壓是否正常。
11. 投入VCB 之前先檢查變壓器之一次側，二次側之周遭情形，接線，異物，低壓銅排之上方。

## 4-6 高低壓配電盤共用圖審查意見

1. ITEM A14 規格與送審資料安培值，IC 值不符應澄清。
2. ITEM A19. A20 送審文號應修正為 BP06-E-153 。
3. ITEM A27. A28  KRES-12B1 應修正為 KRES-12A1 。
4. ITEM A29. A30  KRES-24B2 應修正為 KRES-24A3 。
5. ITEM A48~A50 電容器單體規格標示錯誤應修正。
6. ITEM A52~57 材料規格與送審不符應澄清或重新送審。
7. ITEM B11  ACB" M25N1" 未送審。
8. ITEM B13  ACB" M25N1" 未送審型錄無此規格。
9. ITEM B19. B21  ATS 規格未提送。
10. ITEM B24 SC 未送審應補送審--> 投入段數應為 6 段。
11. ITEM B26 項未送審完成規格不詳。
12. ITEM B37 項NFB 規格未送審。
13. ITEM B68~70 項IC 值與送審資料不符再確認。
14. ITEM ELCB6 未送審。
15. ITEM NFB8 未送審。
16. ITEM ELCB5 未送審。
17. ITEM MS1~MS22 標明，TH 標明 CLASS10 或 CLASS20 。
18. ITEM ACB1~ACB7 應標明 AT 值。
19. ITEM CT2 規格與送審不符。
20. ITEM CT3 無RO-60R 之送審規格。
21. ITEM PT2-PT7 未送審。
22. ITEM AUX1~RY 未送審。
23. ITEM 11 PB1 規格錯誤應修正。
24. MCCB(9) 無Ji250 規格。
25. CT(2) REMARK 應為 10~150A 。
26. CT(3) 送審無此規格。
27. ACB(6)設備未送審。
28. 屋外型盤鋼板材質應採SUS#304 。
29. B4 之發電機盤SWGR-AC ，BC 到SC-A ，B 之連接線。
30. CB-LB3ED4 到LB3ED4 DC 1 $\psi$ 120V 盤之連接線Hypalon 線。
31. BUSWAY 到盤內 RSTN 已接妥，唯獨接地沒有接。

### DCP- 單線圖

1. DCP 盤之盤內接地。
2. DC-盤之盤內電燈。
3. DCP 盤 B2F ，B3F 之蓄電池接線，保險絲工具。
4. 高壓中壓 VCB 之電源端(Line) 及負載端(Load) 貼紙。
5. 變壓器之電扇電源回路(R 相)D 型保險絲。
6. 屋外高壓盤之 PT 修改。
7. B4F DCP-GEN1 盤門不閉合。
8. 屋外高壓盤之盤門不閉合。
9. 高低壓盤模擬母線(3 月底，6F 先)。
10. SC(底) 盤之配線擋住保險絲(Fuse Holder)。
11. B4F 之MCC ，電流表不準C.O Relay 壞一只。
12. 中間隔板不易打開(線太多)MCC B3F 。
13. NFB 之分相隔片及把手。
14. B2 ，B3 ，B4 之高低壓盤端子接線圖。
15. 高壓SC 之電力熔絲Upside down B2F 。
16. 盤門栓未定位。
17. 7F 之盤內風扇接地未做。
18. B2F 之DCP-T 兩邊開孔，不開。
19. 有少數盤體固定(地腳)螺絲未裝。
20. 變壓器箱 Heater 及Fan 感溫調溫器貼紙。
21. TR-PH1A1 ，PH1B1 之一次側 Tap cover 未上。
22. DC-LB3ED1 ，ED2 之Hypalon 線。
23. P5 之變壓器箱U 彎曲下陷。
24. 地下五樓以上，低壓變壓器380/120-208 後，第一個盤之N 與E 要加連絡地線，線徑與相相同。

## 92.1.16~17 缺失

1. B2F SR-TA ，SC-TA ，FAN 電源外線未連接(鼎順)。
2. B2F SC-LB TB 第11 ，12 點未接FL 電源(盤內億樺)。
3. B2F SWGR-LA ，SWGR-LB ，SWGR-LAT 因不能停電，無法TEST VCB 電氣連鎖功能。
4. B2F P3A ，P3B&P4A ，P4B 共4 套DC110V 線接錯位置(全部)。
5. B3F EMG-LB3ED2(1)盤內控制用NFB FL ，HEATER ，FAN 未跨盤連接至US-G1B(1)--> 鼎順。
6. B3F EMG-LB3ED1(1)盤內控制用NFB FL ，HEATER ，FAN 未跨盤連接至US-G1A(1)--> 鼎順。
7. B3F SC-L1A 至US-L1A(1)及SC-L1B 至US-L1B(1)SC 控制線未作跨盤連接--> 鼎順

8. B3F US-P1A(1)，端子台第119 ，123號外部進線接錯位置－鼎順。

## 7F 缺失

1. TR-T1B 高壓線，接地線未接。
2. FAN 接地線T1B 。
3. 盤內天地鎖。
4. 變壓器之自主安裝檢查表。
5. N 貼紙。
6. FAN 線。
7. PVC 套。
8. FAN 之固定。
9. VCB ，T1B 工具(T1B)。
10. SOURCE 貼紙。
11. 清潔。
12. TB-T1A ，T1B 之R 相Fuse 。
13. US-T1A 盤內東西取出。
14. BUSWAY 頭接銅帶。
15. US-T1A(2)銅排不正。
16. ATS-Fuse 欠固定片。
17. EMG-T7LD1 N P 破、髒。
18. 併盤之固定螺絲(上下)。
19. EMG-T17LD1 無蓋，太髒－億樺。
20. NFB 之分相片欠缺。
21. L S 壞 T17ED2 。
22. 銅帶。
23. TR-G3B 吊桿碰到門。
24. SC-T1A(B)線碰到Fuse －巧力。
25. TR-P5A 門，接地線。
26. TR-P5B 欠螺絲一支。
27. FAN 凹進去，接地天地鎖。
28. EMG-P7ED2 把手。

## 11.09 缺失

1. B2F 之2000A VCB 1台。11/27
2. B3F 之高壓電容器1台。
3. B3F 之PH1AT ，PH2AT 高壓CT 共6只1000/5 。11/22
4. ASCO ATS-PH1A ，PH2B 之PT 欠2張試驗報告(TR5 ，TR8)。

5. BUSWAY 接BUS(盤內)之軟銅帶(B3 ，B2)。
6. B2F 之避雷器接地線$\overline{14}$ →$\overline{22}$。
7. SR，SC 之巧力把手，9 支。
8. DCP-T 之開孔(已發函給×××先生)不開。
9. SC-L2A 之BUS 下垂(B3)。



## 缺失

1. 上週六，×××未測絕緣及繞組
2. 今天 7:30 去發電機房看，鐵柵門有鎖，但鐵捲門全開。
3. 今天××預定來測 PT ，$\overline{100}$，$\overline{250}$。
4. ××的PT 台車裂斷，無法使用，因此PT 無法整修。
5. ××的PT 二次側裝反，該接地未接地，二次側BOX 要加 Socket 。
6. ××的$\overline{150}$ Cable 兩端未包。
7. 發電機之設備，系統接地未配線。
8. ××的$\overline{100}$ 已做好，但是兩端接地線未接。
9. ××的$\overline{250}$ 已做好(週六)，但是兩端接地線未接。
10. ××的4.16UV BUS 之清潔，但仍待加強。
11. ××的VCB 及PT 箱內未清。
12. MCC 盤之線路未接。
13. 到PPT 及CTT 之線未配。
14. DCP-GEN-2 盤未併鎖。
15. 大德之人孔蓋不平，液位控制器未接，應發文 KTRT ，車輛進出大門停車要開箱檢查。
16. DCP-GEN1 蓄電池未裝。
17. MCC 到每一台之轉助設備配線未配。
18. 發電機之CO LCO 設空值。
19. C/T 之DS 尚未進場。
20. 水管循環洗管－自來水。
21. C/T 清洗。
22. 7F 之屋外盤，基礎台。

## 缺失

1. 進角鐵槽鐵
2. 9/10 洗油管
3. CP ，SPCC ，9/10 進來
4. 9/10 ，NGR ，BATTERY CHARGER
5. 9/11 試水壓

## 缺失

1. Day tank 內髒，Day tank 頂尚有一Flange 未用(裝液位開關)，Day tank 之人孔蓋不平，Day tank 之人孔內緣未磨平。
2. MCC – PP 未配線。
3. 發電機到 NGR 線未拉。
4. Cummunis 張經理擬來工地 a.送一本，b. CT 裝 NGR 前或後，c 發電機本身之保護資料。
5. 楊經理未送審 CT 及 51G，週六下午未驗查 M Ω 及m Ω。
6. 週六/日，$\overline{250}$ 完成，BUS 清潔。
7. ××台車已來(斷裂)。
8. ××週一測$\overline{100}$，$\overline{250}$，PT 及 50/51N。
9. ××是否修改 B4 之 PT。

## 連絡單 B4 之PT　外殼為Y(3 φ 4W)接地線成為 △(3 ψ 3W)線路

1. PT SET 之 PT 2.4KV 安裝方向與 B2F 相反 ($\frac{2.4}{\sqrt{3}}$/ $\frac{120}{\sqrt{3}}$)。
2. B2F 之 PT Set 有3 只透視窗可看到，HRC Fuse。
3. B2F 之 PT Set 隔板螺絲未加 Washer。
4. B2F 之溫控開關與 B4F 方向差90°。
5. DCP-GEN1 Battery 未裝。
6. Breaker 之 Shunt trip 一條未接。
7. DCP-GEN1 箱門未接地。
8. DCP-GEN1 併盤螺絲。
9. G9，G10 之 CT 共6 只折回，拆到7 樓。

## 缺失

1. 發電機之線圈絕緣及繞組檢查
2. 冷卻水管洗管(試壓查驗表)。
3. 中性線之 CT 及 51G 送審。
4. 屋頂屋外盤及相關安裝配件本週廠驗，9/30 進工地。
5. 並聯盤基座。
6. C/T 清洗(與2 合併) –詰鑫。
7. 油管之試壓(氣壓)洗管 2001b 氣 – 7KG。
8. 油管過牆之防水止水 – 福田。
9. ××於9/25~9/30 檢驗 – 勇帥，士林。
10. Day tank 之清洗 – 福田。
11. 接地線 – 9/24。
12. 機房之照明。

13. $\overline{100}$，$\overline{250}$，$\overline{150}$ ，端子－旭恩。
14.MCC － PP ，C/T Fan 之配線。
15.C/T 之 DS 開關。
16.循環油槽之出口尚有一個未封。
17.延長 BOX 已裝 4 台。
18.屋頂給水管到 C/T －福田。



19.屋頂 Cable tray ，cable duct 。
20.空調發文給××。

## 缺失

1. 送 CT 及 51G Catalogue 。
2. CT 裝 NGR 內 51G 裝 SPCC 內，NGR 外殼接地。
3. PP 及 Fan 之線。
4. 48 只(電纜處理頭)。
5. 出線口先做處理頭，加 BOX 何時來。
6. 42 只(電纜處理頭)。
7. 24 只(電纜處理頭)。
8. 出線口加 CU 及螺絲－所羅門。
9. SPCC 基座。
10.3 支排煙管支撐固定。
11.士林何時做 PT 整理。
12.CT 接地。

## P2/L1/P1

1. 燈光。
2. BUSWAY 頭。
3. DCP ON-OFF 改 Relay 。
4. 低壓 SR ，SC 巧力週一連絡。
5. APFR 之接線圖。
6. 變壓器自主檢查表。
7. 門窗安裝。
8. TR 之低壓 BUS 檢討，3 相 90° 。
9. TR 盤 PVC 袋拆除，清潔，上蓋，感溫棒加控制線。
10.線進出，由旭恩清理週四。
11.變電站清理。
12.週五 18 日勇帥測試。
13.BUS 上加 D-Fuse 。

14. 內把不正常。
15. VCB 之Shutter 電源側及負載側。
16. 端子盤蓋子補上。
17. CO+LCO g1 ，g2 對調。
18. 電容器盤進線上蓋清潔－旭恩，接地線接上。
19. 臨時電源。
20. 相間距離。
21. 25KV CABLE 另一端電纜頭好了？

PH/PH2 —CO+LCO=24 ，G1 —2 只，L2 —2 只



## G1

1. PT 要改。
2. 電扇接地檢查。
3. BUS 軟銅帶未接。
4. 門窗。
5. 設定資料。
6. DC-LB3ED1 ，門接地，控制線，電池把手，旭恩線。
7. 變壓器線。
8. 相間。
9. ××拉線。
10. 臨時電。

## L2

1. Buzzer －ON-OFF。
2. NFB 隔相片(上下)。
3. 感溫棒。
4. SR SC(巧力)。
5. 清潔－士林及旭恩。
6. Tray 收尾。
7. BUS 加D-Fuse 。
8. TR 自主檢查表。
9. 把手。
10. 線支撐(墊高)。
11. 垃圾清理。

## PH1/2

1. VCB-PH1A 盤門。

2. DT-VCB-PH1A ，PHB1B 改PH2A ，PH2B 。
3. SC-PH(1AC ，1BC ，2AC ，2BC 擦拭)。
4. Bus + D-Fuse 。
5. 接地線N 。
6. 高壓電纜頭帶包紮好。

### P1/P2/L1



1. TR 未清乾淨。
2. P2B L1A 方向。
3. DCP-P2 ，P1 ，L1 送臨時電。

### ××電氣設備之缺失

1. TR 連接。
2. TR 盤清潔及PVC 膠帶。
3. 門栓。
4. TR-PH1B 2000KVA 。
5. TR 測試報告。
6. TR 安裝自主檢查表。
7. PT 二次側BOX Socket B3 B4 。
8. 盤清潔，B2 。
9. SWGR-G3 VCB 檢查。
10. 巧力之SR ，SC 改圖。
11. DCP-L1 之DC 控制線－武國。
12. US-L1 到ATS-LB3ED3 ，ED4 之線路，絕緣，導通，回路－徐福鈞。
13. P1/P2 之BUSWAY 軟銅帶。
14. 設定資料。
15. 電源，負載側。
16. 感溫棒定位。

### 缺失

1. 明日(10/18)泛宜液位控制器來，油箱及C/T 。
2. 水PP ××試車。
3. ×××之發電機控制箱10/22 來。

## 4-7 7 樓發電機

1. ×××的發電機。
2. ××的Day tank 。

3. 加油a.×××的紫油，b.××的管改接，c.××的電線。
4. 盤體，廠驗，進場。
5. 基礎。
6. 管線(Cable duct ， Cable tray)，高壓線，低壓線，接地線。
7. 10/14 開會，10/22 完成，10/23 測試 NO.8 。
8. 消音器之 Brand ，排煙口加強，防蟲網再漆。

## 保溫工程，噪音， SOLENOID VALVE 安裝的線路，請解譯。

1. NO.2 進油有毛病，需判斷後拆解。
2. NO.6 VCB 曾無法投入。
3. NO.7 轉動太大，蓄電池壞掉一只。
4. NO.4 曾因冷卻水不足而停機，NO.5 之消音器未固定。
5. 需相序器，出廠証明號碼。
6. 充電器到蓄電池端未加端子。
7. 目前電頭加熱器使用中，冷卻水加熱器沒接。
8. 充電器需加強固定蓋子。
9. VCB 之接頭需再CHECK 後劃線。
10. 臨時電太低只有365V
11. NGR 及CP 未接地。
12. 測接地電阻，
13. NO.2 未接好及加水。
14. 試車檢查表。
15. ××進來調PUMP 7 台。

## 缺失

1. 82-1 HFP － 15HP→20HP ，OWI 。
2. 立式泵浦－仍用長方型基座，Suction 及 Discharge 為長軸，PUMP 圖 50HP → 20HP ，基座圖 15HP →20HP 。
3. 新版基座圖PASS 到施工圖組。
4. 變頻加壓泵加 MODEL NO.(三台)。
5. D4/17F 4AF12 →6AE12 。
6. 彈簧座另有一張，座上之螺絲Supplier ，BOLT 之長度，埋入深度，中點線尺寸。
7. Anchor Bolt Supplier 小包。
8. 3000PSI Concrete 小包。
9. 87-2SFP 之泵圖。
10. 90-1/CHFP 之 125HP →75HP 。
11. 74-1-CHEP 之 125HP →150HP 。

12.58-1-CHEP 之 125HP →150HP 。

13.42-1-CHEP 之 125HP →150HP 。

## PT/CT 設備缺失

1. 相與底板距離
2. MC 後面之OVERLOAD RELAY 改圖。
3. FUSE 之把手(9 支)。
4. SR 之感溫器資料。
5. 控制線路之Fuse 。
6. APFR 接線圖
7. 加臨時燈。
8. 線螺絲固定，機械螺絲固定。
9. 臨時線標示，開關箱標示。



## 缺失

1. 所有LBS ，TR ，ACB ，LA ，SC 等之出廠証明正本。
2. Power Fuse 義大利S.I.F 之熔斷曲線。
3. ACB(M-G) 之安裝說明書，維護說明書，型錄，控制電壓。
4. SC 之接線圖，型錄，廠牌，380V 或440V 或480V ，△接或Y 接。
5. APFR 之型錄，接線圖。
6. Cable 25KV $\overline{38}$ 之廠牌。
7. Cable Kit 之採用廠牌，型號(3M) 。
8. 設備接地電阻及報告。
9. 避雷器接地電阻。
10. 變壓器外殼接地。
11. 變壓器中性線接地 。
12. 箱體外殼接地。
13. LBS ，TR ，Cable 耐壓測試。
14. 變壓器絕緣測試。
15. 清潔及擦拭。
16. 銅排夾具斷。
17. D-Fuse Spare 。
18. 24Hour Timer 說明書。

## 缺失

1. 用電地址為環東2 段。

2. 昇位圖。

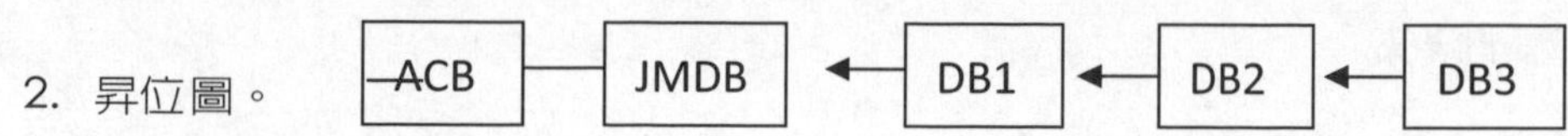


3. ACB1 →ACB 與SC 合併。
4. ACB 使用了3 $\frac{1600}{2000}$ 。
5. CT 為3 只。
6. LA 裝在 LBS 一次側。
7. PF 使用 CE 不是 SIBA 。
8. 盤體 LBS 與 TR1 與 ACB 相連。
9. TR1 到 ACB 為 BUS BAR 不是 Cable 。
10. 電力變壓器TR1 為 11.4-22.8KV/220 380V 。
11. MP 盤改 JMDB 。
12. 接地系統平面圖，避雷器採單獨接地3 支，10 Ω以下，高壓設備接地？(LBS ，TR)3 支－10 Ω以下。
13. SC 60KVAR →35KVAR ，計算書，MCCB 3 $\frac{125}{225}$ → 3 $\frac{75}{100}$，線$\overline{80}$ →$\overline{30}$， CT X 2→CT X 3 。
14. 故障點F2 － F9 位置不對。
15. 外殼接地$\overline{100}$或$\overline{60}$。
16. 計算書的單線圖不對。
17. 兩個 MP 。
18. 故障點01 在何處，如在ACB 應為 40KA ，但是 3 $\frac{75}{100}$ 只有35KA 。
19. 距離 5M 之 MP 在何處。
20. MP 盤之IC 計算為25KA ，圖上寫 40KA 。
21. 電氣平面圖之 MP 位置不對。
22. CE 與S1BA 之曲線。
23. 保護協調不對。
24. 電流電力熔絲熔斷時間。
25. 20 倍 500A 3 秒。
26. 功因計算 35 X 6 = 210 與圖不同。
27. E-7 ，3 $\psi$ 3W →3 $\psi$ 4W ，TR5 →TR1 ，22.8KV/380V →11.4-22.8KV/220-380V ，SC 與ACB 合併，TR2 在現場。

$$\begin{array}{rr} & 10{,}490\ \text{Cable} \\ \text{臨時電費} & \underline{1{,}600{,}000\ \text{Gurantee}} \\ & 1{,}610{,}490 \end{array}$$

契約 800KW ，變壓器 1000KVA

基本電費 166 元/KW X 800 X 1.6 =　非夏月

流動電費 2.08 元/KWH X 125,000 X 1.6 =　非夏月

500KW 平均 X 10 hr/day X 25/mon = 125,000 KWH/月，1.6 為臨時電，每月付一次

## 發電機工程缺失

1. 發電機電源系統無接地線。(系統)
2. 發電機電源系統無接地線。(設備)
3. 箱內要有接地銅排自發電機。
4. 電纜不可用鐵絲紮定。
5. 電焊機接地用2心Cable ，接地處不明。
6. 發電機的線不可放置地上。
7. 油箱接地不可接在發電機。
8. 電線垂下低於2公尺。
9. 電焊機接地線不可接在欄杆上。
10. 油箱接地不良。
11. 電焊機線不可放置地上。



## 缺失

1. LBS Jaker 。
2. Power Fuse 曲線圖(不一樣)。
3. ACB M-G 抽出型？接線圖，操作說明。
4. Capacitor(不一樣)75/100 ，440V. 35KVAR 。
5. Transformer 大吉旺，11.4 22.8/220-380V 。
6. APFR 。
7. L.A. (18KA)士林。
8. MCCB(不一樣)台安，3.5KA 。
9. Cable 25KV $\overline{38}$。
10. C.H $\overline{38}$ 25KV 。

## 缺失

1. 電容器之接線$\overline{30}$ 440V △接。
2. APFR 之控制接線6段組。
3. ACB 之控制電壓(220V)，接 ACB 之一次側如何操作，低電壓會跳脫?

## 缺失

1. LA 接地$\overline{22}$。
2. LBS 外殼接地$\overline{14}$。
3. Transformer 外殼接地 $\overline{100}$。
4. Transformer 中性線接地 $\overline{100}$。
5. ACB 外殼接地 $\overline{100}$。
6. Capacitor 外殼接地 。
7. 箱體外殼接地 $\overline{100}$。

## 缺失

1. 接地電阻10 Ω。
2. LBS 耐壓測試。
3. TR 耐壓測試(一次)。
4. Cable(25KV $\overline{38}$)及Cable head (3M)，耐壓測試。
5. TR 絕緣測試(二次)。
6. 清潔及擦拭。
7. 裡面有銅排。
8. 加NFB $3\frac{200}{225}$。

## 臨時電

1. 接地電阻(3 支)。
2. 連接避雷器線 18KV ，避雷器資料。
3. 絕緣電阻。
4. 系統外殼接地，接地電阻，加壓測試。
5. 高壓電纜及電纜頭25KV 。
6. LBS 資料，Fuse 資料CE ，LBS 測試，ACB 測試。
7. ACB 資料M-G 。
8. 電容器資料。
9. 電容器之接線440V △。
10. 改圖SC 與ACB 合併，$\frac{125}{225}\rightarrow\frac{75}{100}$，60K → 35K ，變壓器$\frac{11.4-22.8KV}{220-380V}$，中性線要接地。
11. APFR 資料。
12. TR 200KVA 380/110-190V △/Y 。
13. 一支夾具斷裂。

## 聯絡單一份

主旨：變電高低壓盤體，分電盤，請配合消檢送電及缺失改善。

說明：1.高壓盤體及變壓器已逐步送電，低壓盤體及分電盤體亦配合消檢時程安排送電中，惟仍有諸多缺失極需配合改善，(或停電改善或不停電改善)。2.但反觀近日，貴公司均極少人員(一人)在工地配合，致使工作很難推展，如：2.1 變電站之盤體模擬母線。2.2 82F 變壓器TR-G8A 溫度偏高。2.3 低壓分電盤之接線固定套錢欠缺。2.4 7F P5 及50F G6 之夾具歪斜未定位，(停電改善)。2.5 82F DCP 盤內標誌不齊全。2.6 塔樓變電站之圖面修正。2.7 25F MCC 盤及 T25ES2 盤面另件損壞換新。3.缺失改善，必須在發現後，立即進行(不需停電)，越快越好，才不致影響送電後再停電，需停電情形，則安排時間人員，但在諸多工作下，卻很少人員在工地配合，認為無事可做，或拖延或缺人手，如此將會嚴重影響整體進度，請檢討。

### 66F

1. TR-G7B 之壓克力罩 X 3 。
2. TR-G7B 之感溫器，上下對調。
3. TR-G7B 之中隔板螺絲孔太大。
4. US-G7B(2)加厂連接銅板
5. VCB-G7B 之LOAD?LINE 。
6. 銅排夾且欠螺絲。



### 82F

1. ATS-T82VD1 ，VD2 之控制線固定。
2. EMG-T82VD1 ，VD2 之FAN 感溫棒位置不對。
3. BKR 故障。
4. TR-G8B PVC 蓋。

### 塔樓 7F 變電站 G3 缺失

1. VCB-G3A a.沒有工具。b. PT 之標語LOAD?LINE 。c. CT 接點未包。
2. TR-G3A 感溫器沒有貼紙，加U 型槽鐵，加PVC 線，電扇感溫棒要上昇，電熱要下降，端子未包紮，少一線槽。
3. US-G3A(2) ACB 開口封壓克力板，角鐵有2 支。
4. A 側之電燈，電熱，電扇電源，沒有NFB 。
5. US-G3A(2)夾具未定位。
6. US-G3A(1)門少一檔板。
7. 電熱線未包。
8. VCB-G3B a. PT 之標語LOAD?LINE 。b. Shutter 不會閉合，CT 接點未包。c.側邊沒有”高壓危險” 標語。
9. TR-G3B 加U 型槽鐵，加一線槽，加PVC 線槽。
10. US-G3B(2)線未包。
11. B 側之電燈，電熱，電扇電源，沒有NFB 。
12. SC-T1A ，T1B a.電燈，電熱電源，T1B 之夾具。b.電扇感溫棒位置上移，2 支角鐵。
13. US-G3B(1)感溫棒太高，夾具。
14. US-G3B(2)與SC-T1A 間隔板CT 。
15. S 相之一條線移下來。
16. 8F USG9B?銅板未裝安。

### 缺失

1. ATS-T7ED2 ，7FDC 盤無內裝－鼎順盤體安裝錯誤，SP NFB 需要更換，鼎順變更。
2. T7ES1 ，SMF-8-3 變頻器起動不正常。
3. MCC-T7EP1 ，MCC-T18EP1 電源總開關盤面燈不亮。
4. T18ES1 ，SMF 18-1 控制線待查。
5. T17ES2 ，SMF 18-3 ，SMF 17-3 控制線待查。
6. T25ES2 盤面選擇開關少 2 只，外力破壞。

## 8F

1. TR-G9A ，G9B 各少裝 2 支 U 型槽鐵。
2. US-GA(2)，GB(2) 少壓克力板(4/20 前)。
3. US-G9T 夾具 2 支未定位。
4. VCB-G9B 歪斜(不正)。
5. VCB-G9B 接點包紮，CT 包紮。
6. VCB-G9B 盤底 PVC 線槽蓋。

## 17F

1. US-G4A(1) 接地線未接。
2. TR-G4A ，G4B 風扇與電熱器之感溫器上下對調。
3. EMG-T17VD1(2) PVC 線槽蓋。
4. US-G4A(2) 門栓。
5. VCB-G4A ，G4B LOAD?LINE 。
6. TR-G4A ，G4B R 相沒有 Fuse 。
7. Fuse 加固定片。
8. DCP-G4 Heater 短路。
9. VCB-G4A ，G4B 缺壓克力板(一週內)(外來因素)。

## 34F &50F 高低壓盤缺失

34F

1. TR-G5A 內風扇一台凹陷。
2. US-G5B 檔板(外力破壞)。

50F

1. VCB-G6A 線掉。
2. TR-G6A/G6B ，TR-T8A/8B Fuse 位置錯誤。
3. ATS-T50VD2 夾具歪(安排停電再施作)。
4. US-T8B 感溫器有毛病。

## 缺失

1. 74F，90F 電纜頭到貨，做(施作)。
2. 58F，74F 測試，送電，82F，90F。
3. 82F 基座及盤定位。
4. 90F 之層頂，管道間，排水管，隔間。
5. BUSWAY 到貨安排。
6. 42F，T3A 之異聲，66F A 之聲響。
7. 34F B 之盤內電燈，42F T3B 之T3A(DCP-T3A)及G5(34F DCP-G5)電源。
8. 諧波測試。
9. 高壓管道間之維修門。
10. Podium 7F 或塔樓 6F 之台証變電所。



### 74F

1. 盤後門上網清。
2. 盤面內補漆。
3. 2 只BKR 故障。
4. 北面門板未裝。
5. 低壓盤加警報標誌。
6. 高壓盤未貼”高壓危險”。
7. 南面地上有水。
8. 南面 AHU 放置。
9. 電池端未接。
10. DCP-盤未接接地銅排。
11. 74F B 未包紮。
12. 66F 內有一箱及二片側板。
13. 50F 內有多餘側板。
14. 變壓器基座固定。
15. N 相接地。

### 聯絡單

主旨：有關配電盤內設備缺失。

說明：1. 101 7F 變電室皆已送電，然有些箱體內尚有設備不全，如盤面線路圖標示不全，保險絲座固定夾片失缺，風扇與電熱器名牌錯置，控制線被設備螺絲夾著，感溫棒上下錯置，端子座蓋板不全…等，請貴公司能派員徹底檢視，以保貴公司信譽與設備的安全。2.問題所在如附件一、二。

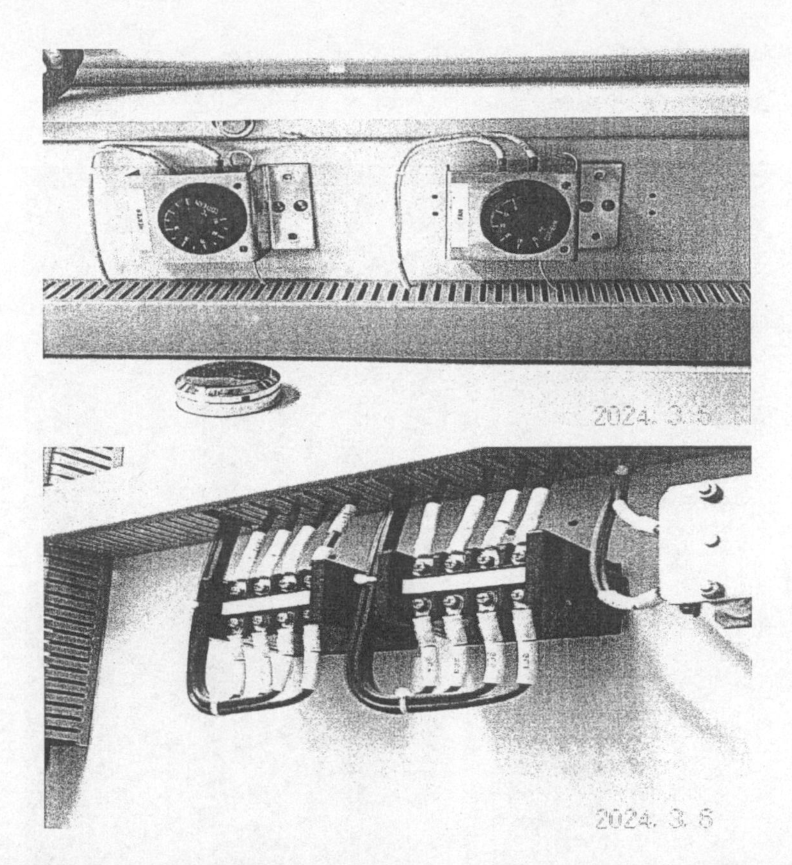
2024. 3. 5
2024. 3. 6

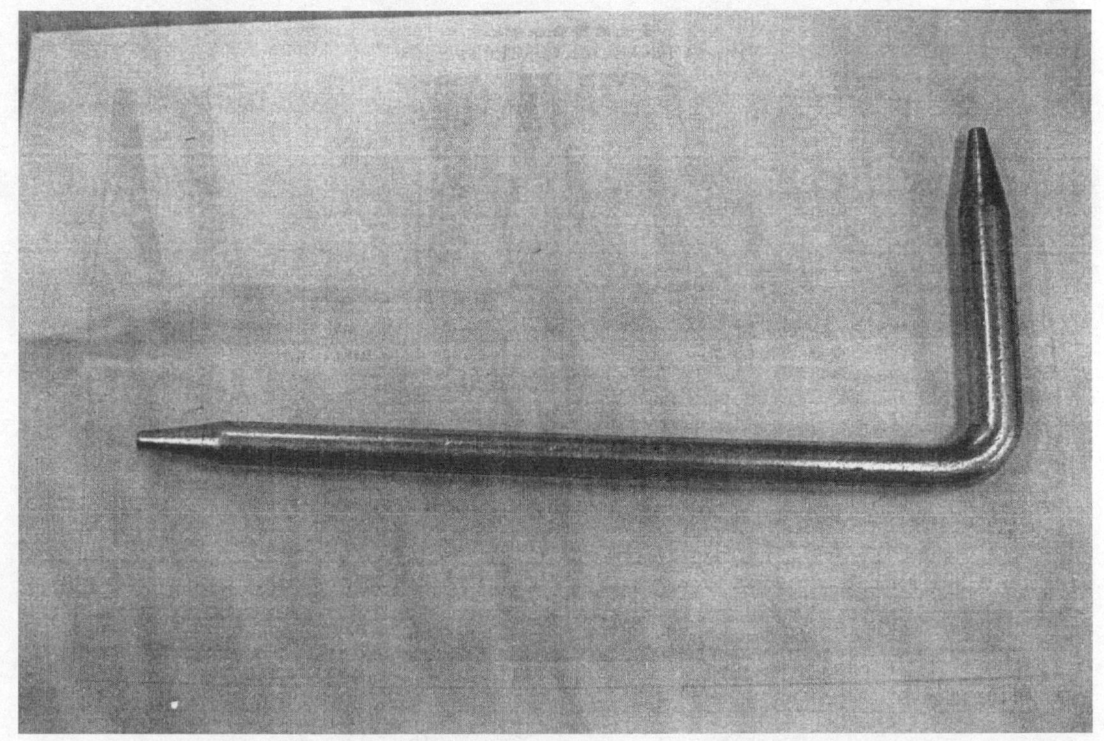

1. T7ED2 風扇與HEATER 裝錯功能，HEATER 感溫線被夾住。
2. T7ED1 風扇與HEATER 銘牌貼錯，HEATER 感溫線被夾住。
3. 所有端子座上無蓋板者全部補安裝齊全。

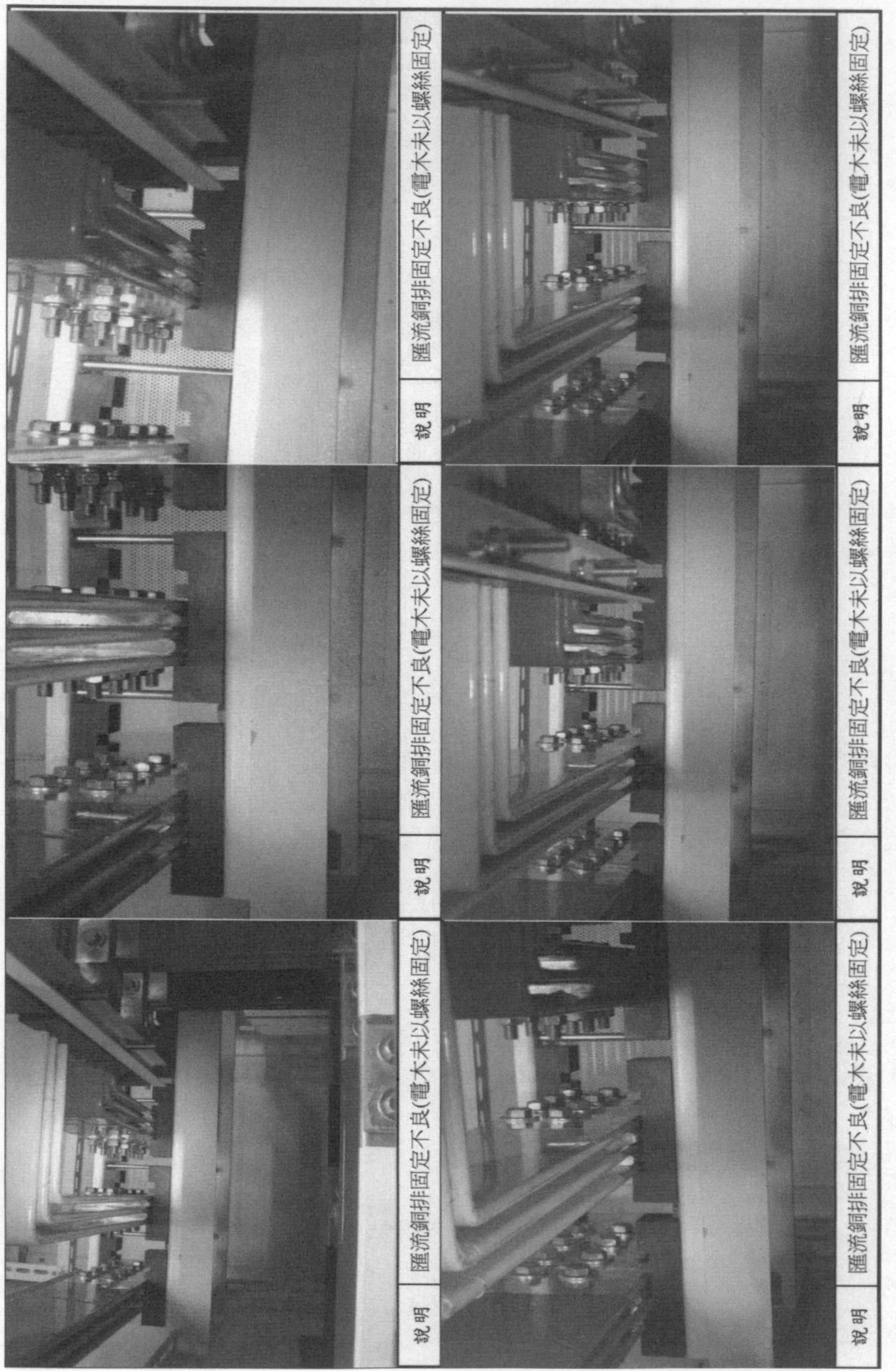


66 樓變電站匯流銅排固定不良US-G7B(2)

1. US-T1A(2)少Space 上的壓克力板。
2. 7F US-T1A(2)內的3b(S)相螺絲鬆動，BUS歪。
3. EMG-T7ED1 盤面板補路線圖。
4. ATS?T7LD1 保險絲固定夾片缺少許多。
5. ATS-T7ED1 缺隔離片7片。
6. ATS-T7ED1 電燈微動開關壞了須更換(門上)。
7. TR-T1B與TR-T1A各少線槽2支，須補上。
8. EMG-T7ED2，T7ED1 FAN與Heater名牌標示與溫棒錯置。
9. Main與Tie盤內有缺失。銘牌。
10. 各盤體端子座缺少蓋板。

## 4-8 高低壓盤體之組裝與品管

在××金融中心的供電工程，高低盤體部份分為高壓受電室Receiving room及各處所變變站(Unit substation)。

高壓受電室在地下二樓，因為台電受電室在地下一樓兩者上下相通，方便配管線。

各處所變電站則由地下三樓開始，地下三樓分為東西兩側，地下二樓則只在西側，因東側為高壓受電室，往上提升，六樓有一空調用變電站(TH1/2)，在北側七樓1套(T1)，25樓(T2)，42樓(T3)，58樓(T4)，74樓(T5)，90樓(T6)，17樓(T7)，50樓(T8)，82樓(T9)。

高壓受電室之電源分為三個用途，即公共部份(Landlord)群樓(Podium)塔樓(Tower)，每一個用途為雙饋線(A/B)，因為共有6個饋線，全部分屬在三個不同但相連的受電室內，高壓變受電室內之設備全部為高壓(22.8KV)，每一饋線有高壓電表箱，高壓分段開關箱(含PT，LA)，總開關箱，分開關箱(VCB)，電容器分開關箱，電抗箱，電容器箱及A/B連絡箱(Tie)只有一盤直流控制箱。

各處所變電站內，則有高壓開關箱(VCB)，變壓器箱，低壓總開關箱(1)，分開關箱(2)分開關箱(3)(ACB)及A/B連絡開關箱(Tie)，電容器箱，其他即是自動開關切換箱(ATS)，負載開關箱(EMG)。

高低壓盤體自工廠製作完畢，組裝測測後，才分箱運到工地再組裝起來，其間經過分箱，包裹，運送，吊袋，庫存，組裝，接線(銅排及控制線)。在組裝完畢，準備送電前之準備工作，包括清潔，檢查，接線，高壓電纜頭處理，高壓設備加壓試驗(由顧問公司－勇帥測試)，其間發現許多缺失，值得一一提出來檢討改善。

第一，為盤體之垂直與水平，盤體組立在基礎上，需四平八穩地，盤體必須首先製作完美，不會歪斜，在基礎如果有稍微不平時，要墊片後保持水平，如果有一盤稍歪斜，隔壁盤之間隙即出現上大下小或上小下大的情形，每一盤都有中間分隔板，它必須與器具吻合，在2. 3處地方出現中間分隔板之開口無法對正器具之凸緣，因此不能關緊定位。

不知是箱體歪斜，還是分隔板歪斜，亦或是器具沒有裝正確。

第二，為變壓器二次側到各ACB之間銅排連接上下夾具，銅排必須崁入溝槽，10m/m

厚度加上顏色外套，每相三片，每片之間之間隙要剛好，這些都不是很精密的尺寸，但是這個工地就有2. 3處夾具未崁入溝槽(夾具為上下二具)，經過照相舉發後，才修正，這些地方都在盤的頂部位置，不容易查覺，亦可見品管不夠嚴謹。

第三，夾具之固定螺絲，必須固定在盤外側的角鐵上，銅排的寬度10m/m 加上夾具的厚度，所用螺絲長度必須剛好，鎖緊以後露出螺母2~3 牙(約5mm 左右)，有些地方可發現10m/m 長，但是這個工地有2. 3 個地方，其螺絲露出螺母竟長達30~40mm ，問其原因，說螺絲用完了，我告訴他缺少一支也要再買，每一相同位置的螺絲，都必須制度化，相同材質，相同形式，同大小，同長度，才可以。

第四，在盤內之銅排上，角鐵上，都會發現螺絲，螺母，尤其有一次在58F 之ACB 電源測(銅排)發現有一支銅排製作裝配用之特殊L 型工具擱置在那兒，嚇了一大跳，這是非常大的錯誤與疏忽，沒有檢查或工作習慣不良的技術工人都會留下。

第五，為VCB 盤及PT 盤均有(PT 在上，VCB 在下)，Shutter 有二片上下開啓之遮蔽片，其間可看到二個不同英文單字(LINE ，LOAD)加上”ㄣ”之三角警告標誌，為黃底紅字，最早在地下室時看到上下兩個都是LOAD ，感到奇怪，以為沒有”LINE”，要求製作，過了沒多久，又在其他盤體發現兩個”LINE”才知道他們不曉得英文的意義，隨意貼上即可，正確上應該一為”LINE”另一為”LOAD”，但是兩者貼的位置必須與實際相符，LINE 一定在電源側，兩者不可含混或顛倒。

第六，為每一盤體內均有電熱器，安裝在底部，有了電熱器就有感溫棒及感溫器(溫度高，開關打開)，不管感溫器裝在中間或底部，其感溫棒一定要在底部，不可裝在上面或中間，同樣地，盤內如果有電風扇，如變壓器盤，電容器盤，變壓器盤的風扇在上部，電容器盤(全盤)也在上部，但是半套電容器盤的則在下半部，因此控制電扇的感溫棒應該放在上部(變壓器及全套電容器)不可以放在中間或下部，電風扇的感溫線外有加一PVC 透明管，以資識別，除了士林的盤體外還有三力的電池盤也是，士林的感溫棒自剛開始時仍繫在感溫器上，要他們伸展開來放置，結果不是放在錯誤位置或顛倒放。

第七，為盤體與盤體之間控制線的連接，連接歸連接，分歧歸分歧，如以下。

每一個接線端子盤之端子，有左右兩個螺絲，如果有二條線一在左，一在右，不可兩條俱在左或俱在右，三條線時，一邊有二條，一邊有一條，如果有四條，則一邊有二條，另一邊也有二條，當時發現有二條全部裝在一邊，這都失去連接端子的意義。

第八，為盤體到盤門的控制線太多，一些線捆紮在一起，因為線數量太多或捆紮線太多或長度太短，轉彎曲折太大，(幾手360°)造成中間隔板不容易打開，或開盤門時，線會碰到或壓到端子盤，如果次數太多，恐容易斷線。

第九，為電燈線或電熱線(電壓為220V)均沒有接地線，只有二條，萬一線破皮或短路或接地將不容易跳脫保護，應該使用3 心(單相)Cable 線，其中一條為接地(紅、黑、綠、或灰、藍、黃綠相間)，從盤體到電熱器上的接線，有的包覆，有的沒有，尤其到電熱器的邊緣，為鐵製又抬高如果壓到或踩到，容易破。

第十，為高壓變壓器(22.8KV/220-380V)三相每台有三個線圈，高壓在外，低壓在內圈，高壓線圈外面有玻璃纖維加強結構包紮，玻璃纖維與外皮表間尚有4m/m之樹脂，這樣表面才會光滑漂亮，但是有好台(42F，58F，82F)的高壓線圈均出現龜殼花紋路，異常不美觀，據說因為模具太老舊，模具不正或水準太低或粗製濫造，不審視品質所致。

第十一，每一套變電站，不管發電機系統(4.16KV/220-380V)或台電系統(22.8KV/220-380V)A，B兩饋線之變壓器，均為2000KVA，一次側(4.16KV)的高壓電纜為25KV 兩條，所以用二支U型槽鐵當固定電纜的座，但是(22.8KV)的高壓電纜為25KV 一條，50A，為了同樣的規格標準以及地下室部份都用二支U型槽鐵，所以要求塔樓的變電站(90F)亦同樣辦理。

第十二，不管發電機或台電系統，變壓器之二次側電壓，均為220-380V，電流相同，銅排之大小及根數一樣，因為銅排重量大，在地下室部份發現支撐銅排之U型槽鐵垂下凹入，22.8KV變壓器之箱寬度為2600m/m，4.16KV變壓器之箱寬度為2500m/m，所以要求變壓器之銅排支撐均使用二支，士林電機的說法是組裝時振動而下垂。

第十三，變壓器箱內，變壓器之移動原使用滾輪四只支撐供推動，當變壓器被推定位以後，必須固定以免地震或是外力而前後晃動，在25壊以下，以滾輪的高度用一U型槽鐵代替固定，如要移動時，只要滾輪即可裝上，但是25樓以上，U型槽鐵則沒有滾輪的高度要裝上滾輪滾動，必須再架上才能進去，因此變壓器的軟銅帶長度不一樣。

第十四，變壓器底座，有四個滾輪或固定地方，這個地方固定到RC上，因此看到RC地板一大塊，樓下部份使用一底座蓋板封閉，任何外物(灰塵，老鼠)不會進入，但是樓上(25F以上)部份則沒有底座蓋板。

第十五，變壓器箱內，為了散熱，在兩片雙開的門上方各裝上2台抽風扇(共4台)，而下方則開四個網，供進風，抽風扇最早是沒有接地，後來都增加安裝了，但是在安裝時，風扇常常被撞凹進去，兩支固定平鐵彎曲，四個網也都沒有清潔，以及脫漆，必須再加噴漆。

第十六，42F之變壓器TR-T3A從送電以來，噪音值一直居高不下，達到76dB(出廠68 dB)，經過幾個星期及好多次的聯絡單，士林電機派來人員，五次到現場測量，檢查，修理，億樺的橡膠墊子，噪音並無改善，最後，告訴士林，如於3月12日以前不來修護，將要求更換。

## 變電站之清潔與灰塵

一般變電站內，均有高壓開關箱，變壓器及低壓開關箱(總)，站內均需要清潔、乾淨、屋頂、有天花板、地上有塑膠地板或樹脂地板(Epoxy)，但是101工地內之變電站內，上方有的格柵(塔樓)，也有樓板，樓板下噴有防火泥灰，包括柱子鋼樑四周都噴，防火泥灰乾了以後會脫落，或碰到振動，或施工時碰撞，掉落更多，格柵樓板在樓上走路，搬運東西時，灰塵，螺絲，細鐵片都會掉下來。

愛乾淨的變電站，居然四周都是泥灰，尤其在空調送風回風扇開動以後，泥灰更是四處飛舞，到處停留，跑到盤內，開關內，將是開關接觸的一大隱憂。

**連絡單一封**

主旨：低ND盤之點交與缺失改善。



說明：1. 群樓部份B1F至P5 ND盤於92年9月25日第一次點交，發現缺失(如清潔)，業方(樓管)及PM要求改善，92年10月7日第二次點交，發現仍有缺失，有二項。

2. 今將缺失詳列如下，第一項為P5ND1有二盤併排，要求將銘牌區分為P5ND1-1，P5ND1-2，其餘有三盤併排者，則為－1，－2，－3，第二項為，無熔絲開關(NFB)之一次，二次側接線端子，加平套錢(Flat Washer)及彈簧套錢(Spring Washer)。3. 請接到聯絡單後，最短時間內改善完畢。

開關箱送電前自主檢查表

位置：　　盤名：　　日期：

**1 送電前：**

1.1 □ 開關箱單圖是否標示在箱內
1.2 □ 線徑是否正確
1.3 □ 線材質是否正確
1.4 □ 接地電線是否接妥
1.5 □ 迴路標示是否正確
1.6 □ 保護開關數量是否正確
1.7 □ 保護開關規格是否正確
1.8 □ 電磁開關規格是否正確
1.9 □ 積熱電驛是否調整(1.25倍)
1.10 □ 所有螺絲都上緊並駐記品管標線
1.11 □ 所有保護開關是否為關閉(OFF)狀態
1.12 □ 電源線相間電阻是否為無限大
1.13 □ 電源線對地電阻是否為無限大
1.14 □ G相與N相間電阻是否為無限大
1.15 □ 主開關與分開關相間電阻是否為無限大
1.16 □ 送電端與受電端是否通訊無誤
1.17 □ 送電端電壓是否正常
1.18 □ 是否確認上述品管無誤後，關閉箱門再送電

1.19 □ 臨時電線路

## 2 放電後：

2.1 □ 確認受電端主開關電源側相間電壓是否正常
2.2 □ 確認主開關電源側相對電壓是否為零
2.3 □ 開關主開關(ON)確認主開關二次相間電壓是否正確
2.4 □ 確認主開關二次相對地電壓是否為零
2.5 □ 是否於箱門內側右下角貼妥品管標籤
2.6 □ 關上箱門貼妥【送電危險】的警告標示，並簽妥品管都姓名
2.7 □ 回路未送電，並不表示沒有電壓
2.8 □ 系統電壓是與實際相同
2.9 □ 電壓表上送電中之指針劃線
2.10 □ 馬達電流表上之正常運轉值指針對線

3 其他：

品管工程師：______________

泵浦運轉前自主檢查表

位置：　　　　盤名：　　　　日期：

1 系統注水前：
1.1 □ 確認泵浦出入端閥體是否正常時開
1.2 □ 確認泵浦吸入端閥體是否正常時開
1.3 □ 確認泵浦週邊閥體開關是否正確
1.4 □ 確認泵浦週邊壓力表等配件是否正確
1.5 □ 所有螺絲都上緊並註記品管標線
1.6 □ 避震體水平調整是否確認
1.7 □ 立管排水是否接妥並排放無誤
1.8 □ 軸承排水是否接妥並排發無誤
1.9 □ 防震軟管是否調整正確
1.10 □ 管路與閥體是否標示完成
1.11 □ 是否經泵浦廠商確認與調整
1.12 □ 泵浦頭是否滿水
1.13 □ 泵浦軸承潤滑是否確認
1.14 □ 送水端與受水端是否通訊正常

2 系統注水後：

2.1□ 避震體水平再確認是否正確
2.2□ 所有螺絲都再上緊並再確認品管標線
2.3□ 再確認壓力開關是否妥當
2.4□ 正常狀態下之壓力指針應有劃線
2.5□ 自動以後，水位控制是否正常運作

**3 水系其他：**



品管工程師：________________

泵浦運轉前自主檢查表

**4 送電前：**

4.1□ 接地電線是否接妥
4.2□ 積熱電驛是否調整(1.25 倍)
4.3□ 所有保護開關是否為關閉(OFF)狀態
4.4□ 電源線相間電阻是否為無限大
4.5□ 電源線對地電阻是否為無限大
4.6□ G 相與 N 相間電阻是否為無限大
4.7□ 控制線路是否完成
4.8□ 送電端電壓是否正常
4.9□ 確認所有接線盒是否關妥
4.10□ 送電端與受電端是否通訊無誤

**5 送電後：**

5.1□ 確認泵浦轉向是否正確
5.2□ 注意運轉的聲音是否正常
5.3□ 確認避震體在運轉中的水平
5.4□ 確認馬達對地電壓是否為零
5.5□ 標示壓力表正確的刻度
5.6□ 運轉洗管(3min)
5.7□ 清理過濾器
5.8□ 是否於名牌下角貼妥回管標籤
5.9□ 多台馬達狀態下，如包按標示接線，交改電源的二相
5.10□ 運轉電流記錄(三相)

**6 電系其他：**

品管工程師：________________

## 4-9 機電系統設備及安裝工程

電機設備測試及試車計劃

### 第一章：概述

#### 1.1 目的及範圍

為確定各項設備及系統的施工品質、方法、檢測及所用的材料均符合公認的工程常規、電機規範及廠家的說明，必須完成下列各項測試：

1. 工廠測試
2. 現場測試

   現場測試包括：

   a. 絕緣測試

   b. 目視檢側

   c. 運轉或啓動測試

   d. 驗收測試

#### 1.2 工廠測試

下列各項設備的廠商需提供工廠測試報告與製造圖一併送審：

(1) 高壓電纜

(2) 模鑄型變壓器

(3) 裝甲閉鎖形配電箱

(4) 變電站配電箱

(5) 引擎/發電機

#### 1.3 現場測試

1.3.1 一般需求

(1) 現場測試前所使用的測試儀器均需先行校正。

(2) 承包商應於一部設備安裝完成可測試時即通知工程師。

(3) 工程師制定測試預訂表並於測試24 小時前通知各有關單位(例如承包商、設備廠家、電機技師及測試公司、業主代表)。接獲通知之單位需指派代表於指定時間出席測試。

(4) 承包商須經由工程師要求測試場所清場。若無本項清場，無論何種項目均不得測試。

(5) 除非獲得工程師的同意，高壓加壓試驗不得開始或重複測試。

(6) 承包商須切實遵守工程師的安全及掛牌步驟以確保測試時人員的安全並防止設備損壞。

(7) 高壓測試加壓前接地系統須予以測試及檢查。

(8) 高壓加壓試驗及電驛試驗均須由承包商僱用已核准立案的獨立測試機構測試。



(9) 有關高壓加壓測試電壓及開始測試步驟，測試前均應與製造商洽商並獲同意。

1.3.2 絕緣電阻測試

(1) 絕緣電阻測試須在電機設備全部安裝完成後但在送電前執行。

(2) 除非另有規定，最低可接受的絕緣電阻值及高阻計電壓如下列所示：

| 設備 | 高阻計測試電壓 | 最底刻度 |
|---|---|---|
| 220V 交流馬達 | 500V/1 分鐘 | 1 |
| 380V 交流馬達 | 500V/1 分鐘 | 1 |
| 4160V 交流馬達 | 1000V/1 分鐘 | 1 |
| 220V 配電箱 | 1000V/1 分鐘 | 1 |
| 380V 配電箱低壓 | 1000V/1 分鐘 | 1 |
| 380V 馬達控制中心 | 1000V/1 分鐘 | 1 |
| 4160V 配電箱高壓 | 2500V/1 分鐘 | 1 |
| 22800V 配電箱高壓 | 2500V/1 分鐘 | 1 |
| 600V 電力電纜 | 1000V/1 分鐘 | 1 |
| 6600V 電力電纜 | 2500V/5 分鐘 | 1000＊ |
| 15000V 電力電纜 | 2500V/5 分鐘 | 1000＊ |
| 25000V 電力電纜 | 2500V/5 分鐘 | 1000＊ |

(3) 除非另有規定，所有500V 及1000V 馬達驅動高阻計絕緣測試至少需保持一分鐘，並且須等讀數穩定15 秒鐘。

(4) 所有2500V 馬達驅動高阻計之絕緣測試至少需保持五分鐘並且須等獲得間隔一分鐘的三次連續讀值。最初二分鐘內，每30 秒鐘讀一次；之後每隔一分鐘讀一次。

(5) 高壓加壓測試前，該設備需先測量絕緣電阻。若絕緣電阻值低於上述(2) 項所列 Mega ohm ，則不可執行加壓測試並應告知工程師。

(6) 測試絕緣時須將有可能被高阻計電壓破壞的設備隔離。

1.3.3 目視檢測

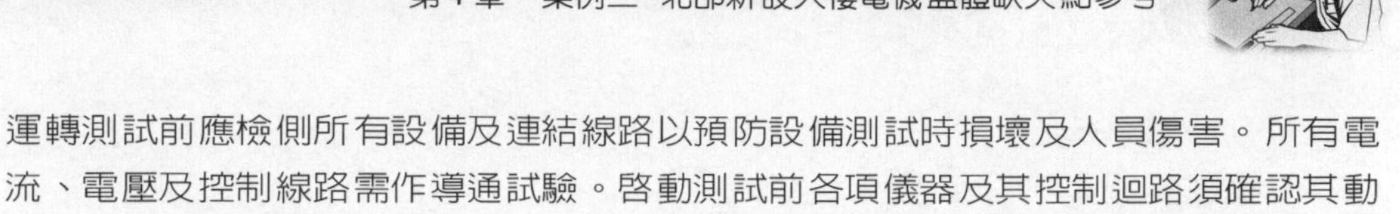

運轉測試前應檢側所有設備及連結線路以預防設備測試時損壞及人員傷害。所有電流、電壓及控制線路需作導通試驗。啓動測試前各項儀器及其控制迴路須確認其動作正常。迴路測試前其測試步驟須經業主/總顧問審核。施工監督人員須出席各項迴路測試及功能試驗。

廠家說明書有關測試時可能需要注意的特殊情況部份，應特別小心研讀。承包商在做預試時須操作所有設備並加以記錄做成測試報告。設備軸心線對心及最後的設定值均須精確記錄儲存並送文總顧問/工程師審核。依照已建立的測試步驟測試完成後，經該測試人員證明該設備已準備好可受電並且經工程師同意後該設備就可以受電。



1.3.4 驗收測試

工程師請求廠家代表出席驗收須在預定驗收測試日期前預先通知，以便廠家有充分的時間可以安排代表服務。總顧問/工程師將審核預試或啓動測試報告及最後現場檢驗時所作的最後運轉測試的設備性能來作決定是否驗收。最後運轉測試將對於總顧問/工程師所選擇的設備或器具加以測試，已顯示該設備能正確地完成所需要的功能。

## 1.4 簽證測試報告

本節所述各項系統或設備的測試，包括完整的讀值、觀察本節所採取的措施等均須加以記錄併完成簽證測試報告。承包商應備妥所有簽證好的測試報告各六份送交總顧問/工程師審核。

## 1.5 設備或系統測試

下列設備或系統需作現場測試，並須備妥簽證測試報告。詳細的測試步驟及需求請閱相關各節。

(1) 25KV 及 15KV 電纜及 6.6KV 電纜
(2) 22.8KV 及 4160V 配電箱
(3) 變壓站 220/380V 配電箱
(4) 模鑄型變壓器，22.8KV/220-380V ，22.8KV/4.16KV ，4.16KV/220-380V
(5) 600V 饋線
(6) 低壓匯流排
(7) 馬達控制中心及啓動器
(8) 低壓控制開關系統
(9) 接地電極系統
(10) 接地故障保護系統
(11) 備用電力系統
(12) 電源自動切換開關(ATS)
(13) 電力管理系統 PMS

(14) 火警系統
(15) 主電視天線系統
(16) 不斷電系統
(17) 燈具調整及測試
(18) 廣播系統



## 4-10 高低壓配電盤計劃

一、 審查意見及答覆PAGE 1 Revision "2" " 0"版意見ITEM 1 ～9 未見意見及答覆之內容，請說明。

二、 原0 版 PAGE 4 資料於本次送審中自行刪除，PAGE 21 中間檢查本次送審逕行刪除…，本次送審資料修正後與0 版資料差距甚大，請依0 版意見做正確之修正。

三、0 版意見ITEM 未修正。

四、0 版意見ITEM 11 修正資料與合約規範要求不符請重新檢討修正。

五、0 版意見ITEM 14 答覆意見為此部份…提供，與部份承商應依送審核准之器材選用檢討，計算及繪製保護曲線。

六、0 版意見ITEM 15 ，盤體重量(如變壓器盤)之依據請提供正確資料另固定方式，防震要求與規範要求不符請修正。

APPLY ONLY ITEM THAT PERTAIN TO PANEL INSTALIATION

### 備註：

一、 本審核認可之文件，僅對總包商所提送之文件圖說或測試證明內容予以審定。申請人、出品人或檢驗測試機關(構)，如有偽造文書，出具不實證明、侵害他人權益或實際設計、施工與所申請資料不符，肇致危險或傷害他人時，應視其情形，撤銷認可證明文件，並分別依法負其責任。

### 疑義澄清

原送審計劃書中英標題不符，經確認修改為高低壓配電盤安裝計劃書，有關配電盤製造相關意見，將整合併入配電盤製造圖中送審。

1. 請詳配電盤製造圖送審。
2. 配電盤安裝流程圖；請詳P4. P5 。
3. 請詳配電盤製造圖送審。
4. 請詳配電盤製造圖送審。
5. 請設計單位提供台電審圖計算書資料，以利重新計算各保護電驛保護協調曲線。
6. 固定方式請詳內容P.6 ～18 。

### ××××××中心新建工程

### 機電系統設備及安裝工程

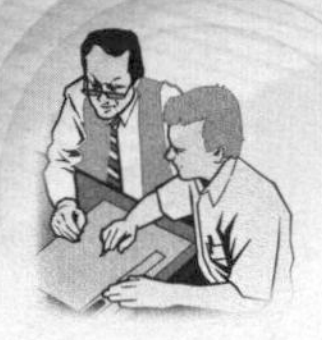



## 高低壓配電盤安裝計劃書

## 目錄



## 一、 工程概述及適用範圍

1、工程概述

1-1 工程名稱：××××××大樓工程高低壓配電盤體設備安裝

1-2 業主名稱：××××××股份有限公司

1-3 設計監造：××設備工程顧問有限公司

1-4 施工地點：台北市××路×號

2、適用範圍

電氣相關工作盤體之固定安裝含：

高低壓開關設備盤體、高低壓變壓器設備盤體、馬達控制盤、直流電源設備等，設備組立、檢驗、及測試。

二、 依據規範

1、依據契約中之施工規範第十六章16010節第一部份1.08、1.10、1.11；16300節第三部份；16400節第三部份3.01～3.06、3.10、3.11施工安裝。

2、依據送審之品管計畫BP06-E-010執行施工安裝及品質管制。

## 三、 施工安裝流程及搬運

1、施工安裝流程圖請參閱Page 4～5。

安裝時，以整組中心的盤體為準，進行安裝工作，在分別往左右兩側進行安裝；定位後先行調整前後位置一致性，再利用墊片調整上下高度。

2、搬運計畫

詳設備材料搬運計畫(地上層BP06-E-050及地下層BP06-E-035)，事先研討及註記，並與業主取得協調及許可。

3、材料進場

大型物料進場，搬運原則如第2節所述及本計劃各項檢查表，並得事先申請報備。材料之堆積及存放應注意安全及不妨礙其他單位現場施工。

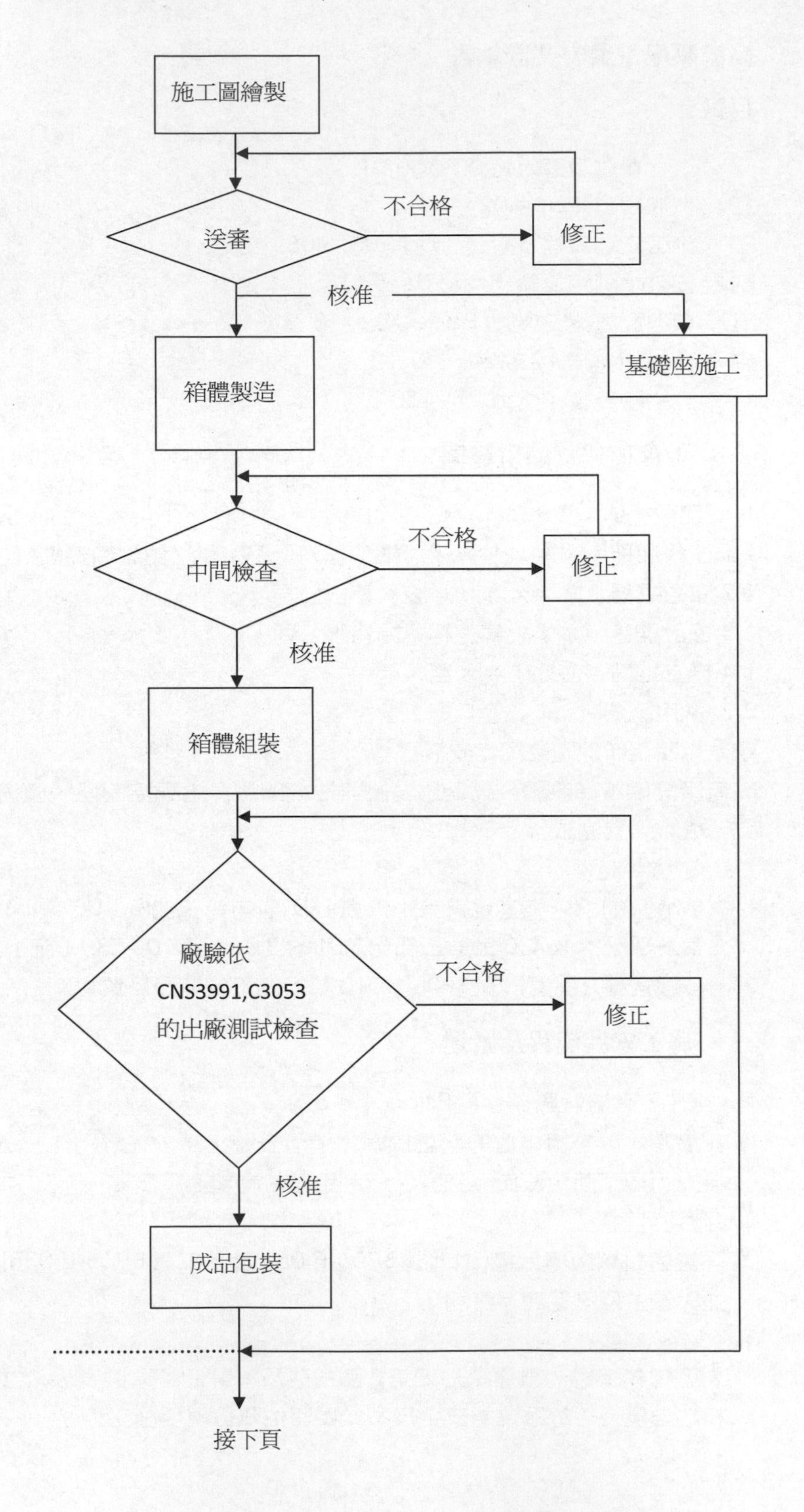
施工圖繪製
送審
不合格
修正
核准
基礎座施工
箱體製造
中間檢查
不合格
修正
核准
箱體組裝
廠驗依
CNS3991,C3053
的出廠測試檢查
不合格
修正
核准
成品包裝
表一
表二
接下頁

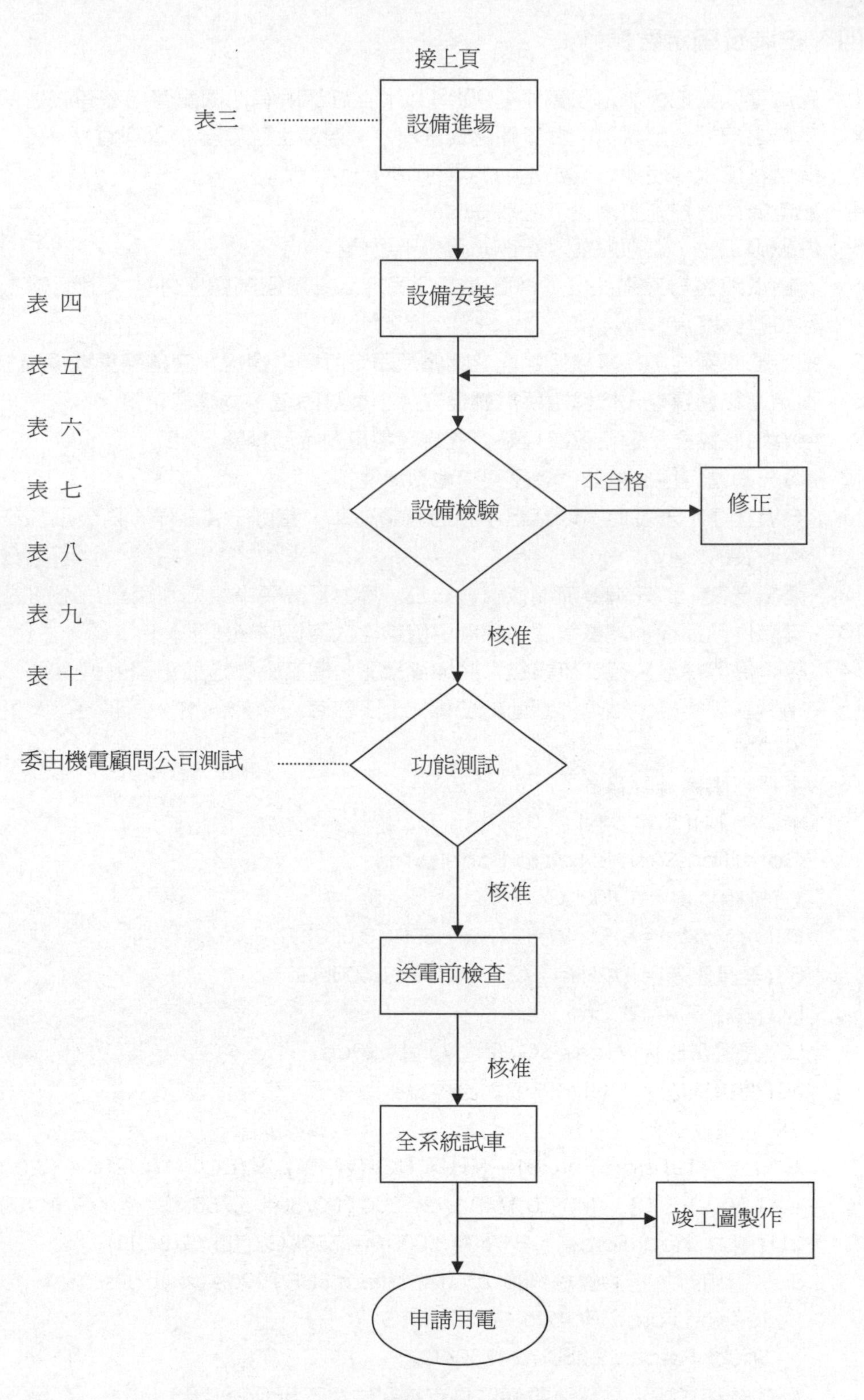


高低壓配電盤安裝流程圖

## 四、安裝及固定要領

1 、確認電氣室地板水泥強度達4000PSI以上並確認所有地面配管均配有終端保護。

2 、基座之尺寸、型式需配合設備之實際尺寸；混凝土強度至少280kg f/ 。

3 、調整基座水平使平坦度誤差小於2mm/M 。

4 、配電盤均應按施工圖標示位置安裝。

5 、併盤施工時，盤與盤需緊靠在一起，不可傾斜。

6 、安置後盤體之基礎孔位，鑽膨脹螺栓固定孔，孔徑為螺栓外徑，最低鑽孔深度為螺栓套管長度。

7 、固定膨脹螺栓，確實鎖緊螺栓之螺帽及固定所需之螺栓，使盤體與地面連結。

8 、固定連結盤螺栓，依盤體所需螺栓之大小數量固定，並確實鎖緊。

9 、檢查膨脹螺栓及連結盤螺栓是否依規定數量固定及鎖緊。

10 、每一箱體均應接地並依圖示與接地系統連接。

11 、安裝程序，安裝時，以整組中心的盤體為準，進行安裝工作，再分別往左右兩側進行安裝。

12 、調整安裝，首先調整前後位置一致性，其上下高度調整則利用墊片添加調整。

13 、安裝併盤螺栓，調整後，將盤間併盤螺栓放定位(未鎖緊) 。

14 、鎖緊併盤螺栓，確定無誤後，將地面鑽孔，埋基礎螺栓並鎖緊併盤螺栓。

15 、鎖緊基礎螺栓，檢視外觀前後位置，上下高度一致無誤後，再將基礎及併盤螺栓確實鎖緊。

16 、選擇膨脹螺絲計算式：

條件 ：KH(防震係數)=2.0

ConditionsSeismic FactorPanel wt

W(盤體重量)= 1,500KG

FH(水平震力)= KH × W= 2.0 × 1,500= 3,000KG

FV(垂直震力)= 1/2FH= 1/2 × 3,000= 1,500KG

HG(垂心高)= 100cm

LG(長邊重心)= 96cm  SG(短邊重心)= 20cm

NT(總螺絲數)= 4  N(水平或垂直螺絲數)= 2

解：只檢討短邊傾倒

1. R(拉力Tension Force)= {FH × HG-(W-FV) × (L-LG)}/L × N= {3,000 × 100-(1,500-1,500) × (40-20)}/40 × 2= 300,000/80= 3,750KG/個(KG/BOLT)
2. T(剪力Shear Force)= FH/NT=3,000/4= 750KG/個(KG/BOLT)
3. 故選用新生膨脹螺絲NSB-2060 ，select SHF 1290A × 4bolts
   Tension Force 12,428KG>3,750KG
   Shear Force 22,280KG>750KG
4. 螺絲樣式請另詳電氣設備器具支撐另件送審BP06-E-283 。

17 、基礎座之保護：運用鐵板、木塊、圓鐵管、拖板車、搬運小坦克，使盤體搬至定位。

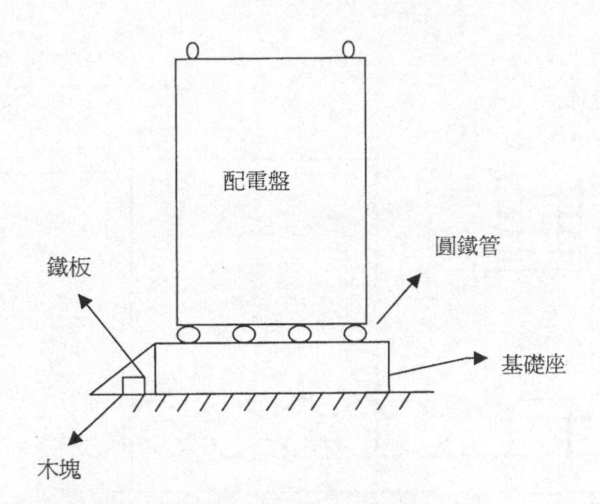


如下圖示：木塊 鐵板 配電盤 圓鐵管 基礎座

## 18.併盤螺栓示意:

## Fixed bolts

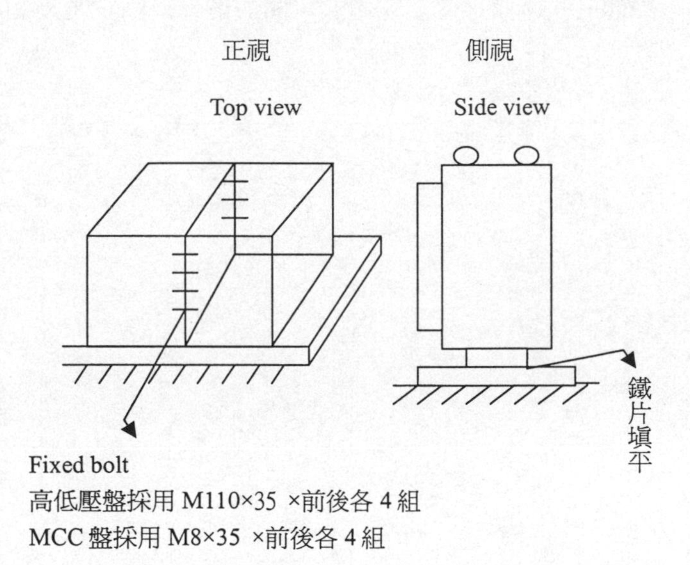


## 19.基礎螺栓示意:

## Anchor bolts

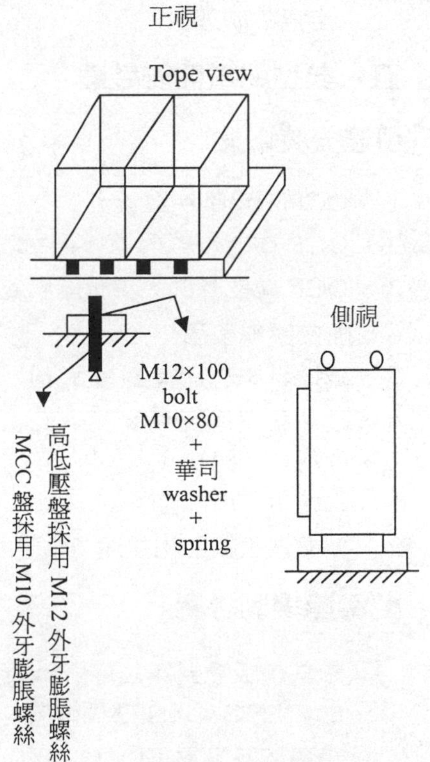

20.TR 按裝示樣:

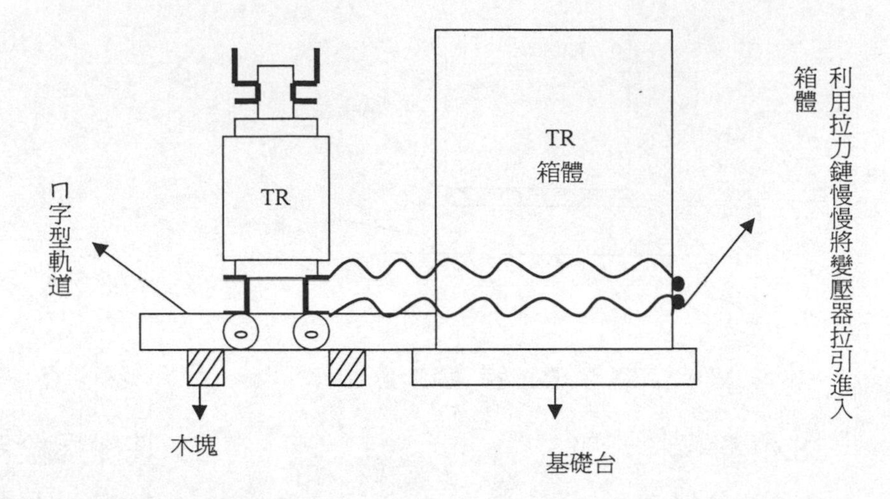


變壓器定位後，輪子拆除集中存放。

21 、馬達控制中心、馬達控制盤、其他形式之落地低壓配電盤，將依照本計劃安裝及固定要領辦理。

## 五、典型配電盤安裝圖

### 盤體安裝缺失

1 、DCP Panel 門縫太大
2 、DCP 與隔壁盤併盤螺絲未裝
3 、DCP 隔壁盤前一只地腳螺絲未緊栓
4 、盤內螺絲散置
5 、接地Bus 未除烤漆(前、後)
6 、電熱器沒有接地線
7 、電熱器有另料
8 、終端不可再開口
9 、被覆是否加上相接處

### 配電盤場測計劃

一、未依前版意見第三條列出所有介面設備、材料及測試步驟…；界面點如DCP 、極早期、ENG/GEN 優先順序、ATS 、EMCS 、TR/跳脫裝置界面(PMS 溫度、ALARM 箱體散熱風扇等)。

二、請說明保護協調曲線如何選用、設定。

三、請列出預定廠驗時程表。

備註：

本審核認可之文件，僅對總包商所提送之文件圖說或測試證明內容予以審定。申請人、出品人或檢驗測試機關(構)，如有偽造文書，出具不實證明、侵害他人權益或實際設計、施工與所申請資料不符，肇致危險或傷害他人時，應視其情形，撤銷認可證明文件，並分別依法負其責任。

**6F 高低壓配電盤**

1. 盤面指示燈及選擇開關安裝高度勿低於100cm。
2. 變壓器固定方式不裝輪子直接落地。
3. 請整合EMCS、PMS、GMS、ATS盤體內部配線。

**6F 高低壓配電盤**

一、圖E103 SC-TH1BC電容器應為450KVAR。(4.16KV 2只)(1AC，2AC，2BC)Reactor 27KVAR。

二、圖E104 US-TH1A(1)及US-TH1B(1)盤缺DF及PT，US-TH1A(2)及US-TH1B(2)內之IC，標的對稱值或非對稱值，請統一標準。

三、圖E105 SC-TH1A及SC-TH1B電容器應為諧波濾波電容700KVR/HM.SC，不得以基本串聯電抗電容取代。

四、圖E109同2項。

五、圖E110同3項。

六、圖E320 ATS-TH1A應加照明燈具。

七、圖E322同6項。

八、圖E330 ATS-TH1A應加電熱器。

九、圖E332同8項。

十、圖A207～A214高壓電纜頭方向顛倒，ATS請標明一般及緊急側，並統一一般側在上方。

十一、補建築平面套繪圖。

十二、低壓側主銅排與設計需求不一致。Cu bar do not meet design。

十三、高低壓配電盤之備用空間、開關之固定角件，應一併施作。

**備註：**

本審核認可之文件，僅對總包商所提送之文件圖說或測試證明內容予以審定。申請人、出品人或檢驗測試機關(構)，如有偽造文書，出具不實證明、侵害他人權益或實際設計、施工與所申請資料不符，肇致危險或傷害他人時，應視其情形，撤銷認可證明文件，並分別依法負其責任。

**7F 高低壓配電盤**

1. 盤面指示燈及選擇開關安裝高度勿低於100cm 。
2. 變壓器固定方式不裝輪子直接落地。
3. 請整合EMCS 、PMS 、GMS 、ATS 盤體內部配線。
4. ACB 盤請考慮擴充性如可排列參組ACB 擴充之結構應完成。

**7F 高低壓配電盤**



一、圖E102 US-G3A(1)及US-G3B(1)缺PT ，US-G3A(2)及US-G3B(2)，ACB 缺MA ，CS ，GR 燈。

二、圖E104 US-P5A(1)及US- P5B(1)缺PT ，US- P5A (2)及US- P5A (2)，ACB 缺MA ，CS ，GR 燈。

三、圖E110 US-T1A(1)及US-T1B(1)缺PT ，US-T1A(2)及US-T1B(2) ，ACB 缺MA ，CS ，GR 燈。第三回路之銅排應為三相四線，US-T1B(2)第二回路缺ACB 2000A 。

四、圖E112 ACB 缺MA ，CS ，GR 燈ATS-P7ED1 之ACB 於A256 圖缺該ACB ，請確認安裝位置應裝於 ATS-T7ED1 內。

五、圖A252 ～A265 高壓電纜頭顛倒，ACRYLIC 請標示尺寸，ATS 請標明一般及緊急側，並統一一般側在上方。

六、請補建築平面套繪圖。

七、低壓側主銅排與設計需求不一致。L.V. copper bar not as design 。

八、高低壓配電盤之備用空間、開關之固定角件，應一併施作。

九、開關之IC ，採對稱值或8 片對稱值，請統一標準。

**備註：**

本審核認可之文件，僅對總包商所提送之文件圖說或測試證明內容予以審定。申請人、出品人或檢驗測試機關(構) ，如有偽造文書，出具不實證明 、侵害他人權益或實際設計 、施工與所申請資料不符，肇致危險或傷害他人時，應視其情形，撤銷認可證明文件，並分別依法負其責任。

## 安裝及固定要領

1. 調整基座水平使平坦度誤差小於2mm/M 。
2. 配電盤均應按施工圖標示位置安裝。
3. 併盤施工時，盤與盤需緊靠在一起，不可傾斜。

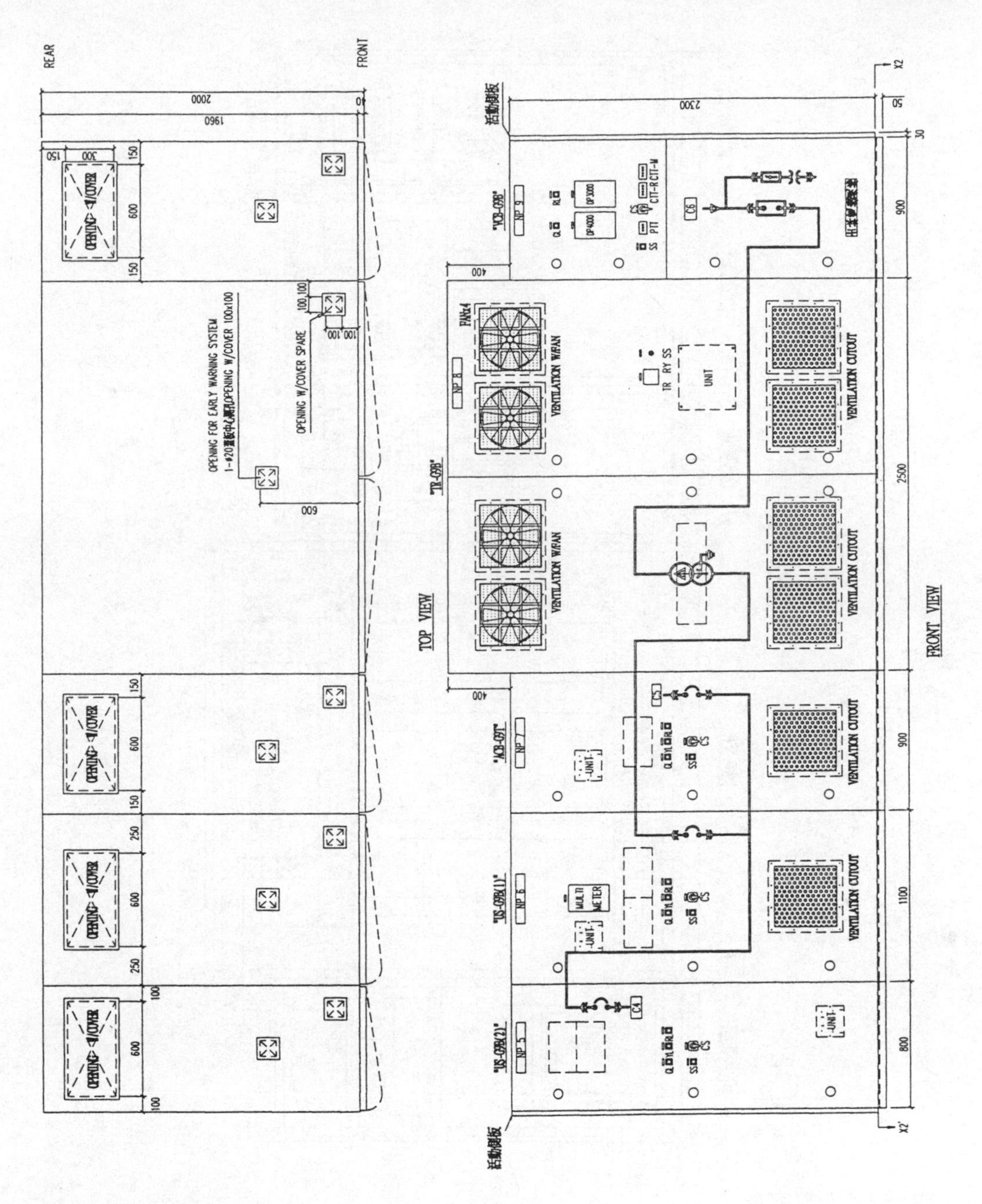


## 安裝及固定要領

安裝程序

1. 安裝時，以整組中心的盤體為準，進行安裝工作，再分別往左右兩側進行安裝。
2. 調整安裝，首先調整前後位置一致性，其上下高度調整則利用墊片添加調整 。
3. 安裝併盤螺栓，調整後，將盤間併盤螺栓放定位(未鎖緊)。
4. 鎖緊併盤螺栓，確定無誤後，將地面鑽孔，埋基礎螺栓並鎖案併盤螺栓 。
5. 鎖緊基礎螺栓，檢視外觀前後位置，上下高度一致無誤後，再將基礎及併盤螺栓確實

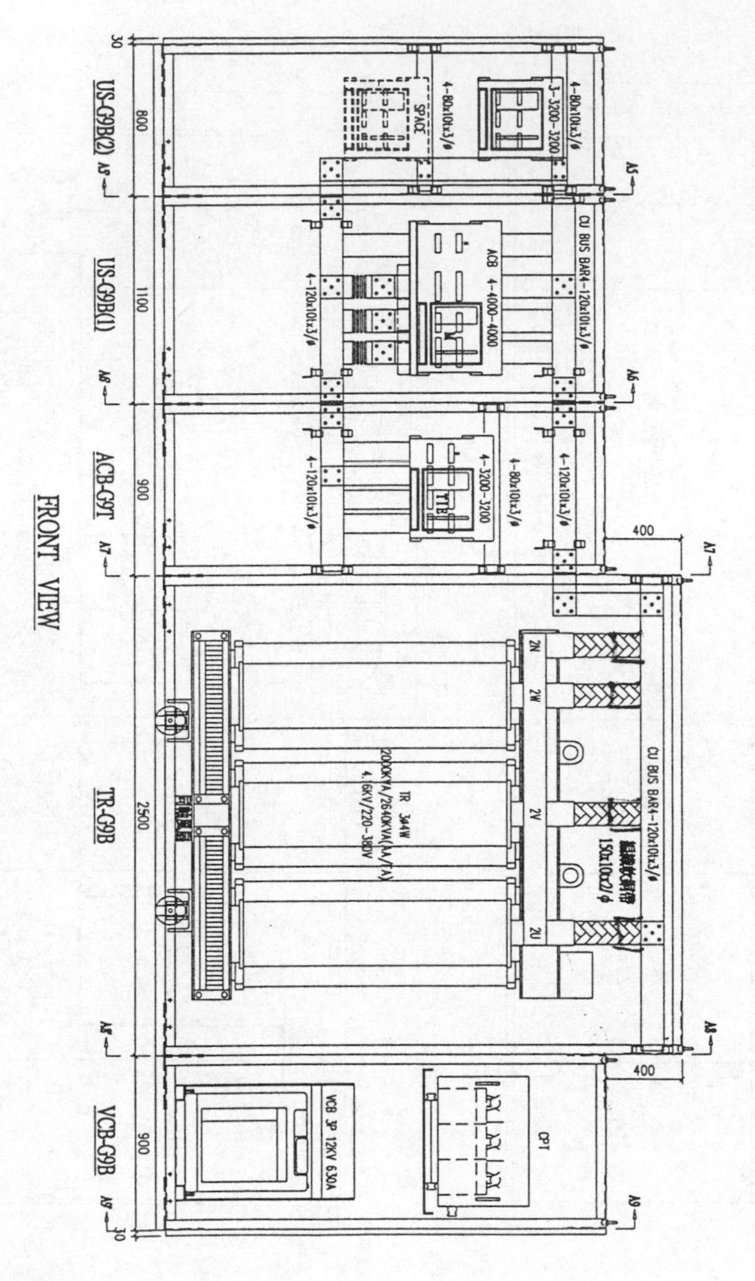


## 安裝及固定要領

1. 確認電氣室地板水泥強度達4000PSI以上並確認所有地面配管均配有終端保護。
2. 基座之尺寸、型式需配合設備之實際尺寸；混凝土強度至少280kg f/ 。
3. 安置後盤體之基礎孔位，鑽膨脹螺栓固定孔，孔徑為螺栓外徑，最低鑽孔深度為螺栓套管長度。
4. 固定膨脹螺栓，確實鎖緊螺栓之螺帽及固定所需之螺栓，使盤體與地面連結。
5. 固定連結盤螺栓，依盤體所需螺栓之大小數量固定，並確實鎖緊。

## 安裝及固定要領

1. 調整基座水平使平坦度誤差小於 2mm/M 。
2. 配電盤均應按施工圖標示位置安裝。
3. 安置後盤體之基礎孔位，鑽膨脹螺栓固定孔，孔徑為螺栓外徑，最低鑽孔深度為螺栓套管長度。
4. 固定膨脹螺栓，確實鎖緊螺栓之螺帽及固定所需之螺栓，使盤體與地面連結。
5. 定位後盤體各立面須與地面垂直，不可傾斜。



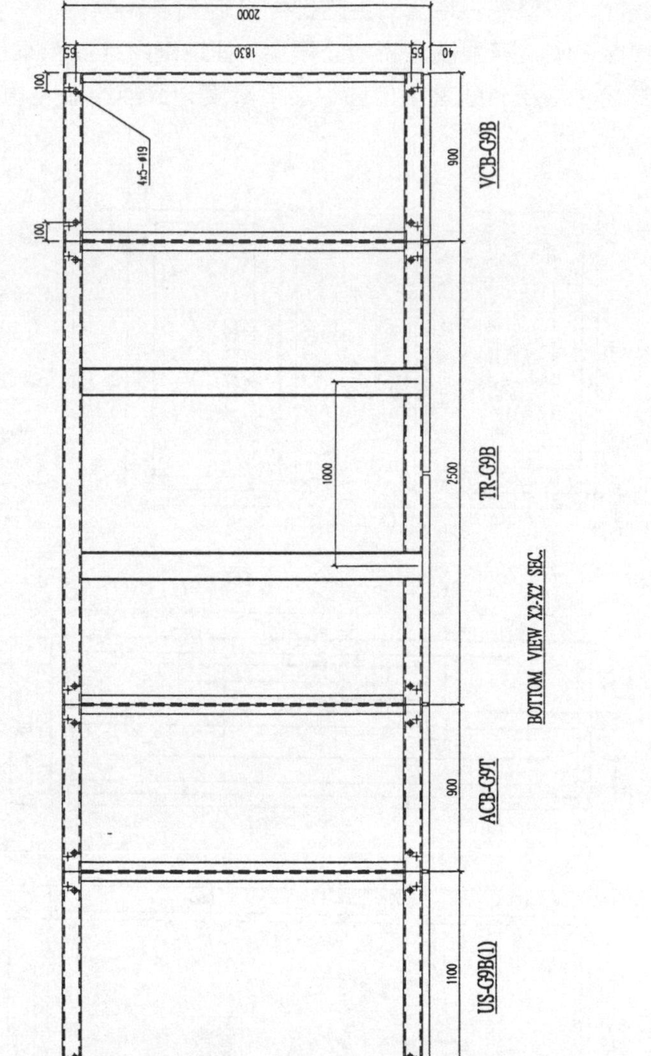

## 安裝及固定要領

安裝程序

1. 基座之尺寸、型式需配合設備之實際尺寸；混凝土強度至少280kg f/ 。
2. 調整基座水平使平坦度誤差小於2mm/M 。
3. 配電盤均應按施工圖標示位置安裝。
4. 安裝時，以整組中心的盤體為準，進行安裝工作，再分別往左右兩側進行安裝。
5. 調整安裝，首先調整前後位置一致性，其上下高度調整則利用墊片添加調整。
6. 安裝併盤螺栓，調整後，將盤間併盤螺栓放定位(未鎖緊)。
7. 鎖緊併盤螺栓，確定無誤後，將地面鑽孔，埋基礎螺栓並鎖案併盤螺栓。
8. 鎖緊基礎螺栓，檢視外觀前後位置，上下高度一致無誤後，再將基礎及併盤螺栓確實鎖緊。

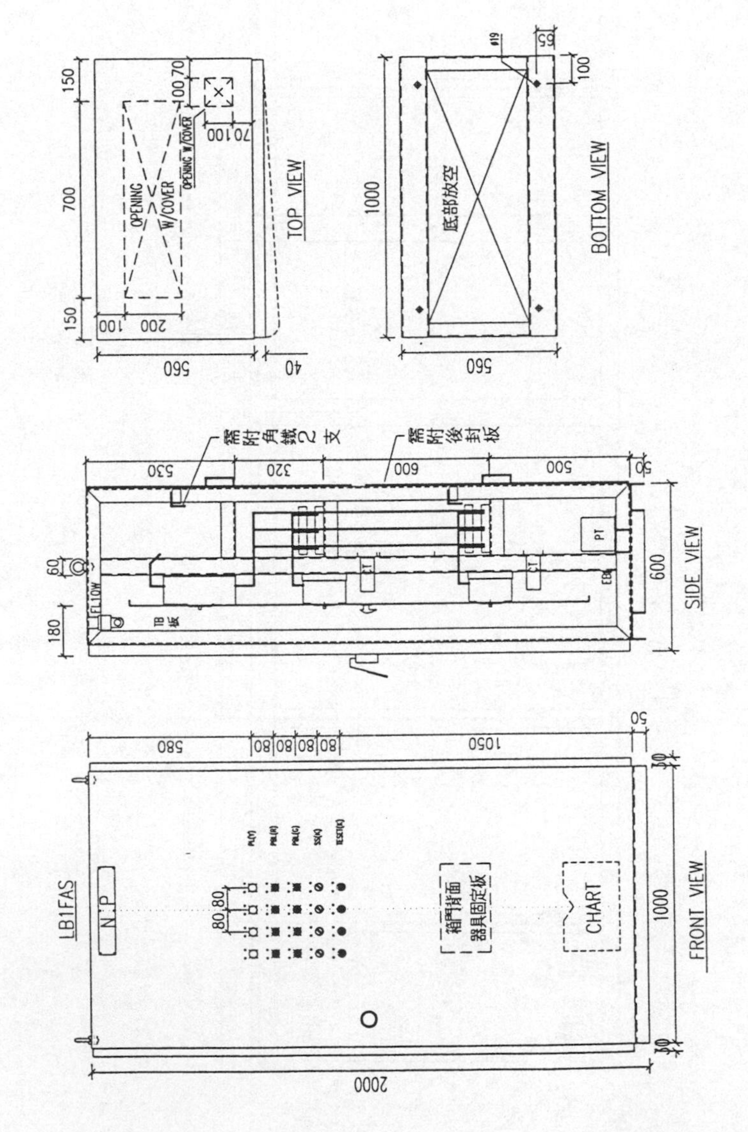

註：

1. 變壓器於定位後，車輪拆除集中存放。
2. 固定夾採用 厚鋼板製作，詳細尺寸配合變壓器型號調整。
3. 每只變壓器裝設4組固定夾。

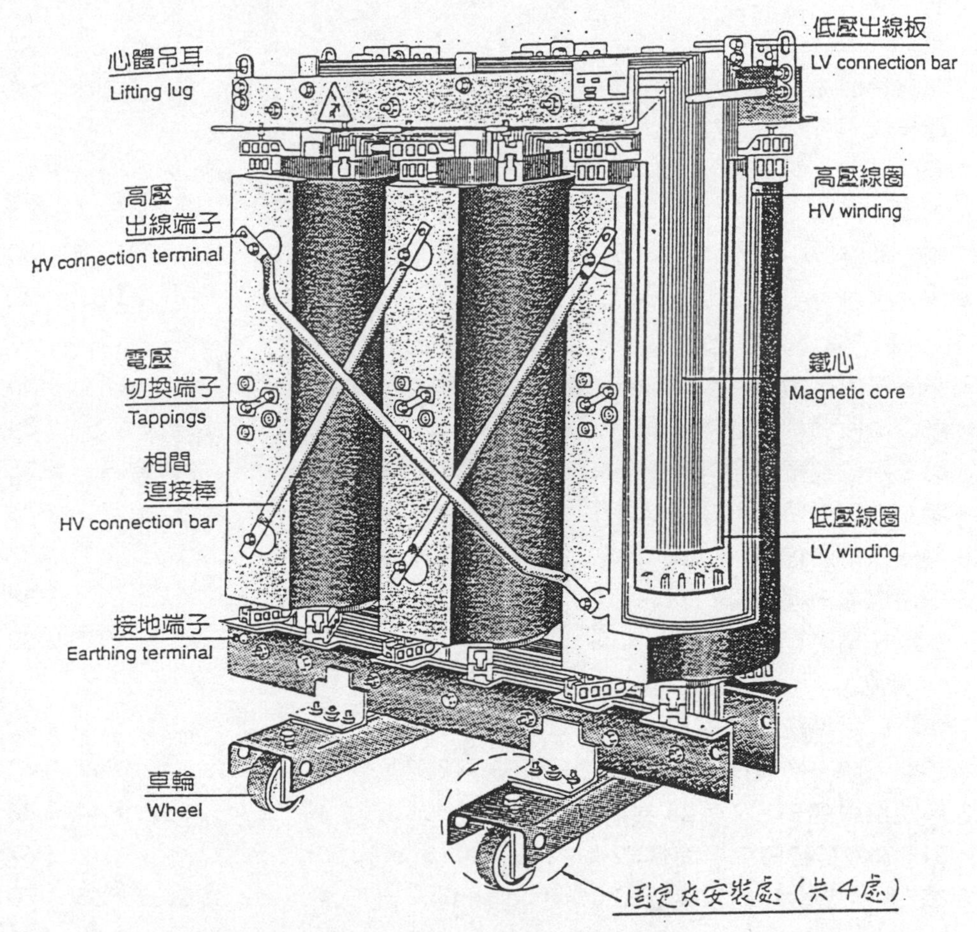


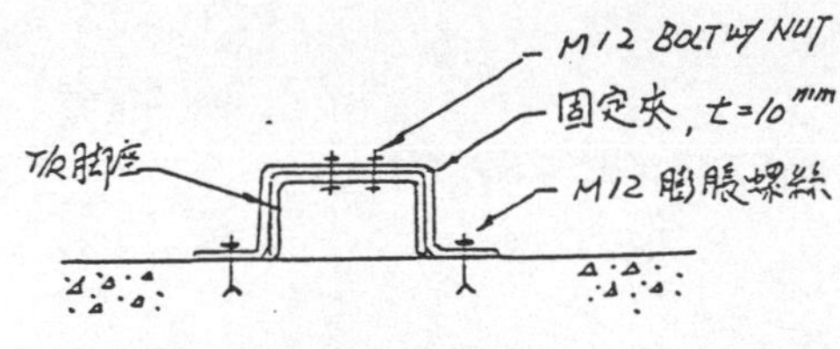


SECTION A-A

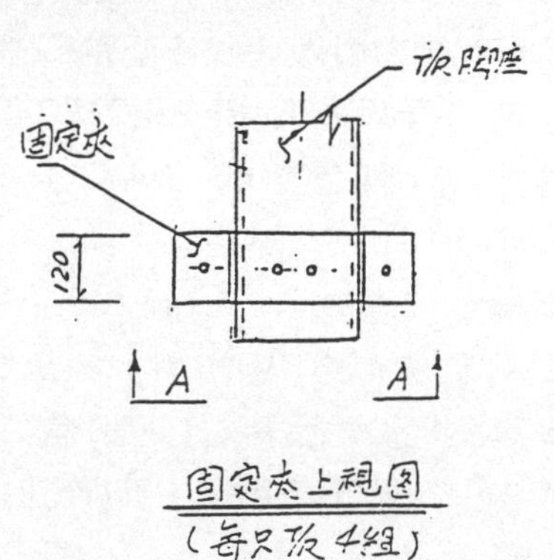


固定夾上視圖
（每只T/K 4組）

註：1.变压器於定位後,車輪拆除集中存放.
2.固定夾採用10mm厚鋼板製作詳細尺寸配合变压器型号調整.
3.每只变压器裝設4組固定夾.

## 4-11 送電作業施工計劃書

**項目內容**

## 1 適用範圍

本大樓由台電受電室申請開始，至台電外線施工，到本大樓群樓與塔樓送電止，其間之申請作業均適用本計劃書。

## 2 說明

為配合群樓及塔樓分段部份使用，及符合台灣電力公司法令的規定，送電作業計劃分四階段進行，以祈能如期的完成分段送電的目地。期間有許多需要各單位配合之作業，在本計劃書會加以說明，因為時程尚未到達，且送電作業中有許多屬電力公司的工作，又屬於不易掌握的單位，所以在計劃書中只做預定作業的敘述或本公司會注意的事項，待時程及里程碑到時，本公司會依此計劃書進行相關之作業與整合協調之工作，也期待業主能依此計劃書加以協助。

送電作業四階段分別為：

第一階段 用電送件受理及受電室安檢申請

第二階段 台電外線施工

第三階段 群樓送電申請

第四階段 塔樓送電申請

2.1 相關單位

本節說明在申請送電作業過程中，承辦本工程相關業務的政府單位與公會，便於事先的協調與執行工作中的聯絡。

2.1.1 申請台電受電室安檢及內線竣工送電的掛件

2.1.1.1 承辦：台灣電力公司 台北市區營業處 櫃台

2.1.1.2 地址：台北市基隆路四段75號

2.1.1.3 電話：02-2378-8111

2.1.2 台電受電室安檢及外線設計

2.1.2.1 承辦：台灣電力公司 台北市區營業處 設計股



2.1.2.2 地址：台北市基隆路四段75號

2.1.2.3 電話：02-2378-8111

2.1.3 繳納外線補助費

2.1.3.1 承辦：台灣電力公司 台北市區營業處 營業股

2.1.3.2 地址：台北市基隆路四段75號

2.1.3.3 電話：02-2378-8111

2.1.4 台電外線施工

2.1.4.1 承辦：台灣電力公司 台北市區營業處 工務股

2.1.4.2 地址：台北市基隆路四段75號

2.1.4.3 電話：02-2378-8111

2.1.4.4 施工小包：待台電發包後才能取得

2.1.4.5 地址：待台電發包後才能取得

2.1.4.6 電話：待台電發包後才能取得

2.1.5 檢驗及送電

2.1.5.1 承辦：台灣電力公司 台北市區營業處 檢驗股

2.1.5.2 地址：台北市基隆路四段75號

2.1.5.3 電話：02-2378-8111

2.2 用電申請流程說明

說明各階段應完成的主要工作及工程範圍。

2.2.1 第一階段用電送件受理及受電室安檢申請

2.2.1.1 完成台電受電室至建築線水溝外50cm間的外管路施工。

2.2.1.2 完成台電受電室天地牆的防水、粉刷及百葉窗、防蟲網、鐵拉門、門檻與鎖扣等。

2.2.1.3 完成進入台電受電室的通道。

2.2.1.4 完成台電受電室抽風機、照明、插座、開關箱及消防等設備。

2.2.1.5 完成台電受電室至MOF間的配管。

2.2.2 第二階段台電外線施工

這階段除了繳外線補助費的工作外，都屬於台電公司的工作，及另外四單位(自來水事業處、電信局、衛工處及瓦斯公司)一起進行外線施工的工作，也是最不能掌握的進度範圍，故此部份的時程變化最大，所以第二階段的工作越早進行越好，較有充裕的時間協調相關單位，而不會影響送電的時程。

2.2.2.1 完成外線的挖路與穿線施作

2.2.2.2 台電受電室基礎施作，變壓器設備安裝，電纜連結完成。

2.2.2.3 完成台電受電室一次側的送電。

2.2.3 第三階段群樓送電申請

主要配合群樓部份使用執照使用的範圍做群樓的送電，其範圍程序詳如裙樓使用專案計劃。

2.2.3.1 完成群樓變電站工程

2.2.3.2 完成34樓以下變電站的送電。

2.2.3.3 進行34樓以下負載端依序送電。

2.2.4 第四階段塔樓送電申請完成全棟大樓送電。

2.2.4.1 完成34樓以上變電站的送電。

2.2.4.2 進行34樓以上負載端依序送電。

2.2.4.3 進行全棟大樓供電的協調。

2.3 申請時機

目前因工程總進度在調整中，無法確切掌握相關土建進度的里程碑，所以本計劃書改以相關工程之前置與後續的任務關係，作為申請時機的目標與說明。

2.3.1 第一階段辦理用電申請之程序

2.3.1.1 取得台電受電室預審合格圖及文件。

2.3.1.2 取得台灣電力公司審核通過之內線設計圖及文件。

2.3.1.3 完成塔樓B1F台電受電室天地牆的防水、粉刷及百葉窗、防蟲網、鐵拉門、門檻與鎖扣等工程後。

2.3.1.4 完成進入塔樓B1F台電受電室的通道工程後。

2.3.1.5 完成塔樓B1F台電受電室抽風機、照明、插座、開關箱(內含抽風機溫控開關)及消防等設備工程後。

2.3.1.6 完成台電受電室至建築線水溝外50cm間的外管路工程後。

2.3.1.7 完成台電受電室至MOF間的配管後。

2.3.2 第二階段台電外線施工

2.3.2.1 完成外線補助費的繳款後即開始。

2.3.2.2 配合台電於建築線內、外管線之銜接。

2.3.2.3 外線施工完成後交建築工程進行路面工程。

2.3.2.4 取得使用執照前應完成台電受電室一次側的送電。

2.3.3 第三階段群樓送電申請

2.3.3.1 取得門牌號碼後。(建築師配合申請並取得門牌號碼證明)

2.3.3.2 取得群樓部份用電計劃書後。(電機技師配合取得台電核准之用電計劃書)

2.3.3.3 取得群樓部份使用執照正本後即刻開始。(建築師、營造商、水電承商配合相關作業)

2.3.3.4 完成34F以下的變電站工程後。(水電承商配合設備安裝完成)

2.3.3.5 完成機電顧問公司對34F以下變電站電氣設備的檢驗工作後。(機電顧問配合檢驗)

2.3.3.6 完成電氣負責人申請後。(業主配合完成大樓電氣負責人申請作業)

2.3.4 第四階段塔樓送電申請

2.3.4.1 取得全棟大樓用電計劃書後。

2.3.4.2 取得塔樓部份使用執照正本後即刻開始。



2.3.4.3 完成34F以上的變電站電氣設備工程後。

2.3.4.4 完成機電顧問公司對34F以上變電站電氣設備的檢驗工作後。

2.4 申請文件

本章節說明送電作業中申請用的表單、文件、圖說及費用等，及在各階段中應準備的申請項目。

2.4.1 第一階段台電受電室安檢申請

2.4.1.1 取得台電受電室預審合格圖面及文件。

2.4.1.2 合格圖上除建築師印章外，還要蓋業主(用戶)大小意。

2.4.1.3 建築執照正本及影本(影本蓋上業主大小章)。

2.4.1.4 配電場所竣工報告單(需有用戶、電機技師及本公司大小章)。

2.4.1.5 業主大小章。

2.4.1.6 本公司電氣承裝業大小章。

2.4.2 第二階段台電外線施工

2.4.2.1 電力公司營業股通知繳納外線補助費。

2.4.2.2 向業主申請外線補助費用。

2.4.2.3 至電力公司繳納外線補助費。

2.4.2.4 此階段無其他需要申請的作業與文件。

2.4.3 第三階段群樓送電申請

2.4.3.1 取得台灣電力公司核准之內線設計圖、計算書及文件。(建築師配合審圖相關作業)

2.4.3.2 群樓電氣竣工圖需蓋電機技師大小章。(水電承商及建築師配合用印)

2.4.3.3 群樓用電計劃書。(建築師配合取得台電核准之用電計劃書)

2.4.3.4 門牌號碼證明。(建築師配合申請並取得門牌號碼證明)

2.4.3.5 群樓部份使用執照正本及影本。(築師配合影本需蓋上業主大小章)

2.4.3.6 高壓需量綜合用電(新設)登記單。(水電承商配合填寫)

2.4.3.7 中央空調系統用電計費(新設)登記單。(水電承商配合填寫)

2.4.3.8 竣工報告書。(水電承商配合填寫)

2.4.3.9 編電號單。(台電作業)

2.4.3.10 電氣承裝業代辦計費電表施工同意書。

2.4.3.11 高壓設備竣工報告資料與文件。(電氣承裝業作業)

2.4.3.12 補辦電氣技術人員登記承諾書。(業主辦理登記)

2.4.3.13 台北市電氣技術員登記申請書。

2.4.3.14 台北市電氣技術員登記表(一式三份)。

2.4.3.15 電氣設備明細表(一式兩分)。

2.4.3.16 台北市電氣技術員登記卡。

2.4.3.17 電氣技術員資料(身份證、在職證明、照片、職業證明等)。

2.4.3.18 業主大小章。

2.4.3.19 電機技師大小章。

2.4.3.20 本公司電氣承裝商大小章。

2.4.3.21 公會會員證明文件。

2.4.3.22 高壓設備竣工報告資料準備表

| 項目<br>Item | 設備名稱<br>Equipment | 應準備證件 C.P | | | | | | 備註<br>Remark |
|---|---|---|---|---|---|---|---|---|
| | | A | B | C | D | E | F | |
| 1 | 避雷器 LA | ○ | ○ | | | | | |
| 2 | 真空斷路器 VCB | ○ | | | | ○ | ○ | |
| 3 | 高壓比壓器 PT | ○ | | | | | ○ | |
| 4 | 高壓比流器 CT | ○ | | | | ○ | ○ | |
| 5 | 高壓變壓器 TR | ○ | | | | | | |
| 6 | 電力熔絲 PF | ○ | | | | ○ | ○ | |
| 7 | 高壓電纜線 Cable | | | | | | | |
| 8 | 空氣斷路器 (2500A 以上) ACB | ○ | | | | | ○ | |
| 9 | 高壓自動電源切換開關 ATS | ○ | | | | | ○ | |
| 10 | 配電盤 Distribution Panel | ○ | | | | | | |
| 11 | | | | | | | | |
| 12 | | | | | | | | |
| 13 | | | | | | | | |
| 14 | | | | | | | | |
| | | | | | | | | |
| | | | | | | | | |

| 證件類別說明 Description Certifications Prepared | | |
|---|---|---|
| A | 出廠證明正本與影本 | Original Factory Certification |
| B | 大電力研試中心試驗報告 | T.P.C. Research & Examination Center's Test Report |
| C | 電氣試驗所試驗報告 | Electrical Examination Institute's Test Report |
| D | 松山修理廠試驗報告 | Shung-San Repair Factory's Test Report |
| E | 電力公司核准文件 | T.P.C Certification |
| F | 其他國外驗證機構 | Other Foreign Countries' Test Reports |
| | | |

2.4.4 第四階段塔樓

2.4.4.1 台灣電力公司核准之內線設計圖及計算書及文件。

2.4.4.2 塔樓電氣竣工圖(蓋上電機技師大小章)。

2.4.4.3 全棟大樓用電計劃書。

2.4.4.4 塔樓部份使用執照正本及影本。(影本蓋上業主大小章)

2.4.4.5 門牌號碼證明。



2.4.4.6 高壓需量綜合用電(新設)登記單。

2.4.4.7 中央空調系統用電計費(新設)登記單。

2.4.4.8 竣工報告書。

2.4.4.9 編電號單。

2.4.4.10 電氣承裝業代辦計費電表施工同意書。

2.4.3.11 高壓設備竣工報告資料與文件。

2.4.4.12 臺灣省電氣技術員登記卡。

2.4.4.13 業主大小章。

2.4.4.14 電機技師大小章。

2.4.4.15 本公司電氣承裝商大小章。

2.4.4.16 公會會員證明文件。

2.5 施工說明

本章節在說明與送電作業有關的電氣系統主要設備，在施工時應注意事項及檢查項目。至於施工細節不在本計劃書中詳述，請另詳線架施工計劃書、高壓幹線施工計劃書、高低壓配電盤施工計劃書等相關施工計劃。

2.5.1 台電受電室(第一階段)

2.5.1.1 受電室之淨尺寸不得小於台電核准圖之尺寸。

2.5.1.2 台電受電室的淨高不得低於2.5m 。

2.5.1.3 牆壁應有水泥漿粉飾。

2.5.1.4 門口應有10cm以上高度的PC門檻。

2.5.1.5 防火鐵拉門依台電核可標準圖施作。寬度不得小於180cm ，高度不得低於200cm 。

2.5.1.6 通風百葉窗位置與數量依核准圖施作，上百葉窗上緣距樓板下20cm ，下百葉窗下緣距地板上20cm 。

2.5.1.7 預埋引進管的位置深度管徑及管數等應符合台電核准圖。

2.5.1.8 台電引進管為6” *6 支共2 處。

2.5.1.9 照明、開關、插座及排風扇等依設計圖施工，位置依台電公司核準圖設置。

2.5.1.10 防火鐵拉門旁安裝受電室用開關箱，中心距地180cm 。

2.5.1.11 開關安裝在防火門旁BOX 中心距地120cm 。

2.5.1.12 受電室用開關箱並預留上下電源管供台電引入電源用，上下電源管分別至

頂板及地板20cm 。

2.5.1.13 上百葉窗下方20cm ，下百葉窗旁20cm 各設排風扇專用插座一只。

2.5.1.14 受電室內不得有用戶自備管線穿過。

2.5.1.15 消防設施依消防隊核准之圖面施工。

2.5.1.16 進入台電受電室之通道不得小於1.2m 並應保持通暢。

2.5.1.17 本公司會事先協調各單位用印的程序與時間，以減少不必要的等待時間。

2.5.2 台電外線(第二階段)

2.5.2.1 外線補助費的申請程序，請業主協助以專案方式辦理請款作業，以減少不必要的等待時間。

2.5.2.2 外線施工期盡量避開一年中的道路禁挖期，協力廠商更換期及颱風季節。

2.5.2.3 五大外管路要同時向台北市政府養工處申請挖路許可，才會得到許可證明。五大外管路有(電力公司、自來水事業處、電信局、衛工處及瓦斯公司)。所以這是難度很高之跨單位的協調工作，也是送電作業最困難的階段。

2.5.3 電表(MOF)

2.5.3.1 電表及CT & PT 的結線。

2.5.3.2 3/C-5.5 的絞線電纜做為電表結線用，且依台電規定色規施作。

2.5.3.3 台電受電室至MOF 間的配線與電纜處理頭的施工，在施工前會先向台電公司申請台電受電室「開再封印」，以便進入台電受電室中施工電纜佈線及電纜處理頭。

2.5.3.4 送電的前一天，至台電借出電表底座及高壓CT & PT ，以便有充裕的時間施工與檢查。

2.5.4 變電站

2.5.4.1 確認器具的規格與核準圖面與送電文件相符。

2.5.4.2 檢查所有螺絲均上緊並做妥記號。

2.5.4.3 接地線是否接妥。

2.5.4.4 負載端的絕緣阻抗是否合格。

2.5.4.5 絕緣值是否合乎台電規範。

2.5.4.6 確認盤內銅排上無任何雜物或跨接物。

2.5.4.7 送電前先以臨時電檢查盤內照明及指示燈的動作。

2.5.4.8 確認各儀表的顯示是否正常。

2.5.4.9 送電前先以臨時電模擬VCB & ACB 的連動程序。

2.5.4.10 送電前先以臨時電模擬 ATS 的連動程序。

2.5.4.11 送電前VCB & ACB 應抽出確保斷路器是開路的狀態。

2.5.4.12 送電前所有NFB & ELB 低壓斷路器成OFF 狀態。

2.5.4.13 送電前相間電阻是否無限大。

2.5.4.14 確認變壓器與比壓器的相序及電壓等級。

2.5.4.15 檢查所有盤內銅排及導線的相序確定皆為同相序。

2.5.4.16 清潔所有接點與導體支持物。

2.5.4.17 送電後相間電壓是否正確。

2.5.4.18 完成清潔、測試與斷路器開路動作的配電盤後既鎖定箱門。
機電顧問公司依台電公司的規定，計劃下列檢驗項目。

2.5.4.19 電力設備竣工檢驗

| 項目 Item | 設備名稱 Equipment | 竣工檢驗項目 Work Completed Check Item | | | | | | | | |
|---|---|---|---|---|---|---|---|---|---|---|
| | | A | B | C | D | E | F | G | H | 備註 Rem. |
| 1 | 高壓隔離開關 DS | ○ | | ○ | | | | | | |
| 2 | 避雷器 LA | ○ | | ○ | | | | | | |
| 3 | 真空斷路器 VCB | ○ | | ○ | | | ○ | | | |
| 4 | 高壓電力熔絲 PF | ○ | | ○ | | | | | | |
| 5 | 高壓比壓器 PT | ○ | | ○ | | | | ○ | | |
| 6 | 高壓比流器 CT | ○ | | ○ | | | | | | |
| 7 | 保護電驛 CO，LCO | | | | ○ | | | | | |
| 8 | 高壓變壓器 TR | ○ | | ○ | | | | ○ | | |
| 9 | 盤內匯流排 Bus Bar | ○ | ○ | ○ | | | | | | |
| 10 | 高壓電纜線 HV Cable | ○ | ○ | ○ | | | | | | |
| 11 | 接地電阻 EΩ | | | | ○ | | | | | |
| | | | | | | | | | | |
| | | | | | | | | | | |

| 竣工檢驗項目說明 Description of Completed Work that is to be Checked | | |
|---|---|---|
| A | 絕緣電阻試驗 | Insulation Test |
| B | 介質吸收比試驗 | Medium Absorption Ratio Test |
| C | 直流加壓及耐壓試驗 | DC Pressurization and Pressure Test |
| D | 接地電阻試驗 | Grounding Resistance Test |
| E | 動作特性試驗 | Motion Characteristic Test |
| F | 接觸地組試驗 | Touch Ground Group Test |
| G | 變壓器匝比試驗 | Transformer-Turns Ratio Test |
| H | 其他試驗 | Other Tests |
| | | |

2.5.5 幹線

2.5.5.1 送電前相間電阻是否無限大。

2.5.5.2 確認線徑規格、線色與核準圖面送電文件及台電法規相符。

2.5.5.3 檢查所有匯流排(Bus Way)是否潮濕並將螺絲均上緊且做妥記號。

2.5.5.4 匯流排(Bus Way)上的插入式斷路器均成OFF的狀態。

2.5.6 分電盤

2.5.6.1 送電前相間電阻是否無限大。

2.5.6.2 負載端的絕緣阻抗是否合格。

2.5.6.3 斷路器的啓斷容量(AT)及遮蔽容量(KA)是否正確。

2.5.6.4 電磁開關(MS)規格是否正確。

2.5.6.5 積熱電驛(TH-RY)是否調整妥當。

2.5.6.6 器具數量是否正確。

2.5.6.7 螺絲是否上緊。

2.5.6.8 線色是否正確。

2.5.6.9 螺絲上緊後是否做劃線標記。

2.5.6.10 斷路器是否全部呈開路狀態。

2.5.6.11 比流器(CT)不得有開路狀態。

2.5.6.12 比壓器(PT)不得有短路狀態。

2.5.6.13 控制迴路的保險絲是否正常。

2.5.6.14 是否清潔妥。

2.5.6.15 迴路名牌是否標註完成。

2.5.6.16 送電前箱門必須關上。

2.5.6.17 是否有貼上『送電中。危險！請勿進入』的標示。

2.5.6.18 送電後相間電壓、相序是否正確。

2.5.7 支線

2.5.7.1 送電前相間電阻是否無限大。

2.5.7.2 確認線徑規格、線色的規格與核準圖面與送電文件、法規相符。

2.5.8 負載

2.5.8.1 送電前相間電阻是否無限大。

2.5.8.2 結線是否正確。

2.5.8.3 送電後相間電壓及相序是否正確。

2.5.8.4 負載側若屬馬達類設備，運轉時應會同供應商送電。

2.5.8.5 負載側若屬馬達類設備，轉向是否正確。

2.5.8.6 送電後運轉電流是否正常。

2.5.9 群樓送電(第三階段)

2.5.9.1 為配合消防泵浦系統34F 的使用，故供電系統供應至34F 。

2.5.9.2 所有由34F 以下送電之變電站，有連接至34F 以上未送電之樓層的主斷路器(VCB & ACB)，均會抽出且不安裝，以防止誤投入，造成尚在施工的盤體事故產生。

2.5.9.3 供應至非送電範圍的迴路，除主斷路器抽出外，並不得將該回路銜接在斷路器，另在盤面及分路斷路器作警告標示『危險！施工中請勿送電』，避免對系統不了解的人員誤操作。

2.5.10 塔樓送電

2.5.10.1 送電前，與大樓管理委員會就「以使用範圍的可停電狀況」進行協調，確認可停電的範圍、時間及危機處理狀況。

2.5.10.2 送電前，以多次的協調會，告之營業單位全系統連動測試的程序與狀況，並作模擬演練，讓營業單位有充份的時間了解並反應可能有的狀況加已解決。



2.5.10.3 34F 以上送電。

2.5.10.4 全棟大樓進行系統連動測試。

2.6 人力安排

本章節說明送電作業中本公司人力投入的計劃，在各階段應投入的人力，及送電過程中人力如何分配。

2.6.1 第一階段用電送件受理及受電室安檢申請。

2.6.1.1 由本公司徐士雄副理負責辦理相關申請作業。

2.6.1.2 施工作業及相關工程的推動工作，由電氣組主任負責。

2.6.1.3 台灣電力公司進行現場檢驗時，除徐士雄副理及電氣組主任外，另加2 名電班師父陪同。

2.6.2 第二階段台電外線施工

2.6.2.1 由本公司徐士雄副理負責辦理相關申請作業。

2.6.2.2 現場配合工作，由電氣組主任負責。

2.6.3 申請裝表及送電(第三階段及第四階段)

2.6.3.1 由本公司徐士雄副理負責辦理相關申請作業。

2.6.3.2 施工作業及相關工程的推動工作，由電氣組主任負責。

2.6.3.3 現場配合台灣電力公司的人力安排如下：

2.6.3.3.1 電表及設備檢驗：徐副理、電氣組主任、電班師父1 人及南亞技術員1 人陪同台電公司人員進行檢驗。

2.6.3.3.2 領表及裝表：工程師2 人、電班師父6 人及配電盤南亞技術員2 人進行領表、裝表及電纜處理頭工作。

2.6.4 系統送電

2.6.4.1 電源開端：工程師1 人、電班師父1 ～2 人，負責操作斷路器開與閉及電壓與阻抗的測量，若有操作配電盤的動作則加配電盤南亞技術員2 人。

2.6.4.2 幹管線中間：2 ～5 人電班師父，負責檢查管線的安全及進行搶修工作。每人以負責5 個樓層為原則，若幹線是匯流排則加匯流排工班師父2 ～5 人。

2.6.4.3 末端或負載端：電班師父1 ～2 人及工程師1 人，負責末端的檢查及修繕工作，並作記錄。若有操作泵浦與馬達等的動作則加水班師父1 人與設備供應商1 人，若有操作配電盤的動作則加配電盤技術員1 人。

3 流程圖

取台電受電室預審合格圖

3.1 第一階段用電送件受理及受電室安檢申請

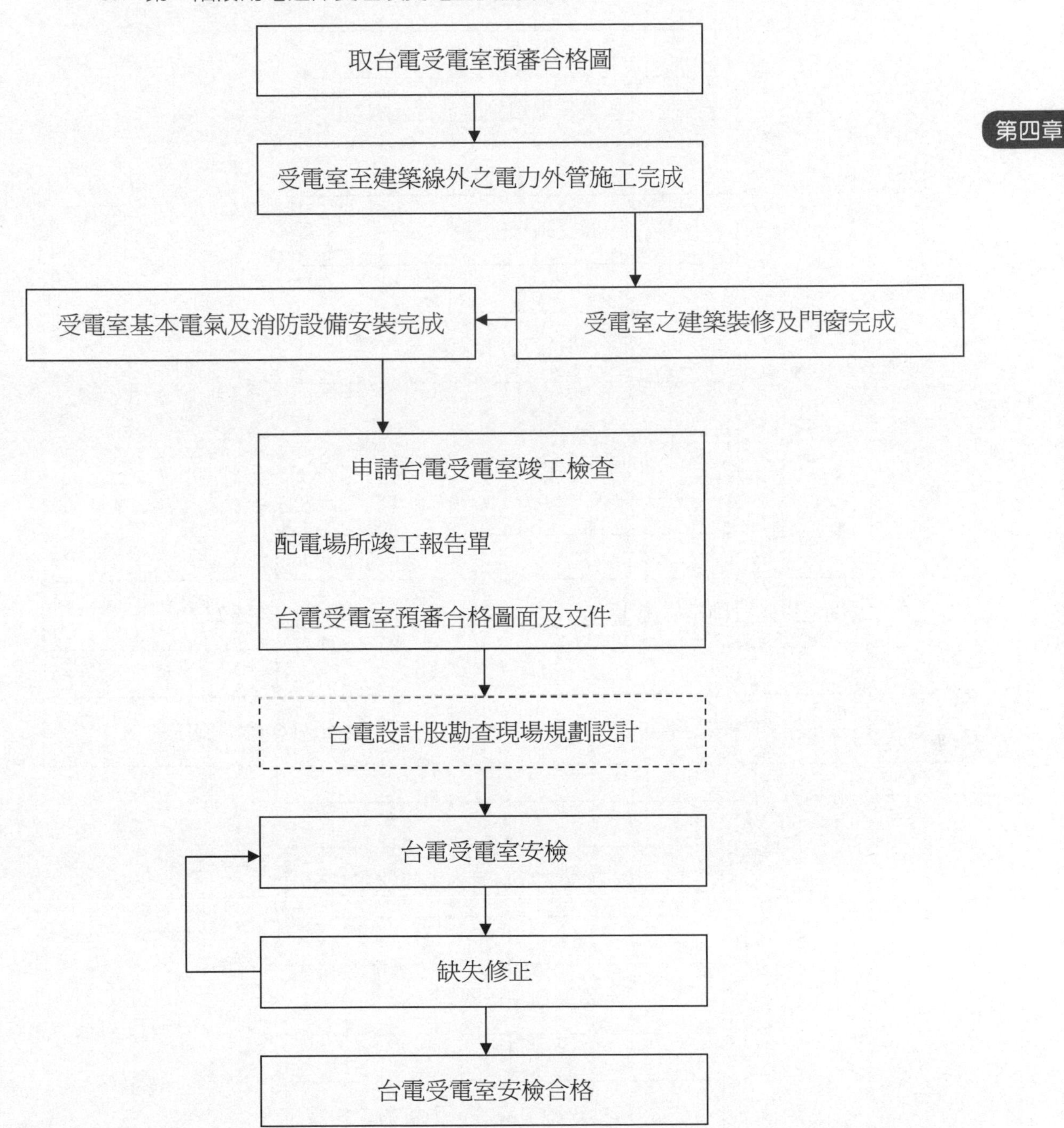

3.2 台電受電室安檢通過

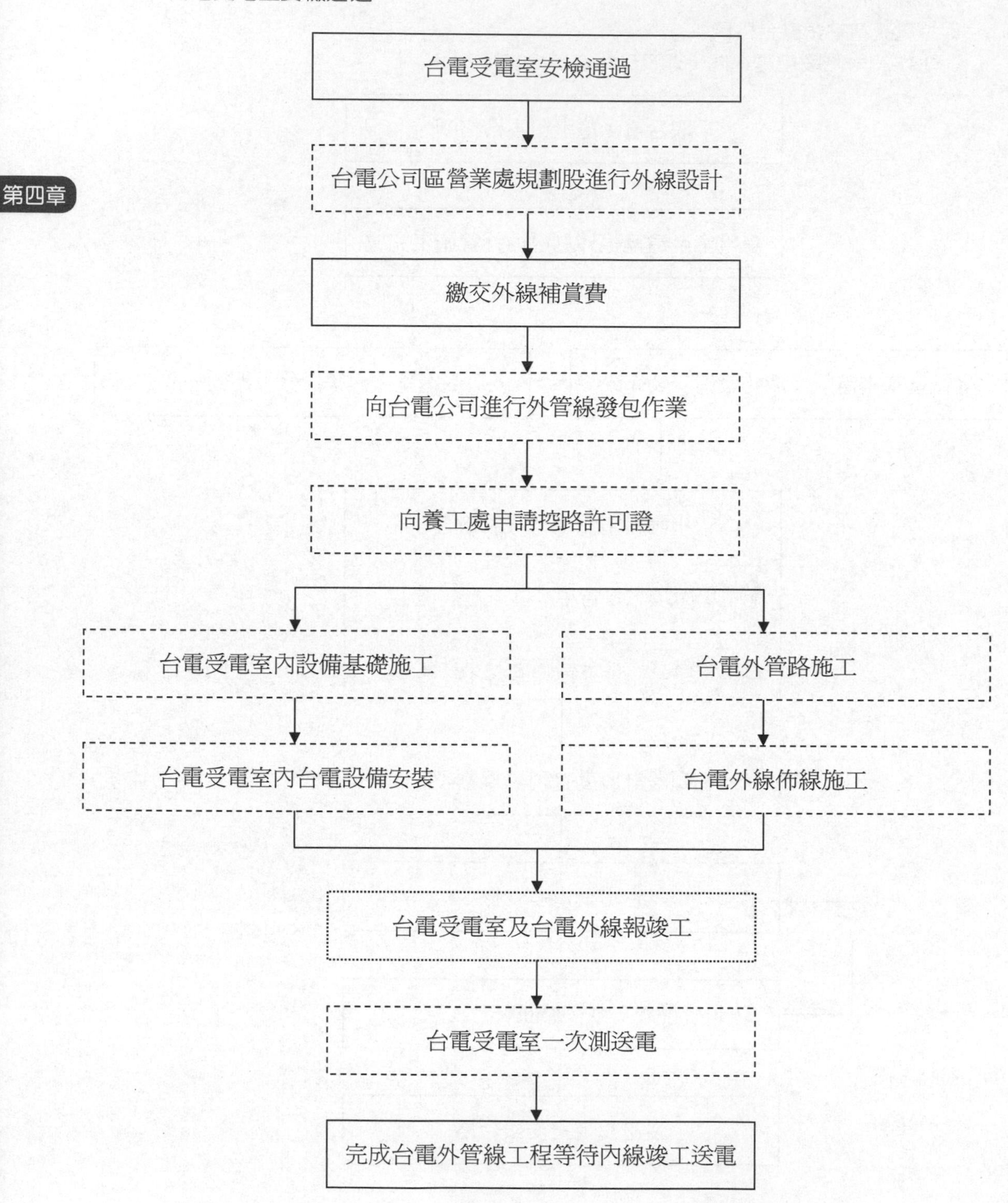
台電受電室安檢通過
台電公司區營業處規劃股進行外線設計
繳交外線補償費
向台電公司進行外管線發包作業
向養工處申請挖路許可證
台電受電室內設備基礎施工
台電外管路施工
台電受電室內台電設備安裝
台電外線佈線施工
台電受電室及台電外線報竣工
台電受電室一次測送電
完成台電外管線工程等待內線竣工送電

3.3 第三階段群樓送電申請

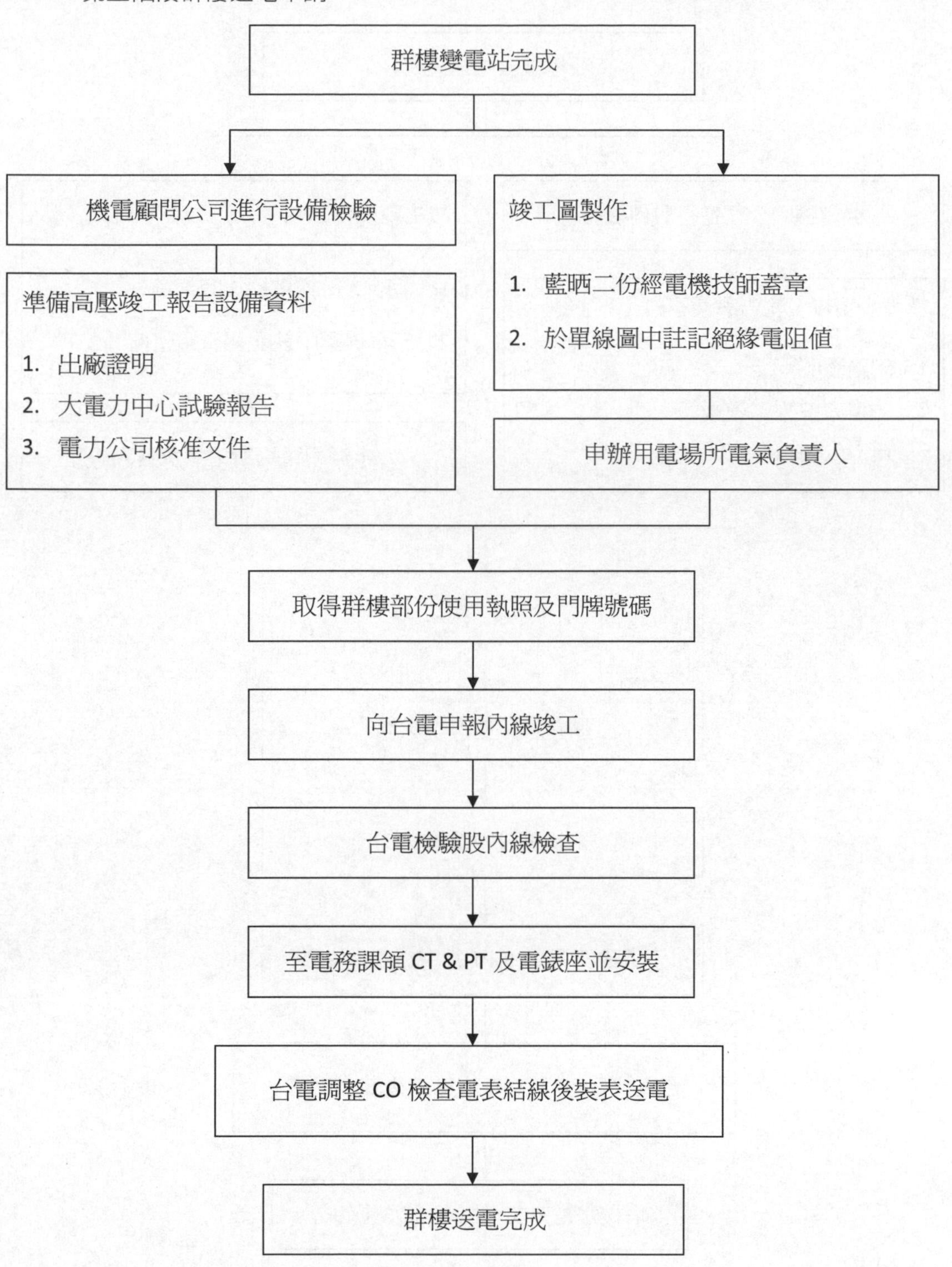
群樓變電站完成
機電顧問公司進行設備檢驗
竣工圖製作
準備高壓竣工報告設備資料
1. 出廠證明
2. 大電力中心試驗報告
3. 電力公司核准文件
1. 藍晒二份經電機技師蓋章
2. 於單線圖中註記絕緣電阻值
申辦用電場所電氣負責人
取得群樓部份使用執照及門牌號碼
向台電申報內線竣工
台電檢驗股內線檢查
至電務課領 CT & PT 及電錶座並安裝
台電調整 CO 檢查電表結線後裝表送電
群樓送電完成

3.4 第四階段塔樓送電申請

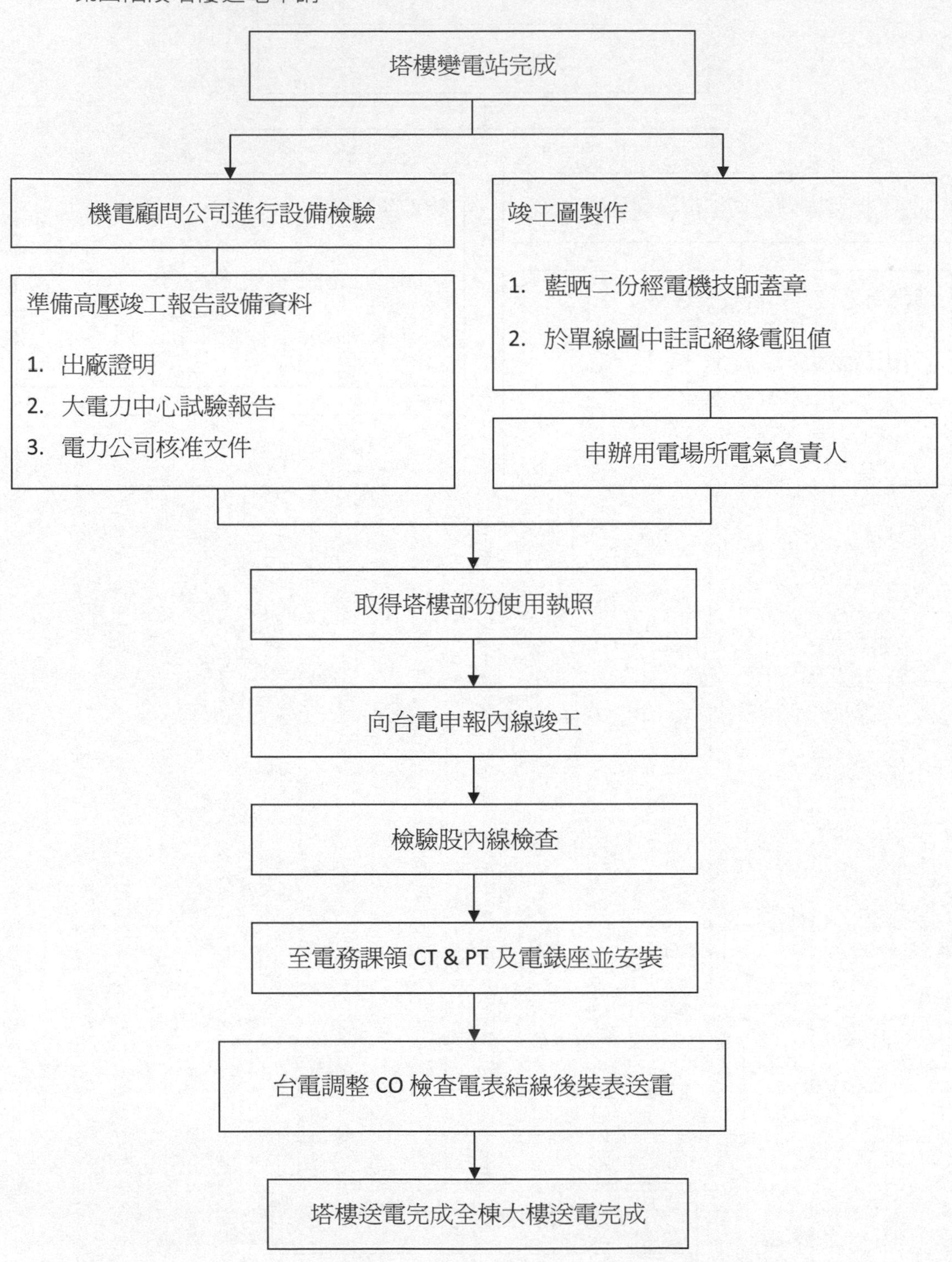
塔樓變電站完成
機電顧問公司進行設備檢驗
準備高壓竣工報告設備資料
1. 出廠證明
2. 大電力中心試驗報告
3. 電力公司核准文件
竣工圖製作
1. 藍晒二份經電機技師蓋章
2. 於單線圖中註記絕緣電阻值
申辦用電場所電氣負責人
取得塔樓部份使用執照
向台電申報內線竣工
檢驗股內線檢查
至電務課領 CT & PT 及電錶座並安裝
台電調整 CO 檢查電表結線後裝表送電
塔樓送電完成全棟大樓送電完成

3.5 群樓供電流程圖

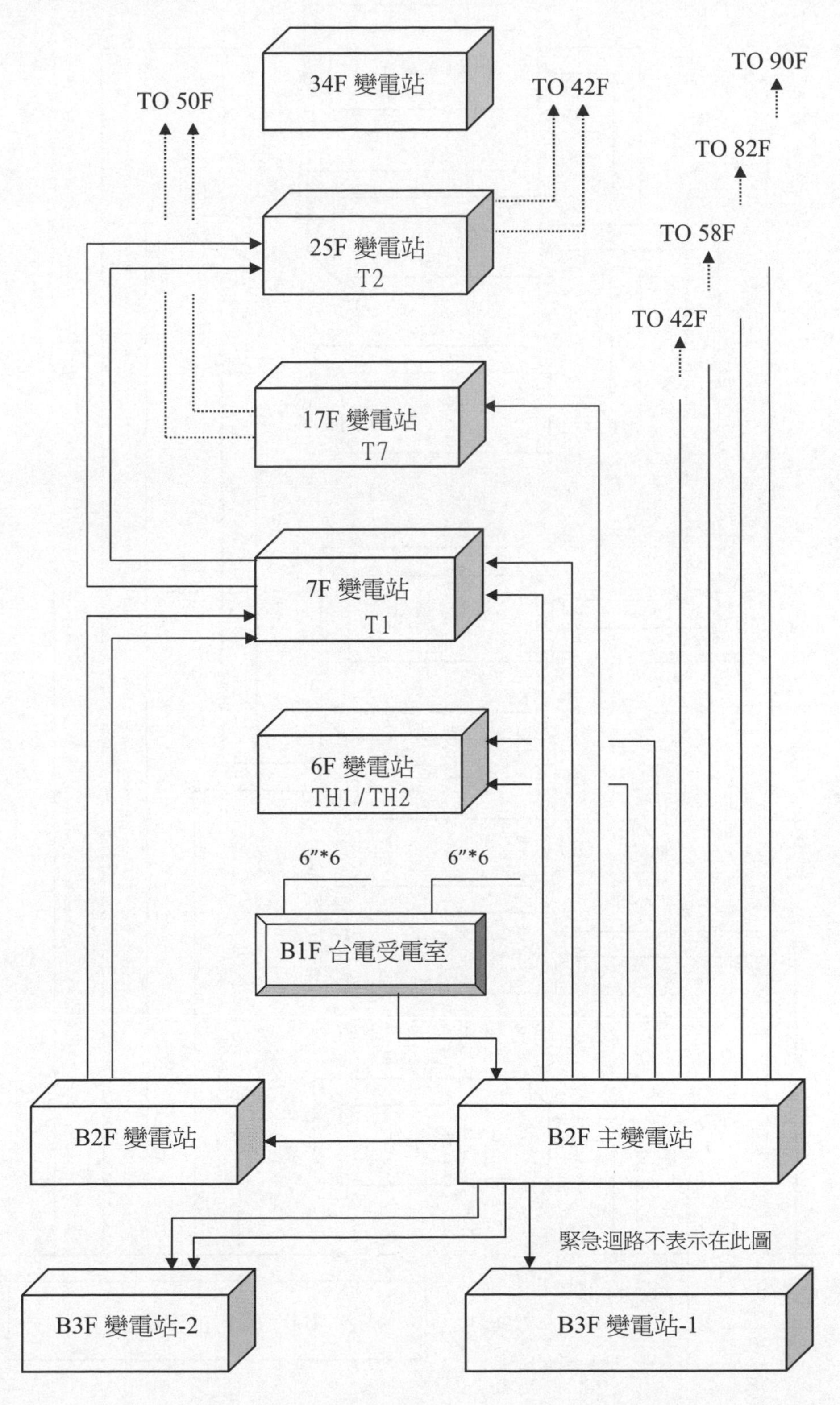
34F 變電站
TO 50F
TO 42F
TO 90F
TO 82F
25F 變電站
T2
TO 58F
TO 42F
17F 變電站
T7
7F 變電站
T1
6F 變電站
TH1 / TH2
6"*6
6"*6
B1F 台電受電室
B2F 變電站
B2F 主變電站
緊急迴路不表示在此圖
B3F 變電站-2
B3F 變電站-1

塔樓供電流程圖

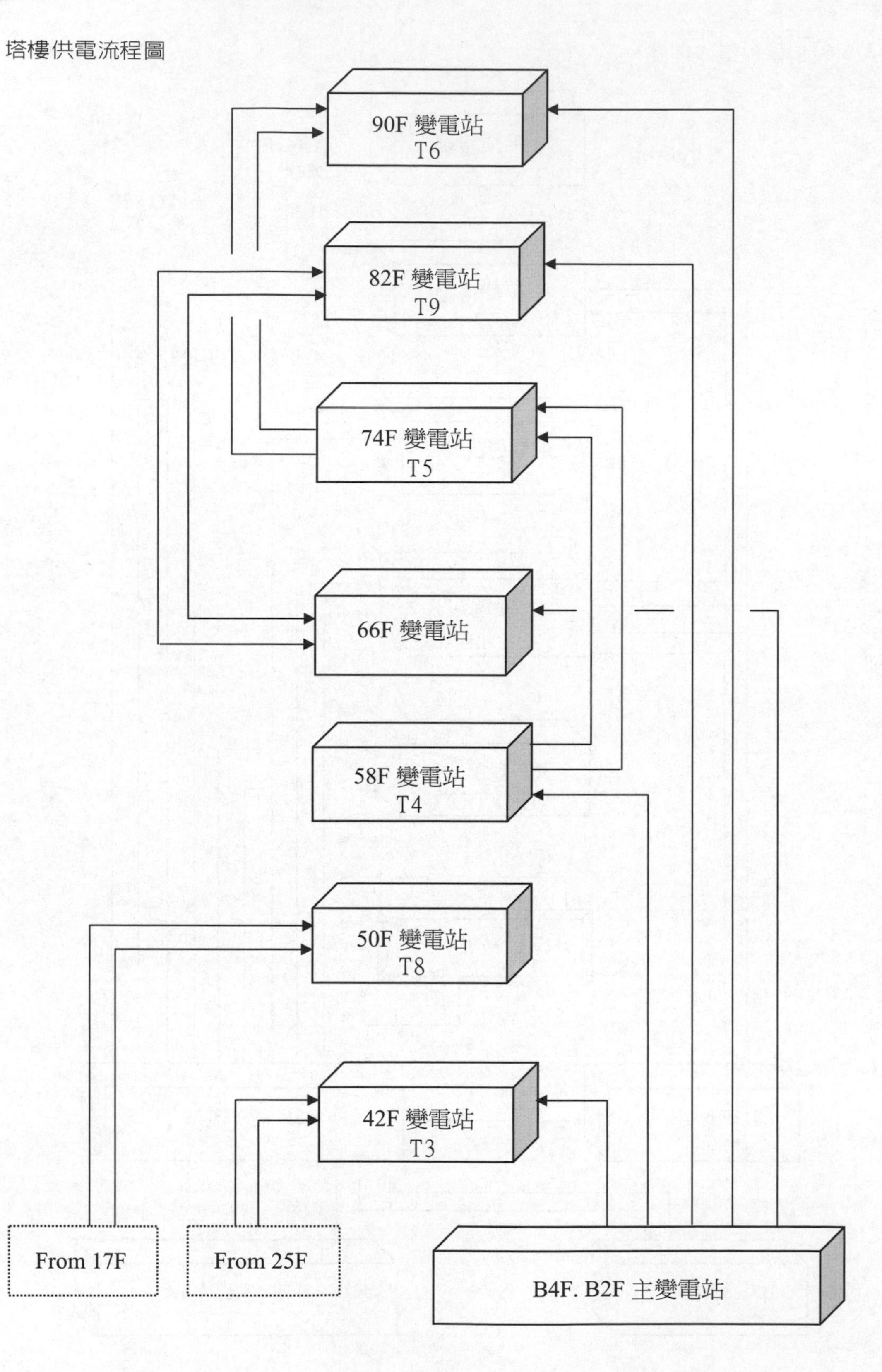

90F 變電站
T6
82F 變電站
T9
74F 變電站
T5
66F 變電站
58F 變電站
T4
50F 變電站
T8
42F 變電站
T3
From 17F
From 25F
B4F. B2F 主變電站

台北國際金融中心

送電作業時程表

| 項次 | 任務名稱 | 天數 | 項次 | 任務名稱 | 天數 |
|---|---|---|---|---|---|
| 1.1 | 台電受電室安檢作業 | 合計：115D | 1.2.9 | 台電受電室台電設備施工 | 60D |
| 1.1.1 | 取得台電公司審查合格圖 | 0D | 1.2.10 | 外線施工 | 60D |
| 1.1.2 | 取得台電受電室審查合格圖 | 0D | 1.2.11 | 區域停電通知及公告 | 30D |
| 1.1.3 | 受電室建築牆窗門地等施工 | 45D | 1.2.12 | 台電外線報竣工 | 15D |
| 1.1.4 | 機電設備材料準備 | 45D | 1.2.13 | 台電受電室送電 | 15D |
| 1.1.5 | 受電室機電設備安裝施工 | 30D | 1.2.14 | 台電外線完工日 | 0D |
| 1.1.6 | 台電受電室施工完成 | 0D | 1.3 | 申報竣工及送電作業 | 103D |
| 1.1.7 | 受電室安檢申請 | 10D | 1.3.1 | 自備變電站顧問公司檢驗 | 20D |
| 1.1.8 | 受電室安檢 | 30D | 1.3.2 | 電力系統自主檢驗 | 50D |
| 1.1.9 | 台電電源供應來源的協調 | 115D | 1.3.3 | 電器負責人申報 | 12D |
| 1.2 | 台電外線施工作業 | 315D | 1.3.4 | 竣工圖作業 | 45D |
| 1.2.1 | 台電外線設計 | 30D | 1.3.5 | 竣工表單填寫及資料彙整 | 10D |
| 1.2.2 | 線路補償繳費 | 25D | 1.3.6 | 取得使用執照及門牌號碼 | 0D |
| 1.2.3 | 台電外管線發包作業 | 20D | 1.3.7 | 報竣工 | 8D |
| 1.2.4 | 向養工處申請挖路證 | 45D | 1.3.8 | 內線檢查 | 20D |
| 1.2.5 | 取得挖路證明 | 7D | 1.3.9 | 裝錶及送電 | 5D |
| 1.2.6 | 台電外管施工 | 90D | 1.3.10 | 送電完成日 | 0D |
| 1.2.7 | 台電受電室內基礎台施工 | 30D | | | |
| 1.2.8 | 台電設備材料準備 | 90D | | | |

## 七、自主檢查表

表一、設備進場調查資料

表二、廠商出貨確認回函

表三、配電盤進場自主檢查表E－S－12

表四、高低壓變壓器安裝自主檢查表E－S－04

表五、配電盤安裝自主檢查表E－S－13

表六、直流電源系統安裝自主檢查表E－S－02

表七、高壓電纜耐壓試驗表 E－S－20
表八、電力電纜終端接續處理自主檢查表 E－S－19
表九、分電箱絕緣電阻測試記錄表E－S－07
表十、絕緣電阻測試記錄表 E－S－15
表十一、電線電纜施工自主檢查表E－S－14
表十二、主回路試驗



## 配電盤場測計劃書項目

1.0 配電盤廠測範圍
2.0 廠測目的
3.0 預定參加測試人員
4.0 廠測地點及預定測試時間
5.0 測試依據及測試內容
6.0 附件
　附件一(1)配電盤製造時程管制表
　附件二(2)士林電機配電盤廠測記錄表單
　附件三(3)士林電機測試儀器校正報告
　附件四(4)士林電機配電盤短時間電流試驗報告
　附件五(5)CNS 3991 規範書

1.0 配電盤廠測範圍

台北國際金融中心配電盤分為三大類型：

1. 高底壓配電盤
2. 馬達控制中心配電盤
3. 低壓分電盤

本廠測計劃係包含蓋上述所有配電盤體，並依照工程進度分批製造及廠測，詳細規格請參考所有配電盤送審製造圖。

2.0 廠測目的

為要求所有配電盤，依照送審核准之製造圖製造，依據合約規範要求，配電盤製造完成後於配電盤出廠前，需至製造工廠(××電機)，依據CNS3991 檢驗標準內驗收試驗標準進行配電盤成品驗收試驗，以確保所有配電盤，於進場安裝時符合系統設計之需求。

| | | 說明與依據 |
|---|---|---|
| 申請檢驗項目 | □ A.材料試驗<br>□ B.材料檢驗<br>□ C.施工檢驗<br>■ D.其他 | 一、試驗/檢驗範圍說明(必要時以圖說附表標示說明)：<br>6F/7F 高低壓配電盤成品試驗(工廠測試)<br>二、試驗/檢驗項目：<br>依據配電盤廠測計劃<br>三、材料/工程名稱及數量：<br>6F SWGR－TH1A/TH1B/DCP-TH1 3ψ3W22.8~3ψ3W4.16KV *15 SET<br>6F SWGR－TH2A/TH2B/DCP-TH2 3ψ3W22.8~3ψ3W4.16KV *15 SET<br>6F TR-TH1A1/TH1B1 3ψ3W4.16KV~3ψ4W380V/220V *9 SET<br>6F TR-TH2A1/TH2B1 3ψ3W4.16KV~3ψ4W380V/220V *9 SET<br>7F VCB-T1A/T1B 3ψ3W22.8KV~3ψ4W380V *9 SET<br>7F VCB-G3A/G3B/DCP-T1/DCP-TG3 3ψ3W22.8KV~3ψ4W380V *14 SET<br>7F VCB-P5A/P5B/DCP-P5 3ψ3W22.8KV~3ψ4W380V *18 SET<br><br>四、引用合約及規範：<br>1.引用合約：<br>2.引用規範：<br>上述項目業經本所品管人員＿＿＿＿自主檢查合格，請 貴單位派員檢驗(本所人員會同檢驗)。<br><br>×××、××、××、××× 聯合承攬　主辦者：＿＿＿＿＿＿<br>聯絡電話：<br>核准：<br>日期： |

6F　SWGR－TH1A/TH1B/DCP-TH1　3ψ3W22.8~3ψ3W4.16KV　*15 SET

6F　TR-TH1A1/TH1B1　3ψ3W4.16KV~3ψ4W380V/220V　*9 SET

| 2002/03/27 | 09:30~<br>09:50 | 1. 會檢試驗前討論 |
|---|---|---|
| | 09:50~<br>10:10 | 2. 現場說明 |
| | 10:10~<br>10:40 | 3. 外觀尺寸檢查 |
| | 10:40~<br>11:20 | 4. 設備材料廠牌規格檢查 |
| | 11:20~<br>11:40 | 5. 絕緣電阻試驗 |
| | 11:40~<br>12:00 | 6. 絕緣耐電壓試驗 |
| 試驗項目及預定時間 | 13:00~<br>13:30 | 7. 機構動作檢查 |
| | 13:30~<br>14:00 | 8. 直流、交流迴路動作試驗 |
| | 14:00~<br>14:30 | 9. 計測迴路通電試驗 |
| | 14:30~<br>15:30 | 10. PMS 與配電盤連動測試 |
| | 15:30~<br>16:00 | 11. 會檢試驗報告整理 |
| | | |

備註：

1. 以上試驗依據 CNS 3991 規定例行試驗項目實施。
2. 以上試驗時間預定進度，實際試驗時間依實際測試情況調整。

6F　SWGR－TH2A/TH2B/DCP-TH2　3ψ3W22.8~3ψ3W4.16KV　*15 SET

6F　TR-TH2A1/TH2B1　3ψ3W4.16KV~3ψ4W380V/220V　*9 SET

7F　VCB-T1A/T1B　3ψ3W22.8KV~3ψ4W380V　*9 SET

7F　變壓器抽測一台

| 2002/03/29 | 08:00~<br>08:20 | 1. 會檢試驗前討論 |
|---|---|---|
| | 08:20~<br>08:40 | 2. 現場說明 |
| | 08:40~<br>09:00 | 3. 外觀尺寸檢查 |
| | 09:00~<br>09:30 | 4. 設備材料廠牌規格檢查 |
| | 09:30~<br>10:00 | 5. 絕緣電阻試驗 |
| | 10:00~<br>10:30 | 6. 絕緣耐電壓試驗 |
| 試驗項目及<br>預定時間 | 10:30~<br>11:00 | 7. 機構動作檢查 |
| | 11:00~<br>11:30 | 8. 直流、交流迴路動作試驗 |
| | 11:30~<br>12:00 | 9. 計測迴路通電試驗 |
| | 13:30~<br>14:30 | 10. PMS 與配電盤連動測試 |
| | 14:30~<br>17:30 | 11. 7F 高壓變壓器測試 |
| | 17:30~<br>18:00 | 12. 會檢試驗報告整理 |

備註：

1. 以上試驗依據 CNS 3991 規定例行試驗項目實施。
2. 以上試驗時間預定進度，實際試驗時間依實際測試情況調整。
3. 7F 高壓變壓器測試行程另案申請排定。

7F VCB-G3A/G3B/DCP-T1/DCP-TG3 3ψ3W22.8KV~3ψ4W380V *14 SET

7F VCB-P5A/P5B/DCP-P5 3ψ3W22.8KV~3ψ4W380V *18 SET

7F 變壓器抽測一台



| 2002/03/29 | 08:00~08:20 | 1. 會檢試驗前討論 |
|---|---|---|
| | 08:20~08:40 | 2. 現場說明 |
| | 08:40~09:00 | 3. 外觀尺寸檢查 |
| | 09:00~09:30 | 4. 設備材料廠牌規格檢查 |
| | 09:30~10:00 | 5. 絕緣電阻試驗 |
| | 10:00~10:30 | 6. 絕緣耐電壓試驗 |
| 試驗項目及預定時間 | 10:30~11:00 | 7. 機構動作檢查 |
| | 11:00~11:30 | 8. 直流、交流迴路動作試驗 |
| | 11:30~12:00 | 9. 計測迴路通電試驗 |
| | 13:30~14:30 | 10. PMS 與配電盤連動測試 |
| | 14:30~17:30 | 11. 7F 高壓變壓器測試 |
| | 17:30~18:00 | 12. 會檢試驗報告整理 |

備註：

1. 以上試驗依據 CNS 3991 規定例行試驗項目實施。
2. 以上試驗時間預定進度，實際試驗時間依實際測試情況調整。
3. 7F 高壓變壓器測試行程另案申請排定。

配電盤製程中檢記錄表

| 板 金 檢 查 內 容 | 檢查結果 | 檢查日期 |
|---|---|---|
| 本批計有________具箱體組合而成，目前完成________% | | |
| 其抽樣檢驗如下： | | |
| 1. 板金厚度(鐵材規格、角鐵、槽鐵、鐵板、五金零件材料) | | |
| 2. 鐵材材質： □ SPHC　　□ SUS304 | | |
| 3. 箱體型式： □ 屋內型　□ 屋外型 | | |
| 4. 箱體各部焊接尺寸 | | |
| 5. 箱體外觀是否變形 | | |
| 6. 其他事項 | | |
| | | |
| | | |
| | | |
| | | |
| | | |
| | | |

| 塗 裝 檢 查 內 容 | 檢查結果 | 檢查日期 |
|---|---|---|
| 其抽樣檢驗如下： | | |
| 1. 除鏽效果 | | |
| 2. 面漆色彩是否與色板相近<br>塗裝色彩：________________號 | | |
| 3. 塗裝厚度外觀是否均勻，測量是否均符合<br>塗裝膜厚：________________μm | | |
| 4. 其他事項 | | |
| | | |
| | | |
| | | |
| | | |
| | | |
| | | |

## 六、檢驗

### 1、組裝完成檢查

(1) 箱體組立

A. 組裝尺寸、位置與圖面相符。

B. 箱體須平穩不晃動。



C. 表面烤漆不得刮傷，如有刮傷將由原製造廠提供相同顏色油漆及油漆技工進行修補。

D. 盤體內外門操作開啓是否順暢及緊密度是否良好。

E. 所有盤體接地線需連接妥當。

(2)銘牌標誌

A. 內容外觀材料與圖面相符。

B. 固定於配電盤左、右對稱整齊。

C. 銘牌不得破損凸起。

(3)器具安裝

A. 器具固定，不得防礙操作機構操作之方便與安全。

B. 高壓設備之機構動作操作靈活、連鎖機構須正常。

C. 主開關器具(低壓斷路器、VCB……等)其抽出、推入是否順暢。

(4)銅排

A. 尺寸、規格與承認圖面相符。

B. 螺絲固定須緊密，其扭力須達標準以上。

C. 面對盤體相序由左至右、由上至下、由前至後為R、S、T、N，中性線為N相。

### 2、現場試驗及檢查

高壓設備施工完畢後委託政府核可之檢驗機構或技術顧問團體辦理用電設備之檢驗，該檢驗機構須先提送給監造單位核准。至少包含下列項目：

(1)電流、電壓、電驛試驗。

(2)變壓器、避雷器試驗。

(3)斷路器試驗。

(4)絕緣電阻、耐壓、接觸電阻試驗，其它台灣電力公司規定之檢驗項目，並應提送測試作業計劃，由業主核定後執行之。

(5)製造廠應提供合格或授權之技術代表，在安裝及規定之現場試驗期間，做現場技術服務。

| 進場動線調查 | | |
|---|---|---|
| 主要安裝位置 | □(T)塔樓　□(P)群樓 | |
| 建築工程配合 | 1.建築工程之機房位置是否正確？ | 5.預計下貨地點是否淨空？ |
| | 2.機房裝修之工作是否完成？ | 6.預定機房空間是否清潔完成？ |
| | 3.進場動線中是否無障礙？ | 7.地下室車道完成與否？ |
| | 4.建築提供之開孔尺寸是否足夠？ | 8. |

## 重要事項備註

1. IEC 規範將取代 CNS 。
2. 110V 與 220V 回路均為三條線含接地線。
3. 22KV VCB 之 CT 接線。
4. 電容器電磁開關之組裝。
5. 高壓盤門內盤面溼度控制器安裝之標準化。
6. 標籤“高壓危險”黏貼之標準化。
7. 6 與 9 之分辨與標示。
8. 盤面大小、高低、顏色之平整。
9. 4 樓意外電擊事故。
10. 101 螺絲太長，規定值及圖上標出。

# 記事欄

# 案例三--南部科技廠房國內電機高低壓盤&MCC盤缺失點參考

## 5-1 電容器回路故障

星期一，×××的×××與其他兩位先生，陪同××的×先生，再次到××的工地辦公室，我們因為在四樓處理事情，他們等著人回來，他們並會同前一天已傳真的調查報告來說明一切，報告中的原因有三項：1.是運送途中碰撞，無關於組裝前或組裝後。2.修換線圈時。3.使用環境太差。綜觀上列原因，可以歸納二種：1.外來因素。2.本來品質因素。

個人一直在探討先因品質不良，而引起溫度高而破裂，又不敢直說是鐵心的磁力線密度不高，前不久我們因為拆除六樓的那一個盤，過程中幾乎拆不下來，費了很大力氣，結果整個開關都碎裂了，那是因為在工廠(××)組裝時，技術工人使用空氣能力驅動工具，旋扭開關之上下六個螺絲，上面三個接到Fuse，下面三個接到電抗器。



經檢討報告中的三個原因，告訴他們不是運送的問題也不是修換線圈，而是因為安裝不當的結果，他們在工廠不可以使用氣能工具(AIR)來組裝，力量太大，打第一個時在上面左邊，其瞬間扭力(Torgue)旋動了以固定螺絲為槓桿中心的另一端，轉動了固定接點處，其瞬間位移觸動了旁邊的邊板，並且在最脆弱處破裂，裂痕連接了開洞處。

邊板裂開後，出現裂片突出，卡住可動鐵心的上下動作，該吸而吸不下去，可動鐵心與固定鐵心間的磁力線磁阻升高溫度，加上接點間(可動接點與固定接點)的電流接觸不良，似接觸又沒接觸，電流126A造成接點間的溫度昇高，導致整個開關，裂得更厲害，溫度更高，因此吸不進去或半吸。

他們來時，還帶了一個不同批的貨，共有三個，在星期三安排再修換二個，有人說乾脆三個一齊換掉，修換過程中更加確定，因為安裝不良，使用氣能工具AIR的關係，沒有在上鎖同時，在底下加以固定，因為一個人不可能，又要固定又要持空氣工具施作，其中有二個的端子固定處還向下彎曲，下面的邊板也破裂，所以這些開關是傷痕累累，多災多難。

### ××模鑄式變壓器

為乾式，上有4支二次側銅排，引出端與盤內之銅排間之連接，由編織軟銅帶來完成，吸收一些振動，誤差及轉向。

底座由4只鋼輪組成，兩排4行支撐變壓器的重量，滾輪適合推動搬動，因為變壓器與變壓器盤都是事後組合而成，變壓器雖然很重，但是重心不穩，如果地震發生，變壓器將會滑動，短距離瞬間振動，造成軟銅帶兩端有拉扯的拉力，拉力會使低壓二次側銅排出線端受損，空隙增大，送電中的噪音聲加劇，修護困難。

裝進變壓器盤後，為了防止滑動，所以將4個輪子拆除以外，還要固定在底座上，變壓器盤的固定不同於一般VCB或ACB盤。

### 包商能力

上週開會，××的×××，業主兩位，×××，××及××及××多位，業主問電源(高壓)管線Cable tray準備如何，××已經提出資料送審已看到，當然也有一份送××，另一說資料不齊，有舊廠的一、二樓，新廠卻沒有四樓不完整，全部是平面圖，×××說有啊，他趕快跑出去開會的會議室匆匆忙忙去拿來核對，回到會議室一看開始傻笑，才說沒有，×

×也愣住了，圖面不完整更不用說到其他昇位圖，詳圖如何。

十一月二十六日上午，又開電氣安全會議，八點三十分開始，××說看到×××××來工地，你知道嗎？說不會知道的。

記得上次，×先生說××結束後，可能另請到××上班，而且他說×××能力很強，他們完全放心讓他一個人負責，他能負責嗎？什麼都不知道開會還要問××，××是一人之下，十人之上，人事、品管、進度、施工圖、採購全部管，全都知道全都不一定做得好。

十一月二十六日下午一時三十分，召開四樓電氣室之Cable tray及盤體現場位置圖，××將2.9M改掉1.54M的圖仍然是2.9M繪製位置相差一M，所以NM-PDP-1，-3及-5三盤超出太多，必須移開，另覓地方放置。



臨時一看再靈機一動，腦筋聯想××-PDP-5不是已移到28-29Line，怎麼一盤繪二個位置，這個位置已經取消，不必再移到他處，因此問題迎刃而解，不必再傷腦筋，×××也是傻笑怎會如此。

## 與××會議

2005.6.28由××召集，××的××，××有××，××，及××，電的部門有本人及××，××則由×××及另一年輕的叫××，他們兩人進來。在他們都談好Chiller及VCB之額定電流，如何調整時間到10秒或15秒，讓一台運轉一台啓動狀況下電流不要超過630A，因為VCB之最大(額定)電流只有630A，深怕VCB會壞掉。

××的×××的意思，希望時間調長，讓啓動電流減小，像拉長一條彈簧以後，彈簧的圈圈變小，拉長是時間，圈圈是電流大小。但是××說啓動時間與電流及轉矩有關，啓動時間與機械特性有關，電流降低，時間拉長，對轉矩有很大影響，可能轉動不起來，對機械損耗很大。

當他們談不出結果，××，××，及××走了以後，留下我們四個人，(年輕的在屋外，××不在)，我們談××的曲線，第一個是表上書寫著Very Inverse，但是曲線及時間劃的是Extremey Inverse，那一個是對的。

第二點是曲線的識別，TD或t=1.2秒，但是曲線的時間在10倍時是0.12，曲線的名稱是以10倍的時間為之，兩者不同，那一個是對的，並沒有說××的曲線或表上是錯的。

將要離開時，×××用國語對我說，如果是我錯(×)，我砍頭給你，如果是你錯(×)，你要彎下腰俏俏地走出去，用英語跟他們(老外)講。覺得事實不然，不予回應，後來將此事告知××，×××及××，××建議要將此事告知××，爭取認同。

××從7月1日調台中，6月30日過來打招呼，他也知道××到7月15日即將期滿。

上午他們過來時，告訴×××對我說的話，他說他要砍頭了，週五還來上班，週六休息，7/4日正式到台中。

## CT開路

3月1日下午帶××去六樓看LV-B ××現場，用檢電筆在APFR後面展示給他看，本來也想在今天展示給×××，因為他忙於Phase ×～×期的發電機啓動事件上。3月1日打電話給×××，請派品管人員來工地檢查，順便××人員來調整APFR ，×××也來電說還是先交由×××與××人員檢查。3月2日上午10時，他們二人來工地帶上六樓，再用檢電筆檢查，不僅APFR後面，而且多功能電錶後面也是，還有CTT後面也是，本來就知道CT回路斷路(開路)，×××無法知道，只是將情況告訴，而且×××已經離開××，雖然×××慰留，仍然執意如此。



吃過中飯後，認為這個問題不能再拖，乃約×××同上六樓，檢查帶上CTT Plug 短路後，換入CTT底座後，磁力線紅燈(檢電筆會亮)即消除不存在再加上旋轉CTT之接片，電流才恢復正常。

CT回路時，如果一次側電流愈大，磁力線愈強，開路電壓愈高，但是CT二次側最大為5A ，不管是1000/5或5000/5。

## 5-2 停車場電桿遷移

之前受命規劃並且招商遷移停車場電桿，既然是地界分割，他界內之東西應全部遷移，結果××因為方便兩邊出入，中間開一扇門，而留電桿及表箱在原處，後來因為××不同意這個××工地還供隔壁使用，雙方感情磨擦，隔壁一氣之下要求遷移。

經最後決定，仍然遷移，又要連絡時間、人員，恐怕又要花錢，排在週日，沒人上班，又不能沒人，只好又出來上班。×××(××)因為太太在美容院上班，只能週日陪他，所以他不可能，也不願意週日上班。

### VCB 設定

昨天業主(××)的廠務×××(××)與××上去四樓查看Switch room 的VCB設定值50+51N都與××(××)提供的數字不同，要求××的品管×先生重新設定。

××覺得很困擾，之前送電時都按照××的×××的指示設定完畢，而且順利，未曾有不妥的現象。

昨天聽到這消息時覺得很自然，要××取得另一命令人(××或××)提供數字，重新設定，所提供的資料必須簽名負責，如果不妥或跳脫情形概由他一人負責。將這情形告訴××，××時，他也認同，只要有人負責，提供另一資料供××設定，簽名負責即行，計算資料只有××有，××沒有，無法提出。××的×××說只要設定好，隨各人的資料，以後如果有問題，再回來找他。

昨天這Mini sub 650KVA ×3台時，告訴老外，單相的負載××計算電流卻除以$\sqrt{3}$ (以三相計算)。看來後面仍會有問題，拭目以看！

### 電驛設定

×××期工地，最大馬力的電動機為冷凍主機1100HP ，共有六台，分成三個回路，空壓機900HP共有五台，分成三個回路。

因為馬力大，所以供電電壓為4160V，而回路開關為VCB，每回路均有50+51N 設定保護，2005 年6 月底開始試車，以第一台第二台為第一回路必須送電，因為：1.馬達啓動電流很大，1100HP 為596A，900HP 為396A。2. VCB 開關之50+51N 必須設定。3. 取得馬達之啓動曲線，由4160V 電壓等值換算到22.8KV 電壓等值，第一次設定時，時間為0.1S 啓動後跳脫，第二次將時間改為0.3S 因為設定沒有進入所以又跳脫。

二台冷凍主機啓動以後，就一直很順利，加上後來的空壓機也一一試車完畢。

在三月十日左右，接近移交階段，×××及×××發現(必然)現場設定值與××(××)的資料不同，要求改用××值更改設定。



因此4160V 的回路值由2.5A，0.1S，4.0A，0.1S 改為0.3S，設定後，因停電轉換測試，重新啓動時一一跳脫，週六設計人×××不在工地，跳脫以後只得隨便亂調一下，試試重新啓動調到5.0A，總開關之設定也在上週的資料中一邊為1000/5，另一邊又是2000/5，實際為1600/5，但其設定值為2.5A 與本人的相同(已經設定)，×××說是否沒有問題，說總開關OK。

經過告訴×××後他才改為1600/5，但是分路的設定值已經由4.0A 改為9.0A，2.5A 改為8A (9A=720A, 8A=640A)即是4160V 電壓應該換算為22.8KV 電壓值繪在協調曲線上，與上游協調，與總開關協調，1600/5=320 × 2.5=800A，實在太大。

設定值太小會跳脫，太大會影響上游，都必須經過計算，協調才能正確才能順利，現在××也見證了××的功力，也見證了個人的能力。

## 盤體製作

盤體分為高壓盤與低壓盤，高壓盤內安裝有高壓設備，高壓設備有高壓VCB 或GCB，有高壓變壓器，還有高壓PT 或CT，其進線當然為高壓。

高壓部份之等級分為三個22.8KV，11.4KV，4.2KV，由於高壓的間距關係，相與相距離，相與外殼(接地)距離，所以高壓盤的寬度分為三種22.8KV 等級為1200m/m，11.4KV 等級為1000m/m，4.2KV 或6.6KV 等級為800m/m。

高壓盤的深度則應考慮盤內之安裝設備情形，從1000m/m 到1200m/m，1600m/m 到2000m/m，應該不會超過2000m/m，高壓盤與變壓器盤不同。

變壓器盤純粹為變壓器而打造，視變壓器的電壓容量二相或三相，橫向擺設或縱向擺設，變壓器盤有高壓側(一次側)及低壓側(二次側)，高壓側擺設在背面，低壓側或二次側擺在正面，包括控制電源也都放在正面。

高壓盤之高壓側也在背面，正面則為控制線，或低壓側或檢修窗口檢查視窗，因為不管深度如何，其縱向只有一層，不可能分成兩層，如果高壓CT 的低壓側(二次側)也先行引出到正面，供檢查換線測試，不可以因為要檢查而靠近高壓側或一次側，不管CT 之變換比在一次側或二次側，最新設計的CT 都使用二次側變換，如圖一。

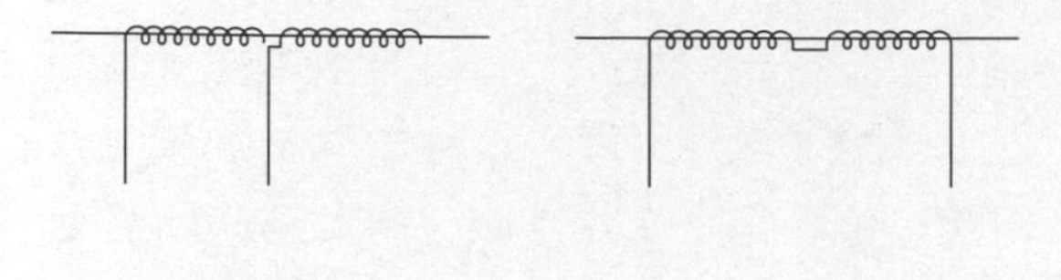

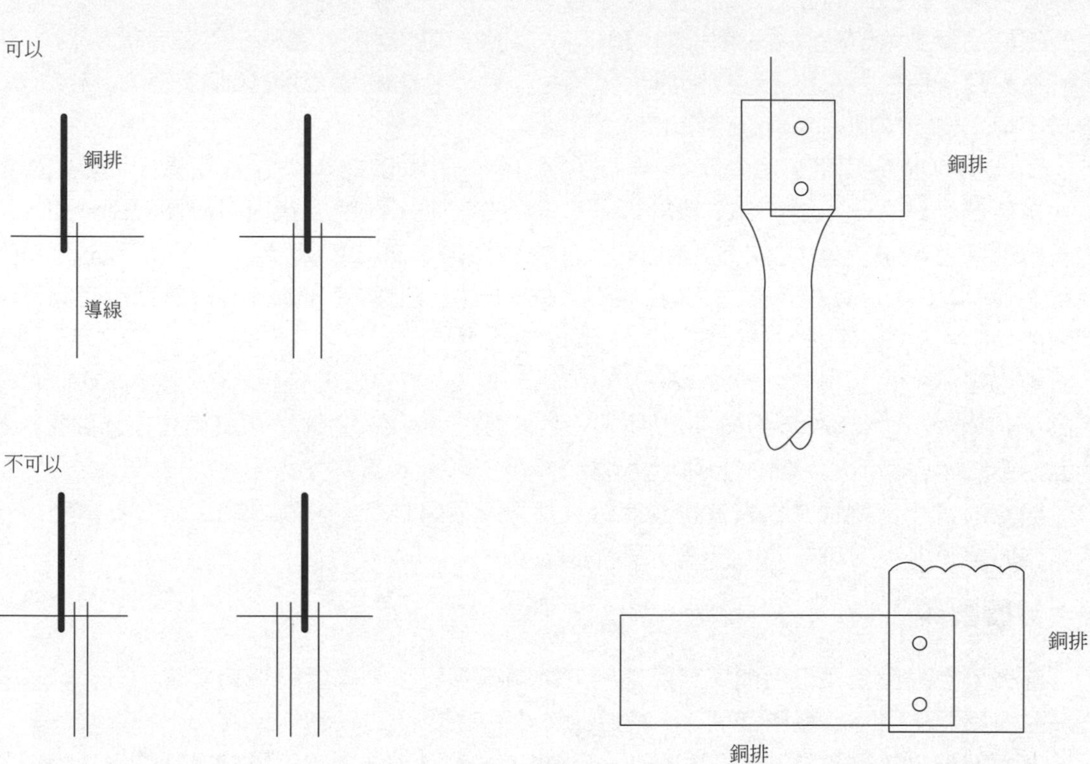




高壓盤內的高壓PT，也是高壓側在背面，低壓側在正面供操作檢查接線，因此高壓盤的背面都有高壓防護網，還貼有”高壓危險”，正面則視情形而定，也可將高壓部份隔離。

如果高壓設備為DS或LBS，因為沒有低壓側，所以只要將背面正面全部隔離，只要在盤外的正面操作連桿即可。

低壓盤就不像高壓盤，盤內沒有高壓設備，所以沒有間距問題，全部都是低壓設備，低壓盤的名稱就以盤內主要設備為主，如ACB，NFB或MCCB或電容器，ACB設備有容量大小、極數，所以寬度可為1200m/m，1000m/m，800m/m，很少寬度低於800m/m，1200m/m算是比較特殊，1000m/m為標準型，800m/m則為小型，ACB及NFB或MCCB數量較少，如果為NFB或MCCB，則因為數量也可能考慮1000m/m。

其深度則應為1000m/m，1200m/m或1600m/m，主要因為電流容量大小，容量大小與銅排大小有關，銅排的電流容量有1000A或2000A，更大一點的有3000A或4000A，因此深度將達1200m/m以上。

低壓盤雖然沒有間距問題，但有接續問題，大電流特別注重接觸面積，兩者成正比。

1.接續電流愈大，接觸面積愈大。2.接觸面積愈大，固定螺絲愈多。3.接觸面積以正面

為主，不可電流再要轉換。如圖二

低壓盤的低壓設備，少不了電源接進去，也要接出去，接進盤內的線需要空間，進線空間接觸空間出線空間，電流愈大，接觸面積愈大接觸面積愈大周邊空間也大，例如一個孔的端子與二個孔的端子就相差很大，電流大的線路不可用一孔的端子，不管一孔或二孔的端子不可重疊接在銅排的一邊，應該分開兩邊來接，也不可在銅排的一邊一個端子，另一邊二個端子要端子直接接觸在銅排上，銅排在傳導大電流時，應儘量使用全部面積，例如電源，應該全部使用，二面接觸比一面接觸要好得多。如圖三



如果電流大，接觸面積不夠，接觸面會溫度升高，溫度升高會增高電阻，愈增加傳導電流困難。

低壓盤的寬度與深度，必須考慮低壓設備的安裝拆卸空間，低壓設備安裝有上層中間或下層的關係，也有裡層中間或外層的關係，低壓設備與盤門的關係，為了配合盤面，必須把設備裝在外層，有的設備因為盤面的設備必須安裝在裡層。

如果有層面的問題，二層或三層以上，則安裝的順序必須一層一層先後安裝，拆卸時順序則相反。如果安裝太多層時(二層)，則檢查或維修時無法達到，或困難重重，都要仔細檢討。如果低壓盤內安裝太東西(設備)，太冷或潮溼，又要電熱保溫，太熱又要冷卻，安裝冷卻風扇，盤內又要照明，安裝日光燈10W或20W 。

最重要盤體本身要接地，日光燈外殼要接地，電熱器外殼要接地，接觸要做好，該絕緣的地方要做好。

## 機電包

在××工地第×期擴建計劃，我們需要一些機電承包商來配合，因為業主在×～×期也有一些舊有的廠商，希望他們繼續承包工作。

在空調有××，雖然也有××及××進來搶標，但仍不能比，雖然能力不夠，仍被錄取，得標以後，MEP部門都不予重視，得標當天，非常高興。

在電氣有××，××及××仍然落選，雖然先做了接地系統及地下層的暗管工作，最後以最大的優勢獨家議價，事過二週後，也是不重視MEP部門，其實××在以前的能力及表現普通，如以前期的工作方式，(對待××)，將很難得到滿意。

## 感電

人在頭腦不清楚的時候，會迷迷糊糊，不知道在做什麼，該警戒小心的都會忘掉。

今天上午在四樓準備從××之低壓總盤送到隔壁的EM-PDP-2 ，開關為3P-800-600 ，因為該"I-Line"低壓盤缺失太多，一大堆人都在那兒排除困難改善缺失。

因此電源側之開關在低壓盤內有3只，(一只ACB ，二只NFB ，其中一只已送電到××-6－空調電源)，不知何時？又是誰將盤後門打開，看到後門打開後，繞到後門去看，居然看到二個回路之S相，均未包紮，全部忘掉，其中一只已送電，看起來非常危險。

然後又叫×××主任也過來一起看，他也沒有提醒已送電，然後一起叫了××的一位員工過來準備包紮S相，他也沒有想起要碰觸電線之前的一個動作，檢查是否有電，連續跳過三關。

他準備東西回來準備包紮，突然大叫起來，大家跑過去看才知道他感電，當時××也在旁，他也想協助他脫離，他使盡力氣脫離，所幸沒有短路，如果短路，情況將更加嚴重。

×先生抱住他兩肋，上下抖動一番，企圖恢復正常，後來同事將他送往奇美醫院(××)看醫生，下午吃過飯×先生先去看他，本人也準備下班後去醫院看望。

## 5-3 盤的位置與溫度



週四(6月30日) ×××與××等人去Walk down 各樓層之電燈/插座盤，發現四樓之LP-×××，ELP-×××，RP-×××和RP-×××，溫度較高，也因為盤體就在熔爐××-07前面，他們發現溫度較高，其中一個盤RP-×××較其他三個盤更高，約高出10℃左右，這個盤的位置並不是最靠近熔爐，是第二遠的。

×××記錄好各盤的溫度，也附上了××的設計圖面，第一張電燈平面，第二張插座平面，其中電燈平面的位置橫跨隔牆，隔牆是分開××-06(××-05)與××-07(××-08)，××的竣工平面圖也是依樣繪葫蘆，橫跨在隔牆上，這是不可能的，最後第五張即是現場實際圖，當然在××-07 這一邊。

這一盤的溫度從裡面到外面都比較高，也不是最靠近熔爐，覺得有必要親自去現場查看一下，並打開箱門查看接線及量測電流，因此約了×××，××的×××(品管)，由本人簽核施工單，於週六上午11 點進去四樓，打開箱門，量測電流，電流A/B/C 為50A ，N 相6A ，三相算平衡。再用紅外線量測溫度，總開關100A 處最高約53℃，同側向下愈遠溫度低，最下邊只有39/40℃，總開關為100A 側裝，上面的位置空下，從左側向主BUS 灌進去，而右側的盤××-M46 也是100A ，也是側裝，但是電流只有20A 左右，這盤之幹線為80mm² ，而××-M45 卻只有60mm² ，有檢討必要，溫度卻不高。

經過詳細的查看，安裝，溫度分佈，線徑及電流，確定主開關的安裝錯誤，因為總電流50A 或100A ，流經分路BUS 到主BUS ，其額定只有20A ，流過50A 必定超過，電流太大BUS 太小，溫度升高，所以必須要求××修改主開關的位置。這也是前一星期，×××提出××未向××購買Main Switch Kit ，省掉這筆錢，××的說明書也說明100A 可以側裝，但是不知其BUS 的電流只有20A ，所以××-D 也不對，發文要求××修改購買Kit 。

整理好資料，溫度及平面圖，包括內部圖及××，週一打好ITS 正式發出，而且E-mail也已發出××××，×××，××，×××，×××，××。不只Main breaker 之安裝，包括盤的位置也不對，在××-05/××-06 側地方及空間都夠，離熔爐都遠，溫度不高，×××說有人要求改在這側，但是圖仍在，那邊如果有人要求，有文為憑，改了之後，圖也要改，看來他不清楚，他才沒來多久，如何知道有人要改，要改提文為証，否則只有改(遷移)裝一途。

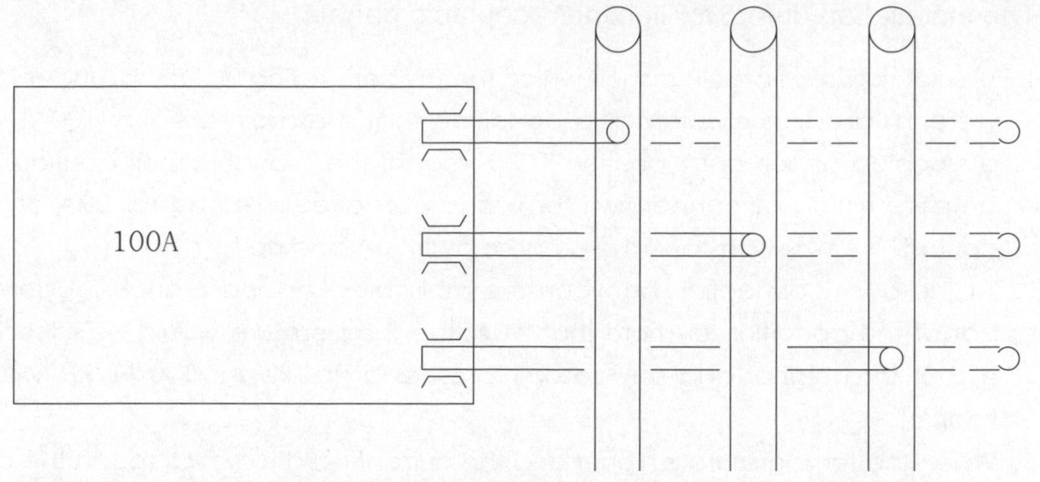


第五章

主開關100A橫插逆送到Main Bus，如果照片中3P橫插開關為20A(包括)以下可以。

主開關所插之Branch Bus為適合於分路開關用，主開關欲橫裝可以但主開關之負載側應以線路接入Main Bus。主開關所插之Bus為插入式(Plug in)，上下2個夾片插入夾住Bus，而流過20A以上，到達100A(或80A)，認為接觸不良。

不反對橫裝，但二次線最好直接接到Main Bus(如同裝上面垂直式)，因為Branch Bus太小。反對插裝，因為插接接觸不良，加上Branch Bus太小，所以溫度升高。

×××13日晚來電話，認為×××由××負責，應該由××解答，但是×××來工地看過，溫度升高的原因如何?他們告知要轉由×××解答技術上問題，只說100A可以橫裝插接，應該沒問題。打電話去問×××，他已寫信去美國詢問技術上的問題，×××說×對他說你不是跟×××那麼好，為什麼直接打電話到這種來，不是都由你們負責解答嗎？

雖然已寫信去美國問，可能會回答說沒問題，××說是UL認證。要求××或×先生將詢問函內容轉給我，如果將來(三，四天後)，回答說沒有問題，我會報告後，不再追下去。

Panel temperature inspection report

Location: Level 4　　Grid: 27/H　　unit: ℃

| Item | Panel name | LP-M45 | ELP-M45 | RP-M46 | RP-M46 | |
|---|---|---|---|---|---|---|
| | | | | Temperature | | |
| 1 | Panel housing | 39.1℃ | 38.7℃ | 41.2℃ | 40.2℃ | |
| 2 | Main MCCB load side | 48.8℃ | 40.2℃ | 50.2℃ | 43.9℃ | |
| 3 | Main MCCB shell | 43.0℃ | 40.4℃ | 54.0℃ | 44.3℃ | |
| 4 | Branch MCCB load side | 43.7℃ | 39.7℃ | 55.0℃ | 44.0℃ | |
| 5 | Branch MCCB shell | 43.7℃ | 39.7℃ | 57.0℃ | 44.9℃ | |

↓
This panel temperature is higher than other.

## The installation defect for lighting/receptacle panels

1. The lighting/receptacle panels which the ampere rating including/under 100A were installed/assembled at a condition that the main breaker(100A) was assembled at horizontal position that is meant the branch circuit position, the ampere rating of connection for branch breaker is limited for 20A only, it couldn' t run or withstand the ampere over 20A and up to 100A.
2. At the poor connection between the main breaker and branch feeder bus bar at the condition or more than 20A, the temperature would be raised up higher and higher and spread out to other area like the PANEL RP-M45 at floor.
3. When the temperature is higher and the current hard to flow through the connection, the connection will be burnt out also the main breaker burnt out too.
4. So the main breaker would be asked to shift the position at the vertical direction.
5. The document from SQ-D shown the position is not accepted.
6. The installed position for those 4 phase LP-××, ELP-××,RP-×× & RP-×× at site is not same as the designed drawings from CTCI and the shop/as built drawing(should be at another side of wall).
7. The temperature at another side of wall is not so hot as this side, the melting m/c' s are more fan than this side, so the ambient area temperature wouldn' t impact to those panels.

## 電盤高溫

四樓熔爐區有 1 排四個盤在一起，裝在那兒(屬予××-06 與××-07 間)，四個盤為一般電燈盤，緊急電燈盤，二個插座盤，電燈盤都是用線及螺絲，將總開關與主匯流排連接，二個插座盤的總開關都是100A ，但是卻用插入式，一個盤M45 電流達到50A ，另一個盤只有20A 左右。

現在這個插座盤，插入式，100A 總開關，電流已 50A ，卻溫度非常高(不正常)，高達63 ℃，高出旁邊的盤(電流只有20A)，約有10 ℃，溫度集中在總開關地方。

這個事情已告訴很多人，包括販賣商(××)裝配商××)，監造商(××)的幾個人，以及業主(××)，溫度很高，很不正常，告訴他們問題在那裡，如何解決。

而業主的J××卻要求裝配商，裝設了一支風管，從上面的出風口處接下來，再轉彎成水平，到四個盤的下方，水平管分成四支小管，每一支小風管設一個風閘門，控制開與閉，企圖用冷風冷卻總開關的高溫，這叫做“椽木求魚”，“捨本求末” “倒行逆施”。

這個溫度由於 50A 從總開關，經插入式的接觸板(二面)，接觸到主匯流排分出來的小匯流排。電流超過，接觸面積不夠，溫度會繼續發生，業主這樣做，真是沒有抓住問題。

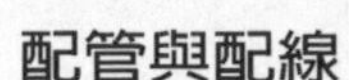

## 配管與配線

台南××工地第×期擴建，電氣圖面由××的×××設計，照明分為兩種電源，一台電電源及發電機緊急電源，四分之三為台電一般回路，四分之一為緊急電源回路。

××設計的管線為分開，因此管線在施工時，應該要分開，況且各接到不同的盤體，但是××的×××卻硬要×××同意他配一支管，說起來，真是無法理解。

## 送電



2004 年12 月20 日，依進度從×～×期，共有四個回路22.8KV 送到×期的高壓分電盤上，一切正常，送電之前，當然有買水果餅乾拜拜，加上電壓約有2 個小時，然後再由×-×期切斷。

12 月28 日再次安排，除了將四個回路再送回×期以外，還將22.8KV 的電經由高壓分路VCB 送到六樓，共有A ××，A ××，B ××在六樓，也有拜拜一切正常。

今天2005 年1 月5 日，再次安排四樓的變壓器送電，共A ××，A ××，B ××，B ××，B ××五套，希望一切正常。

## 接線端子(電容器盤)

××電盤，在高壓變壓器的二次側，低壓側都有6 回路或9 回路或15 回路。

每一回路從Main bus 接到KNIFE Fuse ，再接到MC ，再接到電抗器及電容器，以上這些接線在上面器具的一次側二次側，端子都不夠標準60m/m² 。

## 接線端子

昨天(8/17)星期二下午去××工廠既設廠房內，開餐廳電氣承商會議，會後去樓上變電站看配電盤，1200A 主開關之電源線200 或250 ，進線接上開關，仍然如同×先生(××)所言僅用一孔端子，確實證明他所說沒有亂講。

看了傻眼，××是這樣的情形，他的上包××公司也是如此，沒有人懷疑。

告訴廠務主任×先生及×先生，×期會一樣的與現在的臨時電，已經要求××改用二孔接線端子。

## ×××期的第一台正式設備

×××期的第一台正式設備，是一台剪刀式升降設備，為××公司製造，已經在工地內組裝完成，而且要接臨時電來測試或使用。

為了要接臨時電使用，測試，必須要檢查開關箱等是否安全，經過了現場檢查，3 相380V 之設備居然，1.控制箱內之主要端子盤沒有接地端子可接。2.到馬達之電線居然只有三條線，沒有接地線。3.控制電纜很多條，從控制箱出去居然沒有軟管保護固定，搖搖晃晃。

Comments for the FAT of boiler MCC panel at Kuoshung factory

The breaker amp rating of source breaker in panel ID-3-24 is 300A, but the amp rating of main breaker in this boiler panel is 150A only.

The amp rating at load side of main breaker 150A CT is 300A too high.

The amp rating of two feeders 15HP HVAC P-301A/B is 100A too high.

The cubicle 3B &3C for two feeders 2.2KW EF/SF-M1801 are too small space (470 × 290)not same as 2A & 2B(470 × 440) because same number of device inside, so the fuse side face down, control transformer installed at rear side, two layers of terminal board.

Completed checking list and tested report should be provided & attached.

Plastic hard cover need to be installed at top of vertical bus bar in 3 sections.

Painting process not stable the thickness changing from 61.4micro m to 104 micro m.

The base plate 50 × 100 × 50 × 5 not being found.

Name plates 15KW change to 11KW for pumps P-301A/B.

2A fuse at secondary side of PT lack one set.

The control voltage supplied to meter ION 7300 is 63V too low must be 120V.

Casing of PT or TR need to be earthed.

Door and panel body need to be earthed with removing the paint.

The frame size (thickness) of panel material is 3.2t at specification for MCC manufacturing drawing 955028-M02 and is 2.3t at outline diagram of "MCC-MELTING-P3BOILER-PNL".

The shop drawing need to be revised again.

## 5-4 烘手機安裝與電氣故障

低樓層之辦公室及廁所都已接近完工階段，電燈照明都已送電，因此烘手機也陸續安裝，這部份之工作屬於××範圍，提供烘手機，也準備接電。

原來之烘手機電源220V，已由××完成到插座，插座之型號為H型(與×～×期一樣)，但第×期之220V改為T型也有接地極，因此××派電匠(沒有牌照)換裝。

××安裝出線盒時，沒有統一高度，也沒有配合室內磁磚之完成高度(有高有低)，而××所留之磁磚孔洞卻在出線盒一半的上方(出線盒露出一半)，致使插座只能裝在磁磚的孔洞內。

無法安裝在出線盒內，也沒有辦法固定(鎖到出線盒兩邊的孔)，而××接好之插座只能往洞內塞進去。

當××安裝三樓Batch廁所，插座的相線(Line)碰到出線盒，導致接地故障，因為故障電流大，使得220V之照明總開關(380/220V)跳脫，因此三樓，四樓之電燈照明全暗，使得××xx 05/06部份全暗，緊張起來，經前往現場瞭解，只得協調一致(××，××)將出線盒與磁磚孔洞在一起，而安裝工作改由××進行。

因此接地故障，跳脫電源是正常，因為良好的接地系統，所以可以放心，這個工地是從事電氣工作以來接地系統完美的一個。

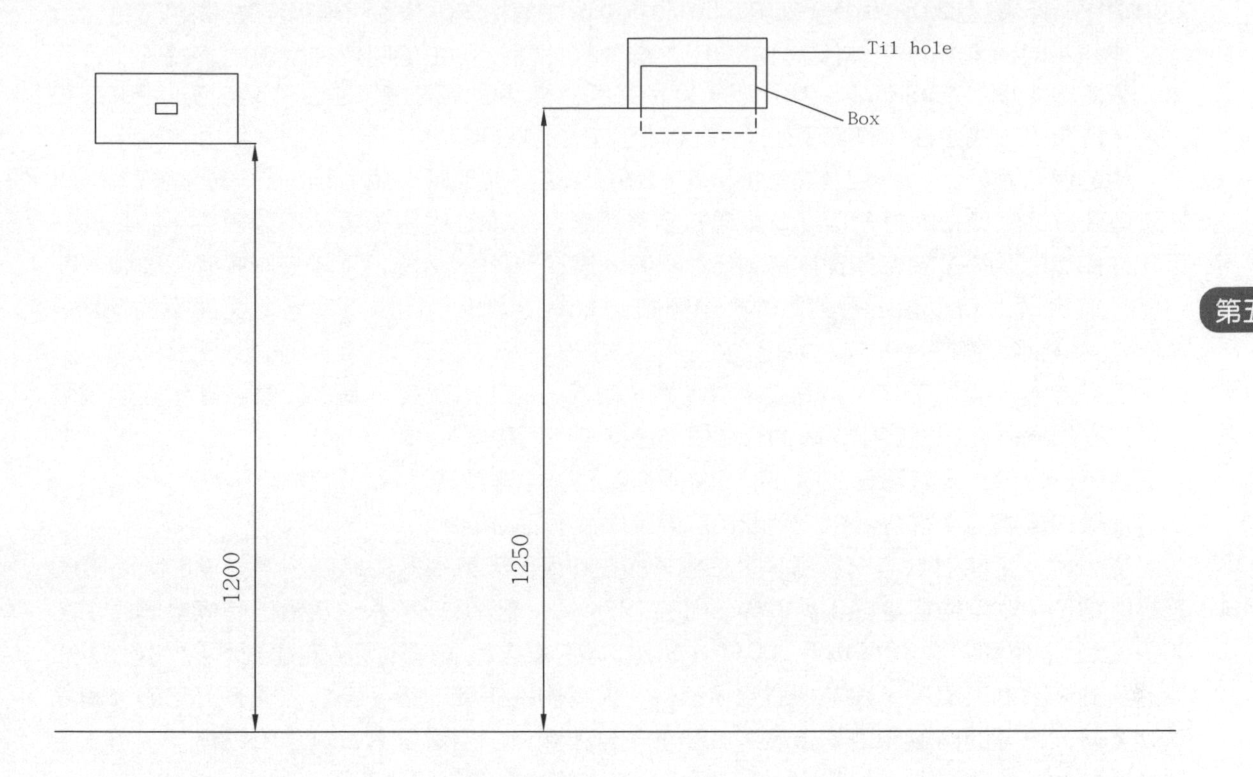




## ××公司

包商辦公區(停車場)前星期，一連在近中午時分跳電，因為冷氣全開天氣熱，申請用電99KW3 φ 220V 262A 滿載。如果全部使用，一定全天候，不夠用，因為有一台 50KVA 發電機分擔了××及××之用電。

叫×××去量測電流，最先只量單相，但是僅單相不準，必須要量三相才可以，結果××辦公室(二層樓)佔了 1/3 ～ 1/2 ，天啊！

為了解決跳電，找出不合理用電情形，最大用戶××，必須了解用電設備在那裡？有那些設備？冷氣機幾台？電燈，插座多少只？找了××，告訴用電設備，他轉知了×××(××)，前一天因為3P-400-300A 開關會跳，電流只有200A ，所以再買了二只 Breaker 三菱牌，並且先由××找來兩只換上，5/25 下午換好。

×先生在電話中說這個電錶是他們申請的，但是說現在電費由××繳，是由×來管的，況且當初也沒有你們這一棟辦公室，不跳電可以不管，但是會跳電就要管了。

××叫×先生繪好了詳圖－張幹線開關圖 “M”，一張冷氣機/電燈圖 “L”，一張插座120/208V 圖 “R”，看了以後，發現了一些疑點，電話××要去現場核對，見到他時他又準備了一份較完整，較多設備/開關的圖，三張全部改版，加了二張一層，二層的冷氣機位置圖。

冷氣機 2.5T 5 台改3 台，4.5T 15 台，當拿著圖核對了圖，發現問題更多疑點更多1.插座20A 全部使用 30A 。2.冷氣機 2.5T 也使用 30A 。3.部份二個回路接一個開關。4. 30A 使用

2.0m/m² 。5.圖上2.0m/m² 全部用5.5m/m² 。6.冷氣機2.5T 5台不知用那些開關，二台拆除之開關不明。7.相線用錯(紅、白、黑)應該為紅白藍。8.主開關之進線及出線端子不合，太小或者線太多，接觸不良。9.冷氣機20台之回路必須標示清楚。之後，又發了一張ITC給××，持影本去找主任，拜訪了他，他的辦公室在二層角落。

他的辦公室好大，有二台冷氣機(4.5T+2.5T)，去拜訪他時，說1.哇你的辦公室好大啊。2.又有二台冷氣機在吹好舒服。3.真想搬到這裡來。4.現在用電太多，不夠會跳，請節約一下，你的盤問題很多，希望安排時間整理一下，週六5/28××告訴下午三時會停電改裝，在下午三時掛牌上鎖以後，看到他們拆換開關，1.端子太小，接觸不良。2.開關不對30A-->20A 。3.線色不對。



三點以後，開始工作，期間要求改色線，他們一位工人不從，講為什麼不聽，經過說服他才勉強同意，正在施工中，因為五樓日光燈掉下來而離開。

當下班時，××來電話說你在那裡？說你自己小心送電好了。

這樣的電氣水準就是台灣，到處都是要改掉很不容易的。

在×××工地辦公室未搬到××二樓，約在8月份天氣很熱的時候，停車場的臨時電就已經跳電了，總契約容量在3 ψ 220V ，最高99KW ，電流為262A ，跳電的時候量測值都在300A以上，總開關為3P400AF 300AT ，超過300A就會跳了。知道電流達到300A以上，知道過負載，因為天氣熱，冷氣機就用得很多，尤其中午午餐前後，工作人員下工吃飯，有冷氣吹多好。跳電的時候認為過負載，就要求各分包商減少用電，其實減少用電有下列方法：1.窗戶、大門不要開開。2.窗戶最好用厚紙板遮住陽光，避免陽光直射。

## 電器檢查

昨天已是10月11日了，××的泰勞使用延長線及ELCB ，仍在一樓東側使用，他們的工安一點都不負責，沒有叫他們接受檢查換貼10月份標籤，破壞工地的規則，必須接受打孔及罰款，才能禁止發生電氣意外，此事已轉知××及××請他們處理。

## 配線與接線

××第×期，地下室有六台冷氣主機，供電電壓有4160V與380V ，從VCB供電到Starter再到Chiller ，每一台VCB管2台。

結果380V控制盤之順序從右到左，而4160V之控制啓動盤卻從左到右，都因為××自作主張，自行將4160V之啓動盤與Chiller顛倒，而電氣技術人員與空調技術人員各一位××因為剛來不久，又有主張同意並陪同更改，××至今仍不願修正改過來，真是可惜，而且要硬要如此。

## 兩孔接線端子

今天(8/6) ××在拉線，自變電站2000A ACB到工地內JMDB 1000A的電線，有250mm² 每相二條，包括中性線八條，當拉好到盤內準備接線時，拿著一個有兩孔端子的樣品，去××辦公室告訴他們(×、×)，要使用這樣的東西，×先生說我們使用325mm² 電線

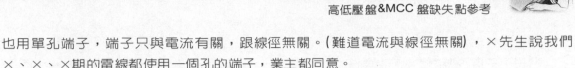

也用單孔端子，端子只與電流有關，跟線徑無關。(難道電流與線徑無關)，×先生說我們×、×、×期的電線都使用一個孔的端子，業主都同意。

×先生在旁邊最後說，對了 $100mm^2$ 以上的線要用兩個孔，$100mm^2$ 包括以下才使用一個孔，像這二個不太了解實際應用的電氣人，很難勝任這個工作，現在決定貫徹執行。

## 打破傳統，創造歷史

2004 年當時在南科的××工地工作，受雇於××××公司，我們正從事×××期的增設工作，負責電氣方面的工作，工地初期我們的老闆是××(××)，後來他與××的××意見相左，率而離開，後來接任的是××。



×××期是延續×～×期，×～×期設計是××，監造也是××，電氣大承商是××公司(××)，到了×期，設計仍是××，監造則改為××公司，××擺姿態相當高，每一次有電氣方面的事情，××都跑去問××，然後有一些事情當初質疑時，××也都說他們×～×期都是這樣做，告訴他(他們)，這是×期不是×～×期，要他們改變施工方法。

×期、每週都有會議，他們的×××都沒有來，都派×××(××)來，有一次還記得，×××被×××叫到他房間，問他三個問題：1. 你不知道怎麼做？2. 你不想去做？3. 你不在乎嗎？罵得他們啞口無言。

每一次他們來參加開會，他們都要過街道進工地到二樓會議室，我們在二樓都可以看得到，在工地內或承商辦公室區碰到××，他都不互相打招呼，××對他也是很感冒，他那種不在乎的回應實在令人擔心。

在×期的後期，翌年的四月二十六日下午，隔天的早上，就要去參加省公會在南投的大會，那天，有一個電氣工作人員為了位移一盞水銀吊燈(在變電室內)，而被電死。

來到了台中×期，第×期為 Melting，那時的競標廠商有××及××公司，因為另外的這二家沒有××工地施工經驗，所以××仍被選上，繼續承做了××，我們的老闆是××，下面還有一個××對××也是心裡一百個質疑，感覺奇怪，他被認為是與衆不同，(英文很溜)，他的工人在××時，被認為是看上(高)不看下(低)看大(上層)不看小(下層－小官)，××的××就是這樣的一個人。

## 送電電壓及電氣小事故

週六，2005 年 1 月 8 日，我回台北，因為前一天 7 日預定送電到××的盤 xx -601，因為 N 相 BUS BAR 及負載之接線空間，耽誤。

但是由××負責送電的結果，也說送電以後之電壓是相對相 380V，相對中性線 208V，不是 220V，很奇怪到底是電錶出問題，還是變壓器出問題，還是接線有問題？

2005 年元月 7 日星期五，原訂由 TR-××4 送 3 Φ 380V 一個回路 800A 到附近的××盤NP-××，結果因電源側沒有 N 相接續端，須等××增設 NP-××盤之總開關，電源側原有二支銅排，因接續太近，拆了一支又裝回，無法在週五送電。

要××在週六接好準備送電，原來以為××週日上班改週六上班，因此送電工作落在他肩膀，×與××兩人則回台北休假，週六上午九時××打電話，他將送電，送電後再打給

×，結果沒打給×。

週日下午搭飛機南下，在機場由×××接走，××電話告知測得結果為380V，及208V很奇怪，他告知查不出來，但電已送了，是否正常，須等明天才進一步查知。

到了今天上午8時多，接到電話說六樓聽到轟的一聲，然後就冒煙有臭味，趕緊上去。事故的盤為LV-AXX-2上中有兩台ACB，下有2只NFB，打開電容器盤沒有異樣，從前面打開，看到銅排PE帶燒焦，從後面看燒焦更嚴重，而且中間那一台ACB上下都燻黑了，左看右看不知道原因，則很清楚從前面探頭進去看ACB一次側銅排，啊！2支夾子夾在一起放在S相銅排上，一看即知元凶在此。



告知××人員，請他們看，×××，×××，××，他們一個個啞口無言目瞪口呆，這是一大失誤，尤其×××檢查，清掃組的錯誤，沒有確實下功夫清理，這兩支夾子是工廠測試時留下來的禍，

## 5-5 指示燈半亮

6月30日是月底，有幾位同事在這月底就合約到期，不得不離開這個工作崗位，另找他事，同事中有一個是工安叫××也是到期。

聚餐桌上的主人是××，代表人是×××(××)，他在桌上對他人包括×××(××工安)說地下室的P-6801 A/B控制線，查不出問題，雖然只有四條線，沒有破皮接地(短路)，也沒有斷路，連通性很好，一條對一條，為什麼會到當地控制盤有問題。

然後7月1日又聽到×經理(工地主任)對×××說，他不要××去檢查自己去，也要帶一只控制盤(相同於目前的)到地下室Switch room去接好測試，可以檢查線路出問題，這辦法雖然很笨，但是管用。

當這只控制盤接上去測試結果，如果指示燈正常，他會說是控制盤的問題，當他把這個控制盤換上去接好線後再測試，同樣的問題又是出現時，他又說問題出在線路，他會將四條線換掉，再拉新的。

如果61與60對調，運轉時CR1 close電壓自“7”經過紅燈到“61”，61因為CR1打開沒有電，再經綠燈到60再到另一端，所以110V的電壓橫跨兩只燈泡，所以紅燈半亮，綠燈也有50V的電壓。

2005.02.24星期四，上午去屋頂，準備送電給泵浦P — 6504 A/B/C三台，其電壓從EMCC — E —××送過來。

當MCC盤之總開關ON以後，即加入控制系統，因此在MCC盤有一只綠燈(OFF)會亮，在現場之LCP也有一只綠燈(OFF)會亮。

當啓動ON(紅)開關(DS開關已ON輔助接點ON)紅燈ON會亮，但是綠燈還是會亮而是半亮，紅燈也是半亮而已，測量電壓只有50V，所以半亮。

×先生將去MCC盤檢查接線(一定接線錯誤)。

1. 50～60V AC exited at control wires of P-×× A/B.
2. Control diagram for P-××/3/5/6 need to be revised.
3. The photo cell and cable at North East to be fixed up.

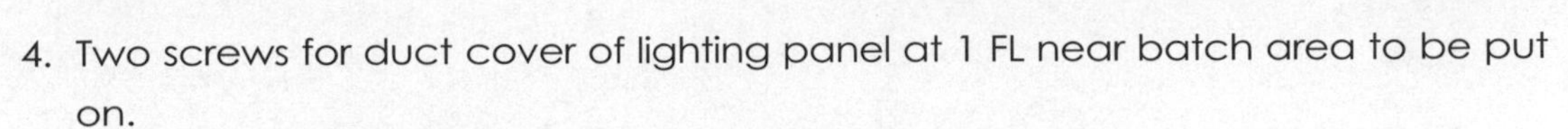

4. Two screws for duct cover of lighting panel at 1 FL near batch area to be put on.
5. Window washing M/C power feeder at roof.
6. The lighting fixtures not work at one side of drive way to basement.
7. Shop /As built drawings to be reviewed.
8. Temp panel and wires to be dismantled at roof boiler room.
9. Check the breaker' s amp rating & poles for EDP-×× between drawings and real condition.
10. Ckt not for receptacle to RP-×× not same as drawing.
11. 110V receptacles not been marked the panel & circuit number.



## 檢查線路

2005年6月28日下午，××提出要求××及××會同檢查P-6801A/B之指示燈系統，29日上午半天解決掉，還請××向××提出停電要求。批准後，與×××，×××，×××、×××及×××等6人，進入地下室MCC盤進行檢查。

由於××一直認為這個問題出在××不是××的，所以今天才再有這個動作，上午全員到齊，由×××要求×××拆開馬達線路(二條)及控制線路(四條)，6. 7. 61. 60.然後×××測量每只接點電壓，一紅燈，綠燈及黃燈在運轉，停止及跳脫情況下的情形。

運轉時，紅燈有電壓，其餘沒電壓，停止時，綠燈有電壓，其餘沒電壓，跳脫時，綠燈，黃燈有電壓，其餘沒電壓，劃分界線交給×經理，MCC本身沒有問題。×先生開始查時，××要來找×××及×××去Walk Down，因為××的工作改由×接手，×××協助。

在查證四條線中間，××負載側，×××在地下室，互相對話查證，最後結果OK，因此××回來一條一條接回去，線路沒問題，找不出毛病，所以意思說再想辦法，一再想一想，留在下回分解。

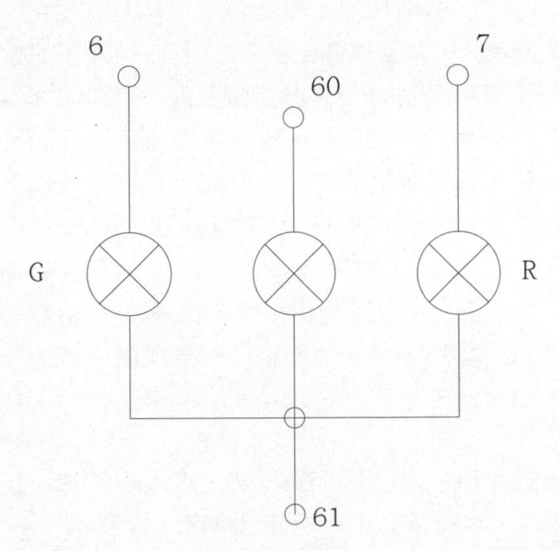

## 送電

11 月底開始，××及××××籌劃於 12 月20 日，將××22.8KV 四個回路送到×期四個變電室。

包括××電機及××等公司都非常注意這件事，因此之前的準備工作緊鑼密鼓地進行，開會討論搜集資料，於12 月20 日上午一早，開始正式展開，經過半天的按步進行，到下午一時半(中午未休息)，全部完成。××，××及××等人都彼此恭賀，第一次艱鉅任務完成，各方評價甚獲肯定，讚賞，×××副總說有很多人稱讚你。

## 剪破線與跳電

2005 年7 月22 日星期五上午，××派出二組人馬到屋突一樓及七樓接電燈新線路，有一組雙人組×××與另一人到屋突一樓鍋爐間，也是冷卻水塔風扇控制盤旁邊，盤名為LP-××實施活線作業。

自從×××於七月十五日離開後，自七月八日起，活電作業之簽准人及現場監督人，就落在本人的頭上，因此22 日上午的LP-××，就由××的×××陪同上去監督作業，並在名單上及作業單上簽名。作業始舖好絕緣毯，打開盤門取下中間門，×××便將PPE 戴齊，首先他要將盤內接好，送電中的紮線帶剪掉，好把新增的線一起紮在盤內支架上。

他持斜口剪將右上方的紮線帶剪斷時，“碰”的一聲，火花從他剪處轟出，他後退幾步，站在他後方也嚇一跳，槽糕怎會這樣，剪破的第五回路分路開關跳脫，LP-MR2 的總開關100A 跳脫，當時他說線早已破，是碰觸了外殼，致使接地，還以為他們在之前拉線時，拉破了皮沒有發覺，要他們在拉完線，接線之前必須量測絕緣，就像今天的新增線路，接上之前亦必須先量測，才可以准予接上，送電之前後，必須有三用電表量測電壓， 送電之後有負載，必須以鉤式電流表量測電流，是否在安全預定範圍內，送電之後，還要觀察幾分鐘，才能離開。

要他先將故障的回路隔開，再將總開關送上，恢復送電3 樓，送電以後也沒量電壓，本來要回辦公室開工安訓練，下了二個樓梯想了是否有電，再上去檢查，原來四樓的電源開關也已跳脫，必須復歸，還交待×××馬上寫報告，下班之前，必須交出。

下午四、五點鐘，忙完了事，回到辦公室看到報告書，其中×××寫了，因為×××在現場剪紮線帶時剪破了送電中的線(第5 回路)，致使接地碰到斜口鉗及盤底座，發覺這種錯誤，真屬不該，詳註以後轉給××告訴他情形，他說如果這樣，按法規，應該出場，同意他這樣處理，他馬上打電話給工安×××，要他明早時候收回識別證，不讓他再進場工作。

第二天23 日開工安早報，上班的人數只有22 位，×××已不在場，會後×××拿給一張識別證，走了幾步，×××告訴×，能不能再給他一次機會？×回答說“考慮後再告知”。當×與×××在××的工地辦公室時，×××打給我一通電話，說今天能不能再進去工作，我是否可以在待命？回答說“當轉告給工安，決定可以回來工作時，再通知工安×××”予以回應。

××公司的作法，高層的作法，以及員工的作法，讓人心怕怕，犯了錯工作不小心，×××還問能不能再給一次機會，×看沒有了，現在是機會，確實執行，才能提高水準。

**轉變**

昨天(10/28)與××過去×××××的工地辦公室協調工作，×向××說，你這幾天有很大的改變，以前×× ××的，現在不在了，他說為什麼呢？因為一、跟××要三個Super，到現在一個也沒有，英國人，新加坡人，台灣人，都沒有人幫忙。二、設計有問題，施工有問題，向××反應，他們一點也不在乎，沒有積極反應。三、施工有很多問題，××××××還是那個樣子，開會嚼檳榔，QC人外行充內行，不劃施工圖。四、××找×××××的執行董事來談，也不叫×過去，算什麼，私下解決。

**驚動大家**

這一次來台南工作，公司異常重視電氣安全及品質，本人也拿出在國外經驗及專業，努力工作。這次承商××承攬電氣工作，使用東亞燈具，這些燈具也是使用在×～×期工程，業主也核准過目錄，但是××送來燈具時，經打開發現接線端子只有2個，接地線頭懸空另接，以及安定器接地端子未接地線，只接在外殼(有烤漆)，經告知××後轉知××，全部取回更換，再送來時後者仍未改善，××不高興。此事及其他經××的開會記錄轉知××。

××不高興××的態度，××也轉知東亞，東亞也不高興，××也會告知××，因此也會不高興，所以這次的動作驚動很多人。

台灣的電氣製造商品質不佳，不夠確實，品質水準太差，××也許也會告知××。

## 5-6 送錯電纜

在地下室有二台Air dryer，機器上有馬達一台，電熱三台，約250A原來設計6011 A/B為3 $\phi$ 380V，線徑為150mm$^2$ 每相二條共六條，開關為800AF 500AT。

但是××去問了××，說只有300A就夠，線路只要一條150mm$^2$，所以第一台與第二台，××接上一個饋線到總開關上，而留下一個饋線在地上，不加以抽掉或留置在電纜架上。當我去檢查時，既然每相二條就應該將它全部接上，怎可留置地上，要供應商提供銅排可接，先接上第二台，第一台則等待，缺失改善以後再送電。

2005年2月4日他們需電孔急，要本人一定幫忙送電，×與×××先生前去檢查，還是想送電，第一次送上500A，控制箱居然沒有電，打開開關箱，才知該回路已改為300A(500A後面沒有接線)，改送300A。以後再測量控制箱，仍然沒有電(只有17V左右)，心想有異，趕緊切掉開關，改以測量線路導通，請×先生在開關側將R相接地，再測量控制箱內之三條線全部不通，只得再量未接在地上的三條，居然測得一條在地上未接，至此已斷定接錯線。

**自作主張**

××常常以業主自居，替業主出主意，自作主張，例如二樓的Cutting & Finish line room，實際二樓的電燈設計與數量與排列都與三樓、五樓相同，但是二樓必須先行安裝。

由於每層樓的設備(不是生產設備)很多，天花板上除了電燈外，還有灑水頭、廣播器、出風口、回風口、排氣柵門等等，需要彼此配合避讓，所以我們需要空間協調管理，各人先

將自己本工程內的設備繪在同一張(必須同一張)平面圖上，然後再互相調整，但是有二個原則，

其一、不能失去原來設計的基準，其二、不能變更(增加或減少)太大，器具的規格、數量、電壓等等。××居然以因為互相碰撞，沒有空間(位置)安裝為理由，自作主張將平面上的應該安裝的器具減少54套(約20%)，自己決定不裝了，真是太可怕，業主的任何一個人都不敢決定，一個丙方的工程公司，下了這樣的決定，真是大膽。三樓、五樓同樣的空間，同樣的設備，同樣數量的日光燈具，卻可以全部安裝，沒有被佔用空間的說法。



××的施工圖繪好了，也沒有先送監造的主管(電氣)單位審圖，直接送到空間管理部門，做套圖的工作，是否互相碰撞抵觸不能安裝，空間管理單位沒有電氣設計圖面，根本無法核對數量，主管單位卻看不到施工圖，而忽略了錯誤百出的圖面，而加以施工。

××根本無法自圓其說，繪圖工程師(員)，×××從×～×期就在××工作，但到第×期疵漏出大了，可見他的能力不夠，無法勝任這樣的工作，只要他到那裡，疵漏就會到那裡。當××繪出插座的竣工圖，要求審核，其實應該是施工圖，施工圖都沒有完成或核准，怎麼有竣工圖，施工圖上錯誤連篇，首先要求1.請問施工圖根據那一版的設計圖書寫在上。2.請問繪製施工圖的人員是誰，是否核對過出施工圖的版次呢？日期何日？3.請問審核人包括主任(工地)是否看過，核對過？核對後要簽名，包括版次、日期、比例，是否清楚，可以送出去嗎？4.要求繪製人或審核人拿圖到現場一只一只插座核對，有或沒有？在柱子那一邊，一樓一樓地核對，再送出要求核准。5.每一次Comment後送回，就是沒有下文，石沈大海，也不修正也不再送。

因此可以確定施工圖是沒有一張核准過，所以根本沒有竣工圖。拿著施工圖(未核准××卻說是竣工圖)到現場核對插座的位置及柱子的那一邊，發現有的設計圖上應該有的，現場卻沒有，經詢問××及×主任，他說現場不能裝所以取消。××無權取消，必須依照設計圖上安裝，並且繪製在施工圖，如有疑問，必須徵求監造單位再轉設計單位，有時候設計單位都不敢決定，××卻敢。如果插座在柱子的位置有改變，必須徵得監造單位的同意，並且正確地繪在圖上。

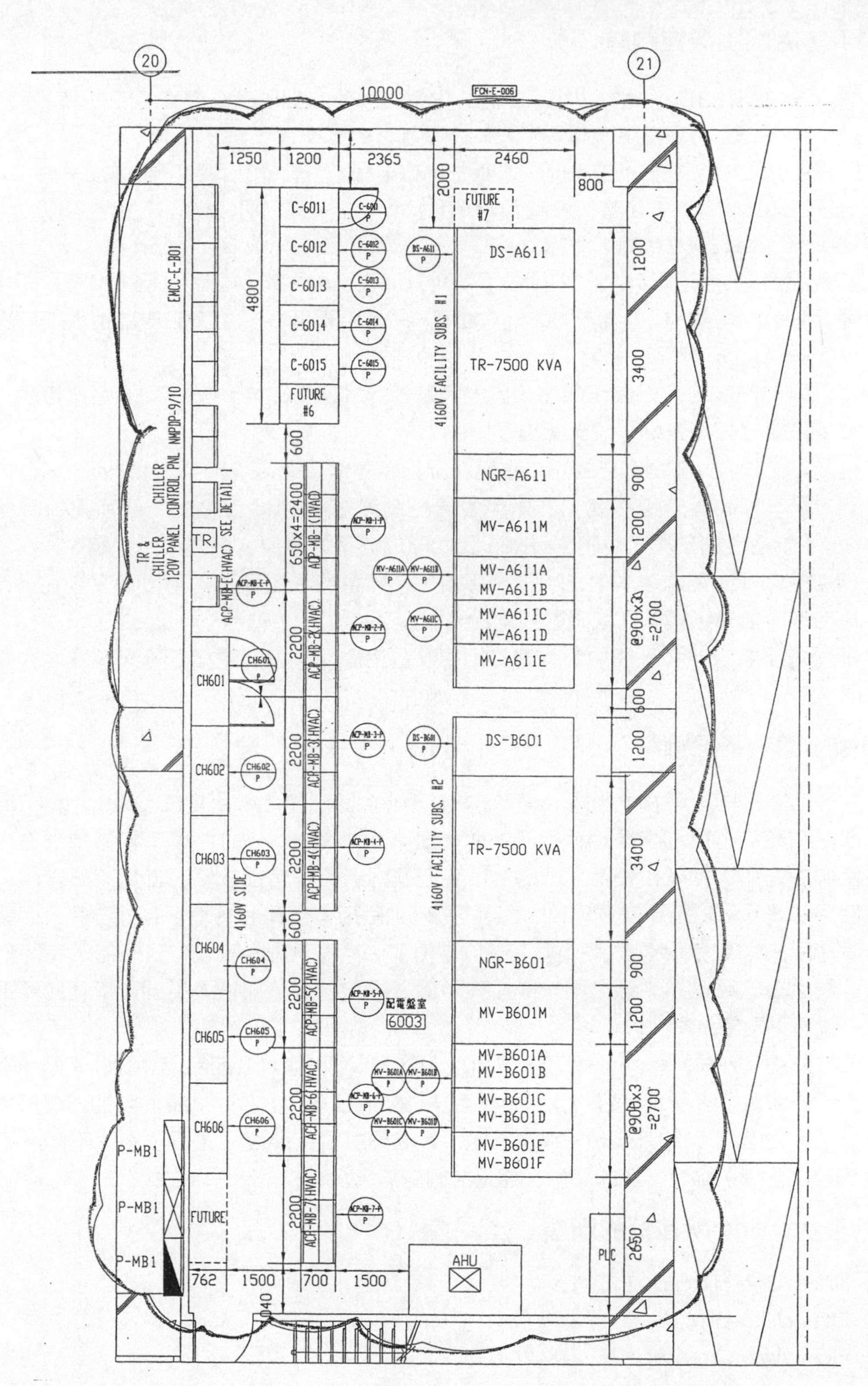
20
21
10000
FCN-E-006
1250
1200
2365
2000
2460
800
FUTURE
#7
C-6011
C-6012
C-6013
C-6014
C-6015
FUTURE
#6
4800
DS-A611
TR-7500 KVA
NGR-A611
MV-A611M
MV-A611A
MV-A611B
MV-A611C
MV-A611D
MV-A611E
4160V FACILITY SUBS. #1
1200
3400
900
1200
@900x3
=2700
600
EMCC-E-B01
TR &
CHILLER
120V PANEL
CHILLER
CONTROL PNL
NMPDP-9/10
SEE DETAIL 1
TR.
ACP-MB-E(HVAC)
650x4=2400
ACP-MB-1(HVAC)
ACP-MB-2(HVAC)
ACP-MB-3(HVAC)
ACP-MB-4(HVAC)
ACP-MB-5(HVAC)
ACH-MB-6(HVAC)
ACH-MB-7(HVAC)
2200
CH601
CH602
CH603
CH604
CH605
CH606
4160V SIDE
DS-B601
TR-7500 KVA
NGR-B601
MV-B601M
MV-B601A
MV-B601B
MV-B601C
MV-B601D
MV-B601E
MV-B601F
4160V FACILITY SUBS. #2
配電盤室
6003
P-MB1
P-MB1
P-MB1
FUTURE
762
1500
700
1500
AHU
PLC
2650
1040

### 地下室冰水主機控制盤

1. 地下室為供給所有Facility設備的開關場，內有兩套高壓變電站，每套容量為7500KVA，一次側高壓為22.8KV，二次側為4160V。

   4160V供給冰水主機及空壓機，冰水主機有6台，空壓機有5台，將增加一台。
2. 地下室也有低壓控制盤，供給Pump(冰水泵浦，冷卻水泵浦)電壓為380V，馬力150HP，也有6台(No.1～No.6)。
3. 依照設計圖，中壓(4160V)與低壓(380V)均有排出順序，兩者的順序相同，即自屋裡開始No.1到樓梯口門處為No.6，並有一台備用預留處，中壓盤靠牆邊放，低壓盤排列在中間(中壓盤與高壓變電站)。
4. 因為變電站室內之控制盤順序，也要與室外的冷氣主機No.1～No.6順序相同，羅輯上及位置上互相對照，設計圖也是如此。
5. 但是××(××)卻把室外的冷氣主機，排列順序顛倒過來，自門口處No.1，向內延伸到No.6，他同時也將室內的冷氣主機控制盤，順序顛倒過來。但是沒有將低壓盤380V泵浦之控制盤，順序倒過來，因此形成交叉的現象，感到不可思議。
6. 曾據理力爭，但是×××則以既成事實，不願意更改電纜，同意按現況存在，業主的決定為最優先，顧客永遠是對的來說明。
7. 期間只是要求××，將中壓電纜抽出更換避免交叉，沒有順序配線，但是××護著××。

### 同樣設備，不同廠牌

×××期工程中，有冷氣系統，系統中的Chiller使用了冷卻水塔(Cooling tower)，有製程系統，系統中的冷卻水循環使用了冷卻水塔(Cooling tower)，還有緊急電源發電機系統，系統中的冷卻水循環也使用了冷卻水塔。但是同樣都是冷卻水塔，卻用不同廠牌，冷氣系統中使用的是BAC產品(美國貨)，而製程系統中使用的卻是良機產品(台灣貨)，而發電機系統中所使用的卻是今日產品(台灣貨)。不同廠牌，當然不同品質，有最好的，有好的有較差的，不同品質的貨當然價錢也不一樣，其中最主要的原因是主辦人不同，不同的要求不同的堅持，就有不同的結果。

又如電氣產品Breaker，××及××所使用的MCCB是××產品(美國貨)，而空調公司××所使用的卻是××產品(台灣貨)，而空氣汙染防治公司××(××)所使用的卻是日本在台製造的貨－富士產品。廠牌不同，價錢不同，當然最主要的原因，還是主辦人不同，不同的要求，不同的堅持，就有不同的結果，這是共同的無奈。

### Shop drawing所包括的圖類

1. Single line diagram.
2. Riser diagram.
3. Plan view drawing.
4. Cable arrangement drawing.

5. Cable in tray drawing.
6. Channel base location drawing.
7. Channel base manufacturing drawing.
8. Cable & tray riser section drawing.
9. Cable tray installation detail drawing.
10. Bus bar connection detail drawing.
11. Control wire in panel location drawing.
12. Control wiring diagram.
13. Panel front/rear/side view drawing.
14. Panel bottom/section/top drawing.



### 仍用錯誤端子的插座回路

8月12日星期五，上午經過一樓辦公室區，插座盤××-M16A有6個回路待接進盤內之開關，×××說下午就會活線作業。

6個回路是接到盤對面第一個房間之地板插座，由××直接發包給××，不經過××，但是要求提送平面圖及負載表更新，而接線時××只負責工安。

下午要接線，活線作業時，×××與本人還有5位××作業工人在現場工作，電源側要接線送電，負載側是否都已接妥，必須查看檢視接線盒及插座內之接線情形，經過要求打開蓋子取出端子，一看結果嚇了一跳，端子是用錯的壓著鉗壓接的，這是上次在四樓Batch壓接接地電死一個人的工具，現在又犯了錯，被取回工具，要求品管工程師及工安揪出壓接的工人，拿識別證來交差。

經向×××報告，向××報告，在還沒有拿來工人的識別證到辦公室交差之前，下午工安×××帶來×××(Supervisor)來告知，說現場沒有錯，他們都是用對的工具，我不相信我看錯，只是沒有拍照存證及剪下端子而已，現場×××都是見證人。

我們三人還帶同×××(電氣檢查員，他借工具給他們)一同去現場再打開蓋子查看，他們立刻將所有端子改過，重新壓過，我認為他們不老實，改就改說了沒關係，竟然說他們沒做用錯工具。

當場生氣，竟有這樣工人竟有這樣的管理員×××竟有這樣的公司，竟然這樣的工安，連現場見證人×××都不吭聲，這樣的公司，×對×經理發脾氣，他只說要瞭解一下，未否認也未承認。那天的下午，除了一位工人，取來識別證以外，決定×××不准再進場施作。工安×××也決定給予拒絕往來戶，不再讓他進來工地執行工安的工作，不管一天或二天，週六或週日。週一發ITS 告知須將所有插座端子檢查。

## 5-7 低壓ACB 事故

2004年12月20日，自×× Building 送電到phase ×，4樓，12/28 送三個高壓回路DS-××，DS-××，DS-××到六樓Switch room，將3台高壓變壓器送電加壓，低壓總開關(ACB)未送電，2005年1月8日星期六，××提送××-601 到高壓盤旁之MCC 盤，含

FP-601 ，SC-601 ，RP-601 ，該日本人休假，××交由××負責，在台北家裡接到××打來的電話，他送電要檢查盤內，他送了總開關ACB到盤內之BUS 380V(LV-××)，送電後到了1月10日星期一，上午7點多，轟的一聲在分路ACB的電源側燒焦短路，總開關跳脫，高壓VCB在4樓也跳脫。上去6樓Switch room檢查情形，分路ACB的電源側BUS相顏色被套BBIT嚴重燒焦一處，包括××多人(×主任，×××，品管××)檢查不出為何會如此，我經查看盤內的前面後面，最後必須探頭進去查看分路ACB之後面，銅排的前面，發現二只公文夾子夾在一起放置在S相銅排連接處燒壞，火花燒焦了被覆，燻黑了後面外殼接續處，因為鐵材質的夾子放在該處，受到送電後，相間磁場的吸力，從週六開始逐漸位移與靠近R相，最後在距離太近時，產生相間電弧，所幸不是直接短路，情況尚可。燻黑部份及銅排被覆立即拆下ACB，加以整修，擦拭，恢復原狀。



很多人都不知道，我叫××不可移走夾子，××看了，×××，×××看了，×××的×××(×××)也看了，後來夾子還是被××取走了，××送電人沒有檢查，短路火花燒焦了，週六送電，週一就發生，他不知道為什麼發生的，簡直糟糕極了。

2005年3月12日，4樓增加一台ATS，台電的電源LV-××之800A分路，發電機電源自一樓的DG-××-P 800A電源，當要送電LV-×× 800A到ATS時，800A之負載側”轟”一聲短路(R相與S相)800A MCC跳脫，所幸Main之ATS 4000A未跳脫，沒有影響其他負載的供電，但是開關受損，短路以後，被發現負載側之接線紅與白各有一條線接錯，被××人員以書面描繪下來，是××人員接錯為事實，但是××聲稱沒人送電，是誰送電？有此一說為××送的，未被當場抓到，沒人承認，當晚立即安排停電，由480V側拆下換裝，由××親自主導監督。

### 高壓送電

所有的22.8KV高壓盤HV-××AUX-HV-××AUX ，和HV-××AUX-HV-××AUX共36盤於2004年12月20日從××-Building以4個高壓回路送達Phase × Building之四樓，送電之前都經過詳細檢查。

在2004年12月28日，因為安排高壓變壓器之加壓，送電準備送出低壓電3 ψ 4W 220-380V以及3 ψ 4W 220-127V(TR-××，TR-××，TR-××)共三套，只送電到變壓器二次側而已，(Main ACB OFF Position and Locked)。

當2005年元月8日，二樓之Clean Room準備送電，電壓為3 ψ 4W 220-380V ，第一次送低壓的盤體為NP-601 從LV-A614送出，送出之前必須再檢查全部盤體(分路盤及電容器盤)送電Main ACB ，再送MCCB 3P-800A ，送電的工作由×××主導，這天是星期六。

一直到1月10日星期一的上午7點40分左右，LV-××之Main ACB因為火花在一次側的R相與S相間發生，造成HV-×× VCB跳脫。

經檢查後，發現有兩支夾子(Clip)擱置在ACB之一次側S相銅排上(送電前未詳細檢查)，因為元月8日送電後，震動及磁場關係，夾子漸漸移動，當夾子與R相銅排距離縮短(太接近)時，火花發生在R相與S相之間。

經火花發生後，銅排及ACB背面外表燻黑，立即要求××公司人員抽出ACB清潔整理，約1小時，檢查絕緣及另件損害確認，即清潔完畢裝回，送電，並不影響ACB之功能與使用。這次事件之後，所有盤體送電時都經過其他工程師詳細親自檢查，防止再次發生。

至於變壓器TR-A614之噪音偏高現象，經過3月21日再次至現場量測，其數據如附件，再與出廠報告之噪音量測資料比較，並沒有升高情形，原出廠報告之噪音資料，測定值均在標準許可值之下，只是R相(外側)之高低壓側稍微偏高一點而已。

××公司將派出變壓器資深工程師來工地，在送電情形下詳細檢查，如有必要或發現異樣，將尋求停電再予近距離檢查，相信可以得到確切結果。



為了趕快將發電機(DG-604)之電源測試供應到3樓和屋頂排煙機。

除了在一樓發電機室安裝了一台ACB(3P-4000A)及一台MCCB(3P-800A)，也在四樓電氣室內安裝了一台ATS(3P-800A)及分電盤(EM-PDP-4)。

ATS之電源有兩個，一個是從一樓的發電機電源接來，另一個是從四樓ATS旁邊之變壓器電源(台電)LV-B615接來，(開關為MCCB 3P-800A)，××已經接線完畢，至兩端(MCCB 3P-800A之負載側和ATS之台電側電源)。

3月12日，因為要趕緊送電到排煙機(EM-PDP-4及EM-PDP-5)，有人將LV-××之3P-800A MCCB送電而Breaker兩相短路跳脫，所幸未跳脫總開關LV-××M。

經詳細檢查，發現3P-800A MCCB之負載側接線S相(白色)與T相(藍色)各有一條接錯，每相有兩條(R相兩條全是紅色，S相有一條白色，一條藍色，T相有一條白色，一條藍色)。MCCB短路跳脫後，××立即拆除電纜線檢查核對後再接回，由於3P-800A MCCB之電源側送電中，當晚立即安排停電更換3P-800A開關(從3ψ 480V側先行拆除不使用)，歷時30分鐘完成。

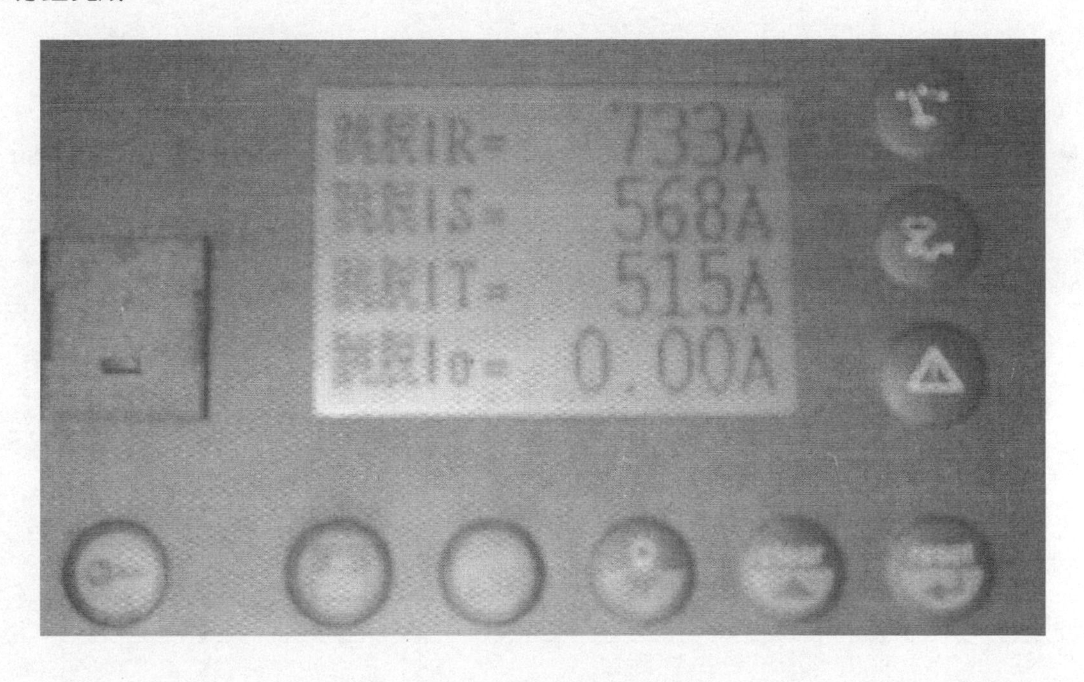

Mail 一封

×××,

According to HV protection relay trip fault record data, we got abnormal short circuit fault record data in HV-A614(22.8KV).

Ir=733(A), Is=568(A), It=515(A) <<short circuit fault record.Jpg>>

You know, the fault current will be about 5000(A) to 7000(A) in low voltage side.(220/380volt) It ' s really unusual & serious event.

aa.)Please investigate the root cause & what kind of improvement action has been done.

bb.)If no record for improvement action in this event, we suggest you should shut off HV-A614 for further check & testing.

2.)So far, noise of TR-A614(22.8KV/380V-220V, 2500/3325KVA)is quite high & abnormal as well after comparing with another Tr.

It seems something wrong inside Tr.A614 after short circuit fault.

Finally, please make a plan for checking relay setting, insulation test for Tr, power cable, busbar check & panel cleaning work.

Regards

×××

變壓器噪音測試報告

規格：3φ22.8KV/380V-220V，2500/3325KVA　　製造號碼：E930833

試驗日期：93 年 12 月 8 日

一、試驗依據標準：CNS 13390 及 IEC-726 規定

二、變壓器試驗條件：試驗頻率：60Hz，高壓側勵磁電壓：22.8KV，分接位置 22.8KV/380V

三、噪音測定結果：

| 測試位置 | 噪音值 dB(A) | | 測試位置 | 噪音值 dB(A) | |
|---|---|---|---|---|---|
| | 測試值 | 背景噪音 | | 測試值 | 背景噪音 |
| 1 | 64.2 | 53.5 | | | |
| 2 | 64.5 | | | | |
| 3 | 62.8 | | | | |
| 4 | 60.3 | | | | |
| 5 | 62.7 | | | | |
| 6 | 64.3 | | | | |
| 7 | 63.6 | | | | |
| 8 | 61.0 | | | | |
| 1~8 平均值 | 62.9 | 53.5 | | | |

噪音規範值：68db + 3db　　噪音修正值：　db

噪音測試點位置：

測試說明：1.測量各點距離 1m 以下

2.距基準發射面 1m(額定電壓 1.1KV 以上)

## 協調錯誤

上週五(二十九日) ×××在工地協調吊裝口之使用單位及時間，本人在××××工廠，週二(二日)回工地以後，拿到一張排班表，應該每一個人都有一張，給了××，在週五下午三時開始吊裝盤體，士林按表從三點開始，但×××卻說到四點才對，認為×××硬拗。但他們拿出一張有三個單位簽名的排班表，一看之下，結果是四點，問是誰主持協調，他說就是×××，複印一張，等×××回來時，對照一下，他才說是他的錯，這個錯有時會讓包商之間打架。



## ×××與臨時電

正式電送電到 UPS ，到了業主自備的設備，電壓正確，但是×××卻問我“×先生，UPS 的二次側出來的電壓為什麼是3 ψ 240V”，我說那是設備本身的問題，你自己查一查。身為管過臨時電的人，不知道理何在。

## ×××與泵浦

舊廠房的一樓，有2 組增設的泵浦，P- 6003A/B 與P--6004A/B ，前天試車供電以後，電壓及動作都正常，除了有一些需要修改的列在一張缺失表。其中的P- 6004A/B ，也試車了A 台，但是×××說A 台只試了幾分鐘後，樓上的開關3P 150A 卻會跳脫，他說設備商及盤商及業主三方，均沒有人可以找出原因，問是否可以協助一下。目前實在沒有時間，有人該管不管，要這個人不該管卻管，有人會瞭解嗎？

## 沉水泵浦電壓錯誤

××工地×期地下室停車場共有4 套沉水池泵浦，D-01A/B ～D-04A/B 馬力數為2 ～3HP 。經過機械部門(給水排水) 請購，廠商送料安裝在現場，經過試車使用，屢次跳脫(電流太大)。×××認為電流太大，可能電壓不對，因為發生過P-6004A/B 啓動沒問題，運轉跳脫，但是×××認為不可能。最後將泵浦拆出到地面，經檢視銘牌，果然為3 ψ 220V ，目前D-01A/B 是如此，是否其他3 套也一樣？

## 多功能電錶

多功能電錶分兩種，第一種是××的，第二種是××的，××的都裝在I-Line 盤上，因為電錶的電壓電源為3 ψ 4W (120V-120V)/√3 ，不管系統的電壓為3 ψ 4W 400-230V 或230-127V 都裝有一PT 3 ψ，接線為Y-Y ，二次側接地Y-Y ，一次側沒有。

××的單線圖是繪，但複線圖卻繪一次側N 接到N 也是接到地，兩者不同，到底那一個才對，×××說×、×期的PT 一次側都接地。在前天以前我發現兩者不同，單線圖是對的，複線圖是錯的，所以我叫×××與我一齊去拆除N接地，從六樓開始，拆除後結果××的電錶頻率從60跳到160左右，太奇怪，N接地就OK，調不回來。一次側N就要接到N，二次側N接地。所以我叫×××打電話問××的×××，請他告知為什麼，他說不出來，就要來現場處理。星期五，三個人去到六樓調整N拆除接地，頻率回到60左右(59.9～60.1)，但是三相電流卻同一數字，怎麼可能，三相電流不會一樣的，×××調不出來，他說他還要問國外，他要我調回一次側Y接地，我說那是錯的。

唯一請他趕快知道如何調三相電流。明午×××要去7M調BOD××的頻率，將一次側Y接地，然後EMCC－MIA及PDP－MIA及EMCC－槽MGA及PDP-MGA。



而380V電送到××有變化，經檢查圖，圖上沒有PT但實際有，380V/110V，3ψ4W 380/220V接在一次側只有220V加在380V上。

是PT接線問題，應為$380/\sqrt{3}/110/\sqrt{3}$，如改為Y/Y就可以。

××第一次送電，沒有仔細檢查發生短路沒有很細心，××聲稱檢查仔細，百疏一漏，偏偏工廠留下伏筆。

此後不敢再太聲張，也足以見識別人的功力。

$$\frac{380V}{220V} - \frac{110V}{66V}$$

## 5-8 配電盤製造

前不久，去××電機參觀工廠，尤其高低壓配電盤，希望能找到另一家供應廠商(來源)，但是品質一定要OK。最低限度要能與現有的××相比，因此我們告訴××，如果你們希望，我們可以讓你們看一看××的配電盤(包括內部情形)，××口頭上說，但是均未有所行動。

一月初，又去××公司參觀××工廠，看了配電盤的情形以後，不甚滿意，我們也告訴××，目前使用中的××配電盤，品質可以滿意，我們希望××也能與××相比(最低限度)，我們也告訴××，如果你們希望，我們可以讓你們看一看××的配電盤，到了今天二月七日，也未聽到或看到××要來看。

綜觀以上結論，配電盤廠商每家均有每家的一套，各人有各人的看法，各家有各家的品質與標準，根本不清楚自己成品(產品)有多差，也不知道別人的成品有多棒，所以他們(××與××)根本不會來看××的產品。

### VFD盤故障

週二(2005年7月12日)屆臨下午5時，××的×先生來二樓辦公室，申請活電作業，說地下室一台Pump SCR606開關Breaker運轉中跳脫，必須立即進場檢查與復歸。

隨即與×先生到地下室電氣間查看，是ACP-MB+7第六台冷氣機之Pump 150HP 380V停車，首先被告知Pump之開關3P-400-350跳脫，總開關也在地下室3P-800-800也跳脫，兩只全是士林產品，當我們要查看電壓時，這回路的電壓沒有，才知道電源之開關ACB 3P-1250-900在四樓LV-B605-3也跳脫，如附圖。

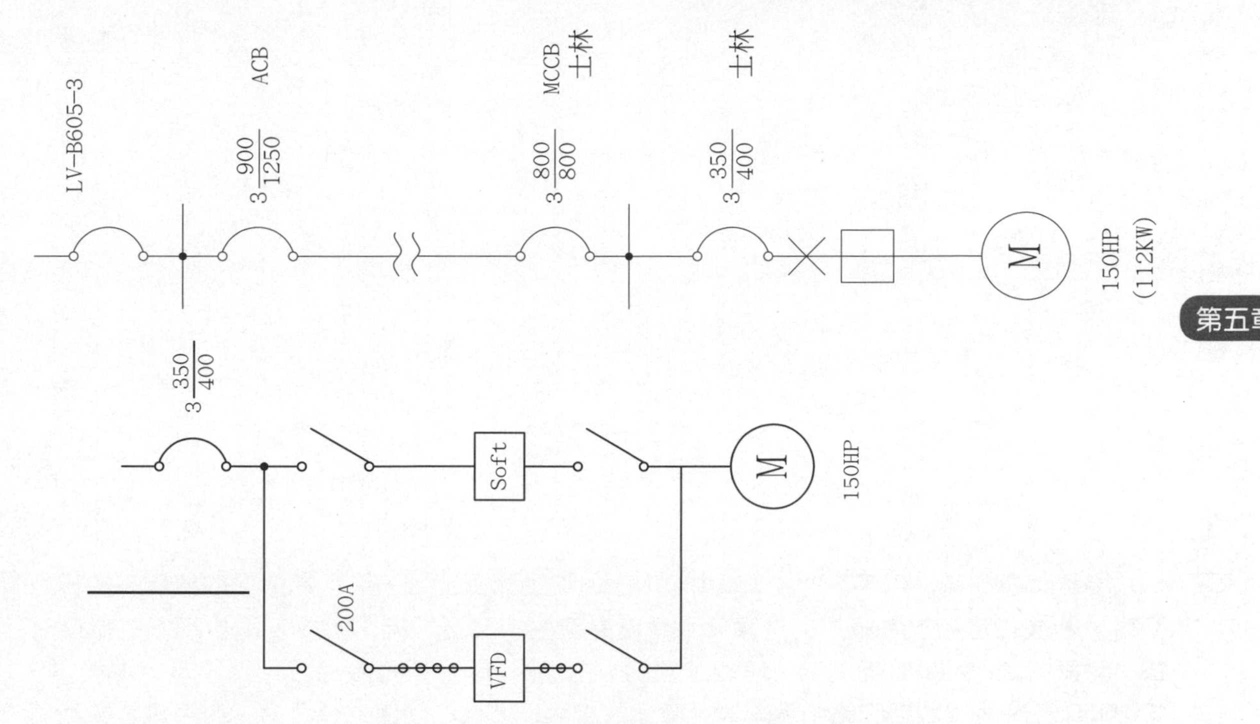


要檢查跳脫原因，得先復歸，因此跑上四樓將ACB復歸，回到地下室後，電壓正常，因此囑附他們先行復歸總開關3P-800-800 LOTO後再檢查。

第二天一早想問出跳脫原因，是否檢查出來，與他們到地下室查看，該Pump分成兩種啓動/運轉方式，第一種是VFD變頻控制啓動運轉，第二種是SOFT，微電腦精密控制啓動運轉，兩種啓動設備前後均有一只電磁開關，如附圖，共有四只為士林產品。

這台Pump運轉中跳脫，是以VFD運轉，經檢查後查出VFD之前電磁開關燒焦，接點耗損，蓋子已打開，查看情形，並沒有明顯短路，燒焦，未看到蓋子。他們只查到電磁開關，認為沒有問題只要換電磁開關即可。本人則清楚控制邏輯圖(二個回路並行，二個電磁開關前後包夾，損壞的為VFD之前電磁開關)，因為我從電磁開關往下(往負載側)追查，在VFD的中間接接續續，有好幾個接續。

電纜線接銅排，銅排接銅排，銅排接電磁開關。

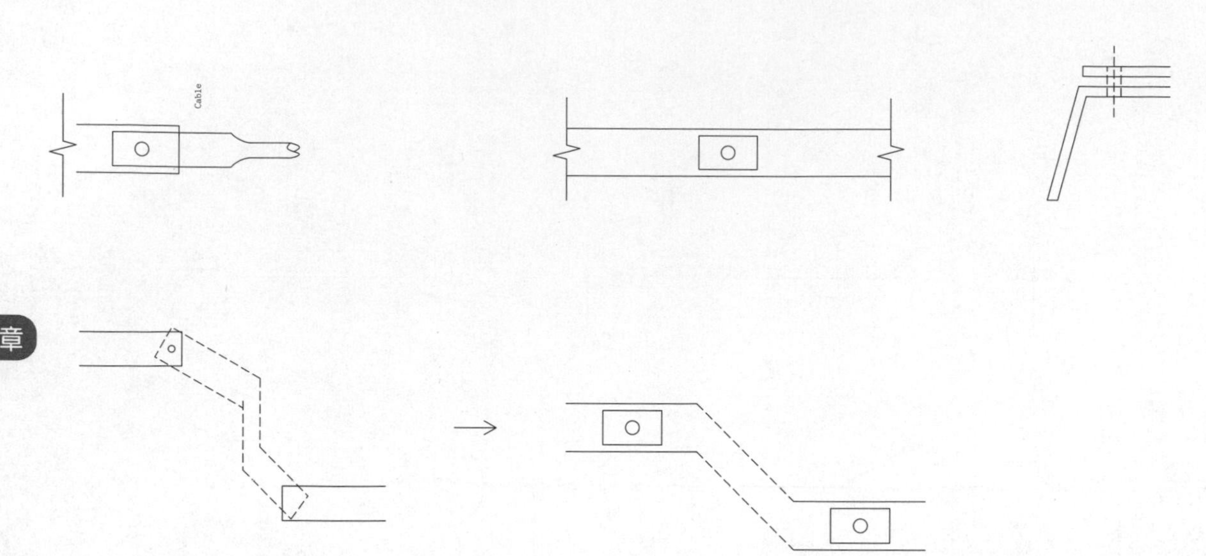




接觸面積不夠，角度不對，125mm²(包括)以上而兩孔端子，因為太多的接觸，接觸面不夠，造成電阻加大，銅排的電壓降大，電熱產生，溫度升高，所以在銅排周圍的溫度升高，旁邊的線(控制線)而燒熔，燒壞，短路，主線路380V與控制線路短路，Breaker 3P-400-350 跳脫。低電壓回路怕電流大，電流怕接觸，這樣的回路共有7 台，愈大電力的回路愈容易疏忽。3 個不同大小的Breaker分三個階段，所以保護協調很重要，電磁開關故障，3P-400-350A 跳脫，電源側故障，3P-800-800 跳脫，3P-400-350 跳脫不能微調，3800/800還可以微調成L0.2.3.HI ，而4 樓之ACB 3900/1250 有L.S.I ，L 為0.9 t1=B=6S ，S 為4 t2=B=0.1 ，I為8 ，將 MCCB 3800/800 及 3350/400 全部繪在一張曲線上，來分辨出是否重疊，必須層次分明，沒有交叉，左右順序。這樣的工作是否××可以做，其他六台之接觸該用紅外線偵測溫度，記錄下來作為參考。

## 變頻器故障異常說明

××玻璃 VLT6152 使用異常故障分析及後續事項說明：

### 1. 變頻器基本資料：

Type:VLT6152 ，Code no.：178B7447 ，S/N ：001200H414 。

### 2. 變頻器異常說明：

由於銅排的溫度過高，造成變頻器IGBTs 的控制電路之線路熔斷，造成變頻器內部損壞。

3. **異常損壞原因分析：**

由上述照片得知，螺絲的鬆脫是造成接線銅排的過熱，進而影響周遭的線路品質，最主要的原因，會造成螺絲的鬆脫可能的原因為零件的公差或是外力因素所致。我們必須說明，IGBTs 控制線路接觸至銅排才會造成變頻器的損壞，此問題早已更改生產流程來改善，此問題已不至再次發生，進一步的產品可靠度分析如下：

4. **可靠度分析：**

1). 銅排溫升測試：Danfoss 在設計變頻器時，對產品可靠穩定度視為設計中重要的一環，對於銅排的設計中，我們亦做的詳細驗證，我們以最嚴苛的條件下來量測銅排設計的可靠度，在周溫 40 ℃運行電壓440V 且運行電流260A(VLT6152 額定電流為212A) 條件下，銅排的溫度為70 ℃(此對於銅排的設計而言是相對低溫的)，UL(變頻器適用之規範 UL508C)認證規範中，對銅排的溫度是無所限制的，銅排體積的設計主要考量溫升的問題，防止銅排的發熱會對周遭的電子零件或銅排的絕緣材料破壞，如下圖所示，銅排的周邊只有IGBTs 控制線，整體設計信賴度是非常高的。(請注意，IGBTs 控制線路可能的異常條件已解決)

2). 連接位置可靠測試：兩銅排間連接點的設計信賴性，我們使用特殊的溫升測試方式及振動測試來驗證整體設計的適用性，假使銅排固定螺絲正確的依據設計扭力(85 inch pounds) 鎖緊，連接點的溫升的狀況與上述測試數據並無差異，這說明了連接點的表面接觸方式及面積是無問題的，再者，對於連接點外力耐受性，我們分別在振動模擬機台及真實安裝在船上，做滿載運行的可靠度壽命測試，通過了非常嚴格的測試標準。

小結：Danfoss 在相同設計的變頻器已銷售數年且多達數以萬計的數量，在全球售後服務的報告統計中，此乃特殊單一事件，請相信 Danfoss 變頻器所有的設計皆經過無數次的重複驗證務必達到最佳化設計標準，包含此次的銅排問題，根據上述，我們可以很有信心向你保證，此乃單一案例，我們會持續不斷努力來改善此狀況的發生。

5. **案件後續處理程序：**

1.) 運送此異常變頻器至原廠，詳細的評估調查，並提供報告。

2.) 緊急特殊案件處理，更新一台VLT6152 。

3.) 至變頻器安裝現場，確認同型之變頻器所有銅排螺絲扭力符合要求。

4.) 將同型變頻器之IGBTs 控制線路妥善適當固定，確保其不至觸碰銅排。

Danfoss以服務客戶為第一優先考量，完全配合貴公司之要求，提供必要之人力技術支援，期許案件可圓滿完成。



## ××與“I-Line”盤

昨天(2月17日)，送電BOD-××及RP-×× C/D ，××昨天來了一位×先生，說是領班，也說是QC或副總，當BOD-××一次側送電到NFB ，送了NFB到變壓器300KVA(二次側為120-208V)，要將變壓器二次側的ACB ON時，卻靜悄悄的，因為×先生的口氣及態度，將此工作全部推給××，(有六個人在)去處理，××暗示什麼問題告訴他就可以，本人說留給他們去查，因為BOD-××已經送電，因此轉到RP-×× C/D ，兩盤(C與D)之間有一台變壓器(480/220-127V)，一、二次側線為××接線及拉線。

因為要求在變壓器的二次側盤將N 接地，所以要求××(××)將變壓器的外箱打開查看，果然再查出變壓器內，××已將N相接地，要求拆除。當拆除以後蓋上外箱，送電到一次側，然後測量二次側到Main Breaker的電壓，卻查出RST為220V ，127V ，127V ，R與N卻為220V ，××及××，×××要求拆除線路檢查，說不用了，從測量的數據即知T相與N相倒反(一端為藍，另一端為黑)，××的×先生在旁邊說，技師就是技師，老經驗看太多。

而這部份工作是屬於××，大家要求由××來做(改線一條會太短)，等到下午吃過飯，再回來送電，××聽到我的轉述後大感失望。

## 5-9 低壓配電盤

1. 盤體：鋼板厚度，油漆顏色及膜厚，前門，後門，側板，內門，左右或前後傾斜，間隙。
2. 基礎座及基礎螺絲：安裝及水平。
3. 銅排，接續，排列。
4. PVC 線槽。
5. A 控制線：線徑及顏色，端子。B 主線路：線徑，端子及顏色。
6. 端子盤與端子。
7. 銘牌。
8. 日光燈，電熱器及電扇。
9. 模擬母線。
10. 相序及相色。
11. 進線與出線。

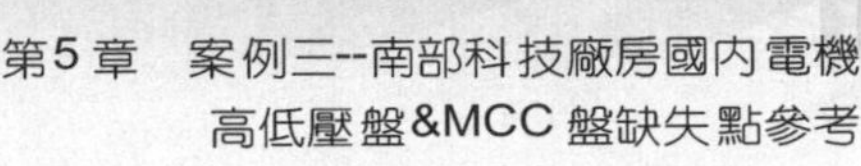


12. 接地。
13. 設計。
14. 試驗。

A (1)

1. 所有箱體(盤體)之骨架均採用50 × 50 × 4(6 ，8)之角鐵組成，外箱門採用3.0t ，其他之各部份箱板則採用2.0t 之良質鋼板，經機械加工後再組立成型。
2. 基礎座則採用50 × 100 × 5 之槽鐵，而其他附加之配件，則依實際而要求決定之。
3. 外箱門均裝設隱藏式把手，當門鎖住後埋入，把手並可掛牌上鎖。(鎖及把手可選擇)
4. 負戴中心盤體，均以內外二道門之方式製作，凡儀錶指示燈…等均裝設於外門上，而NFB(MCCB)之操作把手，則露出於內門。
5. 但馬達控制中心，控制盤用箱體，則不加內門且門寬度為600mm ，每一單元之寬度為630mm 。
6. 所有配電盤於塗裝烤漆前，均應先施以防鏽處理，而烤漆顏色及厚度依照業主或規範為原則。(盤面及角落是否有凹陷，刮傷、尖銳或彎曲不平)。
7. 負載中心盤之標準尺寸為800mm(W) × 1500mm(D) × 2350mm(H)(含100mm 基礎座)。
8. 馬達控制中心盤之標準尺寸為630mm(W) × 600mm(D) × 2350mm(H)(含100mm 基礎座)。每一列盤630mm X 列盤數，門寬為600mm 。
9. I-Line 盤之標準尺寸為1300mm(W) × 600mm(D) × 2350mm(H) – 沒有ACB 。1300 × 800 × 2350 為ACB 盤內附。

## B (2)基礎座

1. 每一盤體均有以50 × 100 × 5 之槽鐵製作之底座。
2. 每一盤體之製作必須水平垂直，左右不傾斜，前後不傾斜。
3. 當一水平垂直之盤體安裝於一不水平之樓地板時，須要補助一基礎座於現場，並可調整到水平，供正式盤體安裝。
4. 水平調整之基礎座於現場，放樣定位置，決定左右，前後之間距，並以水平儀調整至水平時，記錄各基點之位差(依基礎座圖之基點位置)，補足各基點之鐵板固定於樓地板上。

C (3)

1. 主電路之導線導體，除依5B 之規定外，亦可以足夠容量規格之匯流銅排代之(原則上250A 以上之NFB ，MCCB 即以匯流銅排施作)。
2. 匯流銅排須為擠出型高導電率銅排，其含銅量應為99.5% 以上，並經鍍錫或鍍鎳或鍍銀處理，依設計規範實施。
3. 主匯流排應裝置於盤內最上層之空間，且其相序排列，應由上而下，由前而後，由左而右，分別為R.S.T.N.，惟其上方應以厚度3mm之壓克力板覆蓋保護，防另件工具掉落。

4. 如馬達控制中心，依設計需要，可將主匯流排到各列盤裝置於盤內最下層之空間，惟其上方應以厚度3mm之壓克力板覆蓋保護，防另件工具掉落時短路。
5. 主電路銅排，若須貫穿2個或2個以上之列盤時，依拆解盤體處所，須先將之分段製作，並以相同規格之銅排為接板，依上下三明治式連接，俾便箱體視長度分組裝運(不必一列盤一段)。



6. 所有銅排均須加套熱縮色套，若同一相需使用2片或二片以上銅排並聯時，其熱縮色套必須先行各個套妥後再施作，不可共用同一色套，熱縮色套並沒有絕緣效用，2片或3片之片間須留下5mm之空隙作為散熱用。
7. 同一相使用2片或2片以上銅排並聯，其接續端須以三明治式交叉夾接，並確實平整密貼，鎖緊。三相之延長接續處，必須錯開，相間距離必須考慮銅螺絲之頭部及螺母厚度。
8. 若其分支點係以電線施作，則該銅排與銅排之間隙，須以相同規格之銅排確實補足後，再連接電線。
9. 3 $\phi$ 4W之供電系統之N相，銅排尺寸與其他三相一樣，不得降級。

### D (4) PVC 線槽

1. PVC線槽之固定須於每適當距離內為主，不可太遠，致使線槽搖?。。
2. PVC線槽之高度須視處所有所調整，不可太高，尤其控制線數多寡。
3. PVC線槽之安裝處所及排列均應統一，不可一個盤一個樣。
4. PVC線槽有端蓋片可裝上，並且儘量以水平補足垂直部份。

### E (5A)控制線路

1. 所有配電盤，控制盤或PLC盤，盤內均設置有－110V或220V儀錶專用插座設置，以利查修。
2. 盤內所有線材，均採用國內一級品，且為同一廠牌，如為不同材質時，可不同廠牌。
3. 控制線路導線如使用細蕊超軟導線，亦應加裝套圈Ferrule ，以防多股電線分散，壓妥後再行接入。
4. 控制線路之導線均採用600V級1.25mm$^2$(50/0.18) PVC電線。
5. 除PT主電源線或控制器具容量較大者，各依該容量大小選用者外，均採用2.0mm$^2$絞線。
6. 所有控制線均不得有中間接續，所有之接續均應於端子台上為之，且所有線端亦應加套與線路圖相符之線號，而線號亦應採用不脫落型，其排列方式均應與設計圖相符。
7. 所有控制線應裝置於PVC線槽內，過門線須以PVC捲束帶保護預留適當長度，方便

開門，並且妥善固定兩端。

8. 所有控制線須自盤外引入時，均應予端子台上連結，並與設計圖相符。
9. 於端子台上連結之所有線端(不論是盤內或盤外引入者)，其端子台二側之線號應予一致，並與設計圖相符。
10. 所有盤與盤間或盤與門間之接續，亦應於端子台連結。
11. 端子台上線號之編列可以0-9 或A-Z 編寫，但應依序，由上而下，由左而右排列之端子台亦應有代號標示X1 ，X2…。阿拉伯數字6 與9 應有底下加線標示。
12. 所有線端之連結，均須套用壓著端子後接續之(除特殊場合者外)，且電流回路(CT 回路)，須採用“O”型端子。
13. 各控制線之顏色區分：CT 回路--> 黑色，PT 回路--> 紅色(三相時仍應區分)，AC 控制回路--> 黃色(電源110/220V 仍應以紅、黑、綠標示)，DC 控制回路--> 藍色(＋為紅，－為黑)，中性線--> 黑色，接地線--> 綠或綠黃相間。



## E (5B) 主線路

1. 主線路一般均為三相，有的另含N 相。
2. 主線路一般偏向於在上左方或上右方(以上左方為多)。
3. 容量較大的主線路則佔據左方一個列盤(如ACB)。
4. 主線路之主開關如上ACB ，則必須上下垂直安裝，如為MCCB 則可能上下垂直或左右水平安裝，如空間夠大，應以上下垂直安裝為宜。
5. 主線路之線徑或回路線徑大於125mm²(含)，電線端子應使用2 孔者，孔距為42mm 。
6. 電纜與端子壓接時，應以六角壓接，線徑在125mm² 以上之壓接，應有兩處。
7. 盤內所有線材均採用國內一級品，且同一廠牌，如材質不同時，可不同廠牌。
8. 全部以600V 級之細蕊(多股)超軟PVC 電線施作，其線徑規格依設計規範使用。
9. 所有主電路導線均採用黑色(紅色)絕緣被覆之電線，且其二線端須加套絕緣色套，以為相序顏色之區分。
10. 所有主電路導線之線端，均須加套O 型壓著端子，線徑大者為5.6 條行之。
11. 如MCCB 之端子(一次側)為孔型，線徑夠大，無法加裝壓?端子，可逕行接之，但儘可能加裝套圈(Ferrule)。
12. ACB 之安裝應以上下方式配線，即上面為電源側，下面為負載側，外觀應很容易看出。
13. MCCB 或NFB 之安裝，亦應以上下方式為原則，上面為電源側，下面為負載側，外觀應很容易看出。
14. 惟ACB 或MCCB 用在一般電源與緊急電源切換時，或一只ATS(CTTS) 開關，都應標示一般電源(台電電源)側N ，緊急電源(發電機)側E ，負載側L 。

### G (7)銘牌

1. 每一盤體必須有一盤名銘牌，固定於盤體中間或主開關列盤上方。
2. 每一盤體必須有一系統電壓銘牌，固定於盤名銘牌下方。
3. 每一盤體必須有一製造商銘牌，固定於盤體下方中間或左邊或右邊列盤。
4. 每一盤體之列盤或單元必須有一銘牌，固定於適當位置，告知單元名稱。
5. 每一盤體之列盤或單元必須有一銘牌，固定於適當位置，告知該單元之負載名稱，容量大小。每一盤體必須有一系統電源來源固定於電壓銘牌下方。
7. 銘牌之詳細內容，大小厚度，白底紅字，材質，固定螺絲之形式，長度(平頭或圓頭)，固定螺絲不再需要螺母在盤內。
8. 所有配控器具編號，均以熱打印貼紙，按線路圖之圖示予以編號標示區別，以便日後之查修，同時於竣工圖中提供器具實際安裝位置圖，以防貼紙脫落後，不易找到器具。
9. 紅色指示燈代表運轉中，綠色指示燈代表停止中，黃色/橙色指示燈代表跳脫。
10. 紅色按鈕代表啓動用，綠色按鈕代表停止用，黑色按鈕代表跳脫復歸或Alarm 停止。
11. 如有A-O-H(自動－停止－手動)，R-O-L(搖控－停止－近控)，開關均裝在上方或左方，其後依序為紅色(啓動)，橙色(跳脫)，及綠色(停止)。

### H (8)日光燈，電熱器或電扇

1. 配電盤是否需要日光燈，電熱器或電扇，應在設計時即妥善規劃。
2. 日光燈，電熱器或電扇之電源不管是110V 或220V ，均應使用3 心之電纜線，其中一條為接地線(綠色)，紅色代表相，黑色代表N 。(3 $\psi$ 4W 系統)
3. 日光燈之安裝是為了照亮盤面或盤內，應妥善事先規劃。
4. 日光燈使用10W 或20W ，一盞或二盞亦應妥善規劃，安裝場所夠大嗎？需要亮度(控制盤需要較高亮度)，以供維修時照明用。
5. 日光燈之使用，宜由門限制開關來控制(盤內燈用)，並且接在相線側，如為盤內用，另行安裝控制開關或時間開關。日光燈之安定器外殼要接地。
6. 門限制開關之接線端子，宜使用不外露者，避免碰觸電擊接地。
7. 盤內是否需要電熱器，端看使用場所，是否潮濕或屋外地方，或冬天保溫用。
8. 電熱器安裝地方應在盤體下方適當位置。電熱器之外殼要接地。
9. 盤內電熱器使用一只或二只(在各列盤)，視盤體大小及形狀而定。
10. 電熱器之容量為100W 或以下，(60W)電壓 110V 或220V 均可。
11. 電熱器之安裝須有溫控器(TH-SW ，0 ～ 40 ℃)，溫控器必須裝在盤的上面適當的位置，以保持盤內乾燥，亦可以溼控器代替。
12. 盤體內是否有熱源產生，需要以電扇排出，或者盤內之控制元件不能溫度太高(25℃)，需要以電扇排出。
13. 電扇一般均裝置在盤上方兩邊平均排出，如兩邊電扇，則盤下方需開一個孔，供冷空氣進入，下方的孔需要以圍網封住，防鼠蟲進入，如有必要可加裝過濾網，電扇上方則不必裝過濾網。電扇之外殼要接地。

14. 產生熱源者如變壓器，電抗器/電容器，Inverter(變頻器)，整流器，大型電磁開關。

I (9)

## J (10)相序及相色

1. 主電路相序顏色，如下之區分：

R相－A－紅，———————————L1 ——灰。
S相－B－黃 (IEC)－白色(CNS)，—L2 ——黑。
T相－C－藍色，——————————L3 ——褐。
N相－黑，———————————————－藍。(紫)
E接地－綠或綠黃相間，——————————綠/黃相間。
相序為正。

2. 控制電源或單相110V或220V之相序顏色，為紅色代表相，黑色代表N，綠色為接地。
3. PT如有三相電源引接，應分別標示三相之顏色。
4. IEC最新規定單相已改為灰、藍、綠/黃相間。

## K (11)進線與出線

1. 盤體之進線與出線位置，應事先於設計時，依據現場需要妥善規劃。
2. 進線就是主電源，出線就是負載回路。
3. 進線出線可上進上出，或上進下出，下進上出，或下進下出。
4. 進線處所應考慮，進線線數，線徑大小之空間，如何引接到主開關的一次側。
5. 注意主線路之主開關是上下垂直安裝，或左右水平安裝。
6. 馬達或負戴之出線端子應考慮電纜彎曲出盤(到上方或下方)，接線空間及分開與控制線混雜在一塊。
7. 馬達或負載出線端子處所，應有圓形固定桿設計，以便固定電纜用。
8. 配電盤之進線與出線，在盤上方或下方，應一併考慮其處所大小，線徑在200mm$^2$及以上時應一條一條地以Cable Gland固定，200mm$^2$以下時則為一回路一回路地以Cable Gland固定，如為60mm$^2$以下時則可合併其他回路一起以Cable Gland固定。
9. 進線與出線如果出盤時，以一條一條地分開，以Cable Gland固定，則該進出線板應改為鋁板避免渦流產生。
10. 進線與出線時，如果一回路有6條或以上時(一相二條或三條)，則必須6條一個處所(孔)進出或6條二個處所(孔)進出，其中一個孔為R1S1T1，另外一個孔為R2S2T2，不可以其他方式。

11. 如果有N 相時，N 相電纜不可單獨一個孔，或分開與回路進出。
12. 進線與出線進出盤體時，以Cable Gland 或套管鎖住，為防灰塵或另件物料，或鼠蟲進入。
13. IEC 有2 套相色規定，一套為色盲人員所用，如今IEC 已採用唯一的一套，供所有人及色盲人用，即灰、黑、褐、紫、綠/黃相間。

### L (12)接地



1. 盤體必須妥善地完整地接地到接地銅排，不可用細小螺絲固定或固定到不良導通的邊板上。
2. 配電盤內底部須裝置1 支6t ×25mm 之接地銅排做為設備接地，並預留5 個以上接點，接點大小視情況，螺絲大小兼具，供盤外引入之接地主線(100mm^2 以下之PVC 線)接續用，且盤內各器材之設備接地，均個別連接到此銅排上。
3. 如配電盤內，有3 ψ 4W 之N 相或另有低壓變壓器其二次側亦為3 ψ 4W ，則必須有N 相銅排，變壓器的二次側N 必須接地到設備接地。
4. 配電盤如係併盤排列時，接地銅排則須分段製作，亦可多列盤一段，並以相同規格之銅排為接地銅排連接，須使用三明治式夾接，做分段點之連接，俾便箱體分組裝運。
5. ACB 等主器具之外殼接地均使用8mm$^2$ ，螺絲為1 × M12(E1 ，E2 ，E3)，為2 × M12(E4 ，E6)。
6. 其餘之配控器具之接地則採用2mm$^2$ 。
7. AUX-16 PLC 控制盤除設備接地外，另設置1 支6t ×25mm 儀錶接地(DC) 銅排。

### M (13)設計

1. 配電盤製造以前，應事先完成設計工作。將配電盤相關的事項一一描繪清楚交待。
   1.1 單線圖。
   1.2 盤體大小圖(正視、側視、頂視) 。
   1.3 盤體控制線路圖。
   1.4 盤體製造規範，板厚。
   1.5 盤體油漆顏色及膜厚。
   1.6 盤體出線端子詳細圖。
   1.7 盤體銘牌詳細內容及大小厚度，白底紅字或其他。
   1.8 盤體之模擬母線規範及示意圖。
   1.9 盤體之電壓電流數據。
   1.10 盤體塗裝烤漆，防鏽處理規範。
   1.11 進線出線位置。
   1.12 列盤組裝搬運計劃。
   1.13 銅排之使用，數量，如何接觸及處所。

1.14 盤内之線材質、廠牌、顏色。

1.15 盤内之線材使用之端子，大小，形狀。

2. 每一配電盤門板(面板)內方應備有資料袋或資料架，以便放置設計圖，資料袋或架，應統一格式大小。
3. 每一配電盤之拆組盤位置必須標出，基礎座(調整)之拼盤位置亦應標出。
4. 盤面器材符號排列圖，盤內器材排列圖。

**N (14)試驗**

1. 組裝配線，接線完成後，必須先經過絶緣試驗，耐壓試驗，導通試驗，最後做功能試驗，以驗證其動作程序及信號指示是否正常。
2. 所有試驗均應留下記錄，簽名，以示負責。
3. 如有三相線路，則需有相序試驗。
4. 依契約規定，必須通知業主作中間檢查，並且會同試驗。

一個公司與所有員工，每一年都在不知不覺中及匆忙中過去，而老了一年，你可以讓所有員工都仍保有一年前的活力嗎？你可以讓公司仍保有一年前的衝勁嗎？一個人工作了三年，有了三年的經驗，知道什麼可以做，什麼不可以做，做事更成熟，更老練，但是也更膽怯。

## 低壓電容器

××公司提供給×××期工地的低壓電容器，是××公司的整套型設備，包括HRC刀型保險絲160A，施耐德的電磁開關，6%電抗器及100KVAR/60KVAR的低壓電容器(△接)，低壓電容器的規格共有4種。

3 ψ 480V，2. 3 ψ 380V，3. 3 ψ 220V，4. 3 ψ 208V。

480V及380V為100KVAR，使用160A Fuse，220V及208V為60KVAR，亦使用160A Fuse，因為有6%的電抗器，所以提高電壓及容量，600KVAR-->900KVAR。480V用540V(9組)，380V用440V(9組)，220V用280V(15組)，208V用280V(17組)。變壓器之容量有2500KVA，2000KVA及1500KVA三種。

原設計之電容器為100KVAR × 6，以6段循序控制加入，以NFB開關及保護，因為提高電壓後，從600KVAR提高到900KVAR，以9段控制(100KVAR × 9)，而220V及208V的電壓，因為電流較大，所以每段只以60KVAR為單位，900KVAR則需15只，分成12段來控制。

1～9段每段60KVAR，10～12段共有3段，則每段有60KVAR × 2一起動作加入。

現在要強調來談的是6樓的3 φ 220V系統，變壓器2000KVA，共有15只60KVAR電容器分成12段，合計900KVAR，這一套是最早加入系統送電使用，其間曾在四月間請××公司的人員來調整一次，設定功因在95%左右。

這一次卻在五月份底，發現APFR有指示#3 #5有警報，電路呈現電容性負載，在沒有加入電容器之前，不可能有電容性。負載全部都是電感性的，所有12段均未加入，最後檢查結果，仍然有2台(#3及#14)電容器仍在送電中，但是APFR沒有顯示，用驗電筆驗出電磁開關二次側有電，即表示電磁開關接點閉合下。

為何APFR沒有顯示，而電磁開關閉合，再用電壓表量測電磁開關的線圈並無電壓(220V)，最後知道電磁開關因為機械(結構)性Latch吸住，沒有彈開，因此接點導通而送電到電容器，電流有120A左右。

如今電磁開關出了毛病，要拆除修理檢查原因：

1. 接點(可動與固定)焊接住。
2. 線圈鐵心膨帳卡住。
3. 旁邊輔助接點卡住。
4. 線圈外圍塑膠外殼因熱膨脹。



要查出原因只有拆下檢修，如今拆下都成了問題，因為電流大，火花大，三相無法同時切離，因為：

1. 保險絲是單相保護，用手扳開。
2. 原設計為NFB ，但需高遮斷容量如此則體積大，價錢高，如用NFB可以輕易切離。
3. 如在保險絲前面(6段或12段)，加一ACB或NFB可以全部切離(無載切離)。
4. 如將三個Fuse放入盒內，盒外有一手把夾住可一起切離，三相分開可以消弧，即Fuse + DS也可以適當使用。

設計不知道現場的問題，使用操作，保養，每人設計考量都不一樣，但其中只有一樣方式(相比較之下)才是最好的。

現在研究如何隔開電流，拆下電磁開關方法如下：

1. 以手把三支掛住Fuse以連桿串連一齊拉開，無法同時，火花很大，會是問題。
2. 用絕緣隔片在可動接點與固定接點的一邊，一相一相地隔開三相電流，但是消弧蓋板要拆開，如此則無需消弧，同時接點處之隔離不必夠深，較易操作。
3. 拆除輔助接點後用90° 彎鉤鉤住兩邊的銅一起向外拉出，可以克服機械的力量，因為蓋板沒有拆除，所以可行性較高。
4. 最後就是拆除上下左右的四個螺絲，它是固定線圈內上下鐵心的部份，拆除後可以鬆開鐵心，跳開接點，如此沒有電流，即可拆除Fuse ，拆除Fuse後即可拆除電磁開關。

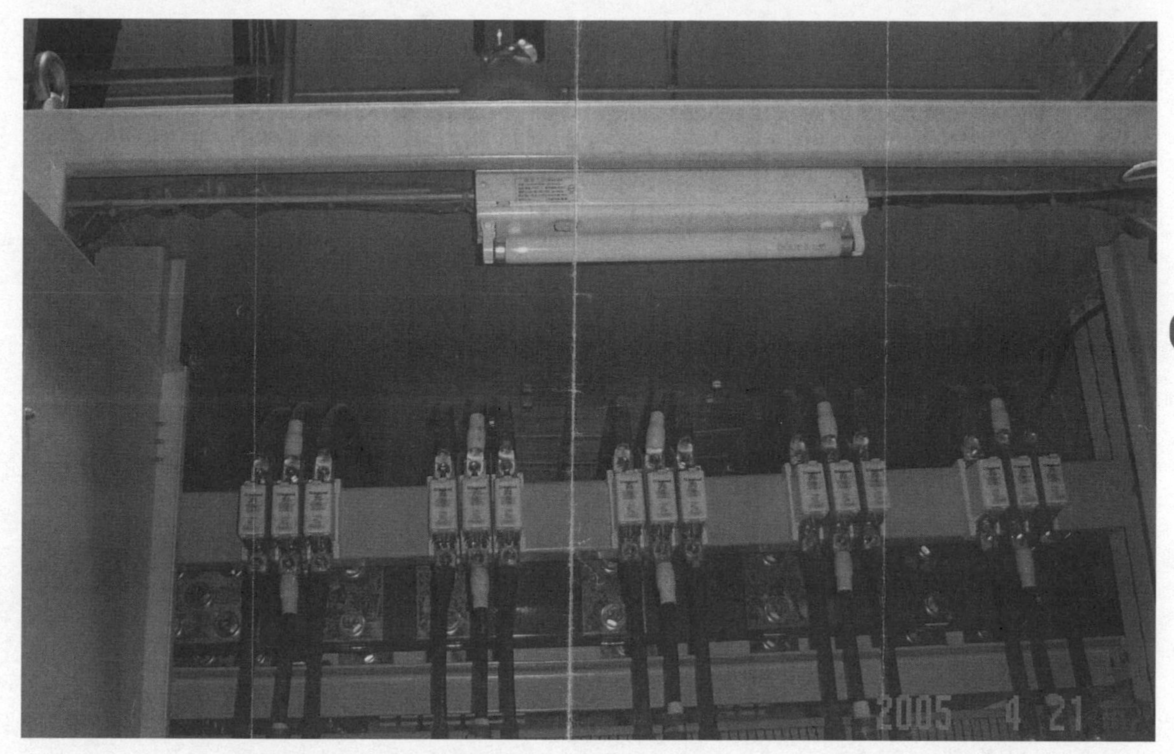


DS-××在六樓變電站與其他2套DS-××和DS-××不同，因為他們的電壓為3ψ4W 220V-380V，電容器有9段×100KVAR。而這一套的電壓為3ψ4W 220V-127V，電容器有12段15回路×60KVAR，所以電容器盤共有2只。

目前被機械吸住的回路為第3回路，利用前述的第二種方法，打開蓋板，用薄絕緣膠片(小片)一片由下方的接點處塞上去，速度不必快，一相一相地，先由左而中而右，全部塞好後，沒有電流，即可把手把Fuse一相一相地扳開來，那天曾說如何可以達成，這項將是個人的專利。

為了安全起見，增加操作空間，也將第2與第4回路，全部在沒有使用的情況下扳開Fuse，並且在下一層的保險絲上面，使用絕緣塑膠板，或紙板隔開，避免手部碰觸及螺絲另件掉落。

一切隔離以後，用套筒扳手將電磁開關的上下六個螺絲拆除，結果發現六個螺絲全部打不開，沒法鬆動，不得已將要拆離的上面螺絲改拆Fuse下面的，要拆離下面螺絲時，仍然打不開，因為工廠在安裝接線時，使用AIR(空氣式)氣動工具固定，因為太緊，拆離時將電磁開關的固定接點弄破，三個全部弄破後，取下開關，在地上才將上面三個螺絲取下，另外三個螺絲才兩人合作在盤上用力拆下。

全部拆好後，才將新品裝上，接線圈的線，再接上下六個螺絲，及電抗器，包紮S相絕緣，再裝上三個回路的保險絲。

全部裝好，攜回等待×××人員來確認原因，所以有三種情形必須澄清：

1. 為何第3個電磁開關會被機械吸住(卡住)無法脫離，電流流通。
2. 為何第14個電磁開關會停留在半吸的狀態，接點沒有接觸，但是沒有在Release狀態，而電流通過，現在已打開。

3. 第1段到第8段，(第一盤)及第9段到第12段(第二盤7個回路)15只電磁開關中有10只左邊的側板裂(破)，右側的輔助開關移開後，也可發現裂痕，是什麼原因。
4. 電磁開關線圈及鐵心在220V動作後，是否用久溫度升高？是否在三相電流流通接點時，因為接觸不良而溫度升高？
5. 可能線圈的上下鐵心(Core)磁力線密度不夠，用久溫度升高，就像之前在××，按摩器的台灣製鐵心，不像日本原裝的，用久就會燙得不得了？



請×××的經銷商×××先生帶回資訊(樣品留下)，轉告×××先生，並帶回我的話，如何解決，必須有一圓滿的答覆，才能向××公司交待，避免在日後，××公司長期隨時待命下修護電磁開關，這一批共有280只，使用了171只，請問電磁開關之鐵心何處生產的？尚有109用於何處。

480V 9 × 6 = 54只(4F)

380V 9 × 8 = 72只(6F2 ，But1 ，4F 1+4)

220V 12 × 2 = 30只(6F ，4F)

208V 15 × 1 = 15只(1F)

6. 4樓之480V一套也有#3 #5警報的記錄在APFR上。

### Capacitor Bank 電容器組

將近中午，測量及送電完P － 6504 A/B/C ，與×××、×××要下樓時，××跑來問我，我們可以讓Capacitor Bank自動動作嗎？說現在電流(負載)太小，不致於需要電容器補充，他說高壓側22.8KV只有0.85而已，說高壓側有高壓側的電容器，無效電流無法跳過變壓器。高壓電容器會影響電俵，低壓(現場)電容器則供應底壓無效電流。

### 電容器少裝二組

×××期增設，低壓系統共有3相480V系統，3相380V系統，3相220V系統及3相208V系統，其中以208V系統電壓最小，因此其電容器會是最多群組。

剛好與施工圖核對，竟然發現3相208V系統在盤體廠驗時少裝二個組，每個組自力型保險絲，電磁開關，電抗器及電容器。還好發現得早，在廠驗中找出缺失，及時安裝，補上，如果運到工地，接電送電就很麻煩。

### 兩件事

×××期工地××××公司在警衛室旁設有電氣檢查員二位，由××公司提供人力，工作將告尾聲，××臨走告訴，其中一位在七月十五日結束，另一位也在九月底可以結束，因為在九月中旬再發出ITS給相關同事，但是××及××持反對意見。

到了九月底(25日，26日)時，這事再度在同事中尋求共識，××站在主管立場表明意見，九月底以後由代理兼辦，此時他們倆位才沒有意見，順利結束這個工作。

另一件是臨時電盤在西側一樓，一直留在那兒，供給×××使用，他們在西南側三樓做

牆板工作，有時做有時不做，從一個月多以前，即發現此情形，要求儘快工作，或者自行租用發電機，可放置在三樓位置，小小台即可，而且要用時再發電，簡便、省錢，可清除臨時盤及線。但是遭到××的反對，九月底再提起這件事，××告知等××九月底離開以後再拆除，因此十月一日，發出ITS 給×××，並以E-mail 轉知幾位同事，又遭到××及××的反對。十月一日上午已告知×××經理(未發ITS)，十月三日上午再告知他們(已發ITS)，十月三日下午二時，邀集××及××準備進行拆除，××也同意，可不再留置那兒，遂於三時左右三人完成拆除全部工作。

其次要談的是電機的配電盤工業，一步一腳印，不會有天上掉下來的禮物，必須腳踏實地做好各項工作，例如高壓電盤怕電壓，電壓愈高，距離要愈大，低電壓時就怕電流，往往有好幾百安培的電流，大電流就怕面積，因為面積要傳導電流，足夠有效面積供傳輸，接觸面積供傳導過去，面積如果不夠時，怕產生電壓降，電壓降愈大，產生的熱量就愈高，如果不正常的熱量會使得溫度升高，高溫度會燒壞很多東西，包括電線、開關，周圍的東西，這幾天廠內就發生一件因為接觸不良，接觸面積不夠，一個電流流進負載，其間免不了，端子接電線，電線接銅排，銅排接開關，銅排接銅排，有螺絲孔有彎曲，有小端子，最後在200A的情形下溫度升高，燒破周圍旁邊的控制線皮外，380V 碰到控制線，燒壞S 相與T 相，造成短路，連跳三個開關3P350/400 ，3P800/800 ，3P900/1250 。還有一個，二樓 BOD 盤(相片)變壓器300KVA 的一次、二次側端子只有一支，小小的接觸面只有一個螺絲，經過轉彎90°以後，打平，連續接六條粗150mm² 電線，外行人看不出來，多少電流有沒有算一算接觸面積，溫度高了不燒壞才怪，只要負載達到額定值問題就來。

現在要談一談標準與規範，×××期開始時，就先瞭解標準，目前台灣所有人都使用台電標準，台灣也有中國國家標準CNS ，也想到國際標準IEC ，依目前看××電機已提出製造圖，根據CNS 標準製作了，無法捨棄改用 IEC ，但是也不能獨立使用台電標準了，所以很清楚，不管×～×期如何根據採用，只要××的×××監工，××，××正式同意就可實施了。但這是國內的工廠，現在的貿易是國際化了，加入WTO 以後買進國外的機器，聘請國外的技師，工程師，台灣的機器也要外銷，希望大家用同一標準，不會有差異，不會有困擾，最後要走的路是IEC ，日本的公司都放棄了使用多年很徹底的JIS ，而改用IEC ，我們國家不能放棄CNS ，也不能放棄 IEC 。

希望××電機開始考慮IEC 的規範，整理一套出來，率先開始施行，如此就能符合多方的要求。

產品標準化，標準化一定要有標準，標準要建檔案，檔案是最新的，所有的產品都依據最新的檔案標準施作，不管在資料櫃裡，在電腦檔裡，不能再有二套標準，基至一人一個標準，有了檔案的製造圖，接線圖，每一人都有同樣的圖施作，圖上有日期，有版次，管理檔案的時時Update 更新，審核督促所有員工是否仍使用舊版的，不要三盤有三樣，一個商標符號“高壓危險”在盤上都不是亂貼，一個螺絲不是隨使用，有材質不同，有螺絲頭形不同(平頭，圓頭，六角頭)，螺絲大小 M8 ，M6 ，螺絲長度 12m/m 或 8m/m ，太長不可以，太短也不可以，

銘牌上的螺絲選用，銘牌不重，不必使用螺母，拆換不容易，會掉，要開盤門，基至有

的用黏貼的就可以。

高壓盤的控制線圖與現場根本不一樣，圖一套已經改過幾次，還沒改好，如 CT 的接線，根本對不起來，接線配線時沒有圖，現場接好了送電了，才開始繪接線路，怎會一樣。

電容器的電磁開關，最近送電後發現破了 10 幾只，是送電前壞的，還是送電後才破的，是運輸上碰壞的，還是產品品質不良問題，還是組裝上的問題，組裝方法錯誤嗎？值得細細評估。



### XXX與風車

X 期擴建部份的正式電已經陸續供電試車，一樓的DC-30 與14 ，五機的DC03 都已試車完畢。X 先生卻說這三台(只有)啓動後不久即跳脫(其他正常)，要協助檢查，風車的控制箱為BOUCH ，而風車的設備為XX ，盤商與設備商應共同檢查此問題，而XXX就是協調整合的一個人，他卻無能為刀。檢查出來又有人會瞭解嗎？

### 冷氣主機啓動

冷氣主機之電壓為4160V ，共有六台，因為有4160V 供應線路，有4160V 啓動盤，有泵浦冷卻水塔之啓動盤，當然有冷氣主機，但是四者之排列順序，居然被X X 包商給弄混掉了，他只有把冷氣主機及啓動盤順序變為另一個方自，不管泵浦啓動盤之方向，因此兩者相反，而XX 也依照XX 把高壓線也弄友了，交叉配線。

這些在機電(MEP) 的線路圖及平面圖都已經清楚了，因為與圖不同，不願送電到啓動盤，因為1,2 與5,6 相反，發出MAIL 給所有人，請求XX 幫助.。

X X 給MAIL 就按照X X 所做的送電，因此於1 月26 日不午在 YORK 拜拜後送電4160V到5,6(兩台為一回路，XX 視為1,2)。

當到6 樓工作時，X X 告訴跳脫(VCB)，在送電之前，一直要求提供PF200A 曲線，馬達啓動電流曲線，第一次給了四張資料，包括轉速，電流，效率，功因曲線，速度與轉矩，速度獎電流曲線，啓動電流曲線，但是沒有電抗啓動(50,65,80,100%) 曲線及PF 保護曲線。

在準備送電那天，又看了PF200A C.H 要求曲線，YORK 人說已給了，問X 先生，他說還沒有，當時馬上打電話去要，對方YORK 轉來了PF 曲線，但是沒有電抗啓動曲線。

一直要啓動電流曲線，X 先生說後補，先送電，那天下午X 先生造來了一張曲線，但是沒有65% 電抗器降壓曲線及 100% 全壓曲線，說不對，第二天他轉一張電抗器啓動曲線，馬力值不對，那張是 660HP ，我們這個機器是 1100HP 大很多。

1 月27 日X 先生給了一張1100HP65% 及100% 啓動曲線，一看之下，發現全壓啓動只有2 秒鐘，65% 降壓啓動也只有7 秒鍾，但是從第一次給的資料，啓動需要2 分半鍾(150 秒)兩相差極大。

跳脫電流為564A ，549A 564A 相間故障，如果主機為無載或輕載(25%)啓動電流不該那麼大。

## 5-10 空調設備與供電

空調設備有主機，有泵浦，主機為4160V，泵浦為380V，因此由不同的變壓器供電，4160V之變壓器7500KVA在地下室，泵浦之電源變壓器在四樓，空調設備共有六套，從601到606。

供電設備有高壓(中壓)VCB，每台VCB供二台Chillers，先接到Starter再到Chiller 主機，泵浦的供電設備有控制盤，ACP-MB-1為公共盤，ACP-MB-2為第一台，因此ACP-MB-7為第六台，第二台與第三台為同一電源。

最初的排列因為考慮有預留第七台，所以Starter盤正面對為從右到左(左邊為有門及樓梯口，門邊有第七台。之前的泵浦控制盤已決定為自右到左，第六台在門邊。



因此從以上二種盤體的排列上，以羅輯的物理排列主機的排列當然也是從右到左才是正確與合理。

但是X X 的圖面何時改變以及X X 的空調工程師自行決定更改X X，全然沒有考慮電源的引接及泵浦的控制盤排列方式，至今導致錯亂。

在1月4日發現現場測試，告知順序始知不一樣，急忙召集X X X，X X X，及空調工程師來會商更正統一。

## 空調無塵室工程

X X 工地第X 期無塵室工程由X X 公司承包，前天由X X 先生送來資料一冊，其中電氣方面，有很多盤E N L R，盤內設備，CT及AM，銅排大小，線徑Cable tray平面圖都有問題。其中這些盤體要從那一個盤體接來，電壓電流是否正確，以及電源盤之KA值，上下兩盤之間距離，因此決定下盤之KA值，65KA與25KA之Breaker價可不一樣，但必須經過計算才知道，只要合乎計算後之KA值即可。

## 接錯開關 (Cubicle)

廠房七樓有一MCC，名稱EMCC－E－××，供給屋頂一些冷卻水泵(共六台)及冷卻水塔風扇10HP(四台)，之前××的設計是四台四個回路，分開操作控制，但是為了四台能以PLC控制，另設計一控制盤，將四台全部納入，所以××修正設計圖，第二、三、四回路不變仍是100AF－30AT，第一台之開關則改為100AF－100AF(合計40HP)，以38mm² 送出到控制盤。

這些設備早已於今年2月，送電試車運轉至今，全無問題，這其間試車或運轉都只有一台，很少有三台，所以電流只有15A或30A。到了昨天(2005.07.22)，冷卻水塔風扇控制盤之電源突於上午九時許跳電，××告訴時剛好參加工安會議，急急上去七樓查看時，××的廠務及生產部門好多人已在那兒，大家在尋找那個電源開關，有冷卻水泵浦，有Spare，有Process Cooling Panel Power，有Process Water Chemical Control Panel，都不對3P 100A之Panel Power負載側沒有接線，而Chemical Panel卻有38mm² 都不對，經查看圖面，第一回路就是到冷卻水塔風扇控制盤，就在1C位置，但是為什麼沒有線，而線接在30A之2A位置。

其實因為冷卻水塔風扇電源跳脫，只有循環水泵浦在打，所以冷卻水溫度二次升高4

℃，爐內溫度升高更多(一次)。因為溫度升高，生產部門人員早已衝上七樓之MCC盤，將2A之30A開關復原，他們也在納悶，應該那一個開關才對。

待看到圖面，核對清楚，才明瞭其詳細，第一、二、三、四個回路就在IC 1D 2C 2D的位置，1D 2C 2D都已標示Spare且為30A，而1C的位置標示為Process Water Cooling Panel Power就是100A，銘牌上有“1”表示第一回路，銘牌錯誤，應為Process Water Cooling Tower Panel才對，負載線××應該接在這兒，反而接到30A，明顯是接錯盤，接錯開關，要××派一人在開關現場協助，如果跳脫，馬上回復。

××的××(×××)抱著一份單線圖，他的說法是當初要接線時，100A開關仍未裝妥(××)，×××告訴他們先接在2A位置的Process Water Chemical Control Panel上，因為這個開關不用。大家又在問，接線時接錯，為什麼送電時沒發現，××的說法是有意閃開責任，把它推開給××，因為他已離開，也把×××也扯進去(他也已離開)，明白詳細，100A要用的已在那兒(××沒錯)，而接錯盤是事實。我們回到辦公室，澄清××的說法，單線設計圖是647，翻開當初××變更圖面為1D版，FCN號碼為20，時間在2004.11.24已發出，×××也以ITC 2229號在11月27日發絡××在案，應該沒有問題。

但是在今年(2005年)2月接線時仍會錯，100A開關未安裝嗎？××有告訴他們接在2A嗎？如果真正有，也是××的錯。××接線時沒有核對，送電時也沒有核對，××告訴××希望找出資料證明所言屬實，否則亂講，這是××內部的錯，對××要另有一套說法。

複印了三份，一份給×××，一份給××，一份給××，下午一時30分到××辦公室先開會，然後再去××開會，××有×××，×××，討論接錯盤的現象是否還有其他，××告訴尚有NM－PDP－1的LP四個回路到LP－M26，35，37，38。

接錯盤的善後，如何在最短時間內改正開關，其方法又如何，第一個方法是另外拉一個回路到100A開關(最笨，最耗時)。第二個方法是先拉一個回路從100A處接好到盤上方等待，端子及色套都準備好，然後停電關掉開關，拆除線，然後與另一組線相連接，接好，送電約20分鐘開關不動。最後一個方法是將100A開關拉出(開關為拉出式)準備，停掉30A開關，拆線，拉出，再插入100A開關接回線，最後決定仍以第三個方法最快。

××又提出100A開關是否完好，命××派人去盤處檢查，回報後沒有問題，下午四時又回到××辦公室，因為××請××或××要求5分鐘內或左右完成，只能停5分鐘，他們屆時會派人到冷卻水塔處強迫加補充水，因為補充水溫較低，可以降低循環水溫，他們又提端子大小不一樣，要求再次上去查視。

經過××同意，本來要求在半夜實施，××詢問可否在清晨，負載更低，水溫更低，後來決定在4點45分，派出各方人馬準備，第三個方法，也請××的×××到場，四點半發500元獎金，2人領了以後再上去，由×××操刀，×××協助推入拉出，五點左右開始，歷時約5分完成。

××口出真言，感謝大家的關切與協助幫忙。

## 5-11 發電機接線

發電機接線，又是一項××無法解決的事情，也是個人繼續××大樓工作的另一項責

任。發電機接線馬上要進行，×××經理及×××兩人去看現場，他們邀××去看，××也同時邀去，他們三人看了沒多久就離開，一個人在那邊量尺寸，記在簿裡，當晚××載去台南時，也說他們沒辦法。

第二天休假，本想在住處繪製，後來想去××處，順道繪出來，共二張，約二個小時完成。週一回去上班，××說要做了，拿圖給他看，他說很好，因為××不能做，也沒有銅排屬意給××做，共四組，兩邊銅排，中間墊片，先完成一組為380V供消檢用。

發電機有兩種電壓480V及380V，480V沒有用到中性線(N)，只有RST，所以銅排6片，中間3片共2組，螺絲12m/m×50mm，24支共2組，380V有N，所以銅排8片，中間4片共2組，螺絲12m/m×50mm，32支共2組。

跟××說繪製費用每組×百元，4組共×百元，繪製二張四面，每張壹佰元。

## 直流供電

×××期變電站，共有三層樓使用變電站即地下一樓、四樓及六樓，地下一樓二套，六樓三套，四樓有四個地區，即各2個外來電源，7個套，二區，一套一區，二套一區，所有VCB及ACB D.S. LBS都需DC電源。

××只提出一套規格，合約文件內也只有一套，但實際上三個樓層最少三套，四樓最少也要三套，四個外來電源及變電站也要三套，(所以三套＋二套＋二套＝七套)最少要七套。

此種將提出後回歸到××及××來檢討，當初發包時，××公司亦曾提出不可能僅一套，至少至少也得二套，185AH故障及線路長壓降將是最重要的原因。

## ATS控制器修理

近日××的ATS控制準備送電，電壓為480V，繼××，××及前日的××，最後的一列生產線××也將正常送電供試車。

當投入台電電源××ATS盤到達後，將ATS控制器設定在Normal-ON位置，在Test位置時，ACB可以投入，但是ON開關保持吸入，在Service位置時，ACB卻無法投入。

該只ATS控制器為在××ATS盤時，被外物撞傷調控鈕，本來擬送回ABB修理，後來我帶回宿舍修改，恢復功能並以壹佰元代價付出，損壞部份只是旋鈕部份鬆脫，旋鈕內因彈簧兩端另件(凸輪)掉落，沒有裝回而出現鬆脫不正常現象，但是均可以控制自如。

前日的測試送電不正常後，不明原因出現在ATS控制器或者線路不清楚，但是ACB本體正常，為何會出現電壓存在於線圈中，由ABB×××先生及×先生檢查結果，擬由ABB再提供一只新品更換後，測試是否可以清楚器具與線路問題。

今天由工地主任×××先生攜帶此新品與×工安到四樓安裝，他也要我上樓陪同更換測試，除了設定值按照舊品設定，在安裝過程中控制器本體還從盤上直接掉落地上，在旁“哎呀”一聲叫出來，深感不捨以外，外表並無異狀。

但是當安裝後，送上控制電源DC 125V，燈泡亮了以後，設定到Normal-ON，卻無法啓動ACB，靜悄悄沒有回應，在Test位置就不行，他還要求測試Service位置，我未表示同意。週一他要叫來××品管×先生來檢查，確認，說不定該控制器已摔壞，比原來舊品更壞，也許線路也有問題。

一、 雖然有四套，但不是同樣的人員組裝接線錯誤。

二、 同樣的人員，不一定每一套會相同接線。

三、 前面三套安裝好曾經測試，第四套可能沒有測試。

四、 ATS 的控制回路比較複雜，容易出錯。

**接地思維**



1. 接地電阻愈低愈好。
2. 接地路徑愈近(短)愈好。
3. 接地系統愈簡單愈好。

接地有電阻，電阻愈低愈好，但是電流量大時，電阻低的地方不一定可以承受大電流嗎？高電壓的接地與低電壓不同，高壓的地方，電流小，但是瞬間的接地電流突波擊穿破壞力大，消失快，低電壓的地方，電流大，接地電流突波小，但量大時間拖的長，拖的久，燒損破壞力大。

一個接地電流發生時，如果有兩個或兩個以上的流入點，接地發生點與兩個流入點間的距離一定不一樣，路徑或環境路況不一樣，接地電阻也不一樣，不管突波大量小或突波小量大的接地電流，一定流竄兩處，如此一來兩個流入點間的電壓或壓差就發生，這樣的壓差會形成第二次的破壞，第二次的破壞包括電場的電壓破壞與電流磁場的干擾。

1. The water level underground is going to lower and lower every year, so the soil resistivity is going to higher and higher, the data used today can ' t be same as phase 3, or phase 4, it is effected the number of electrode by calculation.
2. The earthing electrode/plate is embedded at deeper and deeper as possible as can to get a good contact with soil or water, when the underground level to be achieved for putting the electrode/plate. I suggest at this time the location of each electrode/plate to be embedded should be marked out at accurate place. Then a 50cm deepth of square type hole by digging out the soil and put on the electrode or copper plate. Before the copper plate put on , 10cm thickness of good soil will be placed on under and over strightly upward the plate, then pulling out the connected bare conductor.
3. The X-axis and Y-axis of main earth conductor system will embedded underground. Same thing the bare conductors are good to be embedded as deeper as possible as can to get a good contact with soil or water. When the underground level to be achieved for putting the conductor. I suggest at this time the location of main earth conductor to be embedded should be marked out at accurate place. Then a 50cm deepth of 20cm width through by digging machine and embed the conductor, so the main conductors are

4. The connection of X-axis conductor to Y-axis conductor is cadweld with a specific mode tool to put the X-axis conductor on bottom and Y-axis conductor on top(two layer), not to cut the one off and put in one layer model tool at -50cm place.
5. The connection of two main conductors need to be separate away from the copper plate conductor to the main conductor.



絕緣測試(100MΩ以上優)

Date: 2008/11/04

低壓線路絕緣電阻量測

(一)

KW: Equipment capacity

V: Voltage

A:Current

Iu: Rated uninterrupted current

Ir: (O/L) Overload release setting range

Im: Short circuit release

×××××期熔爐 AHU

Electrical equipment testing report

LOCATION: +28M

| Description | Specification | | | | Setting(A) | | | | Actual | | | | | | | | Measurement | | Remark |
|---|---|---|---|---|---|---|---|---|---|---|---|---|---|---|---|---|---|---|---|
| | KW | V | Freq. | A | Iu | Ir | Im | O/L | Insulation(MΩ) | | | | | | A | Freq | Torsion | Point to point | |
| | | | | | | | | | R-S | S-T | R-T | R-E | S-E | T-E | | | | | |
| AHU-M4601(PNL-DS) | 7.5 | 380 | 60 | 15 | | | | | 1231 | 931 | 1788 | 217 | 223 | 205 | | | OK(20kgf.cm) | OK | |
| AHU-M4602(PNL-DS) | 7.5 | 380 | 60 | 15 | | | | | 3519 | 2726 | 3468 | 843 | 425 | 399 | | | OK(20kgf.cm) | OK | |
| AHU-M4606(PNL-DS) | 7.5 | 380 | 60 | 15 | | | | | 2128 | 2365 | 2063 | 935 | 494 | 508 | | | OK(20kgf.cm) | OK | |
| AHU-M4505(PNL-DS) | 7.5 | 380 | 60 | 15 | | | | | 1636 | 1957 | 1186 | 1411 | 1322 | 1227 | | | OK(20kgf.cm) | OK | |
| AHU-M4506(PNL-DS) | 7.5 | 380 | 60 | 15 | | | | | 2277 | 2260 | 1520 | 1759 | 1756 | 1980 | | | OK(20kgf.cm) | OK | |
| | | | | | | | | | | | | | | | | | | | |
| AHU-M4601(MOTOR-DS) | | | | | | | | | 2284 | 2356 | 2254 | 3555 | 2561 | 2680 | | | OK(20kgf.cm) | OK | |
| AHU-M4602(MOTOR-DS) | | | | | | | | | 1727 | 1689 | 1102 | 2016 | 1155 | 882 | | | OK(20kgf.cm) | OK | |
| AHU-M4606(MOTOR-DS) | | | | | | | | | 2307 | 1087 | 2551 | 2160 | 2353 | 2189 | | | OK(20kgf.cm) | OK | |
| AHU-M4505(MOTOR-DS) | | | | | | | | | 2927 | 4500 | 2156 | 815 | 706 | 677 | | | OK(20kgf.cm) | OK | |
| AHU-M4506(MOTOR-DS) | | | | | | | | | 1693 | 2002 | 2469 | 1681 | 2151 | 3250 | | | OK(20kgf.cm) | OK | |
| | | | | | | | | | | | | | | | | | | | |
| | | | | | | | | | | | | | | | | | | | |
| | | | | | | | | | | | | | | | | | | | |
| | | | | | | | | | | | | | | | | | | | |
| | | | | | | | | | | | | | | | | | | | |
| | | | | | | | | | | | | | | | | | | | |
| | | | | | | | | | | | | | | | | | | | |
| | | | | | | | | | | | | | | | | | | | |
| | | | | | | | | | | | | | | | | | | | |

品管：　　　　測試者：

絕緣測試(100MΩ以上優)

低壓線路絕緣電阻量測

(二)

Date: 2008/11/09

KW: Equipment capacity

V: Voltage

A:Current

Iu: Rated uninterrupted current

Ir: (O/L) Overload release setting range

Im: Short circuit release

×××××期熔爐　AHU & BCU

Electrical equipment testing report　　LOCATION: +34M & +23M

| Description | Specification | | | | CABLE SIZE | Actual | | | | | | | | Measurement | | Remark |
|---|---|---|---|---|---|---|---|---|---|---|---|---|---|---|---|---|
| | KW | V | Freq. | A | | Insulation(MΩ) | | | | | | A | Freq. | Torsion | Point to point | |
| | | | | | | R-S | S-T | R-T | R-E | S-E | T-E | | | | | |
| SF-M4R01 | 37 | 380 | 60 | | XL 30mm2×4 | 1462 | 1126 | 1020 | 430 | 445 | 420 | | | OK(20kgf.cm) | OK | +34M |
| SF-M4R02 | 37 | 380 | 60 | | XL 30mm2×4 | 1430 | 1330 | 1204 | 577 | 608 | 708 | | | OK(20kgf.cm) | OK | +34M |
| AHU-M4512 | 3.7 | 380 | 60 | | XL 3.5mm2×4 | 1035 | 1080 | 1015 | 261 | 241 | 206 | | | OK(20kgf.cm) | OK | +23M |
| AHU-M4513 | 3.7 | 380 | 60 | | XL 3.5mm2×4 | 1507 | 1021 | 1031 | 803 | 832 | 814 | | | OK(20kgf.cm) | OK | +23M |
| AHU-M4501 | 5.5 | 380 | 60 | | XL 3.5mm2×4 | 1190 | 1184 | 1145 | 1051 | 993 | 1013 | | | OK(20kgf.cm) | OK | +23M |
| BCU-M4501 | 19.3 | 380 | 60 | | XL 14mm2×4 | 2488 | 2342 | 2233 | 2028 | 1847 | 2129 | | | OK(20kgf.cm) | OK | +23M |
| | | | | | | | | | | | | | | | | |
| | | | | | | | | | | | | | | | | |
| | | | | | | | | | | | | | | | | |
| | | | | | | | | | | | | | | | | |
| | | | | | | | | | | | | | | | | |
| | | | | | | | | | | | | | | | | |
| | | | | | | | | | | | | | | | | |
| | | | | | | | | | | | | | | | | |
| | | | | | | | | | | | | | | | | |
| | | | | | | | | | | | | | | | | |
| | | | | | | | | | | | | | | | | |
| | | | | | | | | | | | | | | | | |
| | | | | | | | | | | | | | | | | |
| | | | | | | | | | | | | | | | | |

品管：　　　　　　　　測試者：

## PANELS

1. The priority is wrong.
2. DS —××, DS —×× and DS —×× are carried visual inspection, insulation measuring and dielectric test at Dec 02.
3. The mini-substation DS —××— E [×× 05], DS —××— E [×× 06], DS and LBS are on , but the insulation measuring and dielectric test couldn' t been done.
4. VCB —××, ×× total 30 panels ready at floor assembly.
5. VCB —×× — VCB — ×× 15 panels not been found at floor, but to be assembled at subcontractor' s factory and to be inspected at Dec 09.
6. DS —××, DS —×× mini-substation panels not been found.
7. LV — DG2 ATS 07/08 not been found at floor …
8. TRANSFORMER.
9. TR —×× 2000KVA 3 PHASE 220V, TR —×× 2000KVA 3 PHASE 220V and TR —×× 1500KVA 3 PHASE 208V fabrication are completed. TR —××will be tested temperature rise test tonight Dec 02, TR —×× will be carried later same as above.
10. DS — 604A [TR — 604 C, D, E ] TR —××, DS —××, [ TR —××, C, D, E ] ××, 4 off transformer 650KVA coils are manufactured, 2 off them cores are ready assembled, other 2 cores are assembling.
11. 5 off 8 transformers 380V, cores will be in the factory about 10 days later at normal condition.
12. 2 off 6 transformers 480V for VCB —×× to be asked at priority.
13. LV PANELS [ I — LINE].
14. The ordered from of purchasing MCCB to be signed by Mr. Young Ming-Fa at Oct , but not to be recognized by his vendor, finally to be signed by Mr. Tseng Chun Mingat in Nov , so the MCCB to be ordered and delivered to ×× getting late at afternoon Dec 03.
15. Panels ×× — E B01, NM — PDP — 9, — 10, panel body are ready at floor for assembly at Dec 04, MCCB are delivering at subcontractor' s factory, these 3 panels will be sent to ×× factory for assembly with ACB together. And will be delivered to site Dec 08 Wednesday.
16. Panels L401 —××, ×× and L402 —××, ×× for 220V, L401 —××, L402 —×× for 208V used for floor will be next priority, then floor.
17. 1200A capacity NM — PDP — 10, incoming bus was connected and tighted with one screw nut only.
18. MCC units are arranged and wired with poor work, no good quality, this subcontractor hasn' t got enough experience.

19.The name plate for transformer at rear side shift to central position.

20.4 off name plates for panel LV0 — B602 — 1, — 2 at front and rear side, voltage should be 220V.

21.The linkage operate rod for DS switch not be installed.

22.The labels 1 — 15 will be sticked on for fuse, contractor, reactor and capacitor.

23.The wire connection for No 9 fuse was not neat.

24.The contactor for No 1 damaged.



25.The terminal board for SC — B602 — 1 wrong.

26.The connection of primary and secondary side of contactor change to screw type, insulation on S phase to other phases.

27.One temperature sensor wire not be extened.

28.The ground and neutral label need to be sticked on.

29.The heater in the transformer cubicle is installed too high.

30.An insulation plate between LS switch and fixing plate is need.

31.The leakage current during the dielectric test need to be marked on test sheet.

## DESIGN ISSUE

The transformer ××× will be energized power soon. 400V 3 phase will be on to primary side of main ACB 3200 A.

The capacity of this transformer is 2000/2660KVA at nature air cool/forced air cool, the full load amp rating at 400V is 2880/3803 A which is meant this ACB breaker 3200A can't be used at 2660KVA capacity when the load is added in the future.

1.732 × 400 × 3200 = 2416KVA at the design point of view, the amp rating must be comply with full load capacity of transformer.

### Notes for tempo power to ×—×

1. The push button switch for cutting m/c motor is not water proof type but installed at outdoor.
2. No any one line circuit diagram prepared for panels A1, A2.
3. No any circuit number for breaker printed on the partition door.
4. Two of 3 pole breakers but connected to main bus with 1 phase wire in panel A1.
5. The earth wire connected from panel A2 should shift to panel A1, the earth wire connected to earth with small wire near the earth rod.
6. The neutral wire at transformer 15KVA not connected to earth directly, wired back to panel A2.

7. The cable for 15KVA primary couldn’t connect to 75A breaker change to 30A.
8. The socket and plug for 1 phase 220V are wrong, these are used for 3 phase 3 wire (2 phase 2 wire +E), WE NEED Phase +N+E not P+P+E.
9. No voltage and system printed on the front door of panel.
10. The breaker for 3 phase 220V (208V) can’t be used 30A, only 15A is suitable for 1HP motor in panel A1.
11. The secondary of transformer 15KVA 208 — 120V can’t connect to 100A breaker, only 50A suitable.
12. The color code for 3 phase system are red, white & blue, some wire color are wrong in panel A2.

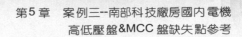



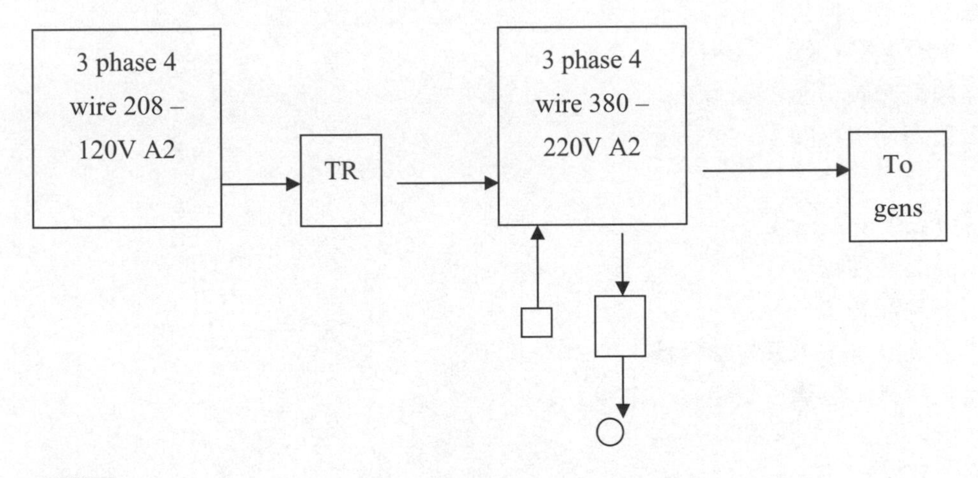


電路圖

## 5-12 洗窗機之插座盤共 8 只

1. 送審圖面之大小尺寸與實物不同(因轉檔致尺寸數字變更)。
2. 烤漆厚度不達 60 μm 。
3. 屋外盤內部之左右有細洞空隙。
4. 盤面上下兩個門大小有差，且歪斜。
5. 廠商沒有銘牌( 多二個螺絲) 。
6. 廠驗沒有。
7. 移交文件( 盤與 Breaker) 。

### 洗窗機盤 × 8 檢驗缺失清單

1. 送審圖(no. WJ080703 — C002)，盤體尺寸與實體尺寸不符。
2. 送審圖(no. WJ080703 — D001)，迴路圖電流與實體尺寸不符。
3. 盤體前門板不正，兩個門開啓不順暢。

4. 盤底四角落有縫隙須填塞。
5. 盤內須清潔。
6. 盤體外表塗漆厚度與規格相符60 μm (前箱門)。
7. 壓克力板銘牌(盤名及廠商名) 尚未安裝固定。
8. 盤體箱門與框架尺寸要吻合，安裝後要確認密合。

## 臨時電



1. 用電設備名稱(馬達、電熱器、電焊機、電燈)。
2. 用電設備數量。
3. 用電設備規範、資料。
3.1 單相或三相。
3.2 電壓(AC or DC)。
3.3 馬力數(KVA ，KW ，HP)。
4. 用電設備放置位置。
5. 用電設備使用期間。
5.1 開始日期。
5.2 結束拆除日期。
6. 用電設備使用情形。
7. 是否需要開關箱。
8. 包商名稱－××，分包商名稱。
9. 電氣負責人，名稱，電話。
10. 單線圖。

## 馬達的運轉電流－×××

3 ψ 380V 100HP 空氣壓縮機，啓動時電壓377V ，啓動後電壓降為365V ，運轉電流是165A ，馬達的額定電流量是145A ，如果是165A 是超載，馬達會發燙，電壓降了12V ，電流增加20A 。

電壓降是有原因的，電源容量不足、電線太細、太遠、接觸不良。電流升高是也有原因的，電壓降，接觸不良，三相是否平衡，馬達接線是否正確，確切原因要到現場檢查。

這是×××打電話問，他可能要人去看，但要等下班。這個問題如果你(個人)可以解決最好，如果不能解決要等到週六，如果有需要可以幫你。經再次確認，以電話方式溝通，結果是馬達線圈曾經再繞過，將220V 三相改為380V 三相，所以線圈少繞，電抗減少，電流增加，這是先天機器問題。

## 儀器電阻

昨天(2.17) 在四樓，擬將LV －××的ACB 送電到ANT ××－06 ，同在四樓，每相三條，××的×××先生做送電前最後的檢查，除了絕緣外還要檢查是否有線路錯接。

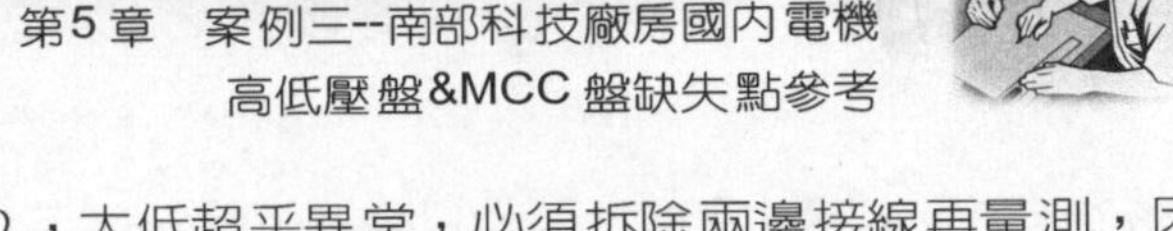



檢查結果，其中的T相絕緣只有0.5M Ω，太低超乎異常，必須拆除兩邊接線再量測，因此吃過飯後，拆除再量，線路OK，是銅排到ACB(一次測)絕緣有問題。

當確定銅排或ACB有問題時，××的×××緊張了起來，他說可能要拆除ACB下來檢查，將ACB抽出到Discon位置，脫離再量，結果是銅排有問題。銅排只有一支，中間有兩個底壓礙子，礙子應該沒有問題，除非破裂，應該不容易破裂。

之前看過ACB之一次側有控制線，就說不拆ACB也不拆銅排，跳上ACB將T相之控制線拆除，量測結果OK，就要××恢復將兩端電線接上，在這期間，查出這條控制線(T)接到盤底，FUSE一次側，FUSE一次側另有一條條(28)接到盤面控制ON/OFF之電子儀器，電子儀器應該為三相，另外二條L1/L2卻經過二個階段的FUSE，認為連接位置有問題，但是絕緣沒有問題，將28線改到FUSE二次側即可。

### 設計LBS

星期一(7/26) ××公司由××電機引介來工地做簡報，說明這次的高壓回路，××設計使用LBS，來保護高壓變壓器的一次側，LBS附加Power Fuse，3P 25KV 600A，保險絲有100A，200A，400A。××公司介紹的LBS，為VEI牌義大利製造，其中一條LBS僅使用到1250KVA的變壓器，但是今天××所設計都是1250KVA以上，有1500KVA，2000KVA，2500KVA，還有2台為7500KVA，保險絲到400A，LBS在1250KVA以上只可當作DS使用，不能在有載之下ON或OFF，因為火花太大，意即電流在25A以上，不可以有載切斷。

電源側為VCB，負載側為LBS，如何確保在無負載或無電壓情況下操作，必須仔細思考、應付。

### 自動功因表調整

××××××工地××××公司的高壓臨時電變電站，設有一套六段的自動功因表，來調整控制電容器。

在已經送電二個禮拜以後，負載容量逐漸增加，已到達169A，結果表上指示為零，六段全部ON，本來要求設備商××公司來說明時，順道調整，後來陪同××前往檢查，首先是電壓正常380V，剩下只有CT的進線、出線，沒有其他原因，最後將二條線對調，表上馬上出現了數字，電容器也一段一段地切除，最後為0.96電感性。

### 產品的品質進步

××第×、×期所發生的故障，是9年前(2002年)的產品，品質可說不是很好(對照現在的產品品質)，但是產品可以透過歲修來改善。

9年後的今天(2012年)，產品經過了×、×、×期、×期及×××、×期，已經脫胎換骨，品質一流，在目前，可以說是盤體業界最好的，沒有那一家可以比得上，比××、××都好的太多，但是再好的盤一定要在出廠後，安裝後，送電前做一詳細的品質檢查。

×××、×期第一次的故障，發生在VCB的一次側，火花有其特殊的故障原因，與盤體並沒有密切關係，盤體內部之VCB有其產品上的品質缺陷以及盤體外的配線，接線工程的互為介面關係，彼此影響，所以兩者都必須在施工中送電前很有經驗的檢查。

×××、×期第二次的故障，發生了電纜頭的損壞事件，其實這種事情有三種層次可以分析。第一層為電纜，其品質有牌子上不同的好壞，如果是華新華麗，品質穩定，如果不是外傷，一定沒有疑慮。第二層為電纜頭，其品質有牌子上不同的好壞，有熱縮式也有冷縮式，如果是3M 的產品，一直品質很穩定，如果按照標準的施工方法，及注意事項施作，也不容懷疑。第三層為電纜頭施作，為最有疑慮與爭議，如果不是經過訓練合格認可的技術人員，及施作過程中監督協助，是無法達成任務，既使合格的人員，施作時也要專心一致，排除環境因素，如空氣、燈光、溫度，只可成功不許失敗(因為電纜長度不夠)。



第三層影響第一層、第二層很大，電纜牌子要選，電纜頭牌子也要選，合格的施作人員更要非常注意去選。

### 只說不練

××公司的人員，從×××、×××到×××都是只說不練的人，口裡說一說都沒有真正想去做。我們也只能讓他們說一說，我們也會聽一聽而已，不能當真，不能確認，交待做的事，缺失改善，盤門鈑金，模擬母線，盤體清拭，沒有一樣全做好，今天只好叫×主任來，要他調派人手，一周內(15 日)以前全部修改完畢，辦理移交，包括圖面修改，測試報告。尤其×××的工作，只想撿比較簡單的(輕鬆的)來做，叫別人修改註記，他照章行事，說一做一，真是叫人不懂。

### 三樓 Cutting 的燈具少裝

××負責的燈具安裝，在二樓的 Cutting Room 少裝了50 盞，二樓與三樓，五樓完全一樣，二樓最先開始。

由於是天花板的格子，2 呎×4 呎，有出風口，有灑水頭，所以必須有空間套圖，各方工種必須將所有的設備全部套入這個空間，空間套圖管理是由×××負責的。

××居然答應因為空間的需要被其他工種佔去，而將50 盞日光燈省略不裝，還說套圖後的施工圖已經提送出來，各方沒有意見，就決定按圖施工。

××自己決定將50 盞日光燈可以不安裝在這個空間是一大錯誤，他應該無論如何都要將全部擠入。

第二個錯誤，套圖後之施工圖可能沒有送審，送審可能沒有人批准，既使有人批准，也不會被允許，今天的日光燈數量不是多了一、二盞或少一、二盞，而是少了50 盞，××不應該將少了50 盞日光燈的施工圖送出，這是非常大的錯誤，批准的人不會去核對設計圖與施工圖，因為這樣子的事情不應該會發生。

有增加或減少了燈具的安裝圖，必須提出澄清報告，還要請求文件上的批准，不可貿然自己決定（自做主張）。

在昨天的缺失改善會議上，×××，×××，×××說了一件事情，為什麼竣工圖上少了插座，他說因為那個插座在那個地方(那個位置)不能安裝，所以將它取消不安裝，這是何等大的錯誤，你如何去決定，可以自己決定不安裝，也不問問如何解決(是否有其他方案)，

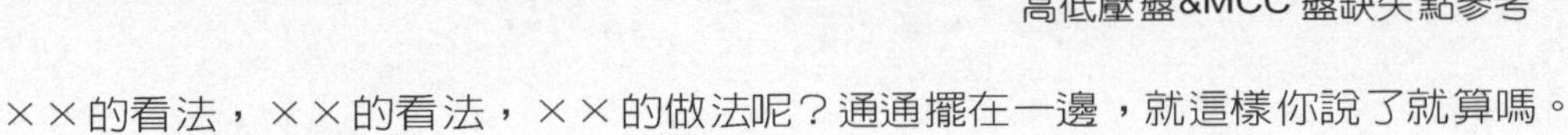

××的看法，××的看法，××的做法呢？通通擺在一邊，就這樣你說了就算嗎。

**拉線時注意事項**

1. The cable/wire will be wrapped with PVC tape at both ends to protect the conductor getting moisture or wet.
2. The cable/wire can' t be laid on the floor to be rolled over by the wheel of car, truck or tralley.
3. The H.V cable for one feeder can' t be connected at half way or anywhere because it was not long enough.
4. The cable/wire need to be cared and protected during the pulling through the hold or cable tray or conduit, not being hurted by the sharp edge of the equipment.
5. The cable/wire need to be numbered or marked at both ends for phase, or neutral with fix mark pen.
6. Clean or wipe the oil, dust, water away from the cable/wire.



## 5-13 臨時電事故

自從2004 年7 月開始配臨時電到廠房內，電壓為380V 3 ψ 4W ，從福利社旁邊，辦公室後面之臨時變電站拉出，容量為1,000KVA 油式22.8KV 變380V 。原來之工地總開關箱放在北側，然後再分路到各樓層，因為樓板工作自南側先做，所以總開關箱遷移到南側，從北側以250² ×2 條(每相)架空方式配線架在樑下。

因為一樓之生產設備大量安裝，包括風管，水管等，結果將架在樑下的線接下來，或頂上去，當拉下來或頂上去時，刮到裝在柱子上的管夾，管夾很利，結果刮破皮碰到接地產生火花。只看到火花，沒有跳脫，因此在下午3 點看了現場，經通知所有包商共一千多人，在4 點到4 點半停電包紮修護，恢復送電。

希望此後發出ITC 給××，請派人檢查所有幹線(在一樓)，是否安全，希望能安全渡過到正式電送出，拆除為止。

**電氣事故**

2005 年2 月5 日是週六，與×××兩位及×××、×××(××)去四樓送電，共有2 盤×××－5－1，×××－5－1，×××－5－1 的盤在另一房間，為I－Line 自LV－×××的分路ACB 直接送出，而×××－5－1 盤在×××－5－1 旁邊，雖然也是從LV－×××分路ACB 送出，但須經過到ATS－×××盤(還有ATS－×××盤)，再以ACB 送出，兩者均是480V 。

送電完成回辦公室後，碰上×××(×××)，但急需送電給PLC ，告訴他×××－5－1 及×××－5－1 已送電，他則自己去送另一盤×××－1（？），晚間就打來電話說盤體短路，出了事故，送電要檢查，沒檢查當然會出事。

# 記事欄

# 第6章

# 案例四--中部科技廠房國內電機高低壓盤&MCC盤缺失點參考

## 6-1 +27M 樓層低壓幹線接錯 板金 VCB 故障

3 月18 日上午，×××來告訴，上午預定送電到HVAC-F-02 ，從+27M 送到+17M 無塵室，當時正在忙熔爐的高低壓幹線地面樓到六樓的排列，告訴九點半會上去準備送電。

快到9 點20 分，準備了××的設計圖，××的A3 設計圖，及A4 廠驗的資料，然後搭施工電梯上去，到了+27M ，圍柵鎖住，等×××來開門，進去以後，×××及×××三位開始核對開關及設定，將3P-1200-800#2 及3P-1250-1200#7 設定好LSIG ，然後問×××，他說每三相有三條，這應該是#7 的ACB ，設定好，到盤後面打開後門查看。



打開後門查看 #7 回路(盤體下方)，該ACB 曾由××電機人員換過，CT 為1200A ，結果只有2 條(每相)，再看#2 回路，結果每相有三條，顯然接錯開關，兩者相反了。

仔細看圖，1200A 開關是在#7 ，而且接到HVAC-F-02 ，每相三條，這個開關換過CT ，不在因為原有的銘牌#2 上為HVAC-F-02 ，03 ，這是×期既設的(由××設計)。

這個錯誤很大，兩者線路不一樣長短，無法對調，如果對調須要延長線路(再接)，另一個方法是更換CT ，因為ACB 一樣大，可以換CT 但須由××人員施作。

這個工作是現場人員的責任，除了××的錯誤外，××的監造人員－×××也難辭其咎，現場監工實在不簡單，現場不知道注意什麼，往後還不知道，×××看傻了眼。

回辦公室後，打電話給×××，然後發E-mail 給×××，××，××，××等，×××打電話給×××，他們(×××與×××)與×××開會，只知道趕快送電。

現在有問題了，他也不知道誰的錯，叫我想辦法，×××也來找人，企圖叫××在週日即行換CT ，但是×××不同意，週一再談，最後也是週二的事了，××找×××談這個傷腦筋的問題。

如果不知道，不查清楚即送電，會送電到另一個盤的，太危險了。

×× not clouded the change to highlight at Rev.1 drawing.

×× didn’t change the name plate on the front door.

×× didn’t follow new drawing to pull the right circuit cable to right breaker.

×× site supervisor didn’t check. Exchange the CT.(between 800A/1200A)

#7 breaker readjust I1=2.0, #2breaker readjust I1=0.7

Check the 3 cables for each phase not mix up to phase to phase.

Insulation, continuity, tightness.

Revise the drawing.

Change the new name plate.

### 接地電阻

××的設計資料，Phase ×～×接地系統的接地電阻只有0.5～0.7 Ω，請問如何量測？何種儀器？這個數據未與××及××共同確認。××與××覆測Phase ×～×之接地電阻高達為2.3 Ω又是如何量測？何種儀器？××人員是否參與？結果是否三方簽字同意？與前測之0.5～0.7 Ω不同有何意見表示？Phase ×設計之基礎敘述，圖上標示避雷系統為10 Ω以下，設備接地為5 Ω以下，儀器接地為1 Ω以下，但是 Phase ×之設備與儀器接地共

用，到底為5Ω或1Ω，在計算書上標示為1Ω或1Ω以下，××或××是否看到這份計算書？或者認定5Ω以下即合乎規定。

Phase ×之接地工程設計，××欠缺正確性，Phase ×之接地系統電阻如何量測？儀器何種？接地工程施工時，××之接地工程師不知道如何施作，××工程師是否以高技術水準埋設，××之土建工程師，以不正確理由阻止××人員施工。Phase ×的接地系統分成3個區塊施作，量測電阻時如何量測？儀器如何？接地電阻在2～3Ω都認為合乎規定，並且簽字同意。Phase ×接地系統完成，併入Phase ×～×，電阻在2～3Ω都認為合乎規定，並簽字同意。

來到了×××期，第一部份為×××，××的CUT電氣負責人是××，他受命於高層希望在設備供應方面，也能找到××以外的第二家，因此拜訪了××及××二家，在施工安裝方面，也能找到××以外的第二家，因此找來了××及××，××在高雄由××課長介紹，××在台中由×××介紹，××也在××的引薦之下成為合格的第三家，因此總共有四家(××，××，××，××)。

××開始估價，××找了××及××投標，××找了××投標，××也找了××、××投了標，三家首先開技術標，予以審查。這一期××調回新加坡，××較小，人員縮編，因此電氣由本人負責。開技術標，××最後決定仍使用××產品，認為品質及維護方面以××為主，因此大同及××出局，××要決定高壓線拉線工作時，面臨××及××的決擇，基於優先配合，找到第二家人力資源，××決定找××為下包廠商，×××及×××強力說服要要求××，並且以優厚條件交換，因此不置可否。

到了低壓部份工程出來，原來因為工程不大，約四仟萬元左右，××要將全部MEP併為一包，合在空調包裡面，空調包在××，××，投標以價格取勝，但是要求下包××或××或××，在3.6仟萬承包無人願意，最後又脫離空調單獨成一包。

最後在××與××二家競標，價錢同為39.5佰萬，再經過標單內容核對，××降到38佰萬，××為39.6佰萬。

××有人擁××，也有人要換掉，××的人大部份擁××，而卻想最好的，在二家相差2%的情形下交由××最高層去決定，所得的結果是××得標(捨低就高)。

××的傲慢不屑一顧，不打招呼的嘴臉，今天總算徹底瞭解。

## 配電盤的鈑金

配電盤的門，其原厚度有2mm或以上，2.3mm較少，大的盤門應該為3.2mm，一米寬2米高，3.2mm才可以平整不會彎曲。

盤門如果有挖洞改裝壓克力嵌入，開的洞愈大，愈容易彎曲，開的洞愈多，也愈容易彎曲。要防止彎曲的最好方法，就是加支撐角鐵或平鐵予以加強。

所以很多盤商不會，或者沒有經驗，都會產生這樣的結果，最後都會重做予以換新。

## VCB 故障

VCB 安裝好送電後達 5 年之久，才發生使用中爆裂，目前正在追查爆裂原因，這期間牽涉三個單位，就是設備製造商，設備組裝商，設備接線商。設備製造商為××，設備組裝商為××電機，設備接線商為××。

設備製造商××正派遣資深工程師，來台做深入的解剖檢查與鑑定，預定於11 月6 日星期五，到現場－××××工地，企圖找出真正發生爆裂原因，而設備組裝商××，則已於故障發生後接受業主委託，立即進行一盤新盤的組裝並替換，包括盤體及VCB(含本體及抽出裝置)，因為××並不知也無法判定爆裂的原因。



爆裂處所為VCB 之一次側(上側)，該VCB 屬於分路開關，一極或二極的抽出裝置，該型爆裂會對本體及抽出裝置一起產生，雖然很難判定其所屬範圍，甚至發生在相與相之間(由一相影響波及到另一相)的短路情況，××的品管部門×××，×××或×××工程師都將對這一個發生原因做一解剖，最深層徹底的判斷，是屬於設備本身的瑕疵或組裝上出了問題。

另一個設備接線商－××則始終未聽聞有被諮詢或被檢討，因為接線商必須在周邊做一些相關工作，一次側進線，二次側出線，還有連鎖控制線的連接，高壓電纜進入需鑽孔、固定，以及電纜頭製作，接地線連接，多多少少也會影響到原來設備製造商及組裝商的品質。

一套設備使用了五年才發生爆裂，這是關鍵點，時間的累積造成設備的劣化，或周邊環境的降低安全層次，這種爆裂可能會發生在二年後(從今天算起三年前)，或三年後，也許有可能十年後，這種爆炸可能發生在這個地方，也有可能發生在其他的一個地方或二個地方，只是還沒有發生而已，依判斷這種爆裂一定還會再發生，如果沒有找出原因，沒有予以排除的話，這種經驗及能耐不是一般人可以處理的。

而××的×××告知××工程師，將於週五到現場，而她不邀同去，前幾天也告知×××，大約可以知道爆裂的原因，他也不願邀一起去探討，他怕如果原因出在他們××公司，其責任將很嚴重，其實××也將會因這一爆裂而有改進。

## ××的盤底工作

今天下午去27M ××× Line 變電站看××的拉線工作，無形中看見3 套高低壓盤基座工作，由××承製及安裝，已經完成並且已水平校正完畢。

3 套中，3VCB-××之底座，其中間部份碰觸地面，左右兩端與地面空隙約有10mm ，因此可斷定地面不平，如果基座已校正水平，但是3VCB-××，及3VCB-××卻從左到右包括中間都離開地面10mm ，表示地面已水平，為何還要提高，因為3 套全部獨立分開，如果3 套全部水平沒有必要，基座下相差10mm 很明顯。基座安裝上盤體後，上面相差10mm 根本看不出。

所以打電話給×××，×××及×××，為什麼2 套要全部提高？不能全面降低貼在地面嗎？×××說要看現場，說就在現場，請他們如果必要可在週日及週一調整下來，黏貼地面到調水平即可。

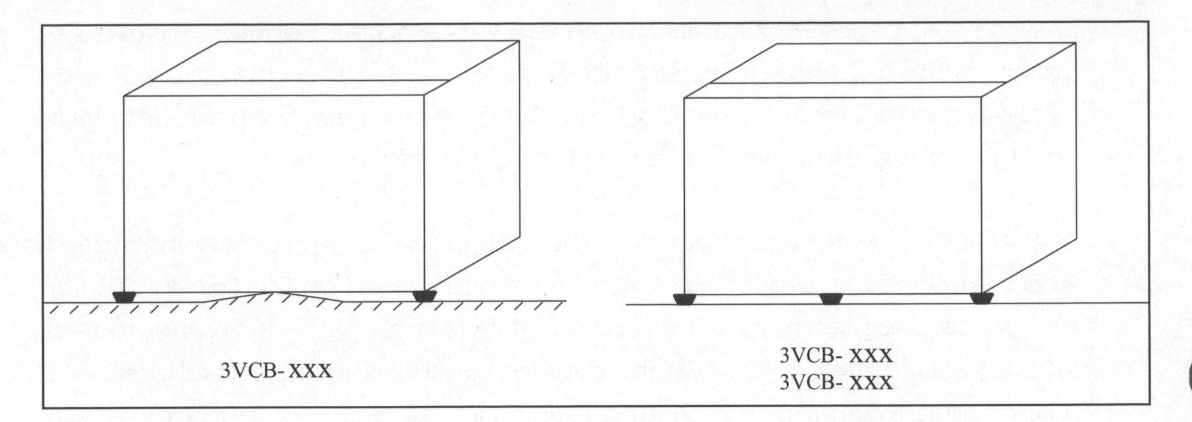


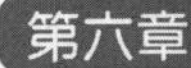


## ×期之作(××公司)

1.1 4 of CTTS TC-× TC-×/TC-×/TC-× switches installed at phase × for 480V system from DG ××/DG-××, the connection from TPC side to terminals of TC-11 was linked to load side(middle).

1.2 2 of CTTS TC-×/TC-× switches installed at phase × for 480V system from DG-××, the connection from TPC side to both terminals of TC-×/TC-×, were linked to load side (middle). 4 of 325mm$^2$ wire XLPE for each phase, ×××× electrical workers, engineers, QC engineer and ×× supervisor ×××. all of them nobody found this mistake, until the final power on procedure was found by me.

1.3 4 of cooling tower fan motors at phase × installed at roof and power supplied from +28m MCC panel, motor controlled by VFD with 3 wires connection(3 phase). But there are six leads in the motor outlet box, have to be connected to 3 wires (380-660V) delta. But motor "C" was connected at wrong lead become single phase. So motor couldn't start when power on.

1.4 Two of photo cell control for roof lighting system. One for normal power, another one for emergency power panel. Photo cells were installed at outside with 4 cords. Cable connected into the panel 3 cords need only for each device, ×××× engineer/electrical worker cut different cord of 4-cord cable. So the wire diagram become 2 wire working and can't function well for the night control. Those two were powered on before Chinese New Year. And one of them was still powered on for one month time, after asked to check. ×××× thought that it was the problem of photo device not the connection problem.

1.5 Shop drawing engineer ××× was working for ××××, Mr. ×× told that she was a very good and experienced person and worked for ×× before. Designed work is much different from shop drawing work. Shop drawing guy need more experience at site should know the material/equipment real size and got the idea how to install all of these things. She must be a good supervisor/engineer with the Auto Cad knowledge. Shows everything in detailedly on the paper, with scale size elevation and material name.

××

2.1 ×× HV & LV switch gear panels. When they had been factory inspected, and transported to site for installation. Before powered on the final inspection had to be checked again. There are a lot of (31) screws, nut, washer missed, left, not tied to be found, when the eyes looked into the inside of cubicle.



2.2 4 of cooling tower fans motors at phase ×, installed at roof, and power supplied from +28m MCC panel. Motor controlled by VFD with 3 wires connection (3 phase). Motor "A" & "B" were done and powered on. Motors were run, but "C" & "D" were not ok. ×× thought the problem must be on the VFD. So they changed A or B to C and D tested. During the changing and rewiring one of them was burnt out because the wrong connection. "C" & "D" were still not ok for one week time when they were asked to check the panel by ××, wire/cable pulling and connection by ××××. Motor (TECO) by Fu-sun but the "D" was checked by me at MCC cubicle unit the source & load side wire connection was found at wrong and different from other 3units, after changed, then it was OK.

×××

3.1 There is a power supply 400-230V from +27m switch room to +17m TC-301/TC-302 for pumps station. They pulled a 4-cord cable with an extra earth wire between these two ends. After these cables/wires pulled an electrical worker connected red to R, white to S, black to N, green (extra) to earth and change the green one in 4-cord cable to blue to T. But other electric worker connected two greens (cable and extra) to earth. Before the powered on and checked by me. I found two greens connected together that was wrong.

3.2 At phase × ××× worked for ×× to pull the high voltage 25KV XLPE cable from main-substation through the tunnel to phase × electrical room. ×× used motor winch to pull the cable and cut the shield during the bent or curved.

3.3 The lighting fixtwes installed at the roof of phase ××. I went to have an inspection for installation the installation height were not same because the C channel support & foundation base. After 3 times checking and comment accompanied with shop drawing provided to use. Shop drawing not prepared and provided.

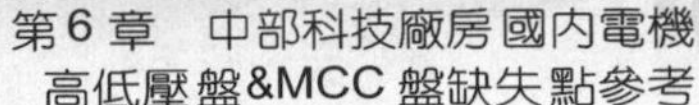



## 6-2 檢修

1. ××10/××11 板金調整門板，前後水平，Plinth 調整
2. 日光燈安裝調整位置。
3. Cable tray 蓋子不見。
4. Socket 撞壞。
5. 北側內管道間 Cable tray 標示不見。
6. LDP-盤線不要扭轉。
7. 線路 圖(控制)( ××)需要。

### 缺失

1. 日光燈外殼未接地(沒有接地線)。
2. 指示燈Sign 不正。
3. PVC Cover for main bus 。
4. 併盤螺絲太長及少1支。
5. N 未連接。
6. PVC Cover 破。
7. Trip 與Running 對調。
8. Operation ，PLC TPC 對調只二條線。
9. 門栓。
10. Packing 不見。

### 缺失

1. B1 同軸風扇不能自動
2. A4 變壓器之溫度 58/60/57 ，B4 變壓器之溫度 59/64/60 。
3. A5 變壓器之溫度 57/59/54 未調好B5 變壓器之溫度 55/59/55 。
4. VCB 未清潔及門有問題。
5. TR-B3 門。
6. ACB-B3M 一條線，未接，不清潔門栓。
7. B3/A3 門板。
8. A3M 門栓一條線未接不清潔。
9. TR-A3 線槽，電扇內網凹。
10. VCB-A3A B3A Relay 未固定。
11. VCB B3B 欠工具。
12. A2M/B2M 之TR 加蓋。
13. A2M 清潔，一條線未接，
14. VD 有問題。

### I-Line 盤之缺失

1. PT之外殼要接地。Symbol
2. MCCB之"A"　"B"　"C"欠缺。
3. 上蓋之蓋板要加螺絲。
4. 扭力扳手送一支供檢查。
5. 進出線角鐵補齊。
6. 四盤中間隔板凹起換新。C201-PP1-L2～L4
7. 端子盤上加screw 。
8. 3EPDP 電源 Breaker 改雙孔。
9. L201-PP1 Main breaker 蓋裂。
10. Earth terminal 加E 。
11. 3RDP-F-2E ，F ，G 之3P80/100 用固定螺絲，Main breaker 仍為 3P100/100 。

## 缺失

1. ACB-B4 線。
2. TR-B4 門栓。
3. ×××-4-B2M 有screw 。
4. ×××-4-M2A 沒有NCT 。
5. ×××-3-M1A 有NCT 。
6. 風扇開關。
7. ×××-3-B5 沒有DC, 電容器盤感溫棒太低。
8. ×××-4-B3 線槽，Va—Vb—Vc—5 個盤端子。
9. ×××-4-A3 感溫棒太低，線懸空。
10. VOLT Indicator 380V M ，ACB 不明 2 片。

## 缺失

1. 門栓：A4 。B4M 右(3)，B4 左上。
2. Outside Blue Label 。
3. 電阻器連接B2A ，B1 ，A2B 。
4. 感溫器太低TR-A4 ，A2 感溫器歪斜。
5. 線槽蓋TR-A4(左)。
6. 線圈固定。
7. 線槽鬆動 A4A ，B4B ，C3 。
8. TR-B1 之二次側BUS 歪。
9. VCB-A4B 髒。
10. ×××-3-FV1(3CTTS)CT 比。
11. 5000A ACB 之M BUS 。
12. Mini sub 感溫棒太低，螺絲，R 太近。

## 缺失

1. 變壓器之中性線480V，380V，2500KVA與2000KVA兩條。
2. 變壓器箱門扣。
3. 變壓器箱內之控制線垂下。
4. TR-A4 兩個”R”。
5. R 相太近，×××-4-02，×××-4-B2M。
6. 風扇骨架鼓起。
7. 電容器盤清潔，3CP-××，線垂下，感溫棒太低，#2 太長，門栓。
8. TR-B1 地上有Washer。
9. TR-B1 風扇兩台不正(1 台凹入)。

## 缺失

1. 電池箱無銘牌。
2. 前門左右不平。
3. Charger 內變壓器無接地。
4. 480V N Wrapped with BBIT。
5. Neutral Ground with 2 Terminals。
6. 380V 之SC 為480V 不是600V

## 缺失

1. 盤內不要放置任何施工物件，包括梯子、枕木、工具。
2. 盤內要清潔乾淨，灰塵，控制電纜。
3. 電容器。

## 缺失

1. Casing of TR。
2. Terminal board cover。
3. Fix，A4A，C3，B4B，線槽。
4. TR-BT 之二次側 BUS 歪。
5. TR-B1 Washer 在地上。
6. TR-B1 風扇兩台不正(一台凹)。
7. VCB-A4B 髒，3ATS-3FV1(3CTTS)CT 比。
8. 5000A ACB 之M，BUS。
9. 3CP-3-A4 線槽，感溫棒太低，把手。
10. 3CP-3-A4 #2 太長。
11. 3CP-3-A4 #7 太長，線槽，感溫線太低。
12. Mini sub 感溫棒，螺絲，太近。

缺失

1. TR-A4 線槽蓋(左)。
2. TR-A4 線圈固定(左)。
3. TR-A4 Name plate 右邊門栓。
4. TR-A4 兩個 R。
5. 3ACB-4-02T 右R 太近。
6. 風扇骨架突起。
7. 電容器盤清潔，線垂下，感溫棒太低，內栓(2)，標籤。
8. 3ACB-4-B2M R 太近。



缺失

1. 盤內不要置放大物件。
2. Neutral 接地加一條。
3. TR-A4 門扣壞。
4. TR-B4 控制線垂下。
5. 電池箱無銘牌，前門左右不平。
6. B4M 右門栓(3)。
7. Blue Label。
8. 電阻器接入B2A ，A2B ，B1 。
9. B4 門栓(左上)。
10. TR-A4 威溫棒。

## 6-3 電池箱缺失

Battery charger panel and battery box location.
The incoming to charger and outgoing to load and battery shown on the panel.
The arrangements in battery panel.
The 24 of breakers in charger is IP or 2P, where it are installed.
The dc cable is PVC cable not XLPE(hypalon).
The distribution of dc cable in the power cable tray ?
The distribution from tray to panel.
No name plate on battery box.

## 6-4 高低壓盤體

### ××的高壓盤體

最近××公司因為接受了2套高壓盤體的合約，開始送施工圖來公司審查。首先看到Tie VCB 有一組 CT 單線圖中繪在 BB 側，三線圖也繪在BB Side ，但是盤安裝圖中卻安裝在 BA Side ，顯然是不對的，兩種或三種圖核對起來，就可以發現其中的異處。

上次的××Line施工圖，圖中的版次卻說是為了製造用的，繪圖都欠動腦筋。

VCB有控制圖，控制圖有各種Option，翻看ABB提供的資料，Option的51，52都有52，53，54/55，56/57，58之接點，而這也是ABB的×先生告知，這些都是ABB提供的正確資料，××繪製以後，也沒有再給ABB Check，所以不知對不對，但是很確定××的圖並沒有，記得Taipei 101大樓就已有注意這些了，因此再打電話給×××，為什麼××的設計可以隨意更改ABB提供的圖，×××也打電話問情形告訴詳情，最後××也同意更改，今天上午圖已改好，送來兩張。

因為××看到二個電源的回路，單線圖中的高壓CT安裝在VCB的電源側，問我在電源側與負載側有什麼不同，安裝在兩側對電流及電驛應該都一樣吧，我說是啊！但是CT安裝在負載側比較好，因為有VCB保護，萬一CT壞掉或短路，VCB馬上打開，可以隔離故障不會影響到電源側的層面。



發現在電源側的CT為什麼與複線(三線)圖不一樣，複線圖中的CT安裝在負載側，再看看盤安裝，也是在電源側，因此再要求××修正圖面，因為Phase×及×都安裝在電源側。

××的整套圖，內中圖上中英文皆有，封面卻只有中文，封面的工令號碼，英文的Project No為P194077，內中的Project No為E220，工令號碼是××廠中自己用的。

××送來的EDA COME高中壓BUSWAY製造圖，三相顏色為RYB，這是IEC規範，Phase的顏色引用CNS，三相為R. W. BU.圖中的很多不清楚，××說以前都是這樣做的還有問題嗎？

### ××的高低壓盤體

前日進去無塵室檢查L202-××低壓盤，這一盤由兩個盤800+1300組立而成，兩盤由一個主銅排連接而成。

上次已要求××人員，兩盤如由銅排銜接，其銜接須由上下兩片夾接，如下圖，不是單由一片而已，如下圖。而其厚度可減少一半，這個地方小小的，薄薄的一片，卻很重要，其他不需要的地方也不要浪費，而高壓盤的製作，其高壓銅排不可以每盤僅一公尺(或90公分)就銜接，可改為2公尺(或180公分)才接續。

至於運輸的問題，可在那時拆卸下銅排，運達工地到位後，再組裝回去，可免除接續的問題。××這些人，觀念比較守舊，不容易接受新觀念改變以前的，不求新，不求變。

至於變壓器，××打電話來，要求停電檢查以後才能寫報告，如果安裝正常，又如何解釋或走下一步。

×主任說可能在工地組裝，則不認為，感溫線及棒都已在到達工地前組裝完成，圖也清清楚楚的，××屢錯屢犯，一再重覆發生。

××台中××計劃，原來為7M 4條線，17M也有4條線，每一種工作，如空調工程、水處理工程、電氣工程、消防工程都是單獨發包。

但是這次的××只有一半的規模，所以每一種工程都縮小一半，如果按照原來的規模發包，承商很多，管理不易，而這次的管理階層已縮小了一半，所以MEP的設計及現場經理××事先決定將空調、低壓電氣、水處理等併成一包，由空調統包，至於高壓盤體與高壓配線拉線併成一包，由××搭檔××承包，消防工程仍然單獨發包給××(廠商有××等)。

××與××搭檔，之前也呈現××/××，××/××三家競標，等到××獲選以後，××另一搭配廠商××極力爭取未果。

空調及水電成一綜合包，所有圖面範圍都整理妥當，找來了××，××，××等五家來看現場估價，報價以後一家放棄。

四家中先審查了技術標及價格標，××及××遭到淘汰，只剩下××及××。

××的電氣下包商沒有列出，擬由自己的班底來承製，但是上次自己的班底並沒有做得好，而××的電氣下包商卻列了七、八家，包含××，××，××，××只同意合格廠商××，××××或××。



等到××與××競標，拿到檯面上來比較，××與××評審委員卻有不同意見，最後經過一番的努力，××出線了，聽說他以低了很多萬而獲勝。

在審視××的價格時，要求以××及××為條件兩者取一，電氣部份××只以36百萬，另外10%之管理費(發票)，由××賺，但要求他們自己管理施工圖，工安等等，他們這二家都無法接受36百萬，因為他們報的都在40百萬。

Comment for FAT of extending HV panels

1. The source wire of space heater inside panel change to 3-core cable (one for casing earth).
2. CTT1, CTT2 need to add the "METER or RELAY".
3. The original control wires for VCB need to mark the "wires" number.
4. The thermostat need to be shifted to right side botton of terminal board, the sensor extend to lower enclosure.
5. The hand tool for VCB not to be fixed.
6. The casing of lighting fixture need to be earthed.
7. The detail of terminal board need to be clear for both panels (××3 and ××2, ××3 and ××2) including the control wire FROM and TO.

| 項次 | 內　　容 | 處理對策 | 責任歸屬 | 改善期限 |
|---|---|---|---|---|
| 1 | 所有風扇 sensor 線往上移，sensor 只要露出線槽即可 | 依需求處理 | SLMF | 5/19 |
| 2 | 發電機盤模擬母線水平部份左右須對稱(水平離垂直 1cm) | 依需求處理 | SLMF | 5/19 |
| 3 | 2 台 VCB 負載側模擬母線水平下方須加一組 CT 符號 | 依需求處理 | SLE2<br>SLMF | 5/19 |
| 4 | 發電機面板須加中文標示 | 依需求處理 | SLSS<br>SLMF | 5/19 |
| 5 | 發電機盤操作面板過低建議下一批往上移 10cm | 依需求處理 | SLE2 | 5/19 |
| 6 | CTTS 上方須加壓克力，防止灰塵及螺絲掉落 | 依需求處理 | SLE2<br>SLMF | 5/19 |
| 7 | CTTS 控制線 PLUG 須加以固定入線槽內 | 依需求處理 | SLMF | 5/19 |
| 8 | 線槽取消盤內至盤面 CTTS 控制線弧度須加大 | 依需求處理 | SLMF | 5/19 |
| 9 | D-fuse 編號未黏貼於銘牌的上緣 | 依需求處理 | SLMF | 5/19 |
| 10 | 發電機盤主銘牌內容 ATS 須改 CTTS | 依需求處理 | SLMF<br>SLE2 | 5/19 |
| 11 | ACB 本體上方控制端子台須加防塵蓋板 | 依需求處理 | SLE2<br>SLMF | 5/19 |
| 12 | 所有出線 BUS 有色套接觸部份須全部割掉 | 依需求處理 | SLMF | 5/19 |
| 13 | 發電機盤出線 BUS，負戴側更換爲 10t*60*2/Φ，台電側更換爲 10t*100*1/Φ，須改善 | 依需求處理 | SLMF<br>SLE2 | 5/19 |
| 14 | 所有 ACB 是否有相間隔板可安裝? | 依需求處理 | SLMF<br>SLSS | 5/19 |
| 15 | 模擬母線須與銘牌連接 | 依需求處理 | SLMF | 5/19 |
| 16 | MINI1 SUB. VCB 二次側 CT 之 L 空點須加配主回路至 LBS 一次側前方礙子 | 依需求處理 | SLE2<br>SLMF | 5/19 |
| 17 | 盤 TB 左右兩側控制線未加線槽，需加裝護線套 | 依需求處理 | SLMF | 5/19 |
| 18 | 所有控制用 1000VA TR 均需做壓克力保護 | 依需求處理 | SLE2<br>SLMF | 5/19 |
| 19 | 300KVA TR 後門上方須加裝一支 14 吋風扇 | 依需求處理 | SLE2<br>SLMF | 5/19 |

## 缺失

1. ACB 上蓋髒。
2. Main ACB 下之 ACB 接線 CT 不夠寬。

## 缺失

1. Earth bus 沒有刮漆。
2. Earth bus 不要轉彎。
3. 號碼圈沒有按照××標準。
4. Main breaker 二次側沒有BUS(用 Cable)。
5. PM meter 固定。
6. Main breaker 二次側 BUS 不夠長，叫廠長來看。
7. Main breaker 二次側 R.T 相未栓緊。
8. ××線不合規定。

## Current Conducting for ACB

The current conducting from external part to ACB body is confirmed for ABB type only. The current conducting with bus bar from the external part connected to the primary and secondary side of ACB for each phase, should be used with 2 pieces of bus bar for one piece of bus bar terminal of ACB, one at upper, another one at lower side of terminal at actual same width, with 3 pieces of bus bar for two (2) pieces of bus bar terminal of ACB, one at upper, another one at lower, extra one at middle side of terminal at actual same width.

## 差異

這一次在×××××期的施工監造工作，雖然班底大致是一樣，但是實際探究起來，還是有很多不同的因素，現象或結果。

首先要談的是MEP，在××工地時，初期MEP的Manager是××總攬一切，不久之後，改由×××負責電機方面，×××負責機械空調，一直到完成。但在××工地，則由×××負責全部MEP內部辦公室的工作，而外部現場則由×××負責，電氣與機械不分家，所以10月26日週四的晚宴上，全部MEP人員參加。

在××工地，協助××處理電氣工作，在××則在×××下有××主導電氣，有×××主導空調××主導給排水，××主導消防，××主導儀器控制，協助××因為××是機械方面的。

在××工地，初期之Project manager是×××，到中期以後改由××過來一直擔任Project manager，到後期以後，改由×××繼任，××調往大陸上海。

另外最重要的設計部門工作，在××，設計工作由××直接對×××負責與××平行，但是在××一設計工作仍由××擔任，但是××卻是對××負責，由××再總合承攬面對××。

設計的班底略為不一樣，但是工作的分擔與執行沒有改變，在××辦公室分開，但在××都是同一間大辦公室，辦公室內有××，××及××。台中的工作快要結束，××與××之間的關係卻是維持在與××一樣，兩者之間，開工安會議時××始終沒有參加，好像是分開的，但是組織上系統上卻是不一樣。

許多盤將近安裝完成，大部份的電源皆為400-230V ，是接自2500KVA或2000KVA的二次側，一次側為高壓，在變壓器的二次側已經在N中性線接地了，所以來到I-Line盤，N就不必再接地。

但是這些盤安裝好以後，××的組裝部×××有人告訴他N都要接地，所以他將I-Line盤的電源側N都有接地，發現不對，叫他去把它拆掉。

結果這幾天去看208V-120V系統，發現N沒有接地，一問××，才說被拆掉，奇怪400-230V的N對208-120V的N不一樣，此N非彼N，208-120V在變壓器150KVA或300KVA二次側還是要接地，怎麼可以拆。

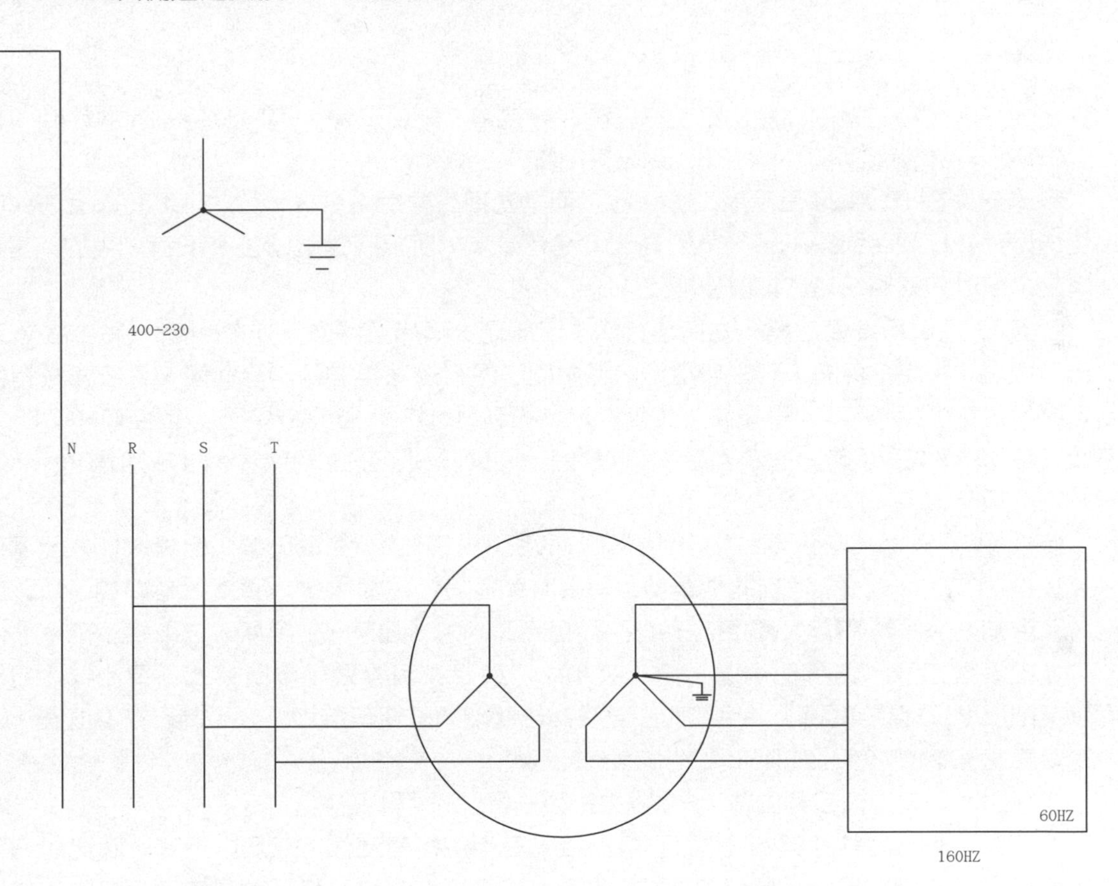

## 6-5 送電

### 送電

今天七月十九日，安排送電，有三個回路3VCB-××，3VCB-×-××，3VCB-××從主變電站經Pipe Rack送到六樓33.5M的電氣室，上午準備好，由××及××兩家買了水果在那兒祭拜。

點了香主祭，在場每個人都拿了香拜，最後剩下三柱香放在桌上。

××問說那三柱香給誰，我說預留給他人拜拜的，而××自己卻拿起香說××不在，我來代他祭拜一下。



### 送電

×××××期工地的高壓回路都已經快送電完畢，只剩下××-12與××-13的Mini sub 2ψ480V，共有兩回路3××，3××尚未送電。

原來安排在10月24日星期二要送電，但是星期二早上×××(×××)沒有來上班，因為生病(牙病)打電話進來，××就因為××沒有進來，所以將送電延後，不管××的人是否準備好，所以只得將送電日期改星期三(11月1日)。

今天11月1日準備送電，九時集合然後出發到35.5M變電站，先行拜拜，將4台VCB抽出外面將Shutter打開，到主變電站去將兩回路的高壓線再測量絕緣電阻，然後再先行回到35.5M來。回到35.5M變電站，主變開始進行到Step9近控ON/OFF，遙控ON/OFF，然後推進3BA9之VCB，等待送電遙控ON時，時間耽誤一下，一問××才告知是Trip，×××告訴OFF。

接看VCB再送一次，兩台VCB的V.D都亮了(各三個)，送電正常，但是×××及兩位××工程師都說××-12地方的電纜架上有異聲響很清楚，很大聲，直覺上有問題，所以交待××告知××停掉VCB，要實施檢查，而且呼叫×××過來，並且找人去取梯子來。

×經理過來了，告訴他情況，第一次Trip，第二次有異聲在電纜架上，要他找人打開VCB箱盤後門看看電纜頭，並且問他主變電站之電纜頭是否有接地，××問現在怎麼辦，××說要再測量電纜之絕緣電阻，×××也一起追問。

跟他們說，盤內有二個回路，一進(從主變)一出(到A7B)。

那個地方有6個線頭與端子(電纜頭)仍接成三相每相有二個，二個中只有一個可以有遮蔽接地，而這個必定是一出的這條(這端為頭)，如果接地做錯了條，就是錯，打開以後查看是只有三個頭，然後再看接地線端的電纜是那一條，拿手電筒來照射，很清楚地看出是到主變的那一條，這一條兩端都接地而到A7B的那一條兩端都沒有接地，兩者都錯，而錯只是做錯3條。

他們恍然大悟，果然沒錯，全是×××意料中，他們都服了×××也服了，跟他說你這樣做錯怎麼跟你算帳才好，他只好苦笑而已，一直到下午12時30分才送電完畢。

進辦公室以後，我告訴××這個情形，他瞭解××的能力也知道另一個人的能力。

### ×××期第一次送電

自從農曆年前一月二十六日安排×××期擴建，××高低盤壓廠驗以後，××於過年後二月六日送達工地第二天七日開始安裝檢查，接線，於二月十日全部完成，××也於二月十日左右完成拉線測試接線工作，因為安排於二月十三日準備送電。

但是遭到因為××電機的送電程序及安全工作書SWMS未準備妥善就緒，因此二月十三日的送電工作延後安排，本來也將計劃於二月十七日再一次送電，但因為××問題，一說是未急於準備使用電力，也就是低壓電線電路未拉線完成，二說是業主××未同意，所以××一直在努力這些文件，安全工作守則及測試報告的彙整，變電室的送電安全加上管理也是一大工程，如何不會發生用電危險。

到了三月底，17M的無塵室電燈準備送電，因此欲將高壓電及低壓電利用這次機會全部送電，其實高壓電與低壓電是兩回事，高壓電是主變電站送到27M電氣室，而低壓電是從既設低壓盤體接出，然後再配線送到17M的無塵室。

經過無數次的安排，開會與溝通再加上××(××)送出了高壓VCB的電驛設定資料，但是××的資料未正式送出文件，以E-mail送到××來到我的手上，一看就知道有問題。

一、鑽線2BA2的高壓電驛，CT為200/5，In=5A，過載跳脫設定為2.8In=14A=560A而鑽線上三台變壓器總合才3750KVA，滿載電流為95/126A自然冷/強風冷，設定點應該在110/100A左右，如果是2.8A=X40=112A是正常的，既設的鑽線中很多，沒有一台是超過1.0In都在0.43~0.7In，如果××的對，××的則全部錯。

其他的50瞬跳設定在6.0In或是6.0A，應該有單位，50N設定為0.12是0.12A或0.12In其他的都是12%In，也沒有單位，所以不清不楚。

二、各台變壓器的VCB設定為1.8In，CT為100/5=1.8X100/5=36也是太大，滿載電流只有32A應該設定在32A左右，如果180A之曲線與變壓器的破壞曲線重疊，意即將要破壞時才要跳脫，已來不及，跳脫時也許已經破壞，無法保護，跳脫曲線應與低壓側總開關曲線重疊而且在突波曲線與破壞曲線之間。

三、ACB之LSIG曲線，設定資料中“I”瞬跳為OFF，但曲線有瞬跳所以很奇怪，×××說是接地曲線。

以上大概是××事情的重演，××只有一個人提出意見，最後只得將2.8In改降成1.9In意即76A。

最後經過協調開會報告選在3月8日，因為時間不敢確定，買東西也麻煩，所以××沒買××也沒買，只有××買了水果飲料餅乾汽水泡麵。

上午8時開工具箱會議，由××主持，××跳出來幫腔補充，昨天3月7日在27M作最後檢查。

××方面有××，××及××三人，××有××，××，××，還有××及××工安××，××有×，×，×主任，×××及翻譯，××有×××，×××，×××及下包多人，在27M拜拜燒香以後，開始最後檢查，設定Relay及高壓VCB盤的清潔，三只都檢查完畢，與×××，×××到主變電站，以遙控方式在Test位置送電ON/OFF，再推入Service ON，然後再走回27M，由3VCB-××，××及××逐台以同樣方式送電完成，並設定電燈，電熱風扇等補助電源臨時電也一併拆除。

全部用電到變壓器二次側於12:30送電完成，××說恭禧，××也說××也說，××也說，到下午××也說××也說。全部的送電工作由××一個人主導進行，送電以後，要××在下午持續觀察變壓器的溫度及聲音。這是又一次展示一個人的能力，××問送電多少次，回答說不記得了，這些人(××)並沒有共事過，不清楚，但是××及××應該非常瞭解，現在××也知道了，只是××的問題尚未解決。

××在上午當送到2-01 時，VCB 尚未OFF ，就說要推入VCB ，真是嚇死人，他不知道如何辨識VCB 已投入(不知道有指示燈)，連VCB 是什麼ACB 是什麼也不知道，現在××也知道了能力的重要，他們去向×××講，也會去向××或××講也可能會去××或××講。

真金不怕火，有能力是很重要，我們的×期盤比×、×期好多了，大家都這樣講，直接問接肯定××的盤，缺點沒人知，所以今天也達到領500 元的資格。



The HV source of the unit substations 3××× —2—01, —2—02,—1—01 at ……

1. Finishing building is connected from feeder 2××× and from 2×××(not BAM = 1BAM) and from ××2 (phase ×) not from ××1(phase ×).
2. The CT ratio of AA1 or AA2 were stated with 2,500/5, but from the document sent to TPC is 2,000/5.
3. The transformer capacity for mini sub' s were changed from 500KVA ×3 to 750KVA ×3 = 2,250KVA for each feeder, and the transformers were two phase not three phase. So the current is higher.
4. The relay setting for 3××6 ~ 7, 3××6 ~ 7 in the FCN —×—×— 032 were much different from the document sent to TPC. So this time the settings have to be changed again because the phase number (3 $\psi \rightarrow$ 2 $\psi$).
5. The fuse rating for transformers 750KVA two phase are revised by ×× from 40A to 63A. Is it reasonable ? Or too high.
6. There is nothing being found the chiller 4.16KV relay setting and finishing unit substation relay setting, it may be changed again if some document issued.

### 拜拜與送電

7 月19 日星期三 準備送電到35.5M 的變電站，這是原來安排在7 月12 日要送電的，因為颱風來臨，所以改期，共有三個回路，×××，×××與×××。

之前，×××，(××)準備了3 個程序表，共有95 個步驟，19 日那天上午檢查好，清潔好了，就準備拜拜，××，××兩家買了水果飲料餅乾及泡麵，有香及香爐，燒香拜拜以後開始送電。

按照步驟一個一個執行，這天一直到下午四時才完成。

第二次7 月21 日星期五準備再送二個回路，×××，×××這次的步驟經過修改成60個而已，上午八時半開會時，發現這兩家都沒有買任何東西，也就是沒有拜拜了。

我們全部到了35.5M ，檢查好清潔好了，就開始準備送電，工作從第一個步驟開始，然後分組到主變電站。

從主變電站送第一個回路3×××過來，發現3VCB-×××的三個VD 指示燈只亮了二個(中間的沒亮)，××要想修理，我說慢一點，再送第二個回路3BB5，又發現3VCB-×××的三個指示燈VD只亮了一個(兩邊的沒亮)。就安排××先做好高壓相對相工作，這個工作完成以後，請主變將這二個回路OFF並抽出來。

之後一個步驟請××拆除後門檢查，另一個步驟趕快叫×××打電話去買餅乾飲料，叫×××拿來香及香爐，11點15分準備妥當，在兩套中間拜拜，五分鐘以後。拜拜完成，他們接著檢查了3個指示燈(VD)，予以調整檢查，經過了30分鐘，他們再一次送電，結果全部缺失都正常。



**Notes of reviewing designed drawing for melting:**

1. Panels ×××/×, ××/× could be paralleled by 100 sqmm, so the source feeder from panels 3 ×× and 3 ×× at main substation 6F, 100 sqmm could be upgraded to 200 sqmm at 6000KVA maxi some time.
2. The load for ××/×× are single phase but using 22.8KVA (phase to phase), so it could be two phase (2 phase 2 wire).
3. The cable used to parallel between ×××/×× three cores there, but it was wrong only two cores.
4. The phase to be connected for ××/×× are R phase and S phase, both are same phase.
5. The LBS switches are 3 pole type, so the PF will be 3 sets of them left on the switch.
6. Because these load for ××/×× are two phase so the CT will be used at tap 200/A not 100/5A, and 200/5A will be 400/5A.
7. Panels ×××/××, ××/×× would be same as item 1 – 6.
8. Panels3 ATS-3-F01 will be followed phase ×–×.
9. Generator DG-×× voltage rating will be changed to 400-230V normal.
10. All the PT the primary side voltage will be 400V.
11. There is a ZCT 50/5A adding in the 4.16KV feeders supplying to chillers (3 sets) in phase ×–×.
12. The voltage rating of VCB using at voltage 4.16KV system are 12KV including main and branch.
13. The CT used at the neutral wire to ground for 4.16KV transformer is 50/5A not 100/5A.

## 6-6 冷卻塔風扇馬達之送電測試

×××期也有四台冷卻塔風扇馬達(CU-C401A---D)，控制盤在+28M，由4××-3-M6A供電，由××公司承裝，而馬達及控制開關的線路由××公司拉線、配線、接線，當然風扇馬達在屋頂由××承裝。

上上星期，全部工作都已完成，達到送電試運轉的階段，由三個承商共同進行,×× ××

去安排,4 台中的AB 都己試車完成，順利由MCC 盤內之 VFD 來控制，但是到了第三台C 及第四台D ，都無法啓動馬達，第三台的VFD 還會電流過載，第四台的VFD 還會飄週率。

××公司的×××以為是VFD 故障，擬將A 或B 的VFD 移到C 或D 來試，到底VFD 有沒有問題，或者接線錯誤，或者馬達有問題，××將A 的VFD 移到C 去試，因為接錯線而將VFD 燒壞一台。

經過一個星期,C 及D 一直沒有試車完成，催促加速不得結果，只好自己參與，在上午去屋頂與××共同拆開馬達，檢查接線及馬達線圈,C 結果正常，再檢查D 馬達，結果發現馬達接線盒內的接線錯誤，馬達的6 條出線接電源的3 條進線，形成單相進轉，這是××工程師接錯，被罰款××××元，經更正重新接後，送電測試正常。



剩下最後一台C ，馬達接線正確，只好回到MCC 盤去檢查，打開VFD 盤，再打開其他三台的VFD 盤，核對且對照一下，發現C 台之VFD 接線，進線與出線的位置與其他三台不同，原來這一台C 錯誤，經更正重新接後，送電測試正常，這是××工程師接錯，也被罰款××××元，以示告知

### 盤體缺失

1. TR 內吊桿。
2. CP 內感溫器。
3. TR 內感溫器。
4. CP 內電扇電線包紮。
5. CP 內線路。
6. TR 內風扇線路，端子蓋。
7. 罰款××元。

### Y －△接線

××的MCC 接線尤其Y －△接線，自從第一次細部接線圖出來，到了廠驗時，××又出了第二張接線圖變更接線。最後要××提供最後的竣工圖，××或××遲遲無法出圖，最後仍以第二版為準，因此提出糾正接線錯誤，應為正相序才對，也是一致公認的接線方法。無奈××－10 已經接線完畢送電運轉中，要求改線××說從××－11 開始，××－10 就此罷手。前天××－10 停電抽換電源線，並且修改××－11 之接線，盤到馬達之線未接，因此改為UVW　ZXY 紅白藍RST ，請×××全部依此修改改到××－10 時，依照圖面必須修改，修改其中一台，也是UVW　ZXY 紅白藍RST 時，接線結果與之前完全相同，究其原因，接線的電匠(電氣員)並未按圖接線，而是依其個人的經驗接好，意思是說是正確的正相序。看到此情形，接線正確，竣工圖必須修改。

當檢查到××－11 外圍的六台Y －△接線(內圍的四台在一起)時，Y －△的接線既不依圖接，也不依正確的接，如此送電恐怕會燒毀馬達，再問其原因，因為××－11 之接線電匠與之前又不是同一個人完成。看來以為很簡單的一個事情，其實並不單純。

## 6-7 ATS 內之接線

××××× 期共有三台發電機，每台2000KVA，其中一台為380V，另外二台為480V，第一台為××－10與××－11用，第二台為××－12與××－13用。

一台發電機供給二台設備，因此有二台ATS，二台發電機共有四台ATS，而380V 的發電機一台供一台ATS。一台ATS 開關共有三組接點，電源側在上面為緊急電源，在下面為一般電源，在中間地方為負載側，每一組在每一側均有R. S. T.三個接點。

我們叫緊急電源為ER. ES. ET.，叫一般的電源為NR. NS. NT.，而叫負載側為LR. LS. LT.，ER. ES. ET. 已接到BUS 在內部接妥，剩下是下邊負載與一般電源，一般電源接線不可接在負載側，否則會台電與發電機逆衍。

在×期時，××曾經將××－11 的一般電源接在負載側，結果發現錯誤，低壓XLPE 線因而太短(向下較長一公尺)。在×期時，××又是將××－14 、××－15之一般電源接在負載側，當接好以後，沒人發現錯誤，送電試車前還是被我發現，而糾正，真是感嘆××的工程師會是這樣。

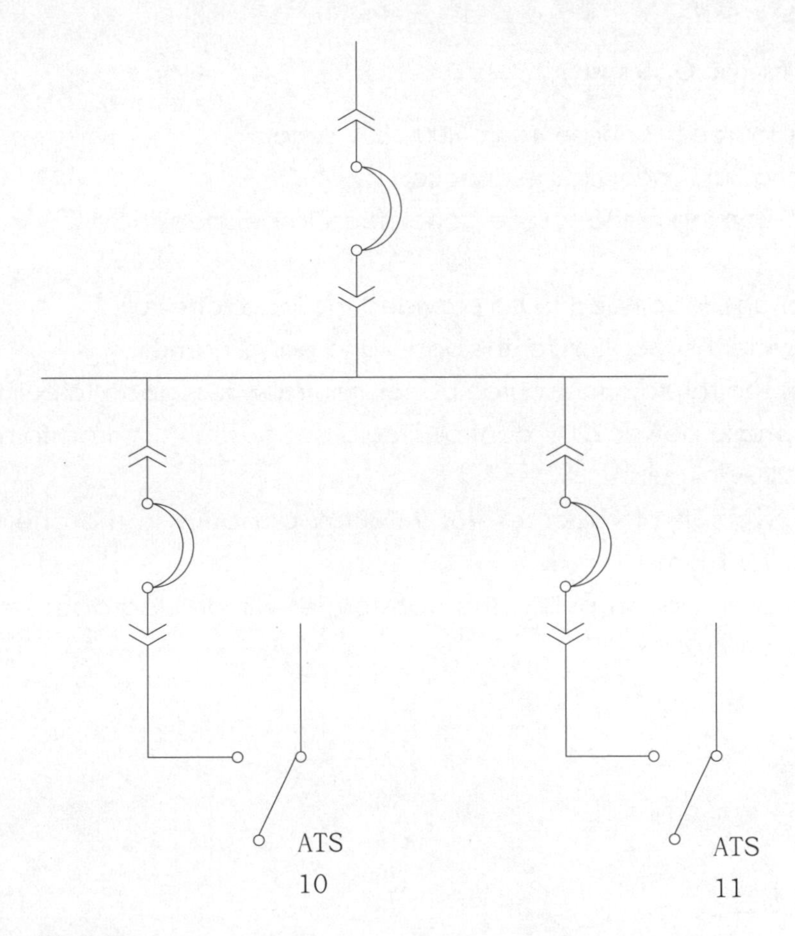


**×××期工作**

當480V兩台，2500KVA變壓器送電以後，第一步分電盤體送電將是CTTS盤．從A2經××－14到CTTS-14，從B2經××－15到CTTS-15，這套CTTS盤共有七盤，其中有二盤為發電機電源，一盤自DG－××從上面銅排經ACB到CTTS，另一盤自DG－××從另一端的上面銅排經ACB到CTTS再到TC－××、TC－××。

因此每一盤的CTTS均有兩個電源一個負載，發電機電源從上面負載端在中間，台電側當然在下面，CTTS盤的後面接線端也有很清楚標示，上面為EMERGENCT，中間為LOAD，下面為NORMAL，任何人看到或接線都不會弄錯。



前天準備將480V從B2送電到××－15、4DP－4－M6A，因為××－14、4DP－4－M6A總開關有點問題，當檢查××－15這一盤完成了，找××品管工程師×××核對電源側的開關400A，從前面看核對好了，打開LOTO，Breaker 400A送電以後，居然在盤這端沒有電，發現很奇怪，跑到盤後想去看該只Breaker負載端居然沒有線，細看之下才知這盤的線接到××－15、4DP－2－M2A，而××－15的線接到上面的Spare Breaker，一錯連續兩個錯，再錯兩邊都錯(A2、B2)。

××也太扯了，上次的錯他們利用10月10日國慶日假期，硬將線抽拉完成，這次又利用18、19週日調整，不過這樣的事情還會再發生，須特別注意小心。

For the power used at GAS system

1. The power source is 3 phase 4 wire 400-230V system.
2. The KA rating 30KA need to be checked by ××.
3. The source coming or the source panel need to be specified by ×× from the system.
4. The low voltage load need to be provided the load schedule.
5. Please provide the location for this panel and panel name.
6. If it was not too far from the source panel, neutral wire is good to pull to supply the single phase power 220V control circuits because this LV transformer 1KVA is used for 220V circuits.
7. There are two sets of vaporizer #5, #6 88KW capacity in the one diagram 100KW for maximum.
8. If the neutral not been pulled this transformer will be upgraded to 3KVA 3 phase 4 wire 400-230V.

缺失

1. 端子盤加蓋。
2. 日光燈接地，風扇接地。
3. 送圖。
4. 工具不要放進去。
5. 變壓器接地。
6. 插座改三孔。

7. 加銘牌。
8. 開門(中央對開)改一扇。
9. 主開關KA不夠－沒看到6/63A 。
10. LS 加蓋。
11. Door 馬達未接地。
12. 控制器固定。

Punch list for starter control panel of dust collector provided by ××.

1. Check and measure the paint thickness to be 60 micro m above.
2. Panel body and internal door need to be earthed.
3. Control switch and indicating lights need to be put on the label.
4. Chinese "pulsation" need to be revised.
5. The connecting terminals for switches CS-2S, CS-3S for all panels need to be same.
6. The terminals of phase S for 100HP need to be added with BBIT.
7. The hole of terminal was too big need to be changed.
8. The system earth for TR secondary are not same for these panels.
9. Cleaning.
10. Load side terminal of breaker loosed.
11. Welding gap not being sealed.
12. Ammeter 150/5A was wrong, not same as the drawing shown and CT rating for DC-××.
13. The incoming for these panels are 3 phase 400V system, no neutral.
14. Provide the checking list for each panel to be checked by the manufacturer.

Note of shop drawing for phase × for ××

1. 2No. off VCB switch panels were missing from each mini-sub (4 subs).
2. The location of mini-sub for LBS&TR panel board was different from the designed drawing by ××.
3. Two off VCB panels are suitable with LBS&TR panels together, other three sets of LBS&TR also are suitable placed with them together just between a space cubicle for the column lined at rear of column, it is easy to pull the 22.8KV cables from the head to the end.
4. The way of unit substation for 400-230V emergency power is suitable to opply the HV panel and LV panel, because the LV side will be connected the LV bus bar to another group of panel which located another side of column.
5. The panel ××× connected from 380V facility substation NO.1A and the panel ××× connected from 380V emergency substation NO.1A are suitable

to locate at center position side of panel ××× and side of column.

6. The stair case line AA-BB/7-8 at the drawing ××× Rev 0 and ××31A-3000-303 Rev 0 are different from the drawing ××× Rev 0 about the size.

The procedures of energization for panels ×××, ×××, ×××

1. Panels installed.
2. Panels checked.
3. Parts' certificates attached.
4. Changing tap reviewed.
5. Parts left inside checked.
6. Insulation distance checked.
7. Screws tightened and marked with torque wrench.
8. Ampere and voltage rating checked with drawing.
9. Hi-pot tested for HV equipment with reports VCB, HV PT, HV CT, TR, LBS, HV cable.
10. Have a detailed check for TR everywhere around including the LV bus bar.
11. Insulation tested with DC 2KV megger.
12. All the fuses amp rating checked.
13. FAT tested reports attached.
14. Cable insulation tested with reports.
15. Cable continuity tested with reports.
16. Cable phase to phase tested with reports.
17. Check the source VCB.
18. Check the cables.
19. Check the load VCB.
20. Try and operate to close and open the VCB.
21. Draw out the VCB at disconnect position.
22. Apart all the persons and tools and wires from the load side.
23. The HV terminals at source and load sides are wrapped with PPIT.
24. The colors for each phase are correct.
25. All danger sign stuck on the front and rear doors.
26. The rear door can be locked with key.
27. Check everything once again, make sure it was 200% OK.
28. Turn on the source end VCB and off immediately.
29. Check all the cable and load VCB terminals or any noise coming out.
30. Turn on the source end VCB again.
31. Check the power or voltage with HV tester for each phase.
32. Turn the HV PT if any to check the voltage are correct for three phases.

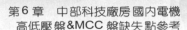

33.Check the VCB and HV CT with view only.
34.Check the HV TR primary side for terminals.
35.Push in the VCB at the connect position.
36.Turn on the VCB and off immediately.
37.Check the HV cable and TR terminals or any noise coming out.
38.Turn on the VCB again.
39.View the TR and hear the sound from TR.
40.Check and measure the LV side voltage for three phases.
41.Stay the power on for 20 minutes and watching there.
42.After power on warning sign need to fence the panels and transformers.



Punch list for the EMCC panel provided by ××.

1. The name plate of incoming to be added the source feeder and voltage.
2. The name plate of 2A and 2B exchanged.
3. The unit place of ××× A, B, C, D, E & F need to be changed.
4. The panel' s name for window washing machine will be on the name plate of 6A.
5. The source feeders of battery charger for HV/LV panels to be put on.
6. The drawing will show the SPACE unit.
7. 5A & 5B units will be shown the phase (3) not the phase 111.
8. 8A & 8B units name plate need to be checked the equipment name.
9. The earth wire will be connected to casing not the support.
10. The neutral wire will be connected to N bus with two holes bolt.
11. The casing of TR, PT or fan have to be earthed.
12. The functional test and report need to be provided before delivered.

×× PACKAGE

1. HV terminal size for transformer is 50 at panel but it is 30 size only at transformer drawing.
2. Name plate is already shifted to LV side for project 3M but it is still at HV side in your drawing. The detail of name plate.
3. The exact position for transformer in the enclosure (cabinet) distance between those, one side to LBS switch.
4. Same drawing number for three different voltage transformer 1250KVA – different size or figure.
5. New item for weight to be listed at 12.
6. Item 2 HV terminal for cable size 100mmsq XLPE 25KV.
7. Tap change terminal box to be detailed and marked how to and where to

change the voltage rating.

8. What is the size of cu tube connector and bolt length for HV side terminal.
9. Side view drawing for transformer.
10. Top view section drawing for LV & HV coil and core about the distance.
11. Current rating to be shown together the terminal size at HV or LV side.
12. The detail of copper wire belt for heavy current bus bar at secondary side.
13. The installation and the depth for the sensor inside the air way of transformer.
14. The normal temperature for three phase transformer side to LBS panel.
15. The distance between LV coil to core and LV coil to HV coil.
16. The size or thickness of anti-vibration pad under the base of transformer.
17. Damage curve.
19. In-rush current curve.
20. Temperature rise curve for iron HV & LV coil.



## NOTES OF EQ — 240 LV SWITCH PANEL

EM — ×× — 1: Bus 700A change to 800A

EM — ×× — 2: Main breaker 3p — 630 — 600 change to 3p — 800 — 600
CT 600A change to 800A
Main bus 600A change to 800A
Page 2/2 missing [ E — 130]

EM —××— 3: Main breaker 3p — 2000 — 1200 change to 3p — 1250 — 1200A

RP — M ×× : Main breaker 3p — 630 — 300 change to 3p — 400 — 300A
Delete the fuse and lighting

RP — M ×× : Delete the transformer 30KVA inside
Delete the fuse and lighting

RP — M ×× : Mani breaker 3p — 125 — 125 change to 3p — 225 — 125
Delete the PT and lighting
Wall mount not PDP type

RP — M ×× : Feeders 7, 8, 9, 10 are plug "WR"
Main bus 250A change to 400A

RP — M ×× : Delete the transformer inside
Delete the fuse and lighting
Main breaker and bus 225A

RP —××: Delete the lighting
Wall mount 160 change to 250A

RP —××: Delete the transformer inside
Main breaker 160 change to 250A
Wall mount not PDP type

××× — 5 — 1 : Main breaker 3p — 2000 — 1250 change to 3p — 1250 — 1000A
××× — 6 — 1 : Main breaker 3p — 2000 — 1250 change to 3p — 1250 — 1000A
A9 feeder 3 — 250 — 125 change to 250 — 250A
××× — 7 — 1 : Separate sheet with NPDP — 8 — 1
Main bus 700A change to 800A
××× — 7 — 2 : Main breaker 3p — 2000 — 1250 change to 3p — 1600 — 1200A
CT and bus change to 1600A
××× — 8 — 2 : Main breaker 3p — 2000 — 1200 change to 3p — 1600 — 1200A
××× — 5 — 1 : Main breaker 3p — 2000 — 1600 change to 3p — 1600 — 1200A
A1 feeder 3p — 2000 — 1200 change to 3p — 1600 — 1600A
××× — 6 — 1 : Main breaker 3p — 2000 — 1600 change to 3p — 1600 — 1600A
A1 feeder 3p — 2000 — 1200 change to 3p — 1250 — 1000A
A21 feeder 3 — 250 — 225A add
××× — 7 — 1 : Separate sheet with EPDP — 8 — 1
A23 feeder 3 — 800 — 800 taken from NM — PDP — 9
A24 feeder 3 — 250 — 225 add
××× — 8 — 1 : A23 feeder 3 — 800 — 800 taken from NM — PDP — 10
L401 — ×× : A3 feeder 3 — 250 — 200 change to 3 — 400 — 250A
L402 — ××, L404 — PP1 : A3 feeder 3 — 250 — 200 change to 3 — 400 — 250A
L403 — ×× : A3 feeder 3 — 250 — 200 change to 3 — 400 — 250A
L405 — ×× : Separate sheet with L406 — PP1, L407 — PP1

A1 feeder 3 — 250 — 150 change to 3 — 400 — 250A
A6 feeder 3 — 600 — 300 change to 3 — 400 — 250A
L401 — ×× : Separate sheet with L402 — ××, L403 — ××, L404 — ××, L405 — ××
Main breaker 3p — 630 — 600 change to 3p — 800 — 700A
CT and bus change to 800A
L406 — ×× : Separate sheet with L407 — ××
Main breaker 3p — 630 — 600 change to 3p — 800 — 700A
CT and bus change to 800A
3 off 3 — 100 — 50 add
L401 — ×× : Separate sheet with L402 — ××, L403 — ××, L404 — ××
Main breaker 3p — 630 — 600 change to 3p — 800 — 600A
L405 — ×× : Separate sheet with L406 — ××, L407 — ××
Main breaker 3p — 630 — 600 change to 3p — 800 — 600A
A4 feeder 3 — 100 — 100 change to 3 — 225 — 255A
A5 feeder 3 — 100 — 100 change to 3 — 225 — 175A

A6 feeder 3 — 100 — 100 change to 3 — 100 — 60A

××—05TR : Main breaker 3 — 630 — 600 change to 3 — 800 — 600A

××—05 : Main breaker 3 — 2000 — 1200 change to 3 — 1250 — 1000A

A7, A17 feeders add

RP — ××5 : 15KVA change to 30KVA

Delete the lighting and lamp

3 off breakers add

Separate sheet with RP — ××6



××—07TR : A2, A7, A17 breaker add

Separate sheet with BOD — 08TR

Main breaker 3 — 2000 — 1200 change to 3 — 1250 — 1200A

××—07 : Separate sheet with ××—08

A2, A7, A17 feeders add which are 3 — 100 — 20, 3 — 100 — 100 and 3 — 100 — 30A

A11 feeder breaker 3 — 100 — 50 change to 3 — 100 — 100A

A12 feeder breaker 3 — 250 — 125 change to 3 — 100 — 100A

A13 feeder breaker 3 — 100 — 60 change to 3 — 100 — 20A

A14 feeder breaker 3 — 100 — 50 change to 3 — 100 — 16A

A15 feeder breaker 3 — 100 — 30 change to 3 — 100 — 50A

A16 feeder breaker 3 — 100 — 20 change to 3 — 100 — 50A

RP —××7 : 15KVA change to 30KVA

## 6-8 ACB 及 MCCB 臨時電

### 再談 ACB 及 MCCB

××設計的 ACB 3P － 1250 － 1000(900) 和 3P － 1600 － 1200，結果××或××交的貨都是 3P － 1250 － 1250，或 3P － 1600 － 1600，不是故意不知道，就是真的不知道。×××做的設定表，就是以 1250 × 0.8 來調整 I1 當跳脫值。××公司及××公司就是以 3P － 1250 － 1250 來交貨，3P － 1600 － 1600 來交貨，再以 1250 × 0.4 ～ 1.0 來調 I1。××沒有人知道×××不知，×××不知，×××，×××，×××，×××不知道，××的×××，×××，×××都不知道。

其實前面的 1600 或 AF 就是 Iu 值，Iu 值後面搭配幾個數值 In。

In 可以是 1250A，1000A，800A，400A，250A

(以 1250 Iu)

I1=0.4 ～ 1.0 × In

I2=1.0 ～ 10 × In

I3=15 ～ 12 × In

Iu ≧ In

Iu ≠ In

所以××的×副總傻眼了，××的×××從告訴的一個星期，交的貨就是以上面的原則。

### 彼此彼此

×××××期的空調及電氣工作，交給了××公司承裝，這次的××的英文名字不一樣，取了××名稱。當初發包時候，共有三家爭取，即是××(××公司)××，××(××公司)參與競標結果××得標，看到××還不知是××呢。

在××的空調工作就是由××承裝，××的工作還不及今日的××因為在台南一部份仍由××承做，現在的××由×××負責電氣工作，由×××總負責工地一切事務，由於人手師傅工程師年輕，經驗不夠，每次開會都叫人煩惱，而且上星期××的MCC 還發生拉線時工具掉下造成短路，火花四濺。

造成電源開關1,250A 還跳脫，本來××還想隱瞞，結果真象還是曝露。

施工時，到處都是電線(電纜)，控制室凌亂不堪，施工場所到處都是電線在地上，一點都不能有正常程序。有人說××只在乎××，但是××卻在這幾天巡視工地時，對品質及工地安全只有搖頭歎息，如果有第×期這機會只得讓給別人了，也許是××會比較好，但是頗不認同××，看來只有回頭了。

××要求他們降到××佰萬，但沒有人同意，××可以被看出他有意舉出他自己的下包××出來，但是沒有被認同。既然××與××之估價沒有被××接受，只有將電氣部份挑出來單獨發包，不列入××範圍，其實××自己的空調還是由××承包，但不具名，而且仍然做得不好。

××及××將低壓電氣部份單獨對××報價，口頭也好估價也好，須在下午二時以前，××以電話先行告知××佰萬，××以估價單在後報價為××佰萬，兩者相同，××也被要求列出估價詳細(××只有中文)。

兩者的估價單送達以後，××要求詳細審閱，當晚帶回仔細一看，××有五、六項與××的部份重覆，而被減為××佰萬，××只有中文，××看不懂。

當這二家的估價單看過，××/××與××/××被要求參加面對面告知與調整價格，價格底定，因為××，××，××，××等四人共商大計，××支持××有二人支持××，席間無法決定，最後決定權留結××，經過週六週日週一(10/8)，××決定××。

### 臨時電與能力

××在工地17M 樓面正在施工，因此使用臨時三台電焊機3 ψ 220V ，經過一台3 ψ 25KVA 變壓器，從380V 降為220V ，現場有一臨時盤體，內裝一只總開關(唯一)為100A ，供三台電焊機用。

元月27 日星期五去檢查，只有一只BKR ，三台沒有分開關，而且3HP 之空壓機使用50A BKR ，因此當時即要求100A 改75A ，加三只50A ，二台同時用12.5KVA ，同時空壓機之開關改為20A ，因為滿載只有9A ，由工程師×××負責，過年後第一天即要求改善完畢。

今天過年後第一天上班，上去檢查，仍未改善，×××說週一住澎湖的技術工人才回來，那天才能安裝，後來×××打電話給我說25KVA除220V ，因100A不會太大，我頓時傻了起來，還要再除√3 ，只有66A ，因為75A是合理的，×××來問他，××是那校畢業的，怎麼基本公式都不清楚嗎？

**(×期)送電**

原來預定2月13日要送電到27M的變電站，那邊有三套(Unit)高低壓盤，全部接成一回路，從主變電站以一回路供電22.8KV 。



預定13日，但是因為××的送電程序書無法及時寫成，工安方面不簽，主要是××不知道送電的程序，13日是星期一，前週五無法決定可以送電，因此先延期再說，××說週五(17日)可能可以，但是昨天(15日)及今天(16日)的結果決定明天(17日)不送電。

全部就緒，今天又談什麼Start up ，希望××方面能參與這項工作，××跑來，不是什麼都做好？一拖再拖我想不是技術問題，是其他問題，可以送電而不送電，表示重點在手上，希望拋出相關事，看看業主如何應對與處理。目前誰是這個Team送電的唯一人選，其他別人也可以撐起這個工作。

今天已排好下午1時30分將到××Building送電，昨天××已要求這件事，××在今天早上8點已開了會，所以××的×××及××電機的×××都約在下午。

××Building自從2月份送電到高壓變壓器，共有三台，二台為3ψ230V一台為3ψ208V ，所以低壓都已準備到變壓器二次側，只是低壓總開關未送。

業主××要求先送L201這條線，而××要求只送L201 — ××，問說那L201 — ××就不送了嗎？

下午1時30分先進到17M樓層，走到半路，××的×××打電話來，說已經在17M L201 — ××地方，與××到了以後，開始打開盤體逐一清楚，因此看到了一些缺失：

××：1. 銅排過盤裸露請××用BBIT包紮，R相與T相。

2. — 2盤之盤內控制線未以蛇皮線包紮。

3. 銅排過盤處清潔。

××：1. 有二個分路之電纜未加以Label標示。

2. 有一個分路每相二條，T相的二條與R.S.以鐵條分開造成分相渦流。

3. — 2盤底久未清潔。

4. — 2盤後門打開未關上，且未清潔。

5. — 2盤出線Cable Gland太大。

××：1. L201 — ××之進線在Cable Tray未以△方式配線。

告訴他們這些缺失以後，最傷腦筋是×××(××)，上到27M處去檢查準備送電，先檢查××— 2 — 01或×× — 2 — 01 (3ψ230V)先檢查低壓總盤，因為總開關未閉合，3ψ230V已有，所以電燈已亮。

1. 檢查盤內銅排。
2. 核對ACB之設定。
3. 檢查第二盤及電容器盤。

4. 再到後面打開後門，××檢查絕緣，相與相。
5. 以一台100VA之電壓120/480V，120V加到480V，二次側為30V，加到第一分路的RS，ST或RT，然後在17M量測，加到RS時，那邊RS為30V，RT為12V，ST為17V，換相RT時，那邊RT為30V，RS為17V，ST為12V，所以判定OK。
6. 將M ACB在Test位置，燈OFF已亮在盤上試操作，再將ACB推到Service，由××的×××送電。
7. 將分路ACB在Test位置，試操作(我)再將ACB推到Service，由×××送電，之後我們再送上電容器盤之開關，我們到17M，量電壓量相序。



先叫××設法解決分相的鐵桿，否則不能送，××不知道為什麼不可以，然後×××也來了，先說那個有問題，他說他看不到，他不曉得那根鐵棒有影響，送電以後。

1. 這台ACB未設定。
2. PP1到PP3未送電，××已將PP1以後的線工作交給Process工程師。
3. 分相鐵桿及－2××未包紮。
4. ××的配線未以△方式。

所幸今天閉合並聯AT時並沒有異狀，再並聯××及2××也是很正常，然後才Open ××1/××M，及××2/2××M，切換到另一Bus，當合併安裝AA3盤完成準備送電，依相反方向順序進行，先ON ××M及AT，再閉合××1/××M，××2/2××M，再OPEN備3××/2××，1××及AT，恢復原來供電情形。

## 6-9 洗窗機盤

### 洗窗機盤缺失改善

B樓梯屋頂有一洗窗機盤，從3相380V降為3相4線230－127V供應洗窗機之3相負載及單相負載。

當安裝妥當，前去檢查三個缺失，請×××及×××協助改善。

1. 電扇感溫頭必須裝上箱內頂部，現場僅在低40公分地方，事後未發現更正。
2. 箱門內有一線槽，水平部份裝在較高突起部份，形成無法與垂直部份緊密銜接，要求移下較低部位較為美觀。
3. 10KVA變壓器的中性線在本體上直接接地，要求改在盤內I－Line本體之N與E接地，成水平連接，又短又方便拆除。

### 洗窗機檢驗缺失清單

1. 送審圖面之大小尺寸與實物不同(因轉檔致尺寸數字變更)。
2. 烤漆厚度不達60mm。
3. 屋外盤內部之左右有細洞空隙。
4. 盤面上下兩個門大小有差，且歪斜。
5. 廠商沒有銘牌(多二個螺絲)。
6. 廠驗沒有。
7. 移交文件(盤與Breaker)。

8. 送審圖(no. WJ080703 — C002)，盤體尺寸與實體尺寸不符。
9. 送審圖(no. WJ080703 — D001)，迴路圖電流與實體尺寸不符。
10. 盤體前門板不正，兩開啓不順暢。
11. 盤底四角落有縫隙須填塞。
12. 盤內須清潔。
13. 盤體外表塗層厚度與規格相符60mm (前箱門)。
14. 壓克力板銘牌(盤名及廠商名) 尚未安裝固定。
15. 盤體箱門與框架尺寸要吻合，安裝後要確認密合。

第7章

# 案例五--中部科技廠房最新國內電機低壓盤&MCC盤、PLC盤體缺失點參考

## 7-1 高(中)壓電纜之防火漆

××送來兩節電纜，上面塗有防火漆，一家是×××，另一家是×××，首先先檢視成品，發現××的白色比較優越，我跟××講比較喜歡××。且要求檢視文件供參考，××給了××讀了一下，再要求×××的文件，但是從××身上才可取得，當取得文件詳讀之後。告知××，×××的Paint 不是很好，文件上很少談到Fire or Anti-fire 資料，而且Paint 是導電性，××一聽到Conductive 就不喜歡，再要求取回文件給他看。

**標識 Label**



盤內一般皆有接地母線(Bus)，也有主開關，還有的盤內有中性相(Bus)。

所以共同的Label 在盤內 E 接地⏚，有M，也有N 相Ⓝ，黏貼在適當位置，M 應貼在中隔板的開孔正上方。

**設計，相色的規定**

在日本現在的規範與以前台灣的電氣規範相同，依據日本的標準，3 相3 線式220V 系統，顏色為紅、白、黑，沒有中性線N，3 相3 線△接S 相接地，所以白色接地。台灣的××××公司依據日本以前在台灣的規範，仍是沿用，但是民國58 年1969 年代，大批歐洲機械(以紡織機器為大宗)進口，3 相4 線Y 接380V 系統開始建立，因此另外一套相色系統必須建立，顏色為紅、白、藍、黑及綠色，有別於紅、白、黑系統。但是台灣的電纜製造商，仍然沒有因為CNS 的新規定而有所變更。多心電纜內沒有藍色，只有紅、白或紅、白、黑，或紅、白、黑、綠，所以造成接線及配線上很大的困擾，也因此發生了很多的意外。

例如3 相4 線加接地，5 線都用4 心加一的方式，4 心內已有一條綠色再加一條外加綠色，二條綠色如何分辨，有可能在電源端將4 心中的綠色改成藍色接在T 相，在負載端將二條綠色線都接地。

其實歐洲的相色系統仍有差別，其顏色為紅、黃、藍、黑與綠色，這個系統對色盲的電氣人員，造成錯亂，所以另有一系統，同時進行供色盲人員使用，顏色為灰、黑、褐、藍與黃/綠相間，沒有紅、綠的困擾。

很多家承商，提供竣工圖或施工圖，盤體上均有銘牌，如××、××、××或××，銘牌常常出錯，例如380V 為3，480V 為4，他們均混淆不清，互相交錯使用，當盤安裝好，送電好，沒有人發現，但是還有一個人可以發現。

**480V 配電盤銅排間隙不夠**

×××期有2 套Normal power 480V 3 ψ配電盤，××為B2/C2，××為B3/C3，迄目前為止，B2/C2 已經送電，而B3/C3 尚在安排中，除了××-4-B2/C2 盤內相當不潔淨外，尚有一個很重要的缺失。

這個缺失就是C2 低壓主盤480V 隔壁之動力盤，有一垂直銅排距離盤體角鐵太近不及20m/m，按屋內線路規則，600V 以下應為25m/m，相對外殼(地)，不知××配電盤設計及安裝人員會不注意這個問題，也不知道B2/C2 之間隔距離是有相同問題。那一天如果停

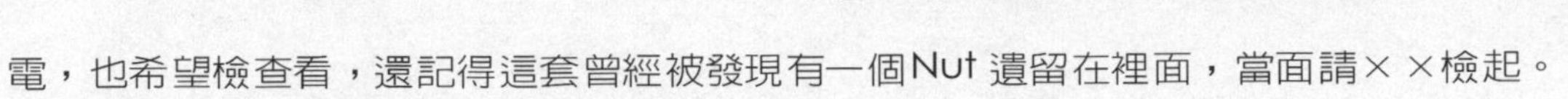
電，也希望檢查看，還記得這套曾經被發現有一個Nut 遺留在裡面，當面請××檢起。

最新的IEC 色別的規定，採用統一的規定，即非色盲與色盲共同一標準，灰、黑、褐、藍(中性線)，黃/綠相間，為最後最新的標準。

台灣的土地上可以使用CNS 的標準，或採用IEC 最新的標準，而電纜製造商也要配合，內規或施工規範要清楚載明。

### 重要圖面或資料

1. Switch board or panel manufacturing specification.
2. Cable tray installation specification.
3. Standard legend.
4. Drawing specification.
5. Motor data sheet.
6. Transformer data sheet.
7. Transformer, motor, PT, CT, generator test report or certificate.
8. Name plate for transformer (one on the device, one on enclosure),
9. Generator data sheet.

Please provide whole electrical drawings one copy together **重要電氣圖面必須準備**

1. Drawing list.
2. Power plan drawing.
3. Lighting plan drawing.
4. Receptacle plan drawing.
5. Panel drawing (MCC, LCP etc).
6. One-line diagram.
7. Power cable plan drawing.
8. Power cable riser drawing.
9. Cable list.
10. To check Horse Power, (KW or HP), heater(KW), lighting(KVA), cable size, cable length, full load amp, over-load relay adjustment voltage drop.
11. Cable tray drawing (plan, section, riser).

### 共同 Bus 之連接

開關箱內或控制線，有時候會有共同接線到一個母線上，因為數量多寡不一，從二個到十個不一樣。二個的時候可以如此，但是十個的時候不能，必須以共同Bus 連接，才不會因為一個地方故障，就影響後面所有的回路

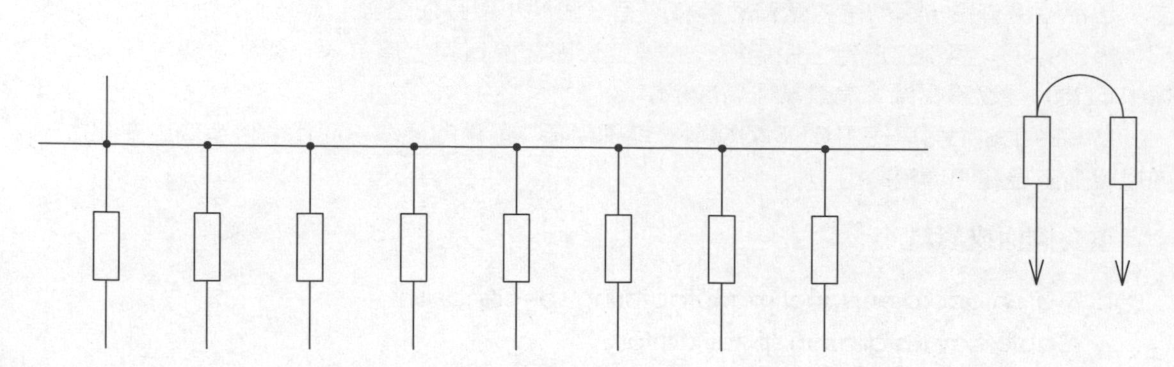



**×××的保護協調曲線**

×××供應了一般電源及緊急電源的保護協調曲線，只繪出主開關及最大設備400HP(350HP)之曲線。曲線中不只這個部份就有差錯，也沒有繪進電源側的曲線，這個相當重要，因為上下的開關不一樣。上面的開關為三菱，下面的開關為MG，兩者的曲線不同，必須同時繪在同一張同一橫座標的曲線上，才能看出來是否能協調。

## 7-2 PA 之供電(Public Address) Sep.19

PA的設備供應商為××，PA的電源有一台DP Panel，也有一台UPS盤(含Battery)。

上週二去作第二次檢查，發現UPS的設備電壓一次為380V，二次有200/115，208/120，220/380，結果××或下包商採用3ψ200/115V系統，接用相與相電壓供應，因此DP盤為3ψ3W系統，Main Breaker為125A士林，30KVA，FLA86.6A使用125A士林太高，盤內有6個分開關，2P50A，對每一設備(有四套)，50A太高，應該只有20A左右。使用相與相200V，電流高，如改用380/220V，FLA45.5A，可用60A，盤應改用3ψ4W系統，380/220V，另外盤使用PVC外殼與要求不符。週六下午××××來協商。

其缺失如下

1. 380/220V Input。
2. 30KVA。
3. 200/115V Output。
4. 配電盤為3ψ3W 200V，欠接線圖。
5. 黑色改相色。
6. Main Breaker UPS改125A士林220V/30KA。
7. 回路標籤。
8. 盤銘牌(盤名，電壓，From)。
9. 4AWG。
10. 管夾改Ω×2。
11. FAP NB/N14 200V From TB1 － TB5。
12. AC 220V No earth。

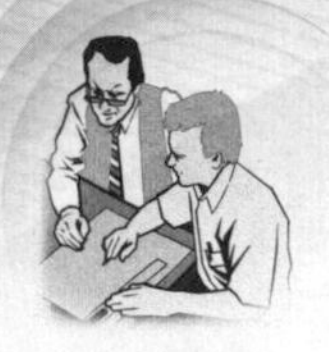



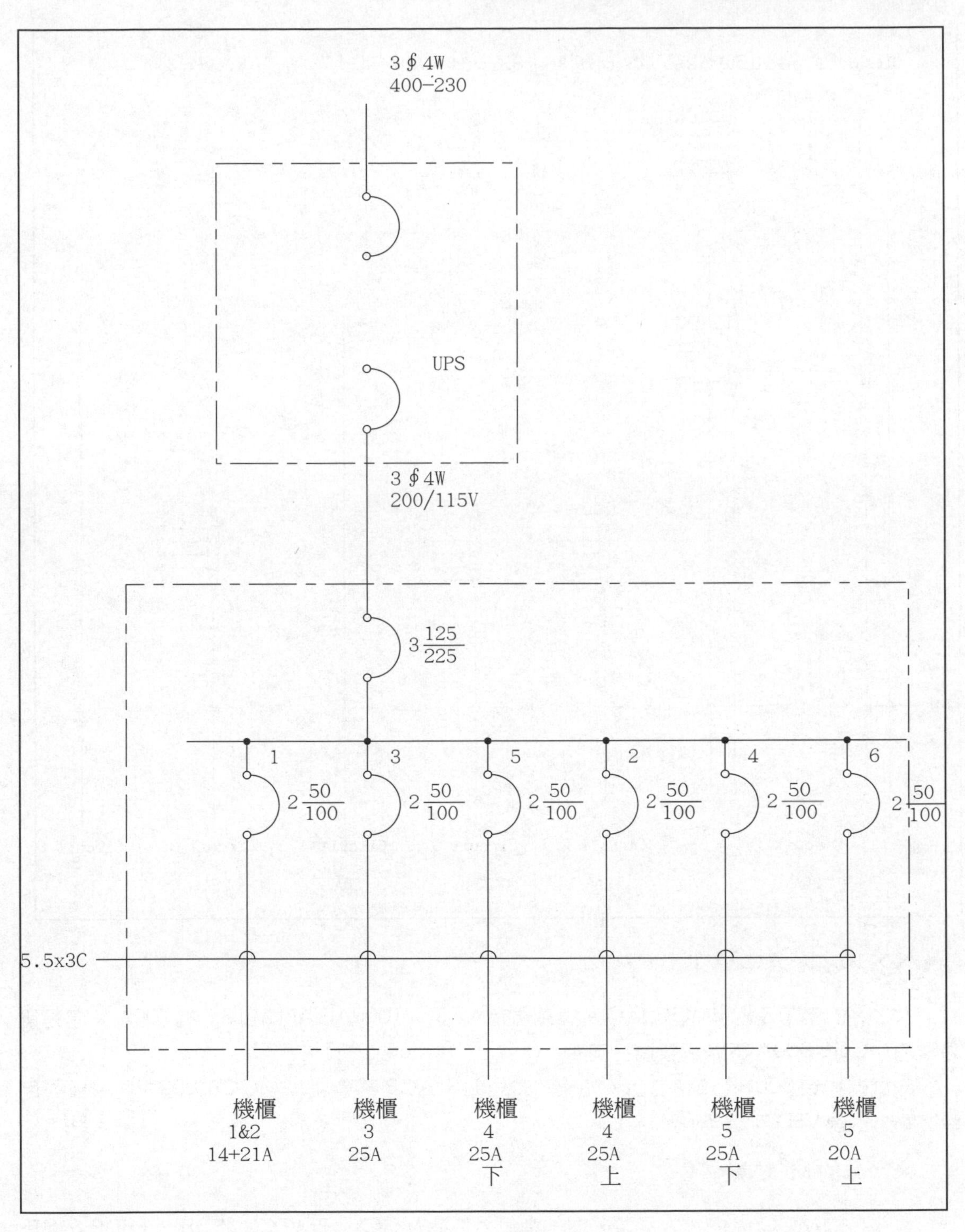
3∮4W
400-230
UPS
3∮4W
200/115V
3 125/225
1
3
5
2
4
6
2 50/100
2 50/100
2 50/100
2 50/100
2 50/100
2 50/100
5.5x3C
機櫃 1&2 14+21A
機櫃 3 25A
機櫃 4 25A 下
機櫃 4 25A 上
機櫃 5 25A 下
機櫃 5 20A 上

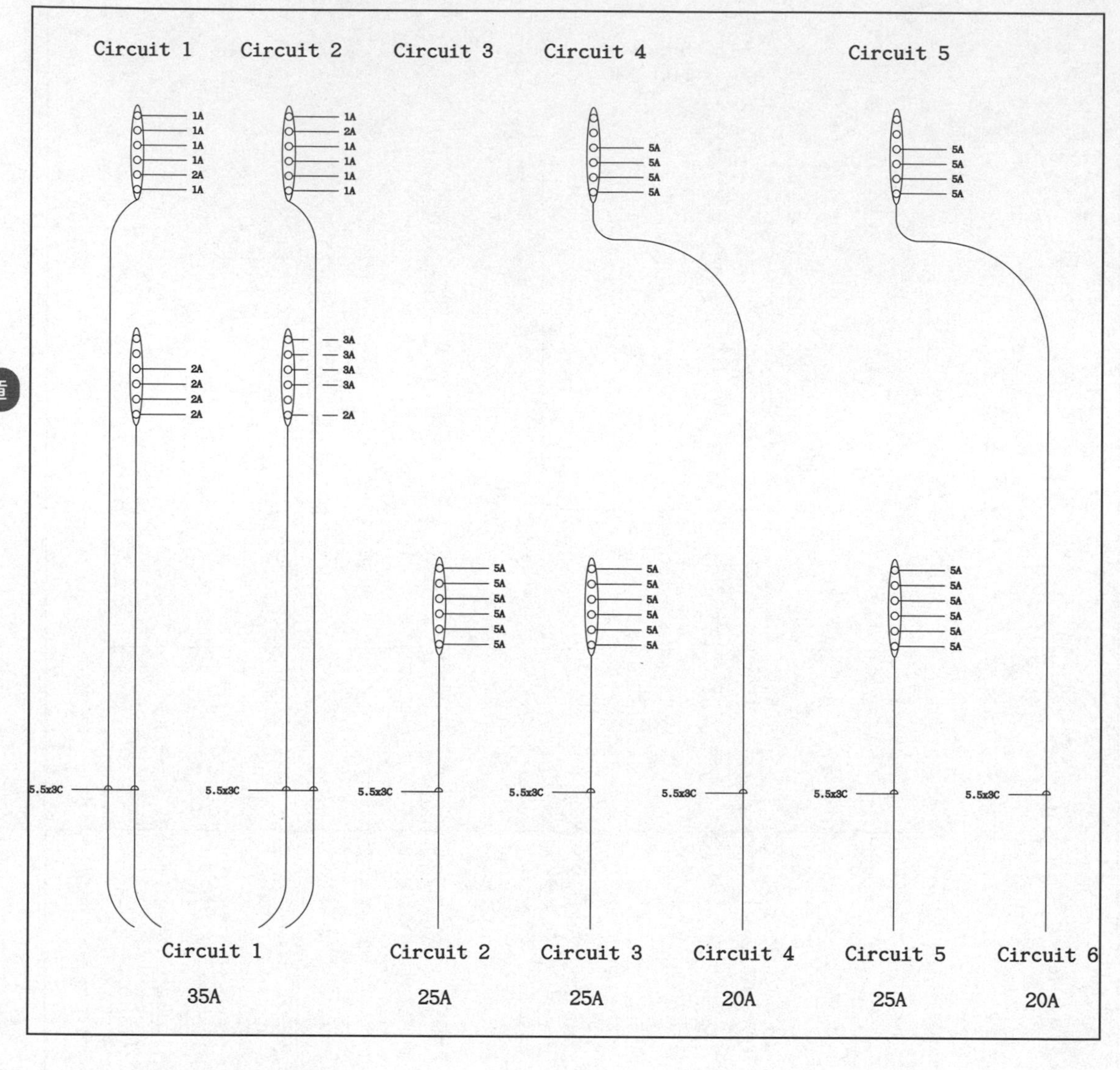


## ×××之緊急電源

×××的緊急電源EMCC供給，負載端有ACB，1000AF AT調到0.7為700A，但是電源側為MCCB 800A不能調整為三菱。

負載端也有300HP馬達二台，如果同時啓動，ACB不會跳，MCCB 800A將會跳，所幸啓動方式為VFD不是Y－△。

## ×××的MCC盤

×××的MCC盤由××承製，這一套很大包括MCC，EMCC，PDP，EPDP，HTP等，由××去廠驗，送電前去看過一次，但是一切均已由××同意，沒有意見，檢查結果如下：

1. VM AM，VS AS之壓克力銘牌離開太遠。

2. 左上感溫器要固定。
3. 右邊線槽蓋未蓋好。
4. 右邊CT少一個蓋子。
5. 接地是否刮漆。
6. 前門後面的器具名稱。
7. 變壓器外殼未接地。
8. 比壓器固定螺絲太小。
9. 日光燈的安定器外殼是否接地。
10. 線槽未固定。
11. 內門加Packing。

**缺失**

1. Breaker之廠牌，規範KA，Fuse之IC，UPS，400KVA，Allis。
2. 不用開孔加蓋板。
3. Breaker load side及銅排無分隔相片。
4. 注意內部發熱處所，控制線是否靠近。
5. 三相之Color要以Red，White(CNS)/Yellow(IEC) Blue分別。

a. 冷卻風口是否被電線堵住。

6. 電線端子與銅排/銅板/Breaker出線銅排，是否接續良好。
7. 使用電線/導線是否使用軟銅絞線(海帕龍)。
8. 海帕龍線之接續是否用銅圈。
9. 三相之接線板/端子板，是否露出易受外部短路。
10. 盤體是否接地。
11. 風扇，電容器金屬外殼是否接地。
12. 主幹線(二條以上)是否整理，整齊。
13. 接續處是否二條接在一起用同螺絲。
14. 銅排連接是否以三明治方式。
15. 大電流之電線端了，是否用二孔端子。
16. 銘牌是否清楚，三相，電壓，接線△ or Y。
17. 主幹線與控制線之間隙，距離。
18. 門板裝上是否壓迫到電線。
19. 控制端子板是否有壓克力蓋板。
20. 主幹線是否壓迫到控制線。
21. 主幹線接續到銅板，是否被線皮，端子色套所檔住。
22. 主幹線過門板，過隔離板，是否被壓迫到，或尖銳處割傷。
23. 活線露出部份，是否易被另件，工具掉下所短路。

24. 直流接續，短路片的厚度，片數及大小。
25. 內部是否有螺絲，套錢，螺母掉落。
26. 所有固定螺絲是否補足，鬆動。
27. 所有固定螺絲是否太長或太短。
28. 插入端子是否鬆動，彎曲。
29. 電容器並聯後之電線容量，導線線徑，接續。
30. Input ，Bypass and Output Breaker 為閘刀開關或NF Breaker 。
31. ON 及 OFF 之位置，外部標籤。
32. 幹線單線簡圖(器具佈置圖)附在箱內。



33. 銅排連接表面是否平整，光滑，邊沿及開孔洞口是否有毛邊。
34. 銅排安裝是否傾斜不平。
35. R ，S ，T ，N or U ，V ，W ，E 要永久標示。

**Following an inspection of the smoke exhaust electrical installation earlier today, we have a number of issues that require immediate attention as follows:**

1. Cables into the disconnect switches require cable glands and the holes sealing.
2. Holes drilled in the bottom of the dis-connects have rough edges.
3. Grounding is insufficient, grounds shall run back to a main source.
4. Paint shall be removed where grounds are connected.
5. Grounding connections shall have non corrosive brass screws, washers and be complete with nuts.
6. Cut ends of unistrut frame shall be cleaned and painted with cold galvanized paint.
7. Disconnect enclosure door to be grounded.
8. Disconnect enclosure to be grounded.
9. The smaller fan disconnect enclosure is too small, and shall be replaced.
10. Grounding straps to be provided across the fan flexible connections.
11. Anti vibration springs different colour on the small fan … why?
12. Conduits require additional support.
13. Cables are the wrong colour, idents on the ends of the cables will not be acceptable, use either the right colour cables or heat shrink.
14. Motor terminal covers to be removed for inspection.
15. Unistruts shall have plastic end caps fitted.

Finally the system is still not tested, however the power "Will Not" be energized until ××× have corrected all their punch items.

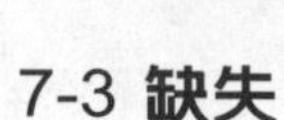

## 7-3 缺失

1. 4000KVA 之一次/二次 S 相端子接線。
2. 2000KVA 之一次側端子接線加Extend Bus 。
3. TR enclosure 之門上風扇過濾網固定防震動。
4. 2000KVA/4000KVA TR 底座防震墊。
5. 外門內門之鈑金間隙。
6. 盤內不可置放工具，雜物。
7. 2000KVA 之同軸風扇的端子在右邊。
8. CH1 ～CH4 之感溫線不可接錯。
9. 同軸風扇之Watt 核對2000/4000KVA 。
10. 變壓器外箱之門上接地線要除漆。
11. 電容器之端子要夠長。端子接到 Reactor 上端要平整。 Reactor 端子要平。Reactor 端子接線要用六角壓接。端子到電磁開關要用六角壓接。端子接Reactor 到電磁開關用 28mm 。



### 缺失

1. 4000KVA 之S 相一次側二次側配線。
2. CH4 之感溫器配線。
3. 銘牌之固定螺絲太長。
4. 同軸風扇之3 心電纜削皮是否太長。
5. ××－2/5 －B5 間隙。
6. ××－3 －B5 Primary 線接。
7. CP 盤到 Reactor 接線用兩點壓接，無用 6 角壓接。

### 缺失

1. ××－25 －01, 06 Mimic bus.
2. LBS 之Caution sign.
3. VCB, LBS, ACB, TR, Test report.
4. Link panel lighting circuit turn on, link DC power circuit turn on, link grounding circuit check.
5. Key in setting data.
6. Link P scada circuit.
7. ××－25 －01, 05 warning sign.
8. Panel turn on procedure, cable turn on procedure (××××).
9. Link temp sensor circuit.
10. Install all the inner door.
11. Remore the TR plastic cover.

12. Bus connection torgue check (4.16KV 0.38KV)。
13. Panel connection torgue check 週六(23KV)。
14. 5××－3－B5F1 下面MCCB之分隔相片要。
15. US－3－05 plate missing 。
16. 5××－25－B5 門栓。
17. LBS之二次側未栓螺絲。
18. 有BBIT 。
19. 5××－3－B5F1 後面有工具。
20. 5××－3－B5F2 有雜物F3 有工具在內。
21. Provide the punch list when FAT to show how many items fixed.
22. Provide the check list when you checked to show how many items you found and fixed or not.



**缺失**

1. ACB 後面沒有分隔相片。
2. ACB 本體未接地。
3. ACB 的接地在角鐵上。
4. PT 無出廠證明。
5. PT 的一次側未接到N 。
6. PT 的二次側 Y 接到 Fuse 下方。
7. ACB 的銘牌不對。
8. VFD 的銘牌沒有分路。
9. Fuse Amp 不對。
10. 二次側Fuse 用玻璃管型。
11. MS 未裝固定片。
12. 變壓器的一次側1 $\psi$ 接到地。
13. 變壓器的一次側未接到N 開關。
14. 盤後掉漆。

**缺失**

1. ××的LED 燈具提供資料。
2. ××× LOGO will put on later 。
3. Sheet metal adjustment will be carried on June 2 。
4. Mimic bus will be put on June 4 。
5. ××的盤上下天地孔太大。
6. PTT 及CTT ，××與×× check 。
7. 5BT1 後內門調整，銅排未連接，CT 的Terminal cover 。

8. Heater cable cut too long 。
9. Clean 。
10. 控制線連接何時開始。
11. PT 的外殼接地沒有。
12. PT 之中隔板拆除，2 支螺絲何用。
13. Check list 。
14. 5 ××× − B − 3 − × F2 門栓。

## 冷卻風扇安裝方法



盤或箱需要冷卻風扇來冷卻，盤內時風扇都裝在盤上面，排風方向向外，如果需要加強時，則在盤下方加裝風扇，進風方向向內。因為進風排風需要量大，所以在排風處不加濾網，只在進風處裝有濾網，因為擔心外面的空氣或環境太髒或灰塵太多，尤其在初裝時或未全部完成前。

## ××的低壓電容器盤

2011.12.21/22 ××的低壓電容器盤，正式送電，每一盤每一回路一一檢視，測量電容量及功因。其中有一盤在×× M 380V ，當試到第六回路，按ON Button ，結果Fuse 斷掉，經檢視結果，指示燈不良，換新以後就OK 。其中有一盤它的銘牌5CP 居然變SCP ，就連測試報告上之名稱，也寫成SCP 。另外有一盤750/998KVA 變壓器盤，電源開關為VCB ，在盤上的模擬母線VCB 之電源居然有5ATS ，其實它是錯的。它的電源應該5VCB ，ATS 與VCB 之間還有4160V 的一個開關列盤，列盤之主開關因為VCB ，分開關有EICA EICB EICC 三只，變壓器的電源自第2 個接來。

每一盤電容器有12 個回路，也有9 個回路，目前盤面上有9 組PBL 的ON/Red 及9 組PBL 的OFF/Green 每一個Button PBL 上有一個5CI ON 及5CI OFF ，結果盤面有24 個小銘牌或18 個小銘牌，密密麻麻。其實銘牌可用12 個或9 個即可，即5CI ，在紅燈上方，紅燈與綠燈距離縮短，有12 組群，盤面可見美觀，清潔簡單。

2011.12.21 ，電容器盤送電測試，盤上有一只切換開關，自動—切離—手動，但是××製作的銘牌三段的中文都在同一水平，這應該不對，中間的切離要略高一點。

第二個問題是共有十二段，SCI ～ SCI2 每一段都有PBL 含有ON + Red light 及OFF + 綠燈，××製作有兩個銘牌，SCI ON 及SCI OFF 放在紅燈及綠燈上邊，實際上只有一個即可，在紅燈上，書寫SCI ，然後紅燈與綠燈間距稍小，這樣盤面不會那麼多，銘牌十二段有十二組，美觀。

在C2 盤上之電容器ACB 上，銘牌為SCP − 4 − C2 ，但是在B2 上都為5CP − 4 − B2 ，所以銘牌錯。

## 隔相板或隔相片

ACB 的一次側與二次側是上下關係，而且又有較短的間距，每一相進出都配以銅排。

××公司的產品都有相隔片，××的產品也有，但××所組裝的ACB卻沒有，因為它是選擇品，加裝要加價。

××的ACB就沒有相隔片，曾經建議××要改善。

同樣的MCCB，××產品都有隔相片，××也因為有人建議改善以後有了。××的MCCB舊規格也沒有，新規格的成品才改善了。相隔片很重要，雖小另件，但小兵立大功。

**盤體安裝以後被撞後退50mm (×××)**

在××M上，×××安裝的HVAC －2盤，已安裝妥當並且已送電，有一天從前面經過，發現底座上有一個盤(主盤)左右怎麼不會在一條線，右邊小，左邊大，一定安裝沒有品管，太隨便。經一詢問，要求查明，×××的工程師仔細察看，才告知因為被撞到左邊，左邊才向後退了50mm 。盤體的正面一邊向後退了50mm ，一定要查明內部硬體是否損傷，如銅排的連續，是否彎曲，脫離。



**中隔板不平**

很多高壓或低壓的配電盤，在外門與器具中間都再加設一道中間門，因此很多開關的操作門把或把手都在中間門露出來。

因為中隔板上開有很多大小不一的開孔，中隔板就會因為沖壓切除時，沒有在平整的底座上施行，也因為中隔板的厚度太薄，所以中隔板一定不平。

開愈多孔的中隔板不平愈厲害，開愈大的孔的中隔板不平也愈厲害。

## 7-4 電容器盤與變壓器盤之溫控頭

在電容器盤及變壓器盤，目前都裝有電熱器及冷卻風扇，電熱器需要低溫控制，約在25℃左右(15～20℃)，而冷卻風扇需要高溫控制，約在35℃左右(40℃)。

電熱器之溫控頭在盤下方，而冷卻風扇之溫控頭在盤上方，因為熱空氣往上爬升，但是××的安裝及××的錯誤，都沒有按此規則。

其實在盤內的電容器及變壓器，在送電後都會發熱，應該沒必要再裝電熱器，也就沒有安裝低溫控制的溫控頭。

電容器盤從電磁開關到電抗器一次側的端子太小，××承製之電容器盤，配線從電磁開關二次側到電抗器之一次側，所用之端子總是太小。

××總是想從端子之大小，及單價去著想，而××也不道端子的大小有多種規格及尺寸。端子有線的大小，及螺絲孔的大小關係，因此端子的寬度W及厚度t成為最重要的考慮因素，寬度愈小，厚度愈薄，單價愈便宜。曾拿到一條電線樣品，兩端都各壓有一個端子，但是一端好好的，另一端卻已燒焦嚴重。

**LBS之操作規範**

LBS開關，一般作為DS使用，但因為三極同時動作，閉合迅速，所以比DS要好。

LBS開關不管有無加裝HRC Fuse ，操作時候都相當注意，才可免除一般的故障，有電壓時有激磁電流火花，有負載時火花更大，一般都避免在以上情形下操作與VCB搭配使用。

所以在LBS盤外前門上操作桿處加貼警告標誌。

“有載之下不可操作”。

## 電容器的引接線

到電容器最後的接線端子為電磁開關，電磁開關的負載側端子有大有小，根據電流大小，端子要適合線徑。但是××的配線，常常不是端子使用小一號(使用不標準的端子，端子愈小，價錢愈便宜)，就是單點壓接。兩者皆不妥。

配電盤安裝檢查及測試記錄

| Item | Inspection | Result |
|---|---|---|
| 1 | 設備無損壞，盤體外表刮傷。 | ○ |
| 2 | 基礎螺絲(螺栓)鎖緊，大小尺寸及長度。 | ○ |
| 3 | 設備水平調整令人滿意。 | ○ |
| 4 | 指示和警告標籤正確。 | ○ |
| 5 | 按照佈置圖的配置安裝。 | ○ |
| 6 | 箱門，分隔間(活動隔板)，可抽出單元順暢和乾淨。 | |
| 7 | 匯流排連接頭，活動遮板已檢查。 | ○ |
| 8 | 保險絲，保護裝置和指示器(燈)已檢查。 | ○ |
| 9 | 使用，測試，隔離位置及指示已檢查。 | ○ |
| 10 | 斷路器電動及手動儲能操作已檢查。 | |
| 11 | 控制電路連接狀況已檢查。 | ○ |
| 12 | 手動開、關閉及遠距離遙控操作已檢查。 | ○ |
| 13 | 警報，跳脫，現場遙控指示器已檢查。 | |
| 14 | CT，PT 功能試驗完備。 | |
| 15 | 接地開關/閉鎖設備連動已檢查。 | ／ |
| 16 | 使用鑰匙連鎖已檢查。 | ／ |
| 17 | 鑰匙、把手、手推車等可正常使用。 | ○ |
| 18 | Bus bar 與導線等主電路相序與圖面加以核對。 | ○ |
| 19 | 保護設備設定已檢查。 | |
| 20 | 主電路絕緣測試。 | |
| 21 | 主線路及控制線路已檢查。 | |

缺失複查結果：□已完成改善　□未完成改善
複查日期：
複查人員：

| | 施工負責人 | 現場工程師 | CM | CE |
|---|---|---|---|---|
| 簽名 | | | | |
| 日期 | | | | |

## 配電盤板金及組裝檢查

1. 盤體尺寸大小與設計圖符合。
2. 盤體排列及銘牌符合。
3. 盤門組裝正確沒有歪斜。
4. 盤體前後內外烤漆厚度正確。
5. 盤內設備另件規格符合。
6. 盤面設備另件規格符合。
7. 盤面標示開孔正確。
8. 盤面設備另件組裝上下左右關係無誤。
9. 配線符合 Color code(CNS)。
10. 控制線接續安全、合理。
11. 控制線布線整齊、順暢。
12. 是否遺漏保險絲或指示燈或線號。

## 缺失

1. 各部不可鬆動。
2. 配電盤之正面，背面裝設用途別之銘牌。
3. 各焊口之焊渣應予磨平處理。
4. 高低壓配電盤均應設置模擬母線。
5. 變壓器盤如裝置高壓模鑄式等乾式變壓器，於箱門打開後，裝置阻絕人員之 FRP 隔離板，固定螺絲及網狀鋼板應為非導磁性。
6. 主電路之電流容量應能滿足可調斷路器之最大值，主銅排連結用之螺栓，螺絲應使用不鏽鋼材質。
7. 主銅排不可有 90° 彎曲方式製作，應採 45° 方式製作(45° ×2)。
8. 配電盤之箱門關閉後上緣，前緣與鄰盤應整齊一致，且應緊密不可鬆動或間隙－噪音檢查。

(1) 電驛特性。(2) 綜合控制。(3) 絕緣電阻。(4) 耐壓試驗。(5) 接觸電阻。(6) 功能試驗。

## 缺失

1. 低壓盤有排風扇時(正面或背面)，其內隔板之通氣孔要對準。
2. 電燈回路控制線，其相線，中性線(N)也要分顏色，相線－紅，中性線為黑。
3. ×××500KVA，盤面有二種電壓，3 $\phi$ 380V，3 $\phi$ 480V。需要 Mimic bus 模擬母線，溫度異常 R(Ch1)37 ℃，S(Ch2)39 ℃，T(Ch3)71 ℃。感溫棒放在頂部的外面(中隔板)。PTT CTT 仍有銘牌在盤上，

or

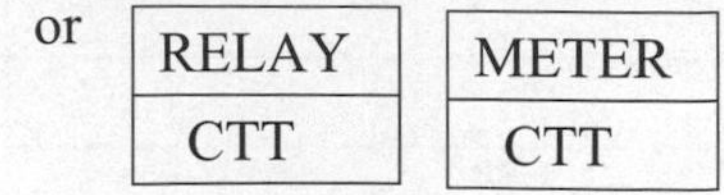

4. 有一盤×××(FGB) 1 φ 220V 用 2P MCCB ，右側門板關不平(裡面好像線槽擋住)。
5. SWGR panel or unit substation panel need the extra separate lighting/heater emergency power source。
6. P SCADA cable tray is need and installed at the first layer up from panel body。
7. Capacitor 之 CS 開關為 MAN/OFF/Auto function 。
8. Capacitor panel 之內門因為太寬而又太薄，所以開關時搖來搖去。
9. Power meter 之背部端子有蓋子嗎(壓克力)。×××回答沒有，但是客戶要求，有必要找到蓋子。
10. Capacitor panel 之感溫控制頭安裝太低。
11. 低壓盤之接地銅排不裝在薄的隔板上。
12. SQ D 之 MCCB 沒有分隔相片(ABB 已有)安裝。
13. ××、××、××等下游負載設備，接動力線，電燈線或插座線到動力盤，電燈盤插座整(×× or ××)，必須按照規範及要求妥當配線，接線，標示負載在完成圖(負載表)。

## 7-5 鈑金

1. 鈑金、鐵板、角鐵、槽鐵厚度、門板厚度符合規範。
2. 切角邊邊是否尖銳，利利的。
3. 扳金折疊是否 90° 整齊平整。
4. 扳金點焊處，焊渣是否清除。
5. 扳金折角處之烤漆，噴漆是否遺漏。
6. 盤體站立是否垂直向上，或歪斜(如地面水平)，與隔壁盤間隙。
7. 盤門關閉是否密合，(有存在空隙)噪音、鈑金調整。
8. 盤內中隔板如寬度(或幅度)太寬，因薄度不夠而搖動。
9. 盤門(埋入式)關閉後，是否歪斜(左右間隙不一，垂直間隙不一，水平間隙不一)，平整。
10. 拼盤螺絲是否太短，露出螺母 2 ～ 3 牙，是否前傾後仰。
11. 上下拼盤螺絲長度是否一致(前後)。
12. 烤漆厚度是否足夠 60 μm 而且均勻，沒有大小異差很大。
13. 門栓是否全部到位(定位)，齊全(沒有遺漏)。
14. 盤門關閉後，是否頂到內部線槽或另件。
15. PM ，Temp Relay ，(CTT ，PTT)露出另件之背部接線端子是否有壓克力罩(蓋)。
16. 上下天地門栓是否需要調整。
17. 線槽固定在門板內部，螺絲距離是否太寬，或缺(漏)固定螺絲，固定螺絲使用 washer ？螺絲是否太長。
18. 各另件固定在門板內部，或門內是否栓緊。

19. 各部接線端子是否栓緊，包括控制線。
20. 導通大電流之端子是否用扭力扳手。
21. 裝感溫器之感溫棒一定安裝在上面內部(風扇，電熱器在下面內部)。
22. 抽風機(排風機)之安裝位置應對準內部中隔板之開孔或網狀開孔。
23. 盤體與底座之連鎖固定。
24. 底座與地面之連鎖固定。
25. 門板，側板是否刮傷，損傷，表面是否平滑。
26. 變壓器之溫度控制線，要做記號(線號)。
27. PTT ，CTT 不需銘牌，CTT 分 Meter ，Relay 。
28. 所有銘牌安裝是否水平。
29. 所有警告標誌是否位置適當，左右統一，高度統一，水平(放正)。
30. ACB MCCB 是否安裝分隔相片。
31. VCB 上砲管應加封蓋(阻止鐵屑進入)。
32. 盤內是否有螺絲漏掉。
33. 盤內是否有螺絲未栓緊，Bus Bar 之螺絲是否栓緊。
34. 盤內是否 Washer 遺留在內。
35. 盤內是否有遺留Nut ，Bolt 。
36. 端子板是否有壓克力蓋。
37. 日光燈管為10W 或 20W LED 。
38. 日光燈配3 條線(E)。
39. 電扇配3 條線(E)，是否落漆。
40. 電熱配3 條線(E)。
41. 變壓器同軸風扇配3 條線(E)，是否落漆。
42. Bus Bar 規格大小，是否依規範(尤其厚度)。
43. Bus Bar 全部鍍錫。
44. 進出線空間是否預留，尤其I-Line 盤，MCCB 盤。
45. A－R－L1 ，B－S－L2 ，C－T－L3 。
46. 多股軟銅絞線接線時用銅圈。
47. 軟硬銅絞線皆用六角模具，壓著是否牢固，未偏斜。
48. 低壓壓接端子使用廠牌。
49. 電纜線分線切割是否傷及心線絕緣外皮。
50. 電纜線分線切割是否傷及股線。
51. 吊裝用及較重量之固定螺絲是否用2 個Nut 。
52. VCB 之控制線是否全部接到端子盤。
53. CT 短路片是否遺漏。
54. ACB 背後之Bus Bar(端子)上是否遺留另件異物。
55. VCB 上砲管內是否有鐵屑，打開Shutter 查視。

56. VCB上下砲管內之端子是否偏移。
57. Mini Sub之箱體排列順序。
58. 列盤兩端盤體是否有側板(××圖上沒有)。
59. 電燈，插座回路之控制線路也要分相線色，中性線色。
60. 遙控/近接CS有OFF？
61. 自動/手動CS有OFF？
62. Ground Bus上有大小不同的螺絲可鎖大小不同線徑的接地線。
63. 有2條線或2個端子接到一個電源端子，要2條線各一邊鎖上去，不要2條線在同邊。
64. 銅排連接以Fish Type或Sandwich Type三片連接，螺絲夠長？扭力扳手。
65. 銅排連接三相間要錯開，如果沒有錯開，相間距離會因螺絲而不夠。
66. CT上之外接端子要有Cover。
67. PT上之外線端子也要有Cover。
68. 每個控制線之端子盤之端子最多接2個，如3個(含)以上時要有2個端子座。
69. ACB，VCB之製造號碼，排列要順序連貫，不要跳來跳去。
70. 盤體上之不鏽鋼銘牌只有一種即可，不要有2種。
71. 進入盤體內工作時要衣服整潔，還要鞋子整潔，套鞋套。
72. 組裝或觸摸匯流排或(鍍錫)銅排時，要戴手套。
73. 盤體內經常要保持清潔。
74. 兩盤以上拼盤安裝時，密合？一樣高度？
75. 3ψ4W Y接地或1ψ3W中間接地之N Bus要接到E Bus(變壓器二次側)。
76. 電抗器上方加壓克力蓋。
77. 電抗器之間距。
78. 電抗器之一次二次接線。
79. 電抗器接線側太接近旁邊之電抗器線圈。
80. 電容器盤外門不平。
81. 電容器盤內門無Packing，電容器盤內配線不適當。
82. Unit Sub後門上下不平。
83. 電池盤的門不平，沒有Packing。
84. LBS內外門視窗未對準。
85. 變壓器盤之排風扇與中隔門開孔未對準。
86. 變壓器三相之無載溫度。
87. 高壓銅排每二盤連接一處。
88. 變壓器一次側端子連接怎會有90°角One Piece。
89. VCB負載側至高壓變壓器的一次側接線不用3M電纜處理頭端子，但沒有外半導體層，要有距離。
90. 所有溫度，電流，電壓值一經測試，要有記錄及日期，以後報告內容不可隨意變更。

91. 盤體底座之地腳螺絲要垂直打入地坪或樓板內。
92. 變壓器的問題：(1)製造本身的品質。(2)運送途中發生碰撞。(3)安裝過程發生碰撞。(4)安裝沒有完成。(5)水平安裝。(6)一次側連接桿洞太大。
93. 圖面：(1)安裝位置圖，排列圖。(2)Channel Base詳圖，拼裝處。(3)內部排列圖。(4)內部接線圖。(5)安裝高度圖。(6)電燈/緊急燈/插座(7)一次側連接桿電流。
94. Bolt使用在同一地方，長短不一。
95. 盤內同一水平，有2只MCCB時，其後之銅排引出線兩回路太靠近。
96. 風扇的扇葉柵網不好，漆不好。



97. 風扇排風處不要有過濾網。
98. 溫度Sensor Wire 3 × 1/C包入蛇管。
99. 感溫器，感溼器要有Set設定值在旁邊。
100. Cable Kit Operator名單送審。
101. Hi－Pot Test Operator名單送審。
102. FAT廠驗，測試人員名單。
103. 告知聖峻，Push Button/Indicator Switch的排列。
104. 整套(列)盤體，安裝後盤門是否成一直線。
105. 銘牌固定螺絲是否平頭，是否太長。
106. I－Line盤體之盲葉板(未安裝者)是否為固定式，會脫落嗎？用膠布黏貼？
107. 變壓器的銘牌一片裝在低壓側，一片裝在Enclosure盤面上統一固定的位置。
108. 盤面之標誌(警告標誌)上下左右要對稱。
109. LBS交貨時有製造號碼，請提供測試報告，關於Close之時間是否同時，及接觸電阻。
110. VCB交貨時有製造號碼，請提供測試報告，關於Close之時間是否同時，及接觸電阻。
111. VCB，ACB及盤內控制線，配線前是否已有接線圖。
112. 盤體在工廠內組裝時，除按永久的順序一字排開，而且還要以臨時銘牌(或標籤)標示盤名在明顯位置，在正式銘牌未完成前(盤後也要)。盤體放在廠內的地面必須水平、平整、清潔。
113. 指示燈亮度要一致，一樣，不要有的半亮。
114. 在工廠內組裝盤體時或在工地內組裝期間，不可將工具，電鑽放在裡面。
115. 變壓器的橫軸風扇，一次側3台，二次側3台，標示為F1-1，F1-2，F1-3，F2-1，F2-2，F2-3(二次側)，在溫度電驛上為F1或F2。
116. Space Heater在盤內的位置要適當，不可太接地VCB，也不會被踩踏到，造成彎曲。
117. 變壓器盤內的Space Heater是用在變壓器未送電或停機時。
118. Space Heater有銘牌，製造商，電壓，WATT。

119. 核對ACB背後之端子厚度為7.7mm or 8.0mm 。
120. 盤體底座是否水平。
121. 變壓器的橫軸風扇邊緣不可太近變壓器高壓線圈，EMI橫軸風扇為非導磁金屬。
122. 中壓變壓器溫度電驛用M4T 。
123. 線槽(Wire duct)在盤內40 × 40 ，50 × 50 ，75 ×75 ，KSS有端蓋。
124. 當變壓器標決定後，發文或Mail給製造商問，送電後無載之變壓器4個Channel之溫度。
125. Battery Charger警示貼紙。
126. 線號6與9是否有誤，6，9。
127. 器具如果是臨時電源應加底線(unde line)標示。
128. VCB上為電源側(Line)，下為負載側(Load)，如有上為負載側，下為電源側，要在Shutter上加貼警示語，Line及Load是否上下對齊。
129. 盤內之後蓋板不放在礙子上。
130. 盤內後蓋板每塊加貼(在內)標示盤名號碼或位置(上，中，下) 加↑標示。
131. 盤之後蓋板兩邊開螺絲孔不要太大。
132. CTT及PTT皆有Ratio ，如2000/5 ，或4.2KV/120V 。
133. 盤內Heater是否被踩陷。

### MCC缺失

1. 氣密棉條有縫處需要改善。
2. MCC盤方孔內側加Gasket ，免灰塵入侵，圓孔加塞子。
3. 把手擋片加膠套。
4. 補漆處加以改善使之美觀，有落漆處加以研磨重噴，膜厚不足處補噴漆。
5. TNV Keyboard或加護套，固定方式改善。
6. ACL端子加熱縮護套。
7. MS MCCB 加設Cover 。
8. Some panels miss the cover for terminal block.
9. Some VFD panels miss the electro-magnetic contact of cover.
10. MCC of block door, open/close is very difficult.

### 模擬母線缺失

××之ATS盤，每盤有兩個電源，一個負載，緊急電源互相連接到Bus ，ATS之Load為負載，另一個電源為一般電源，結果兩個銘牌安裝錯誤，位置倒反，Load側變成電源，另一個電源變成負載，因為PT及Fuse不可能接在負載側--> ，電源側<-- ，箭頭也錯。

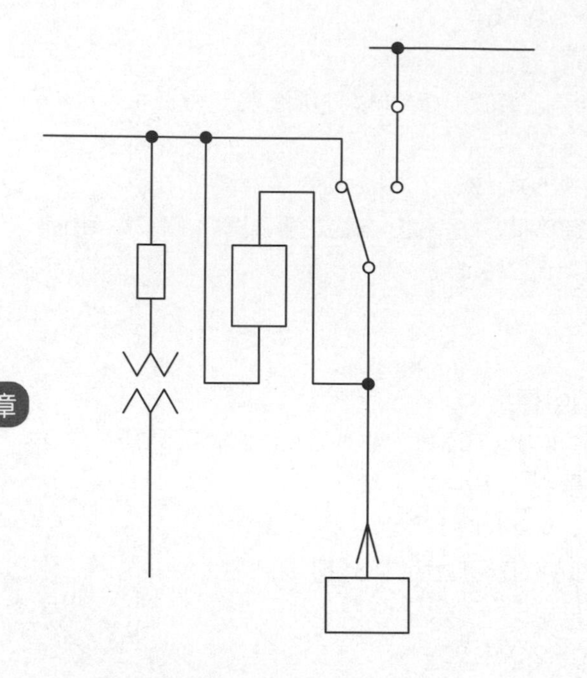

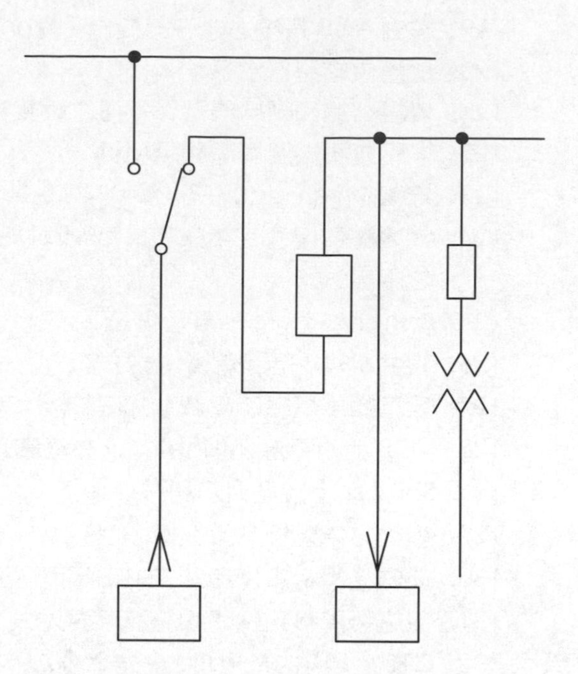



## DC 充電器盤

每一套充電器盤都有 2 盤充電器盤 #1#2 ，共有三套在××，××及××。在××的充電器盤，#1 充電器盤內日光燈不亮。

電瓶盤共有三盤，盤上有銘牌，銘牌上左右有兩個固定螺絲孔，盤上也有孔，但就是沒有固定螺絲。在充電器盤 #1 之銘牌，安裝沒有水平，右下左上，極不雅觀不好看。

可見××的品質有待加強。

## 上下天地鎖洞太大

××的中低壓配電盤，就連××的中壓配電盤，他們的上下天地鎖洞太大，因此盤門打開或關閉時，就會聽到倥倥的聲響，感覺很吵。

上下天地鎖的洞沒有必要那麼大，上下可以滑動就可以，當然也知道這些天地鎖是別人供給的，供給××的這一家沒有品管，時間也許很久，也可能價錢便宜。

其實天地鎖也不是只有一家，別家可能做得比較好，××也不知道，也沒有比較，也不會想進步或改善。

## 二線式控制的短接片(××)

××的電燈盤(一般電源及緊急電源)，控制都使用二線式控制，二線式控制需要很多的 Relay ，每一Relay 都需要跳接片，從第一組跳接到最後一組。但是××公司安裝時，都使用電線，要打電話給Panasonic 國際松下公司去查詢，是否有跳接片可供使用。

## SS Select Switch 選擇開關

選擇開關即是可以選擇的開關，選擇開關有兩種，即是遙控－近控(Remote － OFF － Local)與自動－手動(Auto － OFF － Manu)，開關銘牌上有遙控，就要有近控，有自動就要有手動。最近看到GE的水處理控制盤，選擇開關有ON － OFF － Auto ，這樣是不對的，有Auto 就要有Manu 或Manu ON 。

### 停電測試

台電電源兩個Bus(B&C)從主變電站之××及××來，當台電停電以後，發電機啓動，然後9個回路經過ATS出去，××××E1A/E1B ，E2A/E2B ，EIC 。

當台電復電以後，以上9個回路會經ATS控制逐步切換至台電電源，但是×× Bus各有2個變壓器4000KVA ，共有16,000KVA 。

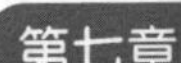


×× Bus 各有2 個變壓器2500KVA ，共有10,000KVA ，×× Bus 各有2 個變壓器2000KVA ，共有8000KVA ，××m共有1250KVA4台，5000KVA ，在復電時，同時送到變壓器容量是39,000KVA同時送電。

### Bus Bar

1. 接地端子螺絲太小(N 夠)。
2. 幹線歪斜(R)。
3. 線槽欠蓋。
4. 支線未鎖緊。
5. ELDP 欠壓克力板。
6. Contactor 正面經過相線。
7. LDP 盤中隔門調整。
8. ×××-3-F3A CTT 欠蓋板。
9. 銘牌欠一螺絲。
10. 幹線一只歪斜。
11. 電磁開關有聲響。
12. 30A 1P Breaker SQD 換上1只，3-1 ××-F-2A 加#20一只。
13. 空格補上蓋板。

### 堆高機充電器

日本有一家公司叫××，專做堆高機的電池充電器，共有二種，3 相380V 及單相220V 。3 相380V 接線使用4 心電纜，其中1 心接到開關背後的面板，但是降壓變壓器卻沒有接地保護，建議加裝一條線(綠)到外接地方，××竟然不同意。3 相充電器有名牌有電壓，竟然沒有電流或KVA 標示。單相220V 充電器使用2 心電纜，沒有接地線，進口商同意更換，××說賣給××六年期間都可以，為什麼現在不可以，賣到台灣那麼多台，為什麼都可以。

### 系統電壓

日本的供電電壓為 6.6KV △接，到低壓直接以一台變壓器降下來，到 480V 或 380V 或 230V ，發電機的電壓也是 6.6KV ，與供電電壓做切換，但是發電機的接線應該為 Y 接？230V 系統日本可能△接。

台中的供電電壓為 22.8KV ，到低壓直接以一台變壓器降下來到 480V 或 380V 或 230V ，××的發電機的電壓為 4.16KV ，因此緊急電源系統中間都加一台變壓器， 4.16KV 降下來為 480V 或 380V ，當然發電機的接線為Y 接，在台中 230V 系統則以Y 接供電。所以系統穩定度台中比較好，做系統接地或保護電驛比較可以協調。

### 緊急電源電壓



從電源到負載，一般電源只有一台變壓器，但是緊急電源則因為發電機的電壓為 4.16KV ，所以到負載多了一層(一台)變壓器。

因為多了一層變壓器，所以緊急電源的電源(4.16KV/480V)，相角比一般電源前引 30 度°，為了消除這30° 的相角，緊急電源的變壓器× ×KVA ，由△/Y 接改為△/ △接。

### 電磁開關一次側接線端子之蓋片

不一定所有的電磁開關，其一次側接線都有蓋子，但是看過好的電磁開關一次側有蓋子。因為三相很接近，接線端子又曝露出來，很容易被外物工具或昆蟲類碰觸而發生短路，所以如果有蓋子，是最好的保護，蓋子可以輕易移開，做螺絲力矩的檢查。

### 中壓盤内之電熱器接地線

這次× ×的中壓盤，委由× ×製造(應該是全部中低壓盤體)，低壓盤體含變壓器外箱則由××委由× ×製造。中壓盤體在× ×製造後，須執行的廠驗皆由× ×出去××，某人並沒有參與，盤體到達工地，安裝後發現盤内之電熱器 220V ，其接地線為紅色，使用之 3/C 電纜，白，黑接到相及中性線。

我們在工地發現，紅色接地線違反規範及色別，× ×的人說不可以為什麼不在廠驗時候提出。

# 7-6 盤體照

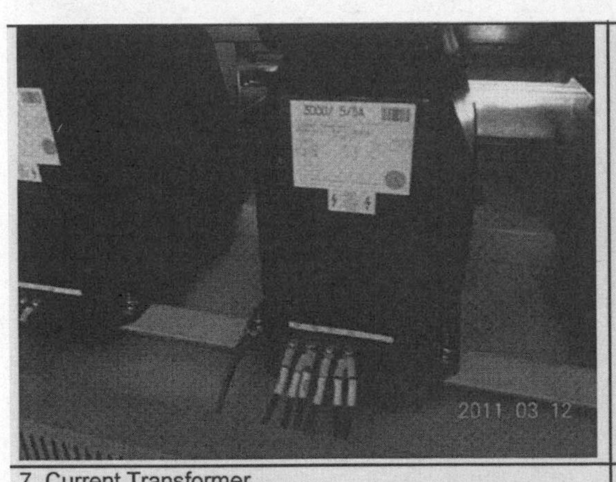


7. Current Transformer

8. Visual inspection – Back side of the 5ACM

9. Visual inspection – Wiring and Termination

10. Space Heater Controller

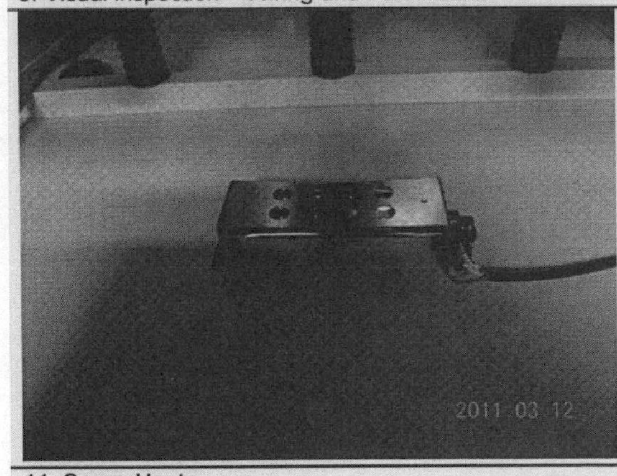


11. Space Heater

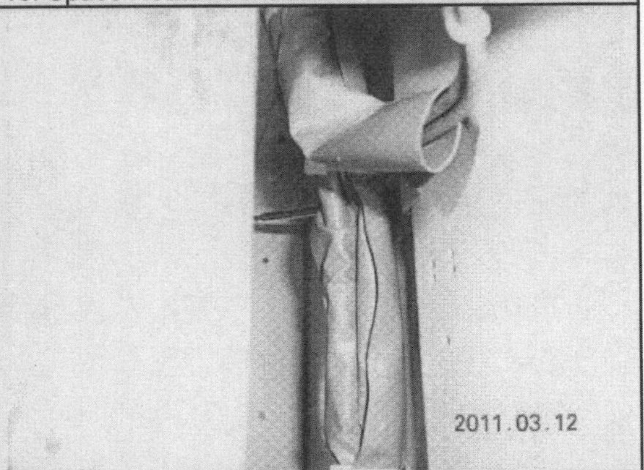


12. Space Heater sensor is installed at high position in the VCB (lower) compartment



第七章

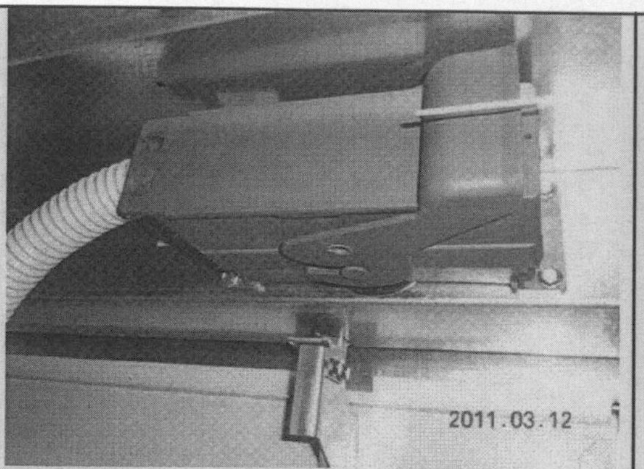


13. ABB VCB signal wiring termination block.

14. ABB VCB signal wiring termination block – plug removed.

15. Defect - Sharp edge of the ACB doors reinforcing steel shall be chamfered or protected.

16. Defect – For 5ACM, the Line is on bottom, the Load is above. Labels are required on the door.

17. Sequence Test of 5ACM and 5CT1

18. Sequence Test of 5ACM and 5CT1

19. Sequence Test of 5ACM and 5CT1 – 25 Relay Synchronizing, 5ACM and 5CT1 are ON.

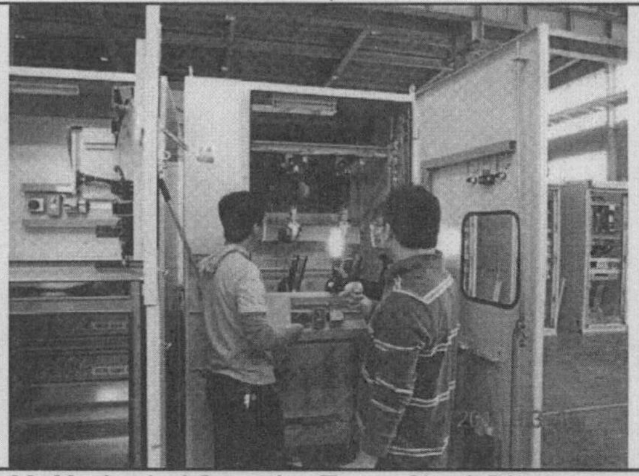

20. Mechanical Operation Test – Circuit Disconnect in Power A-C Transfer

21. Insulation Resistance Measurement – R, S, T, R-S, S-T, R-T. The results are OK.

22. Dielectirc Test at 50 kV – The result is OK.

23. Defects Improvement and final cleaning.

24. Defects Improvement and final cleaning.

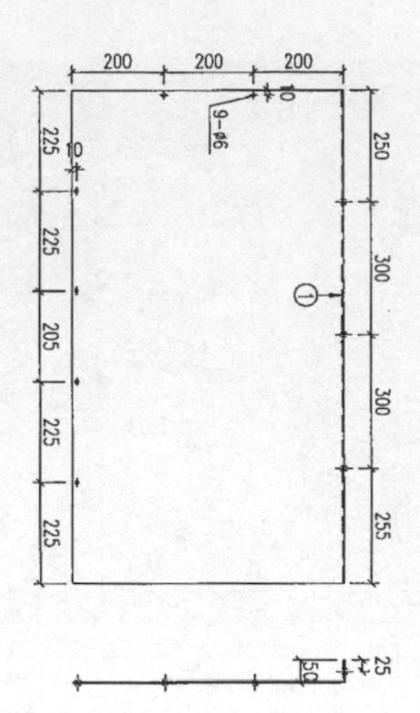




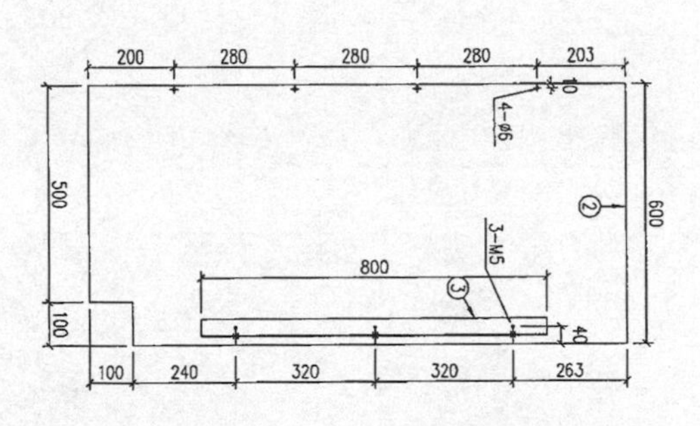


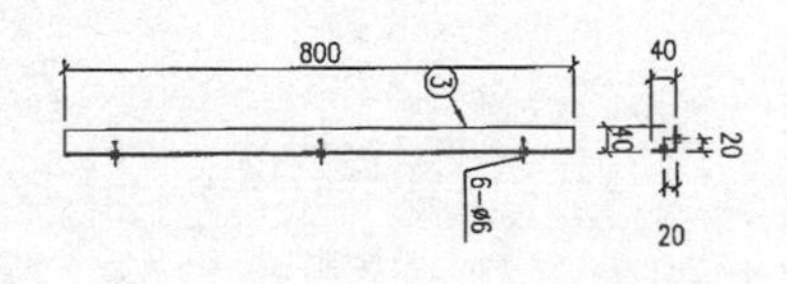


| 件號 | 名稱 | 材料 | | 件數 | 摘要 |
|---|---|---|---|---|---|
| 1 | 隔板 | 2.3t | 壓延鋼板 | 1 | BUS TRANSFER 盤用 |
| 2 | 隔板 | 2.3t | 壓延鋼板 | 1 | AT 盤用 |
| 3 | 隔板 | 2.3t | 壓延鋼板 | 1 | AT 盤用(活動鎖於件號2上) |
| 4 | | | | | |
| 5 | | | | | |
| 6 | | | | | |
| 7 | | | | | |
| 8 | | | | | |
| 9 | | | | | |
| 10 | | | | | |
| 11 | | | | | |

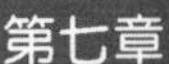
第七章

Live Power
活電

10/06/2011 14:09

10/06/2011 14:10

10/06/2011 14:41

03/06/2011 13:53

第七章

03/06/2011 13:54

04/06/2011 09:24

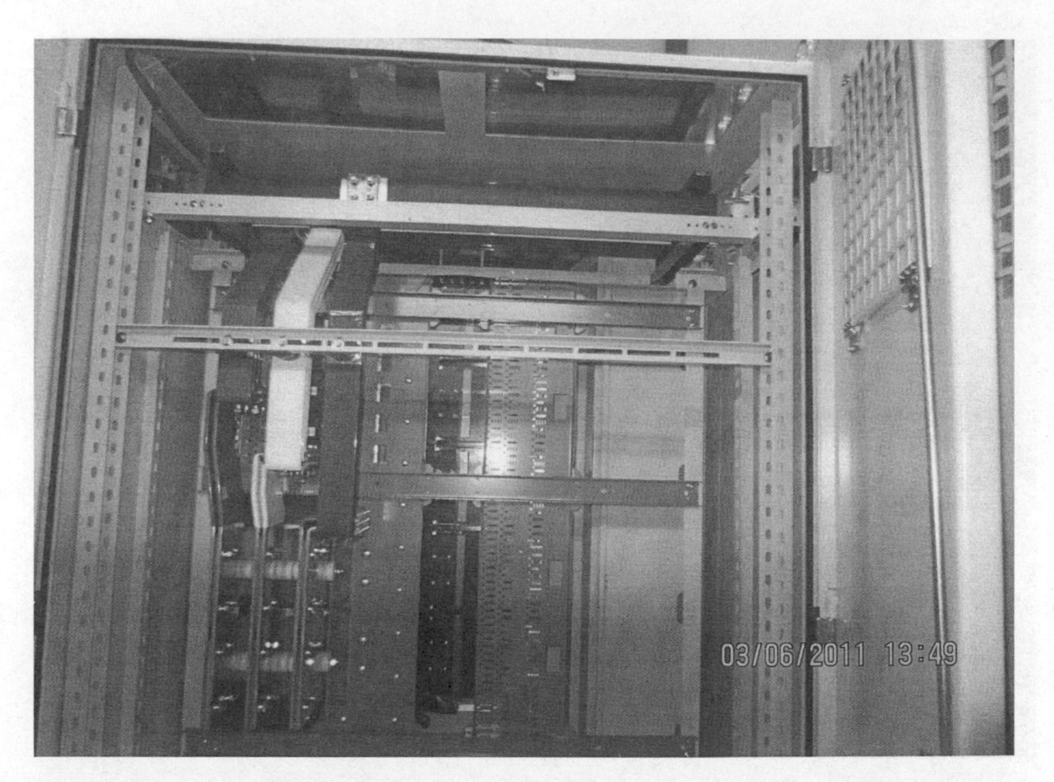
03/06/2011 13:49

03/06/2011 13:50

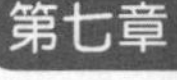
第七章

04/06/2011 10:51

04/06/2011 09:36

04/06/2011 09:36

04/06/2011 09:26

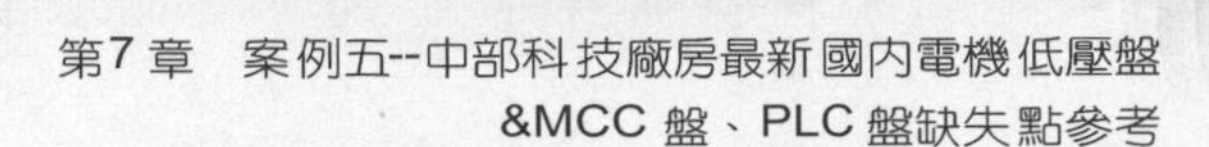


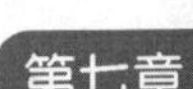


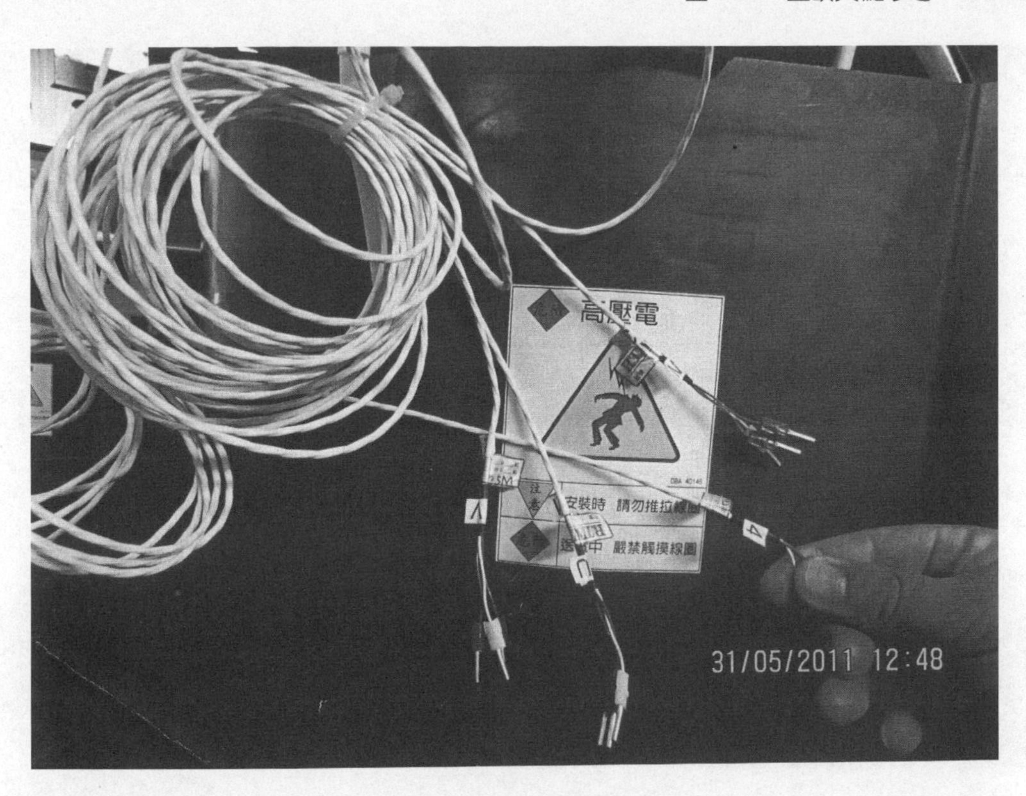
高壓電
安裝時 請勿推拉線圈
嚴禁觸摸線圈
31/05/2011 12:48

E110178
工令
客戶
5TR-4-B6C
31/05/2011 12:55

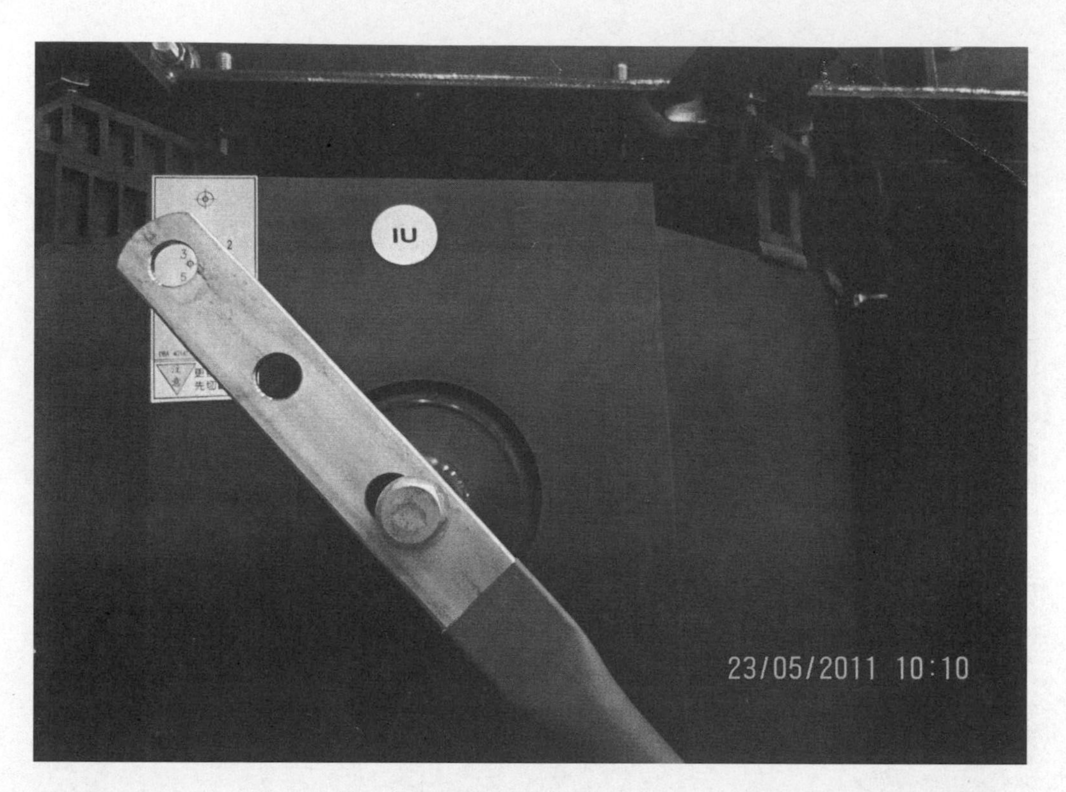
IU
23/05/2011 10:10

E110151
5TR-5-B1
IW
23/05/2011 10:09

### 4.16KV ATS 盤進××工廠

××公司與××公司合作，拿下×××期的中壓低壓配電盤，中壓盤包括4.16KV 的 ATS 盤也由××公司製造。當製造好以後，進了台中，因為要修改，所以又運進了××公司在××的重電廠，進行局部修改。

當時曾很慎重地，很坦然地告訴××公司的上上下下人員說，這是一個千載難逢的好機會，你們想進入人家的工廠，去看高品質的盤體非常難，今天人家自行將盤體運進你們家的工廠讓你們看，要把握。你們能看出別人的好處在那裡，自然也能看出別人的壞處在那裡，如果看不出來，你們也可能機會變少了。

### ××的低壓盤



低壓盤包括LBS 盤，變壓器外箱及低壓盤，低壓盤有480V ，380V ，230V 及208V 四種，但是這些盤卻缺點太多，以下一一列舉，一言難盡。

1. P SCADA 配的線未繫好。
2. VD 的蓋子。
3. LBS 到TR 的中壓電纜過盤太高。
4. 線槽蓋。
5. 線槽底座固定距離太遠 。
6. 線槽底座固定螺絲未加 Washer 。
7. 併盤螺絲太短。
8. 變壓器的橫軸風扇端子盤蓋子。
9. 端子盤上有一條線未接。
10. 多功能電錶損壞未換。
11. 門板插鞘未到位。
12. 銘牌錯誤。
13. 銘牌英文字錯誤。
14. 同樣功能的盤體作法不相同。

## 7-7 低壓盤

低壓盤包括動力盤，電燈盤，插座盤，MCC 盤及控制盤，低壓盤都會用到PT 及CT ，PT 及CT 的端子都要蓋子。PT 的用途應是控制用，所以有電壓比。CT 的用途應是將大電流變成5A 的小電流，所以有電流比。盤的內部會發熱，所以有排風扇，冷卻內部，所以有進風口，也有排風口，進風口有過濾網，排風口有風扇，不要過濾網。

併盤螺絲少2 支，主MCCB 的一次(電源)與二次(負載)都需有隔相片(板) ，800A 應用 Bus ，Bus 接線更需要隔相片。

併盤的螺絲不是少了，就是太長，長短不一，有的不夠長，PT 及CT 都要有出廠證明或測試報告。

盤內有保險絲，保險絲旁要有固定片。

盤内的接線，如用電纜線，則外皮削線不要太長，剛剛好就好。

盤内的接線，如果是125mm² 或以上，都必須用2孔長形端子連接。

雙孔端子接在銅排或MCCB的端子上，一定要密切貼合。

## ××VCB的手動工具

這次××的VCB都改成跟日本××一樣使用三菱牌抽出型VCB，每一台VCB的正面左邊都有一Bracket(工具架)可以固定手動工具。但是VCB有一盤内安裝2台，那上面的VCB之旁邊安裝Bracket放工具，只是排上去而已，仍不安全，可能會掉下來，所以都要求將工具拆下來，在盤内正面的左下方安裝一Bracket，放工具，避免太高。



以前的××牌的VCB都是在同一位置安裝Bracket比較妥當，××也都同意這樣修改。

## VCB的引出控制線

以前的VCB使用××，它的VCB外接引出控制線都經由一只多線式Compact的Plug，一插就一次完成，還有多餘的備用線。

但是××VCB的控制線，卻用二只Plug分開插入，而且接線外露，很容易受損傷，不夠好，比××起來，實在差很多，像××的插接線如用在汽車上或飛機上，那就危險多了。

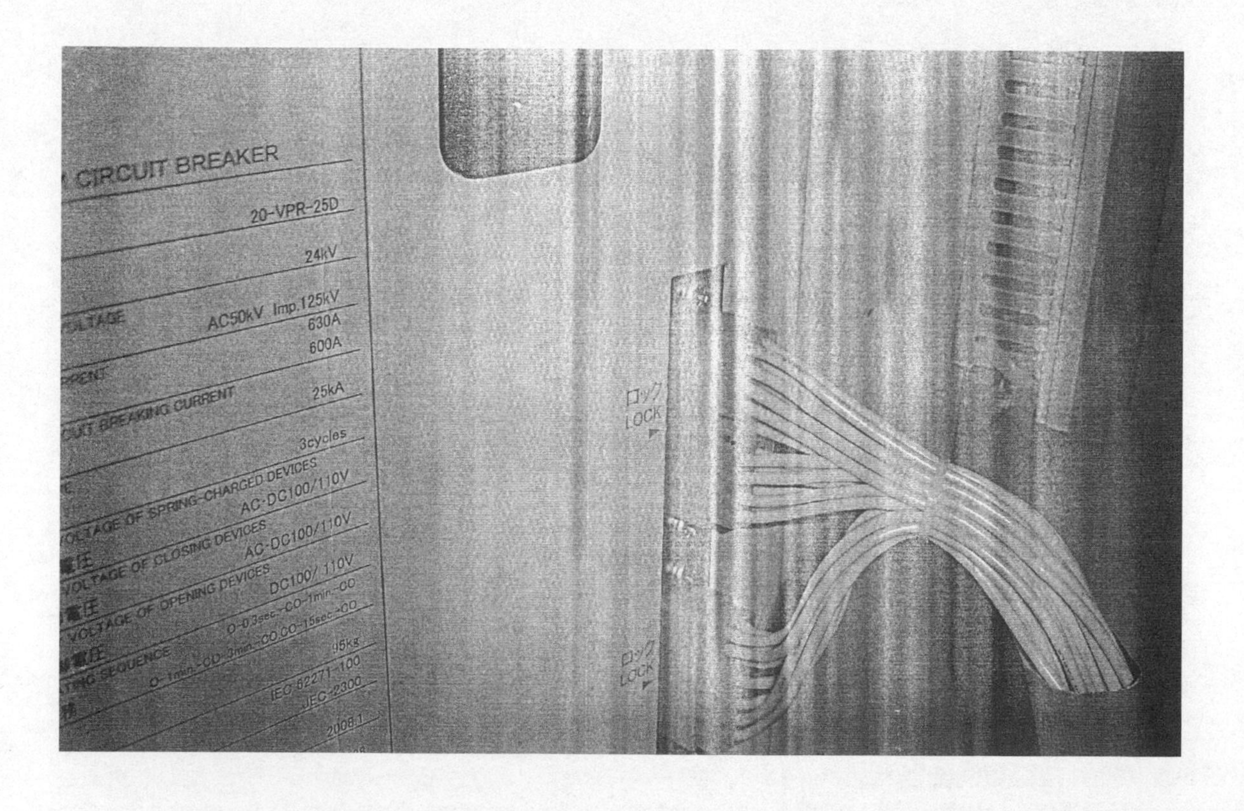

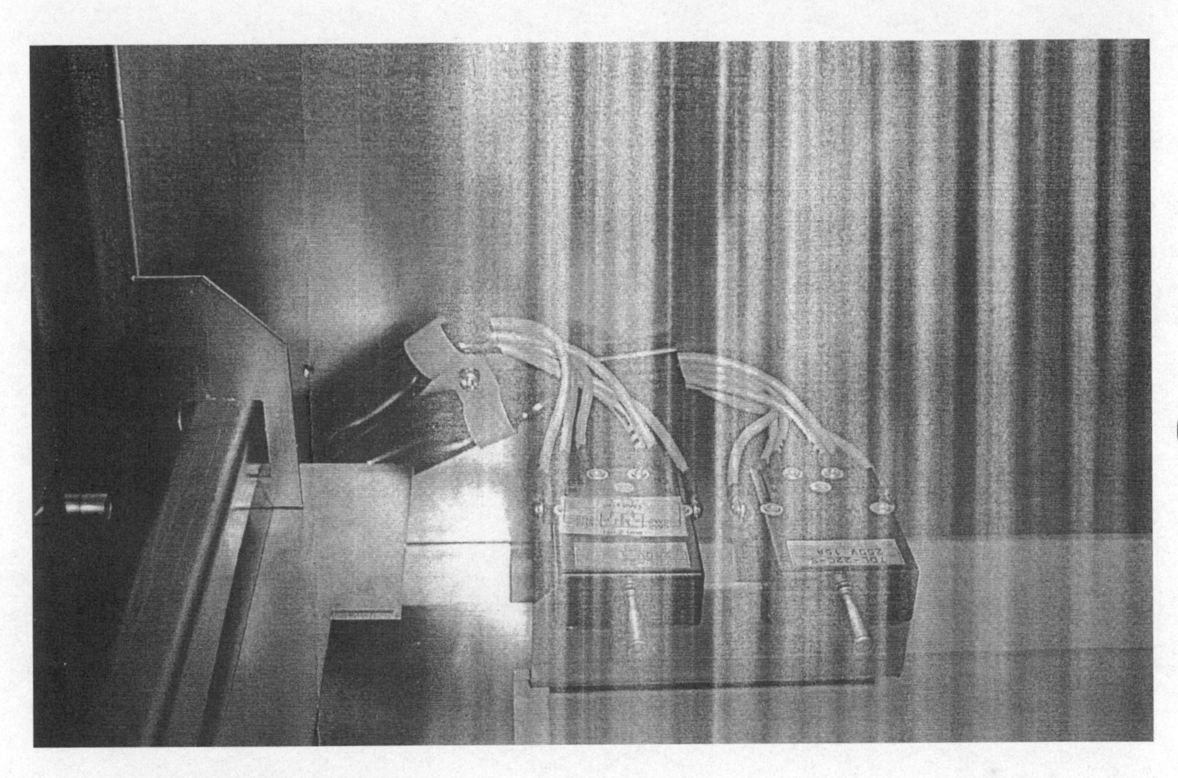



## 中壓(高壓)端子處理頭

××除了變電站內的一些變壓器屬於中壓22.8KV，都用25KV 3M 的電纜處理頭，但是這次用電設備，CDA 空氣壓縮機使用4.16KV，有一台 Fire Pump 也準備用中壓馬達(後來又改為低壓)。

到了××將有 Chiller 冰水機，也將用4.16KV 馬達。因此配線到控制啓動盤，承商(設備)還要配線到馬達，所以兩端的電線都要用中壓處理頭。

但是中壓處理頭將由有執照(訓練合格)，曾經施工過的技術員工才能施作。

## 保護電驛的設定值

××的電氣設計仍由××執行操刀，等到 Data Sheet 出來，也是錯誤很多，一再修正，仍沒有修正完畢。

他們有時無法接受別人的意見或建議，個人想法是說說就好。

### I-Line 盤缺失

1. Bolt 不夠長 (Nut 鎖後必留2～3牙)。
2. 銅排連接點愈少愈好，如有連接必須以三明治方式夾接，尤其主幹線從變壓器二次側至ACB。
3. 銅排連接自 Main Breaker 到 Bus 在 I-Line Panel。

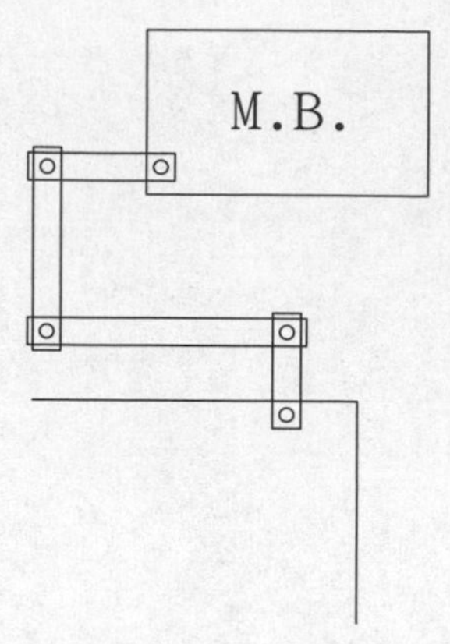




4. 變壓器及電容器之抽風扇柵欄不佳，烤漆或噴漆不佳。

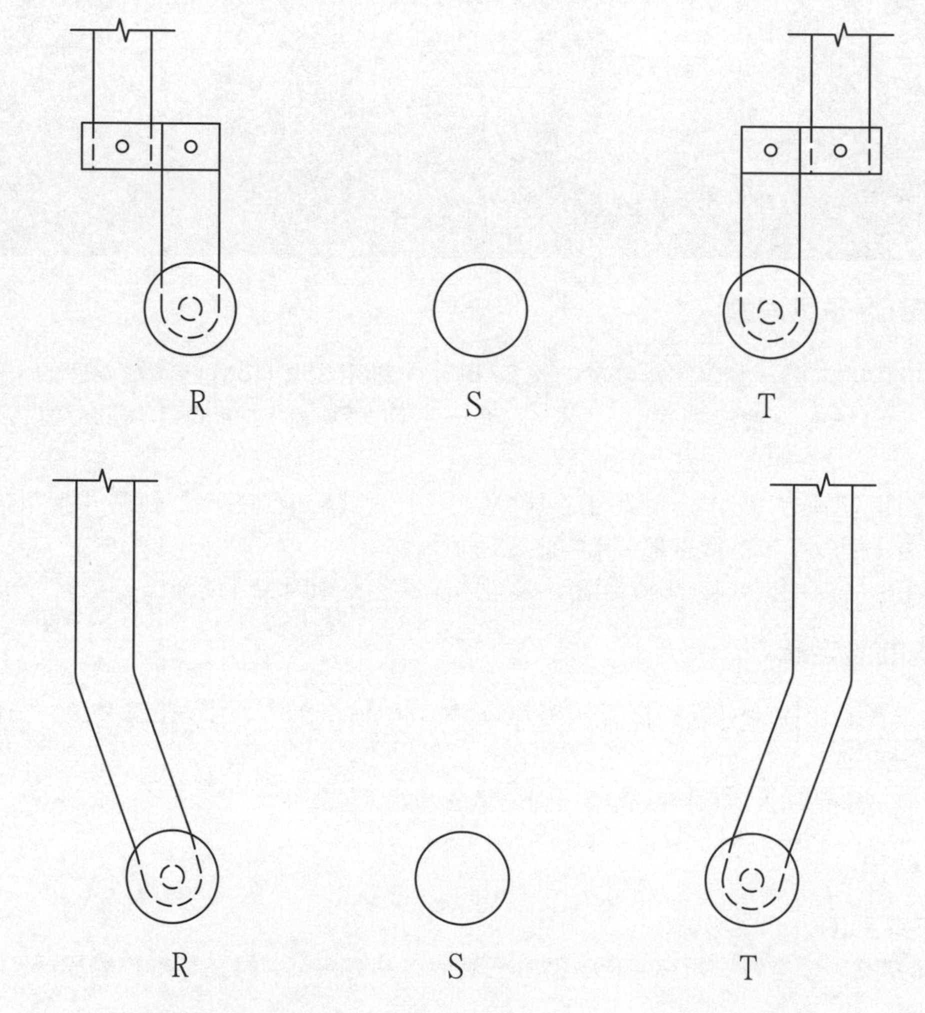


**I-Line Breakers 安裝原則**

1. 大的在右邊，小的在左邊。

2. 回路號碼前面的1，2，3…在上面，7，8，9…在下面。
3. 回路號碼1，3，5在左邊，偶數2，4，6在右邊。
4. 3P Breakers 在上面，2P Breakers 在中間，1P Breakers 在下面。
5. 所有的Breakers 儘量在上面兩邊，不要集中在一邊(Space 留在下面)。
即使變壓器二次側，仍是非常危險。

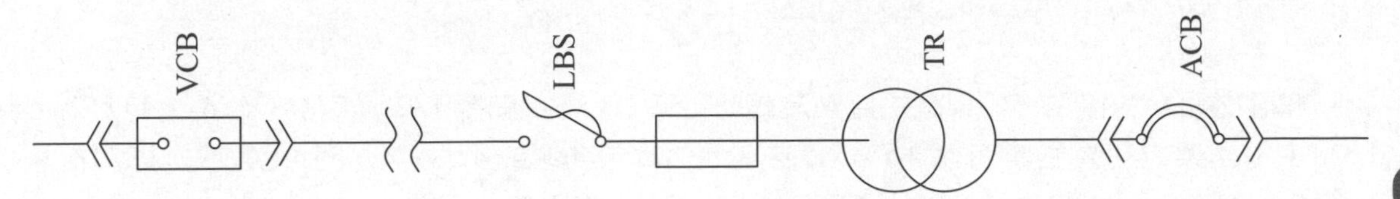




## LBS 規範

1. Auxiliary contact 2a+2b, 4a+4b or 4C, status indication, terminal number.
Volt, amp rating
2. Terminal board box or cover Imported or locally made 進口貨或本地生產。
3. Interlock 連鎖另件 with VCB 是Locally made or Imported 本地生產或進口貨。

LBS 開關出廠到安裝時，都沒有提供三相接觸電阻及三相閉合與開啓時間資料，甚至沒有絕緣耐壓等級。絕緣耐壓等級比較沒有爭議，但是接觸電阻與閉合時間很重要。

一般檢驗顧問公司都在送電前，實施絕緣耐壓與接觸電阻量測，但沒有閉合時間量測，而且他們也沒有做，不知是否知道如何測。按正常程度應要求××公司提供測試閉合時間的方法。

## LBS 開關的輔助接點

LBS 開關的輔助開關，××公司的設備有原廠的與台製自行組裝的，兩者價錢不同，品質也不同，台製的品質略差但是利潤較高。輔助開關的接點到底是1a +1b 或IC，與開關有關，兩者不可混淆或互換，××公司應該根據實品的情形表示出來，不可隨意去更換。

目前使用中最大量的 LBS 算是××，其他的廠牌還有××及××，而LBS 之操作又可分為手動與電動兩種。

LBS 之使用有純粹當做DS 作用，也可以加裝 HRC Fuse 作為變壓器之保護。

LBS 開關均為三極 ON/OFF，但旁邊有輔助接點，大概有5組，由於輔助接點採暴露式，進出控制線直接接到接點，實際上它應有一端子盤供外線接線，否則很容易出錯。

不管輔助開關或附有端子盤，均應有壓克力蓋，防止灰塵，水分，油分，外物進入或碰觸。經詢問××公司×先生，該壓克力罩有另件規格及型式編碼，而且要另購才可。該另件是很重要的部品，在規範上很難再加以註記，但安裝的廠商都以最低的價格購買，能省則省。

### 開關接點

手動開關的接點或電磁開關的接點，共有三種，即NO 常開接點，(a 接點)，NC 常閉接點(b 接點)，及NO 與NC 同時存在三點式的c 接點。

在圖上表示時，要非常清楚，a 接點

在電磁開關的接點，如果是主接點及輔助接點 1a +1b 即為 1/2 ，3/4 ，5/6 ，11/12 ，13/14 ，如果為雙層接點可為 2a +2b 或 3a +1b 或 4a 或 4b ，4a 即 11/12 ，13/14 ，15/16 ，41/42 ，4b 即為 21/22 ，23/24 ，25/26 ，51/52 。



如為 c 接點開關 4c 接點即為 9/1/5 ，10/2/6 ，11/3/7 ，12/4/8 。

如為 2c 接點，則為 9/1/5 ，12/4/8 。

很多×××的控制圖，有的地方表示為c 接點，有的地方表示為a 接點，或b 接點，其實都是c 接點，沒有把c 接點完整標示出來而已，這樣是不對的。

### ××/××的VD 規範

××的增設，中壓系統有2 個23.5KV 及4.16KV ，在LBS 盤內之 Incoming ，裝有VD ，經過詢問東技公司，VD 有3 種規範24KV ，12KV 及7.2KV 3 種，東技只提供24KV 及12KV 兩種，因此12KV 級就裝在4.16KV 系統上。

目前××4.16KV 系統有9 個回路，8 個回路裝有LBS ，而LBS 盤內都裝有VD ，經過送電後，才發現其亮度不足，比較24KV 級相差太多，按理4.16KV 或3.3KV 級應該用7.2KV ，不應該用 12KV 。以後××不可再使用12KV 級產品。

### 23.5KV 主配電盤增設

×××因為有 $\overline{325}$ ，每相 3 條又有 1 條 $\overline{38}$ ，彼此不可鎖在一起，將來 $\overline{325}$ 還要拆除，改為 $\overline{500}$ ，××曾在施工圖時告知××銅排要將 $\overline{325}$ 與 $\overline{38}$ 分開。

沒想到工廠沒有將銅排分開，致使 $\overline{38}$ 要與 $\overline{325}$ 鎖在一起，而螺絲為12 $\psi$ ，孔為13 $\psi$ 。$\overline{38}$ 之端子為1/O AWG ，寬度20.3mm ，才可鑽13 $\psi$ 孔。

××交給××買端子，叫來 1/O AWG 端子，13 $\psi$ 孔。東西來時，現場看到端子的 13 $\psi$ 孔幾乎鑽斷，實在不妥，經帶回端子再比對資料。發現1/O AWG 應為20.5mm 寬度，實際只有18.3mm ，有製造不足規範之實。

××講製造廠商打錯鋼印，其實認為不是，應是偷工減料，獲取不實利潤，不足效法。

××有錯，××有錯，××監工有錯製造商有錯，該製造商應列為拒絕往來客戶。

如果當初端子與 $\overline{325}$ 分開，則螺絲可以是 18.3mm ，孔為 10.5 $\psi$ ，那 #2 或 1/O AWG 20.3mm 10.3mm $\psi$ 孔即可以用。

××增設一個主變壓器的二次側配電盤，電壓為23.5KV ，除了主配電盤一盤外，有一盤分路××C1 及一個PT 盤，另有2 個TIE 盤5 ××，5 ××連接到既設01B 主變壓器。既設

01B 主變壓器有一個分路盤 5 × 5 ，也增設一個TIE 盤× ×串聯連接到另一個TIE 盤× × T 連接到既設01A 主變壓器。

新設之PT 盤使用38mm² 雙孔高壓端子，固定螺絲為12mn ψ，當× ×替× ×壓著這些端子(6 個)時，到了第2 個端子，被發現這些端子的孔幾乎會讓端子斷掉，因為孔邊緣已經很小了，當時感到奇怪順手取了一個回辦公室核對，竟然發現這些端子的型號比原該有的Size 大了一號，即是鋼印打在端子上的型號錯了。

經提出質疑並停止施作，請求核對與說明。

廠商× ×查到端子的製造商CALY ，他們說“鋼印打錯了”，打錯了何其重大，以小一號的端子打上大一號的型號賣出好價錢，實在太不值得了。

後來6 個端子全部換過，這時× × ×還在工地負責。

### 38mm² 雙孔端子連接

當這些(6 個)端子全部換過後，一端(3 個)接到PT ，另一端(3 個)接到主回路。

主回路地方的銅排，每相有3 個500mm² 的雙孔高壓端子，38mm² 雙孔高壓端子每相有1 個，必須一起接在銅排上。

因為500mm² 端子比較大，比較長，38mm² 端子比較小，比較短，兩者如果將雙孔螺絲固定在一起，形成38mm² 的處理頭比500mm² 的處理頭高，一高一低，對於處理頭的電壓遞降形成電壓差，兩者之間會有電壓閃落Flash Over 。如果送電以後，不要太長時間，處理頭將會破壞而燒毀。

當發現以後，告知× ×然後告知× ×，此事也鬧得很大，× ×告知× ×人員，這個事情是很好的例子，× × ×能發現這個問題，你們要好好學習，向× × ×謝謝。

後來他們將38mm² 端子延長到500mm² 端子的長度，使兩者的處理頭，並列在一起上下一致。

### 盤內電熱器電纜線削皮太長

中壓低壓盤內都安裝一只100W 220V 之電熱器，它是3 心電纜。每一盤內之每一只電熱器，都被發現它的外皮削太長，約有10 公分長，3 心電纜就是雙層絕緣，皮削太長變成單層絕緣，對配線之安全來講絕對沒有好處。

為什麼這些盤商的技術人員或工程師，總是不明瞭這個道理，實在可惜。

### × ×的23.5KV 分電盤

在× M 上，× × ×列盤，有一Space 盤× × ×，在× ×設計圖上，有劃分路銅排到VCB 。但是在× ×的盤上，卻只有主銅排，沒有分路銅排。

因此在模擬母線上，C4B 與B4B 盤不一樣。

### ATS 盤內之PT 或GPT

× ×與× ×最近提出測試報告，由× ×技術顧問公司負責。

在ATS盤內有一PT，從4200/$\sqrt{3}$ 降到120/$\sqrt{3}$ 三相四線，PT二次側有2只低電壓電驛27，一只測量RS，另一只測量TN，RS之電壓應為110V，而TN之電壓應為66V，才是正常。報告上××將Title書寫成GPT，應為錯誤，GPT是Ground PT但它不是接地用之PT。

### 盤門的Lock

前天因為××要將動力盤從控制盤中分開來，因此有控制盤與動力盤，動力盤高度為700mm，而控制盤卻有1400mm為動力盤的兩倍，××擔心1400mm的盤高度需要有上下天地鎖，上下可以勾住鎖住。



在今天的××增設部份480V3相部份有兩扇門，左邊先關閉，有天地鎖，右邊後關閉，然而沒有天地鎖上下鎖住，其上方及下方都露出空隙，用手稍稍撬開即有大孔。

480V有兩扇門，380V有兩盤只有一扇門，都因為盤太高了，盤後門也沒必要，應該改為掛上後板。

### 避雷器之端子接線

××××E-220增加一組2500A配電盤，電源為60/75MVA，161/23.5KV變壓器，二次側23.5KV 2500A有一主VCB開關×××。

盤內安裝3台避雷器，21KV單相分別裝在R，S，T各相上。

避雷器的端子(上面)接23.5KV對地13.5KV，螺絲的地方有一個CAP，呈凵字形，××電機將它裝在盤內接線妥當。

在現場看時，這個CAP呈現U字形(向上)，但是深入加

字形(向下)，ㄇ內置接線端子。

### ABB Relay之短接片

××工地使用很多的Relay，像REF541及REX521，由於功能多，接線複雜，很多端子都需要短接。以前安裝公司像××及現在的××，他們接控制線都使用電線跳接。

其實ABB的Relay，他們自己安裝時，都會使用短接片，如這次的GIS設備，牌子為Phonex歐式(插銷式) FB Type。

每一個插銷間距不同，Pitch有4，5，6，7 (Relay為Pitch5)。每一組為10個插銷。

*Electrical diagrams*

**Masterpact NW08 to NW63**
Fixed and drawout devices

# 7-8 VCB 之引出控制線

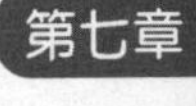


*The diagram is shown with circuits de-energised, all devices open, connected and charged and relays in normal position.*

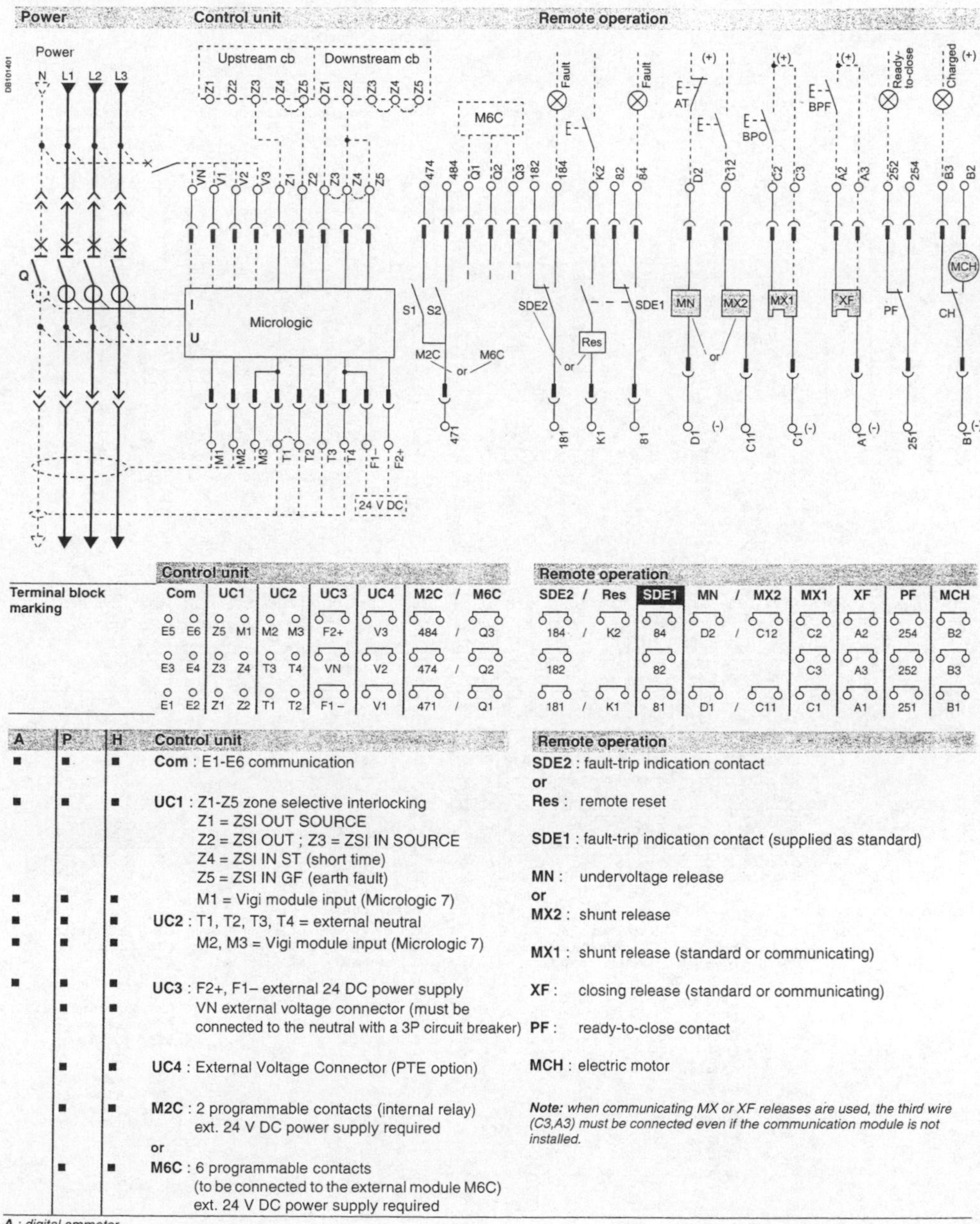


| Terminal block marking | Com | UC1 | UC2 | UC3 | UC4 | M2C / M6C | SDE2 / Res | SDE1 | MN / MX2 | MX1 | XF | PF | MCH |
|---|---|---|---|---|---|---|---|---|---|---|---|---|---|
| | E5 E6 | Z5 M1 | M2 M3 | F2+ | V3 | 484 / Q3 | 184 / K2 | 84 | D2 / C12 | C2 | A2 | 254 | B2 |
| | E3 E4 | Z3 Z4 | T3 T4 | VN | V2 | 474 / Q2 | 182 | 82 | | C3 | A3 | 252 | B3 |
| | E1 E2 | Z1 Z2 | T1 T2 | F1 – | V1 | 471 / Q1 | 181 / K1 | 81 | D1 / C11 | C1 | A1 | 251 | B1 |

| A | P | H | Control unit |
|---|---|---|---|
| ■ | ■ | ■ | **Com** : E1-E6 communication |
| ■ | ■ | ■ | **UC1** : Z1-Z5 zone selective interlocking<br>Z1 = ZSI OUT SOURCE<br>Z2 = ZSI OUT ; Z3 = ZSI IN SOURCE<br>Z4 = ZSI IN ST (short time)<br>Z5 = ZSI IN GF (earth fault) |
| ■ | ■ | ■ | M1 = Vigi module input (Micrologic 7) |
| ■ | ■ | ■ | **UC2** : T1, T2, T3, T4 = external neutral |
| ■ | ■ | ■ | M2, M3 = Vigi module input (Micrologic 7) |
| ■ | ■ | ■ | **UC3** : F2+, F1– external 24 DC power supply |
| | ■ | ■ | VN external voltage connector (must be connected to the neutral with a 3P circuit breaker) |
| | ■ | ■ | **UC4** : External Voltage Connector (PTE option) |
| | ■ | ■ | **M2C** : 2 programmable contacts (internal relay)<br>ext. 24 V DC power supply required<br>or |
| | ■ | ■ | **M6C** : 6 programmable contacts<br>(to be connected to the external module M6C)<br>ext. 24 V DC power supply required |

**Remote operation**

**SDE2** : fault-trip indication contact
or
**Res** : remote reset

**SDE1** : fault-trip indication contact (supplied as standard)

**MN** : undervoltage release
or
**MX2** : shunt release

**MX1** : shunt release (standard or communicating)

**XF** : closing release (standard or communicating)

**PF** : ready-to-close contact

**MCH** : electric motor

***Note:** when communicating MX or XF releases are used, the third wire (C3,A3) must be connected even if the communication module is not installed.*

*A : digital ammeter.*
*P : A + power meter + additional protection.*
*H : P + harmonics.*

*Electrical diagrams*

# Masterpact NW08 to NW63
## Fixed and drawout devices

**Indication contacts**

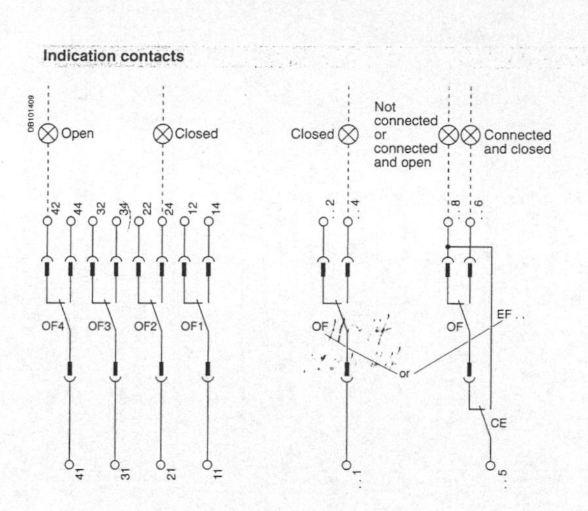


**Chassis contacts**

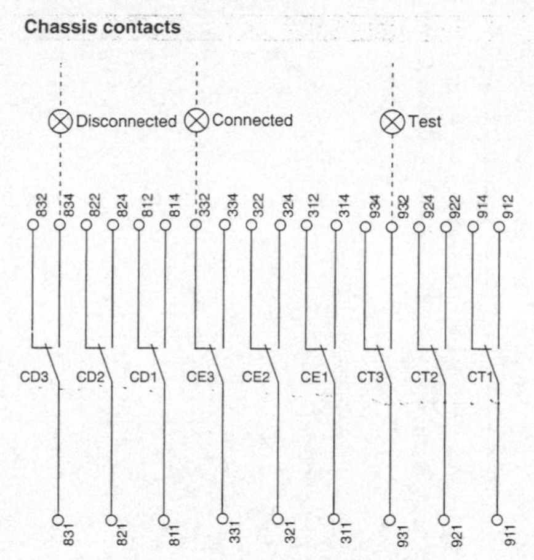


**Indication contacts**

| OF4 | OF3 | OF2 | OF1 |
|---|---|---|---|
| 44 | 34 | 24 | 14 |
| 42 | 32 | 22 | 12 |
| 41 | 31 | 21 | 11 |

| OF24 | OF23 | OF22 | OF21 | OF14 | OF13 | OF12 | OF11 |
|---|---|---|---|---|---|---|---|
| 244 | 234 | 224 | 214 | 144 | 134 | 124 | 114 |
| 242 | 232 | 222 | 212 | 142 | 132 | 122 | 112 |
| 241 | 231 | 221 | 211 | 141 | 131 | 121 | 111 |
| or | or | or | or | or | or | or | or |
| EF24 | EF23 | EF22 | EF21 | EF14 | EF13 | EF12 | EF11 |
| 248 | 238 | 228 | 218 | 148 | 138 | 128 | 118 |
| 246 | 236 | 226 | 216 | 146 | 136 | 126 | 116 |
| 245 | 235 | 225 | 215 | 145 | 135 | 125 | 115 |

**Chassis contacts**

| CD3 | CD2 | CD1 | CE3 | CE2 | CE1 | CT3 | CT2 | CT1 |
|---|---|---|---|---|---|---|---|---|
| 834 | 824 | 814 | 334 | 324 | 314 | 934 | 924 | 914 |
| 832 | 822 | 812 | 332 | 322 | 312 | 932 | 922 | 912 |
| 831 | 821 | 811 | 331 | 321 | 311 | 931 | 921 | 911 |
| | or | | | | | | or | |
| CE6 | CE5 | CE4 | | | | CE9 | CE8 | CE7 |
| 364 | 354 | 344 | | | | 394 | 384 | 374 |
| 362 | 352 | 342 | | | | 392 | 382 | 372 |
| 361 | 351 | 341 | | | | 391 | 381 | 371 |

**Indication contacts**

OF4 : OF3 OF2 OF1 — ON/OFF indication contacts

OF24 or EF24, OF23 or EF23, OF22 or EF22, OF21 or EF21, OF14 or EF14, OF13 or EF13, OF12 or EF12, OF11 or EF11 — Combined "connected-deconnected" indication contacts

**Chassis contacts**

CD3 CD2 CD1 — disconnected position contacts
CE3 CE2 CE1 — connected position contacts
CT3 CT2 CT1 — test position contacts

or

CE6 CE5 CE4 — connected position contacts

or

CE9 CE8 CE7 — connected position contacts

or

CD6 CD5 CD4 — disconnected position contacts

*Key:*

*drawout device only.*

*SDE1, OF1, OF2, OF3, OF4 supplied as standard.*

*interconnected connections (only one wire per connection point).*

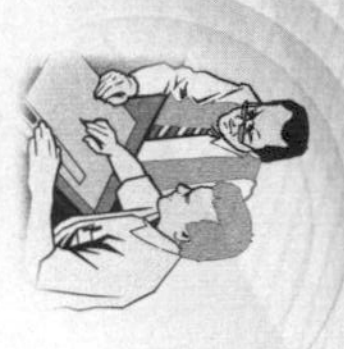

# Control circuit diagram

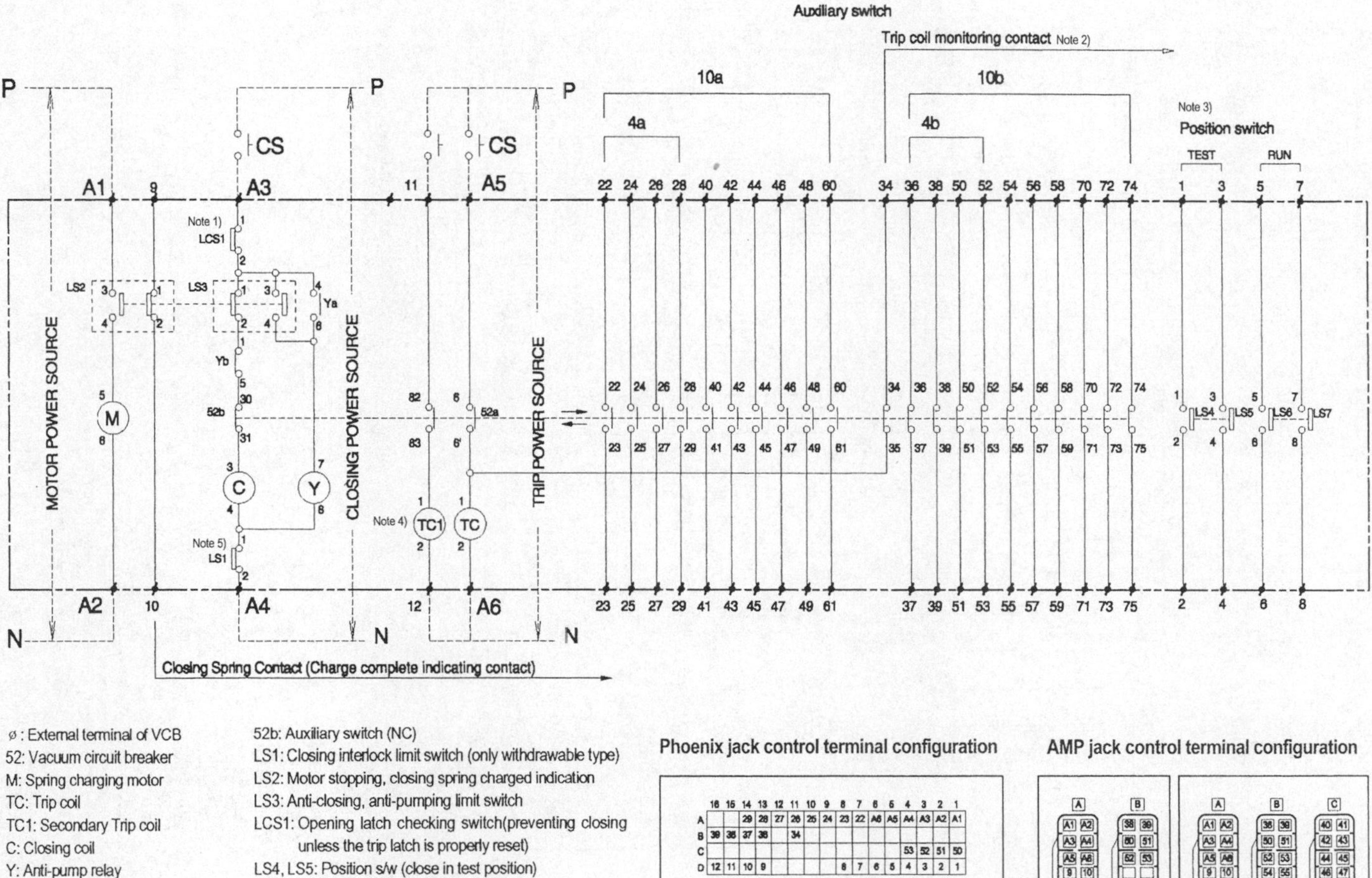


ø : External terminal of VCB
52: Vacuum circuit breaker
M: Spring charging motor
TC: Trip coil
TC1: Secondary Trip coil
C: Closing coil
Y: Anti-pump relay
52a: Auxiliary switch (NO)
52b: Auxiliary switch (NC)
LS1: Closing interlock limit switch (only withdrawable type)
LS2: Motor stopping, closing spring charged indication
LS3: Anti-closing, anti-pumping limit switch
LCS1: Opening latch checking switch(preventing closing unless the trip latch is properly reset)
LS4, LS5: Position s/w (close in test position)
LS6, LS7: Position s/w (close in run position)

Note 1) LCS1: Latch checking switch
2) Trip coil supervision (Trip coil monitoring contact)
3) Position switch: 4a (Terminal No.: 1, 2, 3, 4, 5, 6, 7, 8)
4) TC1: Secondary trip coil (Preparatory trip coil Terminal No.: 82,83)
— Optional accessories (Notes 1–4)
5) In fixed type VCB, LS1 (Closing-coil limit switch) is not available.
※ Above circuit diagram is based on 'OFF' status of VCB, and closing spring is charged.

**Phoenix jack control terminal configuration**

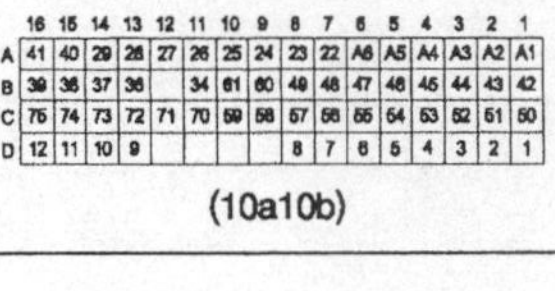


**AMP jack control terminal configuration**

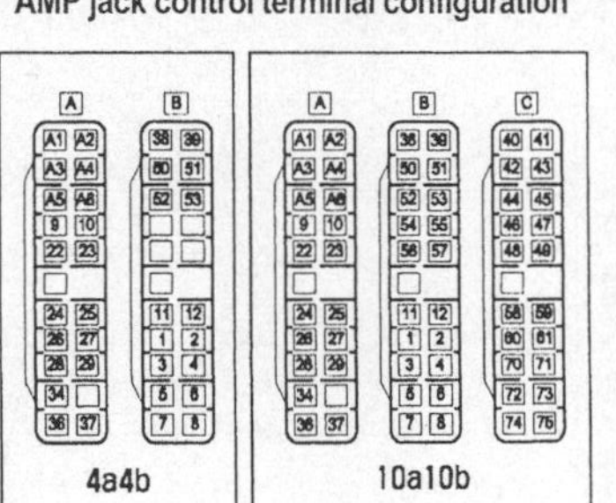


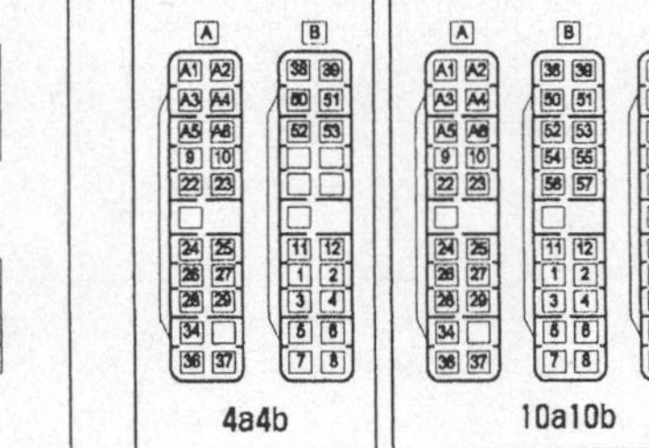

ACB

# Electrical diagram

***Susol***

This diagram is based on "CONNECTED" position of a circuit breaker and Opening, Motor charging, Releasing of locking plate should be normal condition.

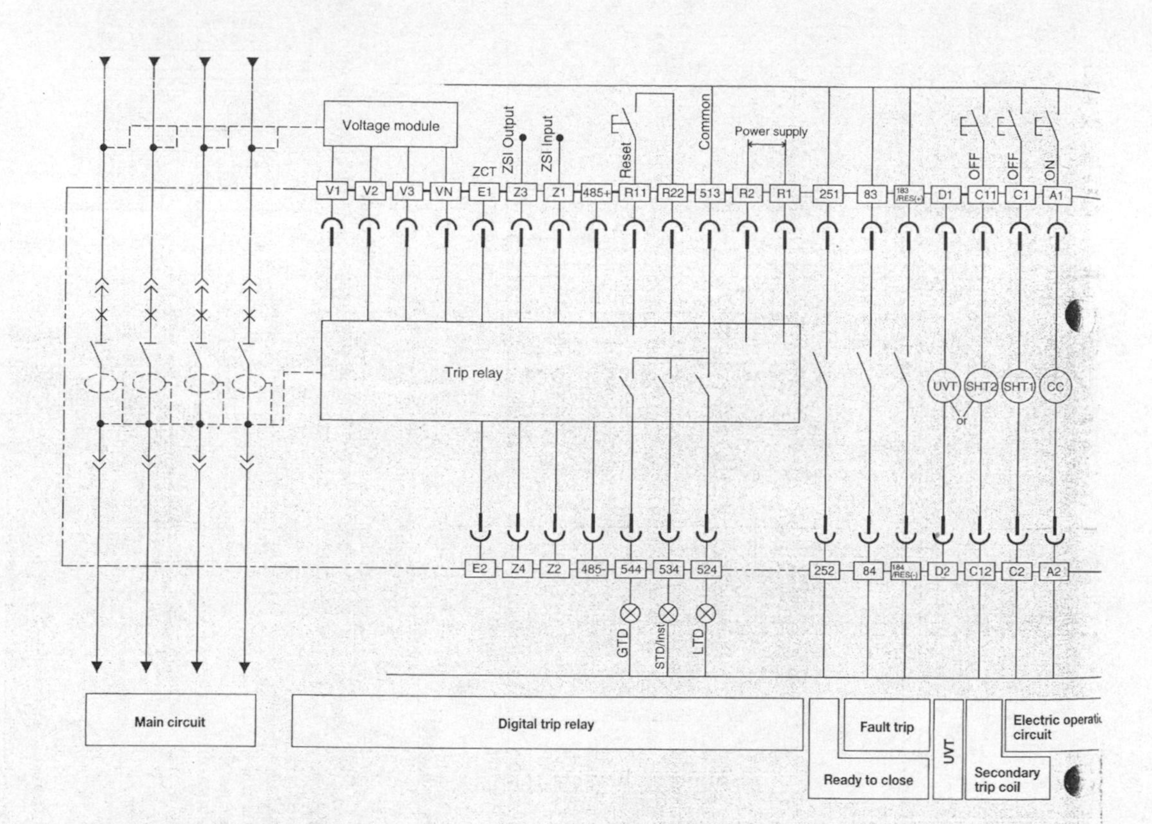


## Terminal code description

| Code | Description |
|---|---|
| 13 14 ~ 63 64 | Auxiliary switch "a" |
| 11 12 ~ 61 62 | Auxiliary switch "b" |
| 413 414 | Charged signal |
| 423 424 | Charged signal communication |
| U1 U2 | Motor charging |
| A1 A2 | Closing coil |
| C1 C2 | Shunt trip |
| C11 C12 | 2nd shunt trip |

| Code | Description |
|---|---|
| D1 D2 | Voltage input terminal of UVT |
| 83 84 | Alarm1 "a" |
| 183 184 | Alarm2 "a" |
| 251 252 | Ready to close switch |
| R1 R2 | Control power |
| 513 ~ 544 | Alarm contact |
| R11 R22 | Alarm reset (Trip cause LED, Alarm contact) |
| 485+ 485- | RS-485 communication |

Note) 1. The diagram is shown with circuits de-energized, all devices open, connected and charged and relays in normal position
2. Relay is normal condition and charging type is "OFF-Charging"
3. The standard of auxiliary contact is 3a3b. The auxiliary switch in above diagram is composed of 5a5b. See 48 page for more detail on auxiliary switches.
4. Option
- Ready to close contact, Trip alarm contact, UVT coil, Fully charged contact, secondary trip coil
- Cell switch, Temperature module, Voltage module, Remote close-open module, ZCT, ZSI
5. Please consult us for the use of ZSI (Zone selective Interlocking).
6. Refer to the page 33 for the connection of Trip relay and the page 43 for UVT.
7. For connecting RS-485 verify if the polarity is correct

LS Industria

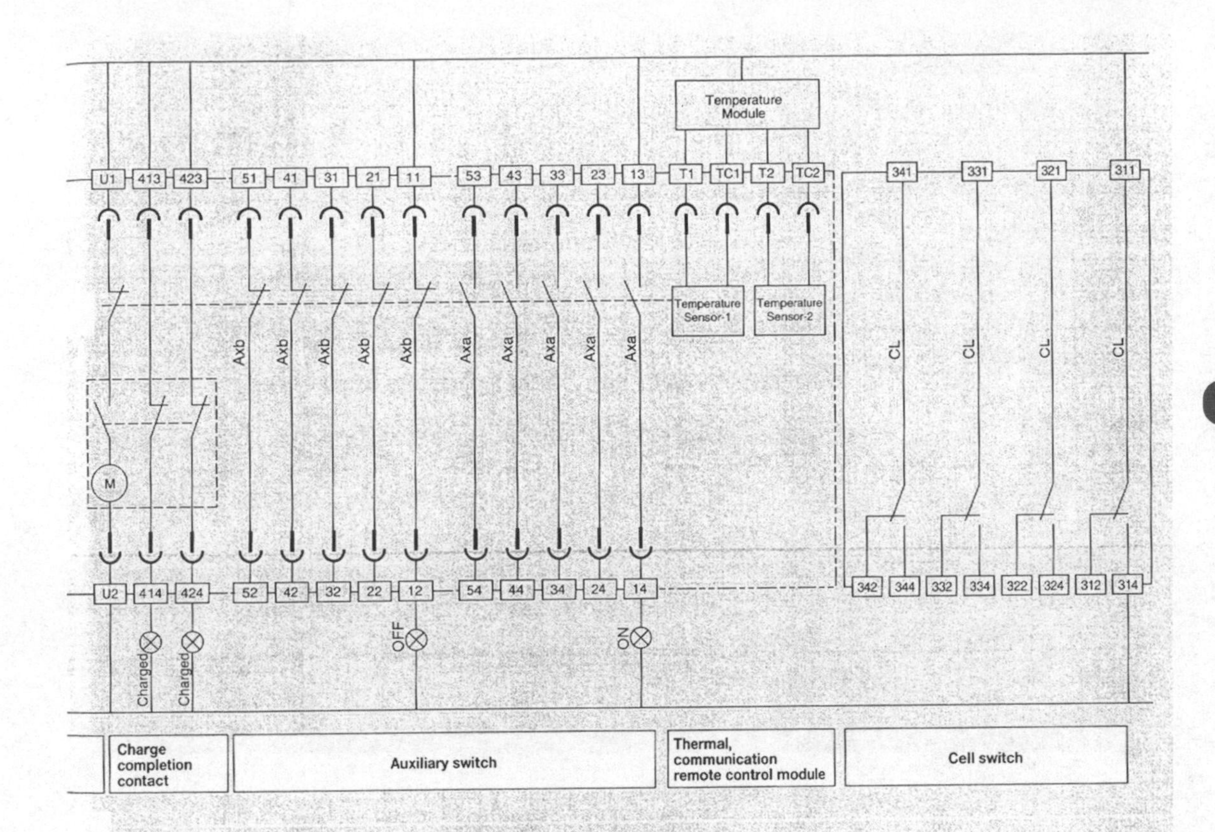


## Accessory code description

| Code | Description |
| --- | --- |
| Z1 Z2 | ZSI input |
| Z3 Z4 | ZSI output |
| E1 E2 | ZCT |
| VN ~ V3 | Voltage module |
| TC1 , TC2 ~ T1 , T2 | Temperature module |
| 311 ~ 344 | Position switch |

| Code | Description |
| --- | --- |
| Ax | Auxiliary switch |
| LTD | Long time delay trip indicator |
| STD/Inst | Short time delay/instantaneous |
| GTD | Ground fault trip indicator |
| CL | Cell switch |
| (M) | Motor |
| (CC) | Closing coil |
| (SHT1) | Shunt tripping device 1 |
| (SHT2) | Shunt tripping device 2 |
| (UVT) | UVT coil |

| Symbol | Description |
| --- | --- |
| —— | Internal wiring |
| —— | External wiring (by customer) |
| —(— | Connector of the control circuit terminal of drawout type |

DANGER
CAUTION
071116
071116
071116
2011 2 9

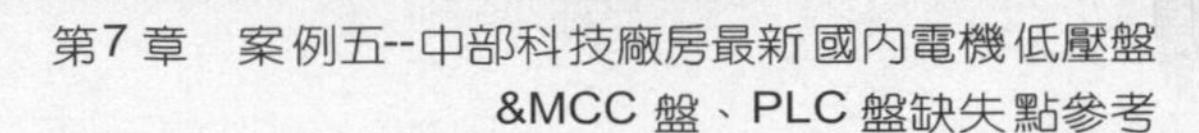

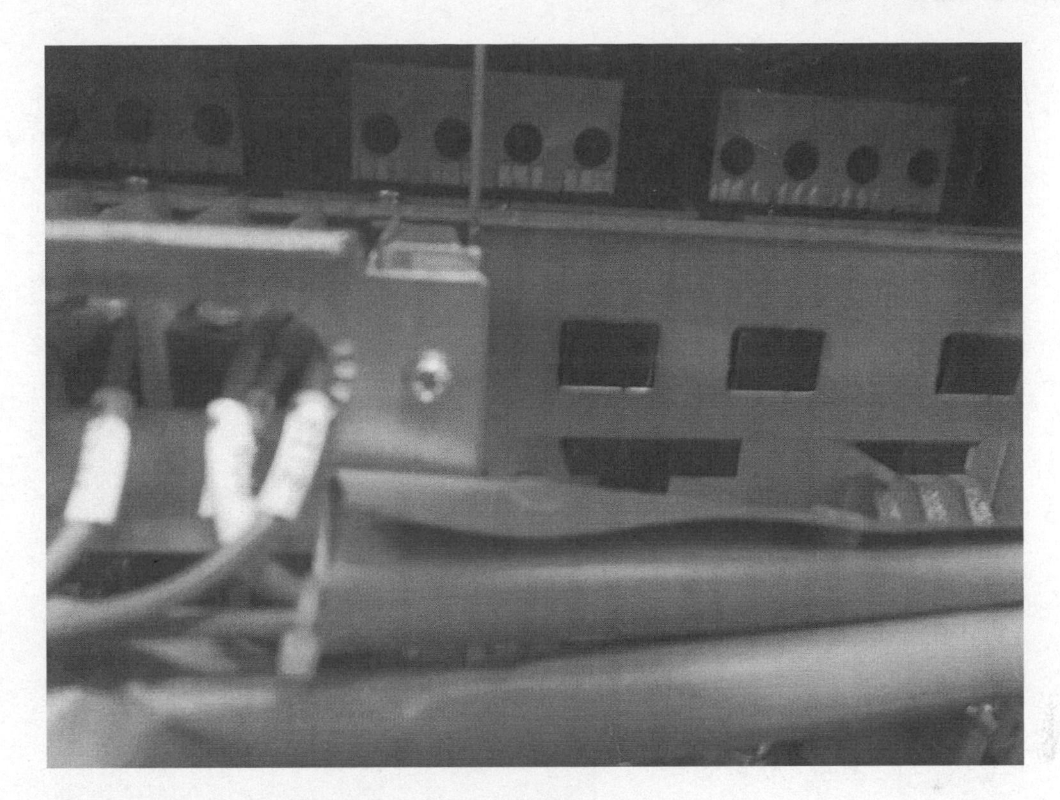



### 100HP 馬達內之接地端子及主線路接線

××提供的100HP 馬達，從DS 開關到馬達出線盒，主線路為6 條，另有一條接地線。

盒內有一端子，端子用螺絲鎖上去時，螺絲下面有一齒形Washer ，端子的下面也有一齒形Washer ，鎖上時，端子與盒體因為齒形Washer而有GAP ，這樣是不對的，必須將端子下面的Washer 拿掉。

××提供的排煙馬達，100HP 有2 台，馬達接線盒內沒有Terminal Block ，是用螺絲將兩條Lead 鎖在一起，共有六條主線路(Y －△)，線徑為 60mm$^2$ ，接好的端子很大很硬。

當盒蓋子用2 個螺絲左右鎖上時，蓋子會壓到接線端子，往下往內壓，這樣子是不對。

因為接線會發熱，溫度升高，馬達轉動會振動，端子與蓋子磨擦，久而久之，PVC 絕緣帶在尖銳地方會破皮而導致接地，這種情形很多地方都發生過。

### ××消防公司的動力盤電源指示燈

這次××××公司承包消防工程，提供五、六盤排煙動力盤，當動力盤完成，安排廠驗時，××去參與。動力盤送至工地，安裝完畢，接電準備送電，本人去參與送電工作，第一次查驗盤體，有很多缺失，待改善後再安排正式送電。

送電後，首先發現3 只電源指示燈，是White 白色，但是送電後，卻呈現黃顏色，與別家廠商提供的白色燈顏色相差太遠。送電後，曾要求××的×××一定要換掉燈泡。

到了12 月底(20) 左右，××所有的動力盤都已送電，所有盤上的電源指示燈，都呈現黃顏色，經再次告知××一定要請××換掉燈泡，××又答應儘快要求盤商來換燈泡，一直到年底12月30日還沒換妥。

記得在第一次，本人受邀去送電及檢查××公司提供之排煙盤，送電後發現電源指示燈，R-S，S-T，R-T三只指示燈的顏色是黃色，當時就已告知××的××，指示燈顏色必須改。12月19日在現場，還是看到黃色指示燈，××沒有改，××也許不想改，省事省費用。

### ××的排煙盤

××提供幾盤排煙啓動盤，一盤在20M，廠驗由××去執行，送電時由本人來檢查，發現下列缺點。



1. 端子盤錯誤。
2. 擋片會移動。
3. 2KVA變壓器蓋子移去，改Acrylic Cover。
4. 出風口的Filter除掉。
5. 移隔相片到左邊。
6. PT二次側N無接地。
7. 主開關之一次側加隔相片。
8. 2KVA的N與E接在一起。
9. 主開關之IC為65KA。
10. 配拉的電線太髒。
11. 頂蓋4個螺絲掉。

××提供的動力盤，每一盤內皆安裝一台TR變壓器，一次側380V，二次側為208-120V，容量為2KVA，乾式或模鑄式，裝在盤內的底座上。廠驗時××要求××必須加裝一外箱，四周開孔供散熱。

當時被看到以後不解，怎麼變壓器裝在盤內又要加一外箱(雙重)，沒有人這樣裝的，當時又請教××，他說沒人這樣裝可以拆掉。因此要求××將它拆掉，只要變壓器的一次側二次側端子，接線不容易碰觸或以壓克力蓋加以防護即可。

### DS開關外箱

××M樓上(熔爐)及31M樓上(包裝廠房)，均有多台馬達的DS開關，有××消防，有××空調，有×××。

目前×××的DS開關，外箱使用原裝的不鏽鋼成品，但是××空調的DS開關，卻用NEMA 12再加一外箱，其外箱厚度(深度)，足夠DS開關把手推上時，還不會碰上外箱玻璃門，而××的DS開關外箱門，其深度只考慮在把手向下時，不碰到的深度，可見一個東西三個標準，××的外箱沒問題××的有問題，談到輔助接點的電纜線要獨立配管，再談到馬達的Thermo Stat和Space Heater，100HP馬達的接線盒只有6條，沒看到Thermo Stat和Space Heater。

大家談到這個問題，××談到屋外的馬達，××又告知規範內有Space Heater，但×

×的馬達卻沒有，如果再談過熱防止的Thermo Stat 呢。

××購買的設備，都不看規範行事，自己想怎樣做就怎樣做，他們去廠驗盤及馬達，沒帶規範，××又不講。

### ××的DS 開關門關上時碰到把手

××的排煙機在31M 屋頂有2台，南北各一台，第一次上去看，根據圖請××陪同上去看，圖上說進電源2支2” ψ電管，到馬達也是2支2” ψ電管，那DS 開關之輔助接點2 條線如何配線。

上去看時，打開DS 開關外箱，因為DS 開關放在另一只箱內，看到的結果是進電源2 支2” ψ電導管沒錯，但是到馬達卻只有一支3” ψ管，與圖不符，輔助接點的一條2 心電纜線配在2支2” ψ中的一支，圖要修改。



後來我又自己上去第二次，看到的DS 開關刀片生鏽，不知是潤滑油導電膏或防鏽油，其中一台的3” ψ進外箱時有大縫隙，失去屋外的作用，另外2 台的DS 開關把手均被外箱門頂住，不符要求。

第三次上去再核對時，××的DS 開關外箱厚度(深度)比××的外箱少3 公分。

### Space Heater

××提供的規範，證明馬達在30KW 以上需有Space Heater ，但在鼠籠式電動機的規範上，××-5000-509 卻說 55KW(75HP)及以上需要Space Heater ，兩者不同。

在鼠籠式電動機的規範上說Space Heater 為110V ，但卻在電氣設備工作的規範上，××-5000-501 說Space Heater 是220V ，兩者也不同。

ON-LINE
3C3-EX 系列 UPS 20-40kVA
不斷電系統專家
淨化電源、停電保護、電力管理、網路管理、
完善服務、品質保證
適用範圍:於PC、MAC、伺服器、電子產品、網路系統、通信設備、精密儀器、醫療分析儀器、工作站(POS/ATM/CAD/CAM)等各類負載，為通用型UPS。
伊頓飛瑞3C3 EX系列採用了雙轉換結構設計，是三相在線式正弦波輸出UPS。針對電壓暫態或瞬間震盪，高壓脈衝、電壓波動、湧浪電壓、諧波失真、頻率波動等狀況，可及時抑制解決，為用戶的負載提供安全可靠的電源保障。
•優秀的工業環境防護性能
•N+X並機冗餘可支援共用電池組
•高輸入功因input PF:>0.99
•低諧波回饋THDI<5%
•電池充放電的智慧化管理
•便捷操作和前方維護功能
•高保障的雙電源輸入功能
•完備的遠程監控通訊介面
•高性能的DSP處理器
•優異的電氣性能
飛瑞

UPS 與負載設備電壓比較表

| | UPS 規格<br>UPS Spec. | 擴大機<br>Amplifier | 系統電源供應器<br>System Power Supply | 前級擴大機<br>Pre-Amplifier |
|---|---|---|---|---|
| | 輸出 200/115VAC<br>飛瑞原廠回覆電源可微調 5%至 210VAC<br>Outlet 200/115VAC<br>EATON manufacture commends that power slightly adjustable range from5% to 210VAC | 需求電壓<br>Voltage Needed<br>230VAC±10%<br>(253～207VAC) | 需求電壓<br>Voltage Needed<br>220VAC±10%<br>(242～198VAC) | 需出電壓<br>Outlet Voltage<br>230VAC±15%<br>(264～195VAC) |



## 3C3-EX 系列 UPS 20-40kVA

不斷電系統專家

淨化電源、停電保護、電力管理、網路管理、完善服務、品質保證

- 優秀的工業環境防護性能
- N + X 並機冗餘可支援共用電池組
- 高輸入功因input PF:>0.99
- 低諧波回饋THDI<5%
- 電池充電的智慧化管理
- 便捷操作和前方維護功能
- 高保障的雙電源輸入功能
- 完備的遠程監控通訊介面
- 高性能的DSP 處理器
- 優異的電氣性能

適用範圍：於PC 、MAC 、伺服器、電子產品、網路系統、通信設備、精密儀器、醫療分析儀器、工作站(POS/ATM/CAD/CAM)等各類負載，為通用型UPS 。

伊頓飛瑞3C3 EX 系列採用了雙轉換結構設計，是三相在線式正弦波輸出UPS 。針對電壓暫態或瞬間震盪，高壓脈衝、電壓波動、湧浪電壓、諧波失真、頻率波動等狀況，可及時抑制解決，為用戶的負載提供安全可靠的電源保障。

電氣規格 ON-LINE UPS 直立式

| 型號 | | 3C3-20000EX | 3C3-3000EX | 3C3-4000EX |
|---|---|---|---|---|
| 額定容量 | | 20kVA/16kW | 30kVA/24kW | 40kVA/32kW |
| 輸入 | 電壓 | 190V, 200V, 208V, 220V, 380V, 440V, 460V, 480V(可依需求設計) | | |
| | 電壓範圍 | 210～475V | | |
| | 頻率 | 60Hz±5% | | |
| | 相線 | 三相四線+地線 | | |
| | THDI | <5% | | |
| | 輸入功因 | >0.99 | | |
| | 雙電源輸入 | 有 | | |
| 電池 | 型式 | 密閉式免維護鉛酸蓄電池 | | |
| | 備用時間(滿載) | 10 分鐘 | | |
| 輸出 | 電壓 | 190/110V, 200/115V, 208/120V, 220/127V, 380/220V(可依需求設計) | | |
| | 電壓穩定度 | ±1% | | |
| | THDV | <3% | | |
| | 頻率 | 60Hz | | |
| | 相線 | 三相四線+地線 | | |
| | 額定輸出功因 | 0.8 | | |
| | 超載能力 | 110%:60min, 125%:10min, 150%:1min | | |
| 效率 | 整機效率 | 85%～91% | | |
| | INVERTER 效率 | 93%～95% | | |
| | ECO 模式 | 92%～98% | | |
| 智慧型風扇調速 | | 有 | | |
| 噪音 | 1 公尺前(正前方) | ≤60dB | ≤62dB | |
| 顯示器 | LCD | 中文/英文 UPS 狀態及操作導引指示<br>輸入電壓，輸出電壓，電流，頻率，電池電壓及充放電電流值，故障顯示，故障警告 | | |
| | LED | UPS 運轉狀態 | | |
| 警告裝置 | | BUZZER 聲響及燈號閃爍雙重顯示 | | |
| 通訊介面 | | RS-232, AS400, RS485, Service, EPO, 電池溫度補償介面，智慧插槽 | | |
| 環境 | 溫度 | 0～40℃ | | |
| | 濕度 | ≦93% [ (40±2) ℃，不結露 ] | | |
| 主機重量 (kg) | 全無 Tx | 119 | 164 | 171 |
| | 有 O/P;無 I/P | 181 | 235 | 261 |
| | 有 I/P;無 O/P | 224 | 305 | 336 |
| | 全有 Tx | 286 | 376 | 426 |
| 外觀尺寸 | W×D×H(mm)(主機) | 420×800×1100 | 520×885×1320 | 520×885×1320 |
| 電池箱重量 | (kg) | 216 | 376 | 610 |
| 電池箱尺寸 | W×D×H(mm) | 403×686×1067 | 403×718×1064 | 501×1028×1088 |

* 註：伊頓飛瑞慕品公司致力於科技創新，不斷提供更好的產品滿足客户需求，對產品設計、技術規格的更新，恕不另行通知。

*符合經濟部標準檢驗局(BSMI)規定：認證字號爲R63842 ，並通過消防署(消防安全設備審核認可資格)

*EMC(電磁干擾)：CNS-14757-2(不斷電系統UPS-電磁相容要求)

*SAFETY(設備安全)：CNS-14336(資訊設備技術安全通則)

* 消防設備：CNS-10205(消防緊急用蓄電池設備)

## Chapter 6 Transportation, Maintenance and Troubleshooting

### Remove UPS

Make preparation for UPS relocation according to the following steps.

1. Switch off all equipments connected to UPS.
2. Turn off UPS AC switch and battery pack switch.
3. Disconnect all wires from UPS terminal bay.

### Maintenance

Castle EX Series UPS requires minimum maintenance.

1. If battery is switched off, loaded equipments will not be covered for power-off protection.
2. Under normal circumstance, batteries should be found in poor performance, replacement should be done as soon as possible only by qualified personal with proper training, users are not allowed to replace without authorization.

Remark:

A. Prior to battery replacement, switch off UPS and remove it from AC.

B. Take off metallic articles such as rings and watches.

C. Use screw drivers equipped with insulated handles and do not place tools or other metallic substances on the batteries.

D. Short circuit or reverse connection is forbidden for battery polarity connection

3. It's not recommended to replace batteries individually. Complete replacement should follow instructions given by battery suppliers.
4. Make sure UPS vent are properly ventilated and clean side frames and fan vents from dusts every half a year (switch off AC and battery power prior to cleaning).

### Troubleshooting

Should maintenance prove necessary, the following steps should be followed:

1. Check if UPS input wiring is done properly.
2. Check if all air switches are tripped out.
3. Check if voltage input is within specified range.28

Please refer to "Light Reference Table" of this User Manual First and then conduct proper treatment. If problems still exist, please connect with maintenance personnel and provide the following information:

＊ MODEL and SERIAL NO of the UPS;

＊ Symptom on fault and led display of the panel;

＊ LCD malfunction or warning information.

| Table of Malfunctions | | |
|---|---|---|
| Symptom | Possible cause | Solution |
| The fault LED is lit, Continuous beeps | UPS fault | Please contact with customer service center |
| Battery discharging time less than standard time | Battery undercharge<br>Battery exhausted<br>Charge fault | Charge continuance 8H, retest discharging time, if not up to scratch, please contact with maintenance center |



Appendix1

| Model | | 3C3 20kVA EX | 3C3 30kVA EX | 3C3 40kVA EX |
|---|---|---|---|---|
| Power rating | | 20kVA/16kW | 30kVA/24kW | 40kVA/32kW |
| Input | Connection | 3-Phase 3-Wires or 3-Phase + N (Per customer's requirement) | | |
| | Frequency | 56～64Hz | | |
| | Power factor | ≥0.99 | | |
| | Voltage rating | Voltage rating (+25%/-45%)VAC(when input voltage<75% output power derating is required) | | |
| | Bypass voltage range | Voltage rating±15% | | |
| Output | Connection | 3-Phase +N+G | | |
| | Voltage rating | 380/220 or (Per customer's requirement) | | |
| | Power factor | 0.8 | | |
| | Frequency tolerance | 60Hz±4Hz(track bypass frequency input; when input frequency exceeds±4Hz or under the mode of battery power supply, frequency output should be±0.1% of nominal) | | |
| | Overload capability | 110%　60min. Auto-jump bypass<br>111%<Load≤125%　10min. Auto-jump bypass<br>125%<Load≤150%　1min. Auto-jump bypass | | |
| | Unbalanced load capability | 100% | | |
| Operating Environment | Ambient temperature | 0-40℃ | | |
| | Storage temperature | -25-55℃ | | |
| | Ambient humidity | 10-90%(non-condensing) | | |
| | altitude | ≤1000m | | |
| Nominal battery voltage/Rated charging voltage | 14 Pcs | ±168VDC/±189VDC | | |
| | 15 Pcs | ±180VDC/±202.5VDC | | |
| | 16 Pcs | ±192VDC/±216VDC | | |
| Weight | N.W/Contain transformer | 119/181/224/286Kg | 164/235/305/376Kg | 171/261/336/426Kg |
| | G.W/Contain transformer | 121/183/226/288Kg | 167/238/308/379Kg | 174/264/339/429Kg |
| UPS Dimension ( W×D×H ) (mm) | | 420×800×1100 | 520×885×1320 | 520×885×1320 |
| Safety Standard | National Standard | BSMI | | |
| EMS | ESD | IEC61000-4-2 Level 4 | | |
| | RS | IEC61000-4-3 Level 3 | | |
| | EFT | IEC61000-4-4 Level 4 | | |
| | SURGE | IEC61000-4-5 Level 4 | | |
| EMI | Radiation and Conduction | CNS14757-2 | | |

WARNING: This is a product for commercial and industrial application in the second environment-installation restrictions or additional measures may be needed to prevent disturbances.

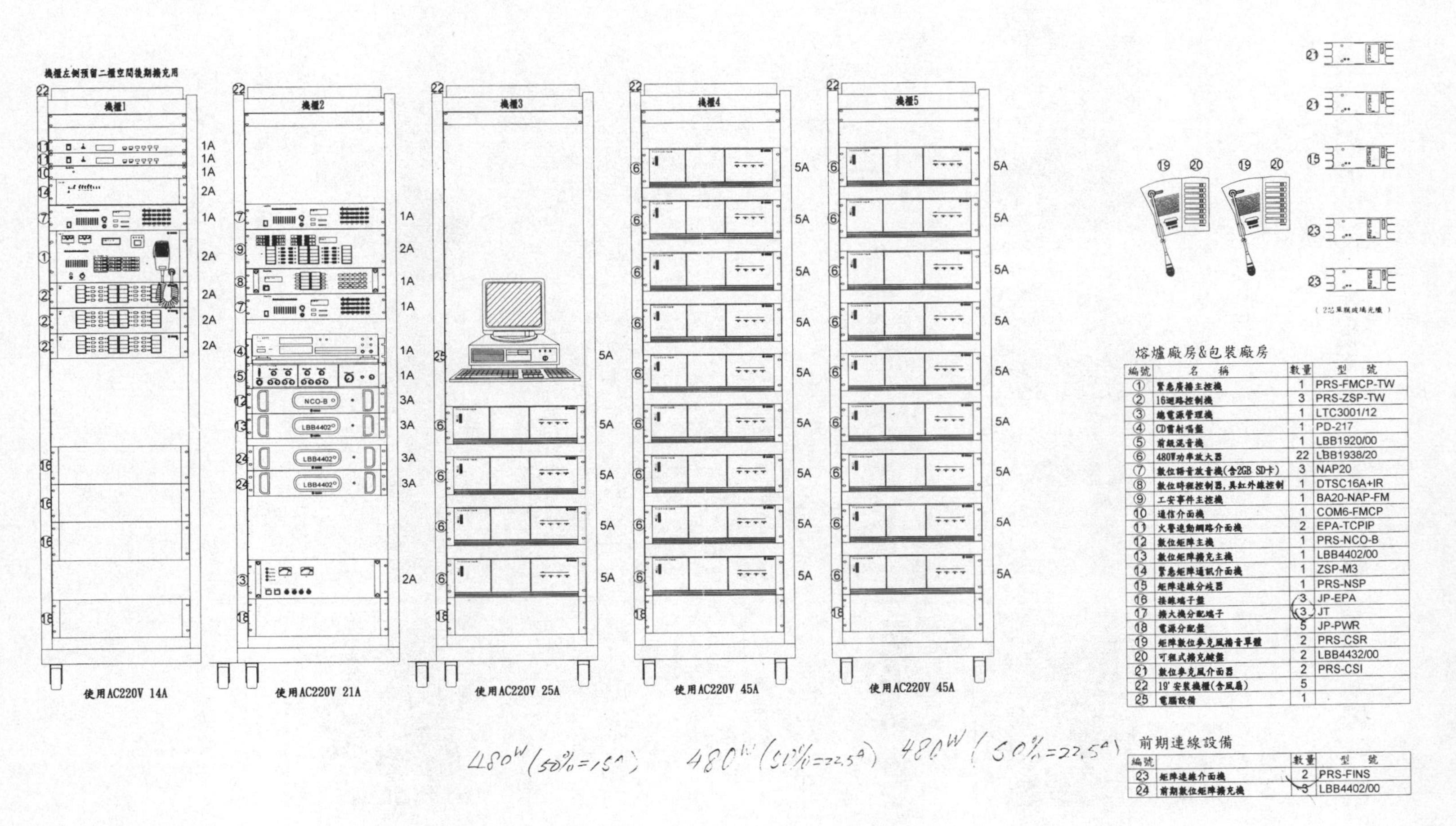


熔爐廠房&包裝廠房

| 編號 | 名稱 | 數量 | 型號 |
|---|---|---|---|
| ① | 緊急廣播主控機 | 1 | PRS-FMCP-TW |
| ② | 16迴路控制機 | 3 | PRS-ZSP-TW |
| ③ | 總電源管理機 | 1 | LTC3001/12 |
| ④ | CD雷射唱盤 | 1 | PD-217 |
| ⑤ | 前級混音機 | 1 | LBB1920/00 |
| ⑥ | 480W功率放大器 | 22 | LBB1938/20 |
| ⑦ | 數位錄音放音機(含2GB SD卡) | 3 | NAP20 |
| ⑧ | 數位時程控制器,具紅外線控制 | 1 | DTSC16A+IR |
| ⑨ | 工安事件主控機 | 1 | BA20-NAP-FM |
| ⑩ | 通信介面機 | 1 | COM6-FMCP |
| ⑪ | 火警連動網路介面機 | 2 | EPA-TCPIP |
| ⑫ | 數位矩陣主機 | 1 | PRS-NCO-B |
| ⑬ | 數位矩陣擴充主機 | 1 | LBB4402/00 |
| ⑭ | 緊急矩陣通訊介面機 | 1 | ZSP-M3 |
| ⑮ | 矩陣連線分歧器 | 1 | PRS-NSP |
| ⑯ | 接線端子盤 | 3 | JP-EPA |
| ⑰ | 擴大機分配端子 | 3 | JT |
| ⑱ | 電源分配盤 | 5 | JP-PWR |
| ⑲ | 矩陣數位麥克風播音單體 | 2 | PRS-CSR |
| ⑳ | 可程式擴充鍵盤 | 2 | LBB4432/00 |
| ㉑ | 數位麥克風介面器 | 2 | PRS-CSI |
| ㉒ | 19'安裝機櫃(含風扇) | 5 | |
| ㉕ | 電腦設備 | 1 | |

前期連線設備

| 編號 | | 數量 | 型號 |
|---|---|---|---|
| ㉓ | 矩陣連線介面機 | 2 | PRS-FINS |
| ㉔ | 前期數位矩陣擴充機 | 3 | LBB4402/00 |

## RF-6001 Series

Standard:UL498 5-15R
Rating:15A 125/250V
Approvals:UL/CSA
Use wire:Solid conductor
"14" AWG

## RF-6002 Series

Standard:UL498 5-15R
Rating:10A 125V
13A 125V AC
Approvals:UL/CSA
Use wire:Solid conductor
"16" &"18" AWG

## RF-6003 Series

Standard:UL498 5-20R
Rating:20A 125V AC
Approvals:UL/CUL
Use wire:Solid conductor
"12" AWG

## RF-6006 Series
(2P-4P)

Standard:UL498 5-20R
Rating:20A 125V AC
Approvals:UL/CUL

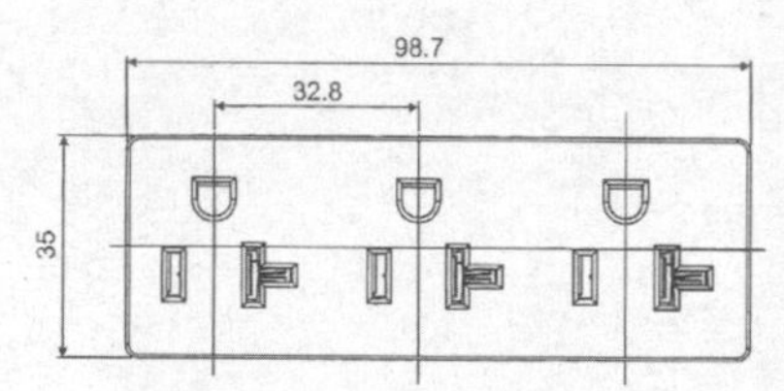


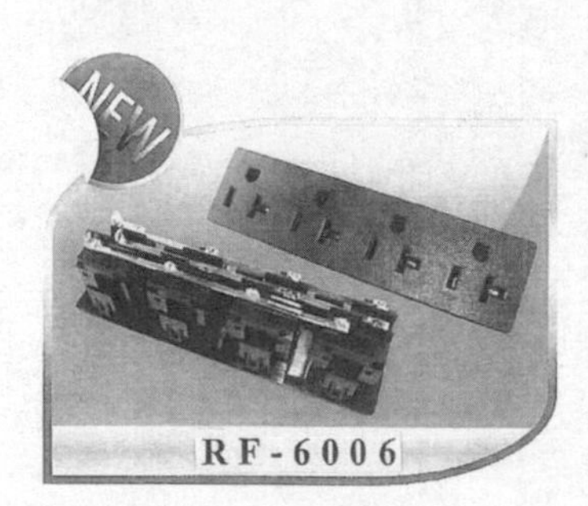


## RF-6007 Series

Standard:UL498 5-15R
Rating:15A 125V AC
Approvals:UL/CSA
Use wire:Solid conductor
"14" AWG

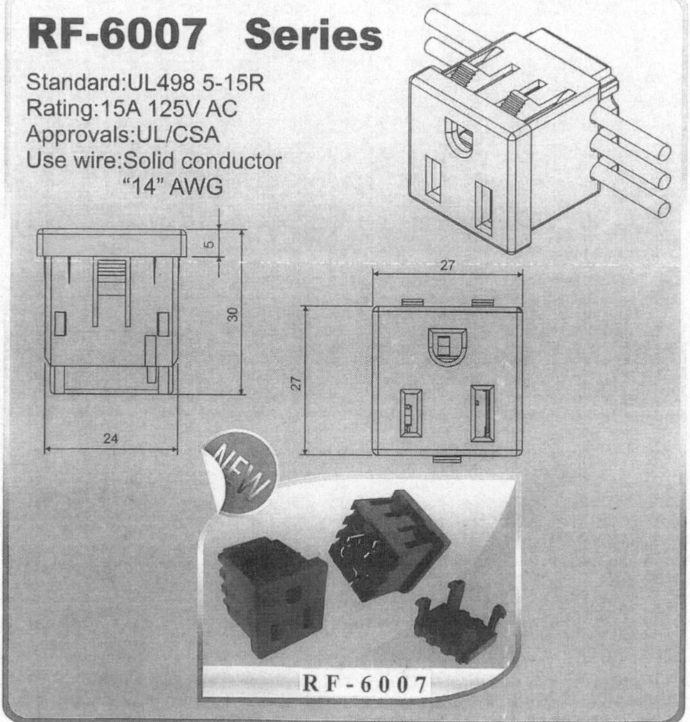

## RECEPTACLES SYSTEM

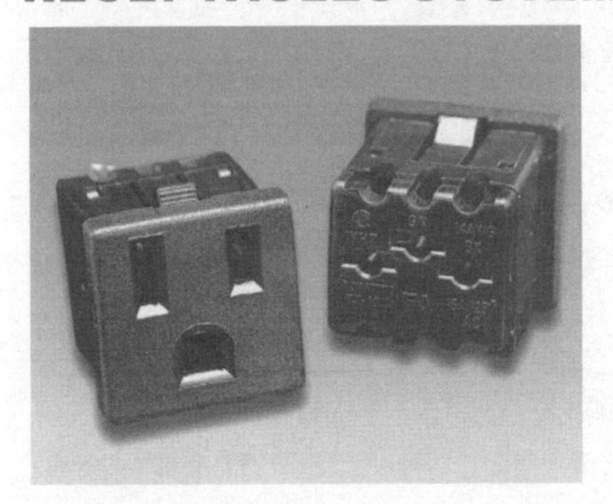

**RF-6001**
STANNDAARD:UL498 5-15R
RATING :15A125V AC
APPROVALS :UL/CSA

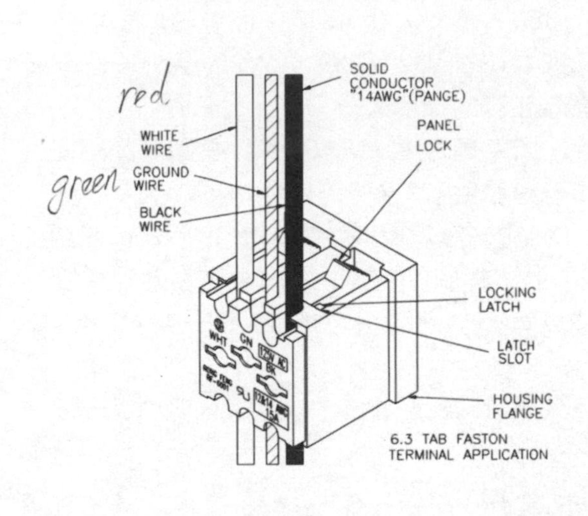


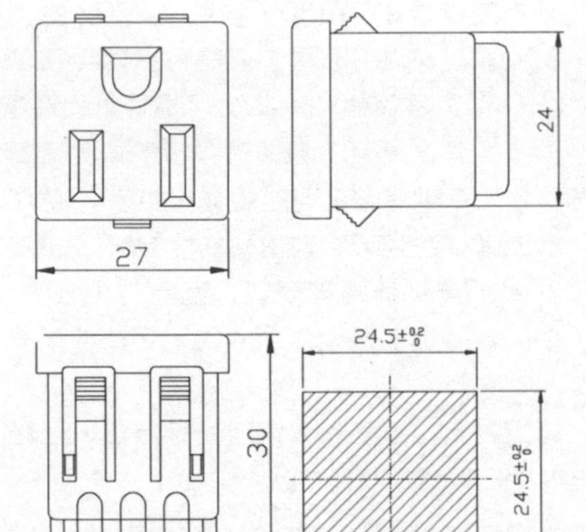


## 7-9 ××電機的電梯配電盤

那天××將×期的 90KW 貨梯，所有設備零件，包括配電盤運送到工地，雖然在××工廠已經廠驗，開出四十條缺失，但是缺失沒有完全改善或提供資料圖面，出廠證明。

這次是第二次近距離的廠驗，當打開電阻箱的正面面板，大約 6 個固定螺絲打開拆下以後，螺絲只有 3 分大，但是面板的開孔卻有 4 分大，簡直相差太大，其實面板的孔剛剛好就好。這就是沒有品質，面板孔太大，鎖上去會鬆動，所以不好。

××承包×期的電梯 Freight Elevator ××，現正在安裝，控制盤交到工地之前先行廠驗，遠赴××工業區，發現四十幾條缺失，經報告××後，囑咐從嚴處理。××也說×期的那一台××，施工及品質極差，當時為××去會驗及送電，××還特別要××的××，×××幫忙修正改善。結果×期為趕著配合施工，將機具盤體交到工地，但是該改善仍然沒有做到，連施工圖都做不好，負責的工程師為年輕的機械工程師。

×期還要買一台 Material Life ××，也要將設備運到工地存放，但是×期時的××也是問題很多，設備運到工地，就沒有改善空間，所以提出是否要到國外去做廠驗。而××××的廠驗也沒有執行，將於2月底施行，是否會合併一起在日本完成，也未可知。

**××的貨梯 馬達接線**

今(4.27)上午去×期屋頂的貨梯機房，準備送臨時電到貨梯正式盤，昨天已檢查了控制盤，提出了很多項的缺失，正等待改善。

其中兩個盤A .B. 輕輕用手去搖，都可以搖來搖去，今天盤已經固定好了。

看看配線的線槽到達馬達(90KW) 50HZ 上方，從線槽下方有2支11/2" 軟管接到馬達出線盒，我問配線到馬達有幾條，他們說3條加接地線，分二支管進去，我覺得不對，再上去看，2條線1支軟管，之後正式告訴他們說這樣不可以，再問那個技術人員(也許電匠)，做這種工作多久，他說有20幾年，20幾年的經驗，還這樣配線/接線？

另外馬達為220/380V 接線，220V 為△，380V 為Y，為50HZ，以變頻控制起動運轉，3個線圖6個出線頭，但是看到其中二個線圈為U1～U2，W1～W2，另外一個線圈為V1～V1，應該為V1～V2。將請他們確認後改正線的標示。

再者，馬達接線盒內積有很多鐵屑沒有清除，如果是這樣送電以後，那些鐵屑會在裡面跳舞抖動，等到有一天可能更嚴重的事，如VCB一樣發生了。

當準備要送臨時電到貨梯的控制盤(電源動力盤)時，發現現場的Cable Trunking 配線到馬達的接線盒，有兩支軟管進到盒內，我問××的工程師(下包商)，有幾條動力線接到馬達，他說3條加上接地線共4條，2條線配一支軟管($1\frac{1}{2}$" ψ)，R相及S相一支，T相與E一支。

驚訝之下，怎麼有人這種配線方法，已經很久沒有碰到這種事，××說×期也是一樣，只是×期已經送電使用中。

當說不可以這樣配線時，其實最好的方法就是$\overline{100}$每相一條改為$\overline{38}$每相二條，其中U1V1W1配一支$1\frac{1}{2}$"管，另外U2V2W2及接地配另一支11/2"管，不管什麼材質都可以。

我們叫他們回來開會，當他回來開會，他們已經把其中一支$1\frac{1}{2}$"開口擴大為2" ψ，因此可以配$\overline{100}$ 3條加接地線(接地線一定要與動力線合在一起，不可單獨配一支管)。

×期的貨梯未送電，可以改，但是×期的貨梯已送電，不容易改。××要測量運轉時(有電流時)動力線進入馬達接線盒的溫度，他認為貨梯繼續運轉時間不長，時走時停，如果溫度不高，可能決定不予更改，因此他要知道各部的材質如何，Trunking 為鋁，沒有問題，馬達接線盒如為鐵就不可以，如為鋁，或不鏽鋼也就可以。

當初懷疑接線盒為鐵，後來發現為鋁(如××所預料)，但是軟管是否為鋁，軟管頭是否為鋁，需要查一下。

當初×××在調查各動力盤進線/出線的溫度，調查是否接線不良，後來發現到××在配動力線時，用不是鋁的軟管頭當Cable Gland 結果溫度偏高異常。

擔心Trunking 及接線盒是鋁，但軟管及軟管頭是否為鋁，再者未來配線就不可以這樣配(3相3條線，一相一條一支管，或二條二條一支管，3相6條線，不可一相2條一支管，或

二相四條一支管，另外一相2 條加接地線一支管(只可以三相六條一支管或三相各三條一支管)。

### ××的電阻箱內電阻器接線

上次去××斗六廠做廠驗，他們每組電阻器有11 支電阻器併聯，11 支電阻器分上下二層安裝及接線。11 支電阻器100 Ω 1200W 併聯，二條線接到模組器線徑為2 條$\overline{5.5}$耐熱線，併聯後的電阻為9.09 Ω 13200W 。

但當第二次在工地廠驗時，打開電阻器箱，檢視如何接線，卻發現有四條$\overline{5.5}$耐熱線經過盤頂洞口向下接，這下又搞糊塗了，到底四條又怎麼接呢？留待××的人告訴吧。



### 空調控制盤及電壓降計算

××提供竣工圖時，繪出HVAC 之MCC 盤，由××負責，MCC 盤體之頂視圖Section2 ～8 ，或以後均繪出開門之方向及大小，但是均偏偏大門與小門之位置，還有Section1 就是沒有繪出開門之方向(左開或右開)。

×期的Process 空調系統，有××～××四套電力系統盤，一套Boiler 及MCC 控制盤，單線圖上的長度與負載電流，比電壓降計算書上的數字大很多，這樣電壓降的數字才會降低。計算書上的電壓降還分成三段，從MCC 到VFD 一段，從VFD 到DS 為另一段，從DS到馬達為第三段，每一段為低於3%，但三段綜合起來，超過4% 甚至5%，因線徑小，又超過長度，是最大的因素，這樣的作法很不好。

### ××的MCC 盤

××的MCC 盤由××承製，共有4 套，××～××，大部份由××參與，本人也參與一次，但因為××已經訂有一套標準，很難再有另一套標準，檢查結果如下：

1. ACB 後面髒。
2. Bus 固定歪斜。
3. LS 接線Cable 不好。
4. 螺絲4 × 3=12 可以取掉。
5. 銘牌ACB 改MAIN 。
6. 提供A B C 端子盤及接線圖。
7. 盤內清潔。
8. CT 之C4 有接地嗎？
9. CT 之Rati 為1250/5 。
10. CT 之測試報告或出廠證明。
11. PT 之測試報告或出廠證明。
12. 上面的濾網可以拿掉。
13. MC 未固定。
14. HRC Fuse 之拔取工具。

【配電盤】作規範外-補充注意事項。

填表日期：100.10.31　頁數：1/2

| 產品別：低壓配電盤、馬達控制中心、VFD 控制盤、PLC 控制盤 | |
|---|---|
| 1 | 開啓式視窗玻璃需使用安全強化型，並製作接地(編織銅帶)。 |
| 2 | 後方封板製作方式採用下低上高式(防水型)，後方把手採用技輝(JHA-42-A)可拆式把手，箱體須附可加鎖頭式扣環。 |
| 3 | ACB 盤後方原鐵製隔板須改爲透明壓克力材質。 |
| 4 | MCC 盤之抽取式 UNIT 採電源端、負載側、接地端同時插取，並須有金屬隔板隔開，避免 UNIT 抽出後觸擊 CU BUSBAR；SPACE 開孔部份須加裝壓克力隔開。 |
| 5 | 盤內銅排採用倒吊式做法，所附的ㄇ型銅排夾須採用無磁性之 SUS304 材質。包括螺絲。 |
| 6 | 盤內 PT 一次側控制用 CP 爲爲 DF、2P 連動(380V 65KA 以上)。DF 爲 S1BA120KA。 |
| 7 | 匯流銅排採鍍錫處理，切斷匯流排須注意裕度。水平與垂直。 |
| 8 | N 相銅排與主 BUS 一樣規格。FUSE 抽出不可太緊。 |
| 9 | UNIT 引出桿位置名稱標示：SERVICE POSITION / LOCK / PULL OUT。 |
| 10 | 每個器具都要標示名稱(含英文標示)包括門板後的標示及線槽的標示。 |
| 11 | 名稱標示在器具上和底板/線槽上(不可移動的地方)。 |
| 12 | 多心的絕緣線須注意接地方式(中間的銅線要接地)。RSTNE 爲 Red，White，Blue，Black，Green。 |
| 13 | ACB 的設定值須標示於 ACB 旁之明顯位置處。 |
| 14 | MCC UNIT 銘牌要標示迴路數、名稱、電壓、負載、來源及安培。 |
| 15 | LOGO 貼紙須統一、大小及位置。含警告標誌。 |
| 16 | MCC 需作負載動作試測(模擬遠控操作方式)。 |
| 17 | 銅排螺絲接線，單顆螺絲只能鎖一條線，並標示記號。 |
| 18 | FUSE 均改用 600V 之 FUSE-Type。 |
| 19 | PT 要做系統接地(二次)及設備接地。(外殻)一台一處。 |
| 20 | 日光燈及風扇都需要接地。(外殻)含電熱器。 |
| 21 | 電錶後方須加保護蓋，控制線需用 O 型端子。 |
| 22 | 單相 220V 負載調整(避免都接 R 相，造成相間電流不平衡)。 |
| 23 | NFB 需加消弧片(相間隔板)，ACB 亦同。 |
| 24 | 動作測試報告需一盤(Unit)一張。 |
| 25 | 接地點須將漆去除並加齒狀的華司。 |
| 26 | 配電盤出貨包裝，須採防塵、防水、防碰之包覆方式。 |
| 27 | ACB 後方的銅排一定要有相隔板(三菱、MG、ABB)。 |
| 28 | MCCB 上下方如連接銅排一定要有相隔板。 |
| 29 | Overload Relay 的設定值要有 0.8～1.25 倍値滿載電流，需有滿載電流之 1.25 倍設定值。 |
| 30 | DF 不使用玻璃型附指示燈型尤其 PT 二次側。 |
| 31 | 拼盤螺絲 Missing 或未栓緊，有的太長。 |
| 32 | 固定 PT 螺絲太小。 |
| 33 | 盤內日光燈用 LED。 |
| 34 | 詳讀 MCC 規範，電氣設備規範，參考 CNS 規範。 |
| 35 | 每一套盤體(含主盤及負載盤)均有一盤名(電壓及回路來源)。 |

| | |
|---|---|
| 36 | 每一套盤體只有一製造商商標。 |
| 37 | Color Code IEC 改為 Grey，Black，Brown，Blue，Green/Yellow。 |
| 38 | ACB 外殼一定要接地。 |
| 39 | PT 為 3 台×50VA(最小)平常 3×100VA 標，不用 3φ100VA。 |
| 40 | 主盤進線銅排接線如為 125mm$^2$(含)以上需為兩孔(Cable Lug)。 |
| 41 | 盤內使用之端子均為標準型，注意孔徑、寬度、厚度。 |
| 42 | 盤內使用之電纜如為 Hypalon，須加套 Ferrule 鎖入端子孔，不可六角壓縮。 |
| 43 | 盤內之指示燈 ON，RUN 為紅色，OFF，STOP 為綠色，Fault 為黃色。 |
| 44 | 電錶改方接線端子加保護蓋。 |
| 45 | PT TR CT 須附出廠證明或測試報告影本。 |
| 46 | 接地銅排上之接線，一個螺絲最多二條線。 |
| 47 | PT 之一次二次接線，如果端子外露須加保護蓋。 |
| 48 | PT 之一次二次接線，如為直立式，端子外露須加保護蓋。 |
| 49 | 盤體之鈑金，不可歪斜凸起，有間隙。 |
| 50 | |
| 51 | |
| 52 | |
| 53 | |
| 54 | |
| 55 | |

| PDP/DP | | |
|---|---|---|
| | Thickness (mm) | Material (材料) |
| Front door (前箱門) | 2.3t | SPHC # 41 |
| Rear door (後箱門) | 2.3t | SPHC # 41 |
| Interior door (前後中門) | 2.3t | SPHC # 41 |
| Top plate (上蓋板) | 2.3t | SPHC # 41 |
| Bottom plate (底板) | 2.3t | SPHC # 41 |
| Real plate (後蓋板) | 2.3t | SPHC # 41 |
| Side plate (側板) | 2.3t | SPHC # 41 |
| Partion plate(隔板) | 2.3t | SPHC # 41 |
| Cable entry plate (串線蓋板) | 3.0t | Aluminum plate |
| Frame (框架) | 50×50×5t (Depend on panel size) | SS # 41 |
| Frame support (支持鐵) | 50×50×5t | SS # 41 |
| Base (底座) | 50×100×50×5t | SS # 41 |
| Channel base (基礎座) | 50×100×50×5t | SS # 41 |

| MCC | | |
|---|---|---|
| | Thickness (mm) | Material (材料) |
| Front door (前箱門) | 2.0t | SPHC # 41 |
| Rear door (後箱門) | 2.0t | SPHC # 41 |
| Interior door (前後中門) | × | × |
| Top plate (上蓋板) | 2.0t | SPHC # 41 |
| Bottom plate (底板) | 2.0t | SPHC # 41 |
| Real plate (後蓋板) | 2.0t | SPHC # 41 |
| Side plate (側板) | 2.0t | SPHC # 41 |
| Partion plate(隔板) | 2.0t | SPHC # 41 |
| Cable entry plate (串線蓋板) | 2.0t | SPHC # 41 |
| Frame (框架) | × (Depend on panel size) | × |
| Frame support (支持鐵) | 50×50×3.2t | SS # 41 |
| Base (底座) | 50×100×50×5t | SS # 41 |
| Channel base (基礎座) | 50×100×50×5t | SS # 41 |

| LDP/RDP/ELDP | | |
|---|---|---|
| | Thickness (mm) | Material (材料) |
| Front door (前箱門) | 2.3t | SPHC # 41 |
| Rear door (後箱門) | × | × |
| Interior door (前後中門) | 2.3t | SPHC # 41 |
| Top plate (上蓋板) | 2.3t | SPHC # 41 |
| Bottom plate (底板) | 2.3t | SPHC # 41 |
| Real plate (後蓋板) | 2.3t | SPHC # 41 |
| Side plate (側板) | 2.3t | SPHC # 41 |
| Partion plate(隔板) | 2.3t | SPHC # 41 |
| Cable entry plate (串線蓋板) | 3.0t | Aluminum plate |
| Frame (框架) | × (Depend on panel size) | × |
| Frame support (支持鐵) | 50×50×3.2t | SS # 41 |
| Base (底座) | 50×100×50×5t | SS # 41 |
| Channel base (基礎座) | 50×100×50×5t | SS # 41 |

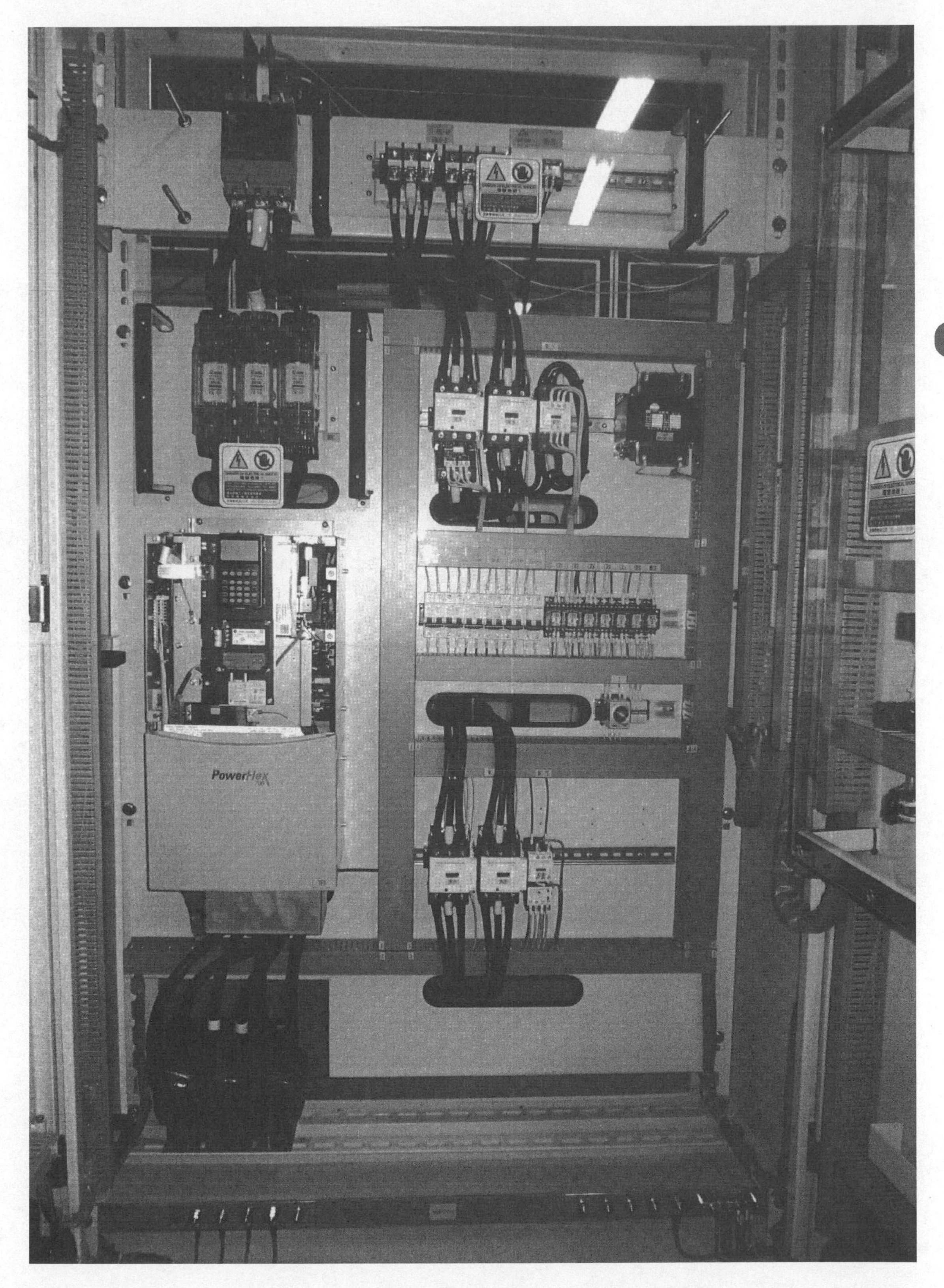
PowerFlex

**××電機的MCC盤**

××電機所承製的MCC盤，其缺失有幾十項，曾要求他們列舉一些項目供參考，及以後的改進。今天列舉一項，就是每一個Unit都一只NFB，NFB裝在底座墊高的架子上，當Unit的門關閉以後，門的平面與NFB的操作手平面同高，這樣形成平整的表面。

但是目前所看到的，幾乎沒有很好，沒有幾個可以平整，這個地方就是品質，這個就是技術。

**××的玻璃型保險絲**



××承接MCC盤之製作，他們安裝了玻璃型保險絲，此種保險絲並沒有被同意。

當這種保險絲裝在盤內，被發現時曾被告知，不准安裝此種保險絲，但××並沒有換掉。MCC盤上面的Unit是銅排接續處所，發現它的蓋板，孔太大，螺絲1.0鎖上無法固定住。

**××MCC盤之缺失**

××公司是向××公司購買MCC盤。

今天去查核PLC盤之門板厚度是否3.2mmt，在現場有三組雙連110V插座，利用Tester去查其接線，發現中間的一組接線錯誤，盤體Channel Base與地面不平，有縫隙之處，請他們以防火填塞將其彌合，另外盤體外面一直以珍珠板覆蓋保護，將要求除去，以便檢查盤面油污或刮漆脫落，才能驗收。

××公司的動力Tray及控制Tray分開安裝，但在盤上面的Tray如何支撐及如何吊裝，根本沒有圖面顯示。

**××電機公司配線所使用之端子**

當與××的×××正面接觸，探詢結果，他都不知道端子的規格及尺寸有多種，即使相同規格，其寬度與厚度都不一樣，一般電機零件的製造商也是沒有偷工但是可能料不對。

材料不一樣，價格也不一樣，但也可能以低價高報，獲取更高的差額。

經向他解釋，他才知道原來有這一回事。

**MCC盤的廠商LOGO**

××公司的MCC盤，幾乎每一個Section都黏貼一個LOGO，太多了，有的頭尾各一個，有的除了頭尾在中間加一個。這樣的LOGO黏貼令人煩瑣，以標準或規範來講，一個列盤只準一個LOGO在左邊或右邊都可以。

××公司或××公司都是一列盤只有一個。

**MCC盤的編碼**

××承製給×××或×××的MCC，每一套MCC有七，八個Section，而××卻將它定位為MCC-1，-2，-3，-8…，MCC只有一盤，如果將它歸為MCC-1，-7等於有七

盤，這樣的編碼不對，因此將它改成Section-1 … -7 才屬合理，所以××的主事者或設計者仍未達要求水平。

這樣的設計造成很多的困擾，圖面屢次修改不好。

×期，××(××)電機公司獲得支持，取得所有廠商的合約，首先是×××再來是××，接著×××及××。記得×期，××只獲得××公司的合約，提供一套×××的控制盤體，如今接單大力增加，但是品質仍是不夠，令人擔憂。它的盤體品質可以比××好，××相比，可以獲得大量的訂單。

MCC 以前××公司也承製過，這次一般使用Facility 的MCC 則由××公司承製，××的MCC 則轉交給高雄的××，品質也是還好。



### ××的MCC 盤

××承製的MCC 盤，在Main 盤上有Power Meter ，PTT 及CTT 。

在Power Meter 上加一個銘牌寫著Digital Power Meter 。

在PTT 上加一個銘牌寫著Voltage Testing 。

在CTT 上加一個銘牌寫著Current Testing 。

在過去的盤體，上面的PTT 及CTT 都沒有這樣的作法，這次不同。

前天會同去檢視××之MCC 盤，發現Main 盤內之線槽排列，居然發現不太相同。

Main 盤內之儀表背面(盤門內面)再加一壓克力罩，去作保護，實際上沒有必要，只要局部做即可。在盤體出來時，ACB 1250/1250 在圖上有In=1250 ×0.9 ，Ir=1250 ×0.9 ×0.6 ，In=1250 才對，現場之設定標示與圖面不符。

### ××的加藥盤

××委託×××在××製作的兩個加藥盤，馬達很小，盤上的銘牌，英文字錯誤From 變成Form 。在工廠廠驗時就發現錯誤曾囑咐換掉。

如今已運到工地，安裝妥當，送電完成，銘牌在上面仍沒有改，它是用黏貼上去的，很容易用手將它撬開。

也曾告知××的計劃經理，他也要求×××改正但一直沒有結果。

### ××的PLC 盤

從PLC 盤到MCC 盤或LCP 盤的線，是遙控的控制線。

盤旁邊有一線架Tray ，發現下面在盤的旁邊並沒有固定或在裡面固定，其上面的控制線已經爆滿，Tray 的蓋子都無法蓋上，而Tray 的線出去應屬於控制線Control ，不是屬於監控P. Scada 。

### ××PLC 盤內之110V 插座接線錯誤

前日去核對PLC 盤之門板厚度，打開PLC02 盤時，看到盤內有三組110V 雙連插座，遂拿來插座測試器，檢查測試結果，三組中就有一組接線錯誤。

同一個盤內，同一個人接線，竟然有1/3 機會錯誤，可知他們對品質的要求不夠。經要求改正，改日再來測試。

### PLC 盤之規範

××公司承接×××工程，而盤體安裝在現場共有三種，第一種是MCC 盤，第二種低壓分電箱LCP ，第三種是PLC 盤。

××公司提供之盤體製造規範也是有三種，第一種是MCC 盤，第二種是低壓分電箱，第三種則是低壓配電盤，所以PLC 盤應該是低壓配電盤。低壓配電盤應該用在動力配電方面，而PLC 盤是低壓110V 控制配電方面，有點差異。



### PLC 盤要不要LOTO

很多PLC 盤之盤門，均裝用一般之門鎖，即是平面埋入，用Key 插入鎖上，如果要解鎖後打開的話，則按一下門鎖鎖孔下方之按鈕，即可彈起門把而旋轉打開。

如果改，要在規範上做修正。

### 施工遮蔽電纜的接地

低壓電纜有遮蔽型，中壓或高壓3KV 以上，5KV ，15KV 或25KV ，甚至最近的161KV 電纜，都用遮蔽型。在遮蔽型電纜施工，配線以後，在工地我們都規定統一在電源側作接地，負載端的遮蔽層懸空。

有一次××在作Mini-Sub 的23.5KV 電纜併聯時，從A 的LBS 接到B ，接到C 再接到D ，結果有一個LBS 內一進一出6 個線端做了3 個接地，這3 個接地不是作在下面一段線的電源端，而是作在上面一段線的負載端。

上面的一段線，電源端與負載端共有6 個全部作了接地，下面的一段線，電源端與負載端都沒有接地，結果在送電時，就出了問題，有時會跳脫電源側的開關，有時在這一段線間產生嘈嘈的聲響。

另外××的60/75MVA 在作遮蔽線(隔離線)的配線時，將遮蔽線剪斷，再用一字型端子接出，這是錯誤的施工方法。

### 空壓機

空壓機共有三台×-501 ，×-502 為1750HP ，× 503 為800HP ，在最初的施工圖及配電盤，盤體圖並未發現有功因改善的電容器。

在送電時，卻發現盤內裝有裕昌的6.6KV 電壓的電容器，3 相供電系統是4160V ，容量不清楚。× 501 ，× 502 與× 503 的電容器容量一定不同。

在送電啓動時，電壓表上的數字會從4160V 降下到3000V ，然後很快就恢復，××在旁邊注意到這情形，但不知道原因。其原因就是因為送電時，充電到電容器，所以有暫時降壓的情形，電容器是與電動機併聯運轉。

### ×××的PDP 盤

××將在×× Building 增設一個PDP 盤，208-120V 給FMCS ，電源來自UPS ，這是第二次檢查，第一次做盤是××的××，這次檢查結果如下

1. 中性線N 的標籤沒有。
2. 接地端子及⏚標籤沒有。
3. Main Breaker 下方的壓克力蓋缺少。
4. 盤外門上未貼銘牌，出示的銘牌也錯。
5. 中隔板的主開關開口上方缺一M 字。
6. 指示燈須為220V(接208V)且為LED Type 白色。
7. 盤下方須有Tray Cover 。



### ××的APC UPS盤的電源/負載開關盤

××在UPS 盤的電源側及負載側各加裝一Breaker ，3P 40A 及3P 80A ，這2 個Breaker 一起放在一個箱裡，正在安裝中，但仍有如下缺點：

1. Ⓝ的標籤沒有。
2. ⏚的標籤沒有。
3. ⏚端子要接到盤體。
4. NFB 的LOTO 安裝不正確。
5. 箱上面的一個Cable Gland 沒有裝好。
6. 進線/出線不順，絞結在一起。
7. Hypalon 線接線須有銅圈不壓接。
8. 接線時削皮長度要剛好。

### ××廠驗

×××期包括熔爐及包裝廠，將電燈插座LDP/RDP ，MCC 盤及PDP 盤全部承包給××公司。××公司將鈑金及烤漆工作交給××的分包商承製(MCC 及PDP)，及××××的分包商承裝(LDP/RDP)。光××的鈑金及烤漆，就去過二次，在××××的鈑金及烤漆，××與本人二人一起去。

在所有箱體運回××××重電廠組裝後，於6 月7 日星期二上午開會後，下午××陪同下二人先行預審，查知進度與準備情形。

6 月9 日在送電會議後，於11 時與××二人前往，中午在台中高鐵站後搭車前往，五點結束，總結下所有缺點，回××。6 月10 日星期五再次北上，此日加上控制部門××及××二人，共同前往當日主要以控制為主，除了Type A ，Schematic Control 加上Remote ON/OFF ，因此需要一組保持ON 接點，ON/OFF 的控制都是以Pulse 控制，改變控制變成A1 版，Schematic Control C1 版也要加(Y-△ Start) 改變控制變成C2 版。

第二項為Main-tie-interlock 控制，二個電源，一個電源沒電，Tie 自動閉上供應，但是Y-△的控制用Timer 改成常閉b 接點，也要在啓動控制完成後，Timer 不用加壓，延長使用壽命，要不然電子產品容易損壞。

在第一天6/9及第二天6/10的檢查，發現××的產品缺失真是多，不管燈插盤，MCC及PDP均有不可經忽的缺點，為數很多。

MCC及PDP盤的主開關，沒有把手，相隔板及端子蓋板，電源側及負載側端子居然沒有螺帽固定，主Bus接到I-Line的Base時，N相沒有與R.S.T相同接法，銅排接到I-Line時，間隙太大，名片可以塞進去。

黃色的標示在MCC及PDP盤中居然有Trip與Fault兩種，××只要一種，鈑金的問題不多，接到相的控制線顏色為紅，接到N相的顏色為黑。

I-Line的電源Bus主要疑問，是為什麼連接螺絲只有一個既使800A，曾經建議××的製造部門，加鑽一個螺絲固定，他們不敢加工，要問原供應商。



××公司這次承接，MCC，PDP，LDP，及RDP盤的工作。

其實××曾經承接×期上半期的中壓盤，包括中壓變壓器，變壓器向××公司購買，雖然如此，但是缺失仍多。

1. Main Breaker之中隔板“M”標示。
2. 壓克力透明板之安裝。
3. 內門調整，這純是鈑金問題。
4. 外門調整，這也是鈑金問題。
5. 內部清潔。
6. 盤門不平。

### ××的PDP盤在門上的Sign

××的盤是PDP盤，雙開的門，兩邊的中間靠近中間位置，各貼有一Warning Sign，有一個地方，左邊的Sign歪斜，眼睛都可以看出，另一個地方是左右不在對稱的位置，不是左邊太靠近中間，就是右邊，實在不好看。

### ××的5××－3－M7A

××這次承攬×期的低壓盤，××－3－××是主要電燈分配盤，經過廠驗發現下列缺點。

1. 日光燈未使用LED燈。
2. 送電前要絕緣測試。
3. 相間隔相片。
4. 比流器的比值。
5. 銘牌的內容及固定螺絲。
6. 內隔門要調整間隙。
7. 主開關之銘牌。
8. 門栓未到位。
9. 外門要調整。
10. 接地銅排未連接。

11. 接線端子盤X2 不見。

### ××的竣工圖及缺失

××的MCC 盤或PDP 盤，使用三菱的ACB 當做總開關，因此需要ACB 的接線圖及端子圖。××只要照抄目錄上的圖即可，但是抄還是抄錯，符號也錯，實在不應該。

1. Meterial 還是 Material.
2. 3 ψ 4W 480V 60HZ 還是3 ψ 4W 480V.
3. Outgoing and incoming cable(S) are from the top of cubicle.
4. Painting color of enclosure is RAL7035 60 μ m.
5. ×－×××－3－××上之CHW －PH1A, －PH1B 改成For Future.
6. PRW －P －501A/B 改成PRW －P501A/B

### 盤體底座的安裝(××)

盤體的安裝，底下都有底座，整個盤體有一完整的底座，左右連接沒有空隙30mm 或40mm ，前後對齊，不會一前一後。××製作的MCC 盤就有一前一後的情形，經詢問×××，他說施工圖上就是如此，其實施工圖上底座根本看不出來。

這種情形根本不能發生，施工圖上沒有，製作上不能發生，安裝時，碰上這種底座，也應立即喊停。

### ××製作的插座總盤

×××期的電氣工程中，負責製作PDP 盤，PDP 盤在××與×××房都各有一盤，××－3－××及×－××－1 －FIA 盤內有一台降壓變壓器，380V/208 －120V 250KVA 。

變壓器的二次側，208 －120V 電流高，每相有三條電線，××都將它接到鄰盤的銅排上。

原先的計劃及最好的配線方式，是變壓器上方架設銅排。××在廠驗時，未將變壓器安裝在盤內，無法模擬實際配線方式，而且在第一盤(××) 送電時，××未能適時阻止，要求××修改，××是不易溝通的工廠。

### 接觸器(電磁開關)

××的MCC 盤××－ 4 －××/××在換裝Breaker 時，被發現其中共有三只電磁開關，在端子接續處的隔相片破裂。

當發出M ail 給××及××後，××決定更換這三只三菱的開關。這是因為他們接線的工程師或工人，不慎所引起，技術不純熟，不小心弄破。

### MCCB 的操作把手

大型的MCCB 在800A 及以上的操作把手，都一樣很短，要操作ON 時，著力不容易，都必須藉助於外加把手，使用時套入扳動減輕困難度。尤其1200A 更不容易，所以外加扳手

(把手)，需要並且平時放置盤內側邊底下地方，有一Bracket 可放置固定，不會遺失。

### MCC 盤的門扣

MCC 盤有好幾個Section ，每一個Section 的右邊都有一個Trunking 配線立線槽，旁邊再有二個三或四個Unit ，供小單位(直接啓動)或中單位(Y －△啓動)或大單位(Y －△加VFD 啓動)。

每個Trunking 都上下各有一個門扣，每一個單位也都有一個門扣。以前××公司在×期時，承造的MCC 盤要求將最上面門扣左右對齊，最下面的門扣也是左右對齊，××公司的×××答應，但在×期時，××的盤體又沒有對齊，這次××公司的盤體也沒有對齊，很幸運地，××公司的盤體就有對齊。



有對齊的門扣，上面與下面的，看起來美觀整齊，乾淨。

### MCC 盤安裝

1. 基礎座是否有水平？
2. 基礎座合併後是否水平，如何調整。
3. 整體是否需要組裝在基礎座上？
4. 鈑金是否彎曲、水平、垂直，間隙是否太大。
5. 開孔是否太大。
6. 鈑金面板或中隔板如開孔太多、太大，都會彎曲不平。
7. ××電燈插座銘牌32 ×6 ×6 －平頭螺絲太長，LDP 盤內兩邊有Duct
8. ××電燈插座銘牌25 ×5 ×4

### 中性點在下游分電盤再接地

昨天(2011.7.19)5 在31m 的××－3 －××要送正式電，原來××安排的，因為他要去高雄廠驗Fire Pump ，Jackey Pump ，所以將此盤的送電交給本人去檢查。

當去檢查時，發現電源端的N 有一條線接地，當時以為是××接的，再問之下才知是××接的，經打電話找來×××及×××問，×××說××接的，但××××說××接的。

當場請××將此線拆除，準備送電，下午吃過飯後，×××來電話說圖上是這樣繪的，我請他帶來查看，如下。

N 相與E 相有－Dot ，表示連接，但是只有××(×××)的圖才這樣繪，事實上沒有Dot ，也沒有接。×××說要接，×××說變壓器側已接，不用再接。

### 缺失

1. 部份烤漆需要修補(部份膜厚不足)。
2. 氣密棉條有縫處需要改善。
3. MCC 燈方孔內側加 Gasket 免灰塵入侵，不用圓孔加塞子。
4. 把手擋片加膠套。

5. 補漆處加以改善使之美觀，有三補漆處加以研磨重噴。
6. INV ，Keyboard 或加護套固定方式改善。
7. ACL 端子加熱縮護套。
8. MS MCCB 加設 Cover.
9. Spare parts fuse, lamp.
10. Miss the cover terminal block of.
11. Open/Close of block door is difficult need the adjustment.
12. Control N/A modules.



## 配電盤操作及維護說明書（抄自××電機公司）

MCC 盤主盤操作說明：
每一 MCC 盤均有一組操作開關
功能說明如下：
●CS 切至 ON 時，ACB ON ，主接點閉合，系統送電，RL 燈亮。
●CS 切至 OFF 時，ACB OFF ，主接點斷開，系統斷電，GL 燈亮。
●系統短路或過載時，ACB TRIP ，主接點斷開，輔助接點閉合，系統斷電，YL 燈亮。
●CTT 為測試及校正集合電錶(PM)之用。
●集合電錶(PM)可顯示系統之 A ，V ，KW ，KWH ，PF …等參數。

## MCC 盤 MOTOR 控制迴路操作說明：

1. 每一迴路於設備旁設有一組操作開關
LOCAL/OFF/REMOTE CS 切換功能
●CS 切至 REMOTE 狀態時，系統之 ON/OFF 運轉由 PLC 自動控制。
●CS 切至 OFF 狀態時，該迴路停止運轉。
●CS 切至 LOCAL 狀態時，系統之 ON/OFF 為下方之 PBB －ON 及 PB －OFF 控制之。
2. 盤面指示燈功能(如右圖)
●ON/OFF/FAULT 狀態指示燈。
●把手可從盤外操作 NFB 之 ON/OFF 。
●當發生 TRIP FAULT 且故障排除後可按 RESET 鈕復歸。
3. 外部監視/控制點功能
●狀態監視：RUN/STOP MODE 。
●FAULT MODE 。
●狀態控制：REMOTE MODE 。

## 配電盤操作及維護說明書

INV 盤控制迴路：
每一回路設有一組操作開關

1. CS1 REMOTE/OFF/LOCAL 切換功能

●CS 切至 REMOTE 狀態時，該迴路之 ON/OFF 及運轉頻率由中控室負責。

●CS 切至 OFF 狀態時，該迴路停止運轉。

●CS 切至 LOCAL 狀態時，該迴路之 ON/OFF 為盤面之 PB － ON 及 PB － OFF 控制之，系統之運轉頻率由中控室負責控制之。

2. CS2 VFD / AUTO BYPASS / MS 切換功能

●CS 切至 VFD 狀態時，該迴路使用變頻器運轉。

●CS 切至 AUTO BYPASS 狀態時，該迴路使用變頻器運轉，如遇變頻器發生故障而停機時則自動由旁路啓動。



●CS 切至 MS 狀態時，該迴路使用旁路運轉。

3. RESET 功能

●PB － RESET ：當變頻器異常排除後，持續按下此 PB 始可完成異常復歸。

●所有 RESET PB 在正常運轉狀態下操作份無效。

4. 盤面指示燈功能

●運轉中，紅燈亮(ON) 。

●停止時，綠燈亮(OFF) 。

●異常時，黃燈亮(FAULT) 。

●KEYBOARD 可顯示及設定變頻器之參數。

續次頁

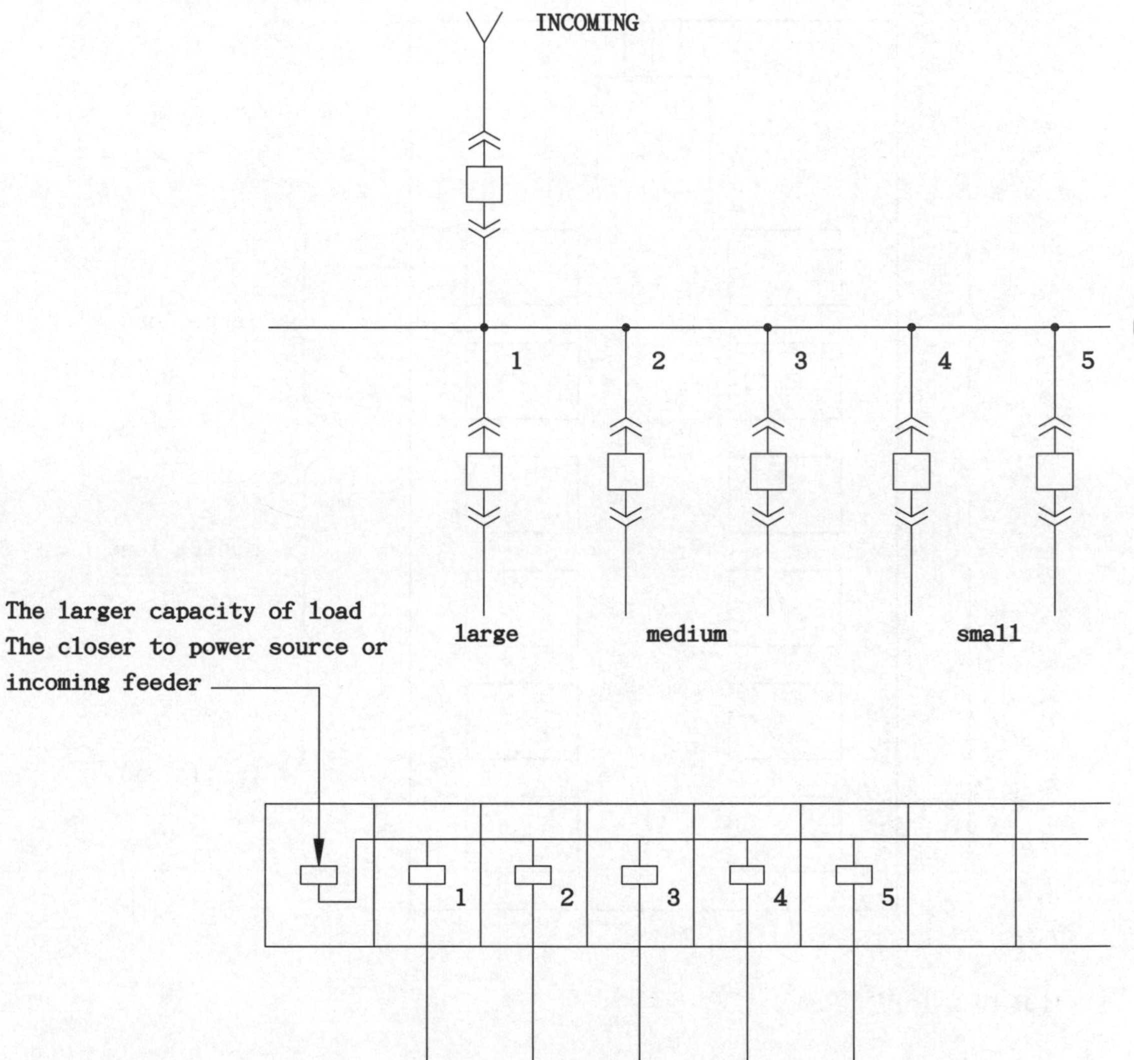
INCOMING
1
2
3
4
5
large
medium
small
The larger capacity of load
The closer to power source or
incoming feeder
1
2
3
4
5
large
medium
small

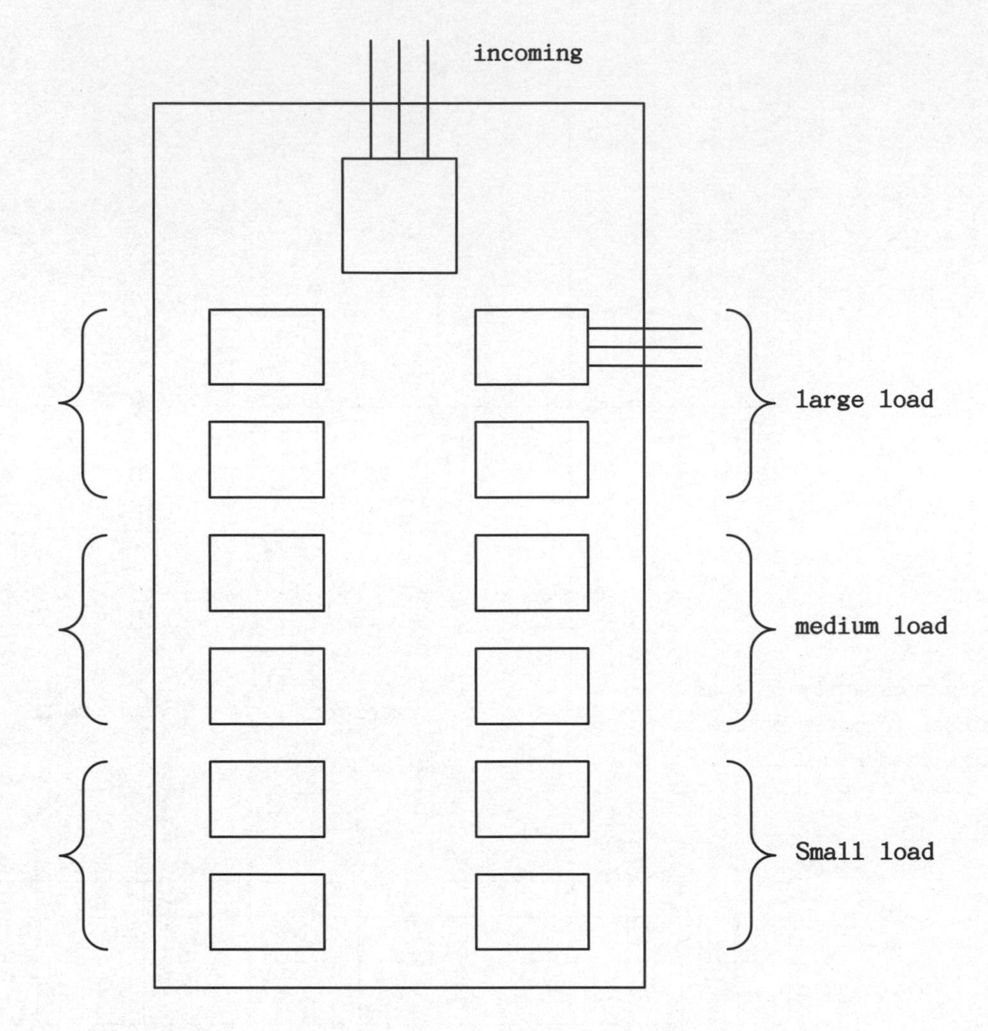


××I-LINE PDP Panel

1. A→R，B→S，C→T。
2. Main Breaker 之分相隔板。
3. Main Breaker 之一次/二次蓋板。
4. Main Breaker 之一次側銅排端子孔為橢圓形。
5. 盤與盤之間銅板連接。
6. 銅排固定板之相間固定螺絲材質為不鏽鋼。
7. Warning Sign。
8. 外門板及內門板之接地端子刮漆。
9. 從相及中性線接出之線顏色為紅及黑。
10. D-Fuse 之Fuse Holder 為三和120A，Fuse 為Spain not the 丘×× product 100KA 兩種廠牌其間隙有問題。

11. 盤內日光燈為 LED Type 。
12. PT 安裝在盤底或內門，均須有 Acrylic 蓋板。
13. CT 之端子應有蓋板。
14. PT 外殼接地。
15. Lighting fixture 外殼接地。
16. CT 之共同點接地。
17. N 黑色 Label 。
18. ⏚ 綠色 Label 。
19. 800A Main Breaker 要有 Handle 。
20. 線接地 I-Line base 歪斜。



**××RDP/LDP Panels**

1. 接線箱前蓋板(盲蓋板)。
2. 內門板。
3. 內門板上之"M"總開關開口上方。
4. 接線端子須套上銅圈。
5. Warning Sign 圈。
6. 內門板之鎖把安裝位置，Ｉ開一閉，要統一。
7. 主接點之 Acrylic 蓋板位置。
8. 分路開關號碼 4 之連線。
9. 內門板之 Packing 。
10. 外門板及內門板之接地螺絲刮漆。
11. 如有 D-Fuse ，Fuse Holder 為三和，Fuse 為 Spain 兩種廠牌其間隙有問題。
12. ×－×－×盤中間有 Acrylic 蓋板。
13. ××－××－Relay －××(正面)。
14. 線接到 Base ，端子歪斜。

## 7-10 廠驗會議記錄

1. SQD Breaker 一次/二次側要加銅圈。
2. 所有接地端子要刮漆。
3. 電抗器、變壓器、日光燈、Heater 外殼接地。
4. 所有 Fuse 座須加固定片，以免搖晃。
5. 要選用符合線徑，孔徑的圓形端子。
6. MCC 操作面板全部未鎖緊。
7. 所有盤的端子台編號未標明。
8. MCC 盤之 ACB 的 N 相二次線未固定。
9. MCC 盤背後接地線未完成，螺絲太長，換剛剛好的長度尺寸。

10. 銅排夾件的選用螺絲要一致，最好選用不鏽鋼材質為唯一選擇。
11. MCC 抽取式單元，抽取操作困難，須重新再調整。
12. MCC 固定式單元之所有接地線未完成。
13. 控制端子未在線溝內，請更正。
14. ××－4－××/××的控制線未提供，請加速完成。
15. IT 盤之盤體接地未完成。
16. IT 盤之內門不平整，請調整鈑金。
17. IT 盤外門之下部要調整鈑金。
18. MCC 盤之銅排接線，只允許一個為橢圓形，一個為圓形，不可兩個同時為橢圓形，孔徑與螺絲須符合，不可過大。
19. MCC 盤之角鐵間固定，須使用適當之固定片。
20. MCC 盤之接地線的線徑與端子及螺絲的大小須符合。
21. MCC 盤的儀錶後面，須加 字型檔板。
22. 所有燈插盤之 Breaker 皆固定不良，且會搖動，須改進。



**缺失**

1. LDP/RDP/IT Panels
a. Labels for earth and neutral need.
b. Two of earth buses need to link together.
c. Acrylic cover for 3 phase wires connected to base.
d. Screws for name plate change to flat type.
e. Relay panel needs the acrylic cover at center position.
f. Control wire connected to phase should be red. Neutral should be black.
g. Two wire ducts need at both side of base for wiring.
h. Sheet metal need adjustment.
2. EMCC panels
a. D-Fuse moving not fixed.
b. Label for D-Fuse.
c. 1000VA labeled with PT1, 50VA ×3 labeled with PT2～4.
d. Label of trip or fault need to be same.
e. Main breaker main bus non fixed nut.
f. Drawings need to be revised.
3. PDP panels
a. N phase connected to I-Line base need to be same as R.S.T. phase.
b. Main control wires connected to main bus with wire shield.
c. VTT change to PTT.
d. Sheet metal need the adjustment.

e. Main breaker need phase separator, terminal cover and handle.
f. Panel lighting to be used LED tube type.
g. 80 used terminals are 60 wrong size.
h. Flexible conduit from panel to door impacted.

**缺失**

1. To install name plate for all panels.
2. To install CKT no for all lighting & receptacles panels.
3. To install label for earth bus, neutral bus & RST power bus.
4. Paint touch up all panels.
5. Bolt tightning & torgue check all panels.
6. ××－3－×× blue phase bus bar insulation broken.
7. Replace bake lite plate in front of Ltg & Receptacles panels with the sheet metal plate of the same color as panel.
8. Check all panels pad lock bracket some panels can not fully close.
9. Pad lock bracket no paint.
10. Space door I-Line support to make straight & paint.
11. All CT shall be supported by the bake lite support.
12. Control schematics drgs to be revised (see ×× comments).
13. To make straight & align I-Line panels connections.
14. Neutral cable shall be same for all panels.
15. To provide grommet cover on all openings.
16. To provide duct for all loose wiring in all panels.
17. To provide stopper at the end of terminal block or fuse block.
18. To provide operating handle for MCCB operation.
19. Continue FAT for remaining tests (1) Insulation test (2) High pot test (3) Tie-inter lock test (4) Appearance check.
20. Tatung to check & confirm VFD rating suitable for the motor sizes.
21. I-Line 銅板油漬須清除。
22. 所有I-Line N 相銅板須與後方貼平。



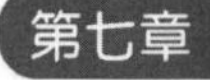

**缺失 2011/06/11**

1. ×××－4－×× to check the ACB rating install 1250A on drg 630A will be replaced.(borrow from ××)
2. ×××－4－×× unit1－4 & unit1－3 MCCB not installed.
3. ×××－4－×× to check ACB rating install 1250A on drg 630A will be replaced. (borrow from ××)

4. ×××－4－××to check ACB rating install 1250A on drg 630A will be replaced. (borrow from ××)
5. ×××－4－×× unit2－4 Xmr not installed.
6. ×××－4－×× unit3－3 & 3－4 MCCB not installed.
7. ×××－3－×× unit2－6 & 3－1 MCCB not installed.
8. ×××－3－×× unit2－4, 2－5 & 2－6 bucket castt not installed.
9. ×××－4－×× unit1－3 & 1－4 MCCB not installed.
10. ×××－4－×× unit2－4 Xmr not installed.
11. ×××－4－×× unit2－4 Xmr not installed.



12. ×××－4－×× unit3－3 & 3－4 MCCB not installed.
13. ×××－3－×× unit2－5 MCCB not installed.
14. ×××－3－×× to check & revise inner arrangement drg as per actual component installation.
15. ×××－3－×× unit2 & 7 MCCB not installed & clean bus bar.
16. ×××－3－×× unit2 & 7 MCCB not installed & clean bus bar.
17. Insulation check by Tatung OK.
18. Function check & control check to be done again.

**會議記錄**

主題：First delivery panels inspection, third times FAT

內容：Punch amendment & remain modification items.

1. Punch amendment finish items.
   a. SQ-D breaker have removed all terminal done.
   b. All grounded terminal are need to scrape colored plating.
   c. All reactor, transformer, florescent light and space heater casing are grounded finished.
   d. All fuse base have fixed reinforcement plate done.
   e. ACB breaker which N phase of secondary side wiring are fix tight.
   f. MCC fully withdraw able unit which sheet metal adjustment finished.
   g. IT panel's casing grounded finished.
   h. UP/DOWN side of external door sheet metal adjustment finished.
   i. A real side of instrument in the MCC panels have added type battle plate done.
   j. ×××－4－××/×× control schematic diagram finished.
   k. R.S.T. phase label all finished.
   l. 80 used terminals are 60 which changed finished.
   m. PDP panels flexible conduit from panel to door have finished punch work.

2. Defect items list as belows.
   a. LTG/REC relay panel board transparent cover are not finished yet.
   b. Panel lighting 20W LED have fixed done, but 20W LED can' t fixed into 600mm wide panels and LED light without 10W, this items has impactt to our specification, Tatung have to issue RFI to ××/×× require solution.
3. Delivery time before June 23, 2011.

**會議記錄**

主題：FAT for ××× MCC & VFD Panels

內容：

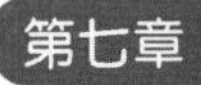


1. The electronic overload shall be automatic reset type w/ model no. SE – KIAN not manual reset.
2. A bypass switch shall be provided next to the electronic overload for all PRW circulation pump and labeled to "Normal/Bypass". The bypass switch shall be key switch type. The key pull out will be the "normal" position.
3. Status of the "Electronic Overload" shall be monitored by the PLC.
4. The electronic overload shall be labeled to match the actual rating of alarm setting.
5. The thermal overload of the PRW circulation pump starter shall be disabled by meant of putting a terminal jump.
6. Labels of the cooling tower fan VFD mode selectors shall be changed as below.

Punch GST　　　　　　　　　　　　　　Dated24-June-2011

1. Label neutral bar & terminal & earth.
2. Make the bas bar connections panel to panel joint straight and bus bar to I-Line base.
3. To provide cover for the front opening.
4. Paint touch up.
5. Provide MCCB separation where required and primary/secondary terminal cover.
6. Torque check all bolts & provide marking identification.
7. Clean all panels before delivery and before power on.
8. Clean bus bars.
9. MCCB rating & Qty shall be as per the ×× latest drgs &ITC.
10. Tatung to provide & dispatch engineer from the factory to carry out repair & punch list clearance at site. All defects will be cleared within one week after

delivery at site.

11. Revise the mistakes on the shop drawings.
12. Change all the fuses in holder to suit the size.
13. Stick on the phases A?R and warning sign.

**會議記錄**

1. Shop drg ×××－D73－00491B－S02 (××drg ××-5000-519) Rev 1A, Tatung drg to be updated as per FCN form ××.
2. All panel drgs shall be follow ×× ITC & FCN. All change not included Tatung will do at site.
3. All panel drgs shall show earth bar as per ×× drg and ground bar shall connect to main ground bus at site.
4. ×××－A－D73－00491B－S04 update as per ×× ITC & FCN.
5. ×××－D73－00491B－S23 update drg need to add MCCB #26 250AF/125AT MCCB not install Tatung will install at site.
6. ×××－D73－00491B－S26 update drg need to add MCCB #13 100AF/100AT MCCB not install Tatung will install at site.
7. MCCB #6 & 7, MCCB rating to be as per ×× ITC & FCN rated at 50AT change MCCB.
8. Clean all panels & bus bars before delivery to site.
9. Torque all bolt before delivery to site.
10. Provide missing name plates.
11. Paint touch up.
12. Provide MCCB separator & front cover.
13. MCCB rating & Qty shall be as per the ×× latest drgs &ITC issued.
14. Change all fuse holders to auto-⋯.
15. Tatung to dispatch factory engineer &QA1QC engineer to carry out repair & punch list works clearance at site within one week of delivery panels.
16. Label neutral & earth bars.

**會議記錄**

1. ×××－M－××盤，R.S.T 線須整齊，固定螺絲須鎖正。
2. ×××－M－××盤，R.S.T 線須整齊，固定螺絲須鎖正。
3. R－M－××，內門髒須清潔，RY 標示未做，請補齊。
4. ××－M－××盤，R.S.T 線須整齊。
5. ××－M－××，內門鈑金，須調整，因開關門板時聲音太大，面漆有刮痕，須做適當處理。

6. ××－M－××盤，R.S.T 線須整齊，固定螺絲須鎖正。
7. R－M－××，RY 標示未做。
8. ××－M－××，線須整齊調整，內門後面漆脫落。
9. ××－M－××，面板須補漆(××－M－××)。
10. R－M－××，面板須補漆。
11. ××－M－××，線須調整齊。
12. ××－M－××－IT1，接地之植釘部份須補漆。
13. ××－M－××－IT1，線須整齊，螺絲鎖正。
14. ××－M－××－IT1，線須整齊，螺絲鎖正。
15. ××－M－××－IT1，鑽孔錯誤填補。
16. ××－M－××－IT1，線須整齊，螺絲鎖正。
17. ××－M－××－IT1，烤漆顆粒過大處理。
18. ××－M－××－IT1，××－M－××－IT1，××－M－××－IT1，內門鈑金須調整。
19. Label "M"或 Main Breaker 須標示。
20. Acrylic Cover 向下移或缺或破。
21. 螺絲孔塞補。
22. 內門調整。
23. 主接線端子歪斜。
24. 銘牌××－2－××，××－2－××，為3 $\psi$ 4W 220V 加From 名稱。
25. 外門 Warning sign 貼正(每一盤須相同)。
26. ITC 要求 Rating 及增加的數量，須即時補齊修正，切勿將過多的 MCCB 或 RY 至現場安裝。

## 會議記錄

### A Test Panels

1. Name plate missing.
2. Drg pocket not provided in the panels.
3. Ground cable installed with green sleeve.
4. ELR wiring not require remove & make neat.
5. Cut extra duct to signed make neat.
6. No communication to SCADA.
7. Label component inside.
8. 2nos mrs hot installed.
9. 2nos MCCB not installed + 1nos volt meter not installed.

### B General panels

1. Name plate missing.
2. MCCB shall be rated as per latest ITC/FCN ×× drgs.
3. MCCB Qty shall be as per latest ITC/FCN ×× drgs.
4. Torque test all bolts & mark identification.
5. Label CKT as per latest ×× drgs.
6. ××－×× ON/FF switch not installed.
7. ××－×× manual auto switch not installed.
8. Panels internal not clean.
9. Wiring in all panels to tidy up & run inside wire duct.



10. I-Line panels CB not straight & loose. Vacant space between CB & cover.
11. Blank space to be covered with proper covers.
12. Empty/unused screw holes to be covered or sealed.
13. Panel 5－××－F－×× incomplete no component install.
14. Panel 5－×××－××－ Manal/Auto switch 4 nos not installed & ON/OFF PB 4 nos not installed wiring hanging loose.
15. ××－F－×× panel wiring incomplete.
16. ××－××－F－×× wiring incomplete.
17. 5－××－F－×× wiring incomplete.
18. 5－××－F－×× internal door making noses & operation not smooth to repair.
19. ××－F－×× panel wiring incomplete.
20. All panels blank covers shall be installed to cover the open bus bar.
21. Tatung to revise drawings as per latest ××/ITC/FCN issued.
22. ××－M－×× 50Amps MCCB not installed.
23. ××－M－×× 50Amps MCCB not installed.
24. Relay panel drawings to be updated & revised by ××× or per latest FCN/ITC/×× drgs.
25. Informed Tatung QC to install MCCB’s in panels as per latest drgs & discuss all the old drgs.
26. ELCB what is white color and why connect to neutral bar with many turns.
27. Light control by PH(phone cell) ××× to provide CKT detail.

### C EMCC

1. 所有 CT 線需劃線。
2. ××－4－××2－1 TR 缺保護蓋。
3. EMCC TR 外殼接地不足。
4. ××－4－××1－3 門不順需調整。

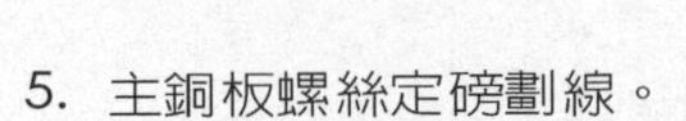



5. 主銅板螺絲定磅劃線。
6. TR 上方加保護蓋，二次側需改為前側(Front)。
7. 突波接收器進線處加保護套。
8. MCC 抽取式需調整。
9. ×× request for additional CKT & component for motor thermal working temp protection Tatung already drill hole on the panel door.
   ×× to submit cost & if approved Tatung will do wiring work modification at site ×× & ×× to issue FCN asap.
10. Y －△ contactors front need a plastic cover.電磁開關前加保護蓋。
11. TR or PT secondary side 120V one end need earthing.
12. Name plates missing.
13. ××, ××, ×× panel section upper one plate missing.
14. Hand tool & bracket need to be installed at left bottom side.
15. Name plate "Fault" will be changed to "Trip".
16. Terminal board number × 2 missing.
17. Flexible PVC conduit need to tie on.
18. HV withstand, contact resistance, continuity & functional tests need to be done and provided the report today.
19. Improve and prepare to deliver to site on Wednesday.
20. Some paint at rear side damaged.
21. Over load relay need to be revised from drawing.
22. Name plate 3 $\phi$ 3W 480V change to 3 $\phi$ 4W because Y-connection.
23. "5 ×× － 4 － ××" KS 補小銘牌，內容為 25-RY 。
24. General cleaning of panel.
25. 3E setting to be done at site by ×× engineer ×× will dispatch engineer at site during testing & power on to pump (PRW).

第七章

D /5RDP

1. ××－1 －××－1 主MCC 開關加長把手。
2. MCCB 加隔板
3. I-Line MCCB 飾板缺。
4. 接地線皮鎖到，N. E.貼紙未貼。
5. Name plates missing.
6. One screw missing for cover holder.
7. Bus bar connect to base terminal no tight (big gap between).
8. TR 250KVA 400/120-208 not installed (from ××) expected to install 17/8/2011.
9. Paint touch up.

10.I-Line bus bar protection cover to provide.
11.General cleaning of the panel.

E ECDA

1. ATS 把手加固定座。
2. ATS 盤外標示模擬母線。
3. ATS 後方控制線距離太近(端子移入)。
4. ATS 本體上方上保護蓋缺。
5. 內門不易關需調整。
6. 前方正面之端子盤排列與圖同。
7. 端子盤要 Plastic cover 。
8. 端子盤前方需一線槽。
9. Contact resistance check with。
10.General cleaning of panel inside 。

**會議記錄內容：**

**燈插盤**3A

1. ××－M－××，右下邊鈑金處理，外門中間凸起。
2. ××－M－××，系列控制圖與物不符。
3. R－M－××，缺T/U ，缺2 ，RY 缺4 。
4. R－M－××，圖與物不符，依最新圖面。
5. ××內門須調整。
6. R－M－××，外門調整 。
7. ××門栓未定位，T 相螺栓歪 。

**插座盤**4B

1. ××內門調整，門栓未到位。
2. R－M－××，缺透明蓋板，內外門調整。
3. ××內門調整。
4. ××外門中間凸起
5. ××內底座全部裝錯。

**插座盤**5A

1. 控制線圖與物不符。
2. MCCB M 貼紙。
3. ××內門調整 。
4. R－M－××底座未鎖緊 。

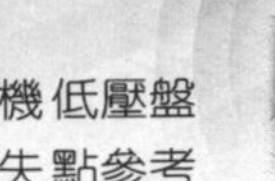



5. ××M 貼紙，S 相未鎖緊。

## 插座盤RA

1. ××缺整個底座(無)。
2. ××，MCCB 二次側透明蓋板缺。
3. ××M 缺貼紙，N 相貼紙，清潔。
4. ××補漆外門調整，M 貼紙，R 相壓線。

×× ××－2－M3A/ ×× ××－1－M3A

1. TR 銘牌缺，模擬母線，大同銘牌缺。
2. 掉漆須補好。
3. TR 溫控須改內側。
4. M3A －1 缺日光燈及TR 上方保護蓋。
5. 相間隔板，保護蓋缺。
6. 內外門鈑金不須調整。

×× ××－2－M3A －1～4
　　××－1－M3A 7/18 至工地

## 盤5 －××－3 －××缺失

1. PT 外殼未接地。
2. 盤面壓克力銘牌欠缺需補齊(Power meter)。
3. 進線盤PT 保護蓋太小。
4. 進線盤NFB 進線銅板須改2 孔。
5. 外門編織帶螺絲接點烤漆須清除。
6. 主NFB 隔板須安裝(及上下蓋板)。
7. 未安裝接地銅板的固定件須拆除，及補漆。
8. 盤外烤漆破損部份須改善(側板)。
9. 2-3 ，2-4 盤門銘板與其它盤未對齊。
10. 警告標示未標示。
11. 外門門把須調整整齊。
12. TR 保護蓋未安裝。
13. 進線盤N 相銅板需引線至前方銅板。
14. 盤上鐵板欠缺部份須補齊。
15. 端子台N 相須標示。
16. 最上層外門密合度須調整。
17. 操作面板與外門密合度須調整。
18. PLUG 須加保護蓋。
19. NFB 一、二次側動力線須重新改善太長或損壞部份。

20.NFB 固定螺絲全部需加強固定。

**盤××－4－××/5ACB－4－××/××－C1－M1D 缺失**

1. ACB TIE 盤COS 標示內容須改，盤面器具名稱須改。
2. ACB 操作把手工作架須外移至盤內，左側下方。
3. 未安裝器具的盤面需加盲蓋。
4. 電磁開關欠隔板部份與補齊。
5. Fuse 標示錯誤須改(電熱器英文錯誤)。
6. M1D(1-1)盤 Rest 銘板太大需與其他一致。
7. ACB 內門碰到線槽蓋須調整。
8. 整面器具銘牌欠缺須補齊(ACB 銘牌)。
9. 盤頂開孔部鐵板須補齊(ACB 盤全部)。
10. 盤內門楣烤漆破損須補。
11. TR 接地線配線改往左引線至接地銅板。



**缺失**

1. ｜｜｜壓克力罩
2. 銘牌螺絲
3. Relay 壓克力罩
4. LDP Panel－phase－Red
   －Neutral－Black
5. Two wire ducts at both side for wiring
6. EMCC－D-Fuse moving
7. DF7/8－25A
8. DF1/2/3－16A
9. DF4/5/6－2A
10. PT1－1000VA
11. PT2～4－50VA
    ××－3－××
12. Main breaker 加 phase separator 及 handle
13. 80 端子太小
14. 門栓
15. 一次/二次端子 cover
16. 日光燈改 LED 燈
17. N 相不可彎上來
18. VTT 改 PTT
19. 板金調整

20. 接到Breaker上下未繪線
21. 主控制線夾到被覆
22. Fault與Trip
23. N相與R.S.T.相相同
24. 接配到I-Line Panel

1. ××－3－××
a. Main breaker 600A need phase separator.
b. Main breaker 600A need operating handle.
2. ××－4－××/××
a. 門栓
b. D-Fuse鬆動
c. DF1/2/3 16A太大 DF4/5/6 2A
d. PT2～4 50VA ×3
e. PT1 100VA
f. DF7/8 25A太大
3. IT/LDP/RDP
a. Label⏚ 兩者連通
b. Label N
c. 三相接線處需壓克力罩
d. 銘牌螺絲改平頭
e. Relay盤需壓克力罩
f. Phase － Red ，Neutral － black

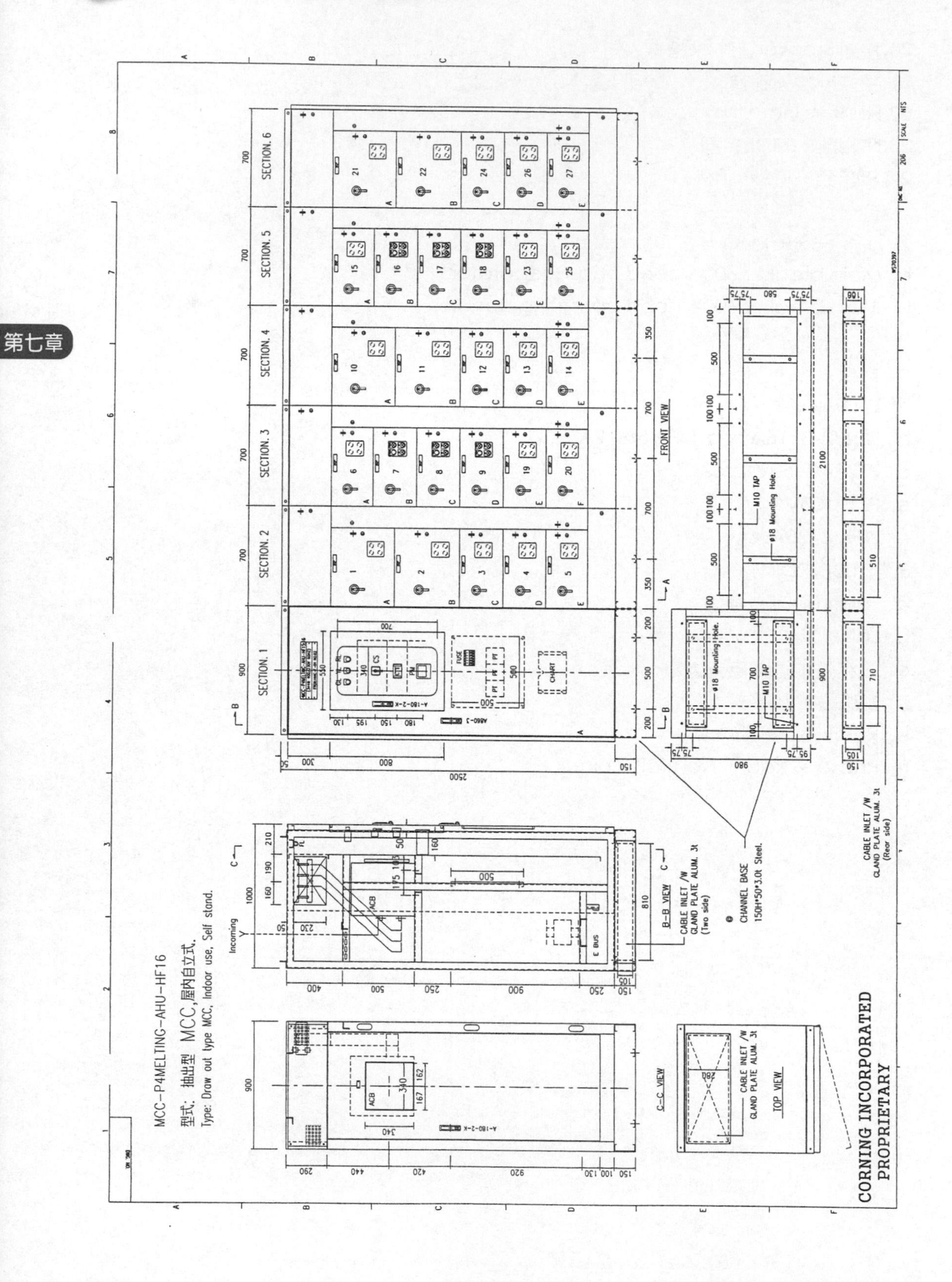

MCC-P4MELTING-AHU-HF16
型式: 抽出型 MCC,屋內自立式.
Type: Draw out type MCC, Indoor use, Self stand.
SECTION. 1
SECTION. 2
SECTION. 3
SECTION. 4
SECTION. 5
SECTION. 6
FRONT VIEW
B-B VIEW
C-C VIEW
TOP VIEW
CABLE INLET /W GLAND PLATE ALUM. 3t (Two side)
CHANNEL BASE 150H*50*3.0t Steel.
CABLE INLET /W GLAND PLATE ALUM. 3t (Rear side)
CABLE INLET /W GLAND PLATE ALUM. 3t
M10 TAP
φ18 Mounting Hole.
CORNING INCORPORATED PROPRIETARY

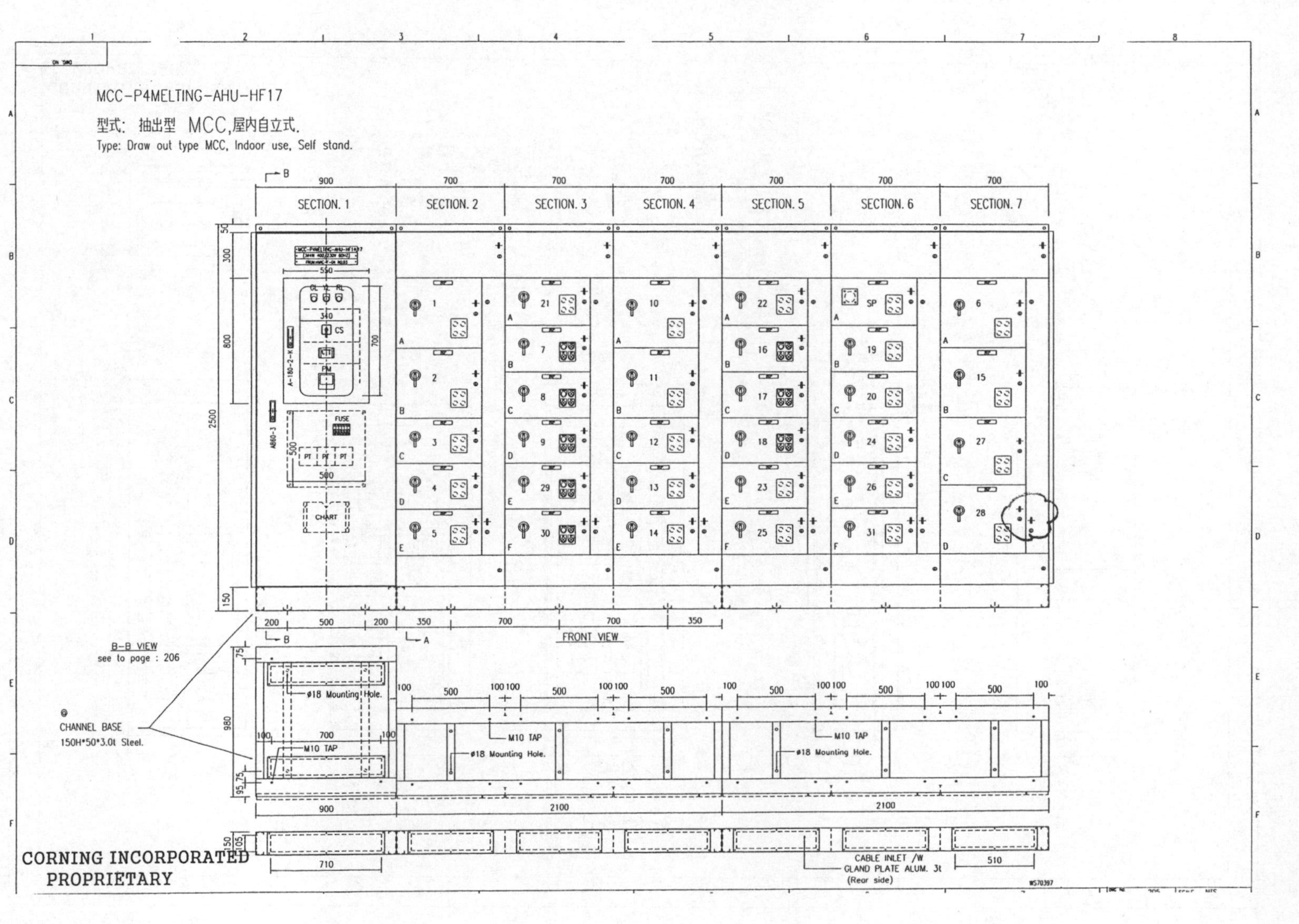
MCC-P4MELTING-AHU-HF17
型式：抽出型 MCC,屋內自立式.
Type: Draw out type MCC, Indoor use, Self stand.
SECTION. 1
SECTION. 2
SECTION. 3
SECTION. 4
SECTION. 5
SECTION. 6
SECTION. 7
FUSE
CHART
FRONT VIEW
B-B VIEW
see to page : 206
CHANNEL BASE
150H*50*3.0t Steel.
ø18 Mounting Hole.
M10 TAP
CABLE INLET /W
GLAND PLATE ALUM. 3t
(Rear side)
CORNING INCORPORATED
PROPRIETARY

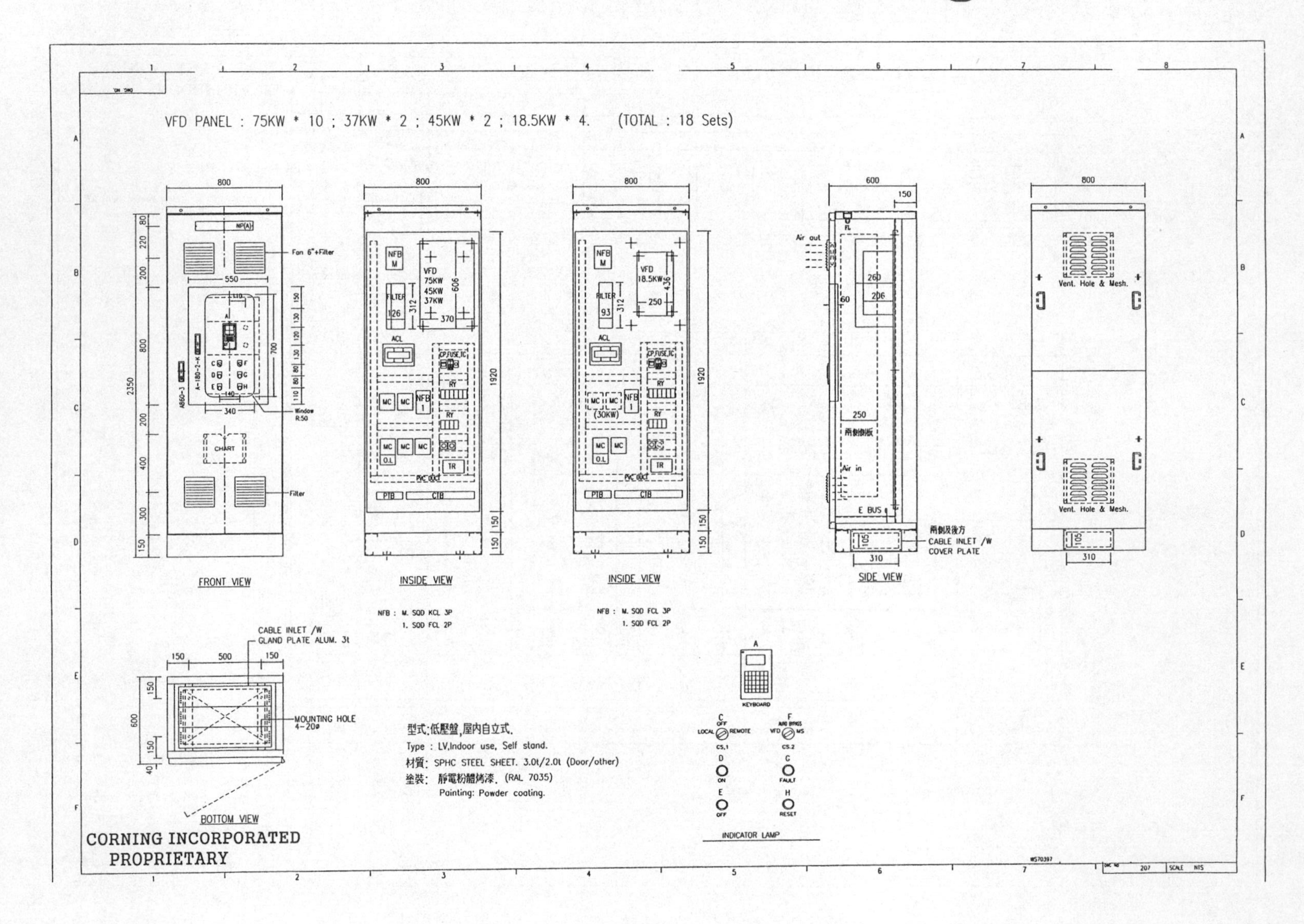
VFD PANEL : 75KW * 10 ; 37KW * 2 ; 45KW * 2 ; 18.5KW * 4. (TOTAL : 18 Sets)
FRONT VIEW
INSIDE VIEW
NFB : M. SOD KCL 3P
1. SOD FCL 2P
INSIDE VIEW
NFB : M. SOD FCL 3P
1. SOD FCL 2P
SIDE VIEW
兩側及後方
CABLE INLET /W
COVER PLATE
Vent. Hole & Mesh.
Fan 6"+Filter
Filter
CABLE INLET /W
GLAND PLATE ALUM. 3t
MOUNTING HOLE
4-20ø
BOTTOM VIEW
型式:低壓盤,屋內自立式.
Type : LV,Indoor use, Self stand.
材質: SPHC STEEL SHEET. 3.0t/2.0t (Door/other)
塗裝: 靜電粉體烤漆. (RAL 7035)
Painting: Powder cooting.
KEYBOARD
INDICATOR LAMP
CORNING INCORPORATED
PROPRIETARY

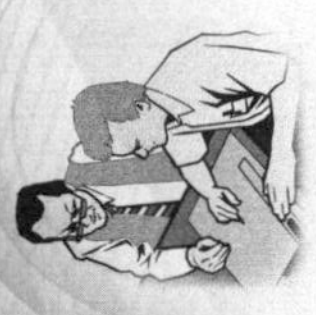



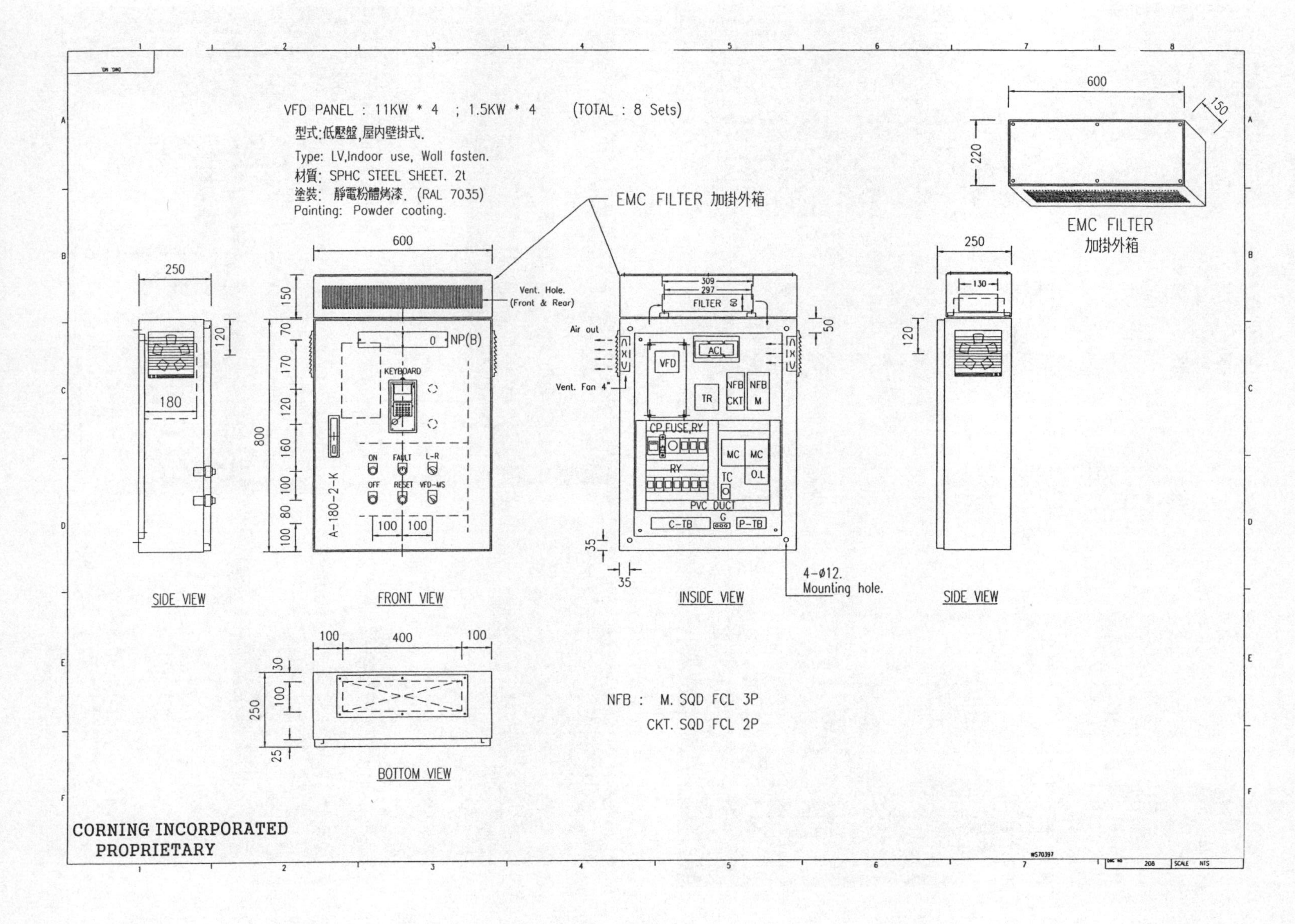
VFD PANEL : 11KW * 4 ; 1.5KW * 4 (TOTAL : 8 Sets)
型式:低壓盤,屋內壁掛式.
Type: LV,Indoor use, Wall fasten.
材質: SPHC STEEL SHEET. 2t
塗裝: 靜電粉體烤漆. (RAL 7035)
Painting: Powder coating.
EMC FILTER 加掛外箱
Vent. Hole.
(Front & Rear)
NP(B)
KEYBOARD
ON
FAULT
L-R
OFF
RESET
VFD-MS
A-180-2-K
Air out
Vent. Fan 4"
FILTER
VFD
ACL
TR
NFB
CKT
NFB
M
CP,FUSE,RY
RY
MC
MC
TC
O.L
PVC DUCT
G
C-TB
P-TB
4-Ø12.
Mounting hole.
SIDE VIEW
FRONT VIEW
INSIDE VIEW
SIDE VIEW
EMC FILTER
加掛外箱
BOTTOM VIEW
NFB : M. SQD FCL 3P
CKT. SQD FCL 2P
CORNING INCORPORATED
PROPRIETARY
SCALE NTS

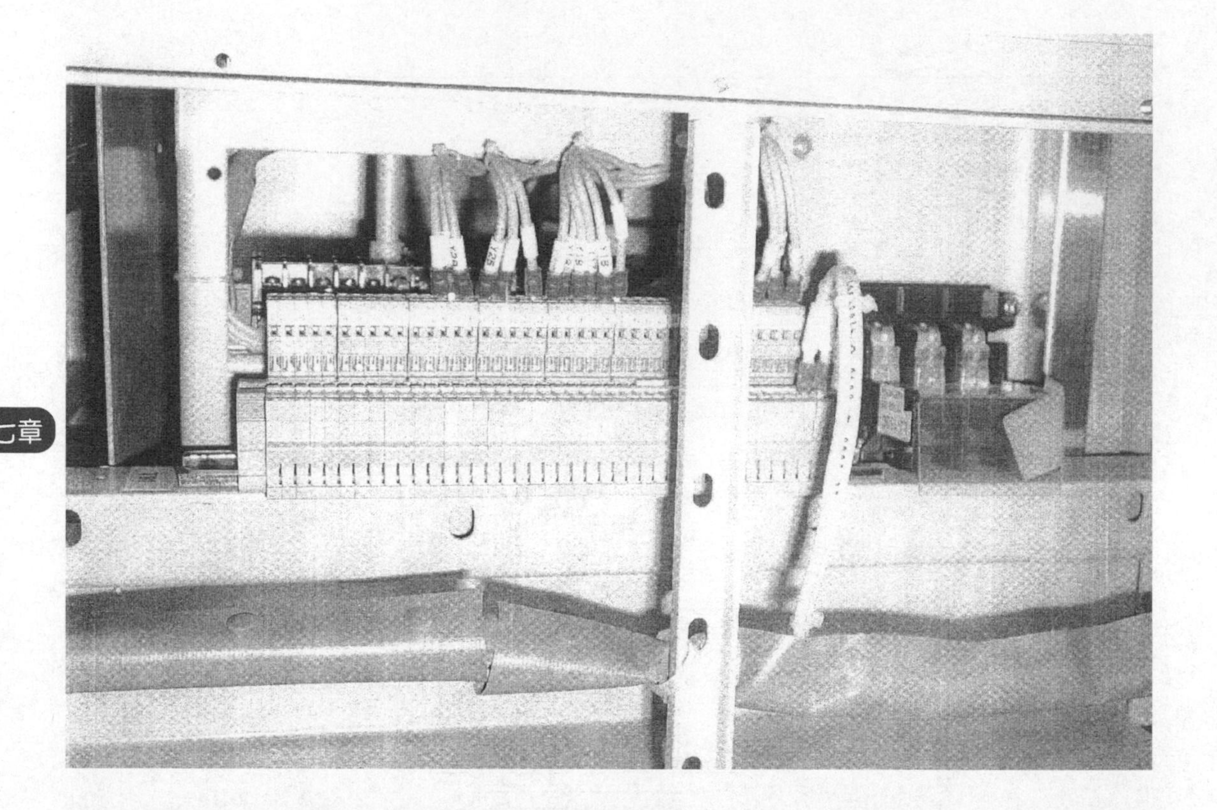



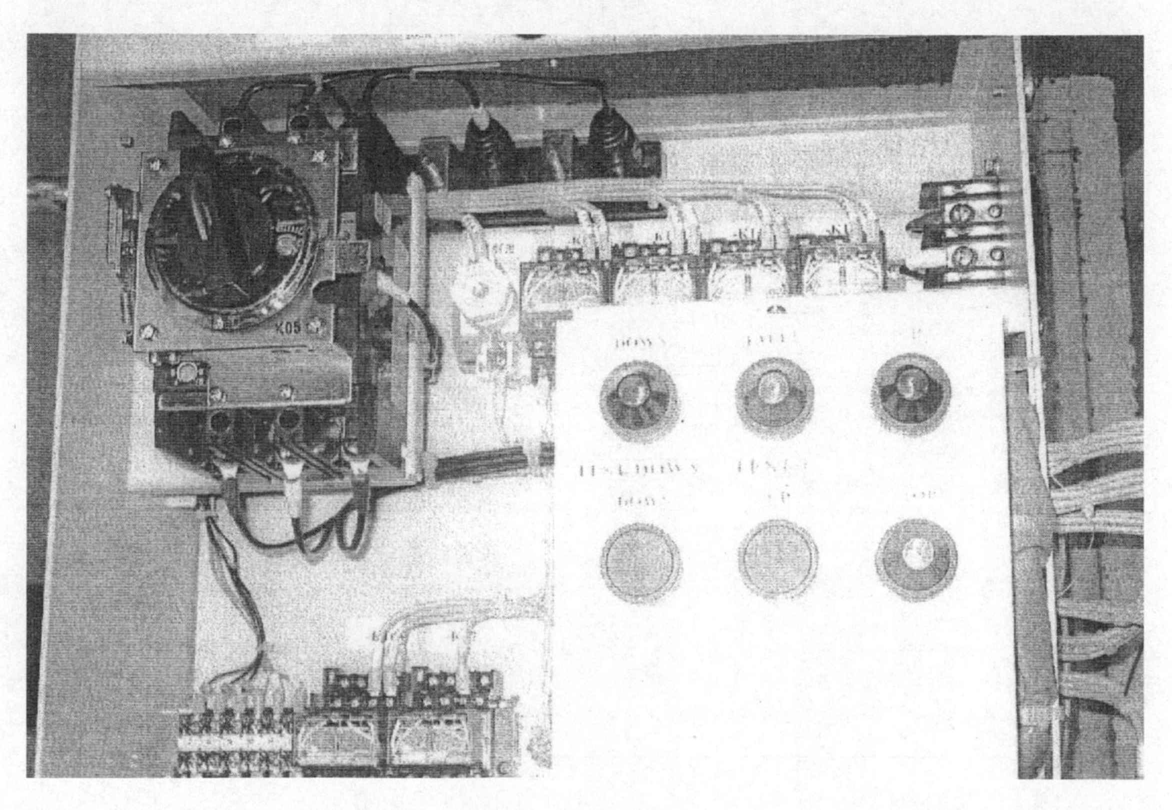

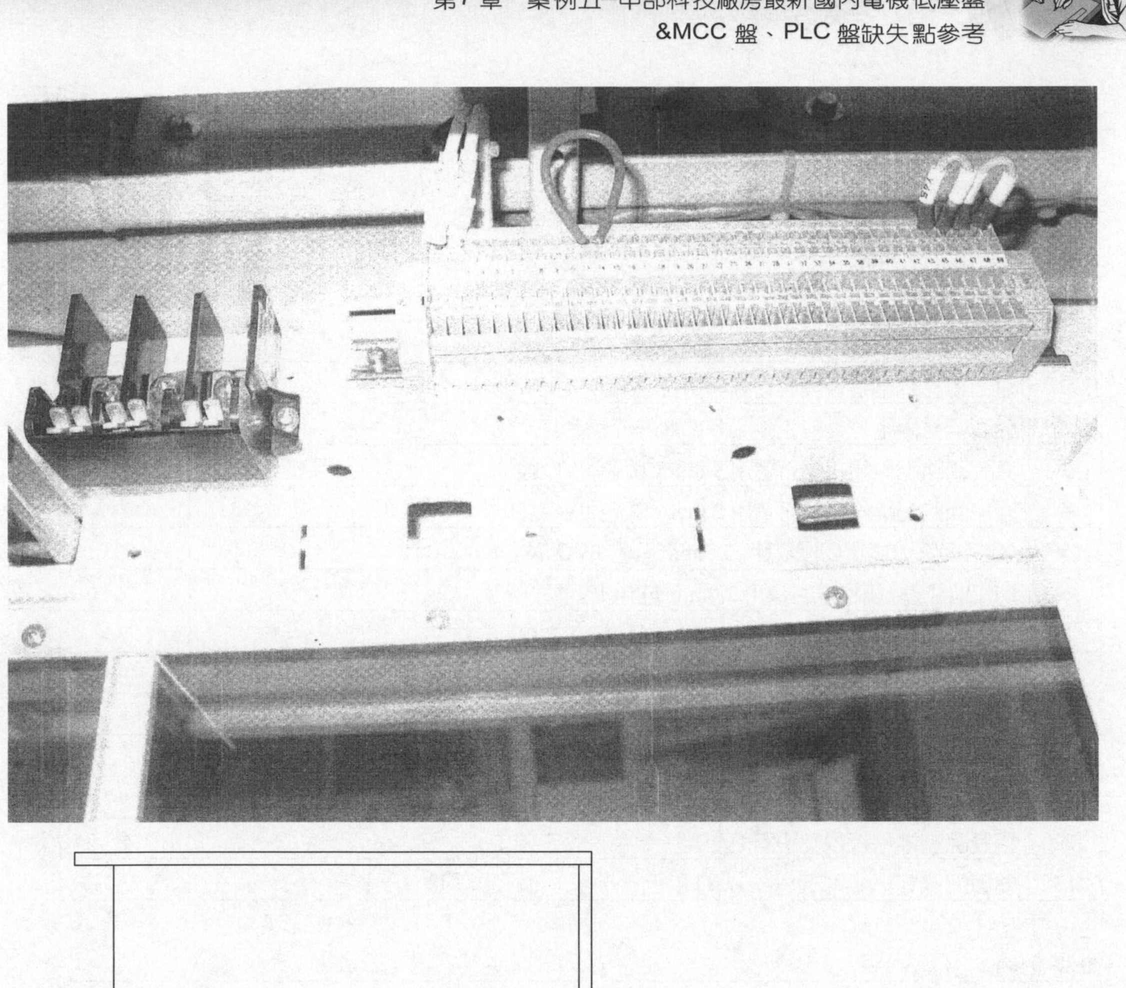

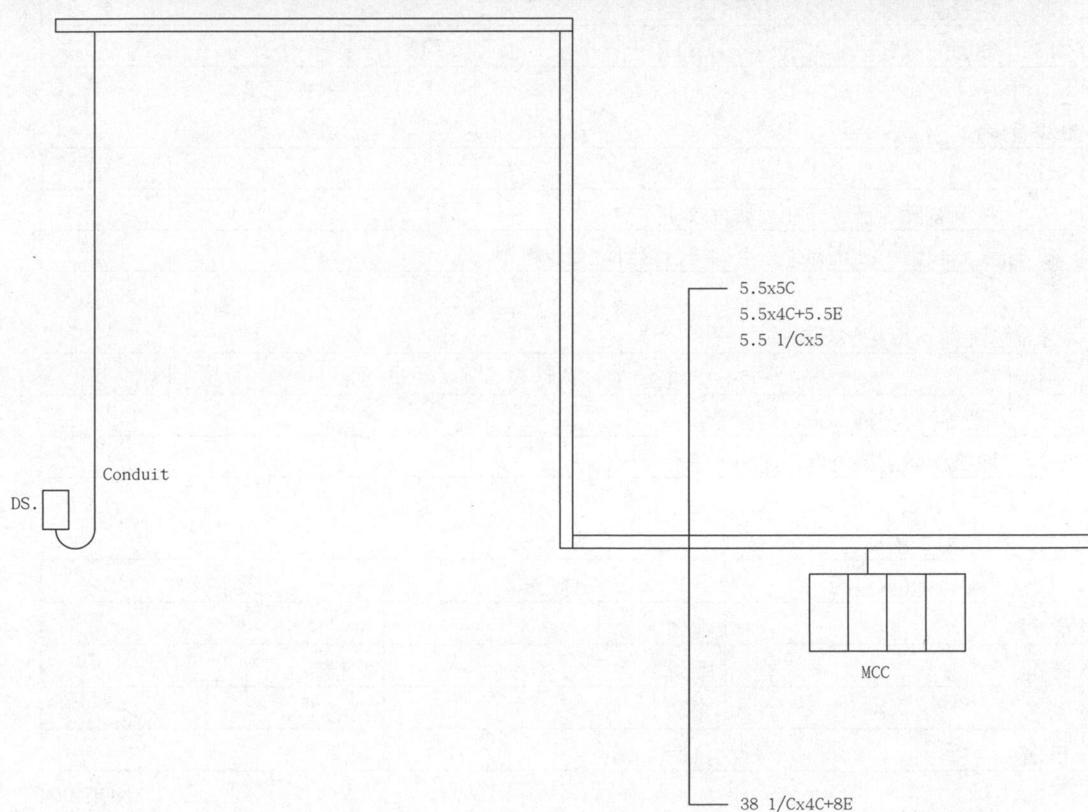

5.5x5C
5.5x4C+5.5E
5.5 1/Cx5
Conduit
DS.
MCC
38 1/Cx4C+8E

## 7-11 組裝中間檢查表

工程名稱：×××××期擴廠專案計劃

盤 名 稱：5－××－3－××

製造號碼：1001LVP008　　日期：100 年 9 月 2 日

抽樣盤名：

| 項目 | 檢 查 內 容 | 結 果 |
|---|---|---|
| 1 | 盤面器材規格是否與契約圖面符合一致 | v |
| 2 | 盤面器材固定是否無歪斜、各部螺絲締鎖良好 | v |
| 3 | 直流回路配線規格是否選用 2.0mm$^2$藍色 PVC 線 | v |
| 4 | 交流回路配線規格是否選用 2.0mm$^2$黃色 PVC 線 | v |
| 5 | CT 回路配線規格是否選用 3.5mm$^2$黑色 PVC 線 | v |
| 6 | PT 回路配線規格是否選用 2.0mm$^2$紅色 PVC 線 | v |
| 7 | 接地回路配線規格是否選用 5.5mm$^2$綠色 PVC 線 | v |
| 8 | 盤面配線是否整齊美觀、無破損 | v |
| 9 | 配線長度是否有過長並擠壓於線槽內 | v |
| 10 | 配電盤配線號碼環及端子台編號是否清晰 | v |
| 11 | 接地銅板規格是否符合規範，導電率是否達 98%以上，並檢附銅螺絲 | v |
| 12 | 模擬匯流排是否依契約圖面配製、顏色是否正確 | v |
| 13 | 盤面配線其絕緣電阻是否 1MΩ 以上 | |

量測設備

| 項目 | 檢 查 內 容 | 結 果 |
|---|---|---|
| 1 | 量測設備，是否均在校驗有效期間內 | |
| 2 | 量測設備，校正結果是否均符合廠訂之允收標準 | |

廠家品管記錄或原廠檢驗記錄

| 項目 | 檢 查 內 容 | 結 果 |
|---|---|---|
| 1 | 廠家品管記錄，是否確實登錄 | |
| 2 | 原廠檢驗記錄及進口證明，是否存檔備查 | |

備註：線色檢查依契約之規定辦理。

| 檢查者(承包商) | 核認 | 業主核准 |
|---|---|---|
| 姓名： | 姓名： | 姓名： |
| 職稱： | 職稱： | 職稱： |
| 簽名： | 簽名： | 簽名： |
| 日期： | 日期： | 日期： |

PANQC-004

# 組裝中間檢查表

工程名稱：×××××期擴廠專案計劃

盤 名 稱：××－4－××

製造號碼：1001LVP008　　日期：100 年 9 月 2 日

抽樣盤名：

| 項目 | 檢 查 內 容 | 結 果 |
|---|---|---|
| 1 | 盤面器材規格是否與契約圖面符合一致 | v |
| 2 | 盤面器材固定是否無歪斜、各部螺絲締鎖良好 | v |
| 3 | 直流回路配線規格是否選用 2.0mm$^2$藍色 PVC 線 | v |
| 4 | 交流回路配線規格是否選用 2.0mm$^2$黃色 PVC 線 | v |
| 5 | CT 回路配線規格是否選用 3.5mm$^2$黑色 PVC 線 | v |
| 6 | PT 回路配線規格是否選用 2.0mm$^2$紅色 PVC 線 | v |
| 7 | 接地回路配線規格是否選用 5.5mm$^2$綠色 PVC 線 | v |
| 8 | 盤面配線是否整齊美觀、無破損 | v |
| 9 | 配線長度是否有過長並擠壓於線槽內 | v |
| 10 | 配電盤配線號碼環及端子台編號是否清晰 | v |
| 11 | 接地銅板規格是否符合規範，導電率是否達 98%以上，並檢附銅螺絲 | v |
| 12 | 模擬匯流排是否依契約圖面配製、顏色是否正確 | v |
| 13 | 盤面配線其絕緣電阻是否 1MΩ 以上 | |

量測設備

| 項目 | 檢 查 內 容 | 結 果 |
|---|---|---|
| 1 | 量測設備，是否均在校驗有效期間內 | |
| 2 | 量測設備，校正結果是否均符合廠訂之允收標準 | |

廠家品管記錄或原廠檢驗記錄

| 項目 | 檢 查 內 容 | 結 果 |
|---|---|---|
| 1 | 廠家品管記錄，是否確實登錄 | |
| 2 | 原廠檢驗記錄及進口證明，是否存檔備查 | |

備註：線色檢查依契約之規定辨理。

| 檢查者(承包商) | 核認 | 業主核准 |
|---|---|---|
| 姓名： | 姓名： | 姓名： |
| 職稱： | 職稱： | 職稱： |
| 簽名： | 簽名： | 簽名： |
| 日期： | 日期： | 日期： |

PANQC-004

# 組裝中間檢查表

工程名稱：×××××擴廠專案計劃
盤 名 稱：××－4－××
製造號碼：1001LVP008　　　　日期：100 年 9 月 2 日
抽樣盤名：

| 項目 | 檢 查 內 容 | 結 果 |
|---|---|---|
| 1 | 盤面器材規格是否與契約圖面符合一致 | ν |
| 2 | 盤面器材固定是否無歪斜、各部螺絲締鎖良好 | ν |
| 3 | 直流回路配線規格是否選用 2.0mm$^2$藍色 PVC 線 | ν |
| 4 | 交流回路配線規格是否選用 2.0mm$^2$黃色 PVC 線 | ν |
| 5 | CT 回路配線規格是否選用 3.5mm$^2$黑色 PVC 線 | ν |
| 6 | PT 回路配線規格是否選用 2.0mm$^2$紅色 PVC 線 | ν |
| 7 | 接地回路配線規格是否選用 5.5mm$^2$綠色 PVC 線 | ν |
| 8 | 盤面配線是否整齊美觀、無破損 | ν |
| 9 | 配線長度是否有過長並擠壓於線槽內 | ν |
| 10 | 配電盤配線號碼環及端子台編號是否清晰 | ν |
| 11 | 接地銅板規格是否符合規範，導電率是否達 98%以上，並檢附銅螺絲 | ν |
| 12 | 模擬匯流排是否依契約圖面配製、顏色是否正確 | ν |
| 13 | 盤面配線其絕緣電阻是否 1MΩ 以上 | |

量測設備

| 項目 | 檢 查 內 容 | 結 果 |
|---|---|---|
| 1 | 量測設備，是否均在校驗有效期間內 | |
| 2 | 量測設備，校正結果是否均符合廠訂之允收標準 | |

廠家品管記錄或原廠檢驗記錄

| 項目 | 檢 查 內 容 | 結 果 |
|---|---|---|
| 1 | 廠家品管記錄，是否確實登錄 | |
| 2 | 原廠檢驗記錄及進口證明，是否存檔備查 | |

備註：線色檢查依契約之規定辦理。

| 檢查者(承包商) | 核認 | 業主核准 |
|---|---|---|
| 姓名： | 姓名： | 姓名： |
| 職稱： | 職稱： | 職稱： |
| 簽名： | 簽名： | 簽名： |
| 日期： | 日期： | 日期： |

PANQC-004

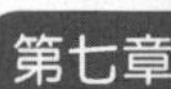


# 組裝中間檢查表

工程名稱：×××××期擴廠專案計劃

盤 名 稱：××－4－××

製造號碼：1001LVP008　　日期：100 年 9 月 2 日

抽樣盤名：

| 項目 | 檢 查 內 容 | 結 果 |
|---|---|---|
| 1 | 盤面器材規格是否與契約圖面符合一致 | v |
| 2 | 盤面器材固定是否無歪斜、各部螺絲締鎖良好 | v |
| 3 | 直流回路配線規格是否選用 2.0mm$^2$藍色 PVC 線 | v |
| 4 | 交流回路配線規格是否選用 2.0mm$^2$黃色 PVC 線 | v |
| 5 | CT 回路配線規格是否選用 3.5mm$^2$黑色 PVC 線 | v |
| 6 | PT 回路配線規格是否選用 2.0mm$^2$紅色 PVC 線 | v |
| 7 | 接地回路配線規格是否選用 5.5mm$^2$綠色 PVC 線 | v |
| 8 | 盤面配線是否整齊美觀、無破損 | v |
| 9 | 配線長度是否有過長並擠壓於線槽內 | v |
| 10 | 配電盤配線號碼環及端子台編號是否清晰 | v |
| 11 | 接地銅板規格是否符合規範，導電率是否達 98%以上，並檢附銅螺絲 | v |
| 12 | 模擬匯流排是否依契約圖面配製、顏色是否正確 | v |
| 13 | 盤面配線其絕緣電阻是否 1MΩ 以上 | |

量測設備

| 項目 | 檢 查 內 容 | 結 果 |
|---|---|---|
| 1 | 量測設備，是否均在校驗有效期間內 | |
| 2 | 量測設備，校正結果是否均符合廠訂之允收標準 | |

廠家品管記錄或原廠檢驗記錄

| 項目 | 檢 查 內 容 | 結 果 |
|---|---|---|
| 1 | 廠家品管記錄，是否確實登錄 | |
| 2 | 原廠檢驗記錄及進口證明，是否存檔備查 | |

備註：線色檢查依契約之規定辨理。

| 檢查者(承包商) | 核認 | 業主核准 |
|---|---|---|
| 姓名： | 姓名： | 姓名： |
| 職稱： | 職稱： | 職稱： |
| 簽名： | 簽名： | 簽名： |
| 日期： | 日期： | 日期： |

PANQC-004

| 低壓配電盤<br>工廠試驗檢驗記錄 | | | | |
|---|---|---|---|---|
| 項目：1 | | | 盤名：5－××－3－×× | |
| 試驗日期：100.9.2 | | | 製造號碼：1001LVP008 | |
| 試驗項目：絕緣電阻測試表 | | | | |
| 使用儀器名稱：高阻計 | | | | |
| 試驗項目 | 試 驗 情 形 | 標 準 值 | 試 驗 結 果 | 判 定 |
| 主回路 | R-S 絕緣電阻 | 100MΩ / DC500V | ν | |
| | S-T 絕緣電阻 | 100MΩ / DC500V | ν | |
| | T-R 絕緣電阻 | 100MΩ / DC500V | ν | |
| | R-E 絕緣電阻 | 100MΩ / DC500V | ν | |
| | S-E 絕緣電阻 | 100MΩ / DC500V | ν | |
| | T-E 絕緣電阻 | 100MΩ / DC500V | ν | |
| 控制回路 | L-E 絕緣電阻 | 1MΩ / DC500V | ν | |

附記：

1. 檢驗結果：符合打 ”ν”，不符合打 ”×”
2. 主回路以 DC 500V，100MΩ 高阻計測定，控制回路以 DC500V，1MΩ 高阻計測定。

| 檢查者(承包商) | 核認 | 業主核准 |
|---|---|---|
| 姓名： | 姓名： | 姓名： |
| 職稱： | 職稱： | 職稱： |
| 簽名： | 簽名： | 簽名： |
| 日期： | 日期： | 日期： |

## 銘牌上的固定螺絲

銘牌有大有小，銘牌的固定方式有三種，第一種為黏膠貼上，第二種是用塑膠(白色或黑色)鉚粒，第三種是用金屬螺絲。小銘牌的固定比較簡單，用黏貼，可用塑膠粒，也可用金屬螺絲。小銘牌可用2只螺絲，中型銘牌可用4只螺絲，大銘牌則用6個螺絲。

在×期時，曾經要求××及××廠商使用”平頭螺絲”，鎖上後平平的美觀。但是×期的×××卻用“圓頭螺絲”，真是倒退一步，××也沒有進步，跟他們講用平頭螺絲，他們聽不懂。

銘牌有大有小，最大者為盤外正面上方的盤名銘牌，銘牌上有盤名，額定電壓及電源回路來源，最小者有各回路名稱，因此其固定方式有三種，銘牌厚度約3mm。第一種給最大者，30cm ×10cm，以平頭螺絲在兩邊及上下中間共4只螺絲固定，這次××使用圓頭螺絲，上下中間如果不用可能會鼓起。第二種給其他，則使用PVC鉚粒，第三種給最小者50mm ×10mm，則可使用黏貼方式。

圓頭螺絲每加Nut(螺母)不妥，安裝不易。

圓頭螺絲已經不再使用，不美觀，應全數改為平頭螺絲。

圓頭螺絲有的使用長度太長，突出盤門內側，增加割傷使用的人員，不宜突出。

第七章

## 高壓盤之缺失

×××盤，感溫器在上方右側邊板，感溫頭在VCB盤內面，但是×××盤的感溫器在上方左側，而感溫頭在VCB盤外面上方，兩者盤體及內容相同，但是安裝方式相差太大。

銘牌螺絲詳細：

1. 材質：銅，鑄鐵，鋼，不鏽鋼。
2. 螺帽形狀：平頭，圓頭，六角頭。
3. 螺絲英制：”ψ或公制mm ψ。
4. 螺牙長度：1/4”或12mm，全牙。
5. 螺牙大小：1/4” ψ，3/8” ψ或10mm ψ，12mm ψ。
6. 螺頭長度，形狀。
7. 牙數5牙/”。
8. 牙深。
9. 附平華司Flat washer。
10. 附彈簧華司Spring washer。
11. 附螺母1個或2個。

| 單位轉換 | 國際公制 | | 英制 | | | 公制 | |
|---|---|---|---|---|---|---|---|
| | cN.m | N.m | ozf.in | lbf.in | lbf.ft | kgf.cm | kgf.m |
| 1 cN.m | 1 | 0.01 | 1.416 | 0.088 | 0.007 | 0.102 | 0.001 |
| 1 N.m | 100 | 1 | 141.6 | 8.851 | 0.738 | 10.2 | 0.102 |
| 1 ozf.in | 0.706 | 0.007 | 1 | 0.0625 | 0.005 | 0.072 | 0.0007 |
| 1 lbf.in | 11.3 | 0.113 | 16 | 1 | 0.083 | 1.152 | 0.0115 |
| 1 lbf.ft | 135.6 | 1.356 | 192 | 12 | 1 | 13.83 | 0.138 |
| 1 kgf.cm√ | 9.807 | 0.098 √ | 13.89 | 0.868 | 0.072 | 1 | 0.01 |
| 1 kgf.m | 980.7 | 9.807 | 1389 | 86.8 | 7.233 | 100 | 1 |



## 7-12 螺絲鎖緊

1. 磅數 N-m, kg-cm, 工具 Oriver 40～20kg-cm 。
2. 電容器盤使用 M5/M6 。
3. 小的 80(M6)，大的 800(M12)。
4. 不要用氣動工具。
5. 使用材料廠商推薦值(Contactor)(Condenser) A B ，SQD 。
6. Screw/Nut 用 M3 － M20 ，不用 1/2” ψ－2” ψ。
7. 組裝人員使用標準。
8. ××公司及(盤TR)。

### 日本盤

螺絲旋轉的轉矩

材質 SS41 (小額)　　材質 SUS27

| 名稱 | 轉矩 | 名稱 | 轉矩 | 名稱 | 轉矩 | 名稱 | 轉矩 |
|---|---|---|---|---|---|---|---|
| M2 | 2.1kgf-cm | M8 | 135kgf-cm | M2 | 1.5kgf-cm | M10 | 200kgf-cm |
| M3 | 7.3kgf-cm | M10 | 270kgf-cm | M3 | 5.0kgf-cm | M12 | 340kgf-cm |
| M3.5 | 11.2gf-cm | M12 | 470gf-cm | M4 | 12gf-cm | M16 | 850gf-cm |
| M4 | 16.8kgf-cm | M16 | 1120kgf-cm | M5 | 24kgf-cm | M20 | 1650kgf-cm |
| M5 | 33kgf-cm | M20 | 2200kgf-cm | M6 | 42kgf-cm | M24 | 3000kgf-cm |
| M6 | 56kgf-cm | M24 | 3700kgf-cm | M8 | 100kgf-cm | M30 | 5800kgf-cm |

材質 BsBF (小額)　　材質 SCM435 (有孔)

| 名稱 | 轉矩 | 名稱 | 轉矩 | 名稱 | 轉矩 | 名稱 | 轉矩 |
|---|---|---|---|---|---|---|---|
| M2 | 1.2kgf-cm | M10 | 159kgf-cm | M2 | 6.9kgf-cm | M10 | 890kgf-cm |
| M3 | 4.3kgf-cm | M12 | 270kgf-cm | M3 | 24kgf-cm | M12 | 1550kgf-cm |
| M4 | 9.8gf-cm | M16 | 660gf-cm | M4 | 56gf-cm | M16 | 3700gf-cm |
| M5 | 19.1kgf-cm | M20 | 1280kgf-cm | M5 | 109kgf-cm | M20 | 7300kgf-cm |
| M6 | 33kgf-cm | M24 | 2200kgf-cm | M6 | 185kgf-cm | M24 | 120kgf-m |
| M8 | 80kgf-cm | M30 | 4400kgf-cm | M8 | 446kgf-cm | M30 | 250kgf-m |

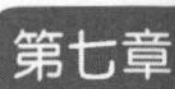


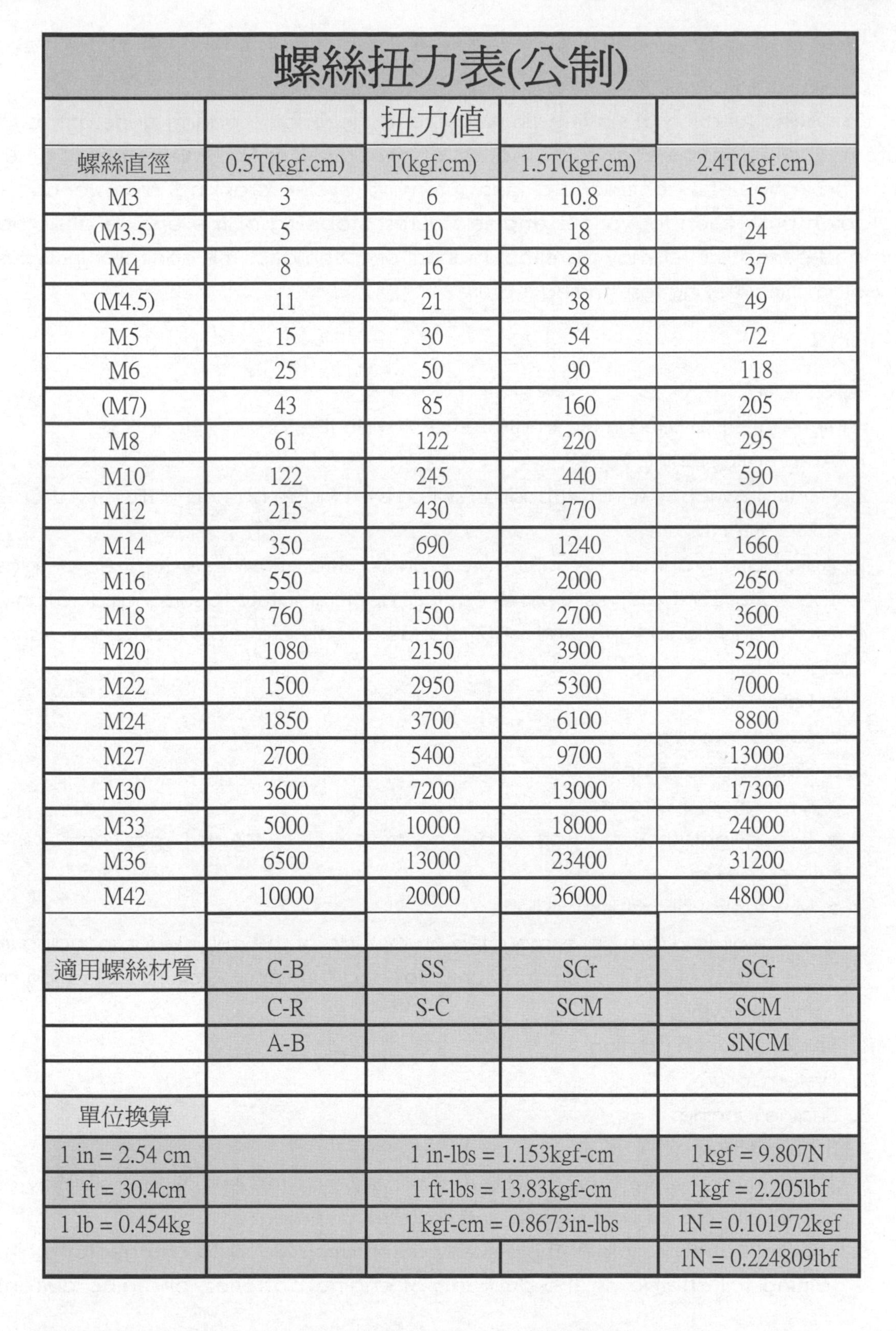

# 螺絲扭力表(公制)

| | | 扭力值 | | |
|---|---|---|---|---|
| 螺絲直徑 | 0.5T(kgf.cm) | T(kgf.cm) | 1.5T(kgf.cm) | 2.4T(kgf.cm) |
| M3 | 3 | 6 | 10.8 | 15 |
| (M3.5) | 5 | 10 | 18 | 24 |
| M4 | 8 | 16 | 28 | 37 |
| (M4.5) | 11 | 21 | 38 | 49 |
| M5 | 15 | 30 | 54 | 72 |
| M6 | 25 | 50 | 90 | 118 |
| (M7) | 43 | 85 | 160 | 205 |
| M8 | 61 | 122 | 220 | 295 |
| M10 | 122 | 245 | 440 | 590 |
| M12 | 215 | 430 | 770 | 1040 |
| M14 | 350 | 690 | 1240 | 1660 |
| M16 | 550 | 1100 | 2000 | 2650 |
| M18 | 760 | 1500 | 2700 | 3600 |
| M20 | 1080 | 2150 | 3900 | 5200 |
| M22 | 1500 | 2950 | 5300 | 7000 |
| M24 | 1850 | 3700 | 6100 | 8800 |
| M27 | 2700 | 5400 | 9700 | 13000 |
| M30 | 3600 | 7200 | 13000 | 17300 |
| M33 | 5000 | 10000 | 18000 | 24000 |
| M36 | 6500 | 13000 | 23400 | 31200 |
| M42 | 10000 | 20000 | 36000 | 48000 |
| | | | | |
| 適用螺絲材質 | C-B | SS | SCr | SCr |
| | C-R | S-C | SCM | SCM |
| | A-B | | | SNCM |
| | | | | |
| 單位換算 | | | | |
| 1 in = 2.54 cm | | 1 in-lbs = 1.153kgf-cm | | 1 kgf = 9.807N |
| 1 ft = 30.4cm | | 1 ft-lbs = 13.83kgf-cm | | 1kgf = 2.205lbf |
| 1 lb = 0.454kg | | 1 kgf-cm = 0.8673in-lbs | | 1N = 0.101972kgf |
| | | | | 1N = 0.224809lbf |

Part 1

GENERAL INFORMATION

The basic function of starting controller for diesel engine driving generator is to automatically start the engine upon a loss of city power, or from a number of other demand signals. This controller provides automatic cycled cranking, alarm and / or shutdown protection for various engine failures. Stopping of the engine after the demand period is over may be either manual or automatic. This controller includes an automatic weeking test starting feature.



Part 2

FUNCTION

Equipment is provided in the controller to provide the following functions:

1. Automatic starting from;
2. Control Switch – A four[4] position switch is provided named "TEST – AUTO – OFF – MANU."
3. Automatic cranking – A solid state crank control provides six[6] fixed periods separated by five[5] rest periods each of approximately 15 seconds duration.
4. Alarm and signal lights – seven[7] standard lights are provided to give visual signals for;
   a. Failed to start.
   b. Low oil pressure.
   c. High engine temperature.
   d. Charger or AC failure.
   e. Two[2] lights for Batt.1 Batt.2 when control switch in "Auto" position.
   f. Over speed.
   g. Low fuel of an addition a light.

   An audible alarm bell is mounted on the side of the cubicle for sounding in the event of failure. Terminals are provided for remote failure indication of the following;

1. Selector switch position.
2. System failure.
3. Engine running.
4. Battery failure.
5. A weekly test timer is supplied automatically start the engine any set day of the week, at a set time of day, and a preset run time.
6. Integral Battery Charger, This is a fully automatic solid state charger for maintaining full charge on the dual sets of engine batteries, charging current

ammeters and battery voltage voltmeters are included.

7. Cabinet – A heavy gauge steel cubicle encloses the controller, the lights, stop button, and meters are mounted on the front of the cubicle. The control switch, battery circuit breakers and manual start pushbuttons are mounted behind a breakglass in the door of the cabinet.

Part 3

OPERATION OF THE CONTROLLER

1. When the four[4] position control switch is in the "Auto" position and both circuit breakers are in the "ON" position, the controller is in standby condition ready to start the engine automatically. A green pilot light marked "Auto" will illuminate in the position. Also, Battery no.1 and Battery no.2 green lights will illuminate indicating that battery power is available. If both battery lights are not on, push "Battery Reset" button and verify both Battery 1 and 2 circuits are on.
2. When the city power is failure, the signal switch contact will close, and the controller will actuate the starter motor and the cranking cycle will commence. If the engine starts and runs.
3. Crank will cease and the protective circuits will be operates. If the engine failed to start after six[6] crank periods, cranking will cease the "Failed to start" light will light, and alarm bell will sound. The battery alternating circuit alternates batteries on each crank attempt unless battery is in a discharged state for the remaining cranking attempts. Dry contacts for remote indication of "Battery Failure" are provided.

After an overcrank or overspeed failure. It is necessary to turn the control switch to "OFF" to reset.

Pre-Commission Check List

Equipment Asset Number: ______________________________

Description:

Manufacturer Serial Number:

| Item | Description | Accept Initials | | Accept Date | comments |
|---|---|---|---|---|---|
| | | Install Eng | Plant Receiver | | |
| **1** | **Lubricant** | | | | |
| 1.1 | Check grease oil level | | | | |
| 1.2 | Check grease oil leakage | | | | |
| **2** | **Fuel System** | | | | |
| 2.1 | Check the enclosure of day tank | | | | |
| 2.2 | Check the fuel level in day tank | | | | |
| 2.3 | Check the power on for transferring pump | | | | |
| 2.4 | Check the fuel leakage at pipe | | | | |
| 2.5 | Check the draining from water separator | | | | |
| **3** | **Intake / Exhaust air system** | | | | |
| 3.1 | Check the obstacle air cleaner | | | | |
| 3.2 | Check the indicator of air intaker | | | | |
| 3.3 | Check the exhaust air route | | | | |
| **4** | **Battery / Charge System** | | | | |
| 4.1 | Check the appearance of battery set | | | | |
| 4.2 | Check the connection of battery charger lead | | | | |
| 4.3 | Check the screw tightness and cleanliness at battery pole plate | | | | |
| 4.4 | Check the voltage indicating of battery | | | | |
| **5** | **Cooling System** | | | | |
| 5.1 | Check the coolant level | | | | |
| 5.2 | Check the leakage of hose and coupling | | | | |
| 5.3 | Check the add of SCA | | | | |
| 5.4 | Check the tension of fan belt | | | | |
| 5.5 | Check the function of jacket water heater | | | | |
| 5.6 | Check the electrolyte level for in jacket | | | | |
| 5.7 | Check the cooling water level in jacket | | | | |
| **6** | **Main Power System** | | | | |
| 6.1 | Check the control power functional | | | | |
| 6.2 | Check the main circuit breaker on | | | | |

Installation Member Name: ______________________________

Installation Member Signature: ______________________________

Plant Receiver Name: ______________________________

Plant Receiver Signature: ______________________________

Acceptance Date: ______________________________

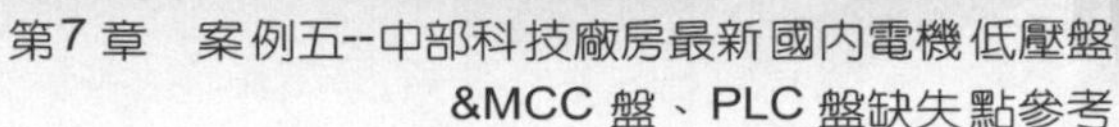
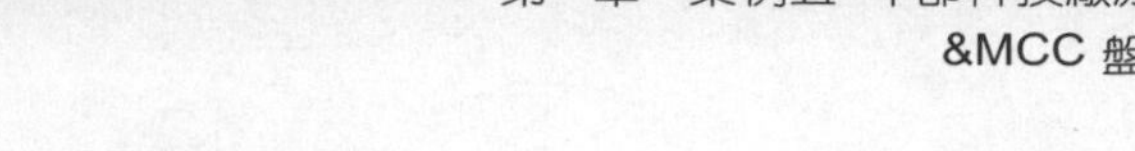


### 發電機的啓動與併聯

×××期的發電機4160V，Facility 及製程 Process 用的發電機共有5台，每台1600KW(2000KVA)，5台可以併聯，3台以上併聯以後即可啓動 ATS 切換，××供應了發電機及一台 EPC PLC 併聯功能控制。

EPC PLC 本身的螢幕看不到5台，只看到1台，曾要求××改善，××也同意這種，應有5台可以看到每台的啓動及併聯情形，也可以看到 ATS 的切換情形。

併聯的 VCB 盤上有REF 541(ABB)之保護電驛，但每台 VCB 上方沒有電壓表，看不到發電機啓動及啓動的時間及到達額定電壓的情況，另外應有一指示燈清楚標示 VCB 併聯成功，併入系統的訊號。



REF 541 的指示太小，看不太清楚，而且螢幕只亮幾秒鐘(一分鐘)而已，這個主意告訴××他說沒有必要，啓動時就是啓動情形及是否併聯成功最重要。

## 7-13 △接比較Y 接的發電機

二次側線圈端子接到相，因此線圈兩端之電壓比較高(高$\sqrt{3}$倍)。所以二次側線圈的電流(相電流)比較低，因此二次側線圈的線徑比較小。也因此製造組合後之價錢比較省。

如果是Y Connection，三個(相)線圈的一端出來接到電源或負載，另一端必須接在一起。小馬達的線圈這一端子都接到三個Screw，然後再用短接片短接變成Y。

2000KVA 的線圈線徑很大，端子也很大，三個端子要連接在一起必須有足夠空間，也因此很容易在接線盒或發電機內看到，××發電機的N 看不到。發電機的N 如果沒接地，不僅相角會飄(浮動)就連各相電壓也呈現很大的變化與變動。

××的單線圖×××-××-508，509 都標示清楚發電機的Y 接線及中性線接地。

If the single phase 2400V or 4160V load used the N must be connected out to ATS for change over to load side.

1. Which one is moving.
2. Where it be measured.
3. The power provided by one or three.
4. Shall we measure the generator individually ?
5. Phase voltage and angle for three.

### 發電機必須檢查之項目

1. 電池加電解液？
2. 電池表面未清潔。
3. 電池線接到Engine 要刮漆。
4. 電池＋－連接片是否太薄，材質。
5. 預備水箱安裝是否太低。
6. 預備水箱溢水管固定。
7. 對面排水口是否接管。

8. DC1 、DC2 Warning Sign 。
9. Fuel drop opening 欠螺絲。
10. 潤滑油加？
11. 油泥排出口是否接管。
12. 750KVA Control Panel 有 PLC abnormal 燈。
13. 接線箱的圖(電氣)。
14. 地面的壓花鐵板鼓起。
15. 發電機出線端 kit 要接地？
16. 發電機側 E 要接地？
17. 電氣 Warning Sign 欠。
18. 防震軟管邊板拆除。
19. 灑水頭未裝。
20. Fuel tank room 電燈開關未裝。
21. 接地 Saddle 改Ω Type 。
22. 接地端子刮漆。
23. Tank No 。
24. 接線箱旁線太長。
25. 電池接線錯誤。



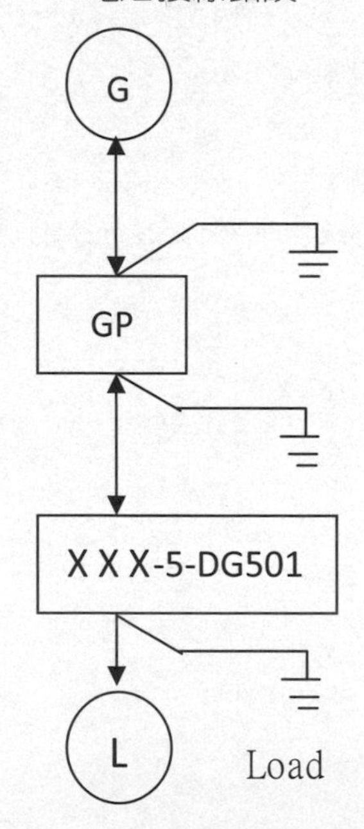


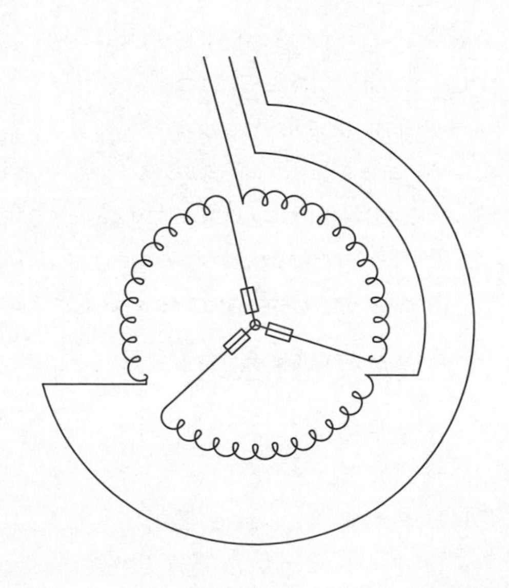

5KV VLPE 遮蔽電纜之接地點

**緊急電源**

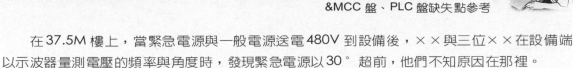

在37.5M 樓上，當緊急電源與一般電源送電480V 到設備後，××與三位××在設備端以示波器量測電壓的頻率與角度時，發現緊急電源以30° 超前，他們不知原因在那裡。

當晚開始思索這個問題，以簡單線圖表示如後。ATS 未切換時兩者有30° 相角差，但是ATS 切換時就沒有，ATS 切換後，一般電源沒有了。原來在緊急電源側多了一台變壓器，其接線為△/Y ，所以二次側 480V 超前一般電源 30° ，有了原因要思考解決方案。

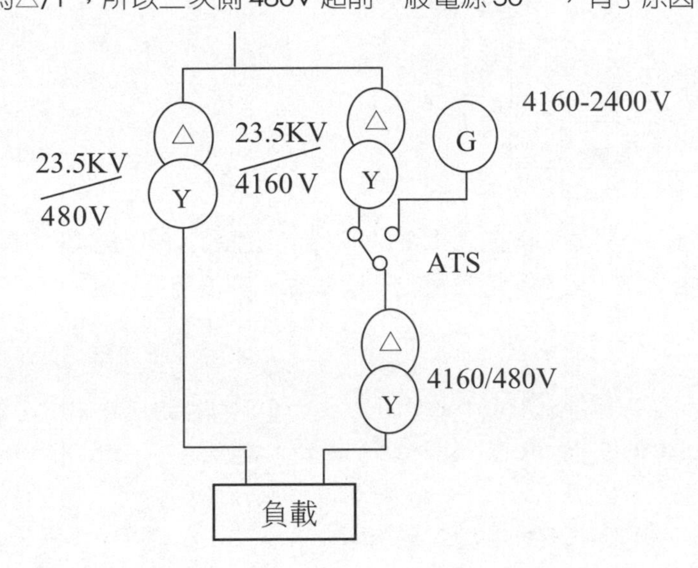




**其實方案有四種：**

1. 增加一台 650KVA 變壓器在緊急電源側其接線為△/Y DYII 將角度拉回。
2. 將增加一台 ATS ，將在正常運轉，沒有使用緊急電源 ATS 之一般電源接在一般電源，緊急時才切換到緊急電源，這樣正常運轉時沒有問題。
3. 將第一階之變壓器 4000KVA 改換成△/△接線(或 Y/Y 接線)，一次二次間沒有相位差，如果將第一階之變壓器改為△/△，可將此變壓器△/Y 移到下次使用，而下次使用時，其第二階之變壓器改 Y/Y 。
4. 將第一階之變壓器 4000KVA 改換成 Y/Y 接線。

第一種、第二、第三種都已經告知××，他最後決定要設法解決30° 時，要換4000KVA 變壓器(第一階)，其實這時就有兩種選擇(做變壓器的人都知道)，××公司的人告知××公司使用△/△未解決，其實△/△比 Y/Y 要節省成本，因為 Y 改△，電壓提高，線徑減小。

其實在×××期時，他們就已經發現在一般電源與緊急電源有30° 相角差異，只是不知道為什麼，其系統單線圖如下：

系統單線圖如下：

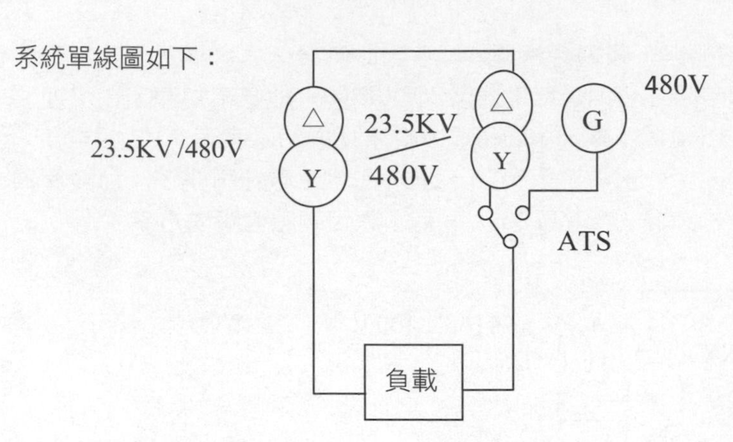




當時之發電機為480V，但是一般電源與緊急電源(ATS 沒有切換)沒有相角差，當ATS 切換後，一般電源與發電機就有相角差，但ATS 切換後，一般電源已經沒有電了。

### ××的480V MCC 盤

480V MCC 盤供給 Pump，原繪製有ThermoStat 然後與DS 的輔助接點串聯，如今查驗結果沒有Thermo Stat 只有Space Heater，Space Heater 要接另外電源，所以圖面修正正確後再進行現場。

1. 將Thermo Stat 取消，只有2 條DS 控制線回到盤。
2. DS 控制線只標示Ready 或沒有。
3. 端子盤上的ThermoStat 線取消。
4. 3E Relay 上已有Reset，所以CR3 原有的Reset 及Relay 不需要。

### 一般電源與發電機電源並聯

一般電源與緊急發電機電源在很多工地都沒有並聯，因為一大一小，都用ATS 切換，只選擇一側而已。發電機的發電接線為Y 接三相四線式380V 為380/220V，480V 為480/277V，當發電機電源欲與一般電源並聯時，一般電源側之接線一定要Y 接，才沒有相角差問題。所以4000KVA 變壓器改△/△接電壓為4160V，是絕對不可能與發電機電源並聯，因為一為△，另一為Y。

### 一般與緊急電源指示燈

最早的盤體，在前×期時，所有的緊急盤不論中壓或低壓都沒有一般與緊急電源指示燈，也就是在ATS 之後，前×期的ATS 為低壓，××××期的ATS 也是低壓，但是到了×××期以後到後期，ATS 以後的緊急盤上都設有一般與緊急電源指示燈，這是設計的原則。

到了後期，ATS 的電壓改為中壓4.16KV，設計上也是根據×期一樣，所有緊急盤上都設計了一般與緊急電源指示燈，必須從ATS 拉切換開關控制線到盤上。

×期的緊急電源盤高壓共有9 盤切換盤，由××/××製作，共有25 盤低壓盤，由××製作，共有2 盤空調盤由×××(××)製作。

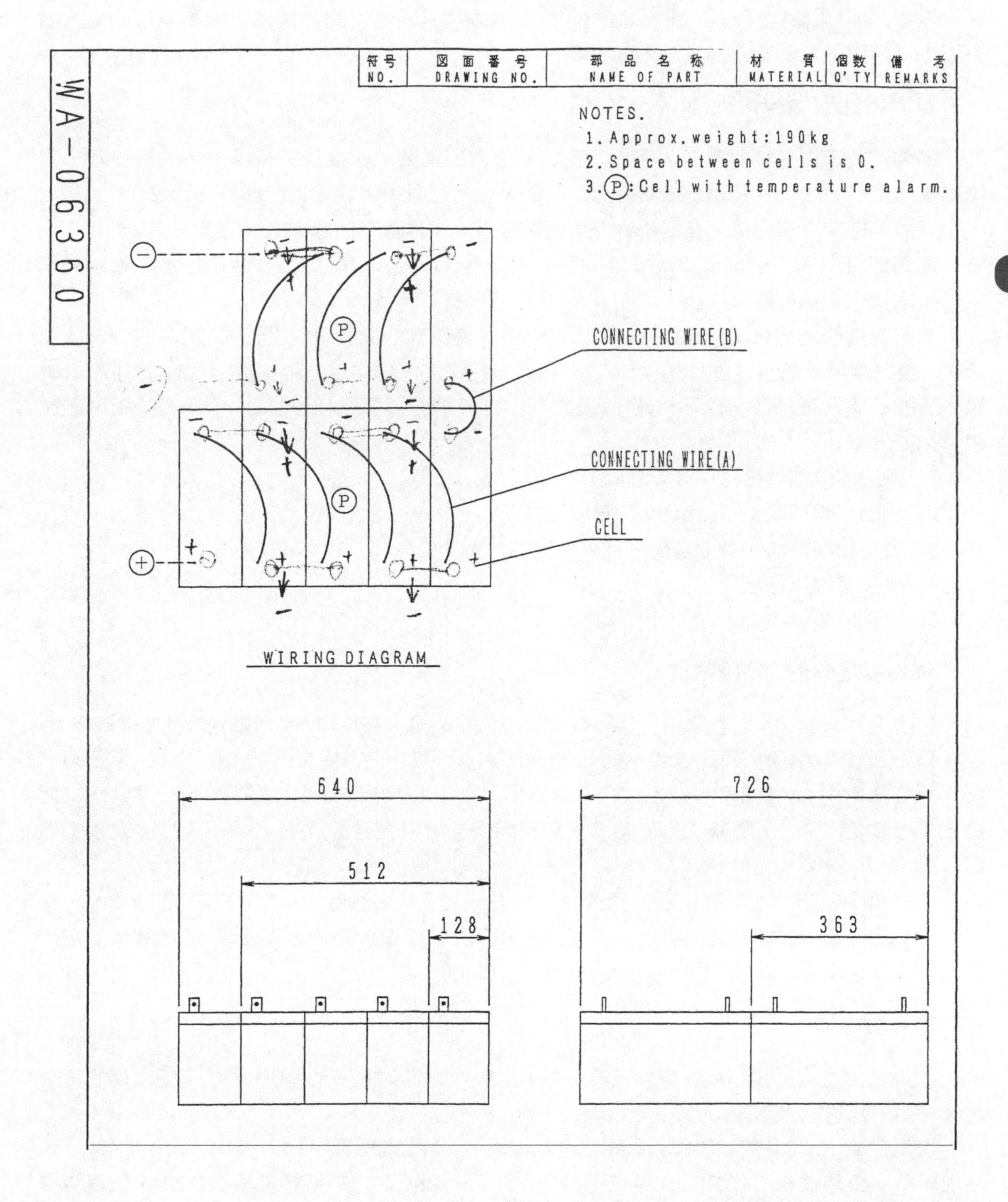
WA-06360
符号 NO.
図面番号 DRAWING NO.
部品名称 NAME OF PART
材質 MATERIAL
個数 Q'TY
備考 REMARKS
NOTES.
1. Approx. weight: 190kg
2. Space between cells is 0.
3. (P): Cell with temperature alarm.
CONNECTING WIRE(B)
CONNECTING WIRE(A)
CELL
WIRING DIAGRAM
640
512
128
726
363

由於需要拉切換開關控制線到緊急盤，盤體及指示燈都裝好了，後來由××決定所有低壓盤的一般與緊急電源指示燈取消，當這個訊息告知××時，××說，不僅低壓盤取消，包括4盤製程盤(中壓)也取消，這4盤由××/××製作，經再反問××時，他說中壓的××盤不取消，所以××的範圍應該為9盤才對。

### 蓄電池的安裝與接線(××－××)

蓄電池的安裝工作很重要，不只它安裝的位置很重要，包括它的環境是否通風良好，週遭溫度、潮溼、燈光，是否有檢查維修的空間，以及它離使用有多遠(接線是否很長)。

有很多的業主或廠商只是要找到空間將它塞進去，其實它的壽命會很短暫。



蓄電池組不管多少個串聯或並聯，最後只有兩條(一正一負)接出到使用地方，如果分開兩組，則會有兩組線四條接出。

但是最重要的組合串聯或並聯(以串聯為主)，蓄電池的第2個、4個(偶數)其排列應該轉180°放置讓第2個的“正”與第1個的“負”端子靠在一起，也因此讓第3個的“正”會與第2個的“負”在一起，以下相同，如此“正”與“負”間可以用短接片或連在一起，這樣有下列的好處：

1. 連接線改成片縮短，減少壓降。
2. 縮小接線空間，可以用PVC蓋板蓋住。
3. 增加接觸面積，減少阻抗，減少發熱的可能。
4. 檢查，維修容易。
5. 減少故障的機率。

### ××發電機的DC控制盤

在屋頂××上有6台發電機，有2盤DC控制盤，盤內有Battery串聯(並聯)接線使用。

有好多個Battery裝在一起，而每個的排列都一樣，“+”在同一邊，“－”在另一邊，而這此Battery要串聯在一起“+”出去，“－”接到另一個的“+”，另一個“－”再接到另一個的“+”，因為“－”與“+”不同邊，所以要電線跳接，好多條跳接線根本不對。

應該第2個的“+”要與第一個的“－”在一起，第2個的“－”與第3個的“+”在一起，如此可使用銅板鍍鎳短接片鎖在一起即可節省電線、壓降，增加接觸面積才是正確的。

### ××發電機

從規範書上看，最早期的資料記載，N相為Non-effective grounded，從後期的資料記載，STAR連接，但是中性點是否接地未知。

發電機發出來的電為4160V要經過ATS切換，再經過變壓器4160/480V降壓到480V，送到負載，變壓器為△/Y接線，中性線接地，所以系統穩定，不管發電機為△接或Y接(中性線接地或未接地)，應該對系統有幫助。

××發電機在規範中看不到發電機線圈是否Y 接，英文規範裡面有一句話，No-neutral grounded ，所以不能肯定是Y 接，更有可能是△接。××所開列的規範書中，很明顯地列出必須是Y 接，也列在單線圖，××× ×××沒有去看單線圖或看不到，跑來問，經過確定必須是Y 接，××跑去屋頂打開一台發電機，但是就是找不到3 個端子接在一起，二個端子接在一起容易，三個端子接在一起一定很明顯。

ATS 切換開關的正常側，原來為△/Y 接線，因為在480V 負載時，兩者之間有30° 相角差，所以ATS 的正常側△/Y 改為△/△接線可以解決30° 相角差，其實△/△接線也可以使用Y/Y 接線。

發電機的接線在銘牌上有Y 的字樣，表示STAR 接線。但是從現場來看，接線盒只有三條線，U 、Y 、W 而已，如果是Y 或STAR 接線，三個線圈的另一端應該接在一起，而且是絕緣的，看不出或找不到N 點，在發電機內二條線接在一起容易，但是三條線接在一起就不容易，而且要絕緣，可能是△接線。在主回路的保護系統上，只有2 個CT 接到50/51 ，如果是△接可以，如果是Y 接，CT 應有3 個，而且要有50N/51N 由過電流接地保護。

另外發電機的輸出線有一個ZCT 來做零相電流保護，這是針對△接系統使用的，如果是Y 或STAR ，ZCT 沒有必要。

雖然有一個ZPD(ZPC)接在4160V 上，但是看不出零相電壓接在67 電驛上有何功能，如果是△接，這個ZPC 應改為GPT 且接到64 電驛才對。△接的發電機比Y 接的成本低，所以應為△接沒錯。

### Load Test Bank 缺失

1. 電磁開關用於風扇共12 台，分二個回路接線，每個回路並聯6 台0.75KW ，因電流小，並聯尚可。
2. 3 $\psi$ 4160V 電源銘牌應為×××－5－××－TEST 。
3. 3 $\psi$ 380V 電源應有另一個銘牌標示。
4. 3 $\psi$ 120KVA 4160/480V Cast Resin Dry Type Transformer △/Y 二次側為Y ，中性線應該接地(系統) 。
5. 3 $\psi$ 15KVA 380/220V Dry Type Transformer △/△ 二次側為△ ，S 相應該接地(系統) 。
6. Load Test Bank 外殼接地，××應設計設備接地“Grounding Do Not Remove”。
7. PT 6600/110V 應改為4200/110V 系統為4160V 。
8. LA 為8.4KV ，適用於6600V △接系統，但4160V Y 接系統應為3KV 。
9. LA 3 只之目的連接應用銅導線連接，不該用金屬支持架作導體。
10. 所有的風扇馬達電纜都沒有接地線。
11. 電熱器應有個自編碼。
12. 風扇馬達的電纜沒有固定。
13. 照明器具未固定，搖?。
14. 4160V 連接電纜應離開電熱器本體。
15. 所有的變壓器、電熱器、馬達和日光燈具外殼均需接地。

16. 控制電源 110V 的 0V 端要接地(系統)。
17.PT 的 Burden VA 值未明。
18.CT1/CT2 的 Burden VA 值未明。
19. 熱過載保護電驛對3 ψ 220V 0.75KW 應為3-Element ，滿載電流是3.5A(不是2.8A)
調整範圍125% 為4.375A 。
20.480V 側到電熱器應有短路熔絲保護。
21. 保險絲20A. 30A. 75A 的KA 值未明。
22. 變壓器500VA, 15KVA 及120KVA 應提供Date Sheet 測試出廠報告。
23. 指示燈的電壓為380V 太高，應使用降壓變壓器。



**一般螺絲**

M4:10-20 kg.cm
M5:20-40 kg.cm
M6:40-70 kg.cm
M8:100-160 kg.cm
M10:220-350 kg.cm
M12:350-550 kg.cm
M14:500-800 kg.cm
M16:800-1300 kg.cm
M18:1300-1900 kg.cm

**強力螺絲**

M4:15-30 kg.cm
M5:30-60 kg.cm
M6:80-120 kg.cm
M8:180-280 kg.cm
M10:400-600 kg.cm
M12:700-1000 kg.cm
M14:1100-1600 kg.cm
M16:1700-2500 kg.cm
M18:2000-2800 kg.cm

24.Space Heater 220V 的瓦特值未明。
25.Space Heater 的溫度設定值 6 ～15 ℃太低。
26. 最小單位KW 電熱器是 10KW 不是 1KW 。
27.CT 300/5 的二次側應該接地。

## ××機電公司

××機電公司長期在××旗下做一個下包－配合廠商，大部份做含在土木工程內的接地埋設工程。××也兼做一些排水工程可能較專精，但對電機工程不怎樣，他也想做一些臨時電工程或一些廠內正式電機工程。但是因為一直做不好接地工程，所以等做好接地工程(合格)再來做臨時電工程，如果做好臨時電工程再來做正式電工程。今天在×期屋頂巡視屋頂埋設避電針工程(含在××內)，一些PVC 管連接及施工，做得好像“做電不像電，做水不像水”那有這樣，材料進料(管線)都沒有品質，數量，廠牌驗收單，施工更沒有工程師或監工在場，PVC 軟管內是圓是扁沒人知道。

前日去40M 看××施工的接地避雷工程，配管配線工作，看了以後就傻眼了。

裸銅線100 配在1” ψ PVC 管裡面，兩邊PVC 管削平接在一起，然後用膠布包紮在一起，這樣的施工。做電的不像電的工作，做水不像水的工作，啊！真是大扯蛋。

# 電氣安全

## 8-1 談電線走火

每年發生火災的次數，從民國80 年以後有直線上昇的趨勢，追查火災發生的原因，可分為人為因素與自然因素兩種。

人為因素－使用不慎，處理不當，一時疏忽或故意縱火等情形。

自然因素－雷擊、地震、焚風或化學變化等狀況。

但是電線走火，似乎不包括在以上的原因中，依照內政部的統計資料顯示，最近三年台灣地區建築物火災起火原因，以電線走火最多(平均每年 2,077 次，占發生數25%)，居於第一位。電線走火既不是人為因素，也不是自然因素，現在進一步來詳細分析電線走火的發生原因。所謂電線走火－是電線因負荷不了太多的電流，於電流經過時發生高溫而燃燒，而且整條電線都以同樣情況下燃燒，不管此時的電線是在鍍鋅鐵管內，PVC 膠管內或是明線露出而配在天花板內，牆壁上或地板上。



如果電線在鍍鋅鐵管內或PVC 膠管內，發生超負載而起火燃燒，整條電線都在管內可以因鐵管或PVC 管來隔絕易燃物，同樣情況下發生高溫，被覆熔化，但管外部份及兩端線頭也一樣會發生高溫燃燒起來。

(1) 電線如果發生超負載而燃燒，一定是二條(單相負載)，一條是來到用電設備，一條是由用電設備回到電源，二條一起發生高溫而燃燒。

(2) 如果是一條的話，另一條一定是地線，但因地線的接地電阻太高，時而短路時而完好，電流較小，發生的狀況較少，可能性也較低。

(3) 如果是三條，一定是三相用電設備，如工廠內的電動機等大型負載，同時發生高溫而燃燒。一般家庭中或商業營業場所，皆為單相負載。

電線燃燒的情形：

(1) 如果是超過負載很多，整條電線從開關處到負載處的二條線(或三條線)，全部會燃燒起來。

(2) 如果是接地或短路，則電線從開關處到接地處或短路處的一條線或二條線會燃燒起來。

超過負載的電流不會很大，約為原負載電流的150～300% ，但是時間比較持久，如果是短路或接地的電流則往往會很大，近乎5,000A(5KA 的開關不會跳脫) 或10,000A(10KA 的開關不會跳脫)，時間很短(幾秒而已)，再大的電線，如果電流超過安全值很多，也一樣會有燒起來之虞，更何況是短路或接地，如果開關或保險絲沒有及時跳脫或燒斷，不到幾秒鐘即可燃燒起來。

第二種是因電線燃燒或溫度極高，而引燃其他易燃物，如窗簾，衣服。

(1) 電線在天花板內，而引燃天花板，三夾板。

(2) 電線在牆壁上，而引燃窗簾，壁紙，衣服。

(3) 電線在地板上，而引燃地毯，棉被等。

每公尺電線所產生熱 $=I^2 \times R \times t$

I：電線電流，R：電線電阻，t：時間

舉例如下，70 $mm^2$ 的銅導線忍受7,000A 時間達一秒鐘所產生的熱：

熱量 = $7{,}000^2 \times 0.262 \times 10^{-3} \times 1 = 12{,}838$ 焦耳

1 公尺70$mm^2$ 的導線的銅量(面積×長度×比重)

$=70 \times 10^{-6} \times 1 \times 8.73 \times 10^3 = 0.6111$kg

所產生的溫升 $= \frac{熱量}{比熱 \times 質量} = \frac{12{,}838}{390 \times 0.6111} = 53.87℃$

最後的溫度 = 70 ℃ + 53.87 ℃ = 123.87 ℃

以上是一秒鐘後的溫度，未達160 ℃，如果時間長達一秒半，則會超過160 ℃而被覆熔化，緊接著開始燃燒。以上情形，原因存在皆有一段時間，約幾分鐘，幾小時甚至幾十小時，2.0 $mm^2$ 的電線138A 的電流，3 秒鐘即可達150 ℃的高溫。

## 8-2 Cable Tray 或Cable Duct 發生火災



由於高樓或廣大面積的工廠，變電站集中一處，由變電站變成低壓後供電各樓層或各角落之分電盤因為：1. 線路長。2.線路多，3.線徑不夠。4.線路經過場所溫度過高。5.線路被老鼠咬破。

線路長：電壓降大，結果電流大，溫度升高。

線路多：線路之安培容量降低，以超過安培容量之電流流通，導致電線之溫度升高。

線徑不夠：也就是電流超過導線之安培容量，也因為電壓降大，結果電流更大，導致導線之溫度升高。

線路經過場所溫度過高：使安全電流降低，導致導線之溫度升高。

線路被老鼠咬破：如果只咬破一條，可能造成接地，如果咬破二條以上，不只造成接地，還會造成短路。

電線接地或短路，其接地電流或短路電流超過了電源的開關(遮斷電流或遮斷容量)，開關就可以跳脫，在電線還未受損前隔離，火花沒有了，電流沒有了。線路太長，溫度升高，線路太多，溫度升高，線徑不夠粗，溫度升高。電流超載後，電線溫度也會升高。當一條線或幾條線溫度升高到一個程度，被覆會到著火燃燒的階段，絕緣物會冒煙濃密。

因此保護之對策，可在Cable Tray 或Cable Duct 安裝定溫感知器及偵煙感知器。

建築物的Cable Tray ，Cable Duct 或管道間內如果電纜燃燒常造成大災害，尤其管道間(立管部份)，加上煙囪效應，更易燃，又發生有害氣體，會擴大傷害，其主要對策是區分隔間，幾層樓為一區，區間則使用延燒防止劑(Fire Proofing or Stopping)。

絕緣電線因為在同一電線導管(PVC 管)中的總根數及周圍溫度的高低而影響了安培容量，當安培容量減少，需使用較粗(大線徑)的絕緣電線才不致超過安全範圍。

## 8-3 防止電線走火

何謂電線走火，電線走火就是一條電線上，火花從一個地點發生，然後延伸擴大，走到另一個地點，使得整條電線如同火繩，或火蛇般，紅黃亮光蜿蜒爬行煞是可怕。

一條電線包括一條單心電線單線(或絞線)，一條兩心電纜(單相)，或一條三心(四心)電纜(三相)，一條單心電線或二心(三心)電纜中的一條燃燒著火(走火)，就是接地故障，接地電流

使得這條電線不堪負荷而燃燒。如果一條兩心電纜或三心電纜中的兩條燃燒著火(走火)，就是短路(單相)故障，短路電流使得這條電線(兩心)，不堪負荷而燃燒，如果是三相短路故障，則這條電纜(三心)，會燃燒起來，不過三相同時一起短路的機率很低，發生機會不高，最多的是一線接地相對地或兩線短路(相對相)。

## 8-4 為什麼會發生一相接地或單相短路(相與相) 造成原因大致歸類如下：

一、電線線徑太小或超載使用，一般電燈線路或插座線路之線徑，都固定在一定範圍下使用，如果接裝太多電燈負載或插座上插了太多的插座負載，電線就會不堪負荷而發燙燒焦。或者因為大負載而使用不夠線徑的導線，運轉結果，時間延長，電線也會燒焦。

二、電線太長，電壓降太大，電壓不足，運轉以後電流升高，電線超負載使用而溫度升高，導致被覆燒焦。



三、電線老舊，或新線被壓破皮，刮傷被覆不知，使用時破皮處碰觸外殼(鐵殼)，或兩條扭纏在一起短路。

四、接續錯誤，安裝不良，例如線端去被覆太長，電纜線頭未固定，接續螺絲不當，插頭插座不符規格，扭撓以後，斷線碰觸，纏繞。電流、電壓不對，固定方式、外殼強度簡陋，電線(易損壞壓扁、碰觸活線(Live Wire)以上種種都容易在使用中造成接地或短路。

五、電纜線或電線錯誤，單相二線 110V 或220V 必須使用三心電纜(相線加地線)圓形或扁平線，2.0 $mm^2$ , 3.5 $mm^2$ 以上，不可使用二心電纜或花線。

三相三線 220V 或 380V 必須使用四心電纜，三相四線 220V － 380V 必須使用五心電纜。

所有電燈線或插座線或負載線接至電源處，均有無熔線開關或保險絲予以保護，在接地及短路發生後，於最短時間內予以跳脫與熔斷，也就是有夠大的接地或短路故障電流來促使無熔線開關或熔絲動作，只要故障電流夠大，無關是否超過定額負載，如果無熔線開關不會跳脫(該跳不跳或未跳)，或保險絲使用銅絲代替，則接地電流或短路電流發生後持續在線上(電纜上)存在，電源未切離，整條電線或電纜則起火燃燒(冒煙、紅燙)，這就是電線走火。

日前家中一條二心電纜(圓形，無接地線)，進入燈具(吊燈)處，被覆因用久溫度高，硬化破皮短路，整條電纜走火，從進燈處燃燒到樓板的接線盒，時間足足長達二、三分鐘之久，電源的無熔線開關沒有脫跳，讓我極端害怕及恐慌，所幸災害沒有擴大，未燃及其他易燃品。

綜觀台灣地區的電氣線路施工、安裝、接線、器具(插座、插頭)，很多不符要求，所以造成接地或短路事故異常頻繁，普遍，隨地可見，隨時發生。開關或保險絲都沒有發揮斷電保護的功能，所以台灣地區以前發生電線走火，釀成火災的事件很多，預估以後仍是一樣，不會降低或減緩。

要改善之道有下列要求可以正視。

(1) 插座、插頭要符合規範要求。

(2) 開關及保險絲在額定故障電流下必須跳脫及遮斷。
(3) 電纜電線規格及線徑必須合乎要求。
(4) 安裝、接線、施工、接續必須按標準施作。
(5) 安裝人員必須給予責任，除了訓練外，還要考核發證。

## 8-5 感電事故案例

1. 工作人員，尤其電氣工作人員接觸活線時，分為二類，即低壓與高壓二種，低壓的電壓為600V以下，高壓的電壓為600V(3,300V)以上，低壓的耐壓間距較小，電流較大，接觸時常因吸力，手臂及手指反應收縮而抓住電線放不開，肌肉神經變成不隨意狀態而致命(電流流經有血液的心臟)。
2. 高壓的耐壓間距較大，電流較小，接觸時常因耐壓間距突然降低而起電弧，火花急速產生而成推斥作用，將接觸者拋開，但是火花瞬間形成回路，回路必須找到最短距離，或阻抗最低的地方(點)形成，因此大腿的內側肌肉或睪丸(電流流經皮膚或肌肉表皮)，成為皮爆肉裂的地方，常常因為被高壓碰觸產生火花被推斥而摔落地面，受傷更加嚴重，若是30KV特高壓的輸電線，接近達30cm的位置，既使不接觸，電也會飛過來而感電，此稱閃絡(Flash Over)。
3. 在配電工程中因220V而感電死亡：爬上梯子，以安全帶把身體依附於電線桿，戴絕緣手套，以剪鉗切斷220V活線，但是剪斷的瞬間，220V活線刺入胸部，身體通電流，肌肉神經變成不隨意狀態，無法挪開電線，雖穿有橡膠長統鞋，電流卻從膝蓋經梯子流往大地，急救不及，終告死亡。
4. 在某超級市場屋頂上，有6.6KV的變電站，變電所雖有2m高的金屬網圍欄，有兩位兒童一起，其中一位卻翻越圍欄，摸到1.5m高度的帶電部份感電，瞬間被彈開到1.5m外的旁邊，頭撞到混凝土地板而倒下，雖未死亡，但頭蓋骨骨折、兩手掌燒傷，重傷住院3個月。
5. 游泳池水中漏電，游泳的兒童感電：多位兒童在游泳池中練習游泳時，在水中突然觸電，2位因為受到衝擊而溺水，救生員也因欲救助而感電，3人因休克而成失神狀態，其經過與原因如下：
   (1) 過濾裝置的馬達，大概因為水氣滲入，造成層間短路(Layer Short)，一周前熔絲就再三熔斷。
   (2) 兩天前電氣公司派人來修理檢查，判定絕緣符合規定，無異常，未量測電阻(或三相電阻平衡)，由於層間短路，電阻部份減小，但是電流(運轉電流)卻增大。
   (3) 當天開放前，3條熔絲斷2條(原有規格不敷使用)，所以可能換較大電流規格者，由於熔斷規格換大，層間短路現象擴大，短路的高熱使銅線熔斷附著於鐵心上而接地，造成220V漏電。
   (4) 由於未設漏電斷路器，休息中，救生員就聽到幾名兒童摸供水管口附近的鐵製扶手，發生霹哩啪啦聲響，此時在供水管附近的這2位兒童及救生員感電，他趕緊叫著“關掉馬達”，經主任叫人切斷開關後，才救起三人，幸好在醫院很快回復意識。

6. 舖設電話電纜時，接觸 110V 電燈線，感電死亡：電纜員乘著架空器，在空中舖設電話電纜，懸纜器傾斜，架空器滑動移走，右手抓住懸纜線，左手卻不小心接觸到 110V 電燈線，不巧110V 線的絕緣損壞，電流從左手通到右手(經過心臟)，經懸纜線(鋼線)，通往大地，因而感電死亡。
7. 對高壓線安裝防護管(黃色塑膠絕緣軟管)，感電受傷：外線電氣工人欲在裸露高壓線裝入3M 防護管，已裝入約1m ，無法再裝入，所以右手打開防護管裂口，左手強按防護管，右手拇指夾於電線與防護管間，由於該部份的絕緣用橡膠皮手套破孔，感電 6KV ，因此電流流入右手，瞬間經過皮膚從右膝蓋流出到梯子(有穿橡膠皮鞋)而受傷(未摔落)。
8. 欲連接 220V 活線，感電後摔落而死亡：工廠欲實施日光燈增設工程，連接220V 活線，本來預定第二天停電施工，卻在安裝日光燈後，想順便連接活線，由於未做好活線作業的準備(工具及手套)，受到電擊，從約 5m 高度的梯子上墜落到工廠的混凝土地板，頭朝下，頭蓋骨破裂，當場死亡(因為摔落)。
9. 整理電纜中感電死亡，登上受電室的電纜架(Cable Rack)，整理電纜時，接觸到附近佈設的高壓母線(裸線)而感電，因此從2m 高墜落到地面，遭重擊而死亡。
10. 停電作業中，接觸活線部份，感電死亡：打開 OCB 上的斷路器(D.S.)後，班長交待一位工作人員，他剛從普通高中畢業，進入電氣公司上班後第20 天，奉派來此作清掃 OCB 的停電部份，班長離開到別處看時，他因為不懂活線(有電及無電)，結果清掃了電源部(有電)，接觸到 3KV ，感電死亡，活線部份因未裝橡膠片(隔離片 Isolator or Shutter)。
11. 在275KV 輸電線下切竹子時，因閃絡而感電：在275KV 輸電線下的竹叢，竹子長高，接近輸電線，想切下竹子，由A.B.C.3 人負責，C 先生登上鐵塔監視，A 先生以兩手支持防止竹子倒向輸電線，B 先生在根部上1m 處鋸斷，結果發生閃絡，A.B.兩位感電受傷，A 先生兩手，右腳受電擊傷，右邊腰部，臀部燙傷，B 先生兩手，右腳踝受電擊傷，全身40% 燙傷，休養3 周。

| | 接近界限距離 CM | 安全距離 m | 高壓噴水距離 m | |
|---|---|---|---|---|
| | | | 筒端口徑 $1\frac{1}{8}$" | 筒端口徑 $1\frac{1}{2}$" |
| 1100V | | | 1.8 | 2.7 |
| 2200V | | | 3.3 | 4.8 |
| 3300V | | | 4.5 | 6.6 |
| 5500V | | | 5.4 | 8.2 |
| 6600V | | 2 | 5.7 | 8.8 |
| 11KV | | 3 | 6.0 | 9.0 |
| 22KV | 20 | 3 | | |
| 22~33KV | 30 | 3 | 9.0 | 12.1 |
| 33~66KV | 50 | 4 | | |
| 66~77KV | 60 | 5 | | |
| 77~110KV | 90 | 5 | | |
| 110~154KV | 120 | 5 | | |
| 154~187KV | 140 | 7 | | |
| 187~220KV | 160 | 7 | | |
| 220KV 以上 | 200 | 7 | | |
| 500KV 以下 | 200 | 11 | | |

12. 外線的輸電線路69KV ，約下午5點鐘，某一家公司以移動式吊車搬運庭台時，吊車前端接近到69KV 輸電線路，約3.9M ，引起閃絡，導致69KV 線路跳脫，造成4台變壓器一時停電附近大樓一片黑暗，80 分鐘後，才回復正常。
13. 22KV 輸電線，甲回路與乙回路間隔5m ，平行長達 2km ，甲線停電時，輸電中的乙線會在甲線引起2.7KV 的(感應)電壓，在甲線停電作業時，曾安裝短路接地棒，因已完成停電作業，當電氣工人欲卸下接地棒時，它卻折斷，接地線垂下來，碰觸到身體感電，從踏台滾落，受到輕傷。

520KV 2 回線的輸電線下，無遮蔽線(網)時，對汽車有2,880V ，275KV 2 回線對汽車有2,020V 的感應電壓。

14. 外線作業電工，必須特別注意：爬上電線桿，桿上作業很消耗體力，雖可因訓練而加強，熟練電工也會有很幼稚的錯誤動作，因為消耗體力後，人體呼吸困難，血液缺氧，腦部機能減退，引起錯覺，造成失誤。
15. 值夜班電工，也必須特別注意：值夜班時，因日夜顛倒(與太陽相反)，光線與氧氣均不同，加上白天可能外出遊玩(消耗體力)，晚上時反應遲鈍，警覺不夠作業減緩，血液循環減慢，腦部缺氧，機能休息，容易意識迷糊，錯誤判斷，手腳反應不及造成意外。
16. 疏忽切斷開關，逕行修護作業：20 年經驗的熟練工人，也有疏忽的時候，結束一號

電桿的桿上作業，休息15分鐘後，忘記切斷開關，就爬上二號電桿更換桿上的變壓器，結果接觸到高壓6.6KV側，未卸下變壓器就感電死亡。因為疏忽，以為與一號桿相同，未檢電也沒有人從旁告誡。

17. 夜間停電作業，要通知相關重要人員。夜間停電作業，由於被停電者感到相當不便，情緒不安，班長4人一組在午夜12點開始停電，操作相關修護工作，激怒用戶，尤其營業場所的消費顧客，班長離開工作崗位前往解釋，致現場無人監督協助，因此發生班員墜落災害，尤其夜間作業，視線不清，體力可能不濟，現場必須有人在旁清楚指揮監督或糾正不當的行為，協助提醒安全動作。
18. 停電作業：停電作業很重要，都要階段步驟逐一依序實施操作，順序不可顛倒，也不可潦草從事，每個階段都要確實，必須派人監督。如DS開關與OCB開關，先停OCB再切斷DS，等待一段短時間，殘留電荷放電完畢，再用檢電儀器檢查，確認無誤，再掛上或安裝短路接地器具，掛接時，要先接地夾接完畢，再掛上欲接地之處，接地線要接用22mm²以上之有被覆銅紋線。



19. 以前北部某研究機構，69KV之屋外變電站執行停電清洗礙子作業時，因為掛錯線，而且接地極未接好，致掛上線感電而致燒傷，又因為穿雨衣工作，整件雨衣包裹住身體，致皮膚均被黏住，還好送往醫院急救仍能保住一條命，但是住院了一段很長的時間。
20. 檢電的重要：停電作業時，為什麼要執行檢電的工作，因為電氣迴路，有並聯回路，也有環路(Loop)，切斷開關，不一定就沒有電，有高壓環路，切斷此一開關，忘記切斷另一開關；有低壓環路，切斷高壓，但是低壓仍有電，也有高壓電容器，其開關未被切斷，線路上仍保有殘留電荷；有低壓電容器，其容量大，開關未被切斷，低壓經變壓器，升壓到高壓側，成為活線，觸及仍會感電受傷，甚至摔落。
21. 高壓電源開關CB切斷後，高壓電容器之開關操作要等一會兒。因為高壓電源開關切斷後，沒有加壓在線路上，但是線路上的高壓電容器仍留有電荷，雖然其與變壓器並聯，它會放電到變壓器，惟需經一段時間，慢慢放電，最可靠的方法就是檢查，如檢查結果，沒有電荷，即可開啟，否則在電源開關切斷後，馬上切斷電容器之高壓開關，會形成一很長的弧形火花，它可能會燒傷操作人員。
22. 情報傳達錯誤而感電死亡：離開桿上開關500m遠的電氣室需要停電作業，而在電氣室又沒有另一開關，因距離遠，視野不好，派了四個人傳達訊息，甲在開關處，告訴乙「現在切斷。」，乙轉告丙「現在切斷。」，丙告訴丁「切斷了。」，丁就告訴戊「切斷了。」，戊認為已切斷，沒有經過檢電，就開始作業，觸摸操作，結果感電死亡。
23. 使用220V單相電鑽，感電死亡：由於電鑽存放在倉庫內有一段時間，倉庫內潮溼，加上電線可能破皮，致絕緣為零，單相220V或110V都有接地線，使用時插上插座也一起接地，如有絕緣不良，開關可以馬上跳脫，不會等到人員去觸摸，其條件，系統為三條線，插頭及插座都有3P，電鑽為3心電纜。

如果沒有接地線可在電源側裝上漏電斷路器，在人員感電漏電到達30mA，即可在

0.1 秒內跳脫。還有第二種方法，為電鑽為經常使用之器具而且環境不佳，如屋外，如地上有水或久置未用，可採用雙絕緣(二重，Double Insulation)的器具，"回"符號是表示雙絕緣。

24. 浴室使用吹風機，感電死亡(110V)：浴室內一般都很潮溼，尤其使用淋浴式者，如浴室內加一玻璃罩，在罩內沖洗，或者有一布幔拉起，也可防止水份外濺，不然牆壁上地板都很濕，導致牆壁上的插座也有水份。

    很多人在浴室內洗澡兼洗髮，洗髮後又用手持吹風機烘乾，如果吹風機是絕緣不良而漏電，或因水份跑進而絕緣不良，在地上濕，手濕持使用漏電的吹風機，一定百分之百會感電，而且情況嚴重，電流大(電阻低)，經過心臟馬上死亡。

    此種案例頻傳，改變方式為裝用固定式(非手持)吹風機於牆上，不用插座，即可免於感電。



25. 插頭接線錯誤，使用時感電110V 死亡：插頭接線不是由有執照，正規的電匠接線，方法錯誤，不是馬上燒掉，也會使用不久，不要看小動作，卻悠關生命安全，因為接線不妥，容易皮破或外露，或接地線碰觸活線。當插入插座，另一手碰到器具時即使110V 也會感電，如果環境或地上泥巴水份多，則情況嚴重可立即死亡。因為大電流通過心臟。

26. 電弧熔接作業中感電死亡：熔接工李先生坐在鐵架上，進行電氣熔接作業，兩手只戴粗手套，已汗溼，因熔接棒保持器快要掉落，兩手連忙抓住保持器，保持器的絕緣損壞，露出帶電部份，電流從兩手通到臀部，再通到鐵架上而感電，墜落地上而死亡，由於李先生未每天使用前檢查保持器。

27. 110V 插座蓋破損，碰觸感電而死亡：有泥水工兩人，李先生，王先生，王先生的左手握住工程用的插頭(不隨意狀態)，碰到插座蓋破損的插座外露部份，由於王先生穿著因灰泥作業而潮溼的運動鞋，當天炎熱，手被汗濕，絕緣降低而感電，呻吟倒地，因為電壓110V ，電流大，所以抓住不放，等李先生驅前一看，用戴著橡皮手套的手拉開插座，送到醫院，仍然回天乏術。

28. 因電線捲軸而感電受傷：電線捲軸上有二個插座，李先生，王先生兩人都以電鑽在作業，李先生的電鑽完好，王先生的絕緣不良，但是李先生卻因在鐵架上作業而感電，王先生反而因站在合板上作業而無事，因為電線捲軸有共通接地線，而且接地線(捲軸上)都未接地，致使漏電電流從王先生的電鑽經共同接地線跑到李先生的電鑽外殼，碰到外殼而流通到鐵架上成一回路，感電後，摔落受傷，幸未死亡。

29. 電鈴開關失靈，致電鈴燒毀引起火災：幾年前，大部份社區都建四、五層集合住宅，沒有電梯，兩戶共同一樓梯及大門，因此10 個電鈴開關設在大門口，電鈴則設在各樓各戶的客廳內。

    由於電器承裝業減料，將日本原裝的押扣開關改為較便宜的本地產品，開關的按鈕間隙不均不準確，致失靈，有一天，一位四樓住戶的訪客來找，在大門口按鈕叫人，電鈴在四樓響著，按鈕開關在門口並沒有彈起恢復以致在四樓房內的電鈴仍然響著，過了一會兒，訪客見沒有人回應而離去。過了沒多久電鈴燒起來，在旁邊的窗簾也燒起來，致引起火災而造成公共危險罪，起訴多人。

30. 開關不會跳脫而釀成火災：某一年的夏天，天氣炎熱，上午10時左右，一位家庭歐巴桑，因為客廳的冷氣機開關屢次跳脫感到困擾，以為是開關故障需要更換，因此打電話到電氣行(材料行)，叫了一個新開關來換修，花費二、三百元而已。

換了開關，這位太太以為可以使用了，就開關送上讓冷氣機運轉，她則拎了一個菜籃去市場買菜，菜還沒買好就聽到消防車匆忙駛過。回到家時，已經一團糟，因為冷氣機故障換的開關不會跳脫，電流太大，這個開關失去保護作用而釀成火災，區區二、三百元竟換來一場火災，不知責任歸誰。

31. 開錯盤門，按觸高壓活線，而眼睛幾乎失明：在××機場的屋外開關站，負責將主變電站降低的11.4KV 饋線分配到附近的用電場所，如郵局、海關、航警局…全部高壓進，高壓出，電源則為雙饋線供電。



有一天清晨，做例行主變線路的絕緣檢查，停掉一饋線，要求駐守在屋外變電站的值班人員打開接線螺絲，但是這位菜鳥剛從學校畢業不久，沒有經驗，而且值夜班尚未完全清醒，拿著工具遵照電話中指示，開盤門卸螺絲。因為盤體共有十幾盤，每盤大小高度一樣，顏色一樣，只有盤名不同，這位菜鳥拿著工具到盤後面，走到一半，好像聽到有人告訴他要戴高壓手套，他轉身回去戴了手套再走到盤後，開了門，套上工具(當時尚沒有狀況，因為有手套)等到扭轉工具碰到隔鄰一相，轟然一聲，人已被火花彈到了4，5公尺遠的地方，眼睛已經睜不開，幾乎成盲。

32. 停電保養，誤觸活線而受傷：××機場第一航站地下室有一變電站，有一員工剛畢業不久，來到這裡做保養維護工作，，變電站都排有定期保養工作，有一天，有一台抽出型高壓VCB ，安排抽出保養，該員在作這項工作，單獨作業，可能經驗不夠，沒有瞭解VCB 之電源側、負載側等架構，負責人或組長也沒有預先教育，結果作擦拭時，碰觸到固定部份之電源側，電壓為11.4KV ，結果受到電擊，男性生殖系統睪丸等脆弱地方受損而無法生育，但保住了一條命。

33. 量測時，以低壓電表測試3,300V 回路而受傷：桃園龜山地區某一家纖維公司的工廠，以11,400V 供電，除了白天常日班人員外，也排有三班輪值人員，當時我也住在桃園與這個工廠的課長熟識有連絡。

某一日中班(下午3 時到11 時)，值班人員有一位老兄，因為突然故障停電，工廠內停電是大事情，尤其纖維工業，影響損失很大，這位老兄緊張著急，而且一般照明都沒有。變電站內之照明更是缺乏，變電站以11,400V 供電後，二次側有3,300V 及380V 兩種，3,300V 供應冷氣主機等大馬達電力，兩種電壓都進到站內配電盤，於是拿起了三用電表檢查，電壓從380V 處開始，慢慢檢查到3,300V 。

他可能不知道，也沒有注意到量測380V 的三用電表是不可以量測3,300V(超過500V) 的回路，一方面光線不好，另一方面中班可能鬆懈疲倦愛睏，加上緊張，居然拿三用電表量測冷氣主機的3,300V 回路。一聲轟然大響，火花爆發，除了燒傷二手及胸部外，臉部及兩眼聽說成盲，急送醫院救助，我則因課長的電話半夜馳援，協助修理及處理，這位老兄所幸老命保住，不幸中之大幸。

34. 誤測高壓電，喪失一條命：××在新竹某一處工地，實施電氣增設工事，部份高壓電11,400V已經送電，部份增設中。

某日實施增設後送電，結果發現異常，這位身當工地主任，由於責任，也由於經驗不夠，在異常發生後，竟然利用三用電表去檢查11,400V之回路，一時大意，在旁邊的人也沒有發現不對而加以勸阻，畢竟都是年青小伙子。當三用電表碰觸到11,400V線路，一陣大火花爆開，大家莫不驚慌不已，但是當事人已因此受到電擊及燙傷，形勢嚴重而急送醫院，仍無法挽回一條命。

35. 高壓電容器開關未切離，操作分界點開關火花驚人：桃園××紡織廠的屋外變電站，高壓變壓器1,500KVA兩台為3,300/11,000V供電，後期改為11,000V後，發現高壓側之功因太低(MOF的無效電流大)，因此在高壓側加裝了一組高壓電容器作補償，為屋外鐵構式，開關為熔絲鏈開關。

某日工廠停電作業，台電人員進廠操作分界點之DS開關，操作前未先切離電容器，(要切離也要等幾分鐘放電完)，也未等待十分鐘時間左右讓電容器放電，立即予操作，結果DS開關在操作時的火花狹長而驚人，台電人員嚇壞了，因沒有經驗而闖了禍。



36. 低壓回路檢修，意識模糊，而碰觸短路，火花燒傷機器及眼睛：工廠內的機器多，都是3相380V的低壓設備，帶動馬達開關箱或控制箱內電磁開關(接觸器)，保險絲變壓器(低壓小型)、電驛很多。

工廠內的中班(15:00~23:00)或夜班人員，平常都只有一人獨當，某日夜間一台機器故障，這位值班人員帶著工具儀表到現場檢修，找出故障原因。一台機器內一台馬達也好，五台馬達也好，控制箱內另件滿佈，機器停了，要找出故障點並不容易，好似一個人生病了，醫生正在診治一樣，人生病還可以告訴醫生情況感覺，機器生病了停了，不會告訴什麼地方壞了，電氣人員自己去找。這位值班人員在夜間，意識模糊，或者在半睡狀態下，經人告知前往，未完全清醒，就用三用電表或工具去檢查測試，結果碰到不該碰的地方而短路，火花「啪」的一聲，電表燒壞了，開關電驛燒壞了，電弧也燒傷臉部，眼睛也受損，許久許久睜不開。

37. 酒毒太深，雙手顫抖：以前一位同事，當工廠電氣主管，很好喝酒，也喝了一段很長時間，雙手舉起來，發抖不已，如拿起三用電表的測試棒更是不能控制。

38. 三心電纜在連接處扭曲破皮漏電：三心電纜連接時，一定要剝開三心，各自連接在一起，然後再用膠布包紮起來，當破皮的三心電纜在地上或有水的地方，容易漏電。

尤其陷在積水的地方，漏電時，電源沒有漏電斷路器，也沒有造成很大的接地電流，致開關不會跳脫，在這種情形下，穿涼鞋走過這地方的作業人員就會感電，而受傷。

39. 公司變電所遭兒童侵入，感電而死傷：某公司的變電所為屋外開放式，有鐵絲網外欄1.6M高，及鐵絲網內欄1M高，平常無人，約每一小時巡視一次。

在1975年的4月，突有二名5歲的兒童侵入，先爬過1.6M高的外欄，進入公司內，再登上1M高的金屬鐵絲圍網內欄，進入變電所，其中一名可能右手接觸220V低壓，靠在設備周圍的鐵絲網，因電流大而感電死亡；另一名則可能在接觸到3.3KV側的瞬間，因高壓而彈開休克，倒栽滾落地面而重傷。

當辦公室的電氣事故報知蜂鳴器，告知發生災害，職員趕去，發現變電所的出入口未上鎖，可能由出入口進入，不是爬過去的。

40. 操作順序錯誤，會造成大電弧，人與設備都會損傷：高壓電路為求二重安全，必設置隔離開關DS及遮斷器CB，投入回路運轉設備或馬達時，必先投入DS，其次投入CB。停止馬達時，必先切斷CB，再切斷DS。

    若順序相反，在DS處會發生大電弧，這大電弧會使設備破壞，人員會遭電弧熱燒傷。如果兩者互相連鎖在一起，使它成為CB不切斷，DS就切不斷，DS不閉路，CB就無法閉路。

41. 油斷路器(OCB)爆炸：因油斷路器保護的馬達燒損成短路狀態，OCB動作，因為OCB的遮斷容量未經檢討而不足，短路造成爆炸，在附近的人遭噴出的熱油燙傷，馬達為4.16或3.3KV。

    有時電線桿上的油入開關(OS)也會因絕緣不良而爆炸，著火的油飛賤開來，燃燒庭樹及路人。

42. 微波爐所接用的電源規格，有二種50Hz與60Hz，50Hz的微波爐如接用60Hz電源，須更換變壓器限時開關，高壓電容器。限時開關跟使用$C = \frac{1}{2\pi fXc}$，頻率愈高，Xc愈低，時間有關。

43. 高壓電因線路掉下，接觸110V電線進入屋內，工人感電死亡：因為颱風來襲架空高壓線3,300V被吹倒的路樹切斷，高壓線碰觸到110V進屋線，因此民房內的線路、插座出現高壓，電冰箱，電視機都噴出火花，大兒子欲切斷門口的主開關被電到，父親欲拔出冰箱的插頭，兩人都被彈開2M遠，感電死亡。

44. 牆壁鐵絲網漏電火災：設置安裝冷氣機，從室內機配線到屋外機的電線，在經過牆壁的貫通部份絕緣破壞，而且在貫通部份設有安裝PVC管做為絕緣物，因此部份之漏電到鐵絲網，鐵絲網又通到陽台的鐵架部份，造成發熱(接地通電流)，引燃其他部份成為火災。

45. 延長線接續處引燃榻榻米成為火災：買回1.2KW容量的單相暖氣機(Panel Heater)，因電源線太短，需要一條3米長的延長線接用才能插到牆壁的插座。將延長線的插頭插座接續處置於榻榻米上，因容量大(電流大)，接觸不良，致接續處發熱，引燃了榻榻米，造成火災。

    延長線必須為3心(3P，單相)，其中一條接地線，當接續處短路時(接地)即刻跳脫電源開關，但可能仍造成火災，因為接地或短路以前已先引燃了。

46. 不用的插頭一定要拔離插座：某日，3歲的孩童在家中，父母疏於看管，正在玩電爐，因為插頭未拔開，孩童不小心扳入開關，移動的電爐靠近窗簾邊，高溫燒到變成火災，結果孩童燒死。

47. 電視機老舊，絕緣劣化引起爆炸引發火災，燒死老夫婦2人。電視機因為老舊，電源雖然110V，但有變壓器升壓為20,000V，到映像管，因為絕緣劣化，常使塑膠等著著火，只有聲音，映像崩亂或有白點時，表示高壓部份已經故障，又因為電視機的電

源插頭沒有拔離，約在21 點切斷電視機的開關(開關為觸模式)，結果突然爆炸，發火燒毀全家，老夫婦2 人走避不及，也被活活燒死。

48. 公寓大樓發生火災時，常造成多人輕重傷，公寓大樓常常因為一戶不慎，造成火災，火災時常常因為錯誤動作，而切斷了自動火災警報的電源，進而喪失了自動警報的功能，而引發重大傷害，造成多人輕重傷。

49. 收發兩用機的電波使得儀器的指示失常，因而使工廠停止運轉：某日，一個化學工廠，在離開儀器盤60cm 地方使用收發兩用機，利用它與外部的人員連絡事宜，其輸出容量5W ，400 × $16^{6}$ Hz ，結果其雜訊介入儀器線路，儀器指示失常，壓縮機的溫度計異常升高到115 ℃(溫度計為電氣式，實際達115 ℃)，因此停止大型壓縮機，損失生產，經常的對策為在運轉中，收發兩用機需離開儀器盤1m 以上才能使用。

50. 高溫烤麵包機：台北市某家西點麵包店，平常都在半夜12 點開始烘烤麵包，機器放在一樓的角落，麵包趕在清早六點左右出爐販賣。



某日清晨四點，機器的電源線路發現燒焦而起火，師傅趕緊找來附近第一具滅火器撲滅，結果因滅火器過期或故障而失效，噴不出滅火劑，急忙再去找第二支，但熊熊的火炎已經吞噬整台機器了，進而燃燒到整棟房屋，結果造成多人死傷。因為機器的電源線路臨近高溫的烤爐而絕緣破壞，機器用了一段時間，沒有檢查維修，麵包店也會引來一些老鼠啃咬，四處流竄，可能也咬破電線，所以電線也會接地或短路，當接地或短路電流無法切斷電源開關時，很大的電流繼續短時間的過載，致線路燃燒，加上烤爐的高溫加速助燃，也因沒有在最初的幾分鐘內滅火切斷電流，引發大規模的死傷火災，都是造成的原因的。

51. 開關操作錯誤，致使同事感電死亡：工廠內的吊車(Crane) 電氣設備故障，李先生已切斷 NFB 開關，未掛標示牌，正在作業，另一位同事王先生去取了電氣另件回來，找不到李先生，想自己停電作業，就順手按動開關，本來是切斷(OFF) 的開關又操作到送電(ON)的位置，因此使李先生感電而死亡，其實意外可以避免。

(1) 掛上標示牌，註明停電中勿啓動。標示牌有日期，姓名及電話。

(2) 王先生沒有看清開關的位置，意識不清，不集中注意力。

52. 有左右並排的二回線路，或上下並排的二回線路，弄錯感電而死亡。台電輸電線保線員謝先生(經驗20 年)，在地上說明時，告訴他某一回路線路停電需檢查中，他也復誦一下，等到他爬上去要檢查時，卻把停電的與未停電的搞倒反了，因此碰觸到未停電者，而感電死亡。

對於輸電線保線員，須注意三個原則：

(1) 睡眠充足。

(2) 不可與太太或家人吵架。

(3) 是否喝酒。

53. 修換燈具，遭電觸擊摔落而受傷送醫院。某工廠新建送電後沒多久，突然走廊的日光燈燒壞不亮，工廠的電氣技術員受命前來檢修，由於走廊較高，需有工作騎梯架高，才得修理。當他來到走廊，關掉電燈的開關，確認無誤，再爬上騎梯碰觸時遭到電擊，驚恐之下重心不穩，摔下騎梯到水泥地面而受傷，緊急送醫院治療。原來拆開的線路，雖然開關已切斷，但因為系統線路是3 ψ 4W 220 — 380V ，電燈使用單相220V ，由於中性線未直接接地，導致電壓浮動出現在中性線，雖然相線沒電，但是中性線卻有50~70V 之電壓而觸電，所以這是中性線接地的重要。

也有可能是開關切斷中性線，電燈不亮，但實際相線P 來到燈具中，並未隔離，所以當有人來碰觸相線而導致接地，因而電擊。

54. 偷工減料(漏電)

前日報載，有一位女孩被一盞路燈因漏電擊成重傷住院，前幾年，某地因淹水，也因路燈漏電而被電死，此種情況在台灣好像屢次發生，過一段時間就發生一次，這是不正常的。漏電是會發生的，但不應讓它存在，因為用電器具總是有壽命，用了一段時間，器具會壞，電線會破皮，絕緣會降低，因此漏電就會發生，漏電了以後怎麼辦，唯一的辦法就是電源跳脫，讓漏電不會存在而能檢修線路與器具。



要讓電源跳脫，唯一的辦法就是要安裝接地線，接地電阻在10 歐姆或以下，接地線讓器具的漏電流流通，電阻低，電流大，電源開關就會跳脫(有的不會跳脫是不正常的)。

但是播出的電視畫面上，××公司的有關人員卻說不可靠近路燈或不可靠近路邊亭置變壓器箱(或開關箱)，是不對的說法，也不知接地保護的道理，所有的用電器具，路燈、亭置開關箱都可以靠近，也可以碰觸的，如果不能碰觸，就要以鐵絲柵欄隔開。

這些用電器具不漏電是正常的，漏電時會跳脫也是正常的，但是沒有接地線或是有接地線沒有接，或是接地線有接卻沒有剝掉絕緣皮，都是不正常的，不應該的，這是錯誤的。

## 8-4 漫談照明器具

照明器具大致可分為燈泡型、日光燈管型。

燈泡----白熾燈泡

----省電燈泡(筒燈)

----水銀燈泡

----高壓鈉氣燈泡

日光燈管----白色 (White)

----晝光色 (Day Light)

----紫外線殺菌燈

先談一談燈泡部份，燈泡中一部份不用安定器如白熾燈、省電燈泡，但是水銀燈、鈉氣燈泡需要另置安定器，燈泡必須與安定器配套組合，兩者須核對規格，如250W ，400W 或1,000W 。

燈泡有電壓之分，如110V 及220V 甚至有24V 等，在台灣早期均為110V ，近幾年來，由於用電量增大，所以已發展出220V ，同樣的瓦特數，220V 之負荷電流比110V 少了一半，因此每一分路或幹線的電流就會少了一半，在國外如歐美國家，紐澳都使用220V(或

230V)，沒有110V 的產品。

在台灣的燈泡110V 與220V 燈頭不同，所以不會混淆。220V 燈泡用在110V 時，只有1/4 的光度；110V 燈泡用在220V 時，則馬上會燒毀。

|← 110V --------|

50W/110V = 0.4545A

R1 = 110/0.4545 = 242 Ω

接在220V

I1 = 220/242 = 0.909A > > 0.4545A

|← 220V →|

50W/220V = 0.227A

R2 = 220/0.227 = 969 Ω

接在110V

I2 = 110/969 = 0.113A

$W2 = 0.113A^2 \times 719 = 12.48W = 1/4 \times 50$

在美國舊金山時，還發現有一種特殊燈泡，燈泡的燈頭有二個接點，其內部接線如下：

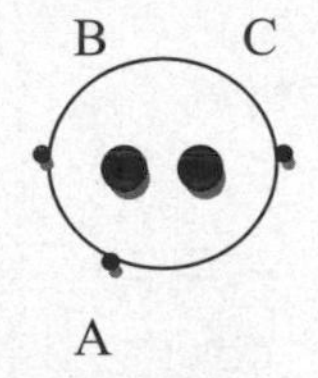


燈頭正視圖

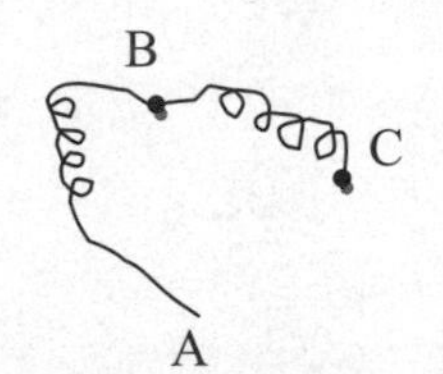


內部接線

| | |
|---|---|
| A 、B 假設電阻為1 | WATT 為100 |
| A 、C 電阻為2 | WATT 為50 |

燈泡特殊、燈泡的接頭也特殊、燈頭的Socket(附開關)也特殊，ON(A 、B)、ON(A 、C)、OFF三個位置，如此循環下去，轉動Socket 的開關，即可選擇位置。

兩種瓦特數的燈泡通常都是地上(立地)型檯燈使用，它可兼用在看書及室內照明兩個用途。低瓦特數可用在白天的看書(室內)及夜間的室內照明，高瓦特數可用在夜間的看書，檯燈經常放在臥室或客廳的角落，在那兒擺上一張沙發椅，可得到非常舒適的休息與閱讀，要亮或暗都可以，看書以後，如果累了，甚至可以小睡一下。

日光燈的構造不外日光燈管及安定器，兩者是日光燈具的心臟，第三者為點燈管(Starter)只是點燈時使用一下而已，日光燈管有燈管兩端的燈管腳，點燈管有點燈座，將這些東西合在一起，安裝組合在一框架上就完成整套。

日光燈具有屋內型、屋外型(防水型)及防爆型三種，日光燈管一般有10W 、15W 、

20W 、30W 、40W ，比較特殊的有3W 、5W 在台灣現在有110W ，在國外還有58W (65W)，點燈管有1P 及4P 兩種，1P 者使用於10W 、20W 、30W 圓管，4P 者則用於30W (長管) 40W 、65W ，日光燈具的電壓最普通為110V 及220V AC 兩種。

日光燈具在屋外招牌很多場合中，均未使用燈管腳，而直接將線結紮在(或焊接) 燈管上，燈管 點燈管也是直接將線結紮在點燈管上 ，根本不用燈管腳及點燈座，因此可省掉了框架外殼。

日光燈的電壓不同，主要在於安定器的電壓不同，110V 、220V ，燈管及點燈管均沒有電壓不同的分別，但是燈管須與點燈管配合使用。安定器不管是線圈式(傳統型)或電子式，不管是110V 或220V 安定器固定在燈具上，但是安定器的接地必須接在系統的接地上，也由燈具上的接地接到系統上。



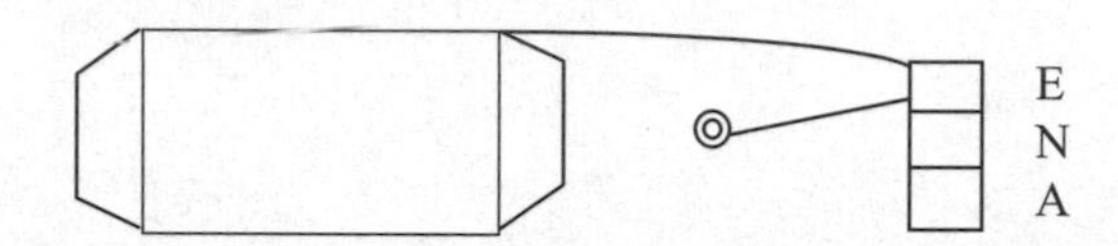


以上的組合，包括燈具、燈管、燈管腳、安定器、點燈管、點燈管座，還有電源線(可能有插頭)，所以電源線應該是3 心PVC 電纜加上3P 插頭，內部線路 (PVC 600V 絞線單心) 當然還要一些螺絲、螺母，這些另組件的結合，需要一些工具如起子、尖嘴鉗等。

但是在國外，我有一些經驗，很想提出供燈具製造商參考，以下共有十二點摘錄於後，請指教：

第一、所有的燈管安定器等另組件規格均相同，雖然牌子不同，卻都可以互換，大小、長度、厚度、螺絲孔間距，開孔位置均一樣，以上這些規格的另組件，當然有瓦特數(安定器大小)的差異。

第二、對於與電壓有密切關係的安定器，已採用了110V 與220V 共用(分接頭)的個體，在國外都使用220V 沒有110V ，國內製造商可以採用，並兼顧內外銷，對於電子式安定器則所有安定器均適用於240V AC 以下之電壓(當然包括110V)，所以日光燈燈具沒有110V 與220V 之分別。（不可標示110/220V）

第三、日光燈具的所有另組件，都不要任何工具，安定器裝在燈具上，利用滑槽原理及迴旋片來固定，燈腳管也是利用滑槽原理安裝，但必須考慮鬆動問題的極限，因為燈管腳內彈簧片的材質及彈性疲乏會讓兩者的接觸因用久而導通不良而日光燈不亮，點燈管座安裝固定在燈具上比較沒有問題，因為點燈管體積小輕便又沒有支撐壓力。

第四、電源線接到安定器，安定器接到燈管腳，燈管腳接到點燈管座的線路，首先電源一定是三條或是三心電纜接線，顏色為紅、黑、綠(綠色為地線，紅色為相線)，地線接到燈具上也接到安定器上，如果是安裝有插頭時，插頭為3P(3 條線在插入插座時，地線先接觸，拔出時，地線最後離開) 國際NEC 有規定，為了防止赤綠色盲者的接線錯誤，紅黑綠亦可以灰紫綠/ 黃代替)。

第五、接到另組件時之線路，除了以顏色固定分別標示回路(特別一些不能混淆的線路)

外，還用插入式接線端子，插入式接線端子亦有二、三種之不同式樣，可用在不同的另組件(燈管腳與點燈管座)，對於安裝組合、修換另組件時非常方便也不用什麼工具，安定器一定附有(貼有或印有)接線圖，以上這些要求，非常符合DIY的人員，任何需要日光燈具的人們，均可購買組合使用。

第六、對於日光燈使用的場合非常普遍、廣泛，到處都使用，使用場合有時環境很惡劣，有時電源線路很長或掛在牆上或放在地上，有時淋到雨水，所以日光燈具內必要加裝一只迷你型保險絲(插入式保險絲管)，IC 約有5KA，碰到短路、接地或安定器損壞，可以防止有人感電，保險絲可以個別斷開，以免影響整個回路(如果回路上有多盞同時點燈時)，修理時亦方便判斷損壞者及易於修換保險絲(要修換安定器時只要將保險絲取下即可)。

第七、日光燈具雖然個體容量小，但是使用個體的數量卻很龐大(工廠等)，所以積少成多，容量亦很可觀，因此每個體有必要將本身之功率因數提高到90%以上，如果個體提高的話，在低壓總電燈盤就不必再安裝6 段或12 段的功率因數改善設備。所以日光燈內皆裝有小容量之進相電容器與安定器(日光燈)同步使用，此處之電容器必須安裝在保險絲之負載側，因為電燈回路上，有時亦會小容量之電容器有時因品質不良亦會因突波電壓而爆裂或短路，屆時保險絲亦可發揮功用。

第八、日光燈具有很多的場合每盞皆使用二支燈管或二支以上，如果使用二支燈管，不是用二只安定器(每只一個安定器)就是用一只安定器(二支共用一個安定器)，在國外的日光燈比較普遍使用一支燈管一個安定器，因為如果其中一個安定器(一支)損壞，不會影響到另一個安定器的使用，也不會二支燈管全不亮，一支燈管一只安定器的體積不大，重量也不高，所以燈具內一般皆有滑槽供安裝(最多二個)，如果是4 支燈管時，則使用四只(一支燈管一只安定器)安定器的方式，在很多的場合，也可看到三支日光燈管的燈具(三支燈管與四支燈管使用相同燈具)，如果是四個安定器，當一個安定器損壞時，電源側的保險絲斷了以後，只要查出損壞者將它隔離後，即可再換上保險絲而重新送電其他三只，恢復照明，如下圖：

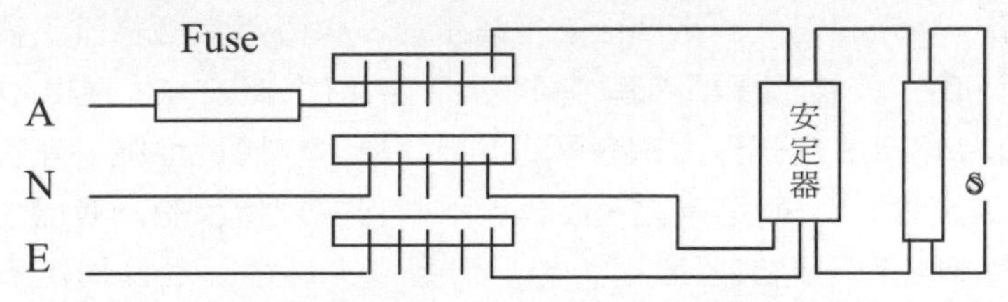


第九、日光燈不管是一支燈管、二支燈管或四支燈管，安定器的線路加上保險絲的線路，加上電源線(三條)接續之處很多，為了裝接及拆除方便，建議使用端子盤
端子盤有2.02 、3.52 、5.52，材質為橡膠製、軟性、隨需要可用刀子切割，如果較長可固定螺絲二處，如果有三條或四條線，一邊固定接線二條，可用3.52 、5.52者，孔徑較大，電流亦較高，電源線及保險絲均可安裝上，如下圖：

電路圖

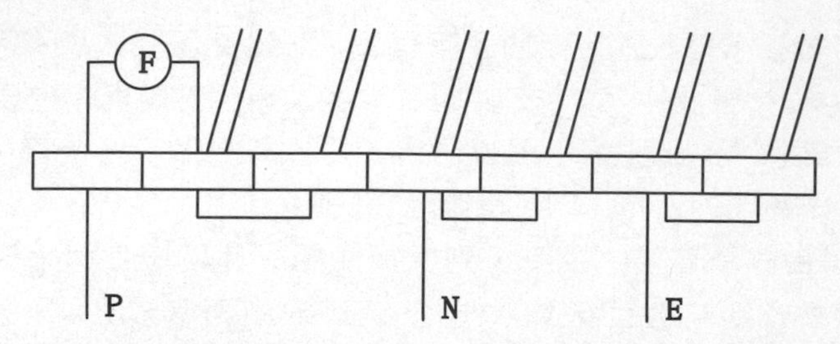


第十、燈具不管10W 、20W 、40W或110W ，燈具內的線路，另件間的配線，都有2處之固定線(Wire Clip)，可以把線整整齊齊、紮紮實實地固定在燈具內最安全的角落，以前常看到有很多的40W ×2燈具線路被燈具夾住而破皮。燈具內的線路如果破皮接地，也會引發火災的。

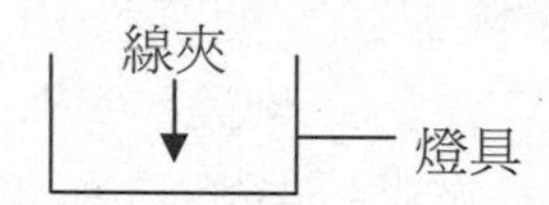




第十一、日光燈具如果使用二支燈管或二支以上(四支)，外國的燈具皆會使用一只分相電容器將2只安定器的電源分離開來，使兩者相差90度的電壓相位，使得二支日光燈管的波形及閃爍相位差90度，也可以減少對眼睛的傷害。

第十二、最後當然針對日光燈具的材質，例如厚度、材料處理、精密度等，均相當重視品質，不會因價格較低而整個燈具也跟著破破爛爛的，如果不重視品質，製造廠商將會被淘汰。

以上這些淺拙意見，希望提供給東亞公司有所幫助，1999.09.16 。

## 日光燈具

×××期擴建，××公司搶得熔爐電燈插座工程，之後送出燈具型式審查，原先設計公司－××都已訂出廠牌型號，而且與前期、×期都相同。設計公司的規範中除了型號後面，最後加了一字“EQUAL”意即同等品。

公司開始詢價、送審，一方面與供料廠商接洽採購事宜，大概因為價錢談不攏而供料公司也一直不願降價(與經銷商)，又看到標單內有“同等品”字樣(大概由××建議)，經決定提出同等品的型號送審，此種燈具占全部最大宗約70% 約3,000套，將此型號夾雜在其他燈具中，送監造公司(沒發現或沒意見)，轉送業主，工程師不敢作主只提示為同等品，非原設計型號，××批閱時認為應屬可行，乃簽名放行，另一份審查文件送設計公司審查，只批示“沒有意見，同等品應屬可行”。

所有文件程序跑完，公司乃依此開始進行訂約付訂金，安排交貨期，雖然監造公司及業主要求送樣品，但都沒做到，一方面也因該公司不是初次承包，應該會遵照辦理。

因為此同等品亦屬同一家公司產品，該批貨將自國外直接進口，本地無需組裝(安定器不是台製)，沒有廠驗問題，但是××的材料進工地之前均須廠驗，如果進口亦在外地派人去廠驗。

公司被要求送樣品確認，但公司說無樣品可送，須等進口後才有。違反原則，就進行與

業主溝通，強調兩種燈具確屬材料及品質，如果安定器同是台製(但公司說不在台灣組裝)，燈管同是××產品，但燈具一種來自××，同等品來自××××，其差價每套自然存在。

公司彙同供料公司同意，持兩種燈具樣品送至工地供比對核對測試，做最後定奪，邀來工程師再邀來經理及設計公司的工程師，經比對結果，材質不同，組裝方式不同，燈罩透光率大不同，所以很容易判定，設計公司也認定兩者不是同等品，結果就等經理最後去談。

進料之前有需再一次詳談此事，希望仍用同等品，他不知兩種產品的差異。大概一周以後，被告知該公司已再訂約該批屬合約規範內的型號，交期再排，以及廠驗日期。

其實該案的情形很多人都容易犯錯，公司因為價錢談不攏，價錢不同，聽從現場的意見送此同等品的型號審查，謀求不同方案，而業主經理本發現其中不同，認為同等品亦可使用，同意改用另一型號產品，未知其中差異之大，及品質不同，設計公司在文件中亦未發現送審的同等品。批示沒有意見，還好還未送至工地或安裝，安裝上以後會有質疑。

很多公司都想用此等方法，另一家××公司亦想送出同等品。其實品質不大同，價錢也不同。



**電燈設備加保險絲保護**

記得1989年在×××的×××地方工作，在一家工廠內做維修工作，發現那邊的日光燈220V，每一盞都有保險絲保護，在安定器或燈具內有短路，接地異常現象，保險絲會斷，這樣就不會影響配電盤內之分路無熔線開關，每一分路都供應十多盞或廿盞，故障的日光燈壞了不會影響很多的燈具。

這次找來保險絲卻加裝在×××日光燈具內，建議××告知××設計公司在規範內訂清楚。在台灣，所有的電燈設備或燈具內均沒有保險絲可以保護，所以沒有人看過或聽過燈具內有保險絲存在。

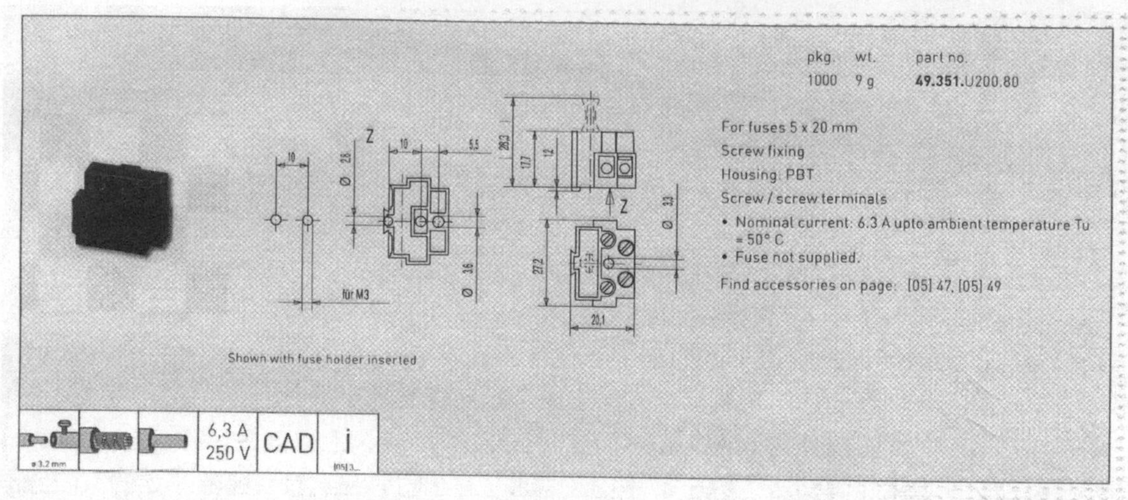

| pkg. | wt. | part no. |
|---|---|---|
| 1000 | 9 g | **49.351.**U200.80 |

For fuses 5 x 20 mm
Screw fixing
Housing: PBT
Screw / screw terminals

- Nominal current: 6.3 A upto ambient temperature Tu = 50° C
- Fuse not supplied.

Find accessories on page: [05] 47, [05] 49

Shown with fuse holder inserted



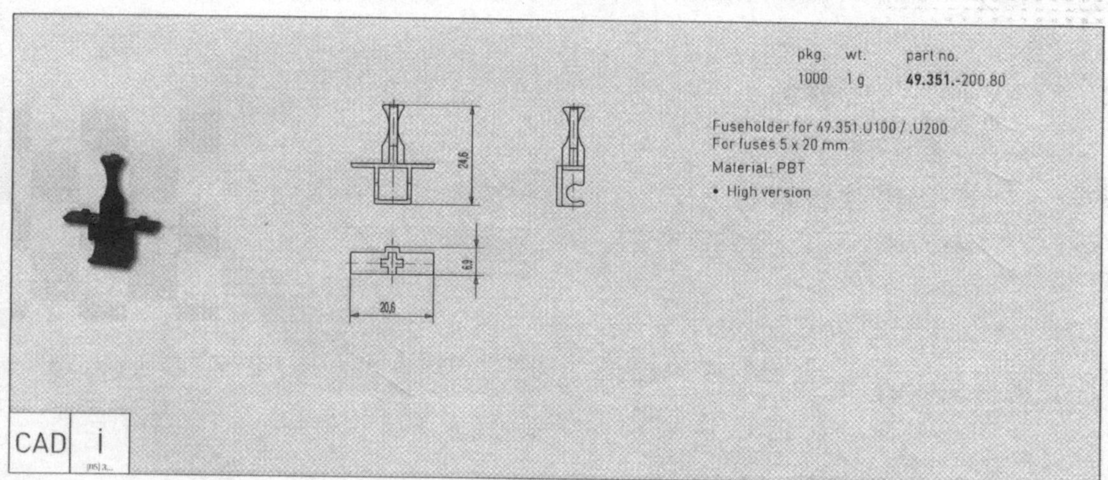

| pkg. | wt. | part no. |
|---|---|---|
| 1000 | 1 g | **49.351.**-200.80 |

Fuseholder for 49.351.U100 / .U200
For fuses 5 x 20 mm
Material: PBT

- High version



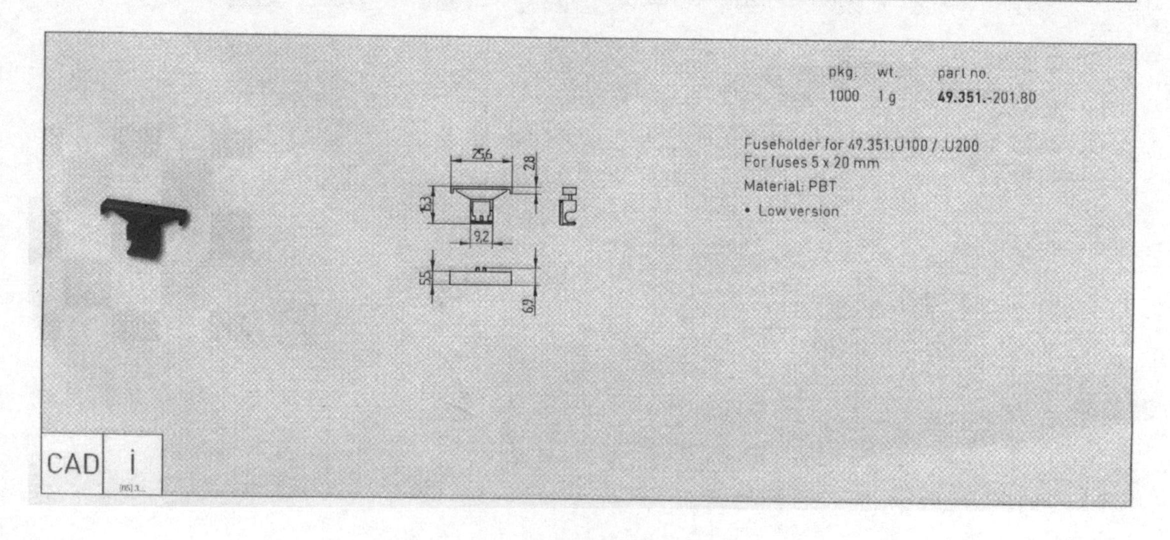

| pkg. | wt. | part no. |
|---|---|---|
| 1000 | 1 g | **49.351.**-201.80 |

Fuseholder for 49.351.U100 / .U200
For fuses 5 x 20 mm
Material: PBT

- Low version

## Hombon Electronics Co., Ltd.

Home | Company Info | Product List | Offer List | Contact Details | Audit Reports | Send Inquiry

Search our products | Search

**Product Groups**

- Wire Connector (7)
- Lighting Connector (1)
- Feed Through Terminal Block (6)
- PCB Spring Terminal Block (3)
- Pulg-In Terminal Block (21)
- Barrier Terminal Block (3)
- PCB Terminal Block (28)
- Thermometer (63)
- **Index**
- **Certificates**

This supplier has been audited by the SGS Group.
Check the Audit Report now!

About Audited Suppliers

Add this Showroom to your browser's favorites list

Recommend this Showroom to your business partners!

Home » Product List » Feed Through Terminal Block » Fuse Terminal Block

### Product Details

**Fuse Terminal Block**

FTB10310A

Fuse Terminal Block

Share |

| | |
|---|---|
| **Productivity:** | 20, 000 PCS/Day |
| **Unit Price:** | Negotiable |
| **Shipment Terms:** | FOB |
| **Payment Terms:** | T/T |
| **Minimum Order:** | 5000 Pieces |
| **Price Valid Time:** | From Oct 14,2011 To Oct 11,2012 |
| **HS Code:** | 8536900000 |
| **Export Markets:** | North America, South America, Eastern Europe, Southeast Asia, Africa, Oceania, Mid East, Eastern Asia, Western Europe |

Contact Now

Like　Be the first of your friends to like this.

Add to Basket　Add to Product Favorites

**Product Description**

Material:
Screws: M2.5 steel Zinc plated
Contact: Brass
Pin header: Brass, Tin plated
Housing: PA66, UL94V-0

Electrical:
Rated voltage: 300V
Rated current: 6.3A
Contact resistance: 20MΩ
Insulation resistance: 5000MΩ /1000V
Withstanding voltage: AC2500V/1Min
Wire Range: 20-14AWG 10.0mm²

Mechanical:
Temp Range: -40° C~+105° C
Max Soldering: +250° C, for 5Sec.
Strip length: 6-7mm
Poles: 1-5P

**Other products from this company »**

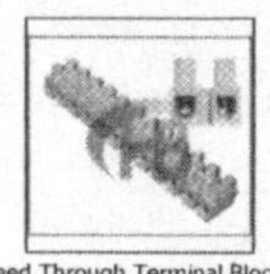
Feed Through Terminal Block

Strip Terminal Block

Plastic Terminal Block

Insulated Terminal Block

Find More Products »

"My Showroom" service is provided by Made-in-China.com. Made-in-China.com provides Product Catalog , Manufacturers / Suppliers , Quick Products & Trade Offers.

Quick Product:PCB Terminal Block, Terminal Block Connector, Feed Through Terminal Block, Pluggable Terminal Block, Barrier Terminal Block, Rising Clamp Terminal Block Made-in-China.com - The world of "Made in China" online!

Focus Products: Made-in-China.com | cn.Made-in-China.com | MIC Mobile | Focus Vision

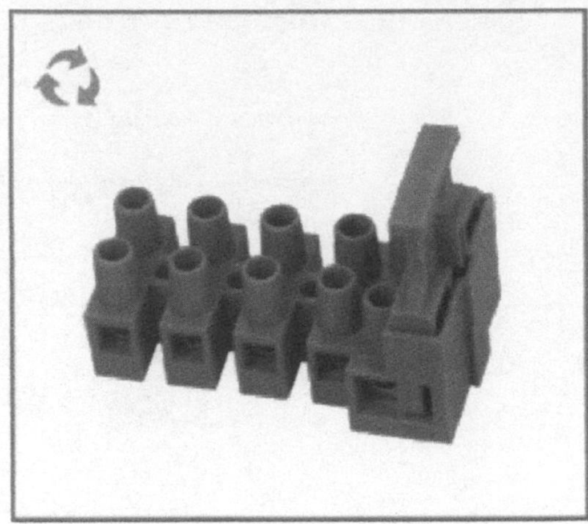



INSPECTION FOR LIGHTING FIXTURES

1. Terminal board for source connection is 3 pole
2. Ground wire connected to casing of ballast and fixture.
3. All wires inside fixture are gathered, tied & fixed to fixture casing.
4. Painting or coating is smooth & balance at out and in side.
5. Color of wires is red for phase, black for neutral & green for earth.(CNS Standard)
6. Specification is correct (1 phase 277V or 230VAC).
7. The opening edge for incoming cable is sharp or not?
8. Cable gland is need or not for incoming cable (wires)?
9. Cables/wires connection is good?
10. Bolts or screws tightly fixed.
11. Factory inspection is to be arranged.
12. Lighting fixtures will be received at factory .
13. The delivered date to be announced to all parties related.
14. 板不能太薄。
15. 固定安定器孔不能用氣動工具。

Note for material submittal of lighting fixture

1. Lighting base or tube base BJB 2A 250V, you have two kinds one is given to client, but another one for xx — 338 HF/LH is not given to.
2. The type of ballast is PHILIPS HFJ — 220 — 3/38 but the one on the sample is HF — 220 — 3/38, they are different.
3. The power factor is printed on the device which is 0.98 and not >0.98 .

4. The input current for HF — 220 — 3/38 ballast is 0.15A not the 0.41A on your paper of submittal.
5. The ground wire for ballast is connected to 3-pin terminal, and the paint is not removed before connected with the metal piece.
6. The wires connected from the ballast to terminal are not using red color for phase black color for neutral.
7. The name plate for lighting fixture can' t be stuck on, It will be lossed after the case getting hot.
8. The tube of 38W and 58W are 840NG type no any sample to be brought in.
9. The input current for HF — 220 — 2/58 ballast is 0.53A not the 0.54A on your paper of submittal.
10. Power source terminal sample waiting.
11. Documents of patent, CNS & CCS certificates to be provided.



### 日光燈具接地及施工

日光燈有安定器燈管外殼，電源接到安定器，安定器再接到燈管。

任何電氣機具都有可能損壞，也有可能漏電或接地，要保護防止漏電，只有在安定器上加接地線，不可接在外殼上，如果漏電到外殼上就太慢了。

×××日光燈具內配線凌亂。前日看到×××日光燈具，埋入型3管40W，其內部之配線顯得凌亂無章，不整齊不配置妥當固定。

前天請他們提高品質水準，注意製造過程，外邊的使用廠商都沒有要求，所以員工隨便配線，隨便接線，作為一個要求安全品質的使用都是很重要的。

前日××的××買進10套日光燈，是××牌型號是LF — 40 — 060EB，他們安裝時打開燈具，檢查其內部接線及接地情形。

經打開後，最重要的安定器，其接地接到燈具外殼，但是外殼的內外兩面均為烤漆，其接觸面僅靠孔的螺絲碰到鐵板之邊緣很不理想。

而內外連接的端子盤，中間的接地⏚，一邊是接出到外線，一邊是以鐵片直接接到外殼，二者之間僅有4~5公分之隔。最重要也是最有可能接地地方的安定器，竟然只接到外殼，再利用外殼連接到端子盤再到外線的接地系統，外殼的接觸面又不理想，其間的綜合接觸電阻值偏高，阻礙電流的流通。

想要告訴××公司的製造工廠，傳輸一些正確觀念才能符合要求及規範，如有機會會去實地了解，並且確實要求，既使將來交貨，還是整批退回重做，因為在工地由包商(工程公司)修改不太可能。

### 煙囪上的航障燈

煙囪上裝有中亮度的航障燈在頂端共有三只，另有一只低亮度的航障燈在中間高度，自從送電以後，已是多次在早上清晨發現沒有亮著。

他們都說這四次早晨沒有亮著的前一天傍晚及晚上，航障燈都正常地閃爍著，沒有絲毫有異樣。這個航障燈是安裝在××公司所屬工程範圍的煙囪上，電源來自EPA 的系統，接自EPDP 盤，電壓為220V ，四個(三個加一個)分接於三相電源的各相上，有二個分開的接點(一個為閃爍，另一個為固定)接自×期的盤AOP1 。

×期的航障燈系統則接自×期的接點，送電以後正常地使用中。這四次清晨不閃亮的航障燈很奇怪，晚間×期亮著它也亮著，但是到了隔日清晨，×期亮著但是煙囪的卻不亮。

當初，××的MCC 盤，共有二個電源(一般與緊急)380V 送電時，××(×××)沒有通知送電，找了×××送，××於10 月17 日剛好不在國內沒法參加。

所有一切的事情都很奇怪，只是今天的航障燈卻需亮而不亮，其中有系統問題。

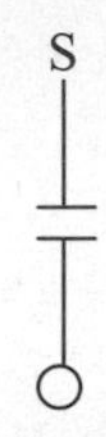




1. 沒有電(××)，不會亮。
2. 接點沒有閉合(××)，不會亮。

**接地與路燈**

前天在台南市火車站後站的路口，成大公園門口的一座路燈上發現一個很有趣的情形。路燈被固定在底座上，底座的四角各有一只固定螺母鎖在螺絲上面，螺母下面也有一只套錢。四個螺母和四個套錢，只有一組不一樣，這一組全都生鏽得很厲害，其他三組卻都完好如新，你知道原因了嗎？原來這一組生鏽的螺母與套錢上勾繞著一條綠色外皮的接地線，因為漏電電流，將這一組通電燒熱退漆而且生鏽了。

## 8-7 馬達出線盒之接線

在×××期，四條生產線因為馬達接線盒內之接線很不好，所以很多人認為垢病，其一因為馬達的設備缺失，其二為電機人員之素質不夠。

在×期時，曾經向東元電機公司或大同公司人員詢問，他們回答說他們的馬達外銷到歐美都在馬達接線盒安裝Terminal Block 接線座，而內銷到台灣各地則都沒有，說這是Option ，只將3 條或 6 條出線藏留在盒內。

馬達3 條出線為U 、V 、W ，如為6 條出線則為U 、V 、W 、X 、Y 、Z或者U1 、V1 、W1 、U2 、V2 、W2 或者T1 、T2 、T3 、T4 、T5 、T6 其在接線座上之排列為

| Z | X | Y | 或者 | W2 | U2 | V2 | 或者 | T6 | T4 | T5 |
|---|---|---|---|---|---|---|---|---|---|---|
| ○ | ○ | ○ | | ○ | ○ | ○ | | ○ | ○ | ○ |
| ○ | ○ | ○ | | ○ | ○ | ○ | | ○ | ○ | ○ |
| U | V | W | | U1 | V1 | W2 | | T1 | T2 | T3 |

因為U與X為一個線圈之頭與尾，V與Y，W與Z也是，只有3條出線是只有一個電壓而6條出線是兩個電壓，220/380V或380/660V，6條出線也是做為馬達Y－△啓動變換接線用。220V系統啓動時為380V Y接線，380V系統啓動時為660V Y接線。

還有9條出線做為Y Y接線通常為兩種電壓如110V/220V或220V/440V。大馬達除了有6條主要出線外，還有2條保溫電熱線110V或220V，在馬達停止不用時可以保溫線圈內之溫度，保持不受到冰凍或潮溼，另有2條溫度控制，串聯在啓動系統當馬達發生故障。如軸心封死，如過載，如單相運轉溫度超過，可以切斷電源，停止運轉維修。

電熱線2條之電壓最好是110V，由控制系統供應，220V之電熱器電源須由主要電源供應，但220V之電熱器也可由110V電源供應，其瓦特數只為220V時之1/4而已，100W變為25W，它可與主電源動力線配在同一導管內。

感溫線2條不可以與主電源配在同一導管內，須另配一支小導管內，否則這2條線會感應電壓50V，回到控制系統，會打亂一切程序及指示燈訊號。



上列可附照片加以澄清說明。

**臨時電送電程序**

1. 通知用電單位。
2. 巡視用電情形(OFF前)。
3. 主開關電盤之電源開關找出。
4. 主開關電盤之電源開關掛牌上鎖。
5. 拆除盤名(A、B、C、D、E)，或以顏色標示分別。
6. 拆除線路以盤名十回路名標示分別。

7. 拆除設備或開關，線路檢查是否有電後再拆除。
8. 相序。
9. 盤固定。
10. 線路按標示接回。
11. 檢查接線情形。
12. 開鎖送電。

## 臨時電送電注意事項



1. 有水的地方用電特別特別注意小心。
2. 電線或延長線是否破皮。
3. 插頭的電線是否接好。
4. 插頭是否潮溼。
5. 延長線或電線一定架高(地上既使沒有水、潮溼也不可以)。
6. 插到永久插座之前一定要經過漏電斷路器。
7. 吸塵器或吸水器內部潮溼，泡水，進水。
8. 用手持插頭插入插座時，手部是否潮溼。
9. 站在潮溼地上，盡可能不碰觸電氣用品(既使沒有使用，但已插入插座)。
10. 戴手套(棉紗潮溼，皮的不可)時只橡膠手套乾燥。
11. 穿鞋子(球鞋潮溼可以，皮鞋不可)時只橡膠(雨)鞋乾燥。

## 臨時電供電範圍

110V extend cord would be 25~30M long not shorter or longer to 50M. Anyone extend cord from panel with 3-plug/receptacle at shorter only 15m not be allowed.

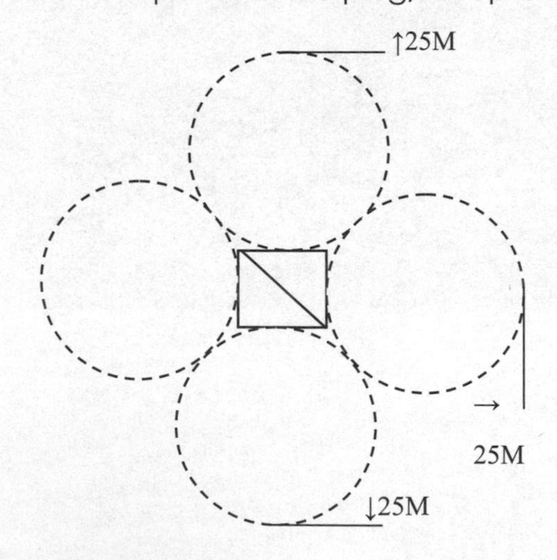


## 廁所間之排風扇燒毀多台，因為電壓不對

1. 訂貨時(要裝 220V 電壓)。

2. 收貨時包裝箱上書寫為110V。
3. 安裝 在H型插座。

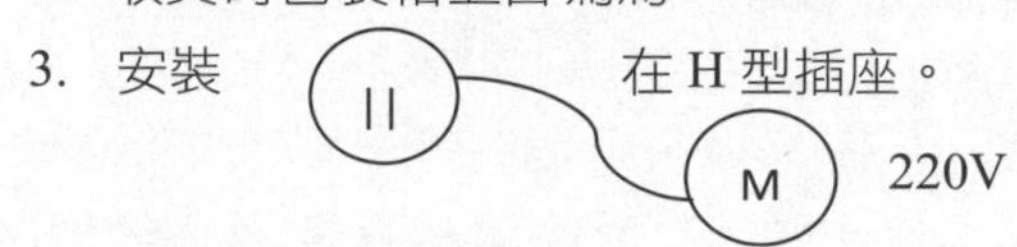


4. 接線，接地線分開。
5. 送電後，運轉多台後燒毀。

## 控制電源及容量

負載包括馬達之啓動，有許多方式，因為馬達啓動有很大的啓動電流，所以因為馬達容量的大小分成：

1. 直接啓動－電磁開關(接觸器)1只。
2. Y－△啓動－電磁開關(接觸器)2只。
3. VFD啓動－除掉VFD的用電外，2只。
4. 正逆轉－電磁開關2只只用1只。

以上之啓動，除了以上所需的主要電磁接觸器，尚需許多的輔助開關/電驛(Relay)和許多的指示燈。這些的啓動，所用到的電磁開關，所需的電源皆來自控制電源，控制電源有其足夠的能量(容量)，才能使控制及啓動的步驟順利完成。

控制電源如果電壓與主電源一樣，(如3 ψ 3W 220V主電源，控制電源用1 ψ 2W 220V)只要中間接二保險絲，保護控制電源回路，如果接地或短路，保險絲可以熔斷不致影響主電源，因為控制回路很多線路，器具很容易發生事故。

如果控制電源的電壓與主電源不一樣(如3 ψ 4W 220－380V主電源控制電源用1 ψ 2W 110V)，其間之電壓轉換就需要一台降壓變壓器，從2 ψ 380V變1 ψ 110V或1 ψ 220V變1 ψ 110V控制回路系統的保護在變壓器的二次側，變壓器的保護在變壓器的一次側，變壓器本身外殼需要接地保護。

變壓器的一次側二次側保險絲容量需視變壓器容量的大小，變壓器容量的大小則需視控制回路電流消耗量的大小，這個電流消耗量就是與上面所談的電磁接觸器大小與數量輔助電驛的數量，指示燈的Watt及數量有關。

最重要的一點是電磁接觸器的大小，馬力數愈大電流愈大，電磁接觸器愈大，啓動加壓激磁的能量愈大，參考××電機公司的資料表，如S－C300之瞬時激磁容量為1,770VA，常時間保持激磁則僅有93VA，消耗功率只有27W (P.F = 0.3)，但是控制回路使用之變壓器容量則不需準備1,770VA，但也不可以只準備93VA，更不可以只準備27Watt。

由××電機公司的建議表上，要準備讓一只S－C300主開關(電磁接觸器)能順利控制操作，必須準備300VA的變壓器才能達成任務。

如果控制用變壓器的容量不夠，應該300VA但只準備100VA時，則發生下列狀況而不能使啓動步驟完成，既使可以完成，也會有時候發生誤動作(跳脫或跳動)。

1. 啓動加壓激磁時，所需能量大，瞬間電流大因為容量不夠，所以電壓立即下降很多，在電壓下降期間如果順利，就會完成，如果不順利，電磁接觸器馬上跳脫。

2. 如果順利與如果不順利，電磁接觸器都會發生跳動(抖動)與嘈雜的聲響。

如果控制用變壓器容量夠的話，控制的情形會很乾脆利落，一個簡短有力的聲音，讓整個步驟完成。今天的Y－△啓動加上VFD的啓動，同時具備，但是只有一個方式單獨進行。

好幾個的電磁接觸器加上其他輔助電驛，指示燈，必須好好計算總容量(同時使用)在一有許可範圍內的最低容量，如果少了，不夠，可以先讓一組(一台)變壓器換大(500VA)，再測試其動作。電壓降無法使啓動步驟完成，不是因為保持接點(a) X1或CR1可以完成，如果因為控制用變壓器的容量不夠大，再用多少的輔助接點去並聯(Bypass)都沒用，容量不夠電壓降下到77V，就會跳脫。

××(×××)發現有一台(其他沒發現)，因電壓降而無法啓動完成或跳脫，只設法利用X1或CR1的a接點是無效的，而且主開關(接觸器)會跳動，但是他們不知道真正的原因是什麼，××的變壓器容量共有三種，100VA (S－6)，200VA (S－7)，300VA (S－8)，為××產品300VA重量6kg，200VA為5kg，那100VA應為4kg吧！資料中有測試出廠證明而已。



## 發電機之檢查項目

1. 發電機外殼接地到廠區接地系統。
2. 發電機之電壓規範220－440V or 440V。
3. 發電機之接線是Y，中性線接地嗎？
4. 發電機之容量KVA。
5. 發電機之開關600A ELCB線徑。
6. 發電機外之開關400A ELCB線徑。
7. 設備之開關箱內有2只100A ELCB ×4C夠大嗎？
8. 發電機之絶緣。
9. 發電機至400A之線絶緣。
10. 400A至2只100A ELCB之線架空，25KA。
11. 400A之Breaker接線膠布包太長。
12. 400A之開關箱沒有門，也沒有底板。
13. 100A ×2只開關箱內接地線端子孔太大。
14. ELCB測試(600，400，100A)。

## 單相配電盤及線路圖

0. 盤內使用Y型端子(不是O型)，屋內型改屋外型加防水。
1. 盤底油漆(除鏽)。
2. 盤面加銘牌。
3. 盤面加電源燈。
4. 盤面加運轉燈。
5. 內隔板洞封閉。

6. 電源線3心，接地改為綠色。
7. N 加標籤貼紙R. S. T 。
8. 盤內銅排之製造商，電壓，電流。
9. E 加接地標籤貼紙。
10. 電源開關 20A 3P ，上面三相不可並聯。
11. 電源開關下面可以並聯。
12. 至下一個盤如何接線。
13. Pump 二線改3心線，及資料(九如)電流 4.3/220V 。
14. 提供鼓風機之材質，是否需要接地，如要，二線改三線(Alita)，資料電流 2.6/220V 。
15. 貼分路號碼，華石，15A 。
16. 電磁開關士林，保護A~A ，設定__A 。



## 盤體及電路圖

1. 名牌1 ψ 220V 。
2. 裡面一條接地線未接。
3. 接線。(電路圖)
4. 電源只有20A ，所以拆除線端。
5. 缺1 個3P 30A Breaker ，缺2 個1P ELCB Breaker in Fluor Panel 。
6. 現場總開關30A 。
7. 整理電線。
8. 裝接系統圖，包括TR 。

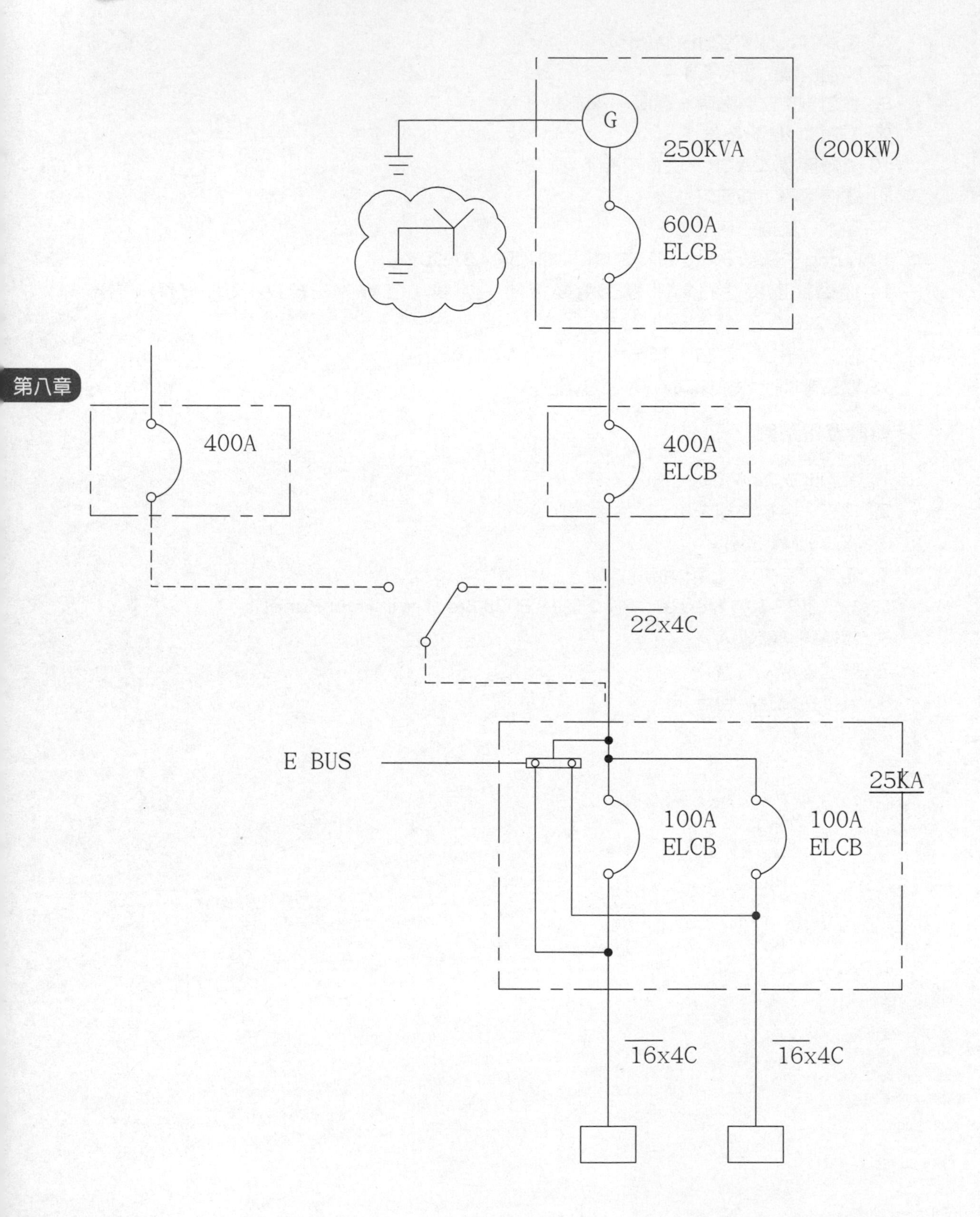

G
250KVA
(200KW)
600A
ELCB
400A
400A
ELCB
22x4C
E BUS
25KA
100A
ELCB
100A
ELCB
16x4C
16x4C

## 8-8 延長線

### SAFETY ISSUE FOR EXTEND CORD

There is a critical issue which was important to the site, the extend cords were used for temporary power 110V system (208 — 120V 3 phase 4 wire system).

There are 3 kinds of extend cords to be used which are one to two (one incoming two power point outgoing rectangular black type), one to three (plastic triangle type) and one to four (one incoming four power point to be pluged in square black type).

Because of below reasons it is suggested that the type of one by four (4 power point) to be stopped to use in this site, any extend cord like this will be removed away for safety.



The reasons are:

It is high current (5 or A6 at 110V) for each cord.

It is long distance (30 or 50m normal).

The contact between plug and socket always be poor.

If 4 cords or even 3 cords to be used same time the 15A current is quite high.

So the voltage drop is serious and the cord go warm or not depend the time is long or short, if the cord to be burnt out the whole cord will be burnt same time.

### Safety Alert

Please share the attached with workgroups at the next Safety Meeting.

The following Safety Alert involves an incident involving a non-ExxonMobil employee who experienced a close-call electrical incident while attempting to trip a main breaker. A description of the incident follows in the employee ' s own words.

Here are picture of my close call with a 480 volt 1,200Amp Main breaker that I was trying to switch out. One the first two attempts of pushing the off button while standing off on the hinged side of the door nothing happened. One the third try it exploded and kept exploding for about thirty seconds. Instead of instantly tripping the upstream 4160 Volt Breaker, the bus bar connected to the top of the breaker had blown and melted open. Leaving the incoming feeders still energized because the trip relay on the 4160 Volt breaker had an incorrect trip set point. When the fire ball & gouging stopped I was able to crawl under the smoke and with my flash light try to find my partner who was standing ten feet away waiting for me to rack out the 480 Volt breaker so he could rack out the up steam 4,160 Volt breaker. The fire ball was shooting directly at him and he was sprayed with sparks and hot molten metal. Thank god he was far enough away and was able to react quick enough to escape.

through the back door of the MCC. We lost sight of each other through the fire balls and thought the worst. I can' t stress safety enough, had I been standing on the other side of the door or if Chris had walked toward me to see why it wasn' t tripping. We would have both been seriously injured or killed. Having had this happen to both of us before we always expect the worst when doing switching and take every possible precaution to make sure everyone involved is out of harms way because you just never know when a Breaker may malfunction and you may never get a second chance. After we came back from first aid and came out of shock we put on a clean pair of shorts and called home. We left work early that day and couldn' t wait to get home to see our kids and tell them how much I love them. We don' t go to work every day thinking we might not make it home that night but we do spend a lot of time thinking about everything else but the job at hand. This has been a good reminder for me and hopefully all of you …..One second of complacency could result in a life time pain and suffering. We must all take the time to stop and think what could go wrong. Let' s not only think of ourselves but of all the people that would be affected by any of us being injured.

Thank you for all of your support,

And may there be someone watching over each and every one of us! Because I know there was on that day for us.

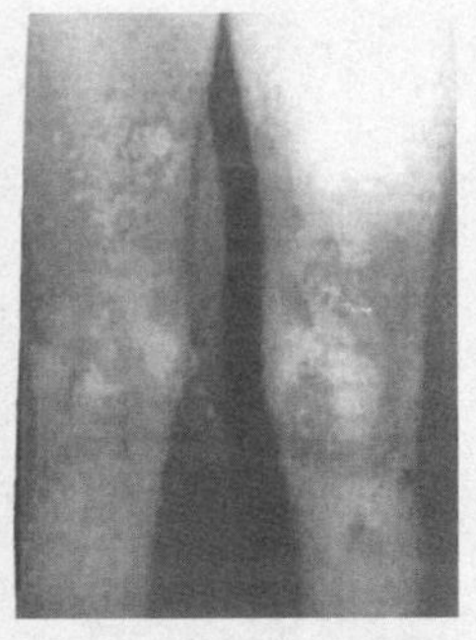

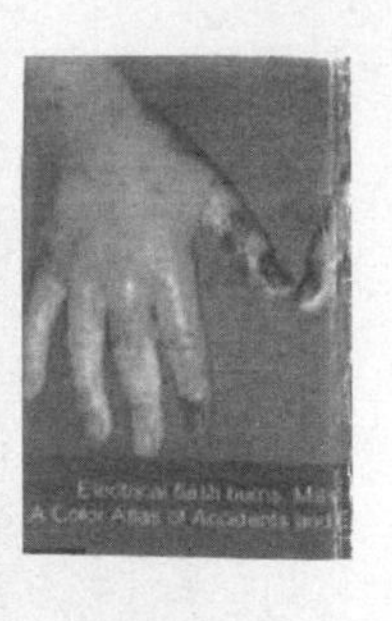
Electrical flash burns.
A Color Atlas of Accidents

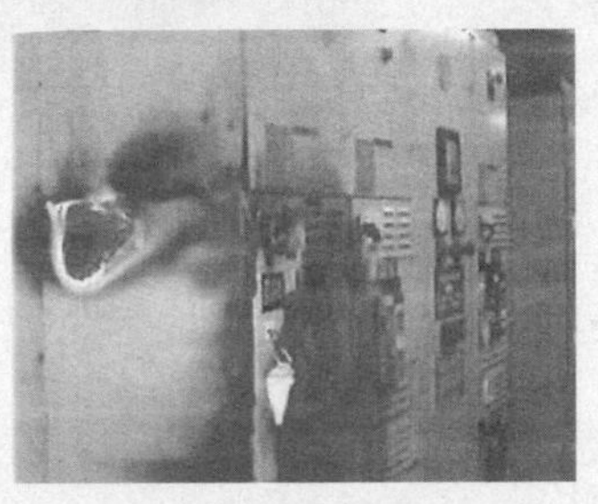

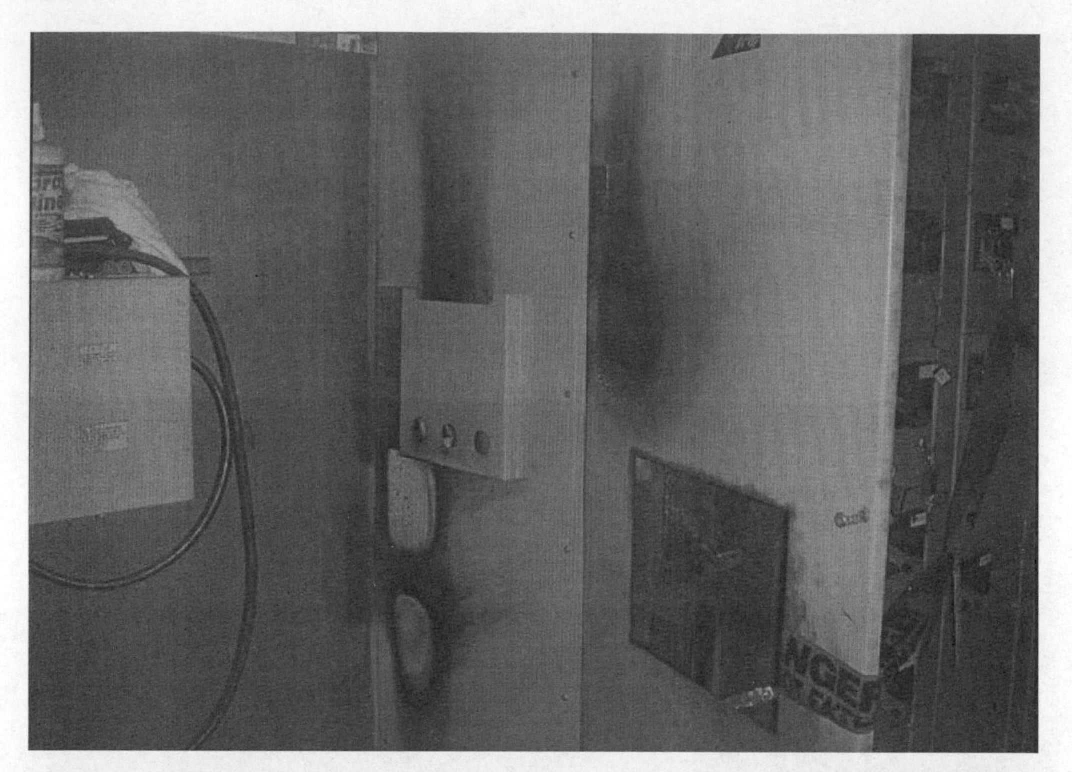

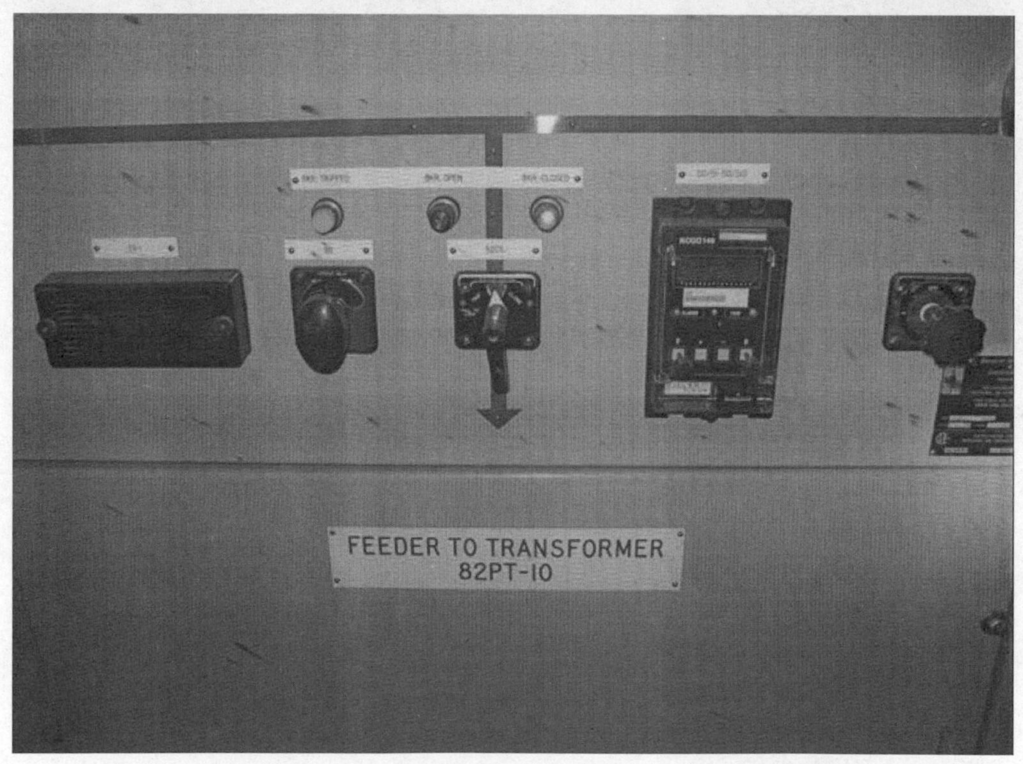
FEEDER TO TRANSFORMER
82PT-10

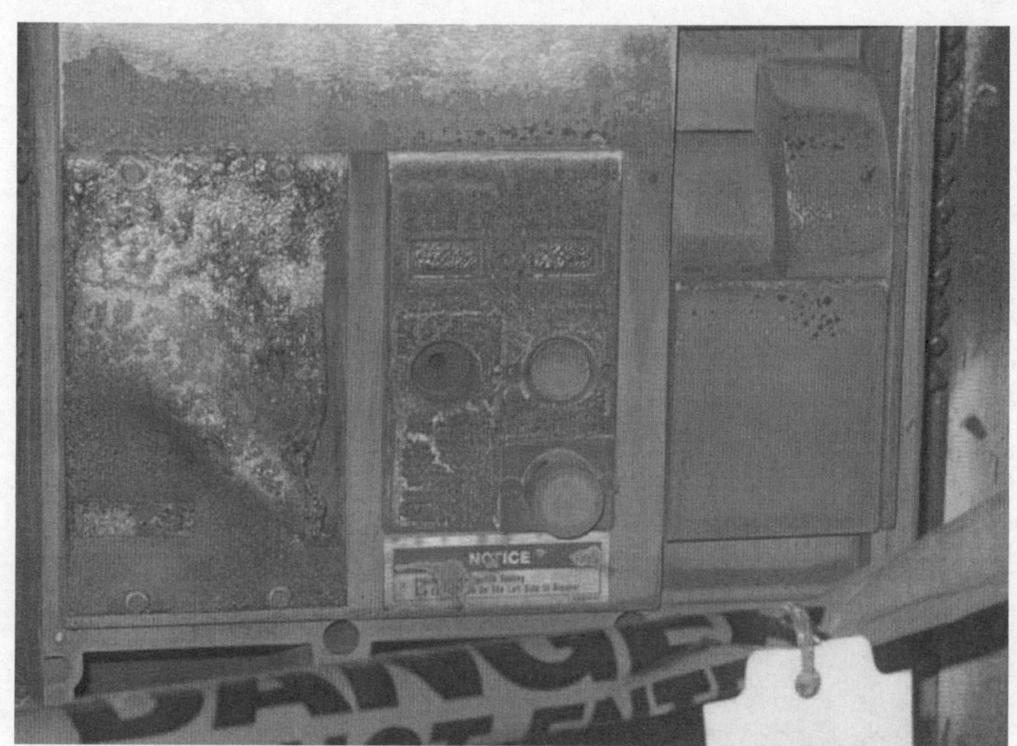
NOTICE

866A

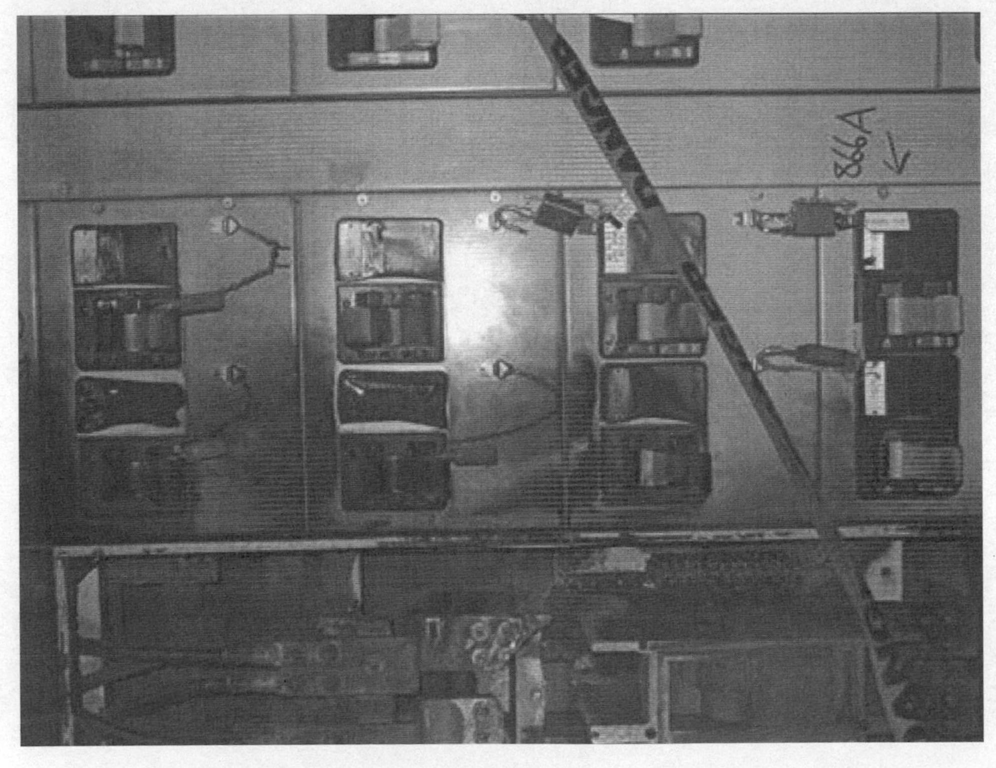
866A

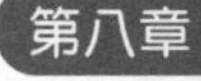
第八章

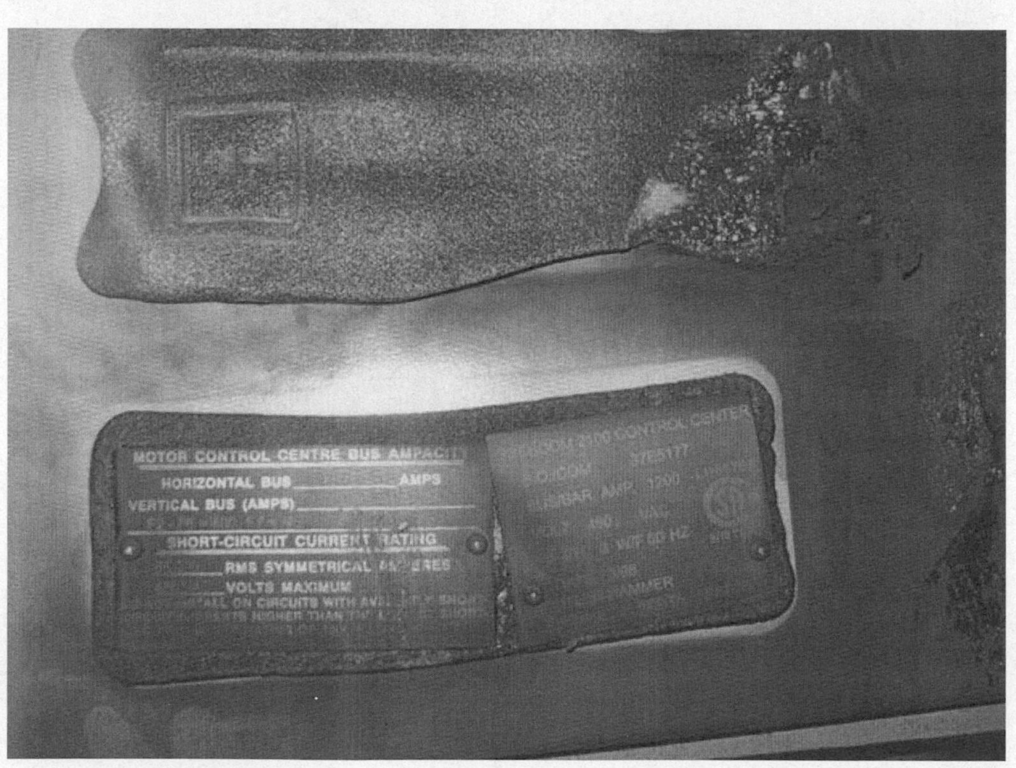
MOTOR CONTROL CENTRE BUS AMPACIT
HORIZONTAL BUS ____ AMPS
VERTICAL BUS (AMPS) ____
SHORT-CIRCUIT CURRENT RATING
____ RMS SYMMETRICAL
____ VOLTS MAXIMUM
CONTROL CENTER
37E5177
1200
480 VAC
60 HZ
HAMMER

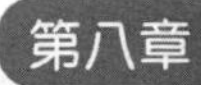



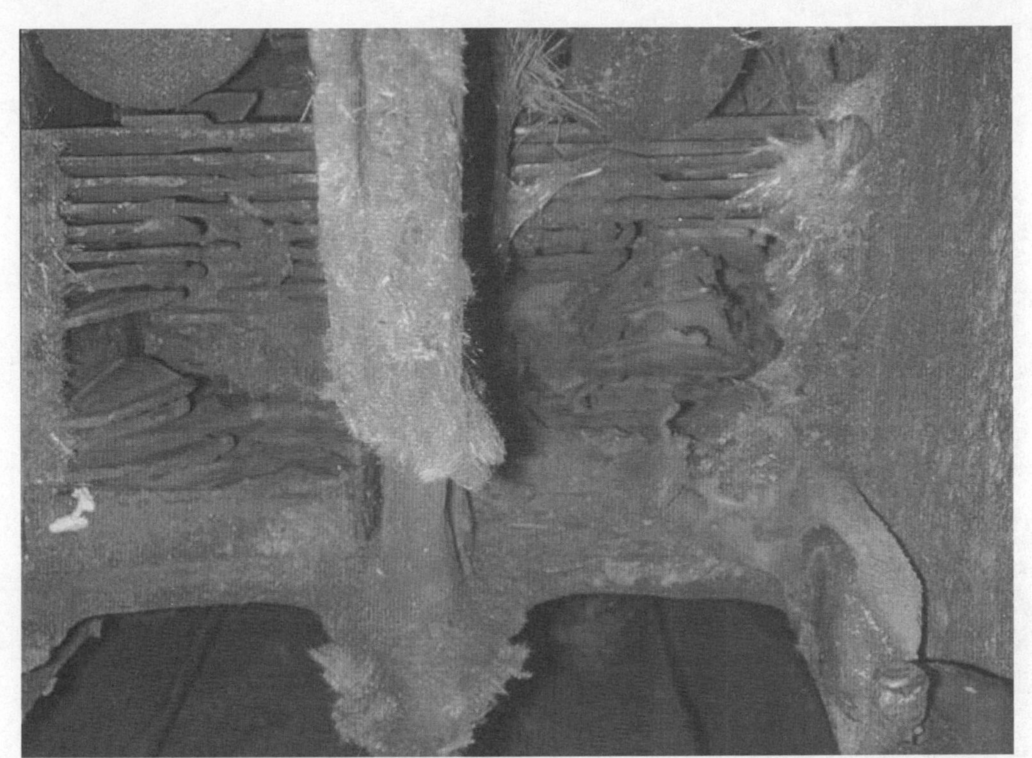

## 8-9 電纜線焊接中溫升(溫降)測試報告

條件：以 1 ㎜$^2$ 承受 10A(電流)方式；連續 10 分鐘（未中斷）負載焊接測試，檢測電纜線溫升狀態，使用 22 ㎜$^2$ 電纜線，電流調整至 220A(安培)，如下圖所示。

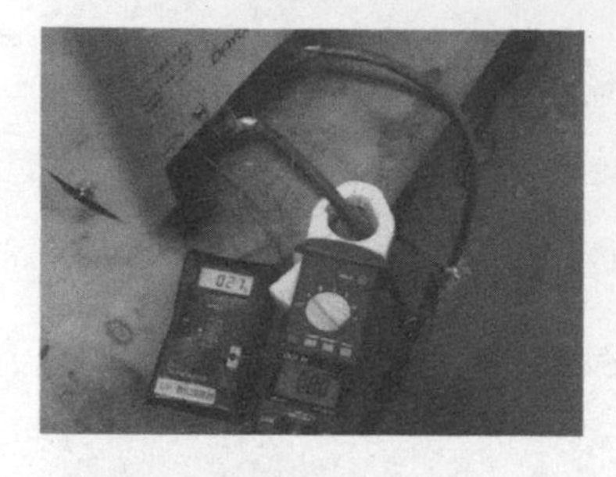

未負載時電纜線溫度

電纜線 22 ㎜$^2$

電纜線溫升測試開始

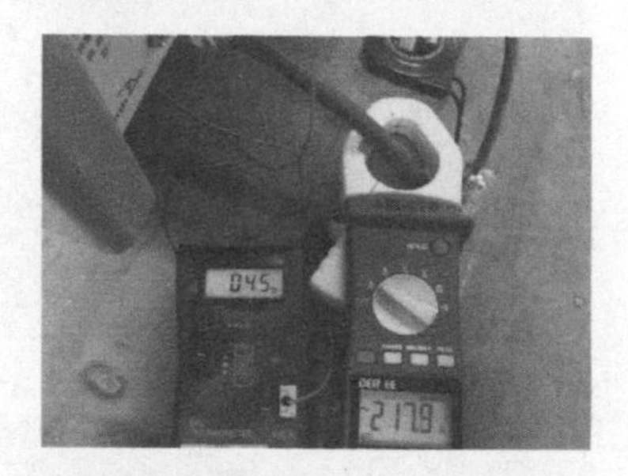


電纜線溫升測試連續 5 分鐘時溫度

測試用負載箱（模擬焊接）

電纜線溫升測試連續 10 分鐘時溫度

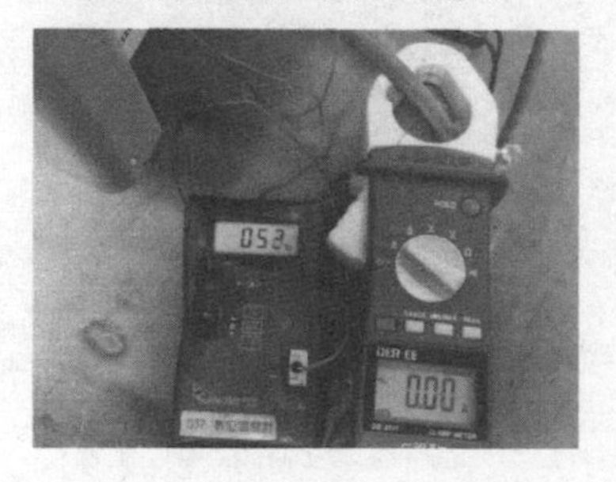


負載結束，休息 10 秒時電纜線溫度

負載結束，休息 20 秒時電纜線溫度

負載結束，休息 1 分鐘時電纜線溫度

結論：

以 1 ㎜ $^2$ 承受 10A（安培）電流連續負載測試（未休息）電纜線實際溫升約 27℃（溫度升至 54℃），休息 1 分鐘後溫度下降 5℃（49℃）；於實際焊接中，一條焊條從頭製焊接結束約 3 分鐘左右（以 6 ㎜焊條 45 ㎝長為例）需更換新焊條，中間有休息時間讓電纜線散熱，且使用者輸出最大電流不見得會超過 1 ㎜ $^2$ 承受 10A（安培）電流，固其溫升會更低。



**電纜線焊接中溫升(溫降)測試報告**

條件：以1mm² 承受10A(電流)方式；連續 10 分鐘(未中斷)負載焊接測試，檢測電纜線溫升狀態，使用22 mm² 電纜線，電流調整至220A(安培)，如下圖所示。

未負載時電纜線溫度。電纜 22 mm²。

電纜線溫升測試開始。　電纜線溫升測試連續5 分鐘時溫度。

測試用負載箱(模擬焊接)。電纜線溫升測試連續 10 分鐘時溫度。

負載結束，休息10 秒時電纜線溫度。　負載結束，休息20 秒時電纜線溫度。

負載結束，休息1 分鐘時電纜線溫度。

**結論：**

以1mm² 承受10A(安培)電流連續負載測試(未休息)電纜線實際溫升約27 ℃(溫度升至54 ℃)，休息1 分鐘後溫度下降5 ℃(49 ℃)；於實際焊接中，一條焊條從頭製焊接結束約3 分鐘左右(以6mm 焊條45cm 長為例)需更換新焊條，中間有休息時間讓電纜線散熱，且使用者輸出最大電流不見得會超過1 承受 10A(安培)電流，固其溫升會更低。

## 8-10 短路

一、什麼叫做短路？

A. 兩條電線間的絕緣破壞，或者兩條裸電線彼此直接接觸時，發生爆炸性火花，此稱為短路。

B. 短路是兩條電線間的阻抗(Impedance)顯著減少的狀態，乃絕緣不良或處置者不當的過失，造成大電流，發生電弧火花。

C. 阻抗者包括空氣間及間距太小，還有絕緣物的變質、劣化、污染等等。

D. 絕緣不良者乃原先應有高阻抗的絕緣物變低，變壞及絕緣物受到污染，滲進雜質，水氣等。

E. 處置不當者乃兩條電線間距變小，甚至碰觸，或者將原有絕緣物破壞(有意或無意)。

F. 低電壓的電弧會因空氣的絕緣而消失，高電壓的電弧會因為空氣離子化，成為導體，電弧就不會消失。

G. 因短路而發生的電弧，火花，會破壞機具、設備、電線，基至生命。

H. 電弧火花的發生，若不儘快以遮斷器切離，會造成更大災害。

短路時，會產生多大的電流？會發生怎樣的影響，這很難使一般人瞭解，工廠漸大型化，電源變壓器容量漸大，增設自用發電機(並聯)等。



短路電流因：

1. 電源容量愈大，短路電流愈大。
2. 電源電壓愈高，容量愈大，電流愈大。
3. 愈接近電源，電流愈大。
4. 變壓器容量愈大，電流愈大。
5. 線徑愈大，電流愈大。
6. 使用電壓愈低，電流愈大。
7. 馬達容量愈大，電流愈大。

短路電流或短路容量(皮相電力)，可以決定遮斷器的遮斷容量，若知道短路電流的大小，就可判定損害的程度。標示額定遮斷容量，就可標示額定遮斷電流。當然額定遮斷容量，要比短路容量大，才不會有損害，如果遮斷器的額定遮斷容量比短路容量小時，遮斷器就會損害，甚至爆炸，燃燒。

遮斷器有那些：

1. 無熔絲開關(NFB) (低壓)。
2. 空氣斷路器(ACB) (低壓)。
3. 油斷路器(OCB)含少油量斷路器(高壓)。
4. 真空斷路器(VCB)。
5. 充瓦斯斷路器(GCB)。
6. 快速電力熔絲，含限流型電力熔絲。

電源容量與短路容量及遮斷容量的關係，總括來說所有發電機為發生短路電源的泉源，變壓器只是發電機與負載間的一種設備，作為升高電壓或降低電壓用，當然變壓器的容量大小也直接限制了發電機的容量，發電機的容量永遠大於變壓器的容量，因此我們以標示數據(Data) 來標示電源容量的大小，此標示數據亦即稱% 阻抗(%Z)，阻抗愈小，容量愈大，變壓器的阻抗在發電機與負載之間是串接(串聯) 的，是相加。

ZG ：發電機的阻抗。

ZT：變壓器的阻抗。

Zs：電源的阻抗。

$Zs = ZG + ZT$

發電機可以二台以上並聯，變壓器也可以二台以上並聯，二台發電機的阻抗(並聯以後)只有一台的一半。二台變壓器並聯以後的阻抗也只有一台時的一半，二台的發電機並聯，經過二台並聯的變壓器供給負

載，電源的阻抗 $Zs = \frac{1}{2}Z_G + \frac{1}{2}Z_T$。

如果在變壓器的二次側(負載側)的端子附近短路，這時候的短路容量為Ps，此時短路電流為Is，假定當時電源的額定容量為P，線間電壓為V；

$Ps_1 = \frac{P}{\frac{\%Zs}{100}}$，P為KVA，Ps也要KVA。

$Is_1 = \frac{Ps1}{\sqrt{3}V} \times 1000$，(A)，Ps為KVA。

$\therefore Is = \frac{\frac{100\times P}{\%Zs1}}{\sqrt{3}V} \times 1000 = \frac{P}{\sqrt{3}V\%Zs1} \times 100{,}000$ A

由上式中，可以看出短路電流Is與電源容量成正比，與線間電壓及電源阻抗%Zs成反比，$\sqrt{3}$是三相的系統，如果單相時$\sqrt{3}$改為2。

註：△接時，線電流是相電流的$\sqrt{3}$倍。

Y接時，線電壓是相電壓的$\sqrt{3}$倍。

遮斷容量要比短路容量大多少？因為短路容量是短時間(極短時間)，發生後即消失的，電流發生時，短路電流呈現初時很大，漸變小的不規則狀態，其不規則狀態端視線路上的電阻與電感(電容)的比例而定，其消失的時間則完全依賴遮斷器的遮斷時間，遮斷時間應該包括控制時間加上動作時間。

負載中如有馬達的話，當馬達使用電力帶動機械時，它是消耗電力的，但是當供應馬達的電源側短路(或接地)時，馬達一方面失去電源，而沒有電力繼續驅動機械，另一方面馬達驅動的機械，因慣性而繼續運轉一段短時間，這時候的馬達變成了發電機，馬達因機械的驅動反而成為供給電流者，這叫做倒灌電流，電流的供給(短路及接地)，一直持續到機械停止而停止，由於是電感性的電流，所以從發生到消失很快就完畢，電源容量為馬達容量。

$P_2 = \frac{HP}{0.746\times 0.8}$ KVA，PF = 0.8

$Ps_2 = \frac{P2}{\%25}$，　$Zs = Xs = 25\% = 0.25$ Pu

馬達的阻抗等於感抗 = 25%，∴ Ps = 4 × P，$10HP = \frac{10}{0.746\times 0.8}$，(KVA) = 16.75KVA，Ps = 4 × 16.75KVA

= 67KVA，$Is_2 = \frac{67}{\sqrt{3}\times V\%Zs2} \times 1000$，Zs2為自馬達端到短路點之阻抗，這時候的Is2與電源來的Is1同時存在，

並且相量相加。只要電源切離，馬達尚在運轉中，它就是一台發電機。

如果沒有遮斷器來遮斷電源，則短路現象會一直維持下去，當然從電源到短路地點，會有層層的遮斷器加以保護，但是遮斷時間愈短(短路電流消失)，因短路電流而發生電弧致遭受的損害會愈少。

如果遮斷器的遮斷容量比短路容量小，則發生短路時，遮斷器會因而損壞而無法遮斷，讓短路電流的破壞力及範圍加大，直到電源端的另一個遮斷器打開，這時候的遮斷器雖然時間極短，仍是一點幫助都沒有。

因短路而發生電弧，不但會破壞器具，甚至會燒毀電線(整條燒起來)，燒斷電線，引燃火災，燒毀房子，燒死人命。

**例一、**



遮斷容量不足時的OCB短路(二次側)，會發生爆炸，OCB的油變成高溫而飛濺出造成燙傷。

原先的OCB只為一台發電機運轉，其遮斷容量只考慮一台，後來發電機增為二台並聯，電源容量增加1倍，OCB未檢討遮斷容量，因此在OCB二次側短路，OCB一定會爆炸掉，絕緣油會燙傷人。

**例二、**

最近家庭用桿上變壓器也變成大形化(KVA容量增大)，約50KVA × 3台，家庭內之遮斷器的額定遮斷電流約5,000A，無法太大，變壓器的%Z約30%，變壓器二次側短路時電流為多少(單相110V) $Is = \frac{100}{30} \times 150 \times \frac{1000}{110} = 5010A$

如果沒有引入線的阻抗時，5000A的遮斷器是不夠大的。

因短路而發生的電弧，會造成災害，災害的種類：1. 熱傷；2. 火災。

一般在調查火災之原因時，常調查燃燒的痕跡，痕跡中是否銅導體(電線)有熔化狀態，(熔斷)時，即可判定為絕緣破壞，引發電弧造成的火花。

人員被燒傷、熱傷、燙傷的程度，依照該員是直接或間接被以上三種傷害所造成。

燒傷：身體或皮膚因燃燒而受傷，溫度不高約300 ℃，皮膚黑焦而完整。

熱傷：身體或皮膚因溫度極高的熱直接近距離接觸或碰觸，溫度約1,000 ℃，沒有燃燒，皮膚呈現碎化，收縮變形而不完整。

燙傷：身體或皮膚因電弧的襲擊，不但有高溫的熱傷，而且有電流通過的痙攣現象，溫度約在3,000 ℃，表皮或肌肉裂開，爆出開口，範圍不大但是直入內層，比起燒傷有3倍的嚴重深入組織內，比起熱傷有2倍的嚴重，電氣方面把熱傷從最輕到最重分為四個如下之階段：

1度：只皮膚發紅，發黑(燒傷)。

2度：發紅皮膚上有水泡(火傷、熱傷)。

3度：損及表皮下，破壞皮下組織(燙傷)。

4度：皮膚炭化。

電弧傷害不只是熱傷，燙傷，還包括金屬蒸氣附著皮膚或傷口，銅導體，鉛，鋁線在短路的當時，發生電弧，溫度高達3,000 ℃，部份會因高溫氣化成蒸氣，這些蒸氣附著皮膚或傷口，會發生惡性症狀，滲入金屬，難於癒合，復原，金屬導體瞬間氣化，即成爆炸，壓力擴散迅速。

**例三、**

電氣工作人員在作檢修時，未停電作業，以三用電表測量電壓，常常忘記調整，將電阻轉移到電壓段，造成短路，輕則三用電表燒毀，如果短路容量大(低電壓－400V ，大電流)，會燒壞測試端子及測試棒，(當然電表也壞)，如果量測到高壓部份(有意或無意)，高壓部份的短路容量較大，常常發生爆炸，產生電弧大火花會燒傷工作人員的臉部，眼睛。

有意：以為可量測高壓，但因測試線及手的絕緣不夠。

無意：量測低壓時，不慎碰觸到高壓帶電體。



## 8-11 電線與電流

A. 絕緣電線的容許電流(安全電流)。

B. 銅排的安全容許電流。

C. 絕緣電線在導管中的長度。

D. 絕緣電線之因素－短路容量。

E. 絕緣電線通過太大的電流。

A. 絕緣電線的容許電流(安全電流)。

1. 絕緣電線的容許電流會因 “同一電線管內總線數所引起” 的電流減少係數(Cn) 及因“周圍溫度所引起” 的電流減少係數(CT)而降低。

   (1) 同一電線管內總線數愈多，容許電流愈少。

   (2) 周圍溫度愈高(超過絕緣物之耐溫) 容許電流愈少。

在16 條中有載明，絕緣電線的容許電流應按表16 — 2，16 — 3，16 — 4，16 — 5，16 — 6，16 — 7，16 — 8的規定，不可超過。

表16 — 2為磁珠磁夾板配線。

表16 — 3，16 — 4，16 — 5，16 — 6為導線管(槽) 配線(60 ℃，75 ℃，80 ℃，90 ℃)。

表16 — 7為PVC 管配線(60 ℃)。

表16 — 8為因周圍溫度高於35 ℃時，容許電流必須因電流減少係數CT(修正係數)而降低。

例、利用表 16－2

| | 磁珠 | 管內 (1~3) | 管內 (4) | 管內 (5~6) | 管內 (7~10) |
|---|---|---|---|---|---|
| 1.6 m/m | 20A | 15A | 13A | 10A | 9A |
| Cn | 1.0 | 0.75 | 0.65 | 0.5 | 0.45 |

以上之例為電線絕緣物之耐溫為 60℃，PVC 管配線之電流減少係數(Cn)－屋內線路裝置規則第 16 條表 7。

例、利用表 16－3，表 16－7 (60℃)

| 周圍溫度 | 35℃ | 35℃~40℃ | 40℃~45℃ | 45℃~50℃ | 50℃~55℃ |
|---|---|---|---|---|---|
| CT | 1.0 | 0.90 | 0.78 | 0.64 | 0.45 |

以上之例為電線絕緣物之耐溫為 60℃，PVC 管配線之電流減少係數(CT)－屋內線路裝置規則第 16 條表 16－8。因此 1.6 m/m 的絕緣電線 (PVC) 配線 5 條裝入 PVC 管內，周圍溫度為 54℃時，安全容許電流為 20A × 0.5 (Cn) × 0.45 (CT) = 4.5A

又、利用表 16－4，表 16－7 (75℃)

| 周圍溫度 | 35℃ | 35℃~40℃ | 40℃~45℃ | 45℃~50℃ | 50℃~55℃ | 55℃~60℃ | 60℃~65℃ | 65℃~70℃ |
|---|---|---|---|---|---|---|---|---|
| CT | 1.0 | 0.94 | 0.87 | 0.79 | 0.71 | 0.62 | 0.50 | 0.36 |

以上之例為電線絕緣物之耐溫為75℃，1.6 m/m線5條裝入導線管之電流，20A× 0.5 × 0.87 (CT) = 8.7A

又、利用表 16－5，表 16－7 (80℃)

| 周圍溫度 | 35℃ | 35℃~40℃ | 40℃~45℃ | 45℃~50℃ | 50℃~55℃ | 55℃~60℃ | 60℃~65℃ | 65℃~70℃ | 70℃~75℃ |
|---|---|---|---|---|---|---|---|---|---|
| | 1.0 | 0.94 | 0.87 | 0.80 | 0.74 | 0.67 | 0.58 | 0.48 | 0.34 |

利用表 16 — 6 (90 ℃)

省略

下表為日本通產省的資料來源

| 周圍溫度 | 25℃ | 25℃~30℃ | 30℃~35℃ | 35℃~40℃ | 40℃~45℃ | 45℃~50℃ |
|---|---|---|---|---|---|---|
| CT | 1.0 | 0.94 | 0.91 | 0.82 | 0.71 | 0.58 |

因此 1.6 m/m 的絕緣電線(PVC) 3 條裝入金屬管時，周圍溫度為49 ℃，安全容許電流為 27A 0.75 0.58 = 11.745A 。

日本的1.6 m/m磁珠配線電流為27A (比台灣20A為大)。

2. 工廠或機房內之電氣室最容易成為火災的地方，因為電氣室有：
   (1) 電纜集中處所，如果工廠全載運轉，各線的電流達到滿載(最大)，如果沒有考慮因為總線數的電流減少係數Cn，電流將超過不同環境的容許電流。
   (2) 冬天如果電氣室有暖氣(電熱器)，周圍溫度升高或者夏天溫度異常升高，電氣室也升高，溫度達到原先限制的25 ℃以上(30~35 ℃，CT = 0.91)，如果沒有考慮因為溫度太高的電流減少係數CT，電流將超過不同環境的容許電流。
   (3) 因為電纜之總線數超過而引起之電流減少，及因為周圍溫度超過25 ℃以上而引起之電流減少，容許電流降低後，仍然通過比容許電流為大的電流，絕緣線之溫度也會升高，容許電流因而又降低。

3. 反過來，電線之絕緣物上材質不同，耐溫愈高，其安全容許電流也相對可以提高。



屋內線路裝置規則第16條表16 — 1中可以查知，因此PVC電線配在PVC管內或者使用60 ℃之材質(一般)只可以耐到60 ℃，在周圍溫度達到55 ℃時CT = 0.45，

如果絕緣物為75 ℃的材質，在周圍溫度達到55 ℃時CT = 0.71 (比0.45高)。

如果絕緣物為80 ℃的材質，在周圍溫度達到55 ℃時CT = 0.74 (比0.45，0.71高)。

如果絕緣物為90 ℃的材質，在周圍溫度達到55 ℃時CT = 0.80 (比0.45，0.71，0.74為高)，在周圍溫度達到85 ℃時CT = 0.30。

亦即在磁珠配線或架空配線的交連PE線100A時，在85 ℃時只能用到30A而已，不可超過。

B. 銅排的安全容許電流也因為1支，2支，3支並聯，而有不同的安全電流值，因為Cn減少係數。

| 銅排 Size 10×100 m/m | 1支 | 2支 | 3支 |
|---|---|---|---|
| | 2,310A | 3,610A | 4,650A |
| Cn | 1.0 | 0.78 | 0.67 |

2支2,310A × 2支 × 0.78 = 3,610A

3支2,310A × 3支 × 0.67 = 4,650A

銅排的周圍溫度也會影響安全容許電流

| 銅排 Size 10×100 m/m | 25℃ | 35℃ | 40℃ |
|---|---|---|---|
| | 2,310A | 2,025A | 1,668A |
| CT | 1.0 | 0.876 | 0.809 |

2,310A × 0.876 = 2,025A

2,310A × 0.809 = 1,809A

在3支10 × 100 m/m並聯放在40 ℃的周圍環境中使用。

那2,310A × 3支 × 0.67 (Cn) × 0.809 (CT) = 3,762A。

表 6－21　　銅排 TMY 型允許負荷表

當周圍空氣的溫度爲+25℃(+35℃，+40℃)時，母線的極限溫度爲+70℃側放時，著色母線的極限允許負荷。

| 母線面 ($mm^2$) | 允許負荷安培 (交流 50Hz 時) 每相的條數 1 | 2 | 3 | 允許負荷安培 (直流時) 每極的條數 1 | 2 | 3 |
|---|---|---|---|---|---|---|
| 3 × 15 | 210 | | | 210 | | |
| 3 × 20 | $275(\frac{245}{225})$ | | | $275(\frac{245}{225})$ | | |
| 3 × 25 | $340(\frac{300}{285})$ | | | $340(\frac{300}{285})$ | | |
| 4 × 30 | $475(\frac{415}{385})$ | | | $475(\frac{415}{385})$ | | |
| 4 × 40 | $625(\frac{550}{510})$ | | | $625(\frac{550}{510})$ | 1090 | 1410 |
| 5 × 40 | $700(\frac{620}{580})$ | | | $705(\frac{625}{585})$ | 1250 | 1575 |
| 5 × 50 | $860(\frac{760}{705})$ | | | $870(\frac{765}{710})$ | 1525 | 1895 |
| 6 × 50 | $955(\frac{840}{775})$ | | | $960(\frac{845}{780})$ | 1700 | 2145 |
| 6 × 60 | $1125(\frac{990}{920})$ | $1740(\frac{1530}{1410})$ | $2240(\frac{1970}{1815})$ | $1145(\frac{1010}{940})$ | 1990 | 2495 |
| 8 × 60 | $1320(\frac{1160}{1070})$ | $2160(\frac{1910}{1750})$ | $2790(\frac{2450}{2260})$ | $1345(\frac{1180}{1090})$ | 2485 | 3020 |
| 10 × 60 | $1475(\frac{1295}{1195})$ | 2560 | 3300 | $1525(\frac{1350}{1240})$ | 2725 | 3530 |
| 6 × 80 | 1480 | 2110 | 2720 | 1510 | 2630 | 3220 |
| 8 × 80 | $1690(\frac{1480}{1370})$ | $2620(\frac{2300}{2120})$ | $3370(\frac{2950}{2700})$ | $1750(\frac{1540}{1420})$ | 3095 | 3850 |
| 10 × 80 | $1900(\frac{1665}{1540})$ | $3100(\frac{2735}{2550})$ | $3990(\frac{3480}{3200})$ | $1900(\frac{1750}{1625})$ | 3510 | 4450 |
| 6 × 100 | 1810 | 2470 | 3170 | 1875 | 3245 | 3940 |
| 8 × 100 | $2080(\frac{1820}{1685})$ | 3060 | 3930 | $2180(\frac{1910}{1775})$ | 3810 | 4690 |
| 10 × 100 | $2310(\frac{2025}{1870})$ | $3610(\frac{3185}{2970})$ | $4650(\frac{4060}{3750})$ | $2470(\frac{2220}{2010})$ | 4326 | 5385 |
| 8 × 120 | 2400 | 3400 | 4340 | 2600 | 4400 | 5600 |
| 10 × 120 | $2650(\frac{2340}{2170})$ | $4100(\frac{3620}{3360})$ | $5200(\frac{4600}{4260})$ | $2950(\frac{2560}{2370})$ | 5000 | 6250 |

註：1. 表中的負荷安培括號內的分子是溫度+35℃時的允許電流量；分母爲+40℃時的允許電流量。

2. 多條母線時的數值系當母線條間的距離等於條的厚度時的量大持續允許電流值。

所以銅排的使用：

(1) 不管1支或2支並聯或3支並排時之安全容許電流。

(2) 使用在交流50Hz或直流時的安全容許電流。

(3) 周圍溫度在25 ℃，35 ℃，40 ℃時的安全容許電流。

均要在特定的表格中查尋而得。

C. 絕緣電線因為在同一電線導管(PVC管)中的總根數及周圍溫度的高低，而影響了安全容許電流，當安全容許電流受到減少而需使用較粗(大線徑)的絕緣電線，才不致超過安全範圍。

但是絕緣電線在一回路中，從電源端(開關的負載側)到負載端(馬達)的長短也會影響絕緣線徑的選用，因為線路愈長，壓降愈大(線徑不變，阻抗不變)。如果要選用大一號或二號的絕緣電線，不管單線(2條+接地)或3相(3條+中性+接地)

$V1\psi = 2 \times I \times R \times L$ ($\cos\theta = 0$，$PF = 1.0$)

$= 2 \times I \times (R\cos\theta + \sin\theta) \times L$ ($\theta \neq 0°$)

$\frac{V1\psi}{220} \times 100\% < 5\%$，線徑愈大，R X愈小。

$V3\psi = \sqrt{3} \times I \times R \times L$ ($\theta = 0°$，$X = 0$)

$= \sqrt{3} \times I\,(R\cos\theta \times \sin\theta) \times L$ ($\theta \neq 0°$，$X \neq 0$)

$\frac{V3\psi}{380} \times 100\% < 5\%$，線徑愈大，R X愈小。

$V = Volt$

$I = Amp$

$X，R = \Omega/m$

$L = m$

D. 除了以上三種因素以外(重列在下)。

1.一電管中的總根數。

2.配線的周圍溫度。

3.一條回路(1 $\psi$或3 $\psi$)。

另外即為絕緣線的短路容量。絕緣電線在回路中，如發生短路時，絕緣電線(因為同樣的絕緣電線會使用在不同短路容量的地區)。可能會因絕緣電線的線徑導體大小不夠而燒損，燒斷。短路容量愈大，短路電流愈大，如果遮斷器的遮斷時間太長(不夠快)，絕緣電線也會燒損燒斷，其電線不燒損的面積S與短路電流Is及遮斷時間t的關係式如下：

$S = \frac{Is \times \sqrt{t}}{134}$ ($mm^2$)

S：絕緣電線不燒損的斷面積－。

Is：該絕緣電線之使用地區的短路電流－A。

t：短路開始到遮斷時間一秒。

PVC 絕緣電線一般短路前的導體溫度80 ℃。短路後的導體溫度限制值： 230 ℃。

例 t = 0.6 秒， Is = 26KA ，由上式得 S = 150mm$^2$ ，(0.6 秒 = 36Hz) 使用遮斷器。

如遮斷器改為電力熔絲，電力熔絲的遮斷時間 t = 0.01 秒(05Hz f = 60Hz) ，則S = 19.4mm$^2$ 即可，使用22mm$^2$ 既使短路也沒關係，電力熔絲可分為限流型與一般型。

E. 如果絕緣電線通過太大的電流，根據東京消防廳的資料，表3 — 2 ，會引發燃燒的狀況。

表3 — 2

| 階段 / 電線電流密度 | 引火階段 | 著火階段 | 發火階段 | | 瞬時熔斷階段 |
|---|---|---|---|---|---|
| | | | 發火後熔斷 | 在熔斷的同時發火 | |
| A / mm$^2$ | 40~43 | 43~60 | 60~70 | 75~120 | 120 以上 |
| 容許電流的倍數 | 3 倍 | 3~4.5 倍 | 4.5~5.25 倍 | 5.6~9 倍 | 9 倍以上 |

(a) 引火階段：通容許電流約3 倍時接近火苗時，絕緣物會引火。

(b) 著火階段：通容許電流約3~4.5 倍，既使無火苗，絕緣物也會著火燃燒，露出紅熱的導體。

(c) 發火階段：通容許電流約4.5~5.25 倍時，既使無火苗，絕緣物也會自然發火。有兩種狀況即發火後熔斷，和熔斷的同時發火。

(d) 瞬間熔斷階段：瞬間通以容許電流的9 倍時，導體線熔斷，穿破包覆，銅體飛散 (導線爆炸) 。

# 廣告索引

國家圖書館出版品預行編目資料

配電盤製造與缺失改善講義 /蕭民容 作,
-- [新北市]中和區 : 驫禾文化, 民101.09
面 ; 公分

ISBN 978-957-29634-8-7(平裝)

1. 輸配電工程

448.3 101018673

# 配電盤製造與缺失改善(講義)

發行所/驫禾文化事業有限公司
發行人/許月季
作　者/蕭民容
社　長/楊坤德
總編輯/邱文祥
美　編/許佳惠·張峰賓·郭雅茹
地　址/新北市中和區橋和路90號9樓
電　話/(02)2249-5121
傳　真/(02)2244-3873
網　址/www.biaoho.com.tw
出版日期/中華民國101年10月12日發行
雜誌交寄執照編號/中華郵政北台字第7752號
郵政劃撥/19685093
戶　名/驫禾文化事業有限公司
每本零售/680元

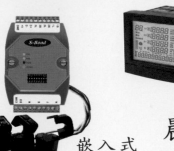

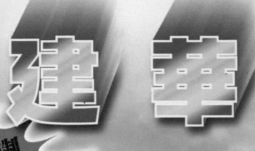

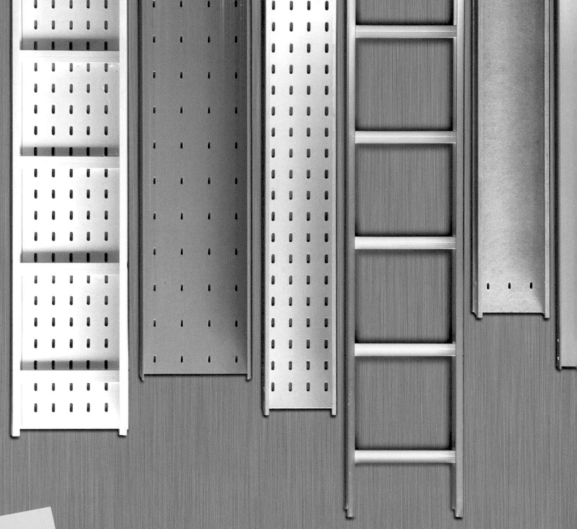

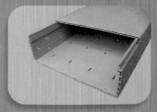

# 第三代冷縮式末端處理頭
# Cold Shrink™QT-III Termination

## 最新式冷縮末端處理頭

COLD SHRINK TECHNOLOGY

更佳內建設計，施工更安全、簡易符合
IEEE 48-1996 , VDE0278 , IEC502 規範

3M™ Cold Shrink™QT-III
屋外型末端處理頭

3M獨特的塑膠支撐管提供不用推擠、熱烘或火烤的施工方式

內建式矽質防水膠泥

High K
應力控制管

矽橡膠絕緣雨帽

High K
應力控制膠泥

防水膠帶

### 全新一體成型設計，施工簡易

＊改良的High K 應力控制系統 (High K stress control system)
＊內建High K 應力控制膠泥，填補電纜半導電層邊緣的空氣間隙，替代以前須塗特殊油脂膏的步驟。
＊內建式的矽質絕緣膠泥作為端子與處理頭間的防水處理，替代了以前纏繞防水膠帶的步驟。
＊絕緣層末端不需作如鉛筆頭圓錐狀處理。

### 免動火、免加熱及推擠！

更好的材質，減少破壞的機會
＊新改良的矽質材料具有更佳的耐電弧強度，抗腐蝕性及疏水再生能力。
＊新改良的High K應力控制材料。

小尺寸，能成就大工程
＊2個雨帽即可符合15KV的需求。
＊4個雨帽即可符合15/25KV的需求。

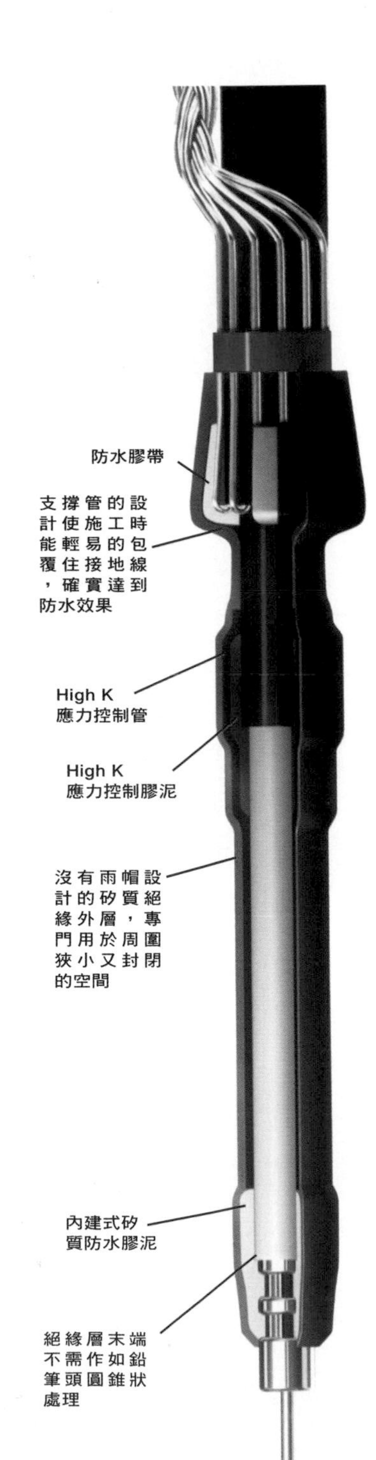
防水膠帶
支撐管的設計使施工時能輕易的包覆住接地線，確實達到防水效果
High K
應力控制管
High K
應力控制膠泥
沒有雨帽設計的矽質絕緣外層，專門用於周圍狹小又封閉的空間
內建式矽質防水膠泥
絕緣層末端不需作如鉛筆頭圓錐狀處理

3M™ Cold Shrink™QT-III
屋內型末端處理頭

3M

美商3M台灣子公司
台灣明尼蘇達礦業製造股份有限公司
台北市敦化南路二段95號6樓
Tel:(02)2704-9011 (電力產品)

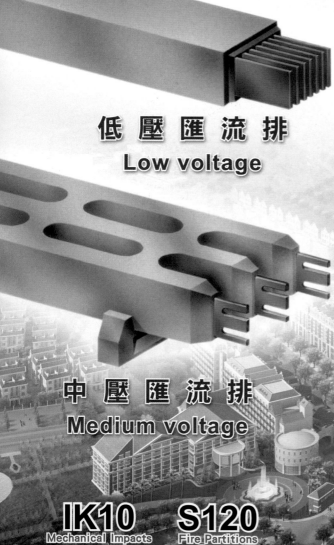

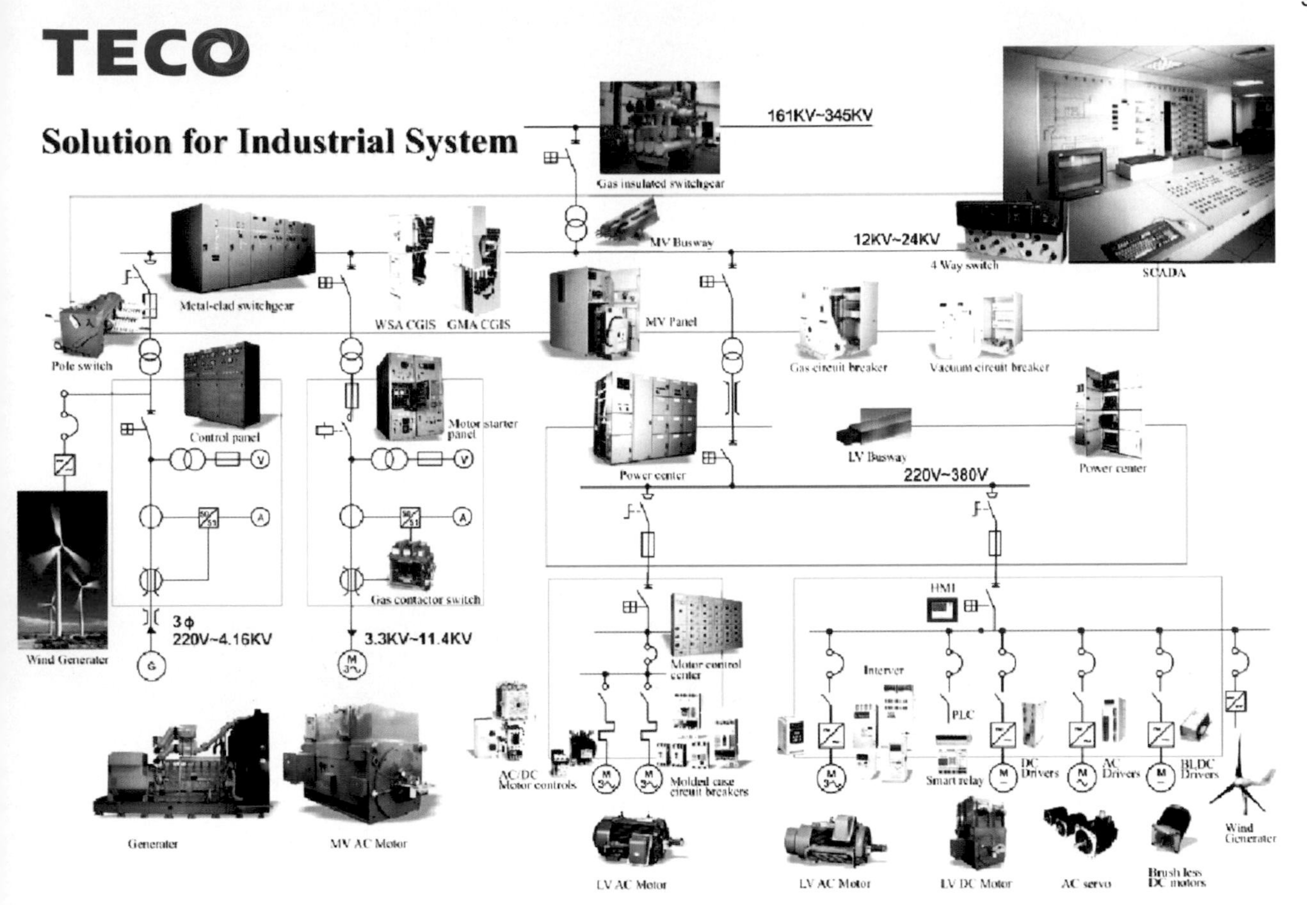


## 品質認證

荷蘭 KEMA 24KV 配電盤型式試驗合格
台電 13.8KV, 14.4KV, 23KV 裝甲開關箱 (MCSG) 型式試驗合格
台電 480V 負載中心 (Power Center) 型式試驗合格
台電 480V 馬達控制中心 (MCC) 型式試驗合格
中國西高所 12KV 開關櫃 (SWGR) 型式試驗合格
台灣大電力研究試驗中心 24KV 開關櫃 (SWGR) 型式試驗合格
財團法人全國認證基金會 (TAF) 配電盤實驗室認證合格
經濟部能源局屋內線路裝置規則401條款原製造廠家認可合格
經濟部能源局屋內線路裝置規則401條款24KV配電盤型式試驗合格

## 電力設備產品

3.3KV ~ 36KV中壓配電盤
3.3KV ~ 36KV裝甲開關箱
24KV中置式裝甲開關箱 SV 列
3.6KV / 7.2KV 中壓綜合型啟動開關
600V級低壓馬達控制中心 H 系列
600V級低壓馬達控制中心 M 系列
600V級低壓動力中心 (Power Center)
13.8KV 環路開關與架空開關
3.6KV / 7.2KV中壓電磁接觸器

6
5
4
Giant
HARGA MURAH
BRANDED
PHILIPS
Handuk Kiloan
PILIHAN TERBAIK

®

# 固大電機有限公司

ISO-9001國際品質認證工廠,變壓器、比流器、比壓器、
電抗器專業製造廠,品質穩定,價格合理,交貨迅速,客戶滿意。

P.V.C外殼比流器

模注式比流器

模注式比流器

零相比流器

高壓比流器

低壓模注式比壓器

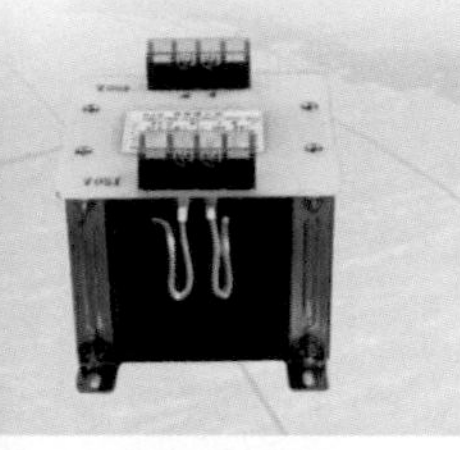

高壓模注式比壓器

高壓模注式比壓器

高壓模注變壓器

模注式接地比壓器

1φ控制用變壓器

1φ控制用變壓器

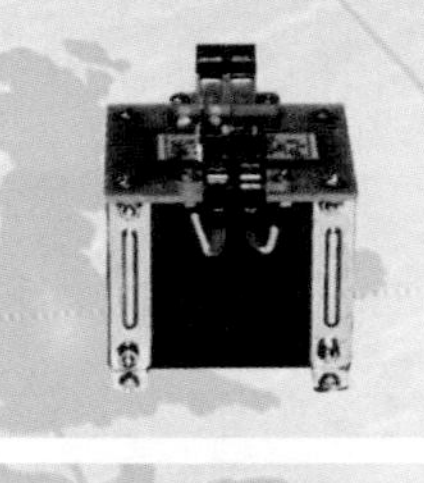

3φ控制用變壓器

1φ乾式變壓器

工具機電源變壓器

變頻器用電抗器

H級串聯電抗器

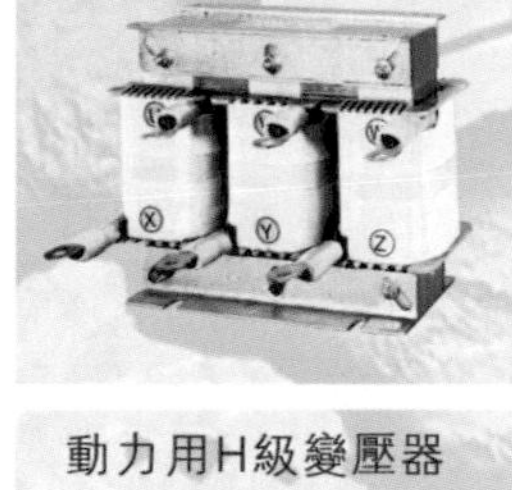

馬達激活用電抗器

模注式變壓器

箱型變壓器

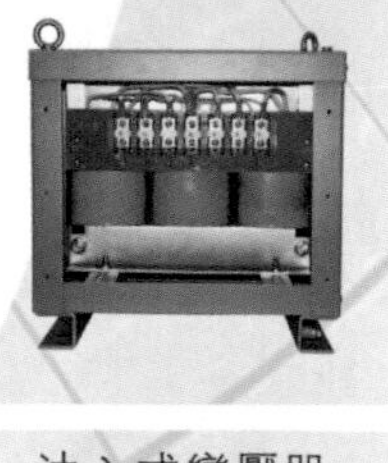

全密封變壓器(低噪音)

動力用H級變壓器

爐用變壓器

油入式比壓器

油入式變壓器

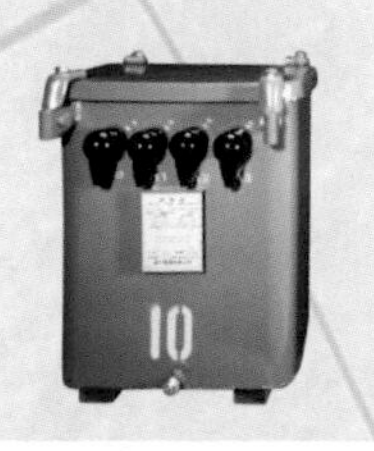

UKAS
QUALITY MANAGEMENT
043-A

證照號碼：11348

地址：台北縣鶯歌鎮永昌街125巷22號
TEL: (02)2677-1869/2677-1870
FAX: (02)2677-7268
www.kuta-electric.com.tw
E-mail:kutaelec@ms49.hinet.net

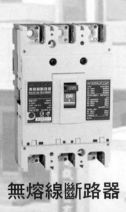

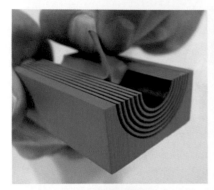

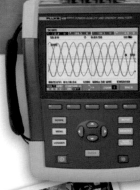

1F迎賓大廳

1F配電盤廠區

1F銅匯流排廠區

3F配電盤廠區

5F迎賓大廳

5F展示區

5F設計辦公室

5F 行政區廊道

5F 150人教育訓練室

5F餐廳

6F KTV室

B1停車場

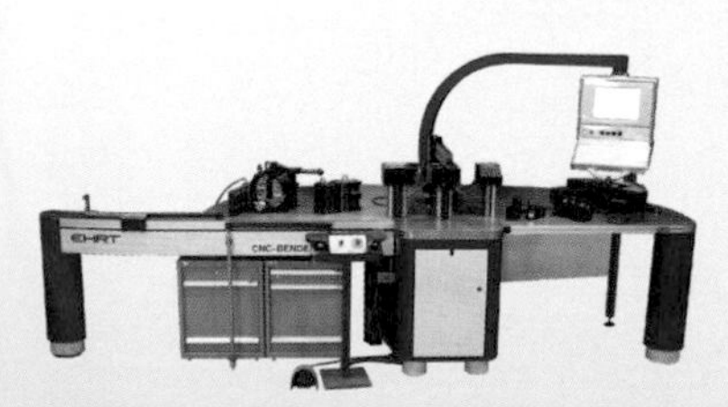

德國EHRT CNC銅排彎曲機

德國BOSCHERT
銅排沖孔下料機

CNC立式綜合加工機

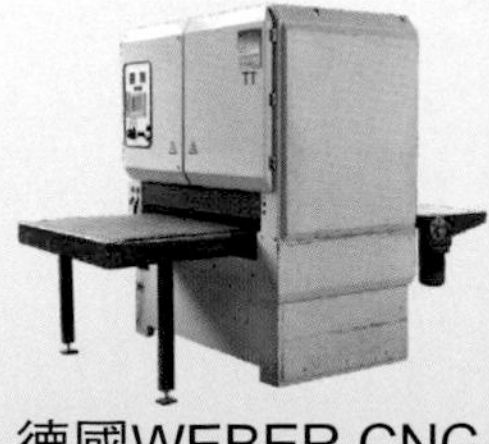
德國WEBER CNC
慧星式研磨設備

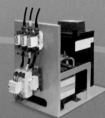

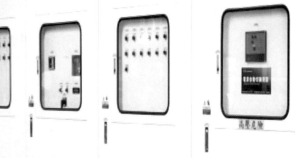

# Product Range

## The World of Industrial Connectivity

Weidmüller

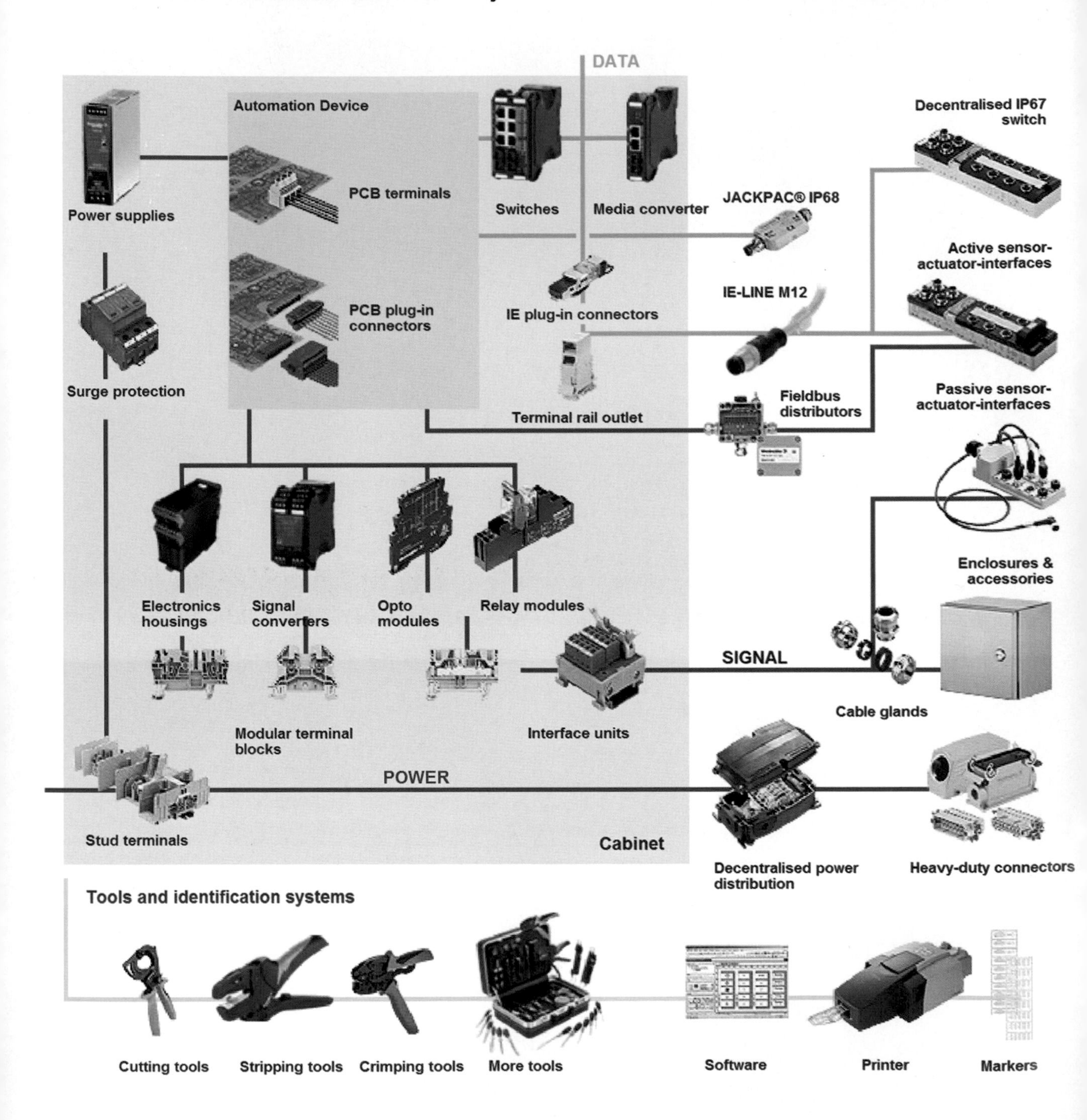
DATA
Automation Device
Power supplies
PCB terminals
Switches
Media converter
Decentralised IP67 switch
JACKPAC® IP68
Active sensor-actuator-interfaces
PCB plug-in connectors
IE plug-in connectors
IE-LINE M12
Surge protection
Terminal rail outlet
Fieldbus distributors
Passive sensor-actuator-interfaces
Enclosures & accessories
Electronics housings
Signal converters
Opto modules
Relay modules
SIGNAL
Cable glands
Modular terminal blocks
Interface units
POWER
Stud terminals
Cabinet
Decentralised power distribution
Heavy-duty connectors
Tools and identification systems
Cutting tools
Stripping tools
Crimping tools
More tools
Software
Printer
Markers